新世纪土木工程专业系列教材

房屋建筑学

(第3版)

陆可人　欧晓星　刁文怡　编著

唐厚炽　赵和生　主审

·南京·

东南大学出版社

内 容 提 要

本书着重阐述民用与工业建筑设计的基本原理和方法，城市总体规划、城市中心区和居住区的规划原理和基本方法，选用了国内外建筑工程实例，以精、新为原则，突出重点。

本书共分三篇，第一篇为建筑设计，第二篇为建筑构造，第三篇为城市规划导论。每章有内容提要、学习目的、思考题，另附民用建筑和工业建筑课程设计任务书。

本书可作为土木工程、交通工程、工程管理、给排水、暖通等专业的教材和教学参考书，也可作为从事建筑设计与施工的技术人员和土建专业成人高等教育师生的参考书。

图书在版编目(CIP)数据

房屋建筑学/陆可人，欧晓星，刁文怡编著．—3 版．—南京：东南大学出版社，2013.1(2023.1 重印)

ISBN 978-7-5641-4057-1

Ⅰ．①房…　Ⅱ．①陆…②欧…③刁…　Ⅲ．①房屋建筑学-高等学校-教材　Ⅳ．①TU22

中国版本图书馆 CIP 数据核字(2012)第 319768 号

东南大学出版社出版发行
(南京四牌楼 2 号　邮编 210096)
出版人：江建中
江苏省新华书店经销　常州市武进第三印刷有限公司印刷
开本：787mm×1092mm　1/16　印张：26.25　字数：655 千字
2002 年 2 月第 1 版　2023 年 1 月第 3 版第 7 次印刷
ISBN 978-7-5641-4057-1
印数：13501～15000　定价：49.00 元
(凡因印装质量问题，可直接向读者服务部调换。电话：025-83791830)

新世纪土木工程专业系列教材编委会

序

东南大学是教育部直属重点高等学校，在20世纪90年代后期，作为主持单位开展了国家级“20世纪土建类专业人才培养方案及教学内容体系改革的研究与实践”课题的研究，提出了由土木工程专业指导委员会采纳的“土木工程专业人才培养的知识结构和能力结构”的建议。在此基础上，根据土木工程专业指导委员会提出的“土木工程专业本科(四年制)培养方案”，修订了土木工程专业教学计划，确立了新的课程体系，明确了教学内容，开展了教学实践，组织了教材编写。这一改革成果，获得了2000年教学成果国家级二等奖。

这套新世纪土木工程专业系列教材的编写和出版是教学改革的继续和深化，编写的宗旨是：根据土木工程专业知识结构中关于学科和专业基础知识、专业知识以及相邻学科知识的要求，实现课程体系的整体优化；拓宽专业口径，实现学科和专业基础课程的通用化；将专业课程作为一种载体，使学生获得工程训练和能力的培养。

新世纪土木工程专业系列教材具有下列特色：

1. 符合新世纪对土木工程专业的要求

土木工程专业毕业生应能在房屋建筑、隧道与地下建筑、公路与城市道路、铁道工程、交通工程、桥梁、矿山建筑等的设计、施工、管理、研究、教育、投资和开发部门从事技术或管理工作，这是新世纪对土木工程专业的要求。面对如此宽广的领域，只能从终身教育观念出发，把对学生未来发展起重要作用的基础知识作为优先选择的内容。因此，本系列的专业基础课教材，既打通了工程类各学科基础，又打通了力学、土木工程、交通运输工程、水利工程等大类学科基础，以基本原理为主，实现了通用化、综合化。例如工程结构设计原理教材，既整合了建筑结构和桥梁结构等内容，又将混凝土、钢、砌体等不同材料结构有机地综合在一起。

2. 专业课程教材分为建筑工程类、交通土建类、地下工程类三个系列

由于各校原有基础和条件的不同，按土木工程要求开设专业课程的困难较大。本系列专业课教材从实际出发，与设课群组相结合，将专业课程教材分为建筑工程类、交通土建类、地下工程类三个系列。每一系列包括有工程项目的规划、选型或选线设计、结构设计、施工、检测或试验等专业课系列，使自然科学、工程技术、管理、人文学科乃至艺术交叉综合，并强调了工程综合训练。不同课群组可以交叉选课。专业系列课程十分强调贯彻理论联系实际的教学原则，融知识和能力为一体，避免成为职业的界定，而主要成为能力培养的载体。

3. 教材内容具有现代性，用整合方法大力精减

对本系列教材的内容，本编委会特别要求不仅具有原理性、基础性，还要求具有现代性，纳入最新知识及发展趋向。例如，现代施工技术教材包括了当代最先进的施工技术。

在土木工程专业教学计划中，专业基础课(平台课)及专业课的学时较少。对此，除了少而精的方法外，本系列教材通过整合的方法有效地进行了精减。整合的面较宽，包括了土木工程

各领域共性内容的整合，不同材料在结构、施工等教材中的整合，还包括课堂教学内容与实践环节的整合，可以认为其整合力度在国内是最大的。这样做，不只是为了精减学时，更主要的是可淡化细节了解，强化学习概念和综合思维，有助于知识与能力的协调发展。

4. 发挥东南大学的办学优势

东南大学原有的建筑工程、交通土建专业具有80年的历史，有一批国内外著名的专家、教授。他们一贯严谨治学，代代相传。按土木工程专业办学，有土木工程和交通运输工程两个一级学科博士点、土木工程学科博士后流动站及教育部重点实验室的支撑。近十年已编写出版教材及参考书40余本，其中9本教材获国家和部、省级奖，4门课程列为江苏省一类优秀课程，5本教材被列为全国推荐教材。在本系列教材编写过程中，实行了老中青相结合，老教师主要担任主审，有丰富教学经验的中青年教授、教学骨干担任主编，从而保证了原有优势的发挥，继承和发扬了东南大学原有的办学传统。

新世纪土木工程专业系列教材肩负着“教育要面向现代化，面向世界，面向未来”的重任。因此，为了出精品，一方面对整合力度大的教材坚持经过试用修改后出版，另一方面希望大家在积极选用本系列教材中，提出宝贵的意见和建议。

愿广大读者与我们一起把握时代的脉搏，使本系列教材不断充实、更新并适应形势的发展，为培养新世纪土木工程高级专门人才作出贡献。

最后，在这里特别指出，这套系列教材，在编写出版过程中，得到了其他高校教师的大力支持，还受到作为本系列教材顾问的专家、院士的指点。在此，我们向他们一并致以深深的谢意。同时，对东南大学出版社所作出的努力表示感谢。

中国工程院院士 吕志涛

第 3 版 前 言

1999 年国际建筑师协会第 20 次大会通过的《北京宪章》明确指出:“新世纪的建筑学的发展,除了继续深入各专业的分析研究外,有必要重新认识综合的价值,将各方面的碎片整合起来,从局部走向整体,并在此基础上进行新的创造。”为适应土木建筑工程的高速发展,本教材在内容上以房屋建筑学为基础,在体系上进行了调整,将民用建筑设计和工业建筑设计合并成建筑设计,将民用建筑构造和工业建筑构造合并成建筑构造,增加了城市规划的内容,压缩了篇幅,突出了新材料、新结构、新科技的运用,加强了理论和原则上的阐述,力求为建筑工程、桥梁工程、交通工程、隧道工程、地下建筑工程等土木工程类专业的学生学习建筑设计和城市规划提供较全面的基本知识。本书着重阐述民用与工业建筑设计的基本原理和方法,以及城市总体规划、城市中心区和居住区的规划原理和基本方法。为便于读者更好地掌握建筑学和城市规划学科的主要内容,本书选用了很多国内外建筑工程实例,做到图文并茂,以精、新为原则,突出重点。每章有内容提要、学习目的、复习思考题。另附民用建筑和工业建筑课程设计任务书。

本教材第 2 版经过几年使用,得到教师、学生和专业技术人员的好评,并提出了一些宝贵的意见,为了更好地服务于教学、科研,根据当前科学技术发展状况,对本教材做了适当的修订,并依据当前国家对建筑节能要求的提高,对节能建筑一章的内容进行了充实,以提高教师、学生和专业技术人员对节能建筑的认识,充分了解建筑节能的重要意义。

全书共分三篇。第一篇为建筑设计,重点阐述大量性民用建筑和单层工业厂房的设计原理和设计方法,涉及部分大型公共建筑。第二篇为建筑构造,重点阐述大量性民用建筑和单层工业厂房的构造原则和做法。第三篇为城市规划导论,主要论述城市总体规划和居住区规划的基本原理和方法。本书内容丰富,可作为土木工程、交通工程、工程管理、给排水、暖通等专业的教材和教学参考书,也可供从事建筑设计与建筑施工的技术人员和土建专业成人高等教育师生参考。

本书第 1 章～第 4 章由刁文怡编写;第 5 章～第 13 章由陆可人编写;第 14 章～第 17 章由欧晓星编写。全书由陆可人统稿。第一篇、第二篇由唐厚炽教授主审;第三篇由赵和生教授主审。

由于编写时间较为仓促,书中难免有误,请读者提出宝贵意见,不胜感谢!

作者

2012 年 11 月

目　录

第一篇　建筑设计

第二篇　建筑构造

第三篇 城市规划导论

第一篇　建筑设计

第1章　概　论

本章提要：本章包括建筑及其基本要素、建筑的分类、建筑设计的内容和程序、建筑设计的依据等。

学习目的：基本掌握建筑的基本要素、建筑物的耐火等级、建筑模数制、建筑设计的内容和设计程序。对其他内容作一般了解。

§1—1　建筑及其基本要素

一、建筑的起源和发展

建筑物最初是人类为了避风雨、御寒暑和防备野兽侵袭的需要而产生的。起先人们利用树枝、石头这样一些容易获得的天然材料，粗略加工，盖起了树枝棚、石屋等原始建筑物；同时，为了满足人们精神上的需要，还建造了石环、石台等原始的宗教和纪念性建筑物。随着社会生产力的不断发展，人们对建筑物的要求也日益多样和复杂，出现了许多不同类型的建筑，它们在使用功能、所用材料、建筑技术和建筑艺术等方面都得到很大的发展。

一般说来，建筑物既是物质产品，又具有一定的艺术形象，它必然随着社会生产和生活方式的发展变化而变化，反映出人类社会生活的物质水平和精神面貌，并且总是受科学技术、政治经济和文化传统的深刻影响。

建筑学作为一门内容广泛的综合性学科，它涉及建筑功能、工程技术、建筑经济、建筑艺术以及环境规划等许多方面的问题。"房屋建筑学与城市规划概论"这门课程讲述的就是有关建筑空间及外观设计、建筑物的构造设计以及城市规划等方面的内容。

二、建筑及其基本要素

建筑是组织和创造人们生活和生产的空间环境，这里的生活空间是指民用建筑，生产空间是指工业建筑。建筑一般包括建筑物和构筑物。建筑物如住宅、学校、影剧院等，既有使用功能又有艺术性，除具有外部造型还有内部空间。构筑物如水坝、水塔、纪念碑等，只形成外部空间和艺术造型。

构成建筑的基本要素为建筑功能、建筑技术和建筑形象，即建筑的三要素。

1. 建筑功能

满足建筑物的功能要求，为人们的生产和生活活动创造良好的环境，是建筑设计的首要任务。人们盖房子总是有它具体的目的和使用要求，这在建筑上称作功能。例如学校设计，是满足教学活动的需要；住宅设计是为了居住的需要；而厂房设计则应满足生产工艺的要求。不同类型的建筑物由于其使用要求各不相同，如房间的大小、形状、门窗的位置等，都必须符合一定的功能要求，所以反映在其形式上才会千变万化。

2. 建筑技术

建筑技术包括建筑结构、建筑材料、建筑设备、建筑施工技术等条件，是建筑功能得以满足的主要手段和措施，如果不具备这些条件，建筑所需要的空间只能是幻想。因此采用合理的技术措施，正确选用建筑材料，配备合适的建筑设备，根据建筑空间组合的特点，选择合理的结构、施工方案，使建筑坚固耐久、建造方便，空间环境适宜，以满足人们对建筑不同使用功能的要求。

3. 建筑形象

由于人是具有思维和精神活动能力的，所以供人居住和使用的建筑还应满足人们精神及审美要求。建筑物是社会的物质和文化财富，建筑设计要努力创造具有我国时代精神的建筑空间组合与建筑形象。建筑形象处理得当能产生良好的艺术效果，使人产生某种共鸣。如有些建筑根据其功能特点，在设计时力图通过空间、体量的组合，整体、细部的处理给人以庄严、雄伟、肃穆，或亲切、宁静、幽雅的艺术感受。历史上创造的具有时代印记和特色的各种建筑形象，往往是一个国家、一个民族文化传统宝库中的重要组成部分(图 1－1)。

建筑功能、建筑技术、建筑形象作为建筑三要素，既不可分割又相互制约。同时由于建造房屋是一个复杂的物质生产过程，需要大量人力、物力和资金，应尽量做到节省劳动力，节约建筑材料和资金。而单体建筑又是总体规划中的组成部分，还要充分考虑和周围环境的关系，与之相协调。因此，一个建筑是多方面的错综复杂的综合体，各种因素不能偏废，也不能平均对待，既要满足使用要求，又要考虑结构、设备合理；既要适用、经济，又要美观、大方。各种因素应综合考虑以求得和谐与统一。

雅典卫城

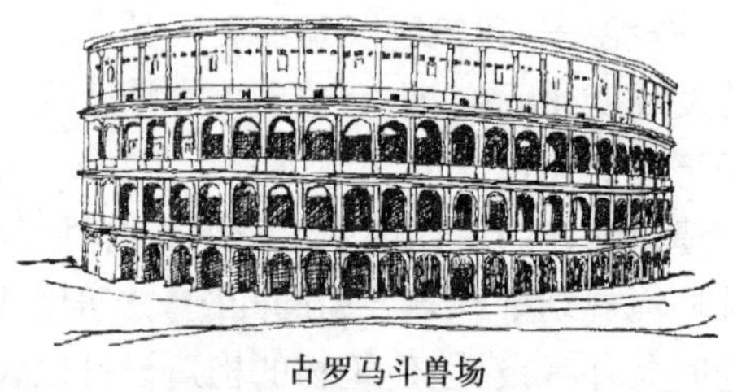

古罗马斗兽场

巴黎圣母院

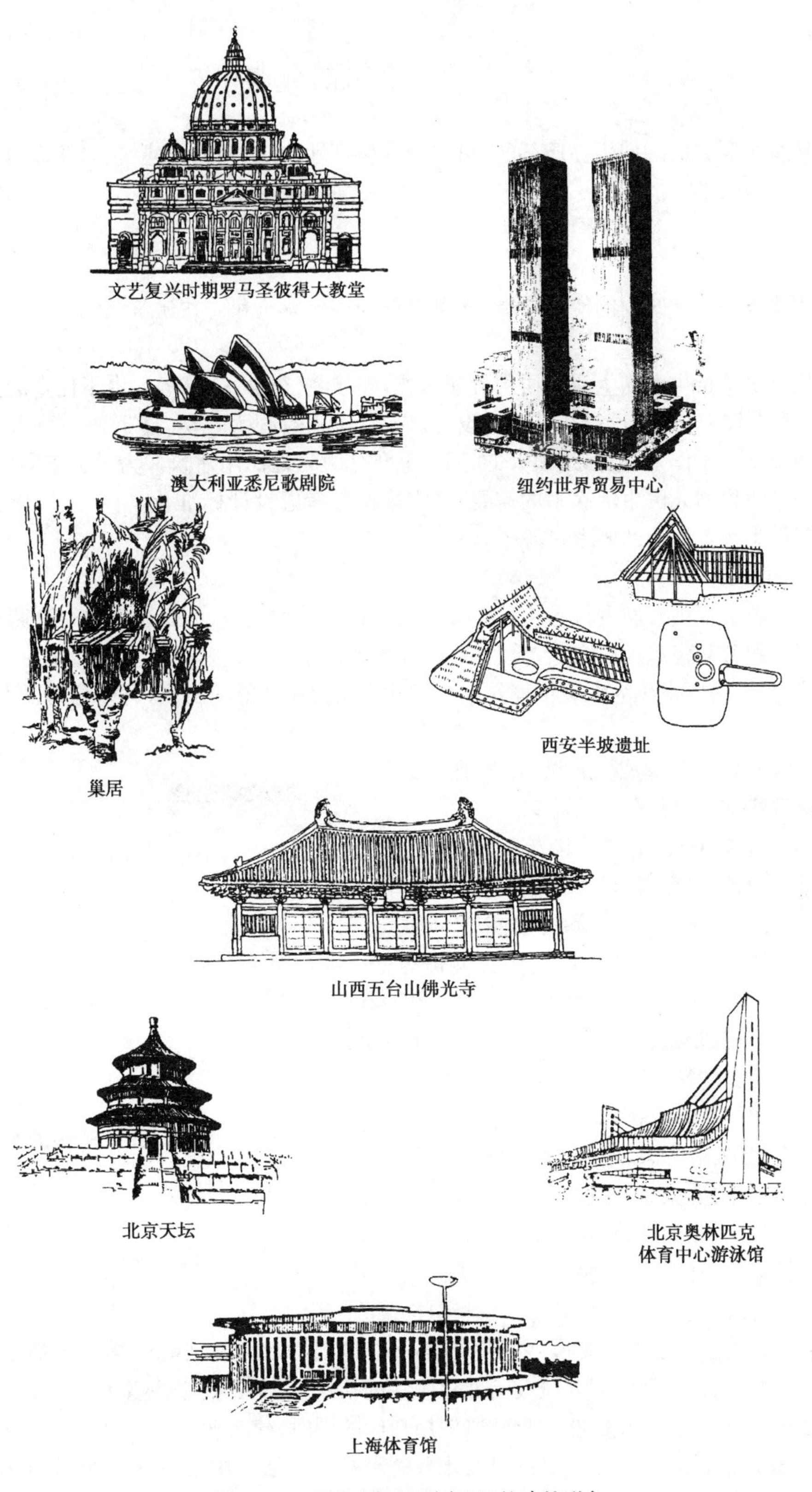

图 1—1　不同时期和不同地区的建筑形象

§1—2　建筑的分类

建筑物按照它们的使用性质，通常可以分为生产性建筑，即工业建筑、农业建筑；非生产性建筑，即民用建筑。

一、民用建筑分类

民用建筑根据建筑物的使用功能，又可以分为居住建筑和公共建筑两大类。

1. 居住建筑

居住建筑是指供人们生活起居用的建筑物，如住宅、宿舍、公寓等。由于住宅的需求量大、面广，国家对住宅建设的投资在基本建设的总投资中占有很大比例，建造住宅所需的材料，建筑设计和施工的工作量，也都是很大的，所以又称作大量性民用建筑。为了加速实现我国现代化建设和尽快提高人民生活水平的需要，住宅建设应考虑设计标准化、构件工厂化、施工机械化和管理科学化等方面的要求。

2. 公共建筑

公共建筑是指供人们进行各项社会、政治、文化活动的建筑，如办公楼、学校、商场、影剧院等。由于某些公共建筑规模宏大，投资巨大，如大型体育馆、大型航空港、大型剧院、大型商场、大型办公楼等，所以常称为大型性建筑。公共建筑按使用功能的特点，可以分为以下一些建筑类型：

生活服务类建筑：食堂、菜场、浴室、服务站等；

文教类建筑：学校、图书馆等；

托幼类建筑：托儿所、幼儿园等；

科研类建筑：研究所、科学实验楼等；

医疗类建筑：医院、门诊所、疗养院等；

商业类建筑：商店、商场、购物中心、超市等；

行政办公类建筑：各种办公楼等；

交通类建筑：车站、水上客运站、航空港、地铁站等；

通讯广播类建筑：邮电所、广播台、电视塔等；

体育类建筑：体育馆、体育场、游泳池等；

观演类建筑：电影院、剧院、杂技场等；

展览类建筑：展览馆、博物馆等；

旅馆类建筑：各类旅馆、宾馆等；

园林类建筑：公园、动植物园等；

纪念性建筑：纪念堂、纪念馆等。

各类公共建筑的设置和规模，主要根据城乡总体规划来确定，由于公共建筑通常是城镇或地区中心的组成部分，是广大人民政治文化生活的活动场所，因此公共建筑设计，一定要符合城市规划和区域规划的要求，在满足建筑使用功能的同时，建筑物的形象也要起到丰富城市面貌，改善地区环境质量的作用。有些以文化教育和社会生活为中心的建筑物，如俱乐部、电影院、文化馆、图书馆、托儿所、幼儿园、商店等，它们与周围的绿地以及其他公共设施组合在一起，往往成为居民社会活动的中心。同时由于这些建筑所特有的建筑形式和风格，点缀和丰富了城市景观，构成城市中建筑布局的中心。

3. 民用建筑按地上层数或高度分类

(1) 住宅建筑按层数分类：一层至三层为低层住宅，四层至六层为多层住宅，七层至九层为中高层住宅，十层及十层以上为高层住宅；

(2) 除住宅建筑之外的民用建筑高度不大于 24 m 者为单层和多层建筑，大于 24 m 者为高层建筑（不包括建筑高度大于 24 m 的单层公共建筑）；

(3) 建筑高度大于 100 m 的民用建筑为超高层建筑。

二、工业建筑分类（图 1—2）

工业生产的类别繁多，因生产工艺不同，分类亦随之而异，在建筑设计中常按厂房的用途、内部生产状况及层数进行分类。

1. 按厂房的用途分类

工业建筑按厂房的用途分为主要生产厂房（指各种生产产品的车间，如金工、锻工、铸工等车间）；辅助生产厂房（指间接从事生产的车间，如机修、电修、工具车间等）、动力用厂房（为生产提供能源的车间，如发电厂、锅炉房、煤气站等）；贮藏类建筑（为生产提供储备原料、成品的厂房，如材料库、成品库等）和运输类建筑（指管理、检修和停放运输工具的厂房，如车库等）。

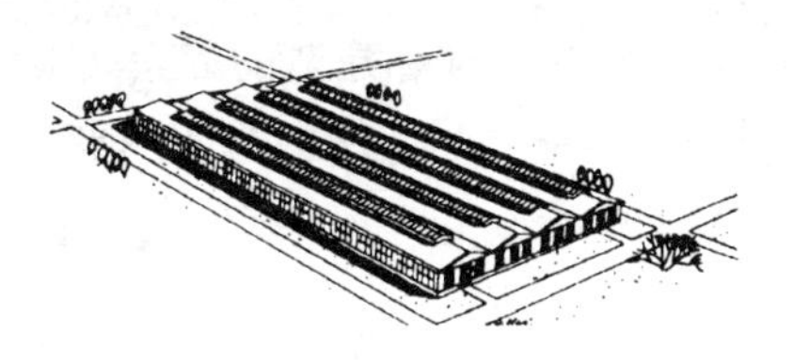

(a) 某机械厂金工车间

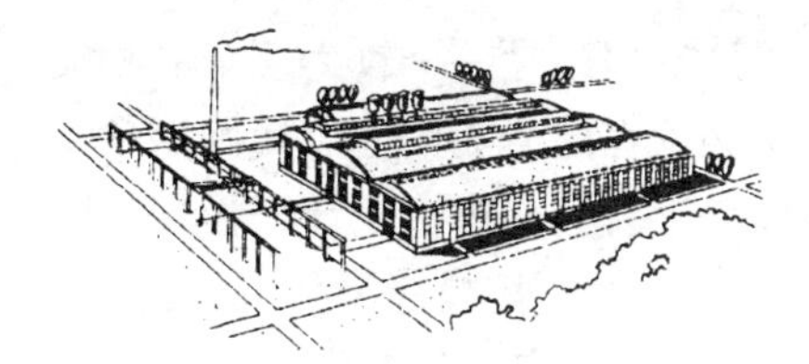

(b) 上海某铸造厂铸工车间

(c) 呈叠合块体组合的多层厂房

(d) 上海灯泡厂多层厂房

图 1—2　工业建筑的类型

2. 按车间内部生产状况分类

按车间内部生产状况分为热加工车间（指在生产过程中会产生灰尘、余热、有害气体的车间，如锻工、铸工车间）；冷加工车间（如金工车间）；恒温恒湿车间（指要求稳定的温湿度条件的车间，如精密机械和纺织车间）；洁净车间（指要求高度洁净的车间，如精密仪表和集成电路车间等）。

3. 按厂房层数分类

按厂房层数分为单层厂房、多层厂房和混合层次厂房。

§1—3　建筑设计的内容和程序

任何一栋建筑物的建造，从开始拟定计划到建成使用都必须遵循一定的程序，需要经过编制计划任务书、建设场地的选择和勘测、设计、施工、工程验收及交付使用等几个主要阶段。设计工作又是其中比较关键的环节。设计人员必须贯彻执行建筑方针和政策，正确掌握建筑标准，重视调查研究，力求以更少的材料、劳动力、投资和时间来实现各种要求，使建筑物做到适用、坚固、经济、美观。通过设计这个环节，把计划中有关设计任务的文字资料，编制成表达整幢或组成建筑立体形象的全套图纸。

一、建筑设计的内容

建筑物的设计一般包括建筑设计、结构设计、设备设计等几个方面的内容。建筑设计着重解决建筑物内部各种使用功能和使用空间的合理安排，建筑物与周围环境及各种外部条件之间的协调关系，建筑物的美观以及建筑构件构造方式等方面的问题。同时，由于建筑设计是建筑功能、工程技术和建筑艺术的综合，因此它必须综合考虑建筑、结构、设备等工种的要求，考虑这些工种的相互联系和制约。

二、建筑设计的程序和设计阶段

由于建造房屋是一个较为复杂的物质生产过程，影响建筑设计和建造的因素又很多，因此建设单位必须在建造前按程序做好每项工作，首先是项目申报（包括项目可行性研究报告，拟定设计任务书），其次进行设计招投标，然后进入设计阶段等。

1. 设计方案的招投标工作

(1) 可行性研究报告和设计任务书

建设单位对项目建设必须进行可行性研究分析，并获得上级主管部门对建设项目的批文和城市规划管理部门同意设计的批文后，方可进行设计方案招标。

主管部门的批文是指上级主管部门对建设单位提出的拟建报告和计划任务书的一个批准文件。该批文表明该项工程已被正式列入国家建设计划，文件中应包括工程建设项目的性质、内容、用途、总建筑面积、总投资、建筑标准（每 m^2 造价）及建筑物使用期限等内容。

规划管理部门的批文是经城镇规划管理部门审核同意工程项目用地的批复文件。该文件包括基地范围、地形图及指定用地范围（常称“红线”），该地段周围道路等规划要求以及城镇建设对该建筑设计的要求（如建筑高度，容积率，绿化率）等内容。

(2) 投标单位熟悉设计任务书

投标单位（三个以上具有相应设计资质的单位），首先需要熟悉设计任务书，以明确建设项目的设计要求。

其次应对照有关定额指标，校核任务书中单位平方造价、房间使用面积等内容，在设计过程中必须严格执行建筑法规、规范、规程、标准，掌握用地范围、面积指标等有关限额。同时，设计人员在深入调查和分析设计任务以后，从合理解决使用功能，满足技术要求、节约投资等方面考虑，或从建设基地的具体条件出发，也可对任务书中一些内容提出补充或修改意见，但须征得建设单位的同意，涉及用地、造价、使用面积的，还须经城市规划部门或主管部门批准。

再有要调查研究，收集必要的设计原始数据。通常建设单位提出的设计任务，主要是从使用要求、建设规模、造价和建设进度方面考虑的，建筑的设计和建造，还需要收集有关原始数据和设计资料，并在设计前做好调查研究工作。

有关原始数据和设计资料的内容有：

① 气象资料，即所在地区的温度、湿度、日照、雨雪、风向、风速以及冻土深度等；

② 基地地形及地质水文资料，即基地地形标高，土壤种类及承载力、地下水位以及地震烈度等；

③水电等设备管线资料，即基地地下的给水、排水、电缆等管线布置，基地上的架空线等供电线路情况；

④ 设计项目的有关定额指标，即国家或所在省市地区有关设计项目的定额指标，例如学校教室的面积定额，学生宿舍的面积定额，以及建筑用地、用材等指标。

设计前调查研究的主要内容有：

① 深入了解使用单位对建筑物使用的具体要求，认真调查同类已有建筑的实际使用情况，通过分析和总结，对所设计建筑的使用要求，做到“胸中有数”。

② 了解所在地区建筑材料供应的品种、规格、价格等情况，了解预制混凝土制品以及门窗的种类和规格，掌握新型建筑材料的性能、价格以及采用的可能性。结合建筑使用要求和建筑空间组合的特点，了解并分析不同结构方案的选型，当地施工技术和起重、运输等设备条件。

③ 进行现场踏勘，深入了解基地和周围环境的现状及历史沿革，包括基地的地形、方位、面积和形状等条件，以及基地周围原有建筑、道路、绿化等多方面的因素，考虑拟建建筑物的位置和总平面布局的可能性。

④ 了解当地传统建筑设计布局、创作经验和生活习惯，根据拟建建筑物的具体情况，以资借鉴，创造出人们喜闻乐见的建筑形象。

2. 建筑设计阶段

通过招投标程序确定一个设计单位的设计方案进行下一阶段设计。建筑设计一般分为初步设计和施工图设计两个阶段，对于大型的、比较复杂的工程，采用三个设计阶段，即在两个设计阶段之间，增加一个技术设计阶段，用来深入解决各工种之间的协调等技术问题。

(1) 初步设计阶段

初步设计是建筑设计的第一阶段，它的主要任务是在可行性研究方案的基础上，即在已定的招投标方案的基础上，综合考虑技术经济条件和建筑艺术方面的要求，进一步调整、深化和完善建筑方案。建筑初步设计的方案将提供给上级主管部门审批，同时也是技术设计和施工图设计的依据。建筑初步设计会有多次反复修改、比较，最后经有关部门审议并确定最终方案。

初步设计的内容包括确定建筑物的组合方式，选定所用建筑材料和结构方案，确定建筑物在基地的位置，说明设计意图，分析设计方案在技术上、经济上的合理性，并提出概算书。

初步设计的图纸和设计文件有：

① 建筑总平面图。比例尺 1∶500～1∶2 000 应表示建筑基地的范围，建筑物在基地上的位置、标高，以及道路、绿化、基地上设施的布置，并附说明。

② 各层平面图及主要剖面图、立面图。比例尺 1∶100～1∶200 标出房屋的主要尺寸，房

间的面积、高度以及门窗位置，部分室内家具和设备的布置。

③ 说明书。设计方案的主要意图，主要结构方案、构造特点以及主要技术经济指标等。

④ 建筑概算书。建筑投资估算，主要材料用量及单位消耗量。

⑤ 根据设计任务的需要，可能附建筑透视图或建筑模型。

(2) 技术设计阶段

技术设计是初步设计具体化的阶段，其主要任务是在初步设计的基础上，进一步确定建筑设计各工种之间的技术问题。一般对于不太复杂的工程可省去该设计阶段。

技术设计的图纸和设计文件，要求建筑工种的图纸标明与技术工种有关的详细尺寸，并编制建筑部分的技术说明书，结构工种应有建筑结构布置方案图，并附初步计算说明，设备工种也提供相应的设备图纸及说明书。

(3) 施工图设计阶段

施工图设计是建筑设计的最后阶段。它的主要任务是在初步设计和技术设计的基础上，综合建筑、结构、设备各工种，相互交底，核实核对，深入了解材料供应、施工技术、设备等条件，把满足工程施工的各项具体要求明确无误地反映在图纸上，作为施工时的依据，做到整套图纸齐全统一。

施工图设计的内容包括：确定全部工程尺寸和用料，绘制建筑、结构、设备等全部施工图纸，编制工程说明书、结构计算书和预算书。

施工图设计的图纸及设计文件有：

① 建筑总平面。比例尺 1∶500、1∶1 000、1∶2 000(应详细标明基地上建筑物、道路、设施等所在位置的尺寸、标高，并附说明)。

② 各层建筑平面，各个立面及必要的剖面。比例尺 1∶100、1∶150、1∶200。

③ 建筑构造节点详图。根据需要可采用 1∶1、1∶5、1∶10、1∶20 等比例尺(主要为檐口、墙身和各构件的节点，楼梯、门窗以及各部分的装饰大样等)。

④ 各工种相应配套的施工图。如基础平面图和基础详图、楼板及屋顶平面图和详图，结构构造节点详图等结构施工图。给排水、电器照明以及暖气或空气调节等设备施工图。

⑤ 建筑、结构及设备等说明书。

⑥ 结构及设备的计算书。

⑦ 工程预算书。

§1—4 建筑设计的依据

一、人体尺度和人体活动所需的空间尺度

建筑物中家具、设备的尺寸，踏步、窗台、栏杆的高度，门洞、走廊、楼梯的宽度和高度，以至各类房间的高度和面积大小，都和人体尺度以及人体活动所需的空间尺度直接或间接有关，因此人体尺度和人体活动所需的空间尺度，是确定建筑空间的基本依据之一。我国成年男子和成年女子的平均高度分别为 1 670 mm 和 1 560 mm，人体尺度和人体活动所需的空间尺度如图 1—3所示。

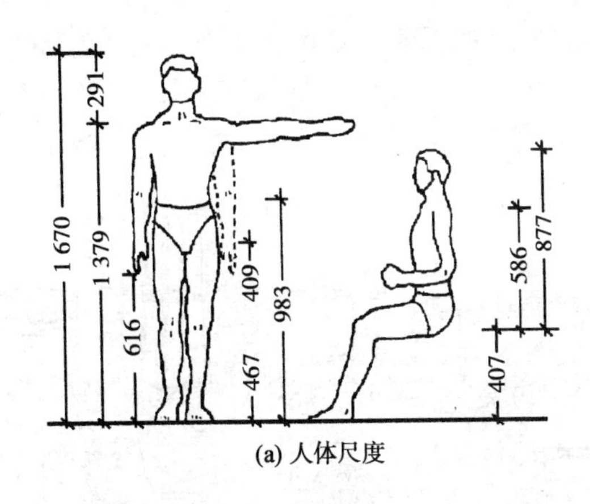

(a) 人体尺度

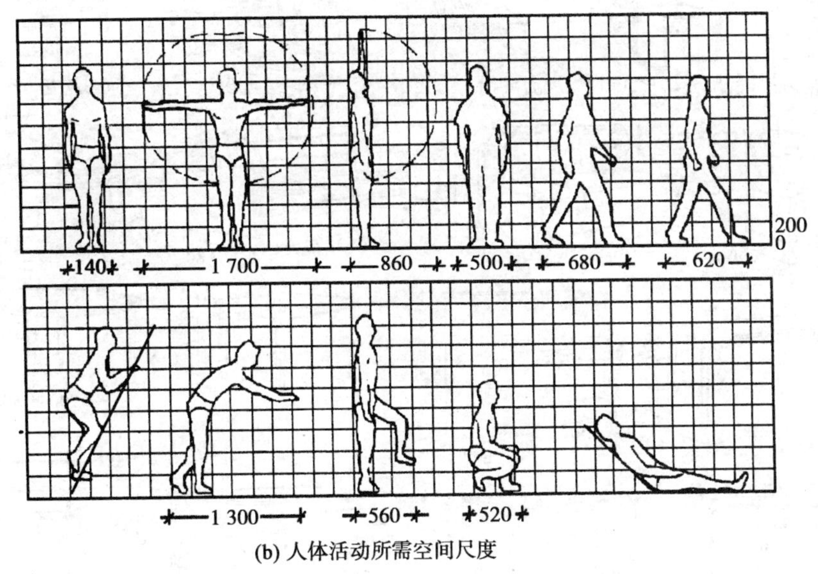

(b) 人体活动所需空间尺度

图 1—3 人体尺度和人体活动所需的空间尺度

二、家具、设备尺寸和使用它们所需的必要空间

家具、设备的尺寸，以及人们在使用家具和设备时，在它们近旁必要的活动空间，是考虑房间内部使用面积的重要依据(图 1—4)。

三、温度、湿度、日照、雨雪、风向、风速等气候条件

气候条件对建筑物的设计有较大影响。例如湿热地区，建筑设计要很好考虑隔热、通风和遮阳等问题；干冷地区，通常又希望把建筑的体型尽可能设计得紧凑一些，以减少外围护面的散热，有利于室内采暖、保温。

日照和主导风向，通常是确定建筑朝向和间距的主要因素，风速是高层建筑、电视塔等设计中考虑结构布置和建筑体型的重要因素，雨雪量的多少对屋顶形式和构造也有一定影响。在设计前，需要收集当地上述有关的气象资料，作为设计的依据。

风向频率图，即风玫瑰图，是根据某一地区多年平均统计的各个方向吹风次数的百分数值，并按一定比例绘制，一般多用 8 个或 16 个罗盘方位表示。玫瑰图上所表示风的吹向，是指从外面吹向地区中心(图 1—5)。

图 1—4　民用建筑中常用的家具尺寸

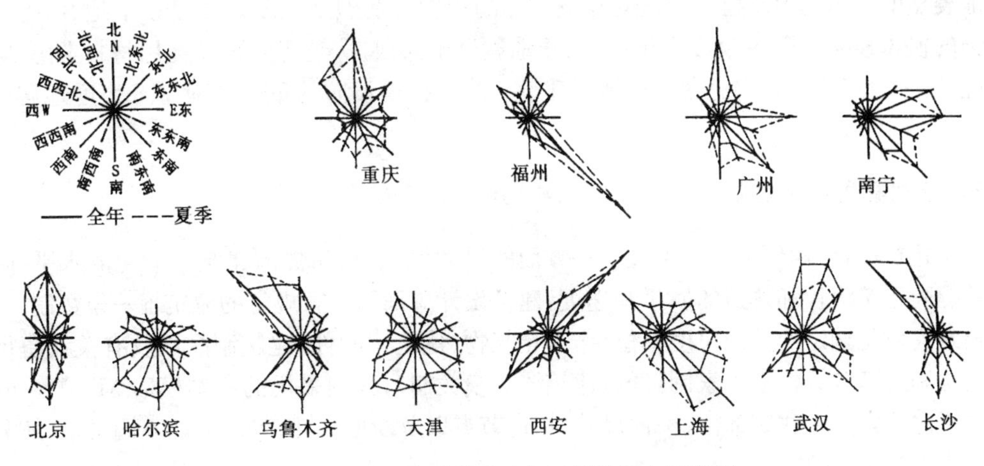

图 1—5　我国部分城市全年及夏季风向频率图

四、地形、地质条件和地震烈度

基地地形的平缓或起伏，基地的地质构成、土壤特性和地耐力的大小，对建筑物的平面组合、结构布置和建筑体型都有明显的影响。如坡度较陡的地形，常使建筑结合地形错层建造(图 1—6)。复杂的地质条件，要求建筑的构成和基础的设置采取相应的结构构造措施。

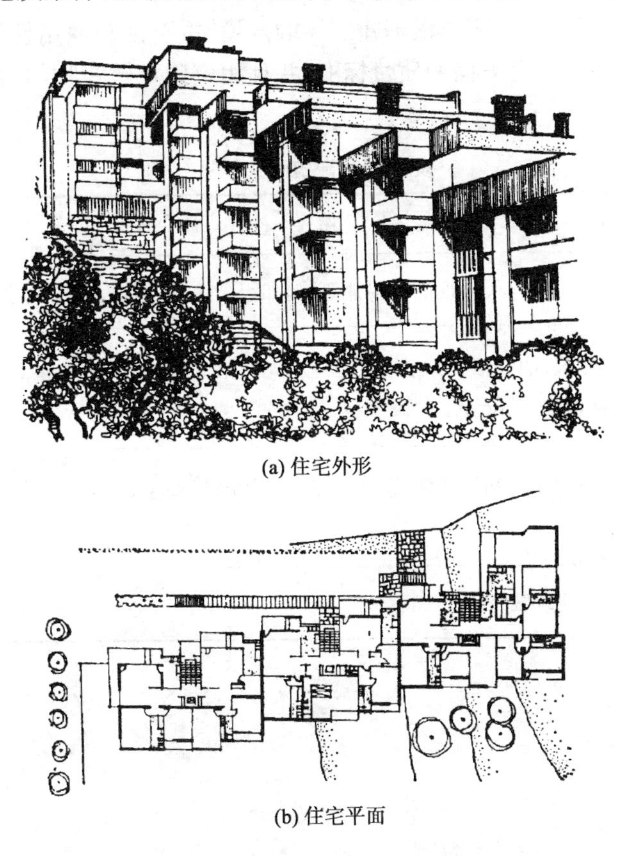

(a) 住宅外形

(b) 住宅平面

图 1—6　结合地形错层建造的住宅

地震烈度表示地面及建筑物遭受地震破坏的程度。在烈度6度及6度以下地区，地震对建筑物的损坏影响较小，9度以上地区，由于地震过于强烈，从经济因素及耗用材料考虑，除特殊情况外，一般应尽可能避免在这些地区建设。建筑抗震设防的重点是对7、8、9度地震烈度的地区。

五、建筑模数和模数制

为了建筑设计、构件生产以及施工等方面的尺寸协调，从而提高建筑工业化的水平，降低造价并提高建筑设计和建造的质量和速度，建筑设计应采用国家规定的建筑统一模数制。

建筑模数是选定的标准尺度单位，作为建筑物、建筑构配件、建筑制品以及有关设备尺寸相互间协调的基础。根据国家制订的《建筑统一模数制》，我国采用的基本模数 M=100 mm，同时由于建筑设计中建筑部位、构件尺寸、构造节点以及断面、缝隙等尺寸的不同要求，还分别采用分模数和扩大模数。

分模数 1/2 M(50 mm)、1/5 M(20 mm)、1/10 M(10 mm)适用于成材的厚度、直径、缝隙、构造的细小尺寸以及建筑制品的公偏差等；

基本模数 1 M 和扩大模数 3 M(300 mm)、6 M(600 mm)等适用于门窗洞口、构配件、建筑制品及建筑物的跨度(进深)、柱距(开间)和层高的尺寸等；

扩大模数 12 M(1 200 mm)、30 M(3 000 mm)、60 M(6 000 mm)等适用于大型建筑物的跨度(进深)、柱距(开间)、层高及构配件的尺寸等。

各类建筑物在进行设计时，还应根据建筑物的规模、重要性和使用性质，确定建筑物在使用要求、所用材料、设备条件等方面的质量标准，并且相应确定建筑物的耐久年限和耐火等级(表1—1和表1—2)。

表1—1　建筑耐久年限

建筑等级	建筑物性质	耐久年限
1	具有历史性、纪念性、代表性的重要建筑物，如纪念馆、博物馆、国家会堂等	100年以上
2	重要的公共建筑，如一级行政机关办公楼、大城市火车站、国际空港、国际宾馆、大型体育馆、大剧院等	50～100年
3	比较重要的公共建筑和居住建筑，如医院、高等院校、高层住宅以及主要工业厂房等	15～50年
4	临时性和简易建筑物等	15年以下

表 1—2　建筑物构件的燃烧性能和耐火极限

构件名称 \ 燃烧性能和耐火极限(h) \ 耐火等级		一级	二级	三级	四级
墙	防火墙	非燃烧体 4.00	非燃烧体 4.00	非燃烧体 4.00	非燃烧体 4.00
	承重墙、楼梯间、电梯井的墙	非燃烧体 3.00	非燃烧体 2.50	非燃烧体 2.50	难燃烧体 0.50
	非承重外墙、疏散走道两侧的墙	非燃烧体 1.00	非燃烧体 1.00	非燃烧体 0.50	难燃烧体 0.25
	隔墙	非燃烧体 0.75	非燃烧体 0.50	难燃烧体 0.50	难燃烧体 0.25
柱	支承多层的柱	非燃烧体 3.00	非燃烧体 2.50	非燃烧体 2.50	难燃烧体 0.50
	支承单层的柱	非燃烧体 2.50	非燃烧体 2.00	非燃烧体 2.00	燃烧体
梁		非燃烧体 2.00	非燃烧体 1.50	非燃烧体 1.00	难燃烧体 0.50
楼板		非燃烧体 1.50	非燃烧体 1.00	非燃烧体 0.50	难燃烧体 0.25
屋顶承重构件		非燃烧体 1.50	非燃烧体 0.50	燃烧体	燃烧体
疏散楼梯		非燃烧体 1.50	非燃烧体 1.00	非燃烧体 1.00	燃烧体
吊顶(包括吊顶搁栅)		非燃烧体 0.25	难燃烧体 0.25	难燃烧体 0.15	燃烧体

注：非燃烧体——砖石材料、混凝土、毛石混凝土、加气混凝土、钢筋混凝土、砖柱、钢筋混凝土柱或有保护层的金属柱、钢筋混凝土板等。

难燃烧体——木吊顶搁栅下吊钢丝网抹灰、板条抹灰、木吊顶搁栅下吊石棉水泥板、石膏板、石棉板、钢丝网抹灰、板条抹灰、苇箔抹灰、水泥石棉板。

燃烧体——无保护层的木梁、木楼梯、木吊顶搁栅下吊板条、苇箔、纸板、纤维板、胶合板等可燃物。

复习思考题

1—1　建筑的含义是什么？建筑有哪些基本要素？

1—2　生产性建筑和非生产性建筑的含义是什么？

1—3　建筑设计的主要依据有哪些？

1—4　为什么要实行建筑模数协调统一标准？什么叫基本模数、扩大模数、分模数？其适用范围是什么？

1—5　何为两阶段设计和三阶段设计？适用范围是什么？

1—6　建筑工程设计包括哪几方面的内容？

1—7　如何划分建筑物的耐久年限和耐火等级？

第2章　建筑平面设计

本章提要：本章包括建筑使用部分的平面设计、交通部分的平面设计、建筑平面组合设计、工业建筑平面设计和工业厂房定位轴线的标定。

学习目的：基本掌握大量性民用建筑平面设计一般原理和方法，运用一般性设计原理分析和解决平面设计中普遍问题。基本掌握单层工业厂房定位轴线标注的基本规则。

一幢建筑物的平面、剖面和立面图，是这幢建筑物在水平方向、垂直方向的剖切面及外观的投影图，平、立、剖面综合在一起，即表达了一幢三度空间的建筑整体。

建筑平面是表示建筑物在水平方向房屋各部分的组合关系。由于建筑平面通常较为集中地反映建筑功能方面的问题，因此建筑应从平面设计入手，着眼于建筑空间的组合，在平面设计中，紧密联系建筑剖面和立面，分析剖面、立面的可能性和合理性，不断调整修改平面，反复深入。

各种类型的建筑空间一般可以归纳为主要使用空间、辅助使用空间和交通联系空间，并通过交通联系部分将主要使用空间和辅助使用空间联成一个有机的整体。使用部分是指主要使用活动和辅助使用活动的面积，即各类建筑物中的使用房间和辅助房间。使用房间，如住宅中的起居室、卧室，学校建筑中的教室、实验室，影剧院中的观众厅等；辅助房间，如厨房、盥洗室、厕所、储藏室等。交通联系部分是建筑物中各个房间之间、楼层之间和房间内外之间联系通行的面积，即各类建筑物中的走廊、门厅、过厅、楼梯、坡道，以及电梯和自动楼梯等所占的面积。

§2—1　使用部分的平面设计

房间是建筑平面组合的基本单元，由于建筑物的性质和使用功能不同，建筑平面中各个使用房间和辅助房间的面积大小、形状尺寸、位置、朝向以及通风、采光等方面的要求也有很大差别。

一般说来，生活、工作和学习用的房间要求安静，少干扰，由于人们在其中停留的时间相对较长，因此希望能有较好的朝向；公共活动房间的主要特点是人流比较集中，通常进出频繁，因此室内人们活动和通行面积的组织比较重要，特别是人流的疏散问题较为突出。

一、主要使用房间的设计

1. 房间的面积

各种不同用途的房间都是为了供一定数量的人在里面活动及布置所需的家具、设备而设置的，因此使用房间面积的大小，主要是由房间内部活动特点，使用人数的多少、家具设备的多少等因素决定的，例如住宅的起居室、卧室，面积相对较小；剧院、电影院的观众厅，除了人多、座椅多外，还要考虑人流迅速疏散的要求，所需的面积就大；又如室内游泳池和健身房，由于使用活动的特点，也要求有较大的面积。

为了深入分析房间内部的使用要求，我们把一个房间内部的面积，根据它们的使用特点分为以下几个部分：

(1) 家具或设备所占面积；

(2) 人们在室内的使用活动面积(包括使用家具及设备时，近旁所需的面积)；

(3) 房间内部的交通面积。

图 2—1a、图 2—1b 分别是学校教室和住宅的卧室室内使用面积分析示意。

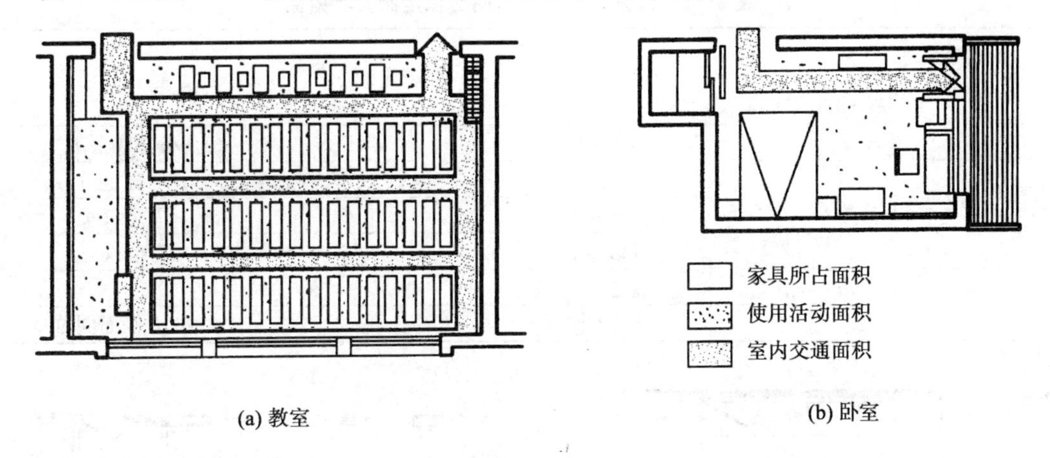

(a) 教室　　(b) 卧室

图 2—1　室内使用面积分析

从图例中可以看到，确定房间使用面积的大小，除了家具设备所需的面积外，还包括室内活动和交通面积的大小，这些面积的确定又都和人体活动的基本尺度有关。例如教室中学生就座、起立时桌椅近旁必要的使用、活动面积，入座、离座时通行的最小宽度，以及教师讲课时在黑板前的活动面积等。

在一些建筑物中，房间使用面积大小的确定，并不像上图中教室平面的面积分配那样明显，例如商店营业厅中柜台外顾客的活动面积，剧院、电影院休息厅中观众活动的面积等，由于这些房间中使用活动的人数并不固定，也不能直接从房间内家具的数量来确定使用面积的大小，通常需要通过对已建的同类型房间进行调查，掌握人们实际使用活动的一些规律，然后根据调查所得的数据资料，结合设计房间的使用要求和相应的经济条件，确定比较合理的室内使用面积。

在实际设计工作中，国家或所在地区设计的主管部门，对住宅、学校、商店、医院、剧院等各种类型的建筑物，通过大量调查研究和设计资料的积累，结合我国经济条件和各地具体情况，编制出一系列面积定额指标，用以控制各类建筑中使用面积的限额，并作为确定房间使用面积的依据，如表 2—1。

2. 房间平面形状和尺寸

初步确定了使用房间面积的大小以后，还需要进一步确定房间平面的形状和具体尺寸。相同面积的房间，可能有很多种平面形状和尺寸，房间平面的形状和尺寸，主要是由室内使用活动的特点，家具布置方式，以及采光、通风、音响等要求所决定的。在满足使用要求的同时，构成房间的技术经济条件，人们对室内空间的观感，也是确定房间平面形状和尺寸的重要因素。

以 50 座矩形平面中小学普通教室为例，根据普通教室以听课为主的使用特点来分析，首先要保证学生上课时视、听方面的质量，座位的排列不能太远太偏，教师讲课时黑板前要有必要的活动余地等。通过具体调查实测，或借鉴已有的设计数据资料，相应地确定了允许排列的

离黑板最远座位 $d \leqslant 8.5$ m，边座和黑板面远端夹角控制在不小于 30°，以及第一排座位离黑板的最小距离 a 为 2 m 左右。在上述范围内，结合桌椅的尺寸和排列方式，根据人体活动尺度，确定排距和桌子间通道的宽度，基本上可以满足普通教室中视、听、活动和通行等方面的要求，见图 2—2。

表 2—1　部分民用建筑房间面积定额参考指标

项　目 建筑类型	房间名称	面积定额（m²/人）	备　注
中小学	普通教室	1～1.2	小学取下限
办公楼	一般办公室	3.5	不含走道
	一般会议室	0.5	无会议桌
	高级会议室	2.3	有会议桌
火车站	普通候车室	1.1～1.3	
图书馆	普通阅览室	1.8～2.5	4～6 人双面阅览桌

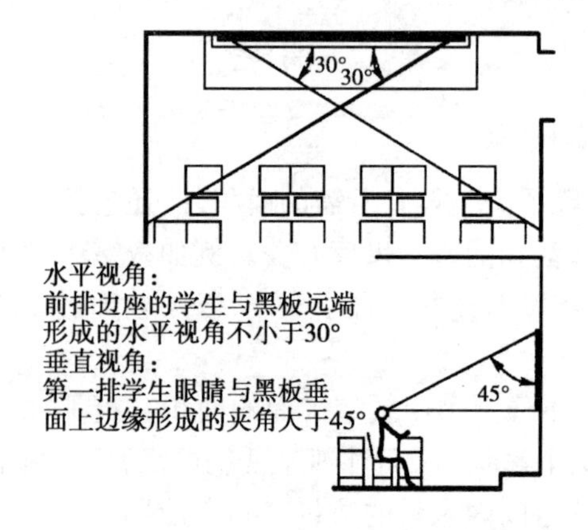

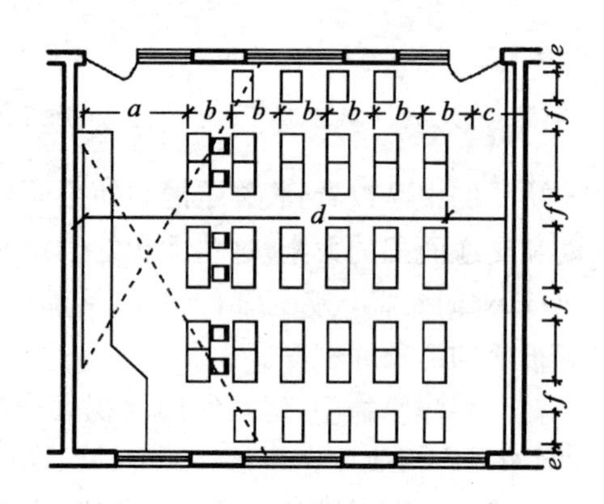

图 2—2　教室平面尺寸的确定

确定教室平面形状和尺寸的因素，除了视、听要求外，还需要综合考虑其他方面的要求，从教室内需要有足够和均匀的天然采光来分析，进深较大的方形、六角形平面，希望房间两侧都能开窗采光，或采用侧光和顶光相结合；当平面组合中房间只能一侧开窗采光时，沿外墙长向的矩形平面，能够较好地满足采光均匀的要求，见图 2—3。

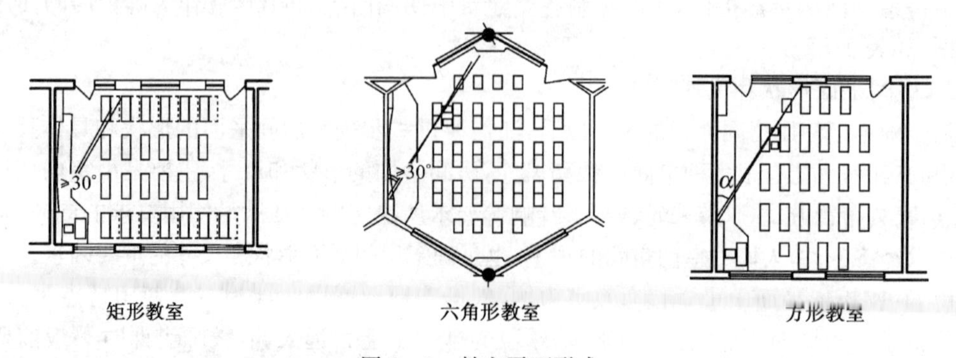

图 2—3　教室平面形式

从房屋使用、结构布置、施工技术和建筑经济等方面综合考虑，一般中小型民用建筑通常采用矩形的房间平面。这是由于矩形平面通常便于家具布置和设备安装，使用上能充分利用房间有效面积，有较大的灵活性，同时，由于墙身平直，因此施工方便，结构布置和预制构件的选用较易解决，也便于统一建筑开间和进深，利于建筑平面组合。例如住宅、宿舍、学校、办公楼等建筑类型，大多采用矩形平面的房间。

如果建筑物中单个使用房间的面积很大，使用要求的特点比较明显，覆盖和围护房间的技术要求也较复杂，又不需要同类的多个房间进行组合，这时房间(也指大厅)平面以至整个体型就有可能采用多种形状。例如室内人数多、有视听和疏散要求的剧院观众厅、体育馆比赛大厅等，见图 2—4。

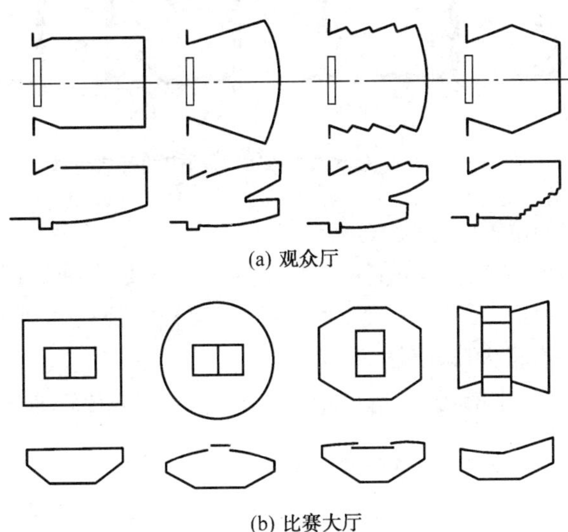

图 2—4　剧院观众厅和体育馆比赛大厅平面形状示意

3. 门窗在房间平面中的布置

房间平面设计中，门窗的大小和数量是否恰当，它们的位置和开启方式是否合适，对房间的平面使用效果有很大影响。同时，窗的形式和组合方式又和建筑立面设计的关系极为密切。

(1) 门的宽度、数量和开启方式

房间平面中门的最小宽度，是由人、家具和设备的尺度以及通过人流多少决定的。例如住宅中卧室、起居室等生活用房间，门的宽度常用 900 mm(图 2—5)，这样的宽度可使一个携带东西的人，方便地通过，也能搬进床、柜等尺寸较大的家具。住宅中厕所、浴室的门，宽度只需 650～800 mm，阳台的门 800 mm 即可。

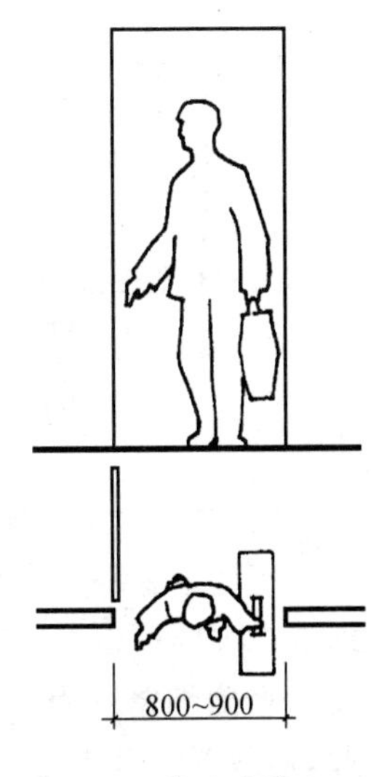

图 2—5　住宅中卧室门的宽度

室内面积较大、活动人数较多的房间，应该相应增加门的宽度或门的数量，当门宽大于 1 000 mm 时，为了开启方便和少占使用面积，通常采用双扇门或四扇门，双扇门宽度可为 1 200～1 800 mm，四扇门宽度可为 1 800～3 600 mm。

根据防火规范的要求，当房间使用人数多于 50 人，且房间面积大于 60 m^2 时，应分别在房间两端设置两个门，以保证安全疏散。使用人数较多的房间以及人流量集中的厅堂建筑，门的设置按每 100 人 600 mm 宽计算，并且门应向外开启，以利于紧急疏散。

通常面对走廊的门应向房间内开启，以免影响走廊交通。而进出人流连续、频繁的建筑物门厅的门，常采用弹簧门，使用比较方便。另外，当房间开门位置比较集中时，也应注意门的开启方向(图 2—6)，避免相互碰撞和遮挡。

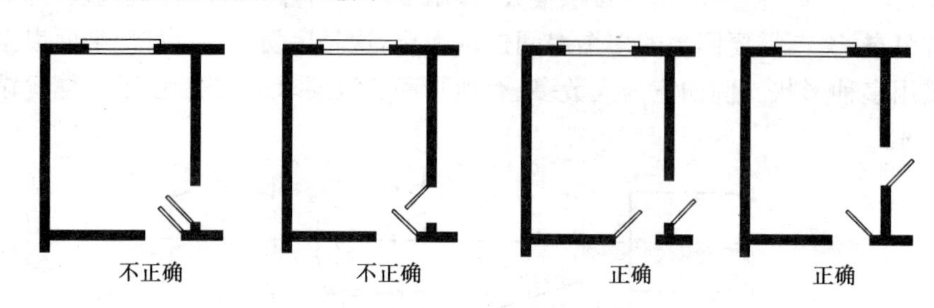

图 2—6　开门位置比较集中时的门的开启方式

(2) 房间平面中门的位置

房间平面中门的位置应考虑尽可能地缩短室内交通路线，防止迂回，并且应尽量避免斜穿房间，保留较完整的活动面积。门的位置对室内使用面积能否充分利用，家具布置是否合理，以及组织室内穿堂风等有很大影响(图 2—7)。

对于面积大、人流量集中的房间，例如剧院观众厅，其门的位置通常均匀设置，以利于迅速安全地疏散人流(图 2—8)。

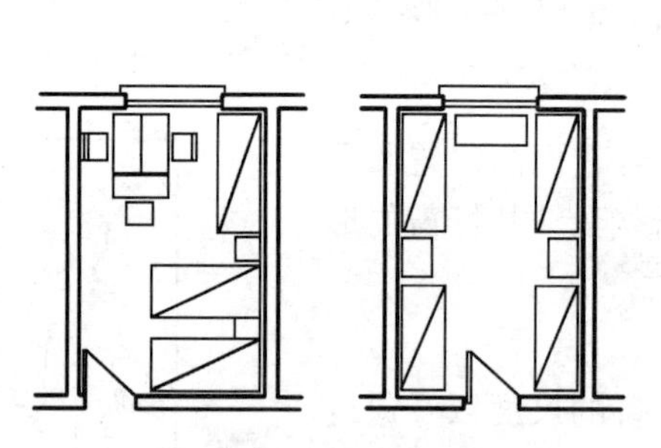

图 2—7　集体宿舍门的位置与家具布置的关系

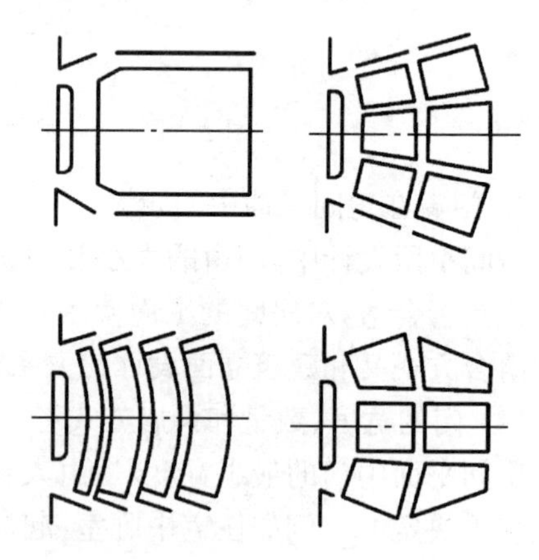

图 2—8　剧院观众厅中门的位置

(3) 窗的大小和位置

房间中窗的大小和位置，主要根据室内采光、通风要求来考虑。采光方面，窗的大小直接影响室内照度是否足够，窗的位置关系到室内照度是否均匀。各类房间照度要求是由室内使用上精确细密的程度来确定的。由于影响室内照度强弱的因素，主要是窗户面积的大小，因此，通常以窗口透光部分的面积和房间地面面积的比(即窗地面积比)，来初步确定或校验窗面积的大小(表 2—2)。

窗的平面位置，主要影响到房间沿外墙(开间)方向来的照度是否均匀、有无暗角和眩光。

如果房间的进深较大，同样面积的矩形窗户竖向设置，可使房间进深方向的照度比较均匀(图2—9)。中小学教室在一侧采光的条件下，窗户应位于学生左侧；窗间墙的宽度从照度均匀考虑，一般不宜过大(具体窗间墙尺寸的确定需要综合考虑房屋结构或抗震要求等因素)；同时，窗户和挂黑板墙面之间的距离要适当，这段距离太小会使黑板上产生眩光，距离太大又会形成暗角。

表 2—2　民用建筑中房间使用性质的采光分级和窗地面积比

采光等级	视觉工作特征		房间名称	窗地面积比
	工作或活动要求精确度	要求识别的最小尺寸(mm)		
Ⅰ	极精密	＜0.2	绘图室、制图室、画廊、手术室	1/3～1/5
Ⅱ	精密	0.2～1	阅览室、医务室、健身房、专业实验室	1/4～1/6
Ⅲ	中精密	1～10	办公室、会议室、营业厅	1/6～1/8
Ⅳ	粗糙	＞10	观众厅、居室、盥洗室、厕所	1/8～1/10
Ⅴ	极粗糙	不作规定	储藏室、门厅、走廊、楼梯	1/10 以下

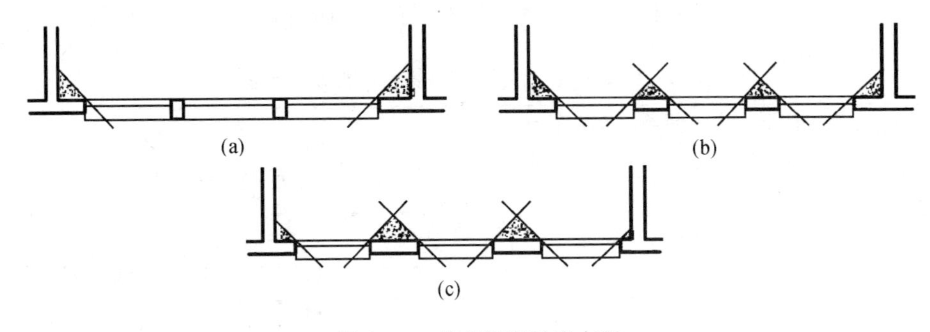

图 2—9　教室侧窗采光布置

建筑物室内的自然通风，除了和建筑朝向，间距、平面布局等因素有关外，房间中窗的位置，对室内通风效果的影响也很关键，通常利用房间两侧相对应的窗户或门窗之间组织穿堂风，门窗的相对位置采用对面通直布置时，室内气流通畅，同时也要尽可能使穿堂风通过室内使用活动部分的空间(图 2—10)。

二、辅助房间的平面设计

建筑的辅助房间主要包括厕所、盥洗室、厨房、储藏室、更衣室、洗衣房、锅炉房、通风机房等。通常有些建筑仅设置男女厕所，如办公楼、学校、商场等；有些建筑需设置公共卫生间，如幼儿园、集体宿舍等；而有些建筑则设置专用卫生间，如宾馆、饭店、疗养院等。

在建筑设计中，根据各种建筑物的使用特点和使用人数的多少，先确定所需设备的个数(表 2—3)。根据计算所得的设备数量，考虑在整幢建筑物中厕所、盥洗室的分布情况，最后在建筑平面组合中，根据整幢房屋的使用要求适当调整并确定这些辅助房间的面积、平面形式和尺寸(图 2—11)。一般建筑物中公共服务的厕所应设置前室(图 2—12),这样使厕所较隐蔽,又有利于改善通向厕所的走廊或过厅处的卫生条件。

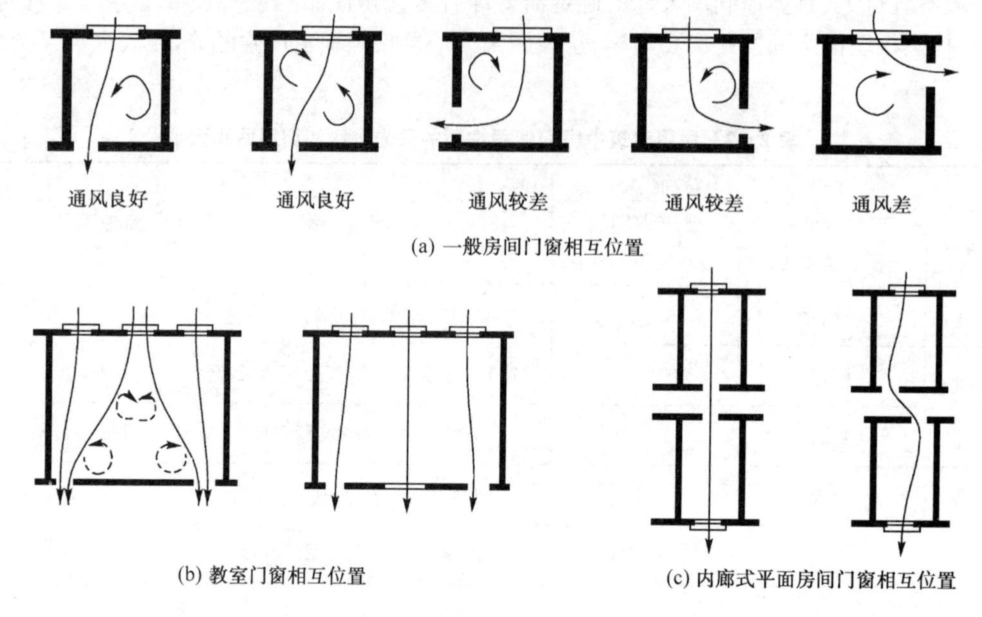

(a) 一般房间门窗相互位置

(b) 教室门窗相互位置

(c) 内廊式平面房间门窗相互位置

图 2—10　房间中门窗的位置对通风的影响

表 2—3　部分建筑类型厕所设备个数参考指标

建筑类型	男小便器(人/个)	男大便器(人/个)	女大便器(人/个)	洗手盆(人/个)	男女比例	备　注
幼托		5～10	5～10	2～5	1∶1	
中小学	40	40	25	100	1∶1	小学数量应增多
宿舍	20	20	15	15		男女比例按实际使用情况确定
门诊所	50	100	50	150	1∶1	总人数按全日门诊人数计
火车站	80	80	50	150	2∶1	
剧院	35	75	50	140	2∶1～3∶1	
体育馆	80	250	100	150	2∶1	

注:0.6 m 长的便槽折合一个小便器。

厨房的主要功能是炊事,有时兼有进餐或洗涤。住宅建筑中的厨房是家务劳动的中心所在,在厨房内所从事家务劳动的时间几乎占家务劳动总量的 2/3,所以厨房设计的好坏是影响住宅使用的重要因素(图 2—13)。通常根据厨房操作的程序布置台板、水池、炉灶,并充分利用空间解决储藏问题。

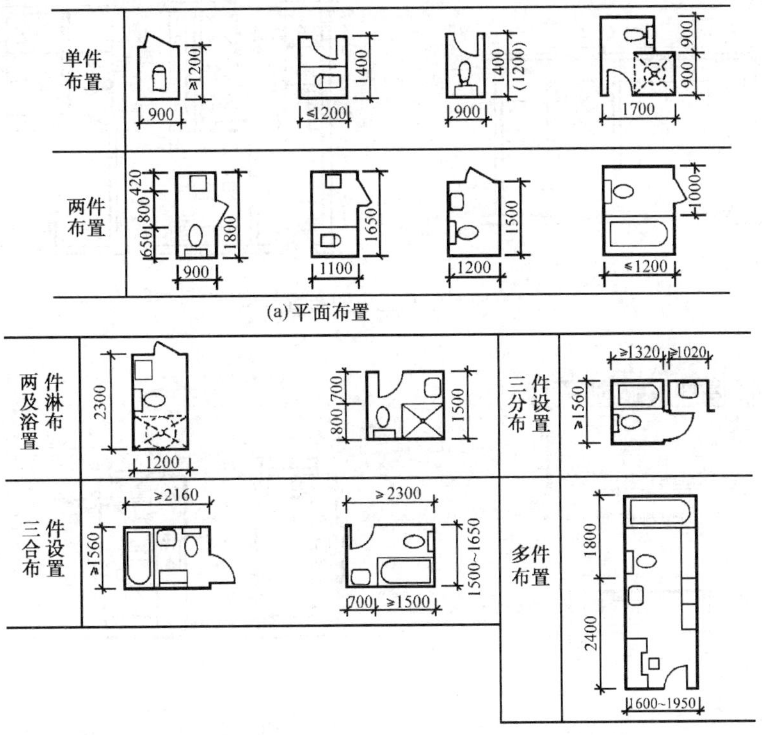

(a) 平面布置

(b) 卫生设备及管道组合尺度

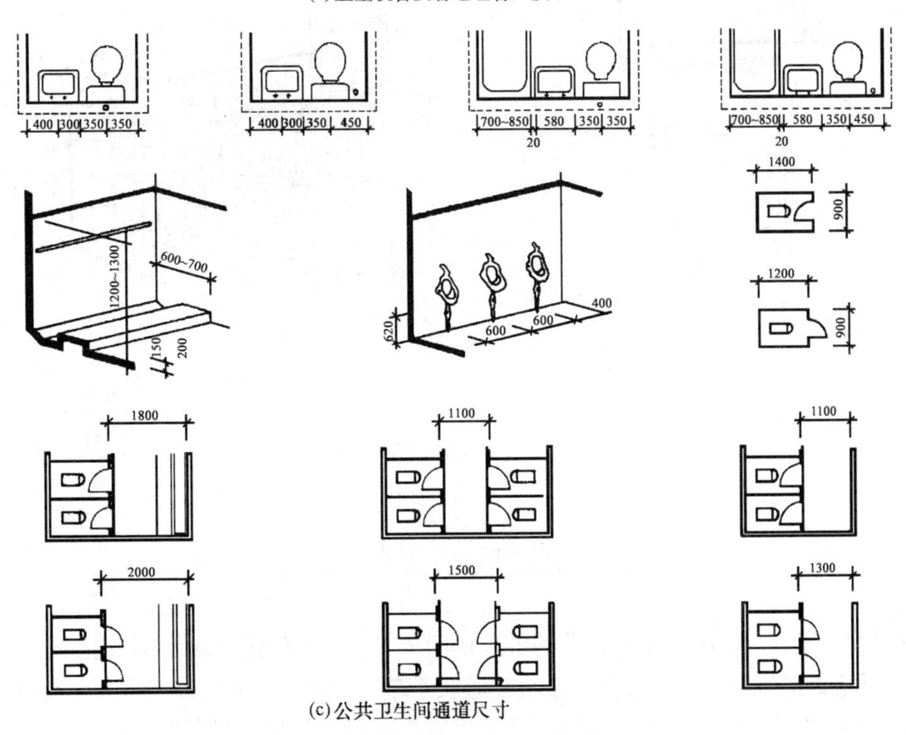

(c) 公共卫生间通道尺寸

图 2—11　主要卫生器具及所需空间尺度

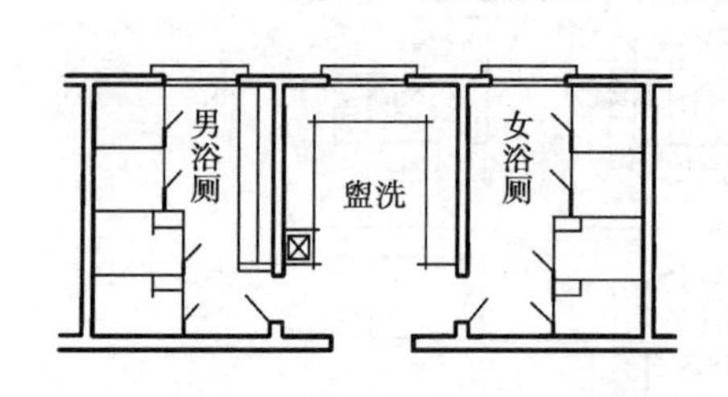

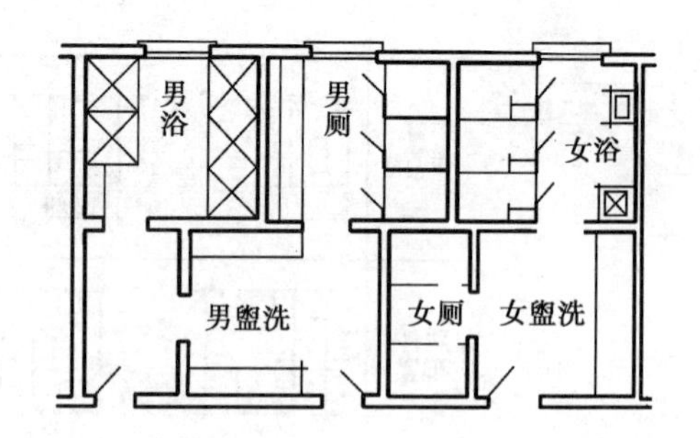

图 2—12　公共卫生间布置举例

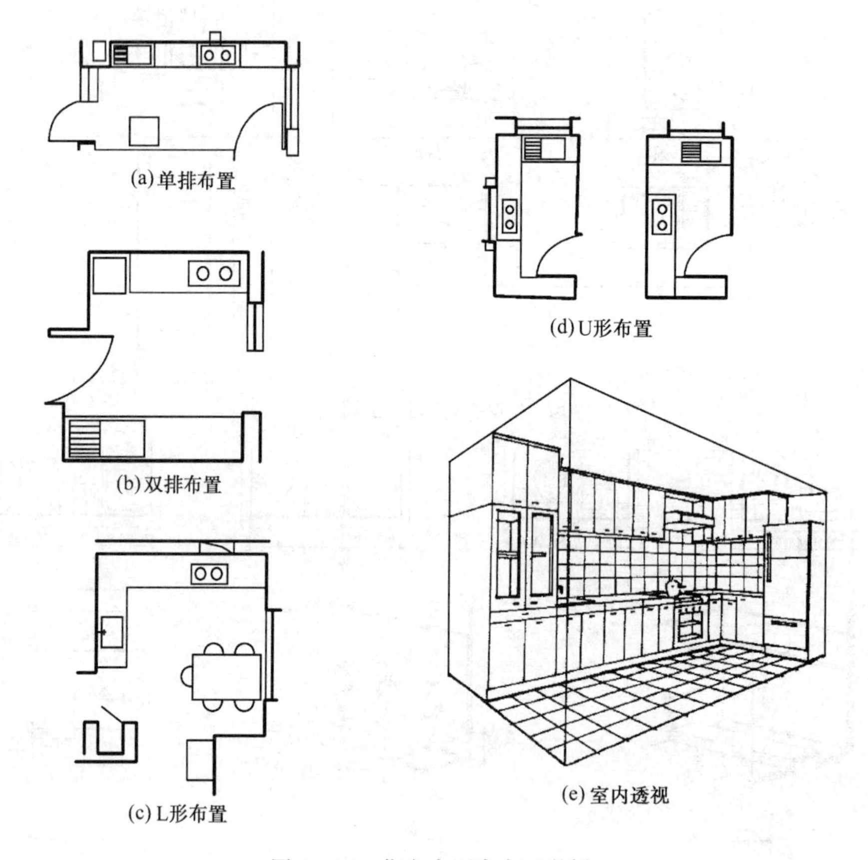

图 2—13　住宅中厨房布置举例

§2—2　交通联系部分的平面设计

一幢建筑物除了有满足使用要求的各种房间外，还需要有交通联系部分把各个房间之间以及室内外之间联系起来，建筑物内部的交通联系部分包括：水平交通空间——走道；垂直交通空间——楼梯、电梯、自动扶梯、坡道；交通枢纽空间——门厅、过厅等。

一、走道

走道是连接各个房间、楼梯和门厅等，以解决建筑中水平联系和疏散的部分，也兼有其他使用功能，如医院走廊可兼候诊(图 2－14)，学校走廊兼课间活动及宣传画廊。

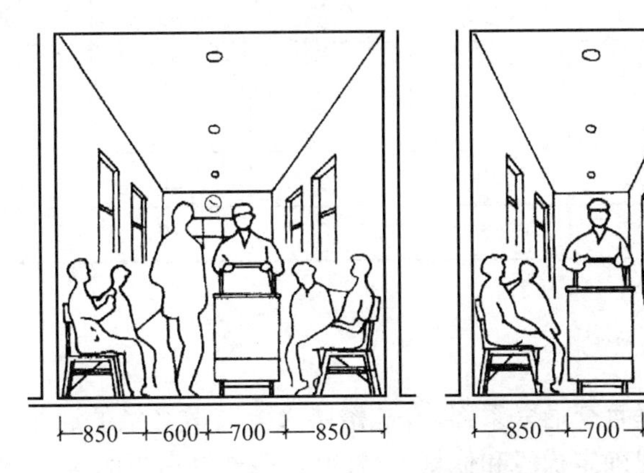

图 2－14　兼有候诊功能的医院走道宽度

走道的宽度应符合人流通畅和建筑防火要求，通常单股人流的通行宽度约 550～600 mm。一般民用建筑走道宽度如下：当走道两侧布置房间时，学校建筑走道净宽为 2 100～3 000 mm，医院建筑走道净宽为2 400～3 000 mm，旅馆、办公楼等建筑走道净宽为 1 500～2 100 mm。当走道一侧布置房间时，其走道净宽可相应减小。在通行人数少的住宅过道中，考虑到两人相对通过和搬运家具的需要，走道的最小宽度也不宜小于 1 100～1 200 mm。在通行人数较多的公共建筑中，按各类建筑的使用特点、建筑平面组合要求、通过人流的多少及根据调查分析或参考设计资料确定走道宽度(表 2－4)。

表 2－4　走道宽度指标

宽度指标(m/百人) 耐火等级 / 层数	一、二级	三级	四级
一、二层	0.65	0.75	1.00
三层	0.75	1.00	—
四层以上	1.00	1.25	—

走道的长度应根据建筑性质、耐火等级及防火规范来确定。走道从房间门到楼梯间或外门的最大距离，以及袋形走道的长度(图 2－15)，从安全疏散考虑应有一定的限制(表 2.5)。

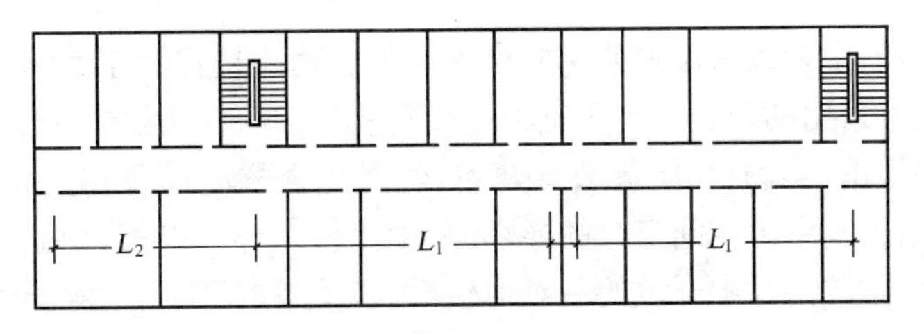

图 2－15　走道安全疏散长度控制

表 2—5　房门至外部出口或封闭楼梯间(或防烟楼梯间)的最大距离　　单位:m

建筑类型	位于两个外部出口或楼梯之间的房间(L_1)			位于袋形走道两侧或尽端的房间(L_2)		
	耐火等级			耐火等级		
	一、二级	三级	四级	一、二级	三级	四级
托儿所、幼儿园	25	20	———	20	15	———
医院、疗养院	35	30	———	20	15	———
学校	35	30	———	22	20	———
其他民用	40	35	25	22	20	15

二、楼梯和坡道

楼梯是建筑各层间的垂直交通联系部分,是楼层人流疏散必经的通路。楼梯设计主要根据使用要求和人流通行情况确定梯段和休息平台的宽度;选择适当的楼梯形式;考虑整幢建筑的楼梯数量;以及楼梯间的平面位置和空间组合。

楼梯的宽度,也是根据通行人数的多少和建筑防火要求决定的。梯段的宽度,和走道的宽度一样,考虑两人相对通过,通常不小于 1 100～1 200 mm。住宅内部的楼梯,从节省建筑面积出发,把梯段的宽度设计得小一些,但不应小于 850～900 mm。所有梯段宽度的尺寸,也都需要以防火要求的最小宽度进行校核,防火要求宽度的具体尺寸和对走道的要求相同(见表 2—4)。楼梯平台的宽度,除了考虑人流通行外,还需要考虑搬运家具的方便,通常不应小于梯段的宽度(图 2—16)。

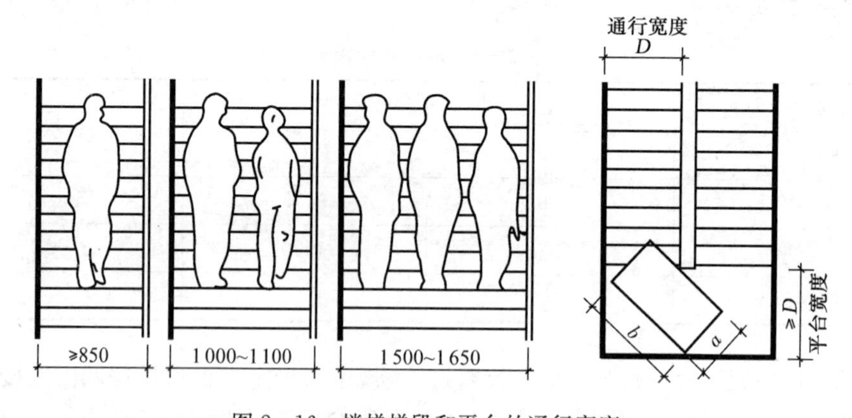

图 2—16　楼梯梯段和平台的通行宽度

楼梯形式的选择,主要以房屋的使用要求为依据。两跑楼梯由于面积紧凑,使用方便,是一般民用建筑中最常采用的形式。当建筑物的层高较高,或利用楼梯间顶部天窗采光时,常采用三跑楼梯。一些旅馆、会场、剧院等公共建筑,经常把楼梯的设置和门厅、休息厅等结合起来。这时,楼梯可以根据室内空间组合的要求,采用比较多样的形式,如会场门厅中显得庄重的直跑大平台楼梯,剧院门厅中开敞的不对称楼梯,以及旅馆门厅中比较轻快的圆弧形楼梯等(图 2—17)。

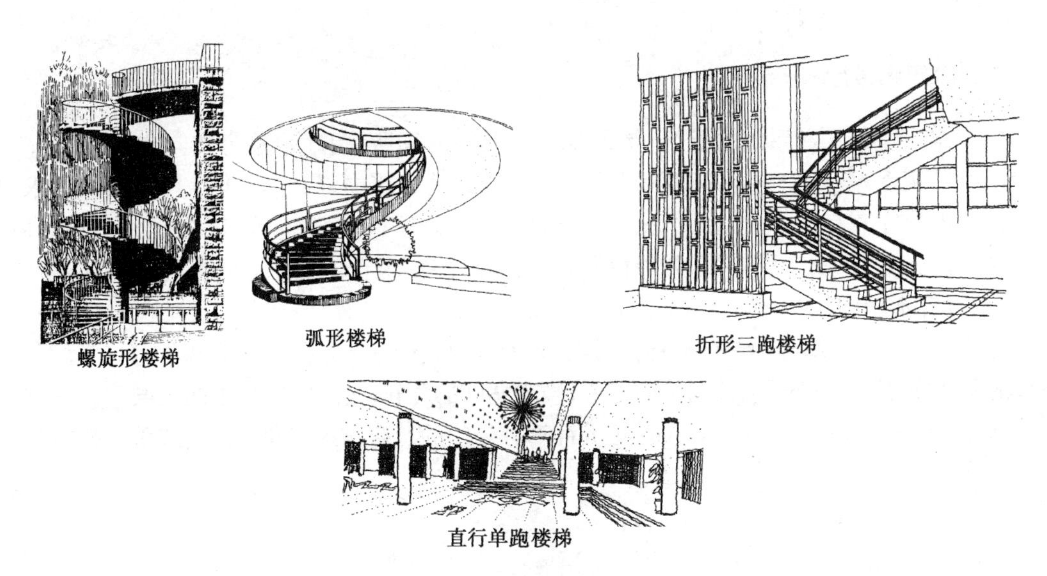

图 2—17　不同的楼梯形式

楼梯在建筑平面中的数量和位置，是建筑平面设计中比较关键的问题，它关系到建筑物中人流交通的组织是否通畅、安全，建筑面积的利用是否经济合理。

楼梯的数量主要根据楼层人数多少和建筑防火要求来确定：在建筑物中，楼梯和远端房间的疏散距离应符合表 2—5 要求。一般情况下公共建筑都需要布置两个或两个以上的楼梯。一些公共建筑，通常在主要出入口处，相应地设置一个位置明显的主要楼梯；在次要出入口处，或者建筑转折和交接处设置次要楼梯供疏散及服务用。

当符合下列条件之一时，可设一个安全出口或疏散楼梯：

(1) 除托儿所、幼儿园外，建筑面积小于等于 200 m^2 且人数不超过 50 人的单层公共建筑；

(2) 除医院、疗养院、老年人建筑及托儿所、幼儿园的儿童用房和儿童游乐厅等儿童活动场所外，符合表 2—6 规定的 2、3 层公共建筑：

表 2—6　公共建筑可设置 1 个疏散楼梯的条件

耐火等级	最多层数	每层最大建筑面积(m^2)	人数
一、二级	3 层	500	第二层和第三层的人数之和不超过 100 人
三级	3 层	200	第二层和第三层的人数之和不超过 50 人
四级	2 层	200	第二层人数不超过 30 人

建筑垂直交通联系部分除楼梯外，还有坡道、电梯和自动扶梯等。一些人流大量集中的公共建筑，如大型体育馆常在人流疏散集中的地方设置坡道，以利于安全和快速地疏散人流；一些医院为了病人上下和手推车通行的方便也可采用坡道。电梯通常使用在多层或高层建筑中，如旅馆、办公大楼、高层住宅楼等；一些有特殊使用要求的建筑，如医院、商场等也常采用。自动扶梯具有连续不断地乘载大量人流的特点，因而适用于具有频繁而连续人流的大型公共建筑中，如百货大楼、展览馆、游乐场、火车站、地铁站、航空港等建筑物中。

三、门厅和过厅

门厅作为建筑交通系统的枢纽，是人流出入汇集的场所，门厅水平方向与走道相连，垂直方向与楼梯相连，是整个建筑的咽喉要道。在一些公共建筑中，门厅还兼有其他功能要求，如大型办公楼门厅兼有接待、会客、休息等功能(图 2－18)，医院门厅兼有挂号、候诊、收费、取药等功能，有的门厅还兼有展览、陈列等使用要求。由于各类建筑物的使用性质不同，门厅的大小、面积也各不相同。

与所有交通联系部分的设计一样，疏散出入安全也是门厅设计的一个重要内容，门厅对外出入口的总宽度，应不小于通向该门厅的走道、楼梯宽度的总和，人流比较集中的公共建筑物，门厅对外出入口的宽度，一般按每 100 人 0.6 m 计算。外门的开启方式应向外开启或采用弹簧门扇。

图 2－18　兼有会客、休息功能的大型办公楼门厅

门厅的面积大小，主要根据建筑物的使用性质和规模确定，在调查研究、积累设计经验的基础上，根据相应的建筑标准，不同的建筑类型都有一些面积定额可以参考(表 2－7)。

表 2－7　部分建筑门厅面积设计参考指标

建筑类型	面积定额	备　注
中小学校	0.06～0.08 m^2/人	
食堂	0.08～0.18 m^2/座	含洗手间、小卖部
综合医院	11 m^2/每日百人次	含衣帽间、询问处
旅馆	0.2～0.5 m^2/床	
电影院	0.13 m^2/人	

导向性明确，避免交通路线过多的交叉和干扰，是门厅设计中的重要问题。门厅的导向要明确，即要求人们进入门厅后，能够比较容易地找到各走道口和楼梯口，并易于辨别这些走道或楼梯的主次。门厅的布局(图 2－19)通常有对称形和不对称形两种，对称形门厅有明显的中轴线，如果起主要交通联系作用的走道或主要楼梯沿轴线布置，主导方向较为明确。不对称形门厅，门厅中没有明显的轴线，交通联系主次的导向，往往需要通过对走道宽度的大小，墙面透空和装饰处理以及楼梯踏步的引导等设计手法，使人们易于辨别交通联系的主导方向。

门厅中还应组织好各个方向的交通路线，尽可能减少来往人流的交叉和干扰。对一些兼有其他使用要求的门厅，更需要分析门厅中人们的活动特点，在各使用部分留有少量穿越的必要活动面积，使这些活动部分和厅内的交通路线尽少干扰(图 2—20)。

过厅通常设置在走道和走道之间、或走道和楼梯的连接处，它起到交通人流缓冲及交通路线转折与过渡的作用。有时为了改善走道的采光、通风条件，也可以在走道的中部设置过厅。

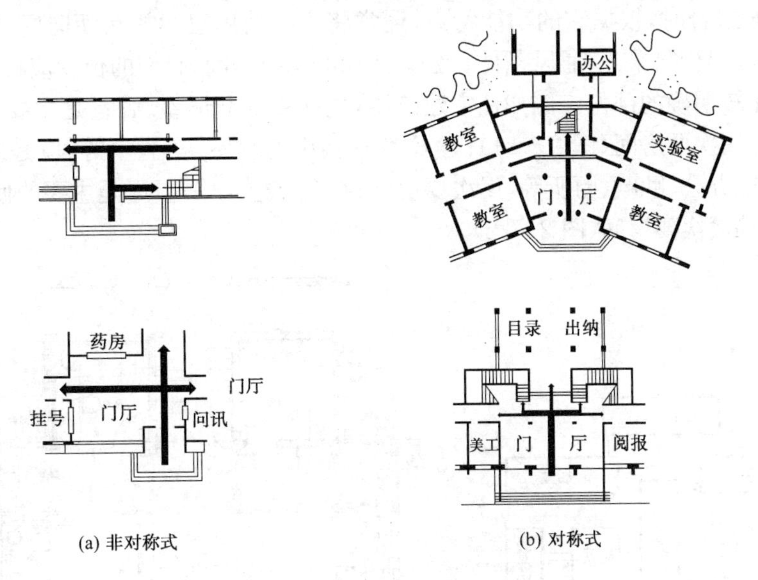

(a) 非对称式　　(b) 对称式

图 2—19　门厅平面示意

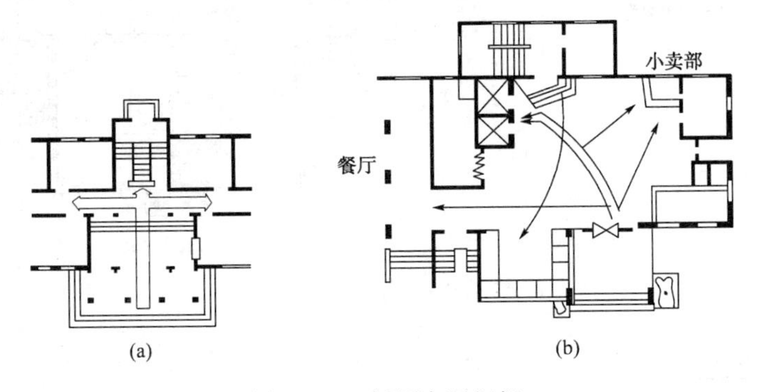

(a)　　(b)

图 2—20　门厅交通组织

§2—3　建筑平面组合设计

建筑设计不仅要求每个房间本身具有合理的形状和大小，而且还要求各个房间之间以及房间与内部交通之间保持合理的联系。建筑平面组合设计，就是将建筑的各个组成部分通过一定的形式连成一个整体，并满足使用方便、造价经济、形象美观以及符合总体规划的要求，尽可能地结合基地环境，使之合理完善。

在进行建筑平面组合时，首先要对建筑物进行功能分析，而功能分析通常借助于功能分析图进行，功能分析图是用来表示建筑物的各个使用部分以及相互之间联系的简单分析图。

一、建筑平面功能分析

(1) 房间的主次关系

在建筑中由于各类房间使用性质的差别，有的房间相对处于主要地位，有的则处于次要地位，在进行平面组合时，根据它的功能特点，通常将主要使用房间放在朝向好、比较安静的位置，以取得较好的日照、采光、通风条件。公共活动的主要房间，它们的位置应在出入和疏散方便，人流导向比较明确的部位。例如住宅建筑中，生活用的起居室、卧室是主要的房间，厨房、浴厕、贮藏室等属次要房间(图 2－21)；学校教学楼中的教室、实验室等，应是主要的使用房间，其余的管理、办公、贮藏、厕所等，属次要房间；在食堂建筑中，餐厅是主要的使用房间，而备餐、厨房、库房等属次要房间(图 2－22)。

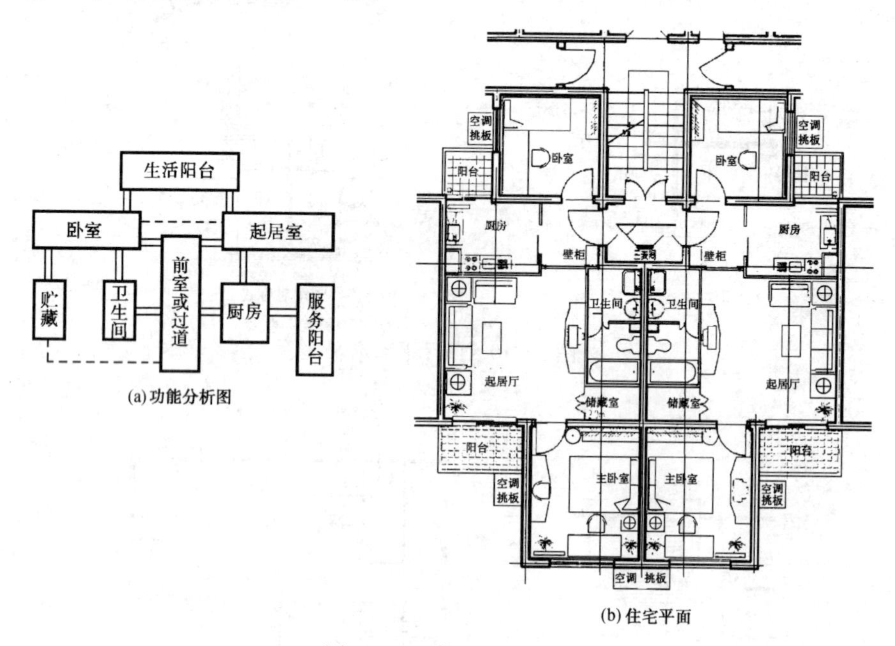

(a)功能分析图　(b)住宅平面

图 2－21　住宅平面布置

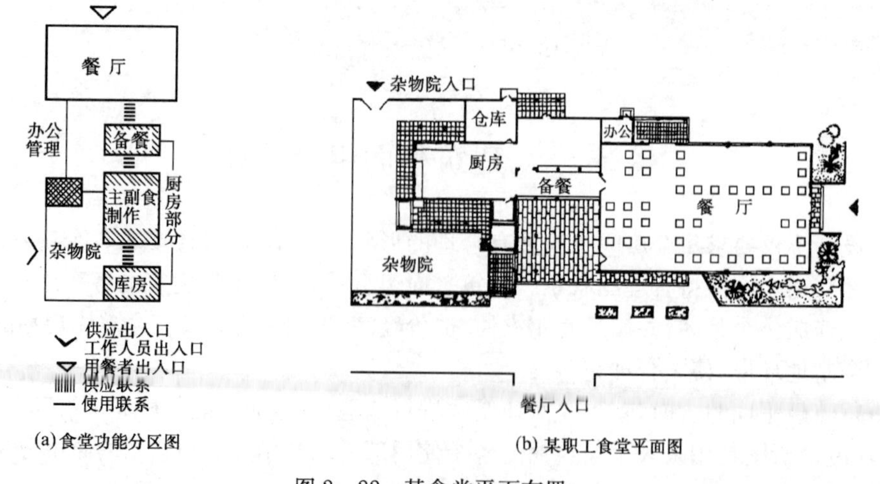

(a)食堂功能分区图　(b)某职工食堂平面图

图 2－22　某食堂平面布置

(2) 房间的内外关系

在各种使用空间中,有的部分对外性强,直接为公众使用,有的部分对内性强,主要是内部工作人员使用。按照人流活动的特点,将对外性较强的部分尽量布置在交通枢纽附近,将对内性较强的部分布置在较隐蔽的部位,并使之靠近内部交通区域。如商业建筑营业厅是对外的,人流量大,应布置在交通方便、位置明显处,而将库房、办公等管理用房布置在后部次要入口处(图 2—23)。

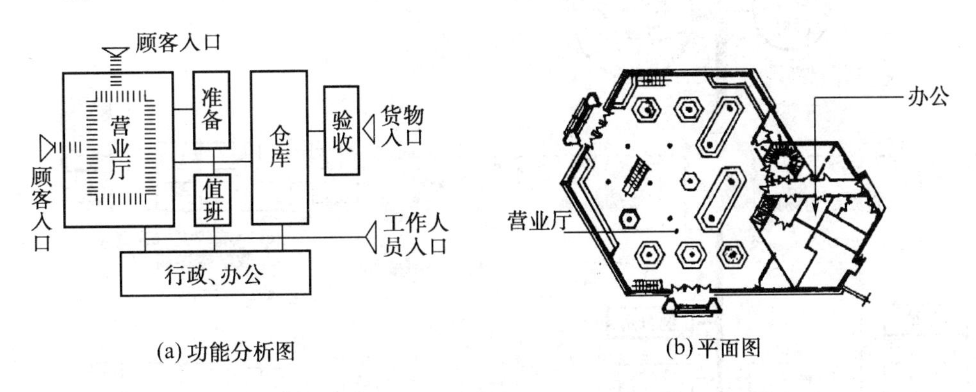

图 2—23　某商店平面布置

(3) 房间的联系与分隔

在建筑物中那些供学习、工作、休息用的主要使用部分希望获得比较安静的环境,因此应与其他使用部分适当分隔。在进行建筑平面组合时,首先将组成建筑物的各个使用房间进行功能分区,以确定各部分的联系与分隔,使平面组合更趋合理。例如学校建筑,可以分为教学活动、行政办公以及生活后勤等几部分,教学活动和行政办公部分既要分区明确,避免干扰,又要考虑分属两个部分的教室和教师办公室之间的联系方便,它们的平面位置应适当靠近一些;对于使用性质同样属于教学活动部分的普通教室和音乐教室,由于音乐教室上课时对普通教室有一定的声响干扰,它们虽属同一个功能区中,但是在平面组合中却又要求有一定的分隔(图 2—24)。又如医院建筑中,通常可以分为门诊、住院、辅助医疗和生活服务用房等几部分,其中门诊和住院两个部分,都与包括化验、理疗、放射、药房等房间的辅助医疗部分关系密切,需要联系方便,但是门诊部分比较嘈杂,住院部分需要安静,它们之间又需要有较好的分隔(图 2—25)。

(4) 房间使用程序及交通路线的组织

在建筑物中不同使用性质的房间或各个部分,在使用过程中通常有一定的先后顺序,这将影响到建筑平面的布局方式,平面组合时要很好考虑这些前后顺序,应以公共人流交通路线为主导线,不同性质的交通流线应明确分开。例如车站建筑中有人流和货流之分,人流又有问讯、售票、候车、检票、进入站台上车的上车流线以及由站台经过检票出站的下车流线等(图 2—26);有些建筑物对房间的使用顺序没有严格的要求,但是也要安排好室内的人流通行面积,尽量避免不必要的往返交叉或相互干扰。

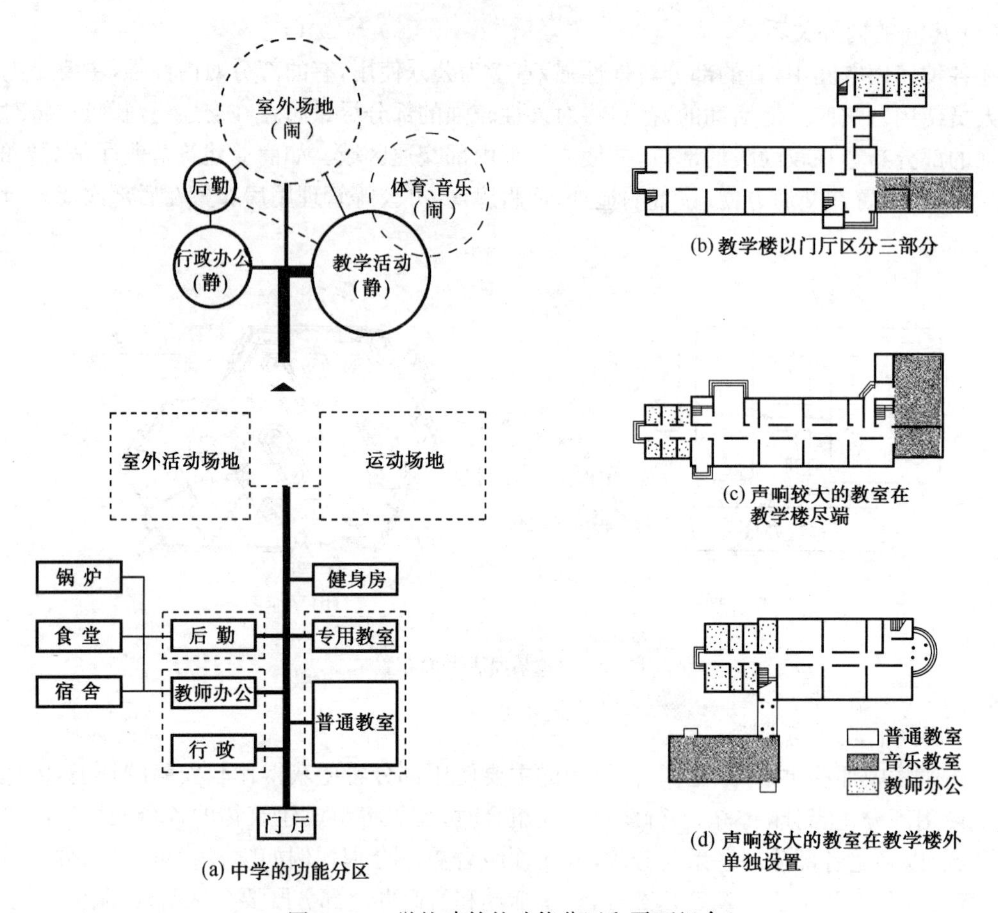

(a) 中学的功能分区

(b) 教学楼以门厅区分三部分

(c) 声响较大的教室在教学楼尽端

(d) 声响较大的教室在教学楼外单独设置

图 2—24　学校建筑的功能分区和平面组合

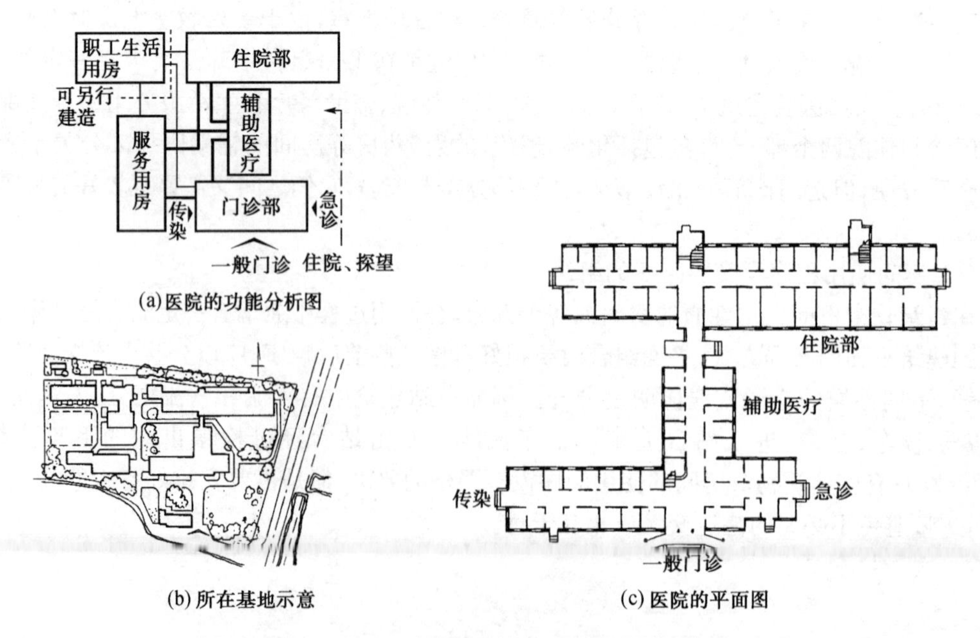

(a) 医院的功能分析图

(b) 所在基地示意

(c) 医院的平面图

图 2—25　医院建筑的功能分区和平面组合

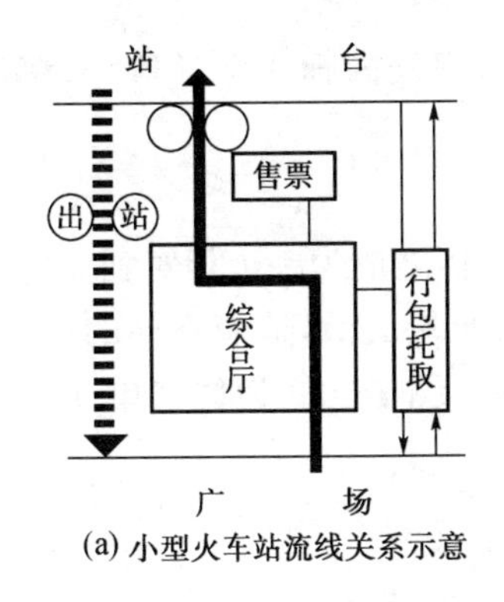

(a) 小型火车站流线关系示意

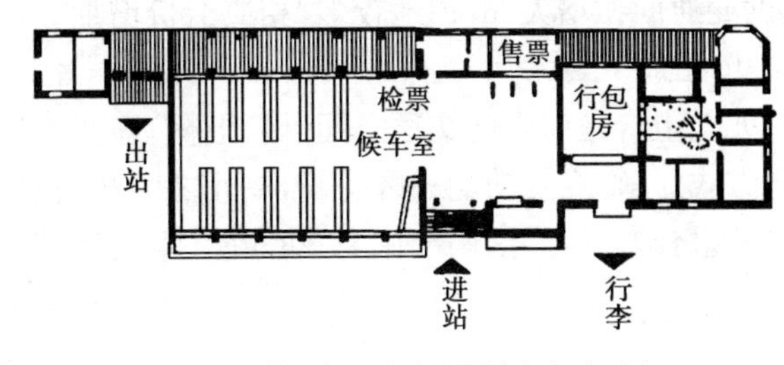

(b) 400人火车站设计方案平面图

图 2—26 房间使用顺序与平面组合

二、建筑平面组合的方式

1. 走廊式

走廊式组合是通过走廊联系各使用房间的组合方式，其特点是把使用空间和交通联系空间明确分开，以保持各使用房间的安静和不受干扰，适用于学校、医院、办公楼、集体宿舍等建筑(图 2—27)。

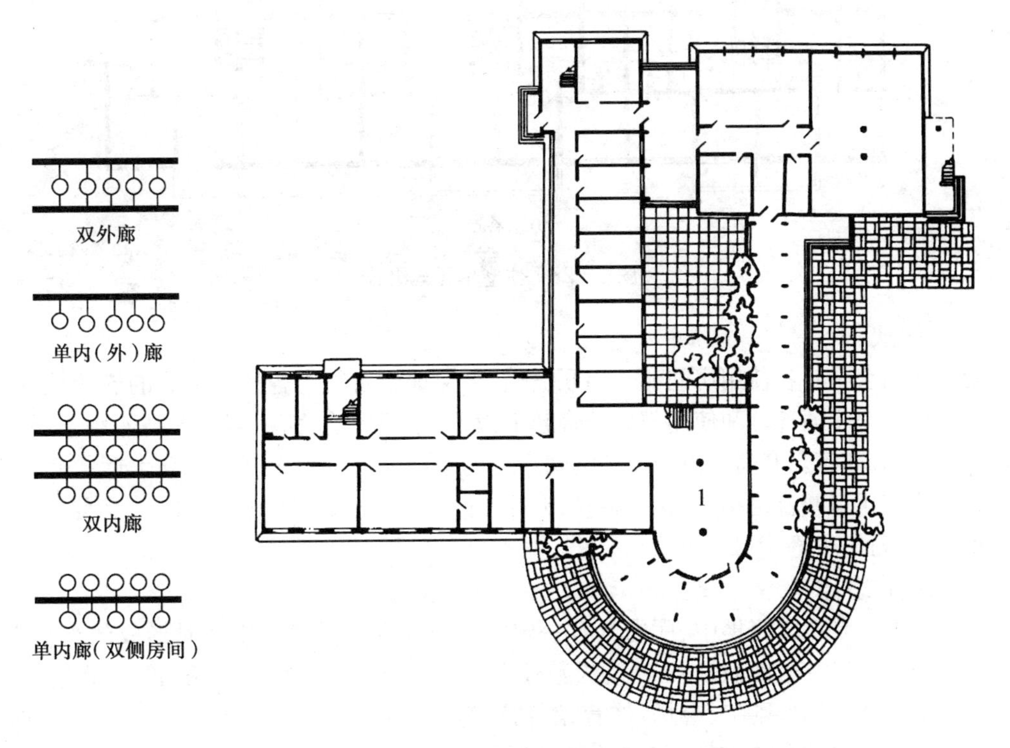

图 2—27 走廊式组合

走廊两侧布置房间的为内廊式。这种组合方式平面紧凑，走廊所占面积较小，建筑深度较大，节省用地，但是有一侧的房间朝向差，走廊较长时，采光、通风条件较差，需要开设高窗或设置过厅以改善采光、通风条件。

走廊一侧布置房间的为外廊式。房间的朝向、采光和通风都较内廊式好，但建筑深度较小，辅助交通面积增大，故占地较多，相应造价增加。

2. 单元式

单元式组合是以竖向交通空间(楼、电梯)连接各使用房间，使之成为一个相对独立的整体的组合方式，其特点是功能分区明确，单元之间相对独立，组合布局灵活，适应不同的地形，形成不同的组合方式，广泛用于住宅、幼儿园、学校等建筑组合中。图 2－28 为住宅单元式组合方式。

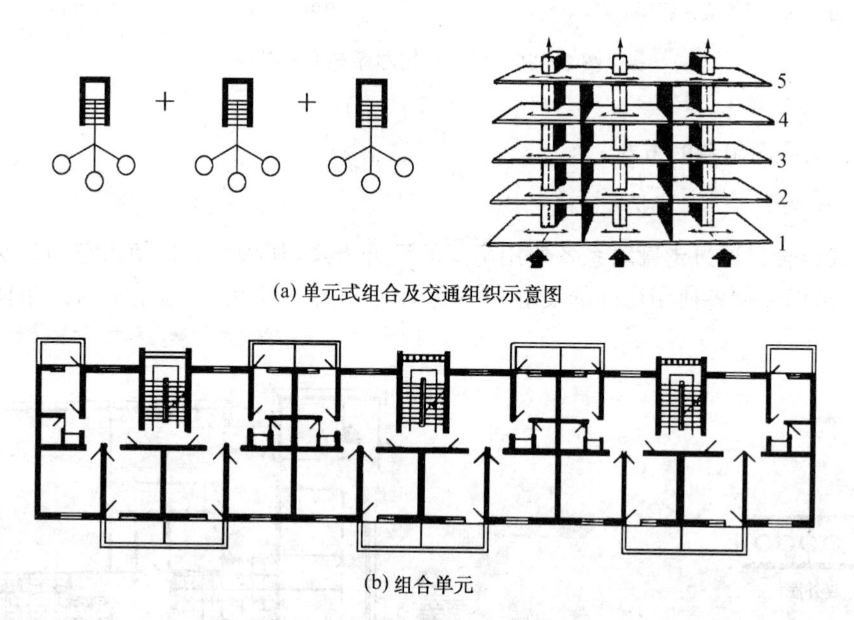

(a) 单元式组合及交通组织示意图

(b) 组合单元

图 2－28　住宅单元式组合

3. 套间式

套间式组合是将各使用房间相互串联贯通，以保证建筑物中各使用部分的连续性的组合方式。其特点是交通部分和使用部分结合起来设计，平面紧凑，面积利用率高适用于展览馆、商场、火车站等建筑。套间式组合按其空间序列的不同又可分为串联空间和大厅空间。串联空间是将各使用房间首尾相接，相互串联；大厅空间是以门厅、过厅空间为中心，各使用房间与其相连，呈放射形布置(图 2－29)。

4. 大厅式组合

大厅式组合是在人流集中、厅内具有一定活动特点并需要较大空间时形成的组合方式。这种组合方式常以一个面积较大，活动人数较多，有一定的视、听等使用特点的大厅为主，辅以其他的辅助房间。例如剧院、会场、体育馆等建筑类型的平面组合(图 2－30)。大厅式组合中，交通路线组织问题比较突出，应使人流的通行通畅安全、导向明确。

以上是民用建筑常见的平面组合方式，在各类建筑物中，结合建筑各部分功能分区的特点，也经常形成以一种结合方式为主，局部结合其他组合方式的布置，也即是混合式的组合布局，随着建筑使用功能的发展和变化，平面组合的方式也会有一定的变化。

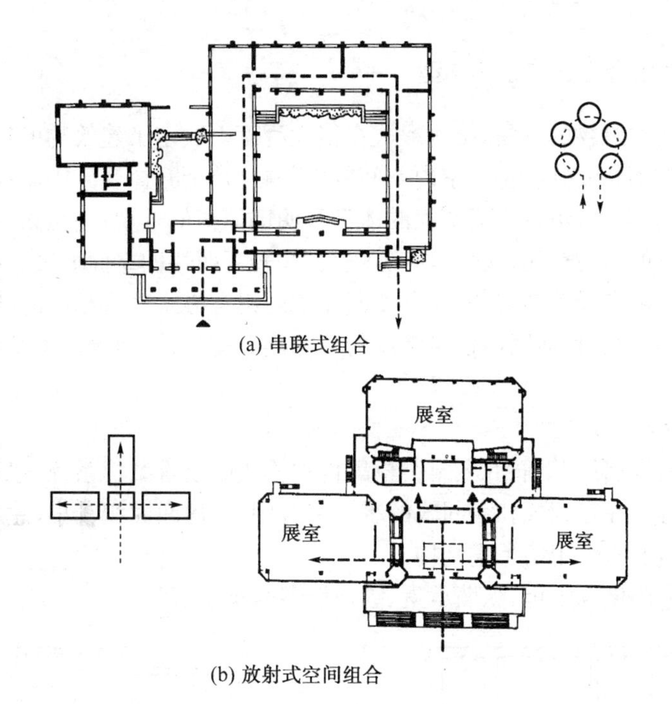

(a) 串联式组合

(b) 放射式空间组合

图 2－29　套间式组合

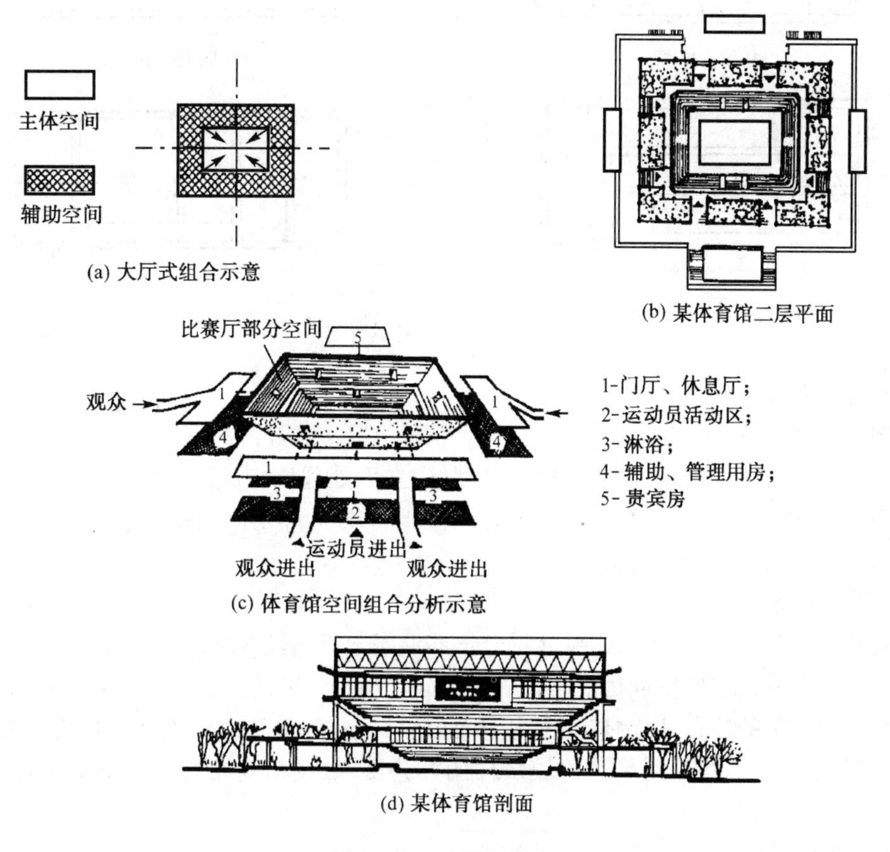

(a) 大厅式组合示意

(b) 某体育馆二层平面

(c) 体育馆空间组合分析示意

(d) 某体育馆剖面

图 2－30　大厅式组合

三、建筑平面组合方式与结构选型

建筑结构好比建筑物的骨骼，结构形式在很大程度上决定了建筑物的体型和形式，如墙承重结构房屋的层数不高，跨度不大，室内空间较小，并且墙面开窗受到限制；框架结构的建筑层数高，立面开窗比较自由，可以形成高大的体型和明朗简洁的外观；而悬索、网架等新型屋盖结构既可以形成巨大的室内空间，又可以有新颖大方、轻巧明快的立面形式。同时结构形式还与建筑物的平面和空间布局关系密切，根据不同建筑的组合方式采取相应的结构形式来满足，以达到经济、合理的效果。目前民用建筑常用的结构类型有三种，即墙承重结构、框架结构、空间结构。

1. 墙承重结构

墙承重结构是以墙体、钢筋混凝土梁板等构件构成的承重结构系统，建筑的主要承重构件是墙、梁板、基础等。在走廊式和套间式的平面组合中，当房间面积较小，建筑物为多层(五、六层以下)或低层时，通常采用墙承重结构。

墙承重结构分为横墙承重、纵墙承重、纵横墙混合承重三种(图 2—31)。

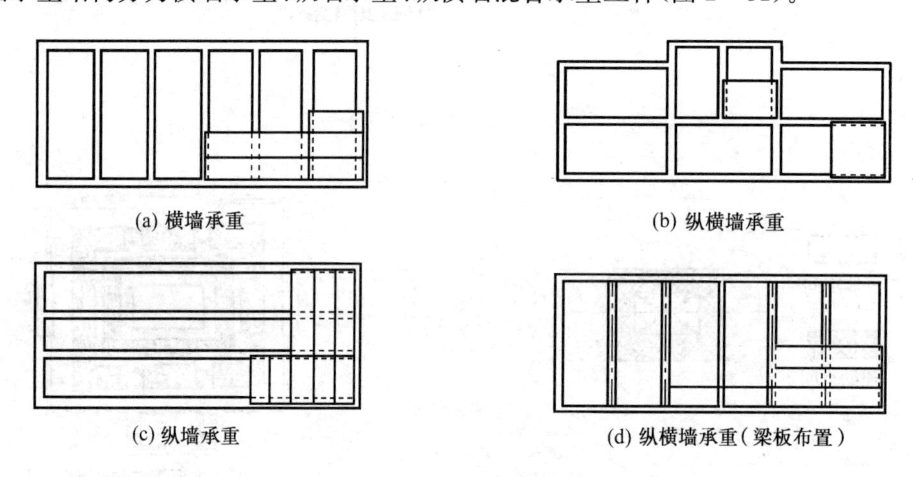

图 2—31　墙承重结构布置

(1) 横墙承重

房间的开间大部分相同，开间的尺寸符合钢筋混凝土板经济跨度时，常采用横墙承重的结构布置。横墙承重的结构布置，建筑横向刚度好，立面处理比较灵活，但由于横墙间距受梁板跨度限制，房间的开间不大，因此，适用于有大量相同开间，而房间面积较小的建筑，通常宿舍、门诊所和住宅建筑中采用得较多。

(2) 纵墙承重

房间的进深基本相同，进深的尺寸符合钢筋混凝土板的经济跨度时，常采用纵向承重的结构布置。纵墙承重的主要特点是平面布置时房间大小比较灵活，建筑在使用过程中，可以根据需要改变横向隔断的位置，以调整使用房间面积的大小，但建筑整体刚度和抗震性能差，立面开窗受限制，适用于一些开间尺寸比较多样的办公楼，以及房间布置比较灵活的住宅建筑中采用。

(3) 纵横墙承重

在建筑平面组合中，一部分房间的开间尺寸和另一部分房间的进深尺寸符合钢筋混凝土板的经济跨度时，建筑平面可以采用纵横墙承重的结构布置。这种布置方式，平面中房间安排比较灵活，建筑刚度相对也较好，但是由于楼板铺设的方向不同，平面形状较复杂，因此施工时比上述两种布置方式麻烦。一些开间进深都较大的教学楼，可采用有梁板等水平构件的纵横墙承重的结构布置。

2. 框架结构

框架结构是以钢筋混凝土梁柱或钢梁柱连结的结构布置(图 2—32)。框架结构布置的特点是梁柱承重，墙体只起分隔、围护的作用，房间布置比较灵活，门窗开置的大小、形状都较自由，但钢及水泥用量大，造价比墙承重结构高。在走廊式和套间式的平面组合中，当房间的面积较大、层高较高、荷载较重，或建筑物的层数较多时，通常采用钢筋混凝土框架或钢框架结构，如实验楼、大型商店、多层或高层旅馆等建筑。

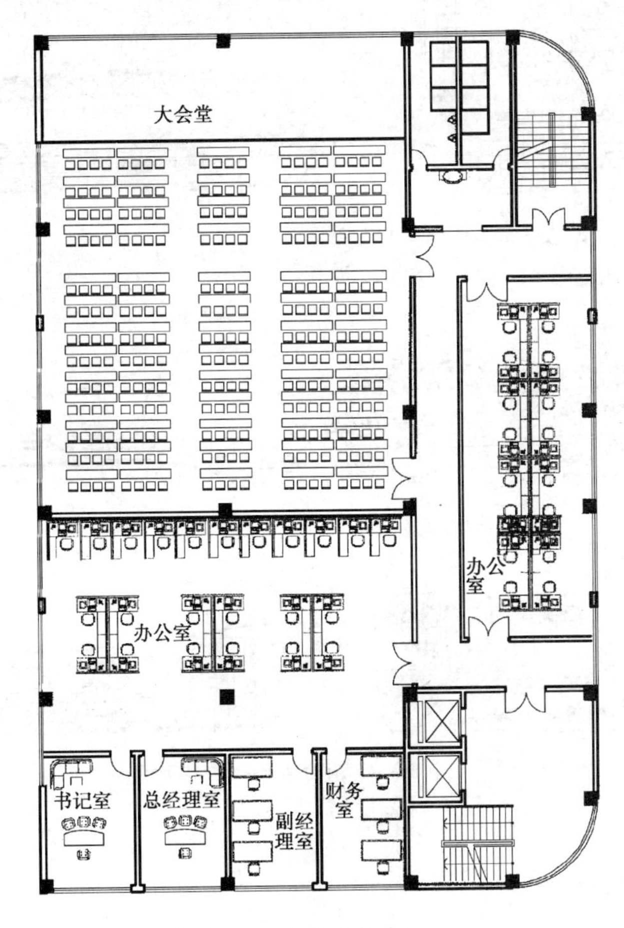

图 2—32　框架结构布置

3. 空间结构

大厅式平面组合中，对面积和体量都很大的厅室，例如剧院的观众厅、体育馆的比赛大厅等，它的覆盖和围护问题是大厅式平面组合结构布置的关键，新型空间结构的迅速发展，有效地解决了大跨度建筑空间的覆盖问题，同时也创造出了丰富多彩的建筑形象。

空间结构系统有各种形状的折板结构、壳体结构、网架壳体结构以及悬索结构等(图2—33)。

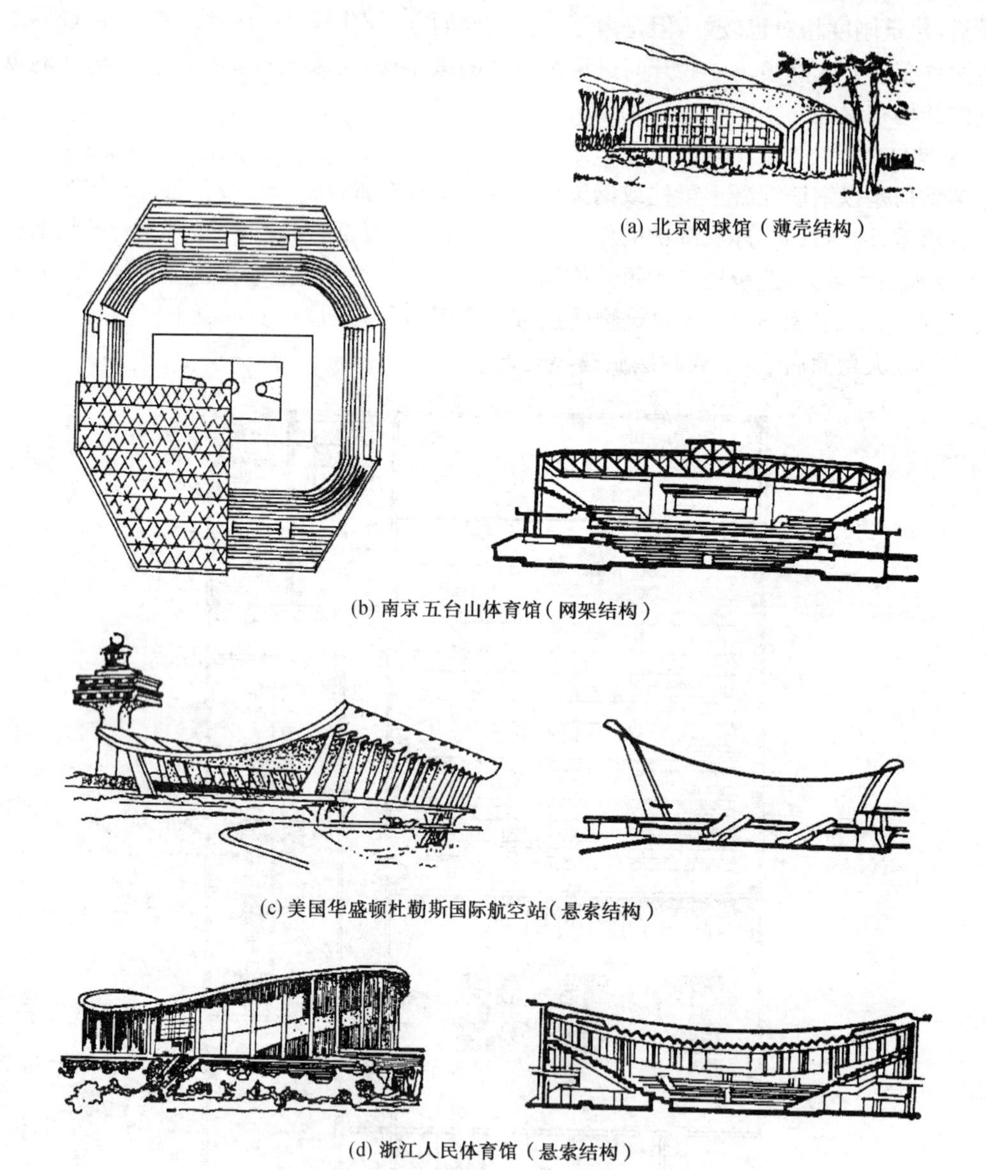

(a) 北京网球馆(薄壳结构)

(b) 南京五台山体育馆(网架结构)

(c) 美国华盛顿杜勒斯国际航空站(悬索结构)

(d) 浙江人民体育馆(悬索结构)

图 2—33 空间结构

四、设备管线

建筑内设备管线主要指给排水、采暖空调、煤气、电器、通讯、电视等管线。在平面组合时应选择合适的位置布置设备管线,设备管线应尽量集中,上下对齐,缩短管线距离。必要时可设置管道井(图 2—34)。

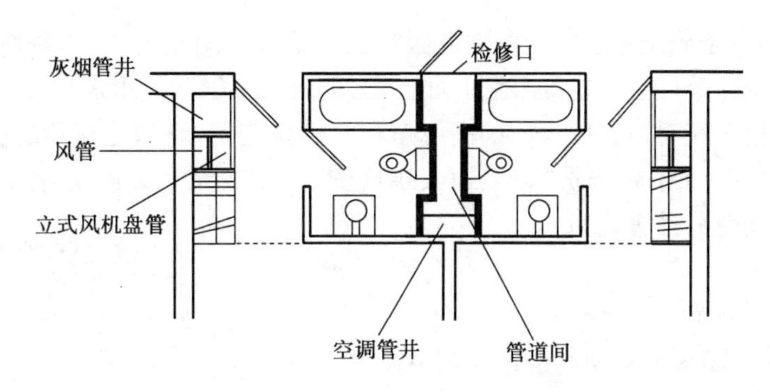

图 2－34　旅馆卫生间管线布置

五、基地环境对建筑平面组合的影响

任何建筑物都不是孤立存在的，它与周围的建筑物、道路、绿化、建筑小品等密切联系，并受到它们及其他自然条件如地形、地貌等的限制。

1. 基地大小、形状和道路走向

基地的大小和形状，对建筑的层数、平面组合的布局关系极为密切(图 2－35)。在同样能满足使用要求的情况下，建筑功能分区各个部分，可采用较为集中紧凑的布置方式，或采用分散的布置方式，这方面除了和气候条件、节约用地以及管道设施等因素有关外，还和基地大小和形状有关。同时，基地内人流、车流的主要走向，又是确定建筑平面中出入口和门厅位置的重要因素。

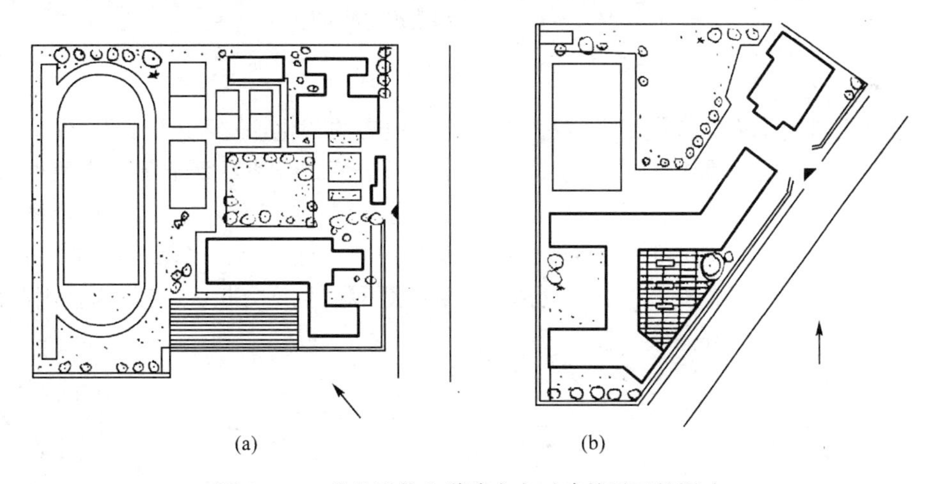

图 2－35　基地形状和道路走向对建筑平面的影响

2. 建筑物的朝向和间距

影响建筑物朝向的因素主要有日照和风向。不同季节，太阳的位置、高度都在发生着有规律的变化。根据我国所处的地理位置，建筑物采取南向或南偏东、南偏西向能获得良好的日照，这是因为冬季太阳高度角小，射入室内的光线较多，而夏季太阳高度角较大，射入室内的光线较少，以获得冬暖夏凉的效果。

在考虑日照对建筑平面组合的影响时，也不可忽视当地夏季和冬季主导风向对建筑的影响。应根据主导风向，调整建筑物的朝向，以改变室内气候条件，创造舒适的室内环境。

日照间距通常是确定建筑间距的主要因素。建筑日照间距的要求，是使后排建筑在底层窗台高度处，保证冬季能有一定的日照时间。房间日照的长短，是由房间和太阳相对位置的变化关系决定的，这个相对位置以太阳的高度角和方位角表示，它和建筑物所在的地理纬度、建筑方位以及季节、时间有关。通常以当地大寒日正午十二时太阳高度角，作为确定建筑日照间距的依据，日照间距的计算式为

$$L=H/\tan\alpha$$

式中 L——建筑间距；

H——前排建筑檐口和后排建筑底层窗台的高差；

α——大寒日正午的太阳高度角（当建筑正南向时）。

在实际建筑总平面设计中，建筑的间距，通常是结合日照间距卫生要求和地区用地情况，作出对建筑间距 L 和前排建筑的高度 H 比值的规定，如 L/H 等于 0.8、1.2、1.5 等，L/H 称为间距系数。图 2－36 为日照和建筑物的间距。

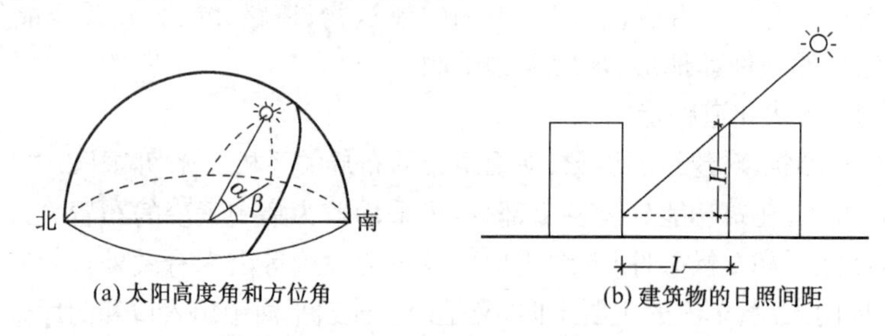

图 2－36　日照和建筑物的间距

3. 基地的地形条件

在坡地上进行平面组合应依山就势，充分利用地势的变化，减少土方工程，处理好建筑朝向、道路、排水和景观等要求。坡地建筑主要有平行于等高线和垂直于等高线两种布置方式（图 2－37）。当基地坡度小于 25%时，建筑平行于等高线布置，土方量少，造价经济。当建筑建在坡度 10%左右的基地上时，可将建筑勒脚调整到同一标高上。当基地坡度大于 25%时，建筑采用平行于等高线布置，对朝向、通风采光、排水不利，且土方量大，造价高。因此，宜采用垂直于等高线或斜交于等高线布置。

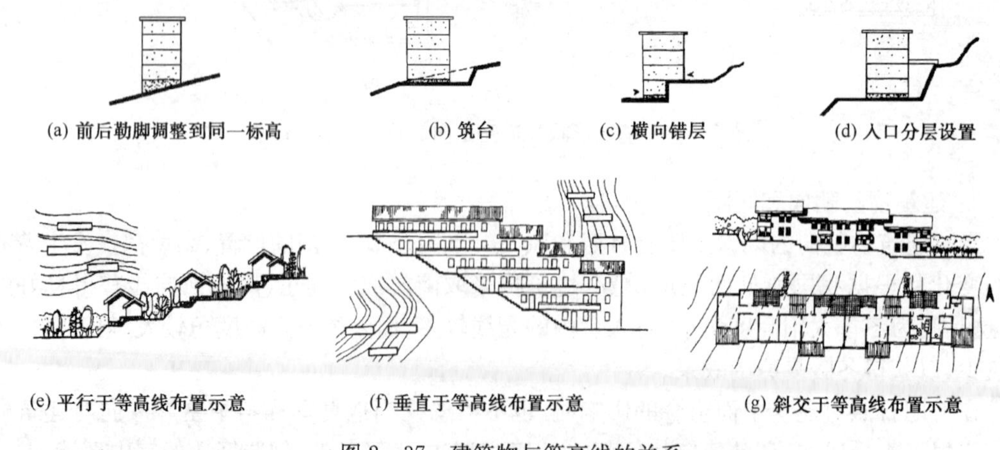

图 2－37　建筑物与等高线的关系

§2—4　工业建筑平面设计

工业建筑是指用于从事工业生产的各种建筑，通常称为厂房。工业建筑设计要按照坚固适用、技术先进、经济合理的原则，根据生产工艺的要求，来确定厂房的平面、剖面、立面和细部处理，以创造良好的生产环境。

一、概述

1. 工业建筑特点

与民用建筑相比，工业建筑具有如下特点：

① 厂房的建筑设计是在工艺设计人员提出的工艺设计图的基础上进行的，建筑设计在适应生产工艺要求的前提下，应为工人创造良好的生产环境，并使厂房满足适用、安全、经济和美观的要求。

② 由于厂房中的生产设备多，体量大，各部生产联系密切，并有多种起重运输设备通行，因此厂房内部应具有较大的敞通空间。例如，有桥式吊车的厂房，室内净高一般均在 8 m 以上；有 6 000 t 以上水压机的锻压车间，室内净空可超过 20 m；厂房长度一般均在数十米以上，有些大型轧钢厂，其长度可多达数百米甚至超过千米。

③ 当厂房宽度较大时，特别是多跨厂房，为满足室内采光、通风的需要，屋顶上往往设有天窗；为了屋面防水、排水的需要，还应设置屋面排水系统（天沟及水落管）。这些设施均使屋顶构造复杂。由于设有天窗，室内大都无顶棚，屋顶承重结构袒露于室内。

④ 在单层厂房中，由于跨度大，屋顶及吊车荷载较重，多采用钢筋混凝土排架结构承重；在多层厂房中，由于楼面荷载较大，广泛采用钢筋混凝土骨架承重。对于特别高大的厂房，或有重型吊车的厂房，或高温厂房，或地震烈度较高地区的厂房，宜采用钢骨架承重。

2. 工业建筑设计要求

(1) 满足生产工艺的要求

生产工艺对建筑提出的要求就是该建筑使用功能上的要求，是设计的主要依据。因此，建筑设计在建筑面积、平面形状、柱距、跨度、剖面形式、厂房高度以及结构方案和构造措施等方面，必须满足生产工艺的要求。同时，还要满足厂房所需的机器设备的安装、操作、运转、检修等方面的要求。

(2) 满足建筑技术的要求

由于厂房静荷载和活荷载比较大，建筑设计应为结构设计的经济合理性创造条件，使厂房的坚固性及耐久性符合建筑的使用年限，使厂房具有较大的通用性和改建扩建的可能性。厂房设计应严格遵守《厂房建筑模数协调标准》及《建筑模数协调统一标准》的规定，合理选择厂房建筑参数（柱距、跨度、柱顶标高等），使设计标准化，生产工厂化，施工机械化，管理科学化，从而提高厂房建筑工业化水平。

(3) 满足建筑经济的要求

建筑的层数是影响建筑经济的重要因素。因此，应根据工艺要求、技术条件等，确定采用单层或多层厂房。在满足生产要求的前提下，设法缩小建筑体积，充分利用建筑空间。合理减少结构面积，提高使用面积。在不影响厂房的坚固、耐久、生产操作、使用要求和施工速度的前提下，应尽量降低材料的消耗，从而减轻构件的自重和降低建筑造价。在选择施工方案时，必须结合当地的材料供应情况，施工机具的规格和类型，以及施工人员的技能水平。

（4）满足卫生及安全要求

应满足厂房所必需的采光和通风条件，以保证厂房内部工作面上的照度，排除生产余热、废气，提供正常的卫生、工作环境。同时，对有害气体、辐射、噪声等应采取净化、隔离、消声、隔声等措施。美化室内外环境，注意室内水平绿化、垂直绿化及色彩处理。

3. 起重运输设备

为在生产过程中运送原料、半成品和成品，以及安装检修设备的需要，在厂房内部一般需设置起重运输设备。不同类型的起重设备直接影响到厂房的设计。常用的吊车类型有单轨悬挂吊车、梁式吊车、桥式吊车和其他起重运输设备。

（1）单轨悬挂吊车

在厂房的屋架下弦悬挂单轨，吊车装在单轨上，吊车按单轨线路运行起吊重物，轨道可以布置成直线或曲线形（图2—38）。起重量不大于2 t，它操纵方便，布置灵活，由于单轨悬挂吊车悬挂在屋架下弦，由此对屋顶结构的刚度要求较高。

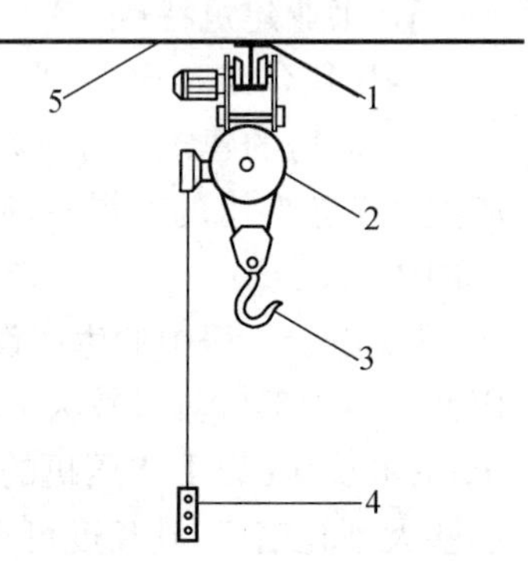

图2—38　单轨悬挂吊车

1—钢轨；2—电动葫芦；3—吊钩
4—操纵开关；5—屋架或屋面梁下表面

（2）梁式吊车

梁式吊车包括悬挂式与支承式两种类型，悬挂式是在屋顶承重结构下悬挂梁式钢轨，钢轨平行布置，在两行轨梁上设有可滑行的单梁；支承式是在排架柱上设牛腿，牛腿上安装吊车梁和钢轨，钢轨上设有可滑行的单梁，在单梁上安装滑行的滑轮组。梁式吊车起重量一般不超过5 t（图2—39）。

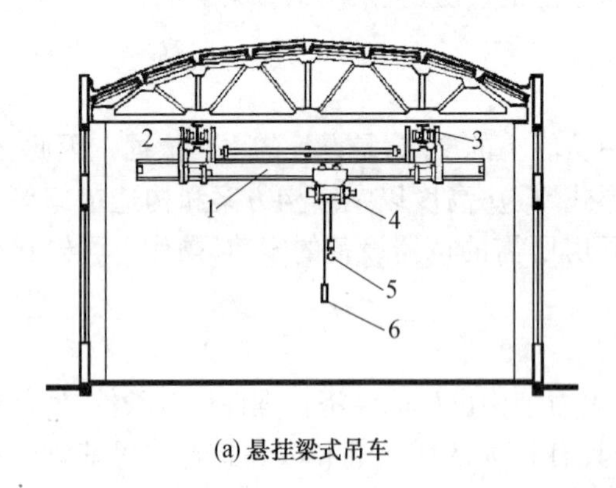

(a) 悬挂梁式吊车

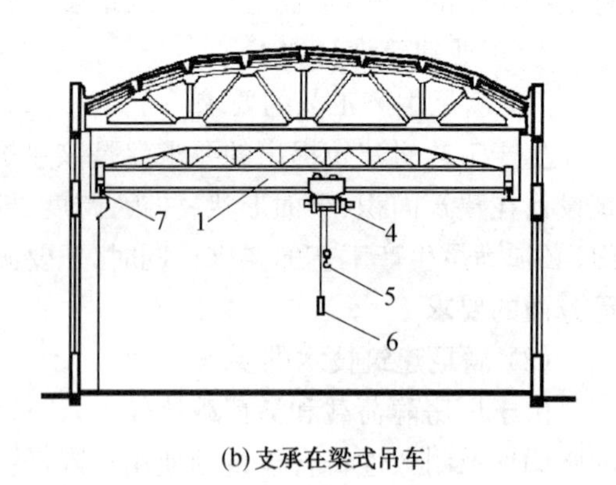

(b) 支承在梁式吊车

图2—39　梁式吊车

1—吊车单梁；2—吊车轮；3—悬挂吊轨；4—电动葫芦；5—吊钩；6—操纵开关；7—吊车梁

（3）桥式吊车

它是由桥架和起重行车（或称小车）组成。吊车的桥架支承在吊车梁的钢轨上，沿厂房纵向运行，起重小车安装在桥架上面的轨道上，横向运行，起重量从5 t至400 t，甚至更大，适用于大跨度厂房（图2—40）。吊车一般由专职人员在吊车一端的司机驾驶室内操纵。

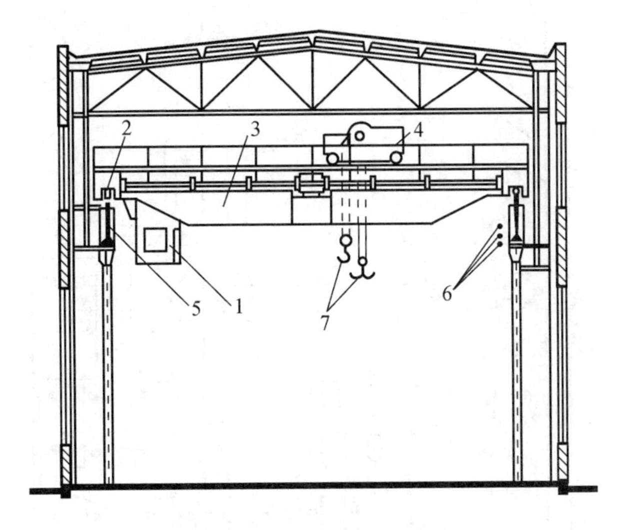

图 2—40　桥式吊车

1—吊车司机室；2—吊车轮；3—桥梁

4—起重小车；5—吊车梁；6—电线；7—吊钩

(4) 其他起重运输设备

厂房中除以上几种吊车外，还有悬臂吊车和龙门吊车(图 2—41)。另外还可根据需要采用汽车、电瓶车、平板车和输送带等运输设备。

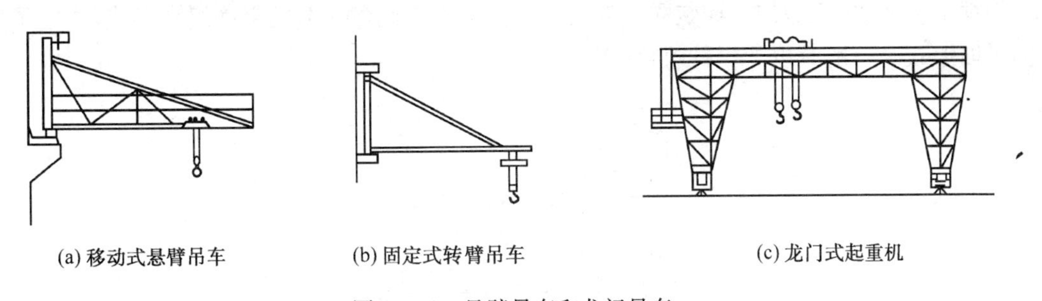

(a) 移动式悬臂吊车　(b) 固定式转臂吊车　(c) 龙门式起重机

图 2—41　悬臂吊车和龙门吊车

单层厂房广泛应用于各种工业企业，约占工业建筑的 75% 左右，主要用于机械制造工业、冶金工业、纺织工业等。多层厂房常用于轻工业类如手表厂、照相机厂和精密仪器厂等。

厂房平面设计首先应满足生产工艺、运输设备等对平面设计的要求，并考虑标准化柱网的选择以及与厂区总平面的关系。

二、生产工艺与厂房平面设计的关系

1. 生产工艺流程对平面设计的影响

厂房的平面是先由工艺设计人员进行工艺平面设计，建筑设计人员在生产工艺平面图的基础上，进行厂房的建筑平面设计。工艺设计包括：生产工艺流程的组织；生产起重运输设备的选择和布置；工段的划分；厂房面积、跨度、跨间数量及生产工艺流程对建筑设计的要求等。例如金工装配车间的工艺流程如图 2—42 所示。

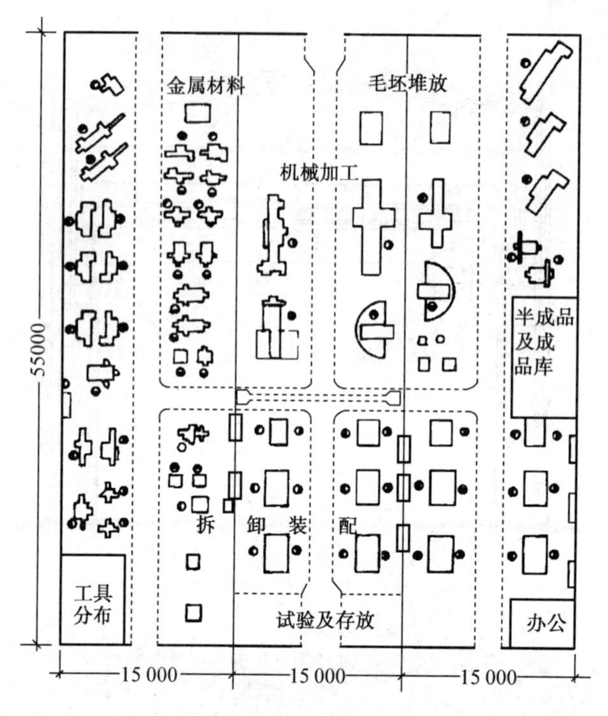

图 2—42　金工装配车间生产工艺平面图

(1) 单层厂房

根据工艺要求，机械加工和装配工部两个主要生产车间(工部)的平面组合形式，决定了厂房的平面形式。一般有以下三种组合(图 2—43)。

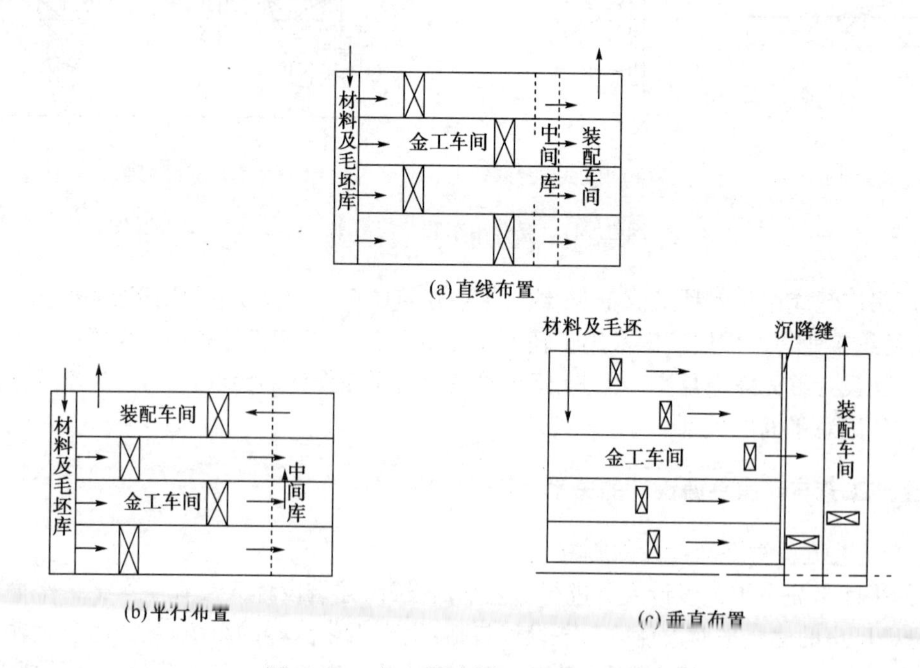

图 2—43　金工装配车间平面组合示意图

① 直线布置。这种生产方式是将装配工部布置在加工工部的跨间延伸部分。毛坯由厂房一端进入,产品从另一端运出,生产线为直线形。零件可直接用吊车运送到加工和装配工段,生产路线短捷,连续性好。这种方式适用于规模不大,吊车负荷较轻的生产车间。

② 往复式布置。往复式布置是将加工与装配两个工部布置在互相平行的跨间。零件从加工到装配的生产线路,须采用传送装置、平板车或悬挂吊车等越跨运输设备,运输距离较长。这种形式同样具有建筑结构简单,便于扩建等优点,适用于中、小型生产车间。

③ 垂直布置。加工与装配工部布置在相互垂直的跨间,两跨之间设沉降缝。零件从加工到装配的运输路线短捷,但须有越跨的运输设备。装配跨中可设吊车运输与组装设备,跨内各工种联系方便。这种垂直的布置形式,虽然结构较复杂,但由于工艺布置和生产运输有优越性,所以广泛用于大、中型生产车间。

(2) 多层厂房

根据工艺流向不同,生产工艺流程布置一般分为自上而下式、自下而上式和上下往复式三种类型(图 2—44)。自上而下式常用于面粉加工厂和电池干法密闭调粉楼等生产厂房。自下而上式常用于轻工业类的手表厂、照相机厂等生产厂房。上下往复式常用于印刷厂等生产厂房。

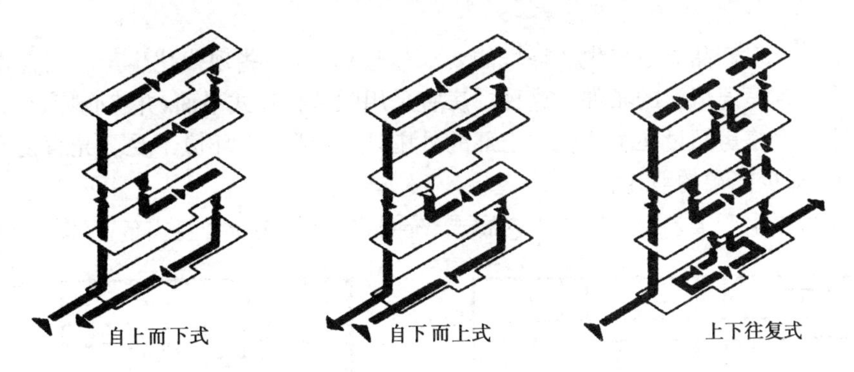

图 2—44　多层厂房生产工艺流程

2. 厂房平面形式

厂房的平面形式应用较多的是矩形平面,矩形平面中最简单的是由单跨组成,它是构成其他平面形式的基本单位,当生产规模较大、要求厂房面积较多时,常由单跨组合成多跨的矩形平面。它的特点是工段间联系紧密、运输路线短捷、形状规整、经济,适用于冷加工车间和小型的热加工车间,如金工车间、装配车间、工具车间、中小型锻工车间等。从经济角度上看,多跨的正方形或接近正方形平面,在室内面积相同情况下,可比矩形节省外围结构材料,并对寒冷地区的冬季保温和炎热地区的夏季隔热都十分有利。另外,从抗震方面来讲,正方形也是较好的一种平面形式。因此,近年来正方形或接近正方形的单层厂房在国外发展很快,有的联合厂房可以达到相当大的规模,尤其在机械工业中应用较多。

厂房的平面设计除了考虑总图的布置和设备的布局外,还有特殊的采光、通风要求,尤其是连续多跨的大型厂房,如果内部在生产时有热量和烟尘散出,那么在平面设计中就要特殊处理。为了使室内热量、烟尘或有害气体能迅速排出,厂房平面宽度不宜过大,最好采用长条形。当跨数在 3 跨以下时,可以选用矩形平面,当跨数超过 3 跨时,则需设垂直跨,形成 L 形、槽形或山形平面(图 2—45)。

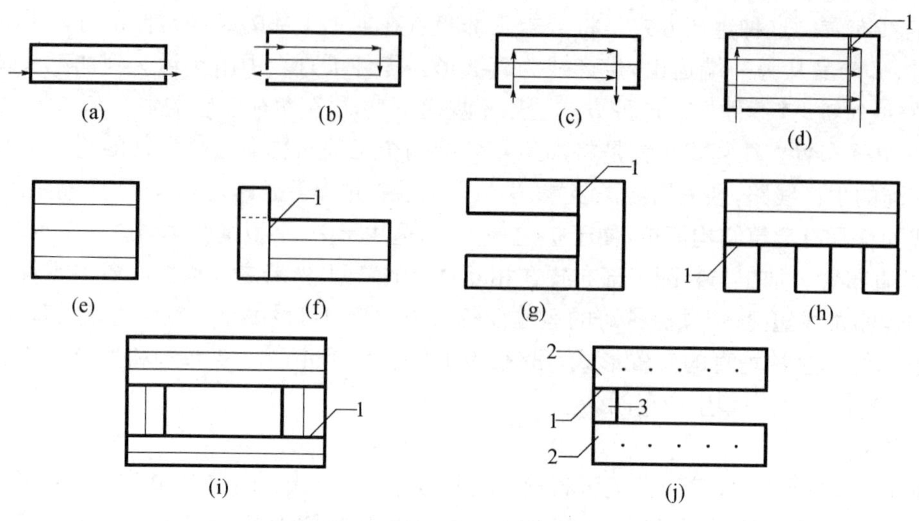

图 2－45　厂房平面形式

1－伸缩缝;2－标准单元;3－连接体

现代工业生产对产品质量与生产环境的要求越来越高，一些现代化生产项目需要采用空气调节设备来达到恒温恒湿的条件。这种厂房宜采用联跨整片式平面，并将仓库、生活间等室内温湿度要求不严格房间设在主要生产工部的外围，以保证生产环境不受阳光直射和室外气温变化的影响，减少能源的消耗。

多层厂房根据生产工艺要求可采用内廊式、统间式、混合式和套间式布置(图 2－46)。

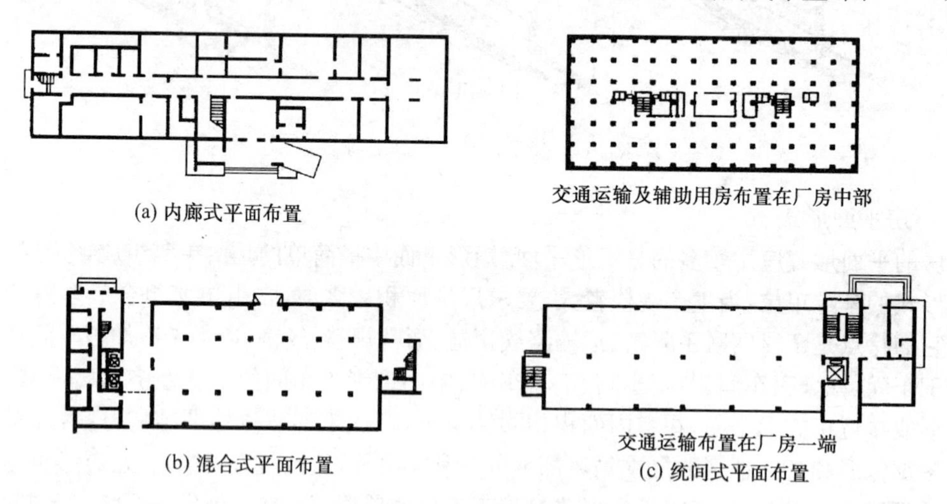

图 2－46　多层厂房平面布置

三、柱网选择

1. 单层厂房

排架柱与屋架、基础为三大主要承重构件。柱的作用是承受屋架和吊车梁的荷载，柱在平面中排列所形成的网络称之为柱网(图 2－47)。横向定位轴线间的距离为柱距，决定着屋面板、吊车梁的跨度尺寸;纵向定位轴线间的距离为跨度,决定了屋架、屋面梁的尺寸。柱网的标准化设计,可以减少厂房构件的尺寸类型,加快厂房的建设速度,简化构造节点做法,降低厂房造价。

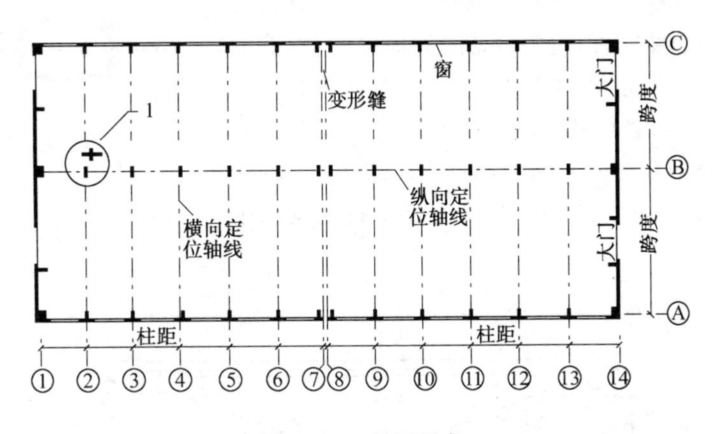

图 2—47　柱网示意

当然,建筑设计人员在选择柱网时,在满足工艺要求的同时,要遵守建筑统一化的规定,还应选择通用性较大和经济合理的柱网。

(1) 跨度尺寸的确定

跨度尺寸首先是根据生产工艺要求确定的(图 2—48),工艺设计中应考虑如下因素:设备大小、设备布置方式、交通运输所需空间、生产操作及检修所需的空间等。

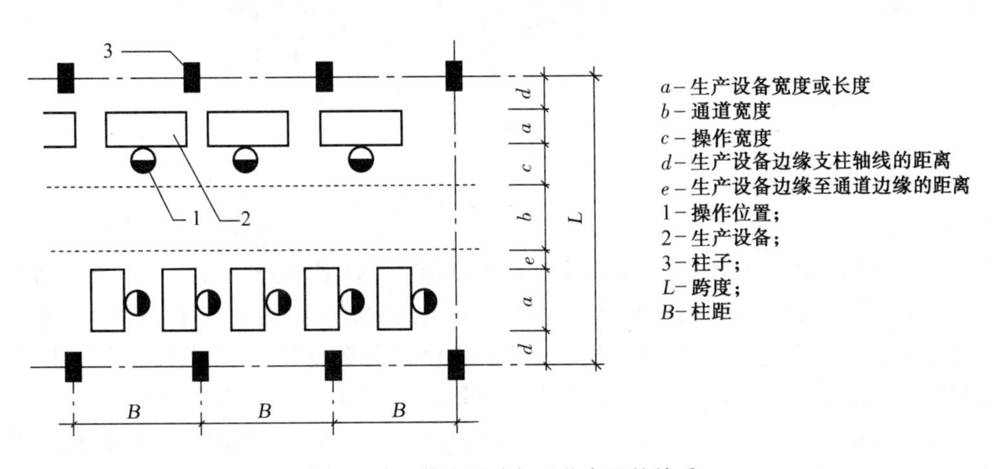

图 2—48　跨度尺寸与工艺布置的关系

除了满足工艺要求外,跨度尺寸还必须符合《厂房建筑模数协调标准》的规定,使屋架的尺寸统一化。根据规范规定,凡跨度小于或等于 18 m 时,采用 3 m 的倍数,即 9 m、12 m、15 m、18 m;大于 18 m 时,应符合 6 m 的倍数,即 24 m、30 m、36 m 等。

(2) 柱距尺寸的确定

在横向排架结构体系中,排架柱的柱距决定了屋面板的跨度尺寸和吊车梁的长度。我国装配式钢筋混凝土单层厂房使用的基本柱距是 6 m,因为 6 m 柱距厂房的单方造价最经济,所用的屋面板、吊车梁、墙板等构配件已经配套，并积累了比较成熟的设计与施工经验。

由于厂房生产线多为顺跨间布置，所以柱距的尺寸主要取决于结构型式与材料以及构件标准化的要求。但如果厂房内有大型设备需要布置，由于设备的外部尺寸、加工工件的大小、起重运输工具的型式等因素，就会对柱距提出比较特殊的要求，越跨布置设备(图 2－49)。这时就要在相应位置采用 6 m 整倍数的扩大柱距，即 12 m 或 18 m 的柱距，在一定范围内少设一根或几根柱子，上部用托架梁承托 6 m 间距的屋架(图 2－50)。

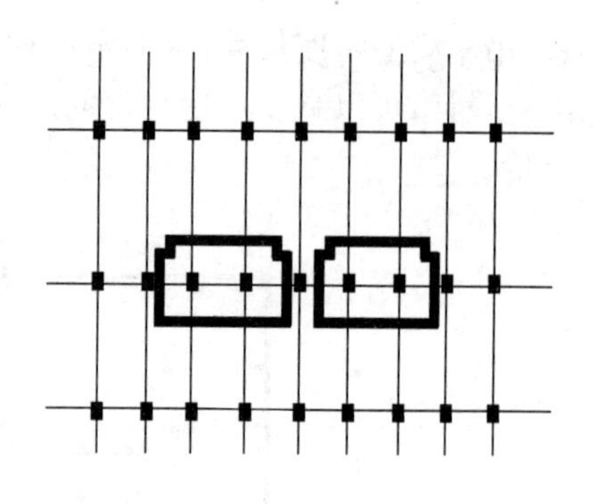

图 2－49　越跨布置设备示意

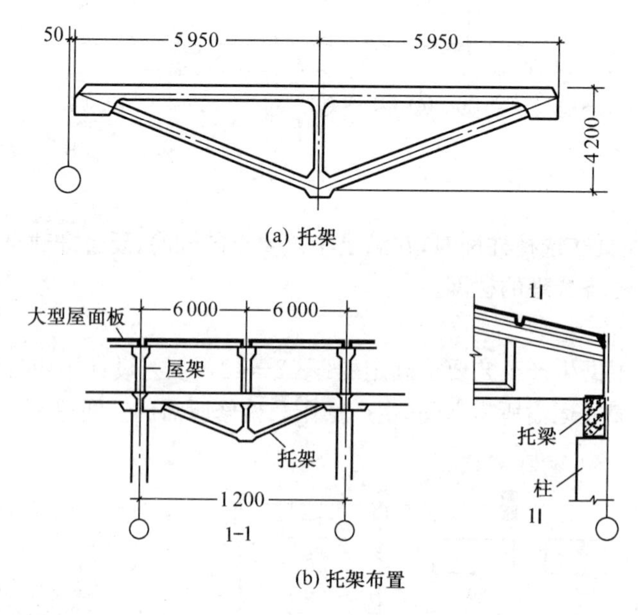

(a) 托架

(b) 托架布置

图 2－50　托架承重方案

(3) 扩大柱网

从生产工艺的要求来看，除了少数大型设备外，目前一般的厂房 6 m 柱距，18 m 跨度是可以满足生产工艺要求的。但从长远来看，国内外工业生产发展实践表明，厂房内部的设备和工艺都是随着技术的进步而发生变化的，每隔一定时期就要更新设备，重新组织生产流程，以满足现代化生产的需要。同时，工业生产迅速发展变化，还需要厂房有一定的通用性，适合调整生产工艺甚至改动生产流程性质的要求。所以，厂房设计不仅要满足当前的生产要求，而且要为将来的发展、变化提供可行性。要做到这一点，就要将 6 m 柱距进一步扩大，采用较大的柱网，即扩大柱网。

扩大柱网的特点是：

① 提高厂房面积的利用率。在厂房中每个柱子周围都有一块不好利用的面积，对较深的设备基础来说，与柱基础的关系就不容易很好地处理，如柱子断面为 400 mm×600 mm，设备离柱的最小距离应为 500 mm，则每根柱周围就有 2 m^2 的面积不好利用(图 2－51)。如将柱距扩大，设备的数量就可增加(图 2－52)。

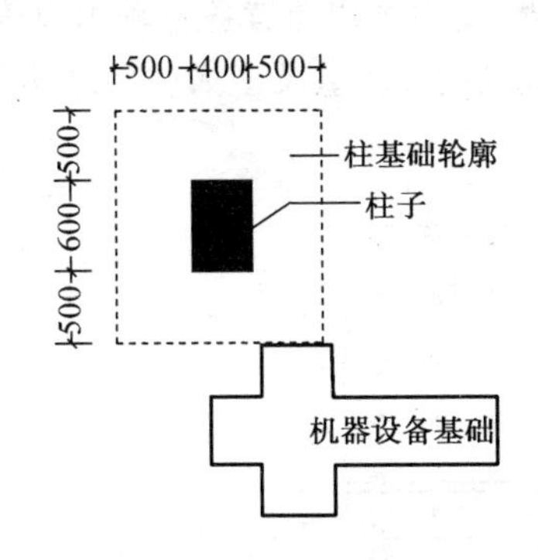

图2－51　柱周围不好利用的面积

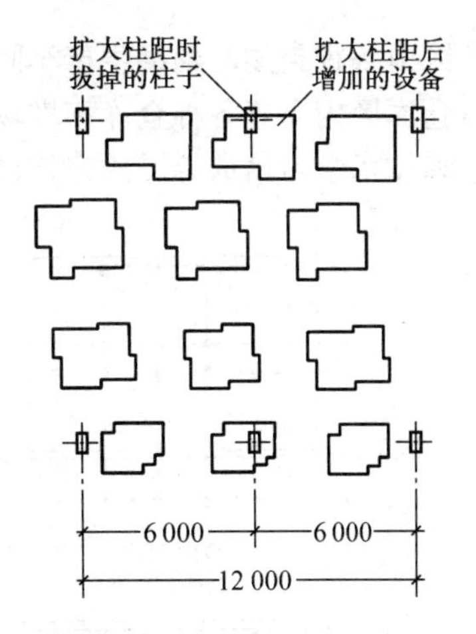

图 2－52　扩大柱距后设备布置情况

② 使厂房具有灵活性和通用性。扩大柱网有利于提高厂房工艺流程布置的灵活性，便于技术改革、设备调整与更新，以适应扩大生产的要求。如近年来国内外建筑实践中出现的矩形或方形柱网（图 2－53），其优点是纵横向都能布置生产线，工艺改革后的设备更新、生产线的调整不受柱距的限制，具有很强的灵活性和通用性。

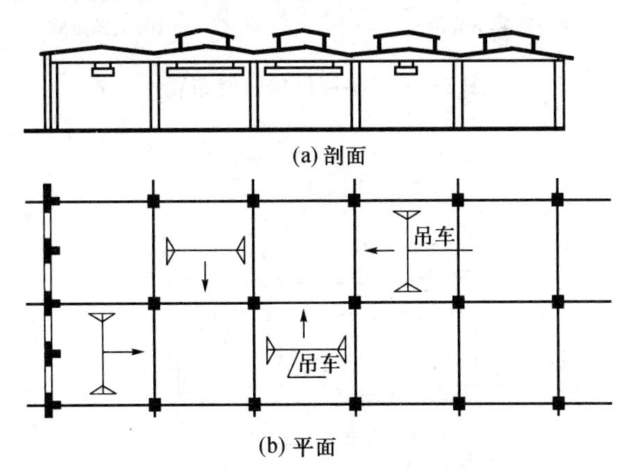

图 2－53　方形柱网厂房

③ 有利于结构施工。扩大柱网不仅有利于生产工艺的发展、提高厂房面积利用率，同时，构件数量减少了，加快了构件制作、运输及安装的速度，有利于缩短建设工期，更经济、更合理。

2. 多层厂房

多层厂房的柱网受楼层结构的限制，其尺寸一般较单层厂房小。依据多层厂房的工艺流程、平面布置和结构形式，可采用内廊式柱网、等跨式柱网、对称不等跨式柱网和大跨度式柱网（图 2－54）。

四、工厂总平面与厂房平面设计的关系

厂区总平面按功能一般分为生产区、辅助生产区、动力区、仓库区和厂前区等几个区域。以机械制造厂为例，生产区布置主要生产车间，包括金工车间、装配车间、铸工车间、锻工车间等；辅助生产区由各种类型的辅助生产车间组成，如机修车间等；动力区内布置各种动力设施，如变电所等；仓库区内布置各种仓库和堆场等；厂前区包括厂部办公、食堂及工人生活福利设施、文化娱乐和技术学习培训等民用建筑(图 2—55)。

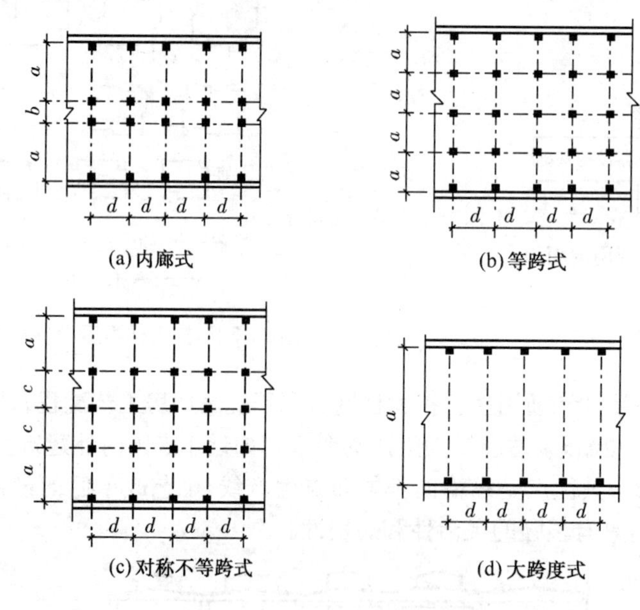

(a) 内廊式　(b) 等跨式　(c) 对称不等跨式　(d) 大跨度式

图 2—54　多层厂房柱网布置

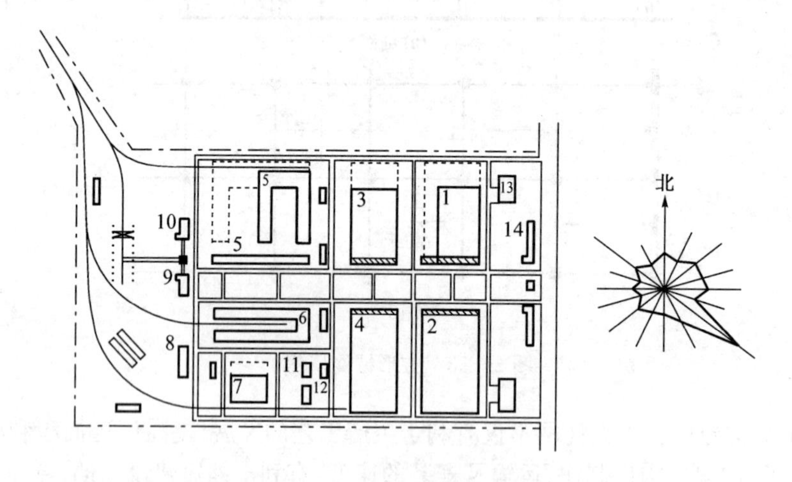

图 2—55　某机械制造厂总平面

1—辅助车间；2—装配车间；3—机械加工车间；4—冲压车间；
5—铸工车间；6—锻工车间；7—总仓库；8—木工车间；9—锅炉房；
10—煤气发生站；11—氧气站；12—压缩空气站；13—食堂；14—厂部办公楼

在总图设计中，一般是厂前区与城市干道相衔接，职工通过厂前区的主要入口进厂，为照顾职工上、下班方便，厂房的平面设计应把生活间设在靠近厂前区的位置上，使人流、货流分开。同时，辅助生产区是为生产区服务的，所以与生产区也应该有方便而直接的联系。生产车间的原料入口和成品出入口应该与厂区铁路、公路运输线路以及各种相应的仓库堆场相结合，使厂区运输方便而短捷。

在生产区内，按车间内部生产特征分冷加工和热加工车间，冷加工车间应该设在接近厂前区的上风向，它与备料区（热加工区）要接近布置，以缩短工艺路线。热加工散发有污染的物质，应该设在下风向，以减少对厂前区和整个厂区的不利影响。

生产车间是工厂的主要建筑，要根据当地的气象条件，解决好采光、通风、日照问题，做到主次分明，闹、静分区，洁、污分开，在满足生产的前提下，创造良好的建筑环境，为生产服务。

复习思考题

2—1　平面设计包含哪些基本内容？

2—2　确定房间面积大小时应考虑哪些因素？试举例分析。

2—3　房间尺寸的含义是什么？如何确定房间尺寸？

2—4　确定房间形状时应考虑哪些因素？试举例说明哪种形状的房间使用最广泛。

2—5　如何确定房间门窗数量、面积大小、具体位置？

2—6　哪些房间属于辅助使用房间？设计时应注意哪些问题？

2—7　交通联系部分包括哪些内容？楼梯的数量、宽度和楼梯的形式是如何确定的？

2—8　走道有几种类型？试举例说明它们的特点及适用范围。

2—9　民用建筑平面组合时应考虑哪些因素？怎样运用功能分析法进行平面组合？

2—10　民用建筑平面组合通常有几种形式？各种组合形式的特点和适用范围是什么？

2—11　试举例说明基地环境对平面组合的影响？

2—12　建筑物如何争取好的朝向？建筑物之间的间距如何确定？

2—13　工业建筑与民用建筑平面设计的主要区别是什么？

2—14　影响厂房平面形式的主要因素有哪些？

2—15　什么是柱网？确定柱网原则是什么？扩大柱网的特点是什么？

2—16　多层厂房的平面形式有几种？各有何特点？

第 3 章　建筑剖面设计

本章提要：本章包括建筑剖面形状及各部分高度的确定、建筑层数的确定和剖面的组合方式、建筑空间的组合利用和工业厂房的剖面设计等。

学习目的：基本掌握建筑剖面设计的一般原理和方法，并运用一般性原理确定民用建筑和工业厂房的剖面形状、高度、标高，以利于建筑空间的组合利用。

建筑剖面图是表示建筑物在垂直方向建筑各部分的组合关系。建筑剖面设计的主要内容包括：建筑层高、层数的确定，采光、通风的处理以及空间的组织与利用等。

§3—1　建筑剖面形状及各部分高度的确定

一、建筑高度和剖面形状的确定

建筑的剖面设计，首先要根据建筑的使用功能确定其层高和净高。建筑的层高是指从楼面（地面）至楼面的距离；而净高是指从楼面至顶棚（梁）底面的距离（图 3—1）。

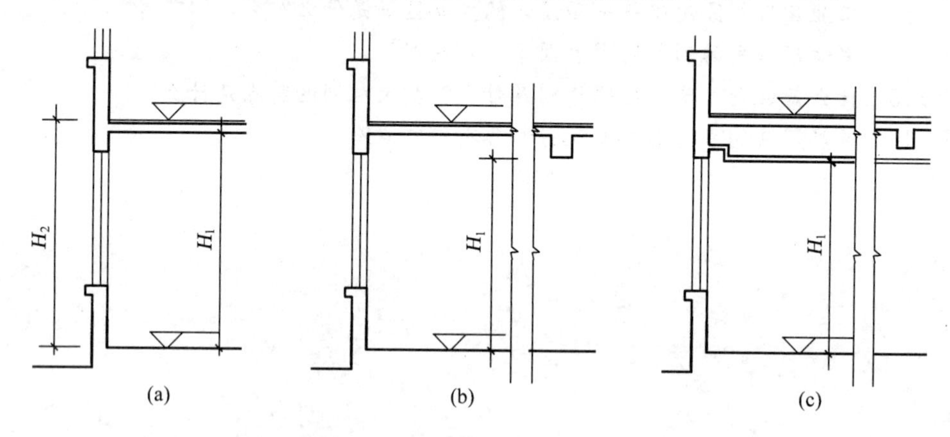

图 3—1　房间净高（H_1）和层高（H_2）

房间高度和剖面形状的确定主要考虑以下几方面：

1. 室内使用性质和活动特点

房间的净高与室内使用人数的多少、房间面积的大小、人体活动尺度和家具布置等因素有关（图 3—2）。如住宅建筑中的起居室、卧室，由于使用人数少、房间面积小，净高可以低一些，一般为 2.80 m，但是集体宿舍中的卧室，由于室内人数比住宅居室稍多，又考虑到设置双层床铺的可能性，因此净高也稍高些，一般不小于 3.2 m；学校的教室由于使用人数较多，房间面积更大，根据生理卫生的要求，房间净高要高一些，一般不小于 3.6 m。

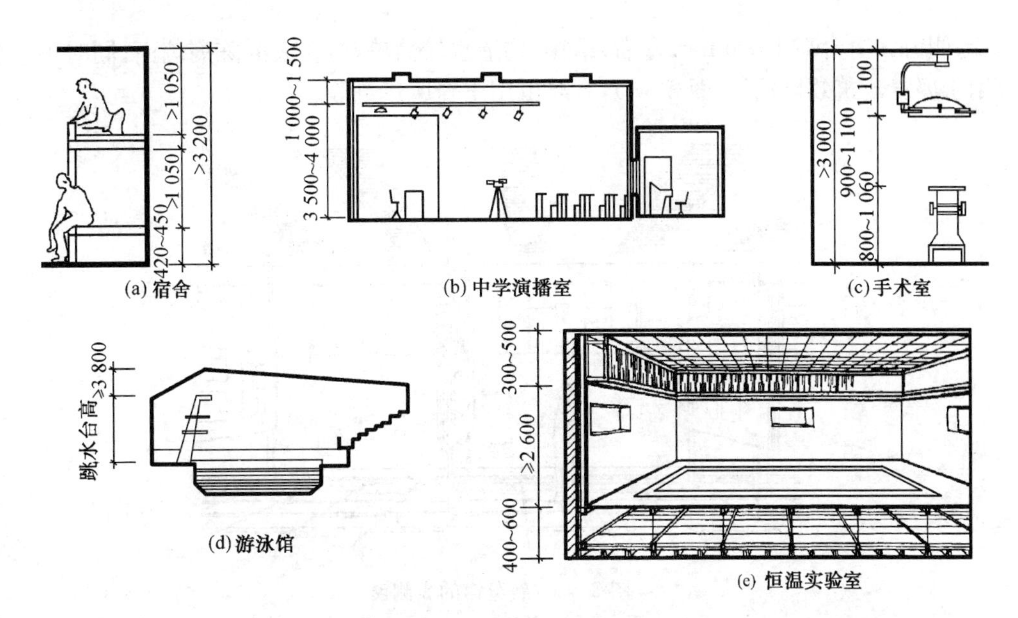

图 3—2　房间使用要求及其净高的关系

2. 采光、通风的要求

室内光线的强弱和照度是否均匀，除了和平面中窗户的宽度及位置有关外，还和窗户在剖面中的高低有关。房间里光线的照射深度，主要靠侧窗的高度来解决，进深越大，要求侧窗上沿的位置越高，即相应房间的净高也要高一些(图 3—3)。

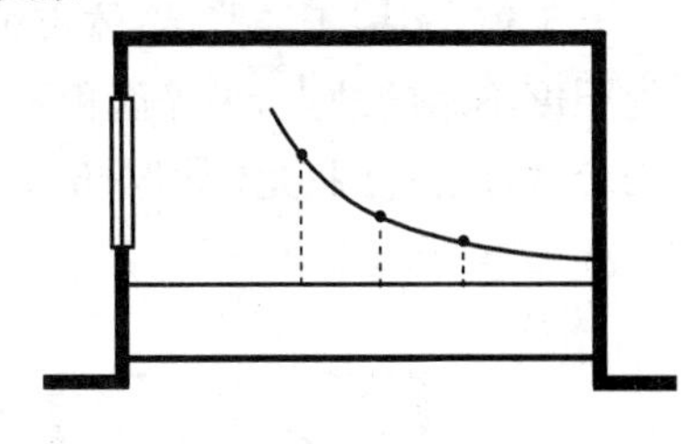

图 3—3　单侧窗采光照度变化示意

采光方式有以下几种：

普通侧窗：(窗台高 900 mm 左右)造价经济，结构简单，采光面积大，光线充足，并且可以看到室外空间的景色，感觉比较舒畅，建筑立面处理也开朗、明快，因此广泛运用于各类民用建筑中。但其缺点是光线直射，不够均匀，容易产生眩光，不适于展览建筑，并且，单侧窗采光照度不均匀，应尽量提高窗上沿的高度或采用双侧窗采光，并控制房间的进深(图 3—4)。

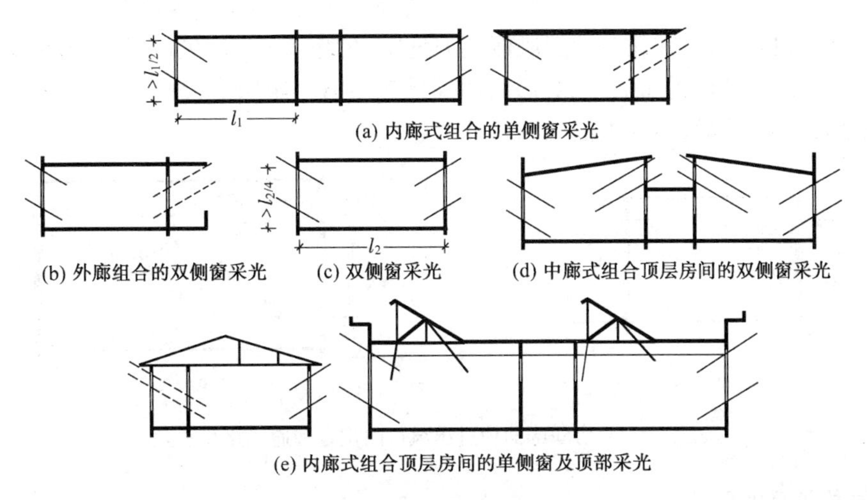

图 3—4　侧窗采光

高侧窗：(窗台高 1 800 mm 左右)结构、构造也较简单，有较大的陈列墙面，同时可避免眩光，用于展览建筑效果较好(图 3—5)，有时也用于仓库建筑等。

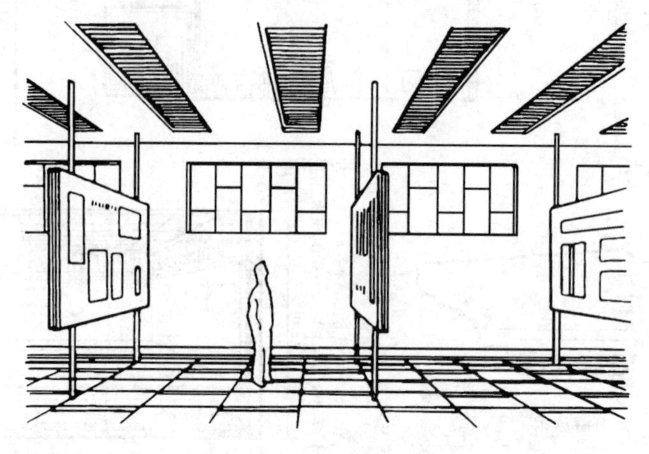

图 3—5　展览馆的高侧窗

天窗：多用于展览馆、体育馆及商场等建筑。其特点是光线均匀，可避免进深大的房间深处照度不足的缺点，采光面积不受立面限制，开窗大小可按需要设置并且不占用墙面，空间利用合理，能消除眩光(图 3—6)。但天窗也有局限性，只适用于单层及多层建筑的顶楼。

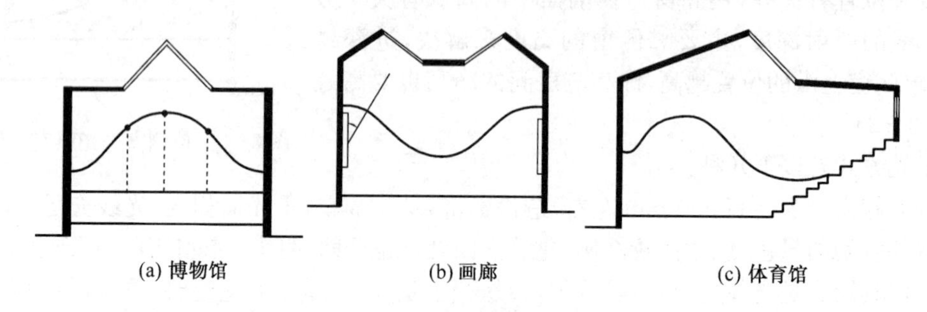

(a) 博物馆　(b) 画廊　(c) 体育馆

图 3—6　大厅中天窗的位置和室内照度分布的关系

依据房间通风要求，在建筑的迎风面设进风口，在背风面设出风口，使其形成穿堂风，室内进出风口在剖面上的位置高低，也对房间净高的确定有一定影响(图 3—7)。应注意的是，房间里的家具、设备和隔墙不要阻挡气流通过。

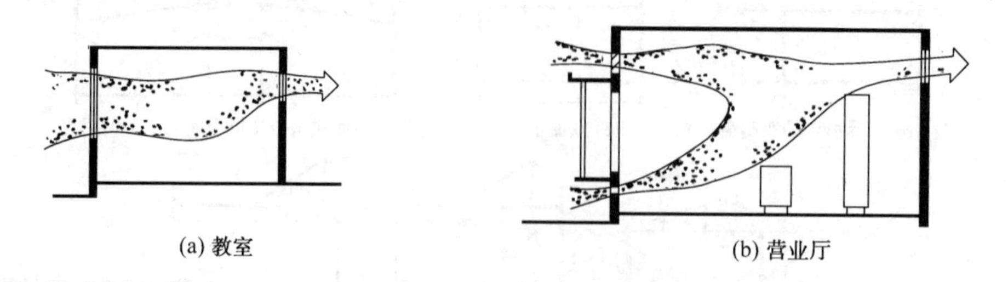

(a) 教室　(b) 营业厅

图 3—7　房间剖面中进出风口的位置和通风路线示意

3. 结构类型的要求

在建筑剖面设计中房间净高受结构层厚度、吊顶及梁高以及结构类型的影响。例如预制梁板的搭接，由于梁底下凸较多，楼板层结构厚度较大，相应房间的净高降低，而花篮梁的梁板搭接方式与矩形梁相比，在层高不变的情况下增加净高，提高了房间的使用空间(图 3—8)。

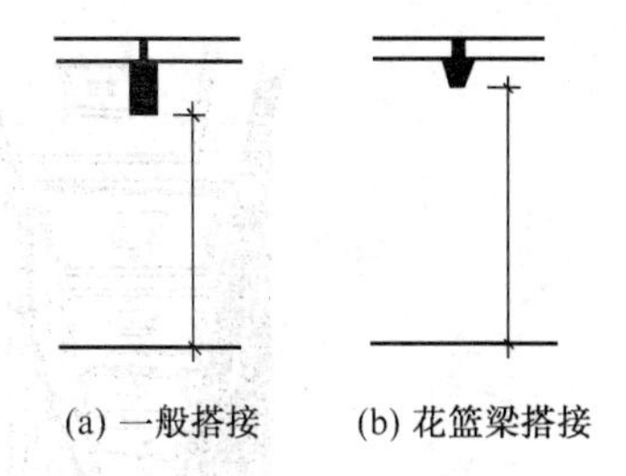

(a) 一般搭接　(b) 花篮梁搭接

图 3—8　梁板的搭接方式对房间净高的影响

在墙承重结构中，由于考虑到墙体稳定高厚比要求，当墙厚不变时，房间高度受到一定限制；而框架结构，由于改善了构件的受力性能，能适应空间较高要求的房间。

另外，空间结构的剖面形状是多种多样的，选用空间结构时，应尽可能和室内使用活动特点所要求的剖面形状结合起来(图 3—9)。

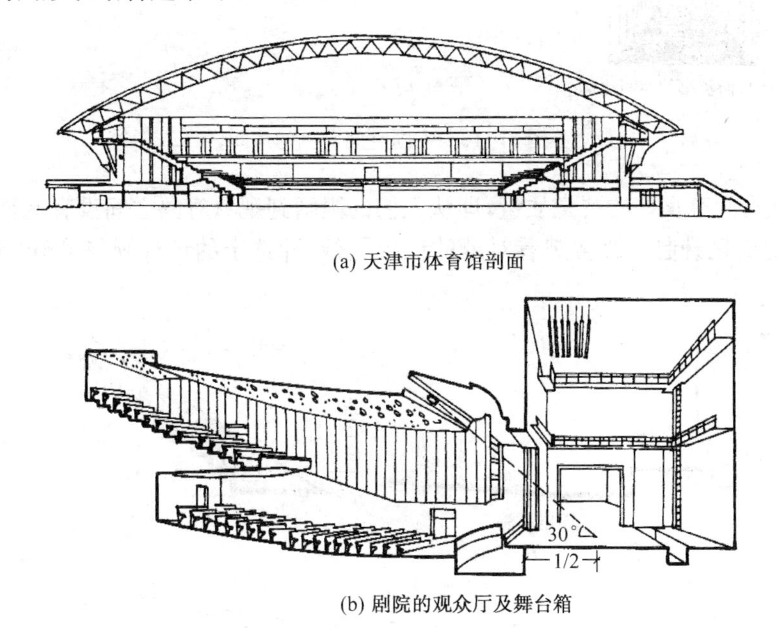

(a) 天津市体育馆剖面

(b) 剧院的观众厅及舞台箱

图 3—9　空间结构的剖面形状与使用活动特点的结合

4. 设备设置的要求

在民用建筑中，有些设备占据了部分的空间，对房间的高度产生一定影响。如顶棚部分嵌入或悬吊的灯具、顶棚内外的一些空调管道以及其他设备(图 3—2c 和图 3—2e)。

5. 室内空间比例的要求

室内空间有长、宽、高三个方向的尺寸，不同空间比例给人以不同的感受。窄而高的空间会使人产生向上的感觉，如古代西方的高直式教堂就是利用这种空间形成宗教建筑的神秘感；细而长的空间会使人产生向前的感觉，建筑中的走道就是利用这种空间形成导向感；低而宽的空间会使人产生侧向的广延感，公共建筑的大厅利用这种空间可以形成开阔、博大的气氛(图 3—10)。

一般房间的剖面形状多为矩形，但也有一些室内使用人数较多、面积较大的活动房间，由于结构、音响、视线以及特殊的功能要求也可以是其他形状，如学校的阶梯教室、影剧院的观众厅、体育馆的比赛大厅等。

(a) 高而较窄的空间比例

(b) 宽而较矮的空间比例

图 3－10　不同空间比例的房间

为了保证房间有良好的视觉质量，即从人们的眼睛到观看对象之间没有遮挡，使室内地坪按一定的坡度变化升起。通常观看对象的位置越低，即选定的设计视点越低，地坪升起越高(图 3－11)。

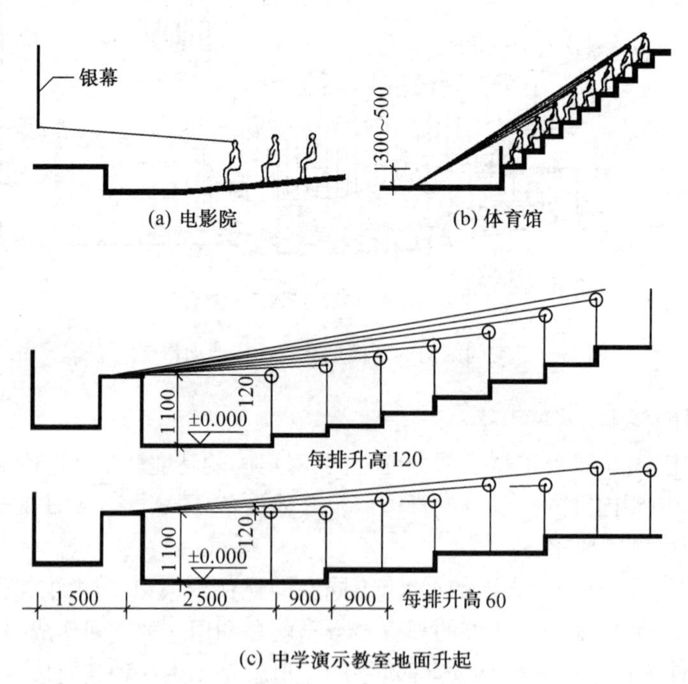

图 3－11　设计视点的高低与地坪升起的关系

为了保证室内有良好的音质效果，使声场分布均匀，避免出现声音空白区、回声以及聚焦等现象，在剖面设计中要选择好顶棚形状(图 3－12)。

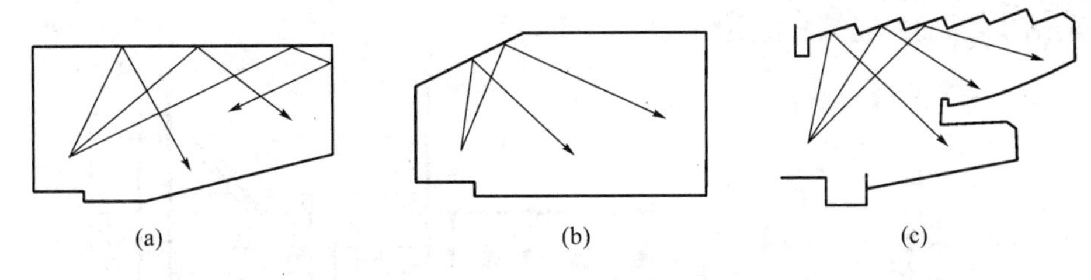

图 3—12　音质要求与剖面形状的关系

二、建筑各部分高度的确定

建筑各部分高度主要指房间净高与层高、窗台高度和室内外地面高差(图 3—13)。

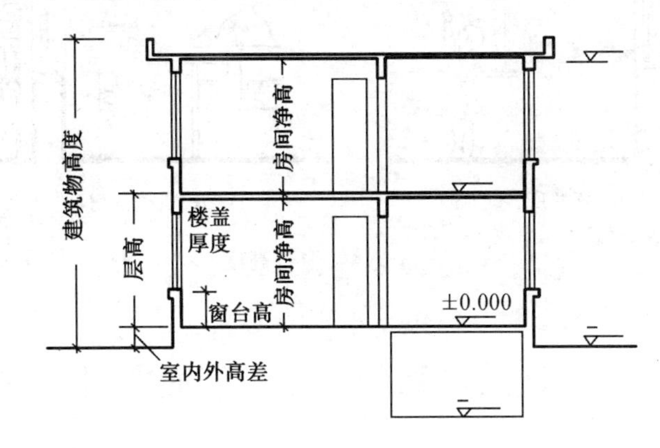

图 3—13　建筑各部分高度

1. 层高的确定

在满足卫生和使用要求的前提下，适当降低房间的层高，从而降低整幢建筑的高度，对于减轻建筑物的自重，改善结构受力情况，节省投资和用地都有很大意义。以大量建造的住宅建筑为例，层高每降低 100 mm，可以节省投资约 1%。减少间距可节约居住区的用地 2%左右。建筑层高的最后确定，还需要综合功能、技术经济和建筑艺术等多方面的要求。

2. 窗台高度

窗台的高度主要根据室内的使用要求、人体尺度和靠窗家具或设备的高度来确定。一般民用建筑中，生活、学习或工作用房，窗台高度采用 900～1 000 mm，这样的尺寸和桌子的高度(约 800 mm)比较适宜，保证了桌面上光线充足。厕所、浴室窗台可提高到 1 800 mm。幼儿园建筑结合儿童尺度，窗台高常采用 700 mm(图 3—14)。有些公共建筑，如餐厅、休息厅为扩大视野，丰富室内空间，常将窗台做得很低，甚至采用落地窗。

3. 室内外地面高差

一般民用建筑为了防止室外雨水倒流入室内，并防止墙身受潮，底层室内地面应高于室外地面 450 mm 左右。高差过大，不利于室内外联系，也增加建筑造价。建筑建成后，会有一定的沉降量，这也是考虑室内外地坪高差的因素。位于山地和坡地的建筑物，应结合地形的起伏变化和室外道路布置等因素，选定合适的室内地面标高。有的公共建筑，如纪念性建筑或一些大型厅堂建筑等，从建筑物造型考虑，常提高建筑底层地坪的标高，以增高建筑外的台基和增多室外的踏步，从而使建筑显得更加宏伟、庄重。

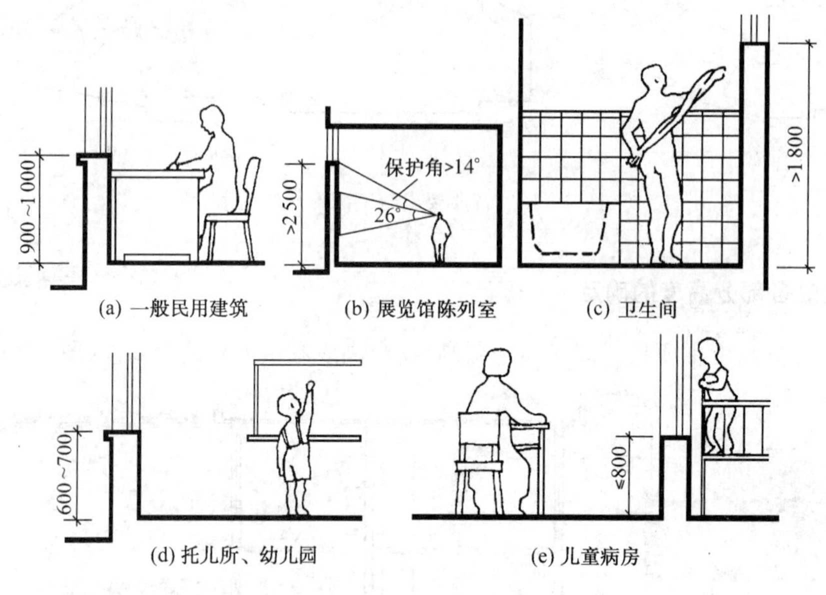

图 3—14　窗台高度

§3—2　建筑层数的确定和剖面的组合方式

一、建筑层数的确定

影响建筑层数确定的因素很多，主要有建筑本身的使用要求、基地环境和城市规划的要求、选用的结构类型、施工材料和技术的要求、建筑防火的要求以及经济条件的要求等。

1. 建筑的使用要求

由于建筑用途不同，使用对象不同，对建筑的层数有不同的要求。如幼儿园，为了使用安全和便于儿童与室外活动场地的联系，应建低层，其层数不应超过 3 层。医院、中小学校建筑也宜在三四层之内；影剧院、体育馆、车站等建筑，由于使用中有大量人流，为便于迅速、安全疏散，也应以单层或低层为主。对于大量建设的住宅、办公楼、旅馆等建筑一般可建成多层或高层。

2. 基地环境和城市规划的要求

确定建筑的层数，不能脱离一定的环境条件限制，应考虑基地环境和城市规划的要求。特别是位于城市街道两侧、广场周围、风景园林区、历史建筑保护区的建筑，必须重视与环境的关系，做到与周围建筑物、道路、绿化相协调，同时要符合城市总体规划的统一要求。

3. 建筑结构体系、材料和施工技术的要求

建筑物建造时所采用的结构体系和材料不同，允许建造的建筑物层数也不同。如一般混合结构，墙体多采用砖砌筑，自重大，整体性差，且随层数的增加，下部墙体愈来愈厚，既费材料又减少使用面积，故常用于建造六七层以下的民用建筑，如多层住宅、中小学教学楼、中小型办公楼等。

钢筋混凝土框架结构、剪力墙结构、框架—剪力墙结构及筒体结构则可用于建多层或高层

建筑(图 3－15、图 3－16)，如高层办公楼、宾馆、住宅等。

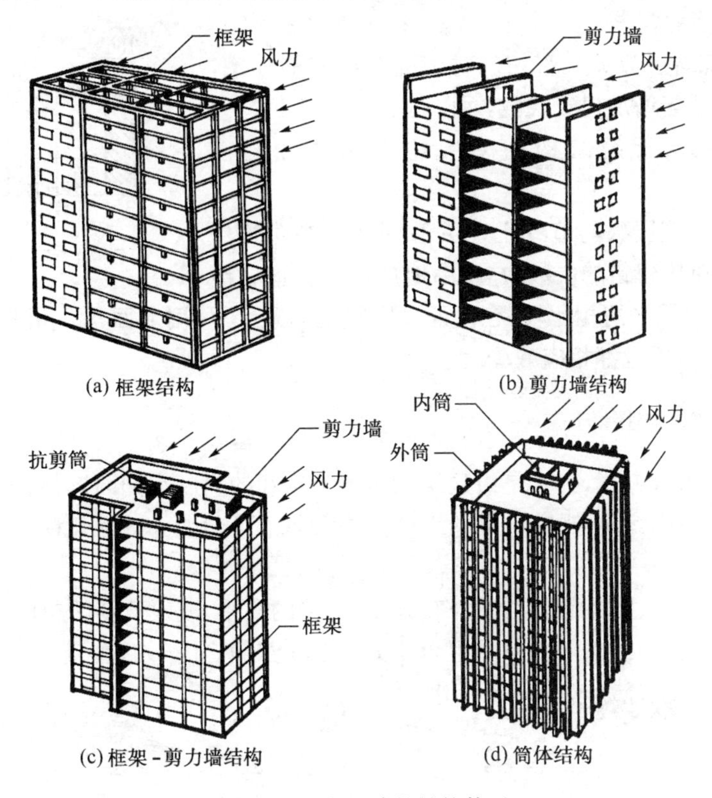

图 3－15　高层建筑结构体系

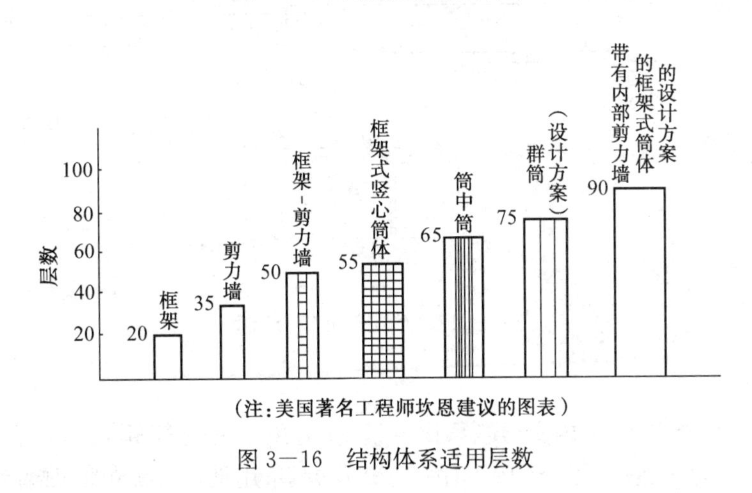

(注:美国著名工程师坎恩建议的图表)

图 3－16　结构体系适用层数

空间结构体系，如折板、薄壳、网架等，适用于低层、单层、大跨度建筑，常用于剧院、体育馆等建筑。

建筑施工条件、起重设备及施工方法等，对确定建筑的层数也有一定的影响。

4. 建筑防火要求

按照我国制定的《建筑设计防火规范》GB50016－2006 的规定，建筑层数应根据建筑的性质和耐火等级来确定。当耐火等级为一、二级时，层数原则上不作限制；耐火等级为三级时，最多允许建 5 层;耐火等级为四级时,仅允许建 2 层。

5. 建筑经济的要求

建筑的造价与层数关系密切。对于混合结构的住宅,在一定范围内,适当增加建筑层数,可降低住宅的造价。一般情况下,五六层混合结构的多层住宅是比较经济的(图 3—17)。

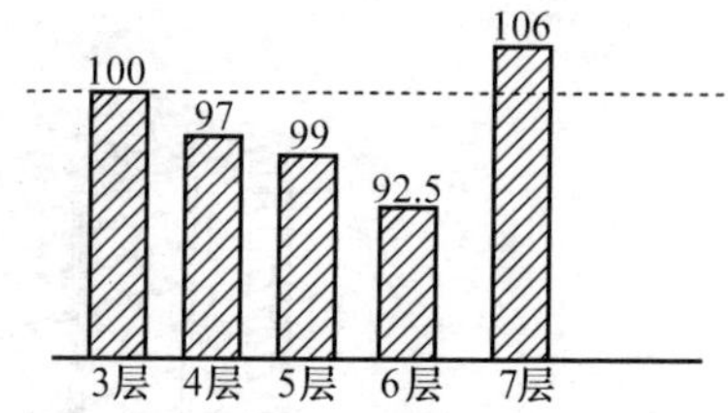

图 3—17 住宅造价与层数关系的比值

除此之外,建筑层数与节约土地关系密切。在建筑群体组合设计中,单体建筑的层数愈多,用地愈经济。把一幢 5 层住宅和 5 幢单层平房相比较,在保证日照间距的条件下,用地面积要相差 2 倍左右,同时,道路和室外管线设置也都相应减少。

二、建筑剖面的组合方式

建筑剖面的组合方式,主要是由建筑物中各类房间的高度和剖面形状、房间的使用要求以及结构布置特点等因素决定的,剖面的组合方式大体上可归纳为以下几种:

1. 单层

当建筑物的人流、物品需要与室外有方便、直接的联系,或建筑物的跨度较大,或建筑顶部要求自然采光和通风时,常采用单层组合方式(图 3—18),如车站、食堂、会堂、展览馆和单层厂房等建筑。单层组合方式的缺点是用地很不经济。

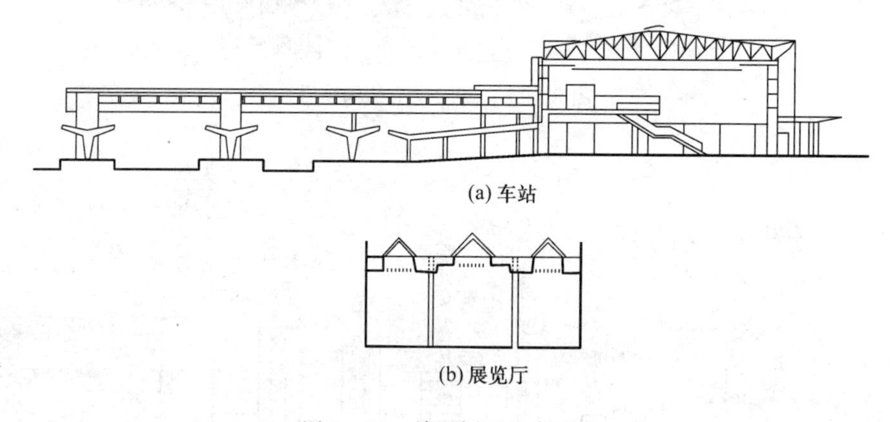
(a) 车站

(b) 展览厅

图 3—18 单层剖面组合示意

2. 多层和高层

多层和高层组合方式,室内交通联系比较紧凑,适用于有较多相同高度房间的组合,如住宅、办公、学校、医院等建筑(图 3—19)。因考虑节约城市用地,增加绿地,改善环境等因素,也可采取高层组合方式(图 3—20)。

3. 错层和跃层

错层剖面是在建筑物纵向或横向剖面中,建筑几部分之间的楼地面,高低错开,主要是由于房间层高不同或坡地建筑而形成错层。建筑剖面中的错层高差,通常利用室外台阶或利用踏步、楼梯间解决错层高差(图 3—21、图 3—22)。

跃层组合多用于高层住宅建筑中,每户人家都有上下两层,通过内部小楼梯联系。每户居室都有两个朝向，有利于自然通风和采光。由于公共走廊不是每层都设置，所以减少了公共交通面积，也减少了电梯停靠的次数，提高了速度(图 3—23)。

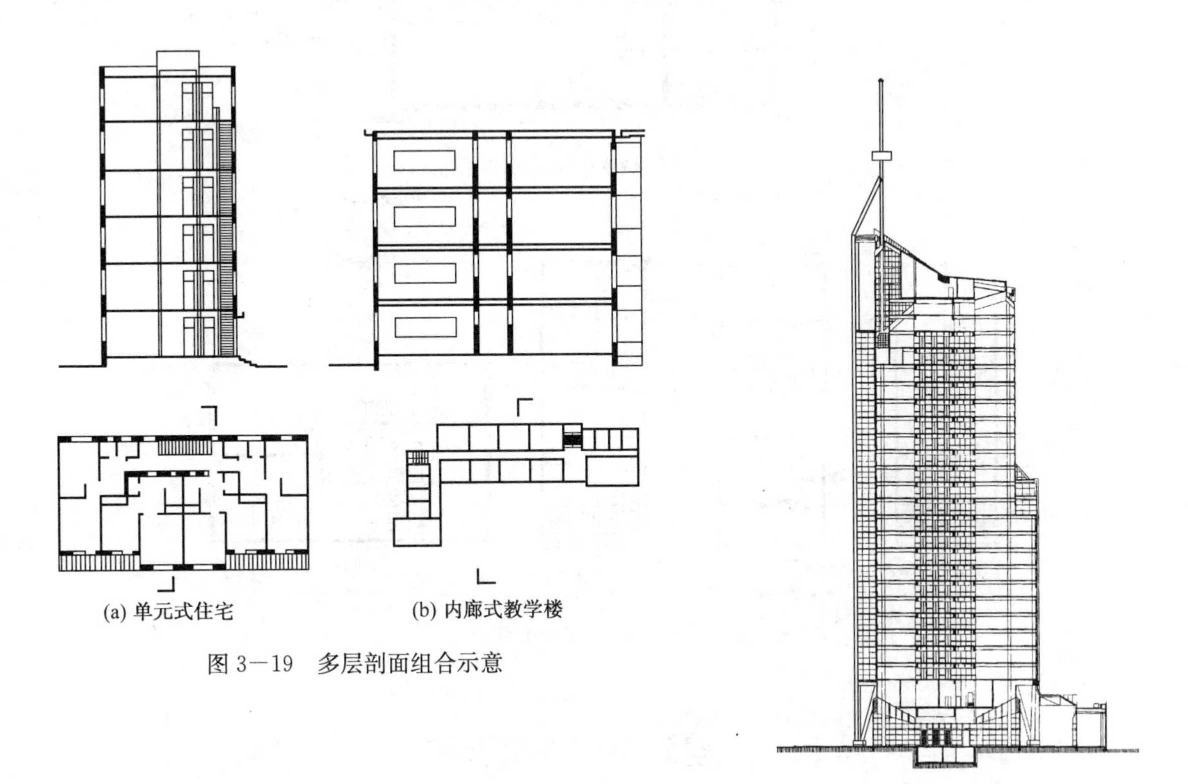

(a) 单元式住宅　　(b) 内廊式教学楼

图 3—19　多层剖面组合示意

图 3—20　高层剖面组合示意

图 3—21　以室外台阶解决错层高差

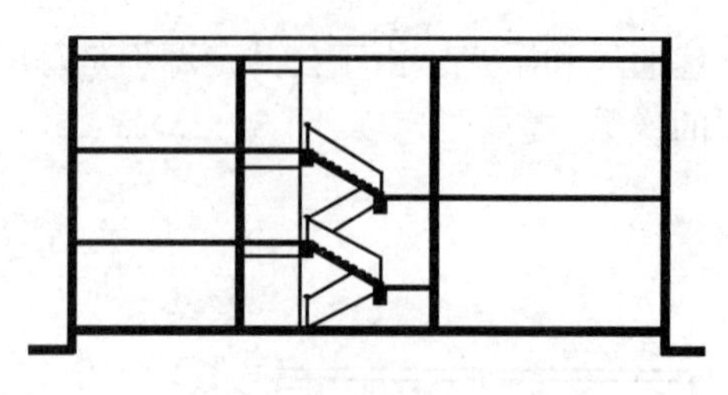

图 3－22　以楼梯间解决错层高差

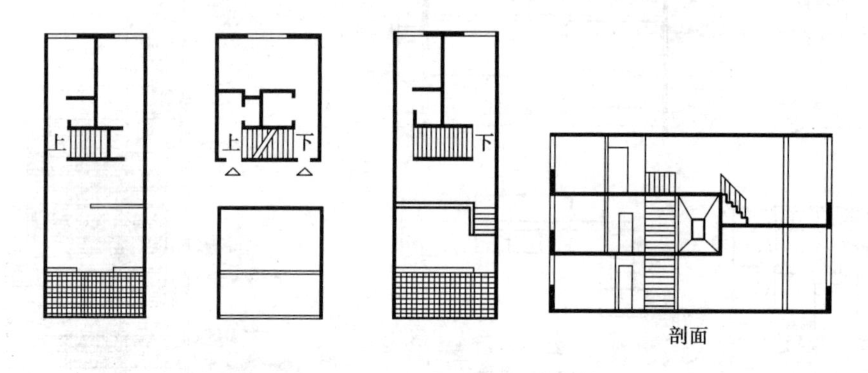

图 3－23　跃层组合的住宅

§3－3　建筑空间的组合和利用

一、建筑空间的组合

1. 高度相同或高度接近的房间组合

高度相同、使用性质接近的房间，如教学楼中的普通教室和实验室，住宅中的起居室和卧室等，可以组合在一起。高度比较接近，使用上关系密切的房间，考虑到建筑结构构造的经济合理和施工方便等因素，在满足室内功能要求的前提下，可以适当调整房间之间的高差，尽可能统一这些房间的高度。如图 3－24 所示的教学楼平面方案，其中教室、阅览室、贮藏室以及厕所等房间，由于结构布置时从这些房间所在的平面位置考虑，要求组合在一起，因此把它们调整为同一高度；平面一端的阶梯教室，它和普通教室的高度相差较大，故采用单层剖面附建于教学楼主体旁；行政办公部分从功能分区考虑，平面组合上和教学活动部分有所分隔，这部分房间的高度可比教室部分略低，仍按行政办公房间所需要的高度进行组合，它们和教学活动部分的错层高差，通过踏步解决，这样的空间组合方式，使用上能满足各个房间的要求，也比较经济。

2. 高度相差较大房间的组合

高度相差较大的房间，在单层剖面中可以根据房间实际使用要求所需的高度，设置不同高度的屋顶，图 3－25 为一单层食堂空间组合示意。餐厅部分由于使用人数多、房间面积大，相应房间的高度高，可以单独设置屋顶；厨房、库房以及管理办公部分，各个房间的高度有可能调整在一个屋顶下，由于厨房部分有较高的通风要求，故在厨房间的上部加设气楼，备餐部分使用人数少，房间面积小，房间的高度可以低些，从平面组合使用顺序和剖面中屋顶搭接的要求考虑，把这部分设计成餐厅和厨房间的一个连接体，房间的高度相应也可以低一些。

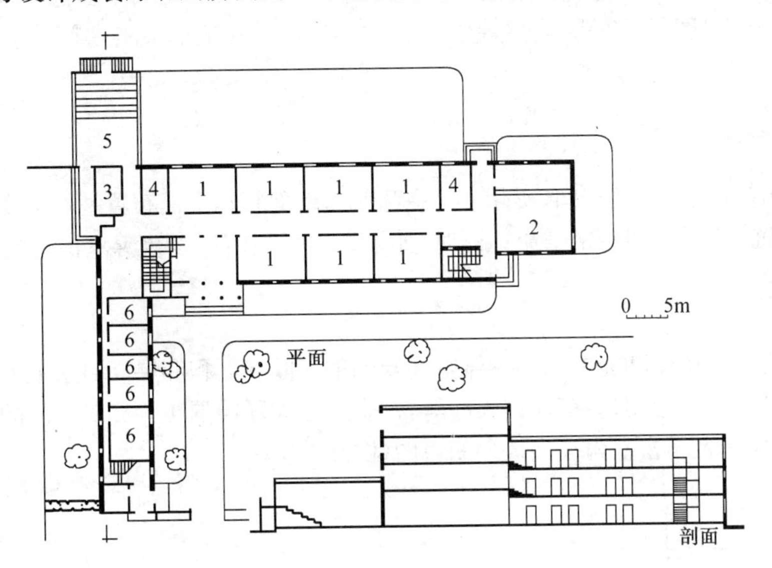

图 3－24　某教学楼的空间组合

1－教室；2－阅览室；3－贮藏室；4－厕所；5－阶梯教室；6－办公室

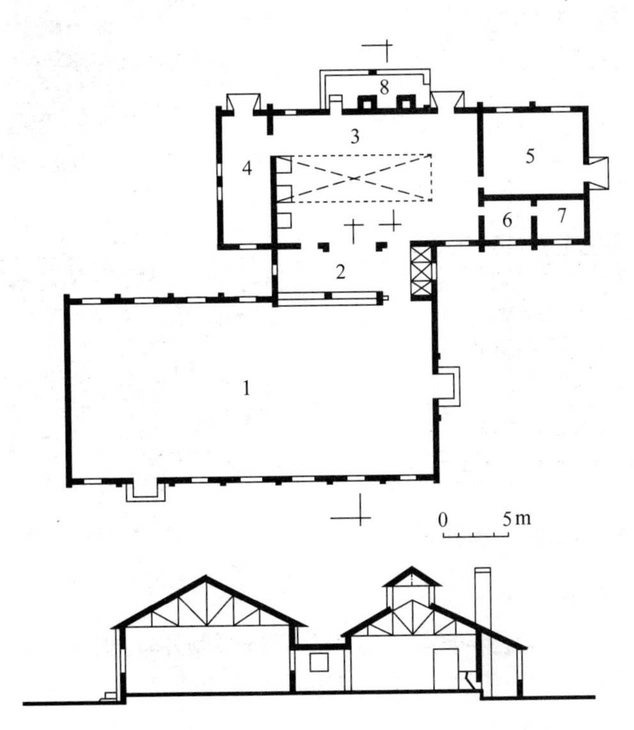

图 3－25　某食堂的空间组合

1－餐厅；2－备餐；3－厨房；4－主食库；5－调味库；6－管理；7－办公；8－烧火间

在多层和高层建筑的剖面中，高度相差较大的房间可以根据不同高度房间的数量多少和使用性质，在建筑垂直方向进行分层组合。例如旅馆建筑中，通常把房间高度较高的餐厅、会客、会议等部分组织在楼下的一、二层或顶层，旅馆的客房部分相对高度要低一些，可以按客房标准层的层高组合(图 3—26)。高层建筑中通常还把高度较低的设备房间组织在同一层，成为设备层。

二、建筑空间的利用

充分利用建筑物内部的空间，实际上是在建筑占地面积和平面布置基本不变的情况下，起到了扩大使用面积、节约投资的效果。同时，如果处理得当还可以改善室内空间比例，丰富室内空间，增强艺术感。

1. 夹层空间的利用

一些公共建筑，由于功能要求其主体空间与辅助空间在面积和层高要求上大小不一致，如体育馆比赛大厅、图书馆阅览室、宾馆大厅等，常采用在大厅周围布置夹层空间的方式，以达到充分利用室内空间及丰富室内空间效果的目的(图 3—27)。

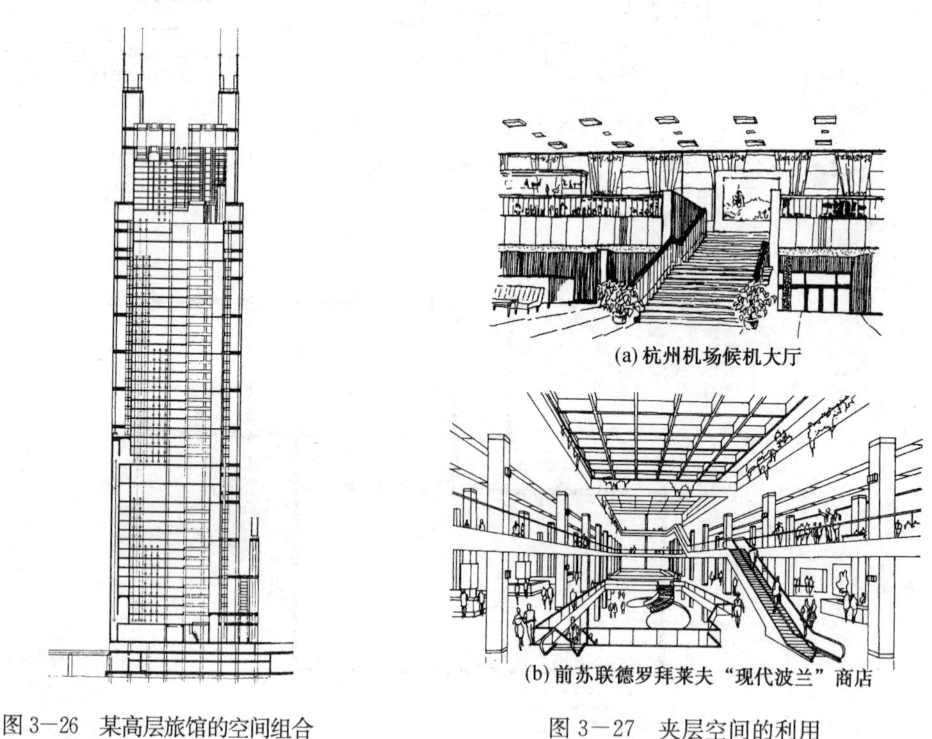

(a) 杭州机场候机大厅

(b) 前苏联德罗拜莱夫“现代波兰”商店

图 3—26 某高层旅馆的空间组合

图 3—27 夹层空间的利用

2. 房间内的空间利用

在人们室内活动和家具设备布置等必需的空间范围以外，可以充分利用房间内其余部分的空间，如住宅建筑卧室中的吊柜、厨房中的搁板和贮物柜等贮藏空间(图 3—28)。

3. 走道及楼梯间的空间利用

由于建筑物整体结构布置的需要，建筑中的走道通常和层高较高的房间高度相同，这时走道顶部，可以作为设置通风、照明设备和铺设管线的空间。

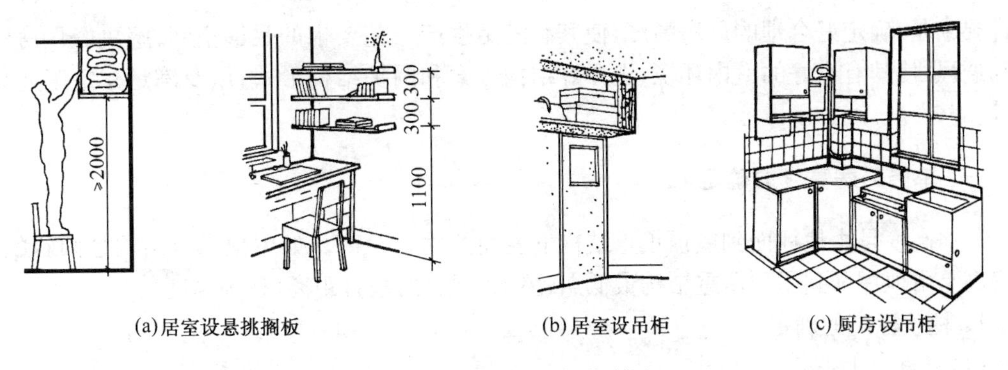

(a)居室设悬挑搁板　(b)居室设吊柜　(c)厨房设吊柜

图 3－28　住宅内空间的利用

一般建筑中，楼梯间的底部和顶部，通常都有可以利用的空间，当楼梯间底层平台下不作出入口用时，平台以下的空间可作贮藏或厕所的辅助房间；楼梯间顶层平台以上的空间高度较大时，也能用作贮藏室等辅助房间，但必须增设一个梯段，以通往楼梯间顶部的小房间(图3－29)。

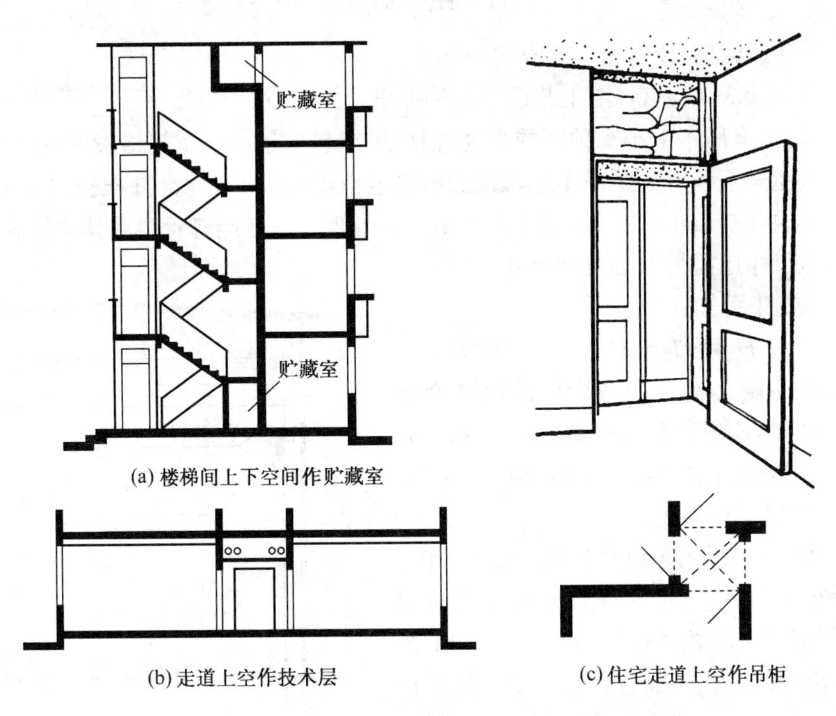

(a) 楼梯间上下空间作贮藏室

(b) 走道上空作技术层　(c) 住宅走道上空作吊柜

图 3－29　走道和楼梯间空间的利用

§3－4　工业厂房剖面设计

厂房的生产工艺流程对剖面设计的影响很大，它包括生产工艺流程特点，生产设备的形状、大小与布置，加工件的大小，起重运输设备的类型等等。多层厂房剖面设计主要研究确定厂房的层数和层高，设计要求应满足生产工艺流程的特点和工业设备要求，其他部分与公共建筑设计要求基本相同，这里不再多述。本节重点叙述单层厂房剖面设计。单层厂房剖面具体设计要求是，确定好合理的厂房高度，使其有满足生产工艺要求的足够空间；解决好厂房的采光和通风，使其有良好的室内环境；选择好结构方案和围护结构形式；以及满足建筑工业化要求等。

一、单层厂房高度的确定

厂房高度是由地坪面到屋顶承重结构下表面的垂直距离。如屋顶承重结构是倾斜的，则厂房高是由地坪面到屋顶承重结构最低点（屋架下弦）的垂直距离（柱顶高度）。

1. 柱顶标高的确定

(1) 无吊车厂房

柱顶标高是根据最大生产设备的高度和其安装、检修时所需的净空高度确定，柱顶标高还应符合扩大模数 3 M 数列。厂房的柱顶标高还要满足采光和通风的要求。

(2) 有吊车厂房

其柱顶标高应按下式计算求得，即：

$$H=H_1+h+C_h$$

式中 H——柱顶标高，应符合 3M 数列。

H_1——吊车轨顶标高，由工艺设计人员提出。

h——轨顶至吊车上小车顶部的高度，根据吊车起重量由吊车规格表中查出。

C_h——屋架下弦底面至吊车小车顶面的安全空隙，按国家标准并根据吊车起重量一般取 300 mm、400 mm 及 500 mm。如屋架下弦悬挂有管线等其他设施时，此空隙尺寸还需另加必要的尺寸。

从图 3－30 中可知：

$$H_1=H_2+H_3$$

H_2——柱牛腿标高。为减少柱的尺寸规格类型，应符合扩大模数 3 M 数列。如牛腿标高大于 7.2 m 时，应符合扩大模数 6 M 数列。

H_3——吊车梁高、吊车轨高及垫层厚度之和。

由于吊车梁的高度，吊车轨高及其固定方案的不同，计算所得出的轨顶标高（H_1）可能与工艺设计人员所提出的轨顶标高有差值。最后轨顶标高的确定应以等于或大于工艺设计人员提出的轨顶标高为依据。

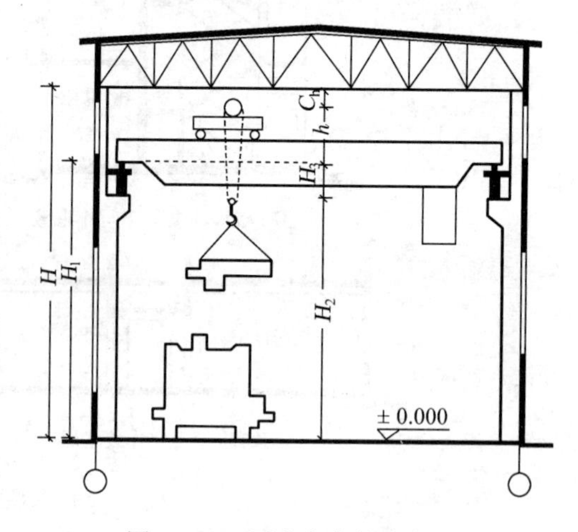

图 3－30　厂房高度的确定

2. 室内外地面标高的确定

为了使厂房内外运输方便，单层厂房的室内外高差较小，但要考虑到防止雨水侵入，室内外高差通常为 100～150 mm，并在室外入口处设坡道。

3. 厂房高度的调整

以上仅是单层厂房高度的确定原则，对于多跨厂房和有特殊设备要求的厂房，需做相应的厂房高度调整。

在工艺要求有高差的多跨厂房中，当高差不大于 1.2 m 时(有空调要求除外)，低跨所占面积较小时不宜设置高度差。在不采暖的多跨厂房中，当一侧仅有一低跨且高差不大于 1.8 m时，也不宜设置高度差(图 3—31)。这样使构件统一，施工方便，也比较经济。

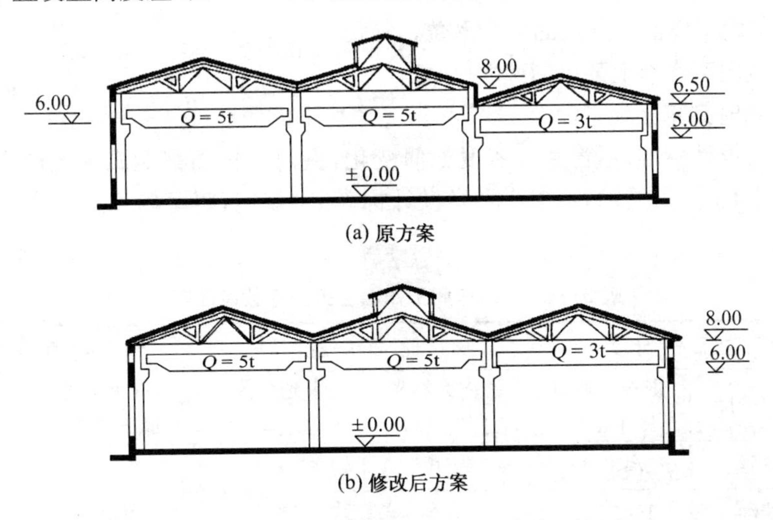

(a) 原方案

(b) 修改后方案

图 3—31　某单层厂房剖面方案

对于厂房内局部有特殊设备，为了保持柱顶的统一高度，通常在厂房一端屋架与屋架之间的空间内布置个别高大设备(图 3—32)，或降低局部地面标高，如设地坑来放置大型设备，以减小厂房空间高度(图 3—33)。

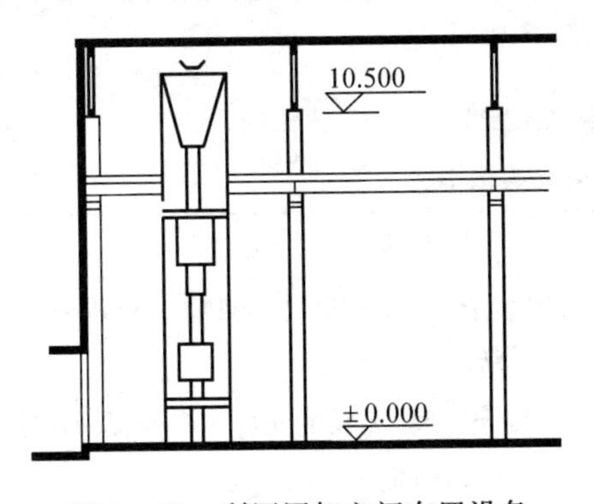

图 3—32　利用屋架空间布置设备

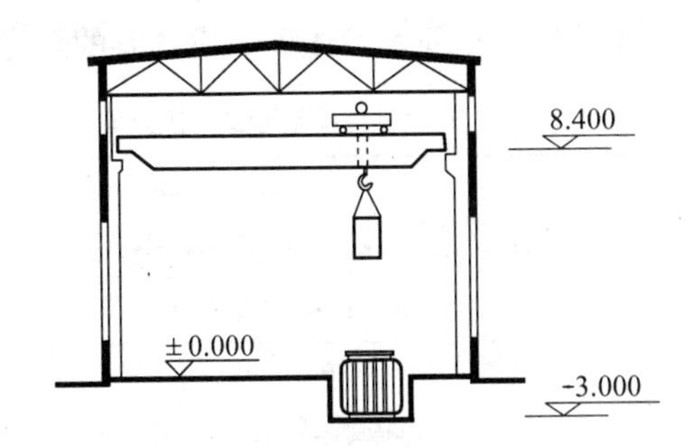

图 3—33　利用地坑布置大型设备

二、天然采光

利用天然光线照明的方式叫天然采光。天然采光是人们易于接受的形式，又很经济，因此，在厂房设计时应首先考虑天然采光。但由于厂房的性质不同，影响天然采光的因素很多，如厂房型式、开窗大小、位置等，这就要进行天然采光设计，以保证室内光线均匀，避免眩光。

1. 天然采光的基本要求

(1) 满足采光系数最低值

由于天然光的照度时刻都在变化，室内工作面上的照度也随之改变，因此，采光设计不能用变化的照度作为依据，而是用采光系数的概念来表示采光标准。采光系数等于室内工作面上某一点的照度与同一时刻室外露天地平面上天然照度比值的百分数。

$$C = E_n / E_w \times 100\%$$

式中 C ——室内工作面上某点的采光系数(%)；

E_n——室内工作面上某点的照度(lx)；

E_w——同时刻露天地平面上，天空扩散光照射下的照度(lx)。

以 C 值作为设计标准，不管室外照度如何变化，室内工作面都能满足生产要求。根据厂房对采光要求的不同，我国《工业企业采光设计标准》中规定，将室内工作面采光等级分为Ⅴ级，见表 3－1。

表 3－1 生产车间工作面上采光系数最低值

采光等级	视觉工作分类		侧面采光		顶部采光	
	工作精确度	识别对象最小尺寸 d(mm)	室内天然光照度(lx)	采光系数 C(%)	室内天然光照度(lx)	采光系数 C(%)
Ⅰ	特别精细	$d \leqslant 0.15$	250	5	350	7
Ⅱ	很精细	$0.15 < d \leqslant 0.3$	150	3	250	5
Ⅲ	精细	$0.3 < d \leqslant 1.0$	100	2	150	3
Ⅳ	一般	$1.0 < d \leqslant 5.0$	50	1	100	2
Ⅴ	粗糙	$d > 5.0$	25	0.5	50	1

注：表中采光系数最低值是按照室外临界照度值确定的，室外临界照度值一般取 5000 lx。室外临界照度低于这个标准的地区其采光等级可提高一级采用。采光系数标准值应乘 1.25 地区修正系数。

不同的生产车间及工作场所应具有的采光等级见表 3－2。

表 3－2 生产车间和工作场所的采光等级举例

采光等级	生产车间和工作场所名称
Ⅰ	精密机械和精密机电成品检验车间，精密仪表加工和装配车间，光学仪器精加工和装配车间，手表及照相机装配车间，工艺美术工厂绘画车间，毛纺厂造毛车间
Ⅱ	精密机械加工和装配车间，仪表检修车间，电子仪器装配车间，无线电元件制造车间，印刷厂排字及印刷车间，纺织厂精纺、织造和检验车间，制药厂制剂车间
Ⅲ	机械加工和装配车间，机修车间，电修车间，木工车间，面粉厂制粉车间，印刷厂装订车间，冶金工厂冷轧、热轧车间，拉丝车间，发电厂锅炉房
Ⅳ	焊接车间，钣金车间，冲压剪切车间，铸、锻工车间，热处理车间，电镀车间，油漆车间，变配电所，工具库
Ⅴ	压缩机房，风机房，锅炉房，泵房，电石库，乙炔瓶库，氧气瓶库，汽车库，大、中件储存库，造纸厂原料处理车间，化工原料准备车间，配料库，原料间

(2) 满足采光均匀度和避免产生眩光

满足采光均匀度和避免产生眩光，是防止工作人员视觉疲劳、影响视力和保证正常操作的基本要求。

采光标准中规定了生产车间的采光均匀度是指工作面上采光系数最低值与平均值之比，当顶部采光时，表中Ⅰ～Ⅳ采光等级的采光均匀度不宜小于0.7。为保证采光均匀度0.7的规定，相邻两天窗中线间的距离不宜大于工作面至天窗下沿高度的两倍，通常工作面取地面以上1.0～1.2 m高。

检验工作面上采光系数是否符合标准，通常是在厂房横剖面的工作面上选择光照最不利点进行验算。将多个测点的值连接起来，形成采光曲线，显示整个厂房的光照情况。图3－34为采光曲线示意图。

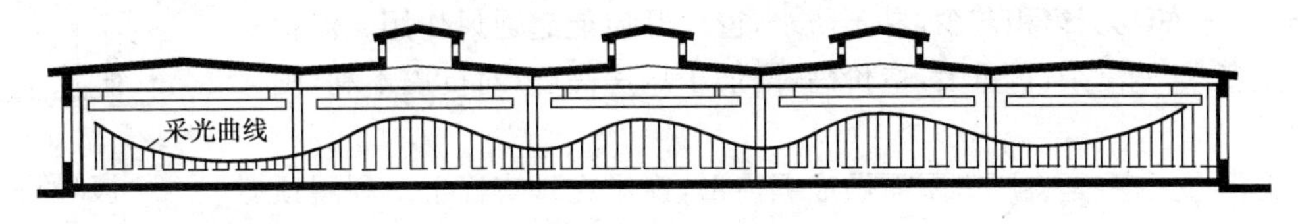

图3－34　采光曲线示意图

在厂房工作区人的视野范围内，不要出现眩光，即过亮或刺眼的光线，使工作人员视觉不舒适，影响工作。

2. 采光方式

单层厂房的采光方式，根据采光口的位置可分为侧面采光、上部采光和混合采光，见图3－35。

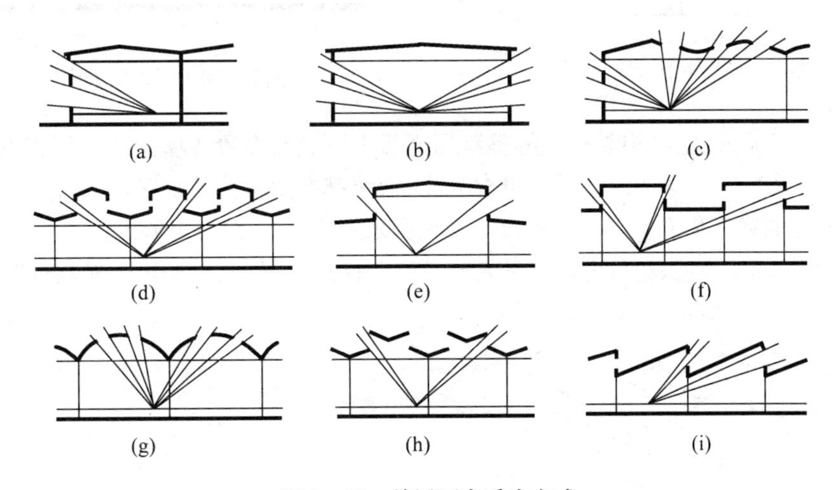

图3－35　单层厂房采光方式

(a)、(b)侧面采光；(d)、(e)、(f)、(g)、(h)、(i)顶部采光；(c)混合采光

(1) 侧面采光

侧面采光分单侧采光和双侧采光两种。当厂房进深不大时，可采用单侧采光，这种采光方式，光线在深度方向衰减较大，光照不均匀。双侧窗采光是单跨厂房中常见形式，它提高了厂房采光均匀程度，可满足较大进深的厂房。

在有吊车梁的厂房中，为了加大侧窗的采光面积，可采用高低侧窗的采光方式(图3－36)。高侧窗的下沿距吊车轨道顶面600 mm，低侧窗下沿略高于工作面，这样透过高侧窗的光线，提高了远离窗户处的采光效果，改善了厂房光线的均匀程度。

(2) 顶部采光

顶部采光通常用于侧墙不能开窗的厂房或多跨厂房的中间跨，这种采光方式照度均匀，采光率较高，但构造复杂，造价较高。顶部采光是通过设置天窗来实现的，天窗的形式很多，常见形式有矩形天窗、锯齿形天窗、横向下沉式天窗和平天窗等几种。

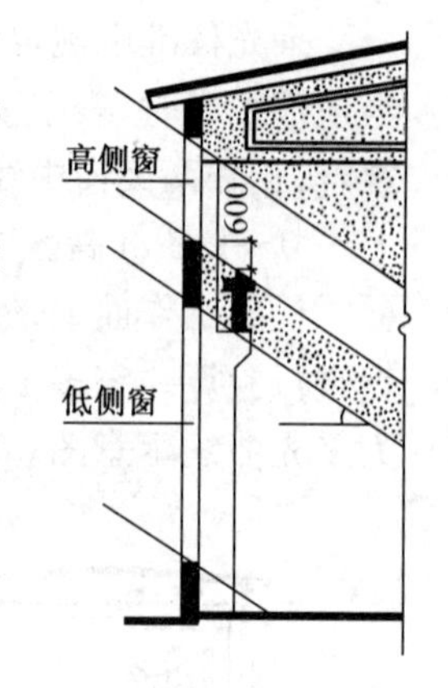

图 3－36 高低侧窗示意

矩形天窗：是沿厂房纵向将屋面局部升起，在纵向垂直面开设采光窗。矩形天窗的宽度一般为跨度的 1/2～1/3，天窗的高跨比宜在 0.3～0.4。矩形天窗积灰少，易于防水，窗户开启能起通风作用。但构件类型多，结构复杂，自重大，造价高，增加了厂房高度，对抗震不利(图 3－37)。

锯齿形天窗：是将厂房屋面做成锯齿形，窗设在垂直面上。利用顶棚倾斜面反射光线，采光效率较矩形天窗高(图 3－38)。常用于纺织厂、印染厂。

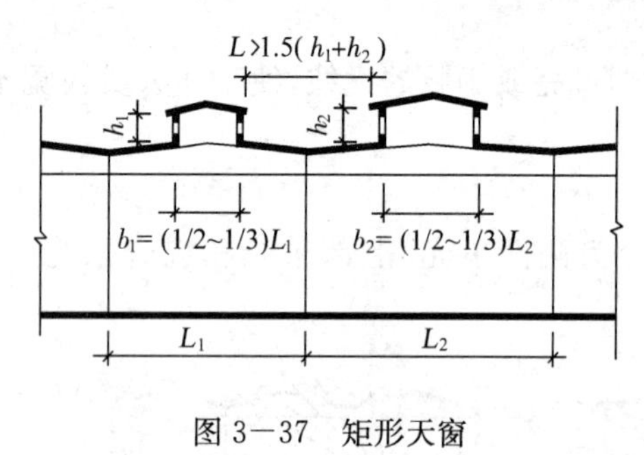

图 3－37 矩形天窗

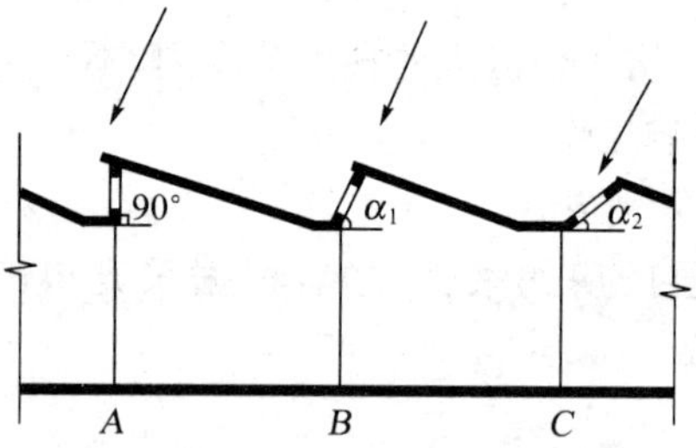

图 3－38 锯齿形天窗

横向下沉式天窗：是将相邻柱距的整跨屋面板上下交替布置在屋架的上下弦上，在屋架的上下弦之间作采光口。这种天窗适用于对采光、通风都有要求的热加工车间(图 3－39)。

平天窗：是直接在屋面上开设采光口。平天窗采光效率高，约为矩形天窗的 2～2.5 倍，布置灵活、构造简单、施工方便、造价低。但平天窗易产生眩光，寒冷地区易积雪、结露(图 3－40)。

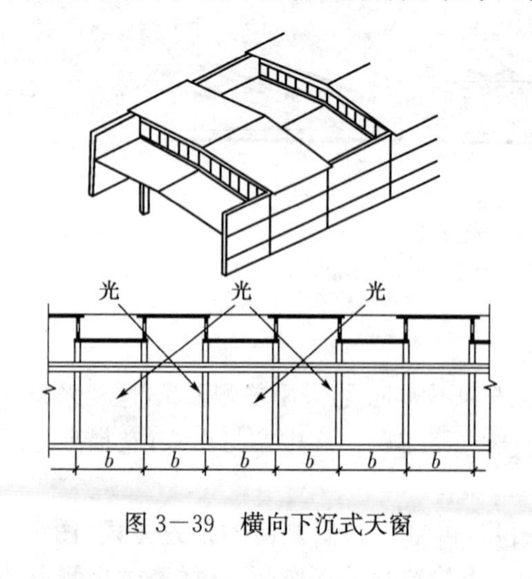

图 3－39 横向下沉式天窗

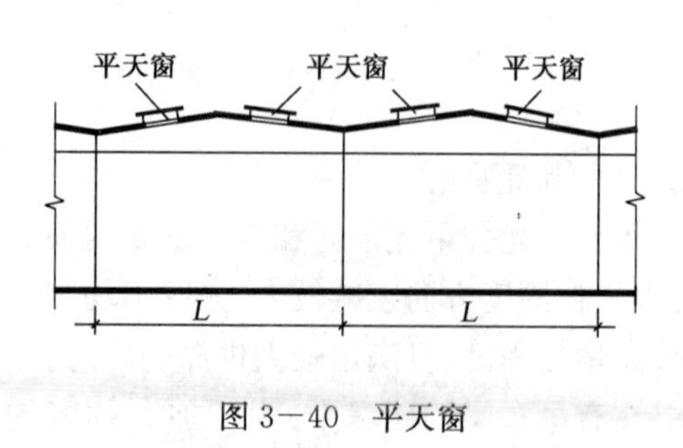

图 3－40 平天窗

(3) 混合采光

当厂房很宽或连续多跨的厂房，侧窗采光不能满足整个厂房的采光要求时，则须同时设置天窗，采用混合采光方式。

3. 采光面积的确定

对于采光设计不需要十分精确的厂房，可通过窗地面积比来确定厂房采光面积，见表3—3。首先，根据厂房的使用情况确定厂房的采光等级，然后根据开窗的形式确定窗地面积比。同时，还要考虑到厂房采光均匀、通风良好以及立面效果等综合因素。

表 3—3　窗地面积比

采光等级	采光系数最低值(%)	单侧窗	双侧窗	矩形天窗	锯齿形天窗	平天窗
Ⅰ	5	1/2.5	1/2.0	1/3.5	1/3	1/5
Ⅱ	3	1/2.5	1/2.5	1/3.5	1/3.5	1/5
Ⅲ	2	1/3.5	1/3.5	1/4	1/5	1/8
Ⅳ	1	1/6	1/5	1/8	1/10	1/15
Ⅴ	0.5	1/10	1/7	1/15	1/15	1/25

注：当Ⅰ级采光等级的车间采用单侧窗或Ⅰ、Ⅱ级采光等级的车间采用矩形天窗时，其采光不足部分应用照明补充。

三、自然通风

厂房的通风方式有两种，即自然通风和机械通风。自然通风是利用空气的自然流动将室外的空气引入室内，将室内的空气和热量排至室外，这种通风方式与厂房的结构形式、进出风口的位置等因素有关，它受地区气候和建筑物周围环境的影响较大，通风效果不稳定。机械通风是以风机为动力，使厂房内部空气流动，达到通风降温的目的，它的通风效果比较稳定，并可根据需要进行调节，但设备费较高，耗电量较大。在无特殊要求的厂房中，尽量以自然通风的方式解决厂房通风问题。

1. 自然通风的基本原理

(1) 热压原理

厂房内部在生产过程中所产生的热量和人体散发的热量，使室内空气膨胀，密度减小而上升，由于室外空气温度相对较低，密度较大，当厂房下部的门窗敞开时，室外空气进入室内，使室内外的空气压力趋于相等。如将天窗开启，由于热空气的上升，天窗内侧的气压大于天窗外侧的气压，使室内热气不断排出。如此循环，从而达到通风目的。这种通风方式称为热压通风(图 3—41)。

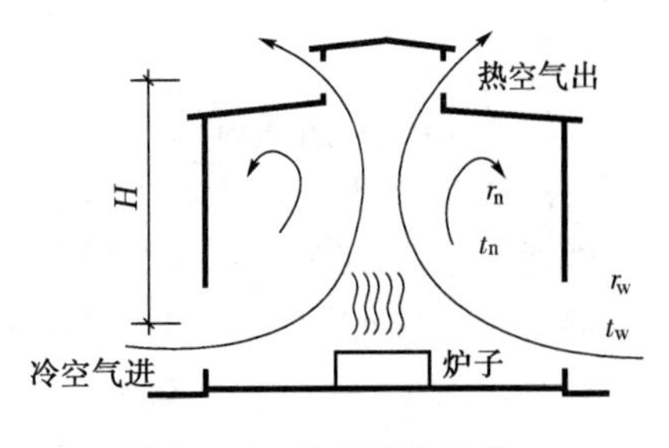

图 3—41　热压通风示意

由室内外温差造成的空气压力差叫热压。热压值用下式计算：

$$\Delta P=H(r_w-r_n)$$

式中　ΔP——热压(Pa)。

H——进排风口中心线的垂直距离(m)。

r_w——室外空气密度(kg/m^3)。

r_n——室内空气密度(kg/m^3)。

从上式中可看出热压值的大小取决于进排气口的距离和室内外的温差。开设天窗和降低进风口高度,都是加大热压的有效措施。

(2) 风压原理

当风吹向建筑物时,遇到建筑物而受阻,如图 3－42 所示,在Ⅰ－Ⅰ位置处,迎风面空气压力增大,超过了大气压力为正压区,用"＋"表示,在Ⅱ－Ⅱ位置处,气流通过建筑两侧和上方迅速而过,此处气流变窄,风速加大,使建筑物的侧面和顶面形成了一个小于大气压力的负压区,用"－"表示。风到Ⅲ－Ⅲ处时,空气飞越建筑物,并在背风一面形成漩涡,出现一个负压区。因此,根据这一现象,应将厂房的进风口设在正压区,排风口设在负压区,使室内外空气更好地进行交换。这种利用风的流动产生的空气压力差而形成的通风方式为风压通风。

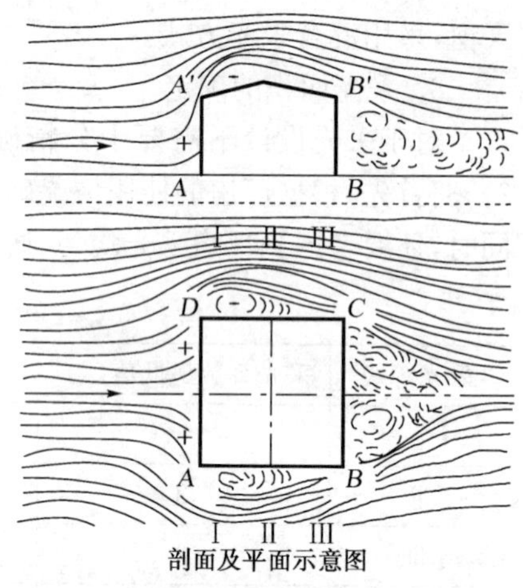

图 3－42 风绕建筑流动状况及风压分布

在厂房剖面和通风设计时,要根据热压和风压原理考虑二者共同对厂房通风效果的影响,恰当地设计进、排风口的位置,选择合理的通风天窗形式,组织好自然通风。图 3－43 是热压和风压共同工作时的气流状况示意。

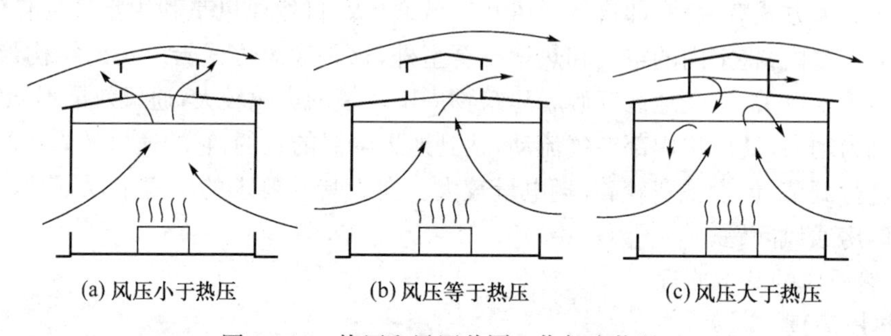

图 3－43 热压和风压共同工作气流状况

2. 厂房的自然通风

冷加工车间,一般没有大量的生产余热,室内外温差较小,组织自然通风时可结合工艺与平面设计进行,尽量使厂房长轴与夏季主导风向垂直,限制厂房的宽度在 60 m 以内,以便组织穿堂风。与此同时,合理地选择进、排风口的位置,有利于加速室内空气的流动。

热加工车间产生的余热和有害气体较多,组织好自然通风尤其重要,除了在平面设计中要考虑的因素之外,还要对排风口的位置和天窗的形式进行设计与选择。

(1) 进、排风口的布置

热加工车间主要利用低侧窗进风,利用高侧窗和天窗排风,根据热压原理,进排风口之间的高差越大,通风效果越好(图 3－44)。

(2) 通风天窗的类型

以满足通风为主的天窗称为通风天窗,通风天窗的类型主要有矩形通风天窗和下沉式通风天窗。

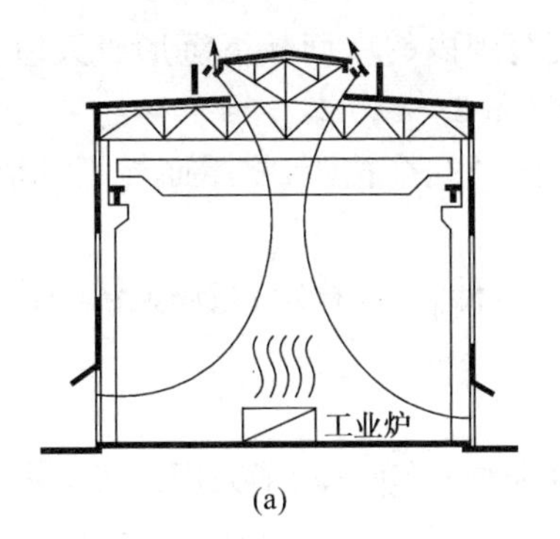

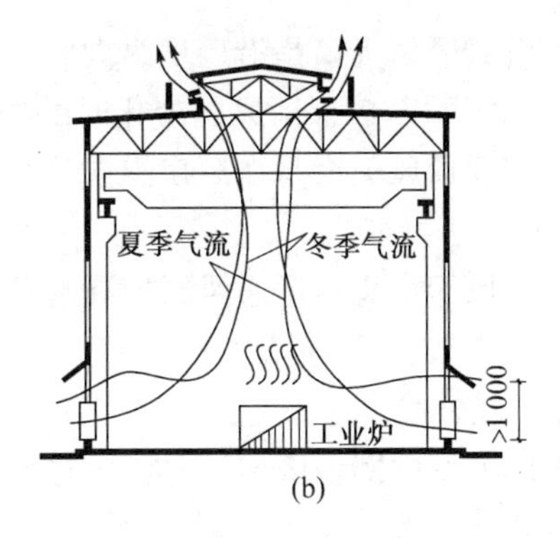

图 3－44　热加工车间进排风口布置

① 矩形通风天窗(图 3－45)。为了防止风压大于室内热压,室外气流进入室内,产生气流倒灌现象,在天窗两侧设置挡风板,以保证在天窗两侧产生负压区。

挡风板距天窗的距离一般为排风口高度的 1.1～1.5 倍,即 $L=(1.1\sim1.5)h$。当平行等高跨两矩形天窗排风口的间距 $L\leqslant 5\ h$ 时,可不设挡风板(图 3－46),此时两天窗之间始终为负压区。

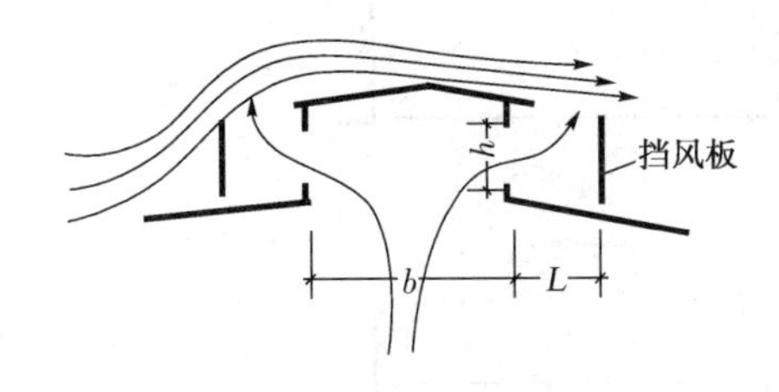

图 3－45　矩形通风天窗

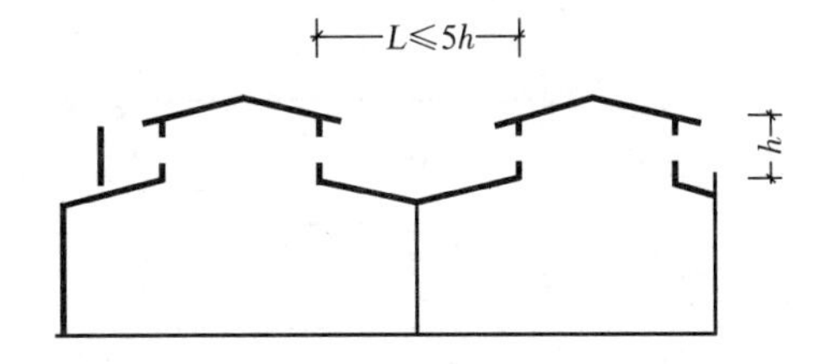

图 3－46　平行等高跨不设挡风板的条件

② 下沉式通风天窗。下沉式通风天窗就是将下沉的天窗采光口作为排风口。由于天窗下沉,排风口在任何风向时均处于负压区,排风效果较好。

下沉式天窗有以下三种常见形式:

井式通风天窗是将部分屋面板下沉而形成“井”,风向变化时不影响排风,它可根据厂房热源位置和排风量确定井式通风天窗的位置(图 3－47a)。

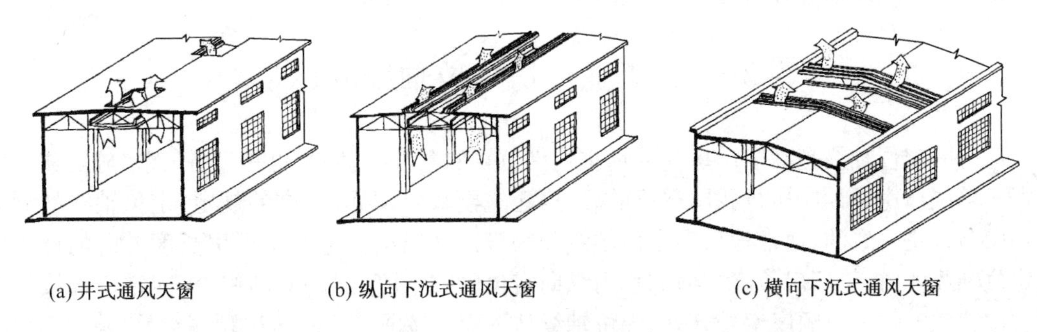

(a) 井式通风天窗　　(b) 纵向下沉式通风天窗　　(c) 横向下沉式通风天窗

图 3－47　下沉式通风天窗

纵向下沉式通风天窗是沿厂房纵向将一定宽度范围内的屋面板下沉形成天窗，要求纵向每隔 30 m 设挡风板，以保证风向变化时的排风效果(图 3－47b)。

横向下沉式通风天窗是在厂房纵向每隔一个柱距或几个柱距，将屋面板下沉形成的天窗(图 3－47c)。

下沉式通风天窗比矩形通风天窗具有荷载小、造价低、通风稳定、布局灵活等特点，但也存在着排水构造复杂、易漏水等缺点。

(3) 开敞式外墙

在我国南方及中部地区，夏季炎热，这些地区的热加工车间，除了采用通风天窗外，外墙还可采取开敞式的形式。

开敞式厂房设置挡雨板，防止雨水进入室内，开敞式厂房的主要形式有全开敞、上开敞、下开敞和部分开敞等四种(图 3－48)。

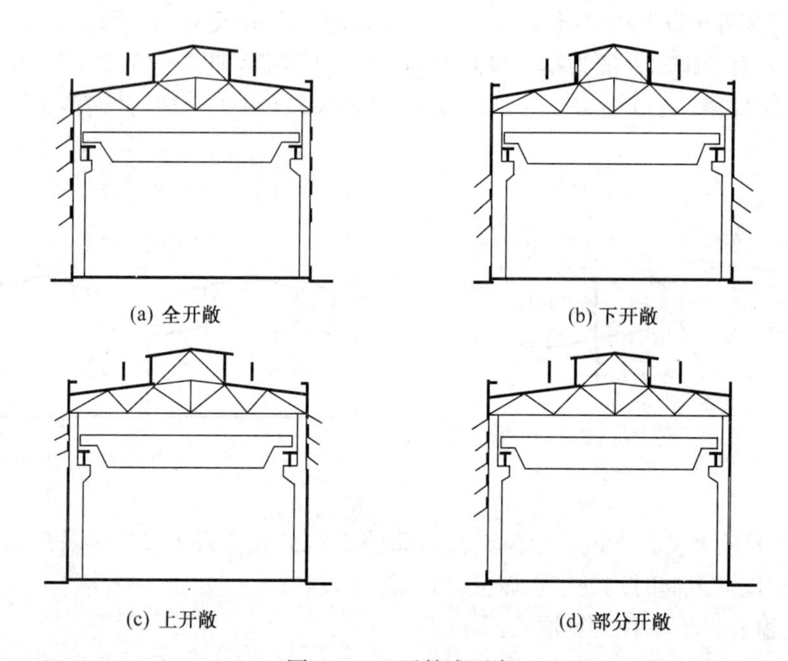

图 3－48 开敞式厂房

开敞式厂房的优点是：通风量大，室内外空气交换迅速，散热快，通风降温显著，构造简单，造价低；缺点是：防寒、防风、防沙能力差，通风效果不太稳定。

§3－5 工业厂房定位轴线的标定

厂房的定位轴线是确定厂房主要承重构件位置的基准线，同时也是设备安装、施工放线的依据。单层厂房设计应执行我国现行的《厂房建筑模数协调标准》中的规定，定位轴线的划分与柱网布置是一致的，通常把厂房定位轴线分为横向和纵向。垂直于厂房长度方向的称为横向定位轴线，平行于厂房长度方向的称为纵向定位轴线，在厂房平面图中，横向定位轴线从左到右按①、②、③……顺序编号，纵向定位轴线从下而上按Ⓐ、Ⓑ、Ⓒ……顺序编号，其中 I、O、Z 三个字母不用，以免与 1、0、2 相混(图 3－49)。

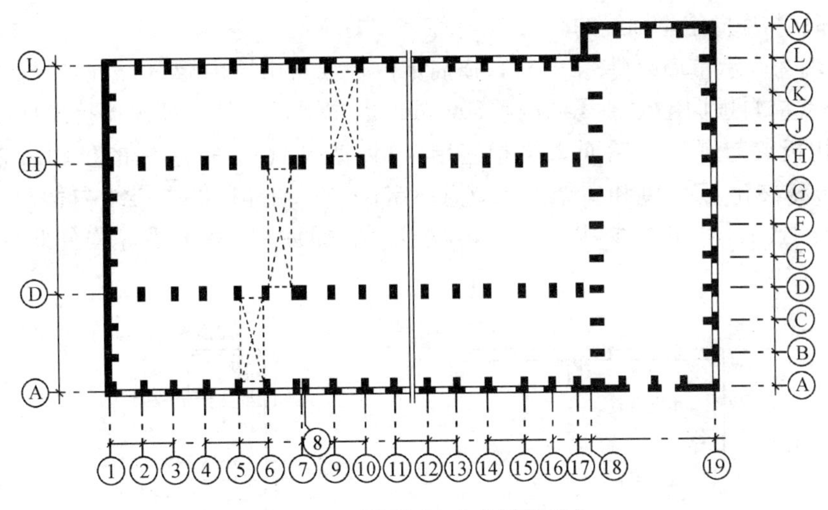

图 3－49 单层厂房定位轴线划分

一、横向定位轴线

横向定位轴线用来标注厂房纵向构件如屋面板、吊车梁、连系梁、纵向支撑等构件的标志尺寸长度。

1. 中间柱与横向定位轴线的联系(图 3－50a)

厂房中间柱的横向定位轴线与柱的中心线重合，屋架的中心线也与横向定位轴线重合，它标明了屋面板、吊车梁等的标志尺寸。

2. 横向变形缝处柱与横向定位轴线的联系(图 3－50b)

横向变形缝应采用双柱即两条横向定位轴线划分的方法，柱的中心线应自定位轴线向两侧各移 600 mm。两条横向定位轴线间加插入距 a_i。a_i 就是变形缝的宽度，它的取值应符合国家标准的规定。

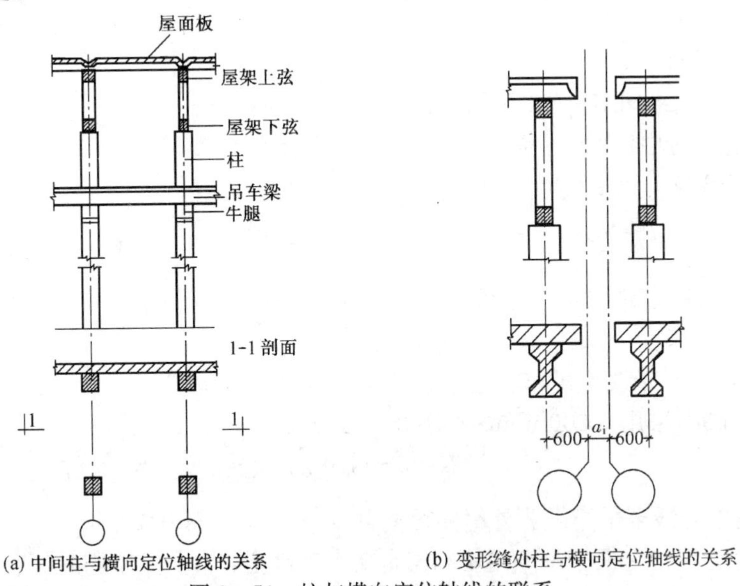

图 3－50 柱与横向定位轴线的联系

3. 端部柱与横向定位轴线的联系

(1) 山墙为非承重墙时(图 3－51),横向定位轴线与山墙内缘重合,形成封闭屋面。端部柱的中心线应自横向定位轴线向内移600 mm,其主要目的是保证山墙抗风柱能通至屋架上弦,柱顶用板铰与屋架或屋面大梁相连结,以传递风荷载,抗风柱的柱距常采用4 500、6 000、7 500等,视厂房跨度和屋架上弦节点而定;另外,端部柱的中心线内移 600 mm 与横向变形缝处一致,这样可减少构件类型,互换通用,屋面板、吊车梁等构件此处采取悬挑处理。

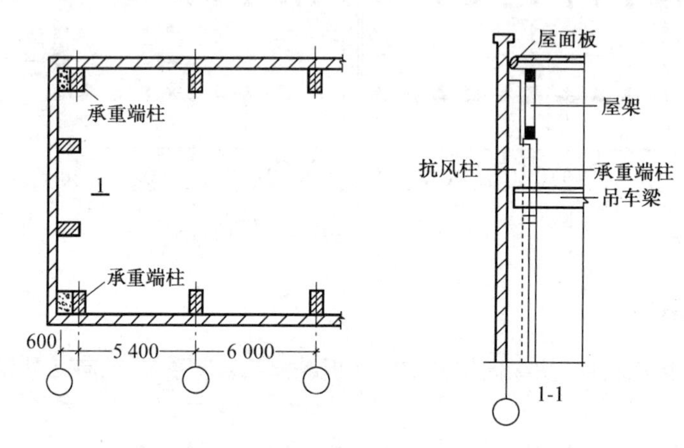

图 3－51　非承重墙与横向定位轴线的联系

(2) 山墙为承重墙时,墙体内缘与横向定位轴线的距离为砌体块材类别 1/2 块的倍数或墙厚的一半,如图 3－52 中 λ 值。

二、纵向定位轴线

纵向定位轴线是用来标注厂房横向构件如屋架或屋面梁的标志尺寸。纵向定位轴线与墙柱之间的关系和吊车吨位、型号、构造等因素有关。

1. 外墙、边柱与纵向定位轴线间的联系

在有吊车的厂房中,为了保证吊车的安全使用,吊车跨度与屋架跨度之间应满足以下关系:

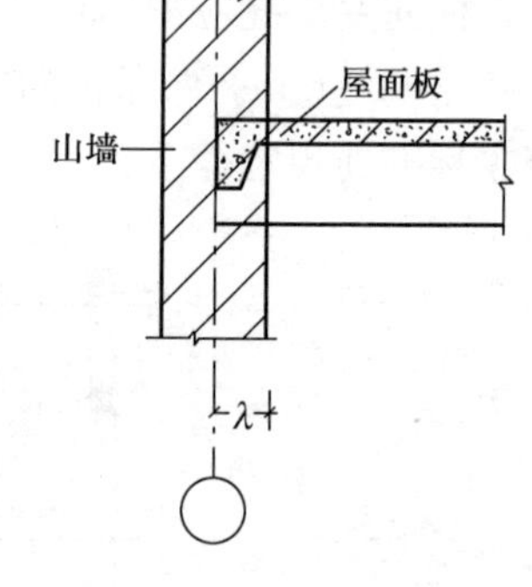

图 3－52　承重墙与横向定位轴线的关系

$$L=L_K+2e$$

式中　L——厂房跨度(纵向定位轴线之间的距离);

L_K——吊车跨度,吊车两条轨道之间的距离;

e——纵向定位轴线至吊车轨道中心线的距离,其值一般为 750 mm,当吊车起重量大于 50 t 时,采用 1 000 mm。如图 3－53 所示。

$$K=e-(B+h)$$

B——轨道中心线至吊车端头外缘的距离,可从吊车规格表中查到。

K——安全空隙。它根据吊车吨位和安全要求来确定,当吊车起重量大于 75 t 时,K 大于 100 mm。

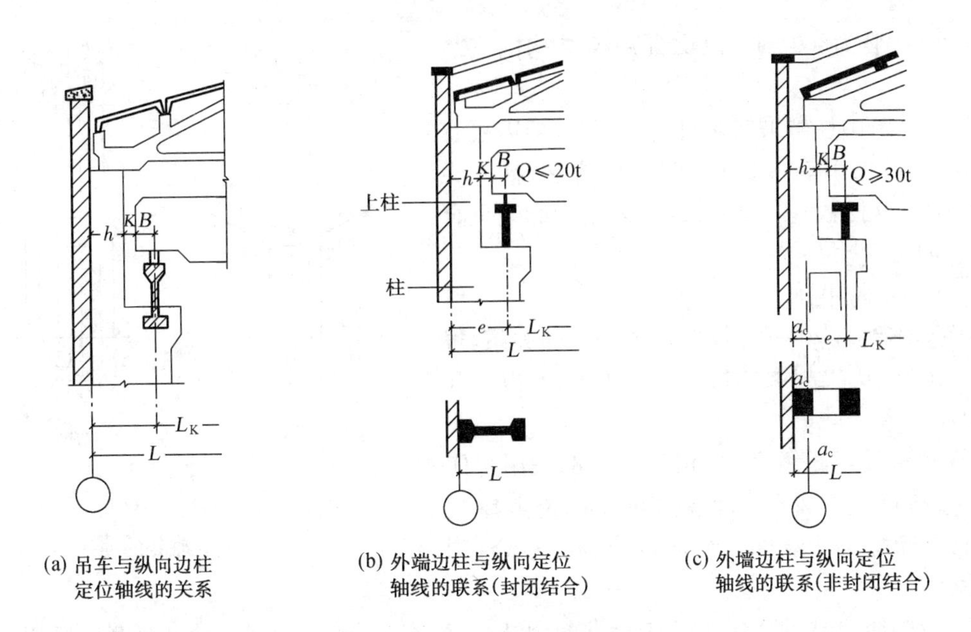

图 3－53　吊车与纵向定位轴线的关系

h——上柱截面高度。

由于吊车型式、起重量、厂房跨度、高度、柱距等不同，外墙、边柱与纵向定位轴线的联系方式可出现下述两种情况：

(1) 封闭结合

当定位轴线与柱外缘和墙内缘重合、屋架和屋面板紧靠外墙内缘时，称为封闭结合，如图 3－53b。它适用于无吊车或只设悬挂式吊车的厂房，以及柱距为 6 m，吊车起重量 $Q\leqslant20$ t 的厂房。当吊车起重量 $Q\leqslant20$ t 时，查吊车规格表，得出相应参数 $B\leqslant260$ mm，$K\geqslant80$ mm，上柱截面高度 $h=400$ mm，$e=750$ mm。由下式验算安全空隙：

$K=e-(h+B)=750-(400+260)=90$ mm

说明实际安全空隙大于必须安全空隙($K\geqslant80$ mm)，符合安全要求。

封闭结合屋顶构造简单，无附加构件，施工方便。

(2) 非封闭结合

非封闭结合是指纵向定位轴线与柱子外缘有一定的距离，因而，屋面板与墙内缘也有一段空隙，这段距离用 a_c 表示，它适用于吊车起重量在 30 t$\leqslant Q\leqslant$50 t 的情况。

当吊车吨位 Q 为 30/50 t 时，其参数 $B=300$ mm，$h=400$ mm，$e=750$ mm，$K\geqslant80$ mm。若按封闭结合的情况下考虑，$K=e-(h+B)=750-(400+300)=50$ mm，不满足安全空隙 $K\geqslant80$ mm的要求，这时则需将边柱自定位轴线外移一个距离 a_c，称为联系尺寸，如图 3－53c。

2. 中柱与纵向定位轴线的联系

在多跨厂房中，中柱有平行等高跨和平行不等高跨两种形式，而且中柱有设变形缝和不设变形缝的情况。下面仅介绍应用较广的不设变形缝的中柱和纵向定位轴线的联系，设变形缝的情况参见《厂房建筑模数协调标准》。

(1) 等高跨中柱

这种情况通常设置单柱和一条定位轴线，柱的中心线一般与纵向定位轴线重合(图 3－54a)。

上柱截面一般为600 mm,以保证屋架结构的支承长度。

当等高跨中柱需采用非封闭结合时,即需要有插入距 a_i,可采用单柱双定位轴线的方法,插入距 a_i 应符合3M(模数)。柱中心与插入距中心线重合(图 3—54b)。

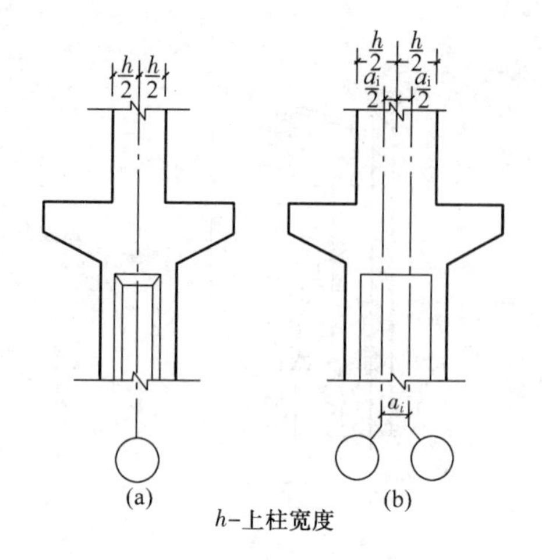

图 3—54 等高跨中柱与纵向定位轴线的关系

(2) 高低跨中柱

平行不等高跨中柱与纵向定位轴线的关系,根据吊车吨位、屋面结构、构造情况来决定,有以下几种类型:

① 单轴线封闭结合:当相邻两跨都采用封闭结合时,高跨上柱外缘、封墙内缘和低跨上屋架(屋面梁)标志尺寸端部与纵向定位轴线重合(图 3—55a)

② 双轴线非封闭结合:当高跨为非封闭结合时,该轴线与上柱外缘之间设联系尺寸 a_c,低跨处屋架定位轴线应设在屋架的端部,两轴线之间有插入距 a_i,此时 $a_i=a_c$(图 3—55b)。

③ 双轴线封闭结合:当高低跨都是封闭结合,但低跨屋面板上表面与高跨柱顶之间的距离不能满足设置封墙的构造要求时,应设插入距 a_i,$a_i=t$,t 为封墙厚度。此时,封墙设于低跨屋架端部与高跨上柱外缘之间(图 3—55c)。

④ 当高跨上柱外缘与低跨屋架端部之间设有封墙时,则两条定位轴线之间的插入距 a_i,应等于联系尺寸和墙厚之和,即 $a_i=a_c+t$(图 3—55d)。

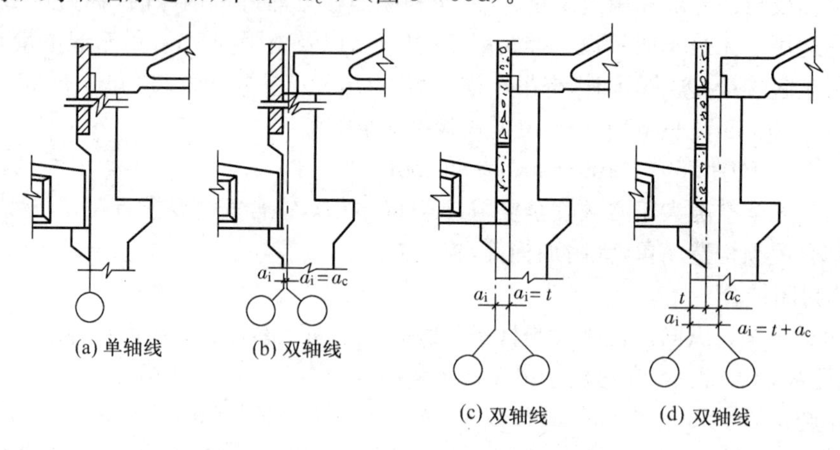

图 3—55 高低跨中柱与纵向定位轴线的关系

3. 纵横跨连接处定位轴线的联系

厂房有纵横跨相交时,为了简化结构和构造常将纵跨和横跨分开,各柱与定位轴线的关系按上面所讲的原则处理,然后再将纵横跨厂房组合在一起。此时,要考虑到二者之间设变形缝等问题。

当纵跨的山墙比横跨的侧墙低,长度小于或等于侧墙,且横跨为封闭结合时,可采用双柱单墙处理。单墙靠横跨的外牛腿支承不落地,成为悬墙。纵横跨相交处两定位轴线的插入距

$a_i = a_e + t$，a_e 为变形缝宽度，t 为墙厚。横跨为非封闭结合时，则 $a_i = a_e + t + a_c$，a_c 为非封闭结合联系尺寸(图 3—56)。

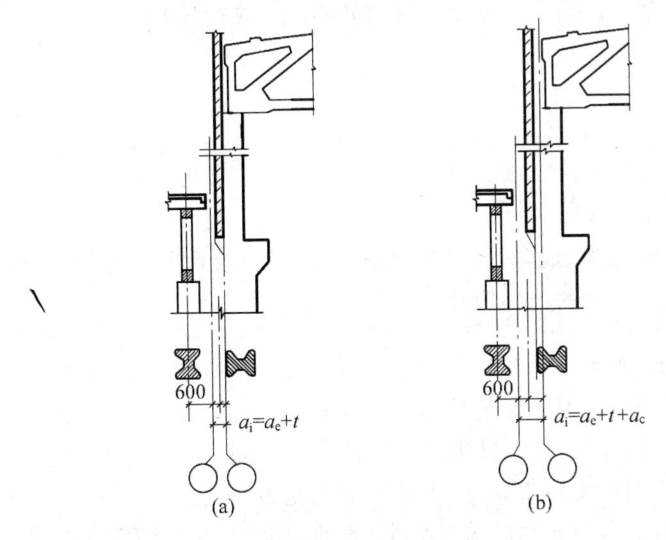

图 3—56　纵横跨连接处定位轴线的关系

复习思考题

3—1　一般房间的剖面形状有哪些？厅堂建筑剖面形状设计应考虑哪些因素？

3—2　什么是建筑的层高和净高？房间高度的确定与哪些因素有关？试举例说明。

3—3　建筑剖面采光方式有哪些？房间窗台高度是如何确定的？

3—4　建筑室内外地面为何要设置高差？

3—5　确定建筑物的层数应考虑哪些因素？

3—6　建筑空间有哪些组合方式？试举例说明。

3—7　建筑空间利用有哪些处理手法？

3—8　单层工业厂房剖面高度的确定应考虑哪些因素？建筑统一模数制对其有哪些规定？

3—9　单层厂房剖面采光方式有哪几种？各有何特点？

3—10　什么叫风压？什么叫热压？热压作用下的通风与哪些因素有关？

3—11　单层工业厂房冷加工车间如何加强穿堂风？热加工车间如何组织好自然通风？

3—12　什么是联系尺寸？单层厂房在何种情况下需设置联系尺寸？

第 4 章　建筑体型和立面设计

本章提要：本章包括建筑体型和立面设计的要求，建筑体型的组合和立面设计，工业厂房立面设计等。

学习目的：基本掌握建筑造型的基本原则和方法，并运用一般构图法则分析和解决建筑体型组合和立面设计的一般问题。

建筑具有物质与精神、实用与美观的双重性。建筑首先要满足人们的物质生活需要，同时又要满足人们一定的审美要求，因此建筑是实用与美观有机结合的整体。建筑的美观主要是通过内部空间的组织、外部造型的艺术处理以及建筑群体空间的布局等方面来体现的，而其中建筑物的外观形象对于人们来说更直观，产生的影响也尤为深刻。

体型和立面设计着重研究建筑物的体量大小、体型组合、立面及细部处理等。在满足使用功能和经济合理的前提下，运用不同的材料、结构形式、装饰细部、构图手法等创造出预想的意境，从而不同程度地给人以庄严、挺拔、明朗、轻快、简洁、朴素、大方、亲切的印象，使之具有独特的表现力和感染力。

建筑体型和立面设计是整个建筑设计的重要组成部分。应与平、剖面设计同时进行，并贯穿于整个设计的始终。在方案设计一开始，就应在功能、物质技术条件等制约下按照美观的要求考虑建筑体型及立面的雏形。在平、剖面设计的基础上，运用建筑造型和立面构图方面的规律，如均衡、韵律、对比、统一等等，对建筑外部形象从总体到细部反复推敲、协调、深化，使之达到形式与内容完美的统一，这是建筑体型和立面设计的主要方法。

§4—1　建筑体型和立面设计的要求

一、反映建筑功能和建筑类型的特征

建筑的外部形体是怎样形成的呢？它不是凭空产生的，也不是由设计者随心所欲决定的，它是内部空间合乎逻辑的反映，有什么样的内部空间，就有什么样的外部体型(图 4—1)。例如，由许多单元组合拼接而成的住宅，为一整齐的长方体型，以单元组合而成的建筑以其简单的体型，小巧的尺度感，整齐排列的门窗和重复出现的阳台而获得居住建筑所特有的生活气息和个性特征；由多层教室组成的长方体为主体的教学楼，主体前有一小体量的长方体(单层)多功能教室或阶梯教室，两者之间通过廊子连接，由于室内采光要求高，人流出入多，立面上往往形成高大、明快的窗户和宽敞的入口；商场建筑需要较大营业面积，因此层数不多而每层建筑面积较大，使得体型呈扁平状，同时底层外墙面上的大玻璃陈列橱窗和人流方向明显的入口，通常又是一些商业建筑立面的特征；作为剧院主体部分的观众厅，不仅体量高大，而且又位于建筑物中央，前面是宽敞的门厅，后面紧接着是高耸的舞台，剧院建筑通过巨大的观众厅、高耸的舞台和宽敞的门厅所形成的强烈虚实对比来表现剧院建筑的特征。

这些外部体型是内部空间的反映，而内部空间又必须符合使用功能，因此建筑体型不仅是内部空间的反映，而且还间接地反映出建筑功能的特点，设计者充分利用这种特点，使不同类型的建筑各具独特的个性特征，这就是为什么我们所看到的建筑物并没有贴上标签，表明“这是一幢办公楼”或“这是一幢医院”而我们却能区分它们的类型，也正是由于各种类型的建筑在功能要求上的千差万别，反映在形式上也必然是千变万化。

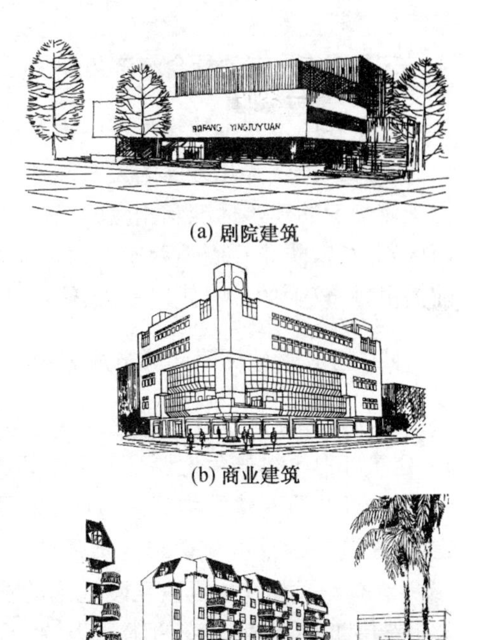

(a) 剧院建筑

(b) 商业建筑

(c) 城市住宅建筑

图 4－1　不同建筑类型的外形特征

二、结合材料性能、结构、构造和施工技术的特点

建筑物的体型、立面，与所用材料、结构选型施工技术、构造措施关系极为密切，这是由于建筑物内部空间组合和外部体型的构成，只能通过一定的物质技术手段来实现。例如墙体承重的混合结构，由于构件受力要求，窗间墙必须保留一定宽度，窗户不能开太大，因此，形成较为厚重、封闭、稳重的外观形象；钢筋混凝土框架结构，由于墙体只起围护作用，建筑立面门窗的开启具有很大的灵活性，可形成大面积的独立窗，也可组成带形窗，能显示出框架结构建筑的简洁、明快、轻巧的外观形象；以高强度的钢材、钢筋混凝土等不同材料构成的空间，不仅为室内各种大型活动提供了理想的使用空间，同时，各种形式的空间结构也极大地丰富了建筑物的外部形象，使建筑物的体型和立面，能够结合材料的力学性能，结合结构的特点，具有很好的表现力(图 4－2)。

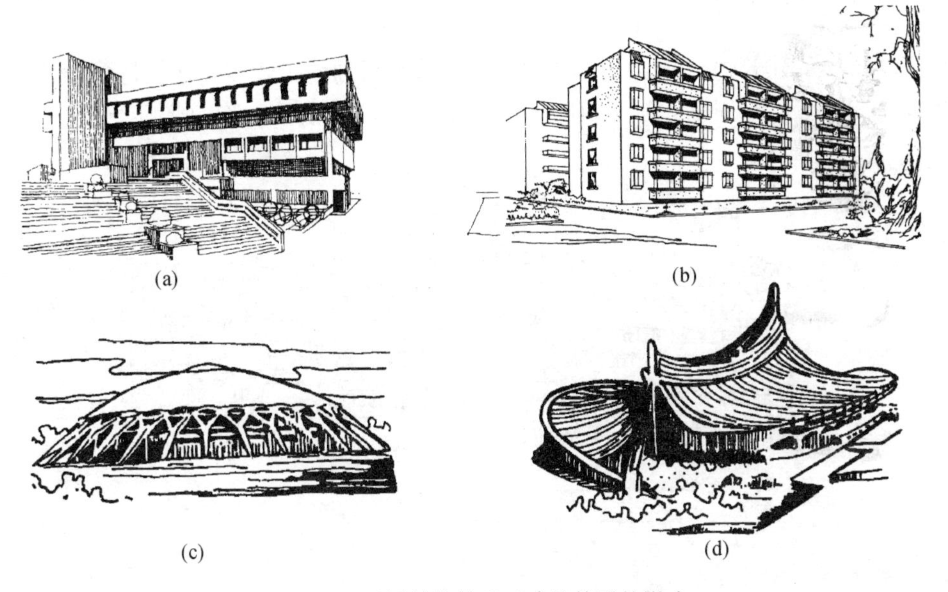

(a)　(b)　(c)　(d)

图 4－2　不同结构体系对建筑外形的影响

三、适应一定的社会经济条件

建筑在国家基本建设投资中占有很大比例，因此在建筑体型和立面设计中，必须正确处理适用、经济、美观等几方面的关系。各种不同类型的建筑物，根据其使用性质和规模，应严格掌握国家规定的建筑标准和相应的经济指标。在建筑标准、所用材料、造型要求和外观装饰等方面区别对待，防止片面强调建筑的艺术性，忽略建筑设计的经济性，应在合理满足使用要求的前提下，用较少的投资建造美观、简洁、明朗、朴素、大方的建筑物。

四、适应基地环境和城市规划的要求

任何一幢建筑都处于一定的外部空间环境之中，同时也是构成该处景观的重要因素。因此，建筑外形不可避免地要受外部空间的制约，建筑体型和立面设计要与所在地区的地形、气候、道路以及原有建筑物等基地环境相协调，同时也要满足城市总体规划的要求。如风景区的建筑，在造型设计上应该结合地形的起伏变化，使建筑高低错落，层次分明，与环境融为一体(图 4—3)。又如在山区或丘陵地区的住宅建筑，为了结合地形条件和争取较好的朝向，往往采用错层布置，产生多变的体型(图 4—4)。

美国宾夕法尼亚州的流水别墅

图 4—3　风景区别墅

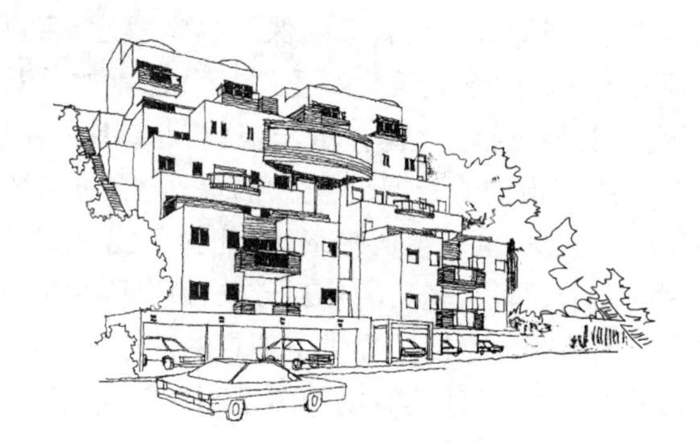

图 4—4　山地住宅

位于城市中的建筑物，一般由于用地紧张，受城市规划约束较多。建筑造型设计要密切结合城市道路、基地环境、周围原有建筑物的风格及城市规划部门的要求(图 4—5)。

图 4—5　沿街建筑

五、符合建筑美学原则

建筑审美没有客观标准，审美标准由经验决定，而审美经验又是由文化素养决定，同时还取决于地域、民族风格、文化结构、观念形态、生活环境以及学派等。但是一幢新建筑落成以后，总会给人们留下一定的印象并产生美或不美的感觉，因此建筑的美观是客观存在的，建筑的美在于各部分的和谐以及相互组合的恰当与否，并遵循建筑美的法则。建筑造型设计中的美学原则，是指建筑构图中的一些基本规律，如统一、均衡、稳定、对比、韵律、比例和尺度等。

1. 统一与变化

统一与变化是建筑形式美最基本的要求，它包含两方面含义——秩序与变化，秩序相对于杂乱无章而言，变化相对于单调而言。在一幢建筑中，由于各使用部分功能要求不同，其空间大小、形状、结构处理等方面存在着差异，这些差异反映到建筑外观形象上，成为建筑形式变化的一面；而使用性质不同的房间之间又存在着某些内在的联系，在门窗处理、层高开间及装修方面可采取一致的处理方式，这些反映到建筑外观形式上，成为建筑形式统一的一面。统一与变化的原则，使得建筑物在取得整齐、简洁的外形的同时，又不至于显得单调、呆板。

一般说来，简单的几何形状易取得和谐统一的效果。如正方形、正三角形、正多边形、圆形等，构成其要素之间具有严格的制约关系，从而给人以明确、肯定的感觉，这本身就是一种秩序和统一（图 4—6）。

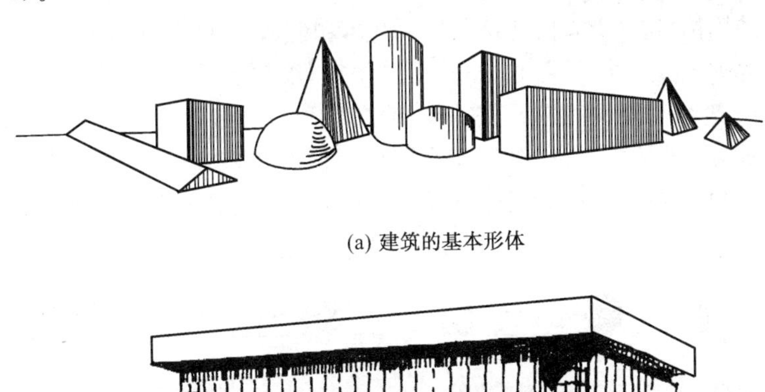

(a) 建筑的基本形体

(b) 体育馆

图 4—6　以简单几何形体求统一

在复杂体量的建筑组合中，一般包括主要部分和从属部分，主要体量和次要体量。因此体型设计中各组成部分不能不加区别平均对待，应有主与次、重点与一般、核心与外围的差别。如果适当地将两者加以处理，可以加强表现力，取得完整统一的效果（图 4—7）。

2. 均衡与稳定

由于建筑物的各部分体量表现出不同的重量感，因而几个不同体量组合在一起时，必然会产生一种轻重关系，均衡是前后左右的轻重关系，稳定则是指上下之间的轻重关系。

一般说来，体量大的、实体的、材质粗糙及色彩暗的，感觉要重些；体量小的、通透的、材质光洁及色彩明快的，感觉要轻一些。在建筑设计中，要利用、调整好这些因素，使建筑形象获得均衡、稳定的感觉。

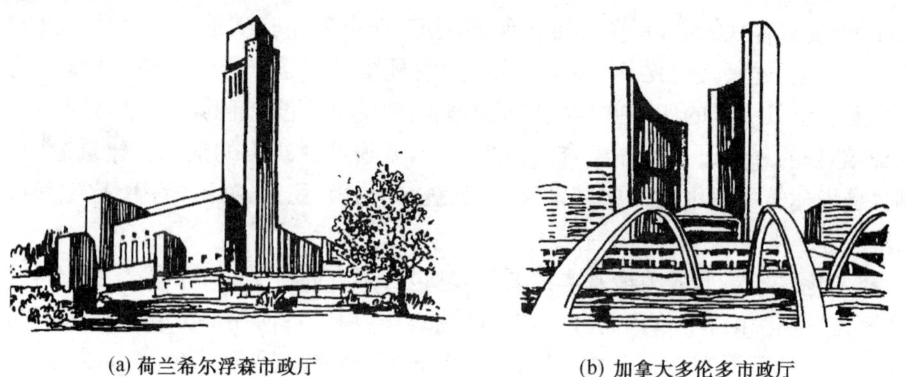

(a) 荷兰希尔浮森市政厅　　(b) 加拿大多伦多市政厅

图 4—7　以主次分明求统一

根据力学原理的均衡，也称作静态的均衡，一般分为对称的均衡和不对称的均衡(图4—8)。对称的均衡是以建筑中轴线为中心，重点强调两侧的对称布局。一般说来对称的体型易产生均衡感，并能通过对称获得庄严、肃穆的气氛(图 4—9)。但受对称关系的限制，常会与功能有矛盾并且适应性不强。不对称的均衡将均衡中心偏于建筑的一侧，利用不同体量、材料、色彩、虚实变化等达到不对称的均衡，这种形式的建筑轻巧、活泼，功能适应性较强(图 4—10)。

有些物体是依靠运动求得平衡的，如旋转的陀螺，展翅飞翔的鸟，行驶着的自行车等都是动态均衡。随着建筑结构技术的发展和进步，动态均衡对建筑处理的影响将日益显著，动态均衡的建筑组合更自由、更灵活，从任何角度看都有起伏变化，功能适应性更强。如美国古根海姆美术馆，犹如旋转的陀螺，纽约肯尼迪机场候机楼，以象征主义手法将外形处理成展翅欲飞的鸟(图 4—11，图 4—12)。

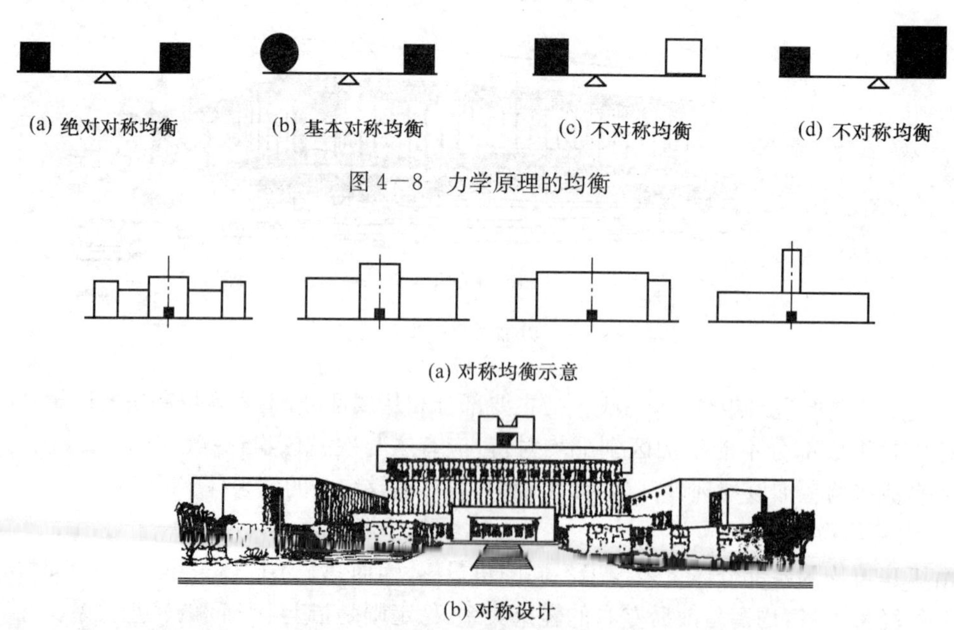

(a) 绝对对称均衡　　(b) 基本对称均衡　　(c) 不对称均衡　　(d) 不对称均衡

图 4—8　力学原理的均衡

(a) 对称均衡示意

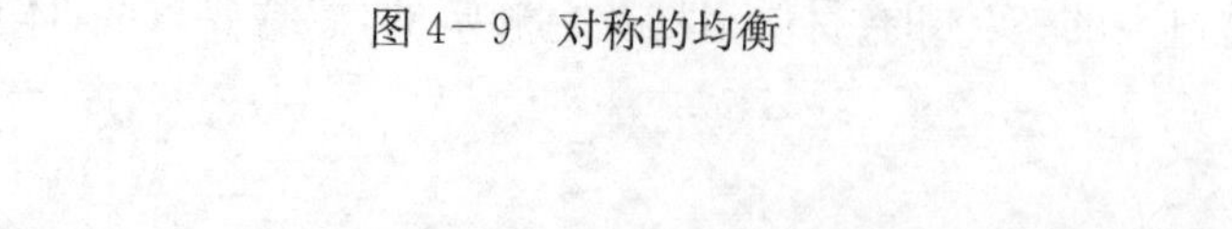

(b) 对称设计

图 4—9　对称的均衡

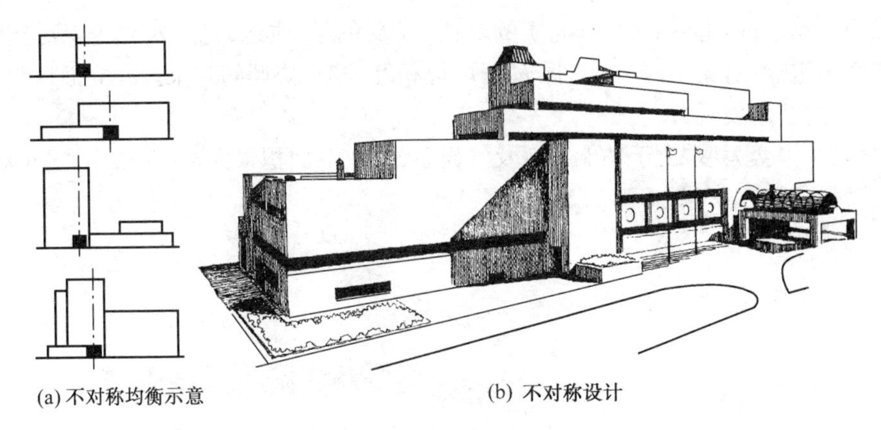

(a) 不对称均衡示意　　(b) 不对称设计

图 4—10　不对称的均衡

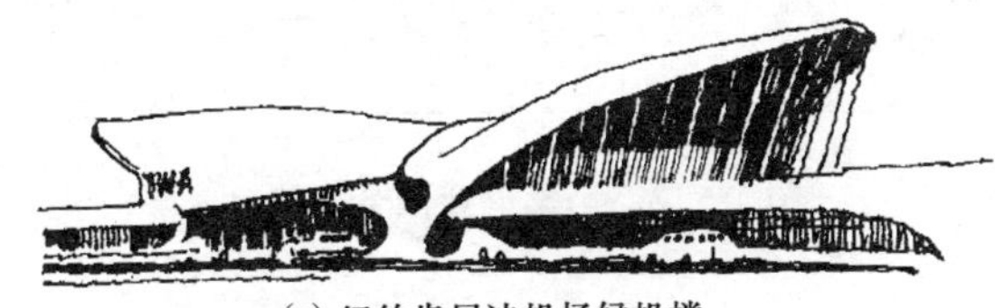

(a) 纽约肯尼迪机场候机楼

(b) 澳大利亚悉尼歌剧院

图 4—11　动态的均衡

关于稳定，通常上小下大、上轻下重的处理能获得稳定感，人们在长期实践中形成的关于稳定的观念一直延续了几千年，以至到近代还被人们当作一种建筑美学的原则来遵循。但随着现代新结构、新材料的发展和人们的审美观念的变化，关于稳定的概念也有所突破，创造出上大下小、上重下轻、底层架空的建筑形式(图 4—12)。

(a) 英国布雷斯特市商会

(b) 美国古根海姆美术馆

图 4—12　稳定的均衡

3. 对比与微差

一个有机统一的整体，其各种要素除按照一定秩序结合在一起外，必然还有各种差异，对比是指显著的差异，微差是指不显著的差异。对比可以借相互之间的烘托、陪衬而突出各自的特点以求得变化；微差可以借彼此之间的连续性以求得谐调。对比与微差在建筑中的运用，主要有量的大小、长短、高低对比，形状的对比，方向上的对比，虚与实的对比，以及色彩、质地、光影对比等。对比强烈，则变化大，能突出重点；对比小，则变化小，易于取得相互呼应、协调的效果。在立面设计中，虚实对比具有很大的艺术表现力。

如坦桑尼亚国会大厦，由于功能特点及气候条件，实墙面积很大，开窗很小，虚实对比极为强烈，给人以强烈的印象(图 4—13)。

图 4—13　坦桑尼亚国会大厦

4. 韵律

在建筑立面上窗、窗间墙、柱等构件的形状、大小不断重复出现和有规律变化，从而形成了具有条理性、重复性、连续性的韵律美，加强和丰富了建筑形象。

(1) 连续的韵律

这种处理手法强调一种或几种组成部分的连续运用和重复出现所产生的韵律感(图 4—14)。

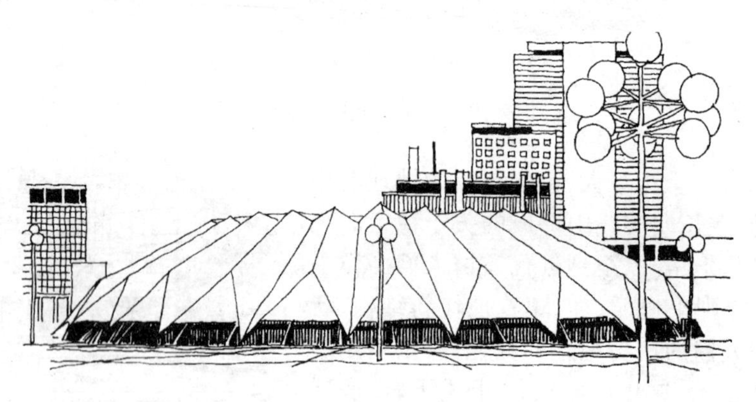

图 4—14　连续的韵律

(2) 渐变的韵律

这种韵律是将某些组成部分，如体量的大小、高低、色彩的冷暖、质感的轻重等，作有规律的增减，以造成富丽堂皇有变化的韵律感(图 4—15)。

(3) 交错的韵律

这种韵律是指在建筑构图中，运用各种造型因素，如体型的大小、空间的虚实等，作有规律的纵横交错、相互穿插的处理，形成一种生动的韵律感(图 4—16)。

图 4—15　渐变的韵律

图 4—16　交错的韵律

5. 比例和尺度

比例一方面是指建筑物的整体或局部某个构件本身长、宽、高之间的大小比较关系；另一方面是指建筑物整体与局部，或局部与局部之间的大小比较关系。任何物体不论呈何种形状，都存在着长、宽、高三个方向的尺寸，良好的比例就是寻求这三者之间最理想的关系。一座看上去美观的建筑都应具有良好的比例大小和合适的尺度，否则会使人感到别扭，而无法产生美感。

在建筑立面上，矩形最为常见，建筑物的轮廓、门窗等都形成不同大小的矩形，如果这些矩形的对角线有某种平行、垂直或重合的关系，将有助于形成和谐的比例关系(图 4—17)。

尺度是指建筑物整体或局部与人之间的比较关系。建筑中尺度的处理应反映出建筑物真实体量的大小，当建筑整体或局部给人的大小感觉同实际体量的大小相符合，尺度就对了，否则，不但使用不方便，看上去也不习惯，造成对建筑体量产生过大或过小的感觉，而失去应有的尺度感。建筑中有些构件，如栏杆、窗台、扶手、踏步等，它们的绝对尺寸与人体相适应，一般都比较固定，栏杆、窗台、扶手 1 000 mm 左右，踏步 150 mm 左右，人们通过它们与建筑整体相互比较之后，就能获得建筑物体量大小的概念，具有了某种尺度感(图 4—18)。

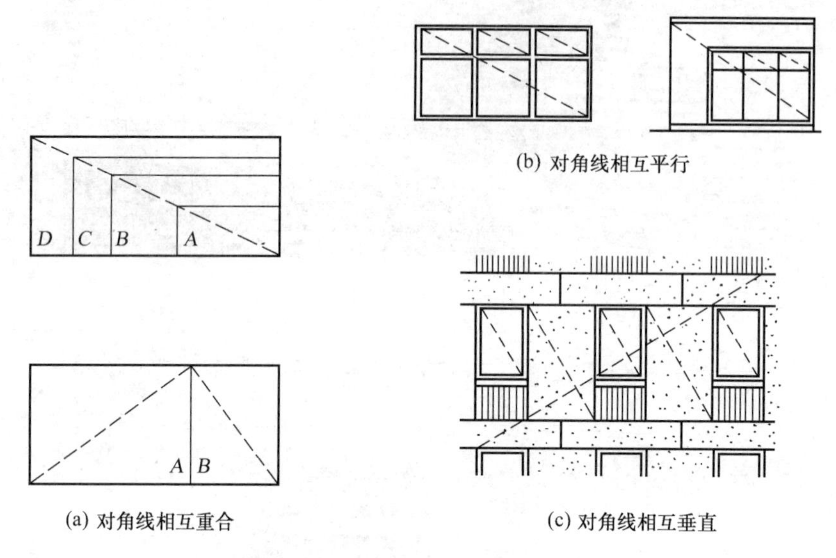

(b) 对角线相互平行

(a) 对角线相互重合

(c) 对角线相互垂直

图 4—17 以相似比例求得和谐统一

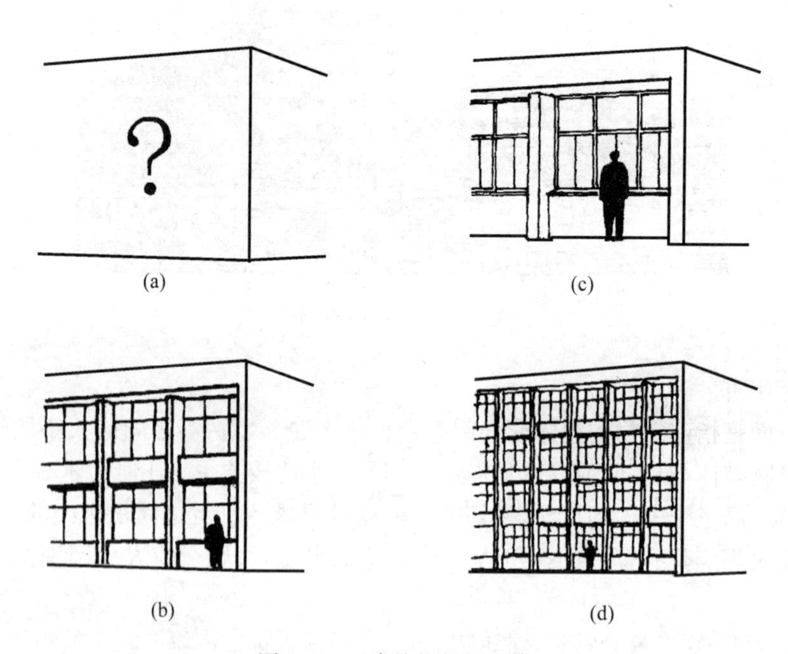

(a)

(c)

(b)

(d)

图 4—18　建筑物的尺度感

对于大多数建筑，在设计中应使其具有真实的尺度感，如住宅、中小学校、幼儿园、商店等建筑，多以人体的大小来度量建筑物的实际大小，形成一种自然的尺度。但对于某些特殊类型的建筑，如纪念性建筑物，设计时往往运用夸张的尺度给人以超过真实大小的感觉，以表现庄严、雄伟的气氛。与此相反，对于另一类建筑，如庭园建筑，则设计得比实际需要小一些，以形成一种亲切的尺度，使人们获得亲切、舒适的感受。

§4－2　建筑体形的组合和立面设计

一、建筑体形组合

1. 体形组合

不论建筑体形的简单与复杂，它们都是由一些基本的几何形体组合而成，建筑体形基本上可以归纳为单一体形和组合体形两大类。在设计中，采用哪种形式的体形，应视具体的功能要求和设计者的意图来确定。

(1) 单一体形

所谓单一体形是指整幢建筑物基本上是一个比较完整的、简单的几何形体。采用这类体形的建筑，特点是平面和体形都较为完整单一，复杂的内部空间都组合在一个完整的体形中。平面形式多采用对称的正方形、三角形、圆形、多边形、风车形和“Y”形等单一几何形状，单一体形的建筑常给人以统一、完整、简洁大方、轮廓鲜明和印象强烈的效果(图 4－19)。

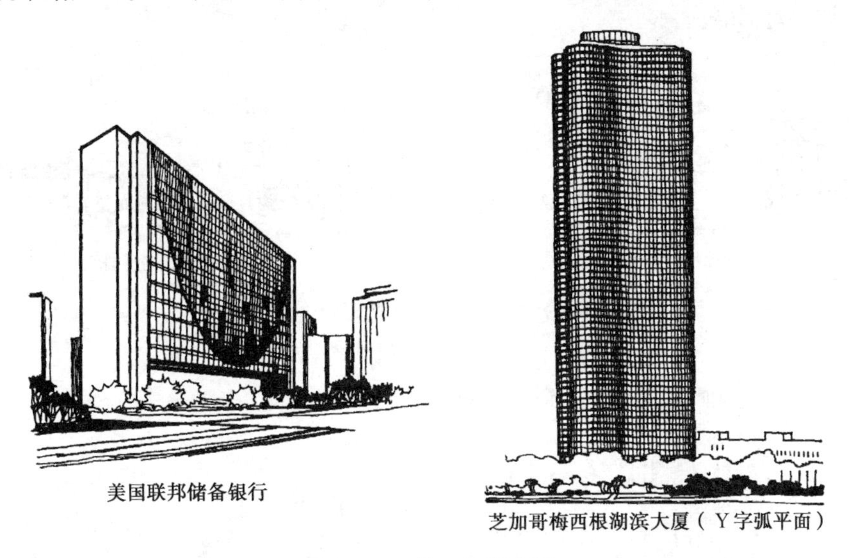

图 4－19　单一体形建筑

绝对单一几何体形的建筑通常并不是很多的，往往由于建筑地段、功能、技术等要求或建筑美观上的考虑，在体量上作适当的变化或加以凹凸起伏的处理，用以丰富建筑的外形，如住宅建筑，可通过阳台、凹廊和楼梯间的凹凸处理，使简单的建筑体形产生韵律变化，有时结合一定的地形条件还可按单元处理成前后或高低错落的体形。

(2) 组合体形

所谓组合体形是指由若干个简单体形组合在一起的体形。当建筑物规模较大或内部空间不易在一个简单的体量内组合，或者由于功能要求需要，内部空间组成若干相对独立的部分时，常采用组合体形(图 4－20)。在组合体形中，各体量之间存在着相互协调统一的问题，设计中应根据建筑内部功能要求、体量大小和形状，遵循统一变化、均衡稳定、比例尺度等构图规律进行体量组合设计。

组合体形通常有对称的组合和不对称的组合两种方式：

① 对称式(图 4－21)。对称式体形组合具有明确的轴线与主从关系，主要体量及主要出入口，一般都设在中轴线上。这种组合方式常给人以比较严谨、庄重、匀称和稳定的感觉。一些纪念性建筑、行政办公建筑或要求庄重一些的建筑常采用这种组合方式。

② 非对称式(图 4－22)。根据功能要求及地形条件等情况，常将几个大小、高低、形状不同的体量较自由灵活地组合在一起，形成不对称体形。非对称式的体形组合没有显著的轴线关系，布置比较灵活自由，有利于解决功能要求和技术要求，给人以生动、活泼的感觉。

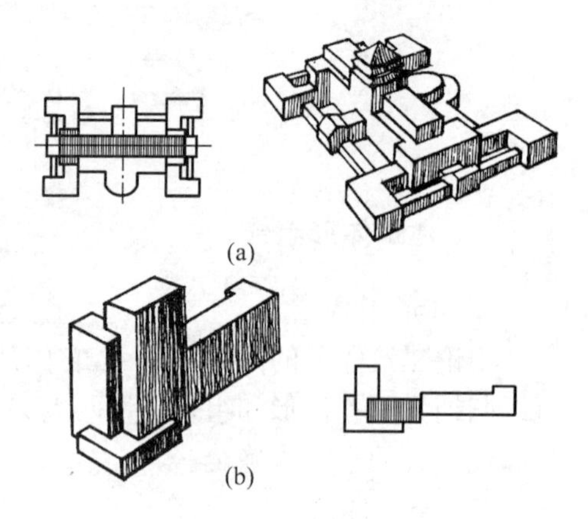

图 4－20　组合体形主从关系

(a) 波兰华沙饭店

(b) 日本钏路公立大学主楼

图 4－21　对称式体形组合

(a) 德国办公大楼

(b) 几内亚科纳克旅馆

图 4－22　非对称式体形组合

2. 体量的连接

由不同大小、高低、形状、方向的体量组成的复杂建筑体形，都存在着体量间的联系和交接问题。如果连接不当，对建筑体形的完整性以及建筑使用功能、结构的合理性等都有很大影响，各体量间的连接方式多种多样，组合设计中常采用以下几种方式(图 4－23)。

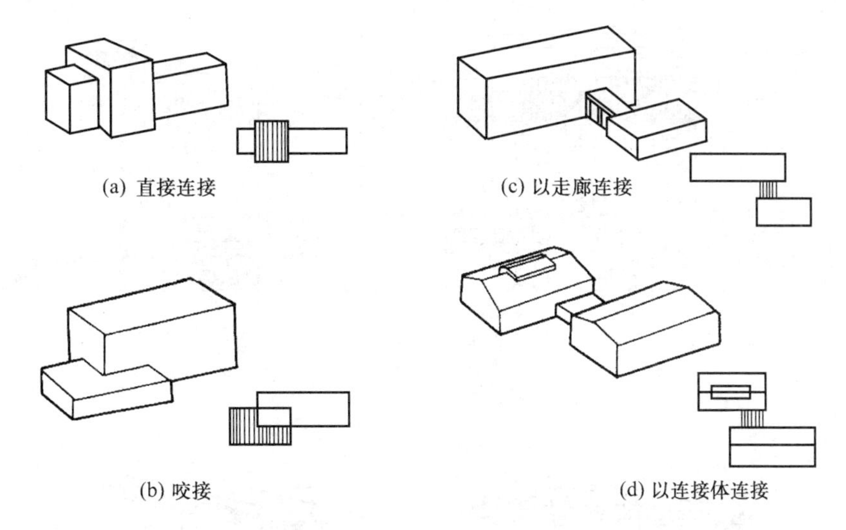

图 4—23　建筑各体量之间的连接方式

(1) 直接连接

即不同体量的面直接相连，这种方式具有体形简洁、明快、整体性强的特点，内部空间联系紧密。

(2) 咬接

各体量之间相互穿插，体形较复杂，组合紧凑，整体性强，较易获得有机整体的效果。

(3) 以走廊或连接体连接

这种方式的特点是各体量间相对独立而又互相联系，体形给人以轻快、舒展的感觉。

二、建筑立面设计

建筑立面是表示建筑物四周的外部形象，它是由许多构部件组成的，如门窗、墙柱、阳台、雨篷、屋顶、檐口、台基、勒脚等。建筑立面设计就是恰当地确定这些构部件的尺寸大小、比例关系、材料质感和色彩等，运用节奏、韵律、虚实对比等构图规律设计出体形完整，形式与内容统一的建筑立面。在立面设计中，应考虑实际空间的效果，使每个立面之间相互协调，形成有机统一的整体。

完整的立面设计并不只是美观问题，它与平面、剖面设计一样，同样也有使用要求、结构构造等功能和技术方面的问题，但是从建筑的平、立、剖面来看，立面设计中涉及的造型与构图问题，通常较为突出。下面着重叙述有关建筑美观的一些问题。

1. 立面的比例尺度处理

比例适当和尺度正确，是使立面完整统一的重要方面。立面各部分之间比例以及墙面的划分都必须根据内部功能特点，在体形组合的基础上，考虑结构、构造、材料、施工等因素，仔细推敲、设计与建筑性格相适应的建筑立面效果(图 4—24)。

立面尺度恰当，可正确反映出建筑物的真实大小，否则便会出现失真现象。建筑立面常借助于门窗形式反映建筑物的正确尺度感(图 4—25)。

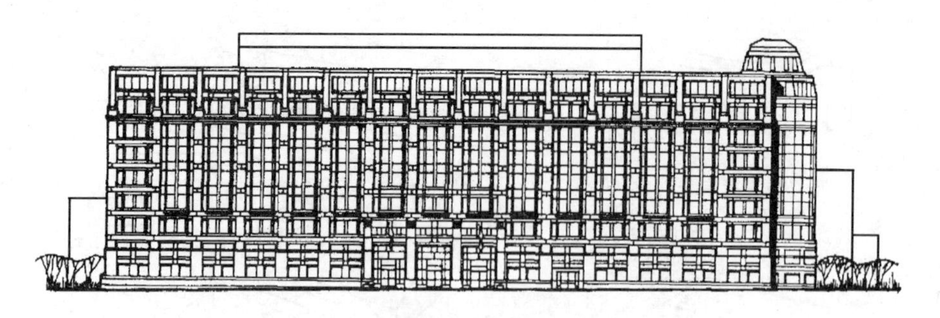

图 4－24　某建筑立面比例关系的处理

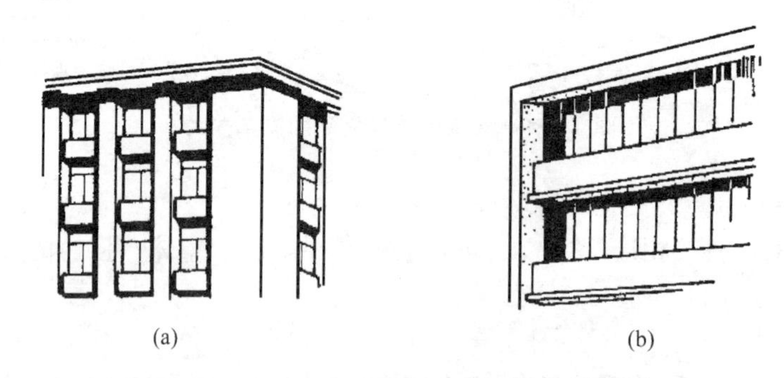

(a)　　(b)

图 4－25　立面开窗形式与建筑尺度

2. 立面虚实凹凸处理

一般建筑物的立面都由墙面、门窗、阳台、柱廊等组成，墙面为实，门窗为虚。以虚为主的建筑立面会产生轻巧、开朗的效果，给人以通透感；以实为主的建筑立面会造成封闭、沉重的效果，给人以厚重坚实的感觉。根据建筑的功能，结构特点，巧妙地处理好立面的虚实关系，可取得不同的外观形象。若采用虚实均匀分布的处理手法，将给人以平静、安全的感受(图 4－26、图 4－27 和图 4－28)。

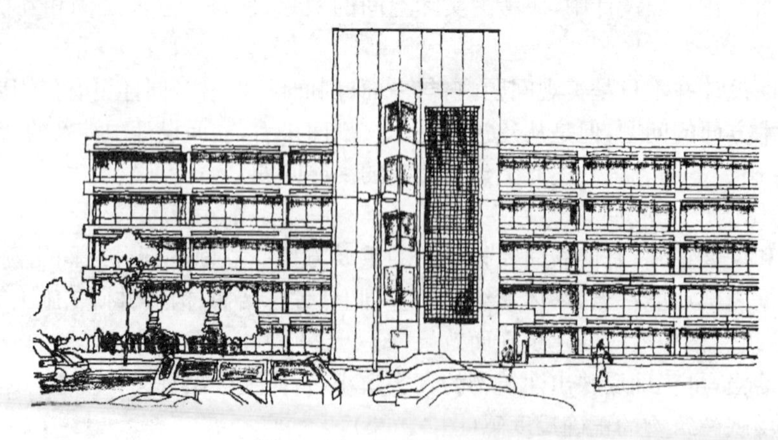

图 4－26　以虚为主的处理

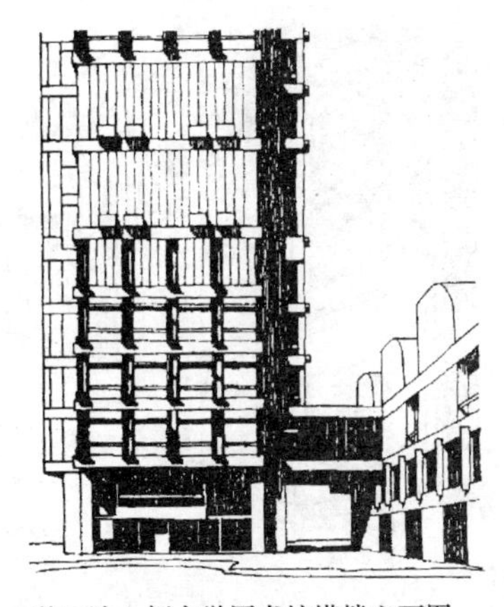

美国波士顿大学图书馆塔楼立面图

图 4－27　以实为主的处理

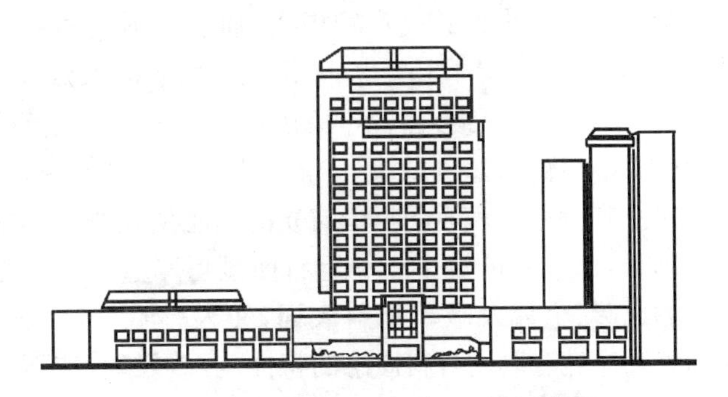

图 4－28　虚实均匀的处理

3. 立面的线条处理

建筑立面上由于体量的交接、立面的凹凸起伏以及色彩和材料的变化，还因结构与构造的需要，常形成若干方向不同、大小不等的线条，如水平线、垂直线等。恰当运用这些不同类型的线条，并加以适当的艺术处理，将对建筑立面韵律的组织、比例尺度的权衡带来不同的效果。以水平线条为主的立面，常给人以轻快、舒展、宁静与亲切的感觉（图 4－29）；以垂直线条为主的立面形式，则给人以挺拔、高耸、庄重、向上的气氛（图 4－30）。

(a) 日本东京都涉谷区青山旅游俱乐部

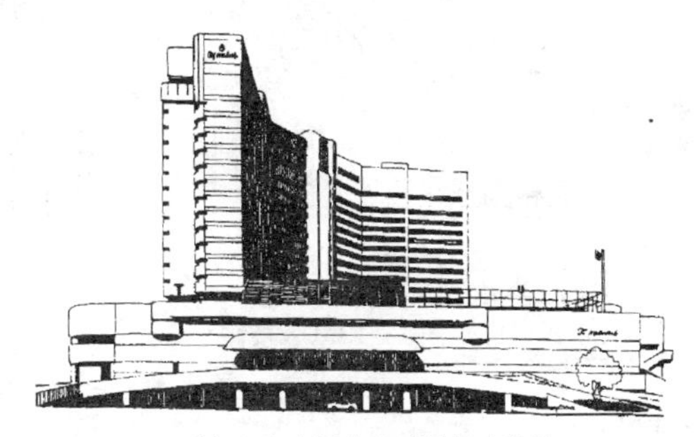

(b) 日本大阪市东区城见大旅馆

图 4－29　以水平线条为主的立面处理

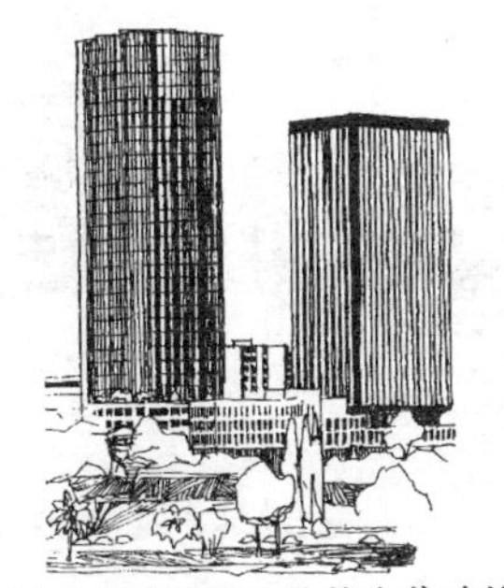

(a) 象牙海岸阿比让某公共建筑

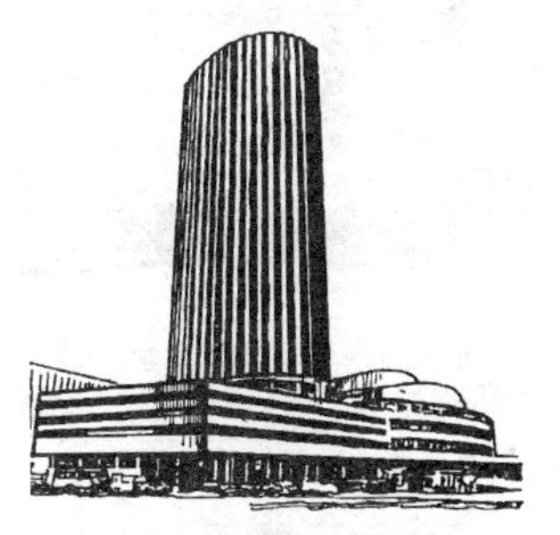

(b) 法国巴黎拉发耶旅馆

图 4－30　以垂直线条为主的立面处理

4. 立面的色彩与质感处理

建筑立面设计中，材料的运用、质感的处理也是极其重要的。色彩和质感都是材料表面的某种属性，建筑物立面的色彩与质感对人的感受影响极大，通过材料色彩和质感的恰当选择和配置，可产生丰富、生动的立面效果（图4－31）。不同的色彩给人以不同的感受，如暖色使人感到热烈、兴奋；冷色使人感到清晰、宁静；浅色给人以明快，深色又使人感到沉稳。表面的粗糙与光滑也能使人产生不同的心理感受，如粗糙的混凝土和毛石面显得厚重、坚实；光滑平整的面砖、金属及玻璃材料表面，使人感觉轻巧、细腻。立面处理应充分利用材料质感的特性，巧妙处理，加强和丰富建筑的表现力。

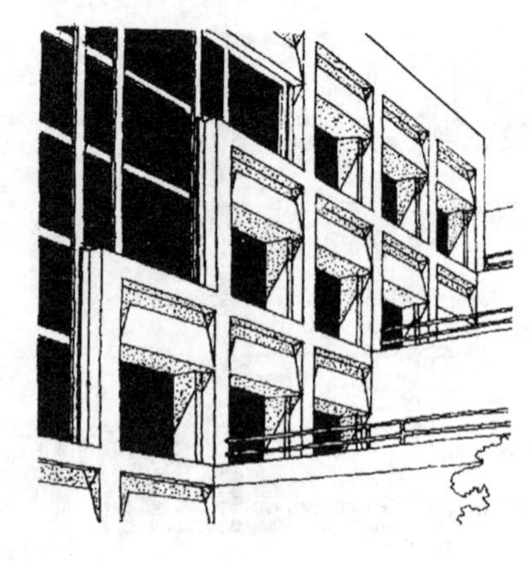

图 4－31　立面中材料质感的处理

5. 立面的重点和细部处理

在建筑立面设计中，根据功能和造型需要，对需要引起人们注意的一些部位，如建筑物的主要出入口、商店橱窗、建筑檐口等进行重点处理，以吸引人们的视线，同时也能起到画龙点睛的作用，以增强和丰富建筑立面的艺术效果（图 4－32）。

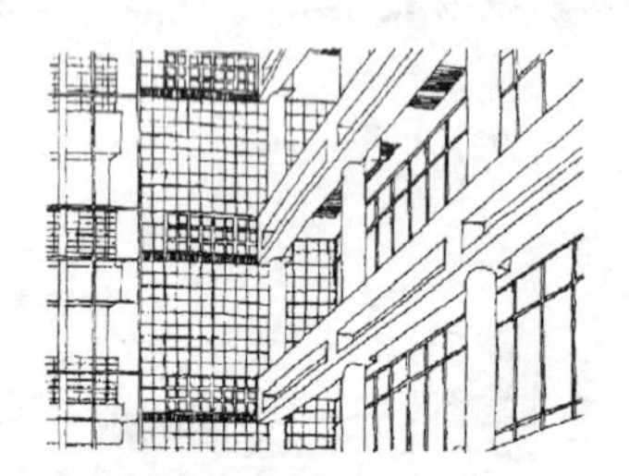

墙面的梁柱结构，采光玻璃窗均缩入结构框架后

(a) 美国格林斯博罗 IBM 大楼面

(b) 檐口处理

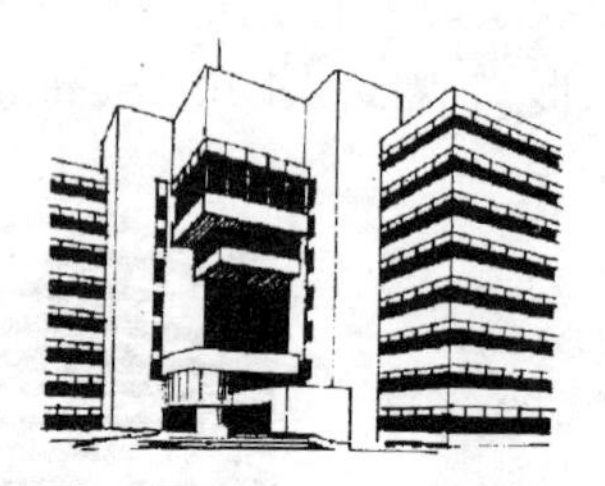

(c) 入口上方颇具雕塑感的处理

雨篷的处理显示着美学与力学、结构与造型的完美结合

(d) 墨西哥城法雷斯大统领公寓

(e) 立面细部处理

图 4－32　建筑立面细部处理

§4—3　工业厂房立面设计

工业厂房的体形与生产工艺、平面形状、剖面形式和结构类型有密切的关系，而立面处理是在建筑体形的基础上进行的。工业厂房的立面应根据生产工艺要求、技术条件、经济等因素，运用前面所讲过的建筑构图原理进行设计，使建筑具有简洁、朴素、大方、新颖的外观形象。

一、影响工业厂房立面设计的因素

工业厂房立面设计受许多因素的影响，归纳起来，主要有以下三点：

1. 使用功能的影响

生产工艺流程、生产状况、运输设备等不仅对厂房平面、剖面设计有影响，而且也影响着立面的处理。建筑的形象应反映建筑的内容，不同的生产工艺流程有着不同的平面布置和剖面处理，厂房体形也不同。一般中小型机械工业多采用垂直式生产流程，厂房的体形多为单层方形或长方形的多跨组合，内部空间连通，厂房高差一般悬殊不大。重型机械厂的铸工车间，由于各跨加工的部件和所采用的设备大小相差很大，厂房体形变化较多，如铸工车间往往各跨的高宽均有不同，又有冲出屋面的化铁炉，露天跨的吊车栈桥，烘炉及烟囱等，体形组合较为复杂。多层工业厂房的体形一般分为生产、办公和交通运输三个部分，而生产部分体量最大，在建筑造型上起主导作用(图 4—33)。

上海无线电十八厂装配大楼

图 4—33　多层厂房体形组合

2. 结构、材料的影响

结构形式对厂房体形也有着直接影响。同样的生产工艺，可以采用不同的结构方案，因此厂房结构形式，特别是屋顶承重结构形式在很大程度上决定着厂房的体形。如某些厂房采用的各种壳体结构的屋顶(图 4—34)。

3. 环境、气候的影响

气候条件主要指太阳辐射强度、室外空气温度、相对湿度等。寒冷地区的厂房，窗洞面积较小，而墙体面积较大，给人以稳重厚实的感觉；炎热地区强调通风，窗洞面积较大，为减少太阳辐射热的影响，常采用遮阳板，建筑物的形象给人以开敞、明快的感觉。

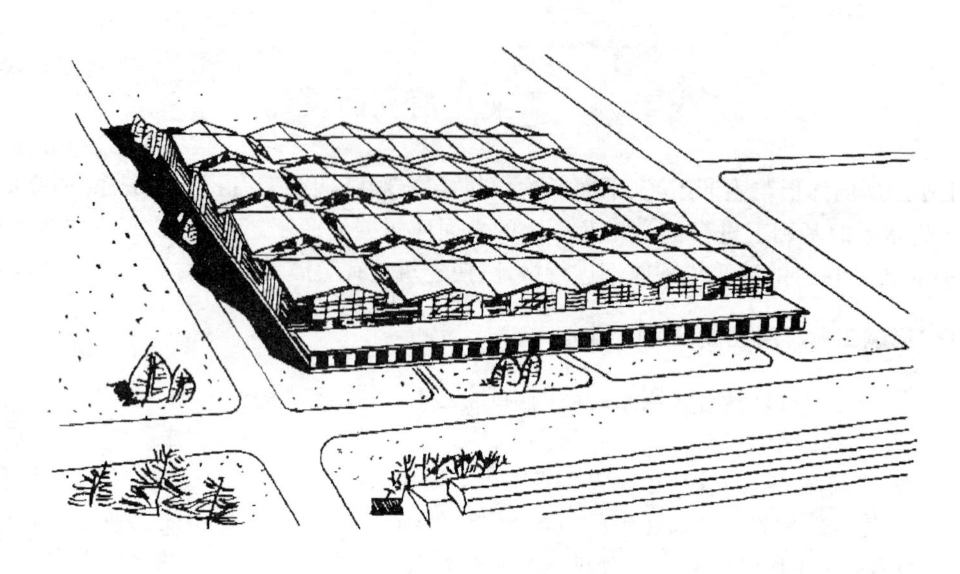

某拖拉机厂第二金工车间

图 4—34　某壳体结构屋顶的厂房

二、墙面划分

墙面在工业厂房外墙中所占的比例与厂房的生产性质、建筑采光等级、地区室外照度和地区气候条件有关。墙面的大小、色彩与门窗的大小、位置、比例、组合形式等，直接关系到厂房的立面效果。墙面处理，关键在于墙面的划分及窗墙比例，并利用柱子、勒脚、窗间墙、窗台线、窗眉线、挑檐线、遮阳板等，按照建筑构图原理进行有机地组合，使厂房立面简洁、大方、新颖、美观，在工程实践中，墙面划分常采用以下三种方法：

1. 垂直划分

根据砌块或板材的墙体结构特点，利用承重柱、壁柱、向外突出的窗间墙、竖向条形组合窗等构成竖向线条，可改变单层厂房扁平的比例关系，使厂房立面显得挺拔、有力，为使墙面整齐美观，门窗洞口和窗间墙的排列多以一个柱距为一个单元，在立面中重复使用，使整个墙面产生统一的韵律。当墙面很长时，可隔一定距离插入一个变化的单元，这样既可避免立面单调，又有节奏感(图 4—35)。

2. 水平划分

墙面水平划分的处理方法主要采用带形窗，使窗洞口上下的窗间墙构成水平横线条。若再采用通长的水平窗眉线、窗台线、遮阳板、勒脚线，则水平线条的效果更为显著，亦可采用不同材料、不同色彩，处理水平的窗间墙，使厂房立面显得明快、大方(图 4—36)。

3. 混合划分

在工程实践中，除单独采用垂直划分或水平划分外，常采用将两者结合的混合划分。这样，既能相互衬托，又有明显的主次关系，以取得生动和谐的效果(图 3—37)。

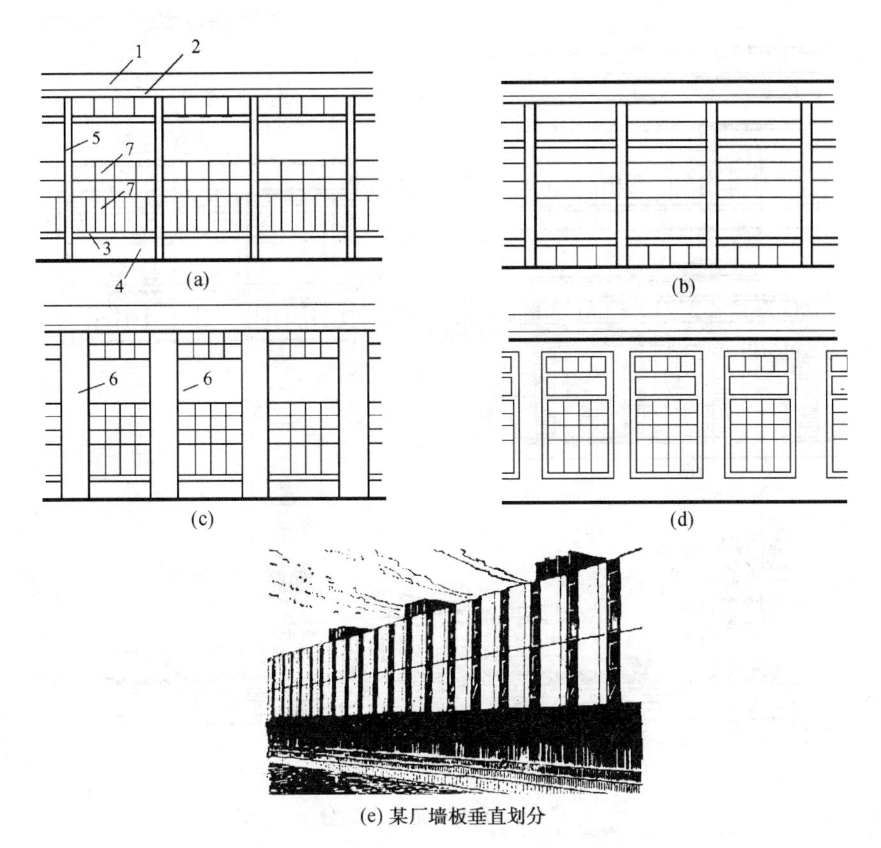

(a)

(b)

(c)

(d)

(e) 某厂墙板垂直划分

图 4—35　墙面垂直划分

1—女儿墙；2—窗眉线或遮阳板；3—窗台线；4—勒脚；5—柱；6—窗间墙；7—窗

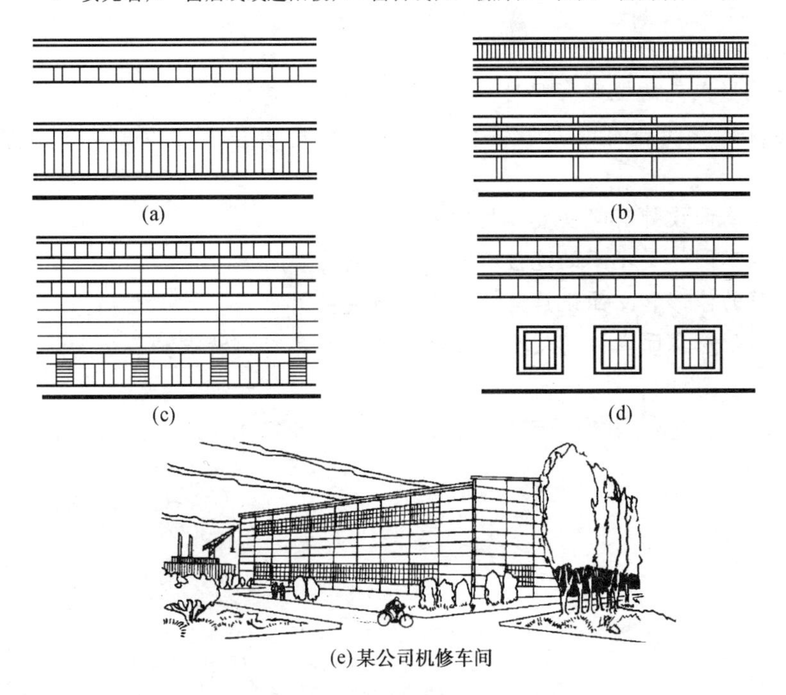
(a)

(b)

(c)

(d)

(e)某公司机修车间

图 4—36　墙面水平划分

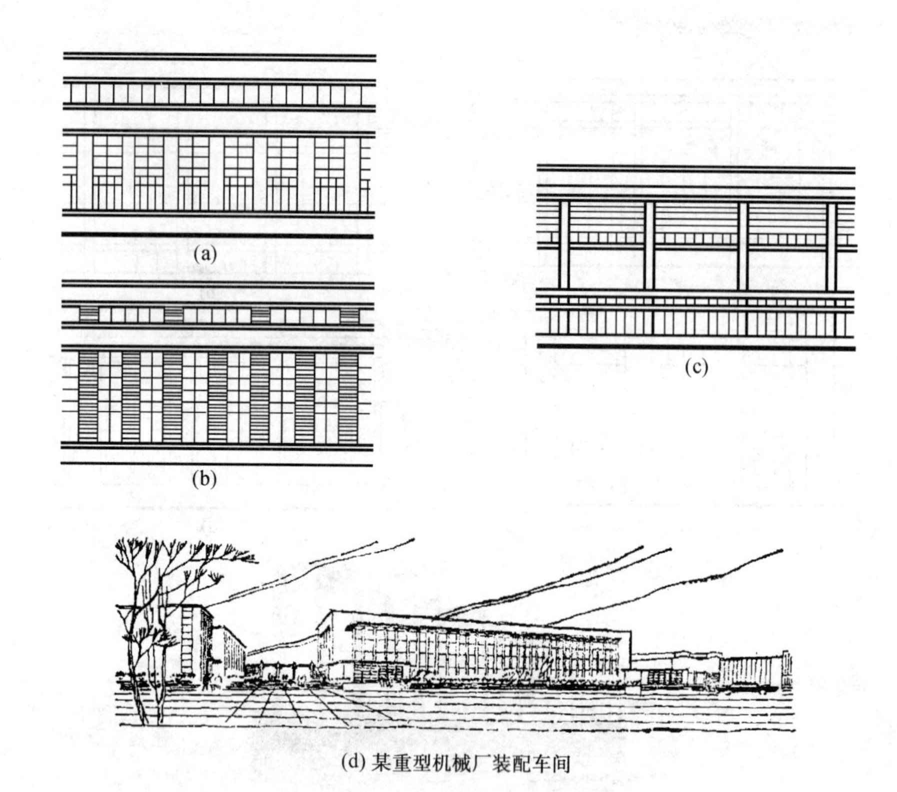

(d) 某重型机械厂装配车间

图 3—37　墙面混合划分

复习思考题

4—1　影响建筑立面设计的因素有哪些？

4—2　建筑形式美的规律有哪些？举例说明其含义是什么？

4—3　建筑体形组合有哪几种方式？举例分析在组合设计中如何运用建筑形式美的法则？

4—4　建筑立面设计有哪些具体处理手法？

4—5　建筑不同体量之间的连接有哪几种方式？

4—6　建筑的体形和立面设计与哪些因素有关？

4—7　单层厂房立面设计的处理方法有哪几种？各有何特点？

第二篇　建筑构造

第 5 章　建筑构造概论

本章提要：本章包括建筑物的基本组成、建筑的结构体系、影响建筑构造的因素和建筑构造设计的原则等。

学习目的：基本掌握建筑物的基本组成及其在建筑物中的作用。了解影响建筑构造的因素和建筑构造设计的原则。

建筑构造是一门研究建筑的构成、建筑各组成部分的组合原理和构造方法的科学。其任务是根据建筑的功能、材料性能、受力情况、施工工艺和建筑艺术等要求，选择合理的构造方案，设计适用、安全、经济、美观的构配件，并将它们结合成建筑整体。

建筑构造组合原理是研究如何使建筑物的构配件满足建筑使用功能的要求，并根据使用要求进行构造方案设计的理论。构造方法是在理论指导下，运用不同的建筑材料组成各种构配件，并使其牢固结合的具体方法。

建筑构造具有很强的时间性和综合性，它涉及建筑结构、建筑材料、建筑设备、建筑物理、建筑施工等各方面的知识。在进行构造设计时，应综合考虑外力、自然气候（风、雨、雪、太阳辐射、冰冻等）和各种人为因素（噪音、撞击、火灾等）的影响，综合运用有关技术知识，才能设计出理想的构造方案和提出切实可行的构造措施，以满足建筑使用功能的需要。

§5—1　建筑物的基本组成

任何一幢建筑，一般都是由基础、墙、楼板层、地坪层、楼梯、屋顶和门窗等几大部分构成，如图 5—1 所示。它们在不同的部位发挥各自的作用。

基础：基础是位于建筑物最下部的承重构件，承受着建筑物的全部荷载，并将这些荷载传给地基。因此，作为基础，必须具有足够的强度，并能抵御地下各种因素的侵蚀。

墙：墙是建筑物的承重构件和围护构件。作为承重构件，墙承受着建筑物由屋顶或楼板层传来的荷载，并将这些荷载再传给地基。作为围护构件，外墙起着抵御自然界各种因素对室内侵袭的作用；内墙起着分隔房间、创造室内舒适环境的作用。为此，要求墙体根据功能的不同分别具有足够的强度、稳定性、保温、隔热、隔声、防火、防水等能力，具有一定的经济性和耐久性。

楼板层：楼板层是多高层建筑中水平方向的承重构件。按房间层高将整幢建筑物沿垂直方向分为若干部分。楼板层承受着家具、设备、人体的荷载以及本身自重，并将这些荷载传给墙。同时，还对墙身起着水平支撑作用。作为楼板层，要求具有足够的抗弯强度、刚度和隔声能力。同时，对有水侵蚀的房间，则要求楼板层具有防潮、防水的能力。

地坪：地坪是底层房间与土层相接触的部分，它承受底层房间内的荷载。不同地坪，要求具有耐磨、防潮、防水和保温等不同的性能。

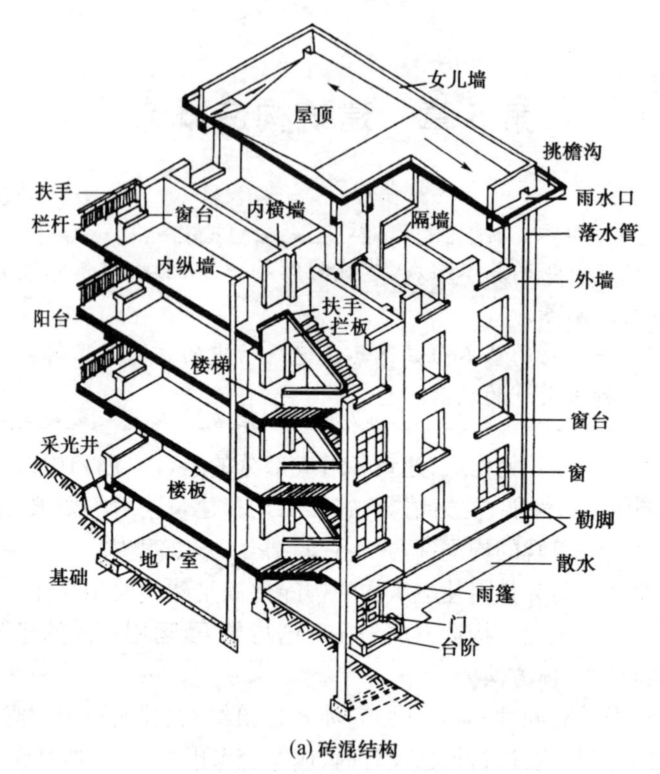

(a) 砖混结构

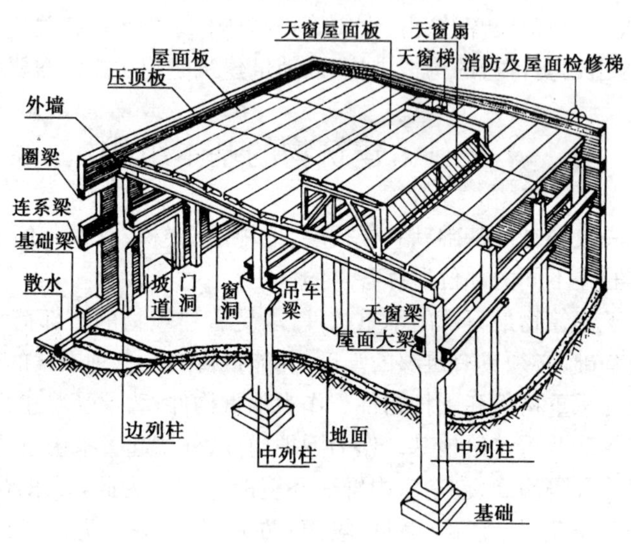

(b) 钢筋混凝土结构

图 5-1　建筑的基本组成

楼梯:楼梯是楼房建筑的垂直交通设施,供人们上下楼层和紧急疏散之用。楼梯应具有足够的通行能力以及防水、防滑的功能。

屋顶:屋顶是建筑物顶部的外围护构件和承重构件,用来抵御自然界雪、雨的侵袭和太阳的热辐射。屋顶承受建筑物顶部荷载,必须具有足够的强度、刚度,并具有防水、保温、隔热的能力。屋顶分为坡屋顶和平屋顶。

门窗:在建筑物中应根据房屋的使用要求设置门窗。门主要对建筑空间起分隔、安全和交通联系作用;窗主要为室内提供通风和采光,同时也起分隔和围护作用。门窗均属非承重构件。对有特殊要求的房间,门窗应具有保温、隔热、隔声的能力。

根据房屋的使用要求,还必须设置其他构部件,如阳台、雨篷、台阶、勒脚、明沟和散水等。

单层工业厂房多数跨度大、高度较高,吊车吨位也较大,主要采用装配式钢筋混凝骨架结构。厂房承重结构由横向骨架和纵向连系构件组成。横向骨架包括屋面大梁(或屋架)、柱子、柱基础,它承受屋顶、天窗、外墙及吊车荷载。纵向连系构件包括大型屋面板(或檩条)、连系梁、吊车梁等,它们能保证横向骨架的稳定性,并将作用在山墙上的风力和吊车纵向制动力传给柱子。此外,为保证厂房整体性和稳定性,往往还要在屋架之间和柱子之间设置支撑系统。

§5—2　建筑物的结构体系

建筑结构是指建筑物的承重骨架,是建筑物赖以支承的主要构件。建筑材料和建筑技术的发展决定着结构形式的发展;而建筑结构形式的选用对建筑物的使用以及建筑形式又有着极大的影响。

大量性民用建筑的结构形式依其建筑物使用规模、构件所用材料及受力情况的不同而有各种类型。

依建筑物本身使用性质和规模的不同,可分为单层、多层、大跨度和高层建筑等。这些建筑中,单层及多层建筑的主要结构形式又可分为墙承重结构和框架承重结构。墙承重结构是指由墙体来作为建筑物承重构件的结构形式。而框架结构则主要是由梁、柱作为承重构件的结构形式。

大跨度建筑常见的形式有拱结构、桁架结构以及网架、薄壳、折板、悬索等空间结构形式。

以结构构件所使用材料的不同,目前有木结构、混合结构、钢筋混凝土结构和钢结构之分。

混合结构:指在一幢建筑中,主要承重构件分别采用多种材料如木、砖、钢筋混凝土、钢筋混凝土和钢等建造的建筑物简称混合结构。这种结构形式多用于多层建筑(七层以下)。其具有构造简单,就地取材,造价低等优点。目前以砖和钢筋混凝土居多,故又称砖混结构。

钢筋混凝土结构:指在一幢建筑中,主要结构承重构件全部用钢筋混凝土制成,这种结构形式称为钢筋混凝土结构。砖墙在钢筋混凝土结构中是非承重构件,这种结构具有可灵活分隔空间,刚性好,防火性能和耐久性能好,承受荷载能力强和自重轻等优点,而且钢筋混凝土构件既可现浇,又可预制,为构件生产工厂化和安装机械化提供了条件。钢筋混凝土结构普遍用于多层、高层建筑,单层、多层厂房中。

钢一钢筋混凝土结构:在某些跨度较大的大型公共建筑中,屋顶采用钢结构,而其他主要承重构件采用钢筋混凝土结构,这种结构形式称为钢一钢筋混凝土结构。如北京首都体育馆,南京五台山体育馆等。

钢结构:主要结构承重构件全部用钢材制成,这种结构形式称为钢结构。它具有强度高、构件自重轻、平面布局灵活、抗震性能好、施工速度快等特点。但由于钢材价格高,目前主要用于大跨度、大空间以及高层建筑中。

此外,目前由于轻型冷轧薄壁型材及压型钢板的发展,使得轻钢结构在低层和多高层建筑的围护结构中得到广泛应用。

§5—3 影响建筑构造的因素

影响建筑构造的因素很多,归纳起来大致可分为以下几个方面。

1. 外力作用的影响

作用在建筑物上的外力称为荷载。荷载有静荷载(如建筑物的自重)和动荷载之分。动荷载又称活荷载,如人流、家具、设备、风、雪以及地震荷载等。荷载的大小是结构设计的主要依据,也是结构选型的重要基础,它决定着构件的尺度和用料,而构件的选材、尺寸、形状等又与构造密切相关,所以在确定建筑构造方案时,必须考虑外力的影响。

在外荷载中,风力的影响不可忽视,风力往往是高层建筑水平荷载的主要因素,特别是沿海地区,影响更大。地震力是目前自然界中对建筑物影响最大也最严重的一种因素。我国是多地震国家之一,地震分布也相当广,因此在构造设计中,应根据各地区的实际情况,加以设防。

2. 自然气候的影响

我国幅员辽阔,各地区地理环境不同,大自然的条件也多有差异。由于南北纬度相差较大,从炎热的南方到寒冷的北方,气候差别悬殊。因此,气温的变化,太阳的辐射,自然界的风、雨、雪等均构成了影响建筑物使用功能和建筑构件使用质量的因素。有的因材料热胀、冷缩而开裂,使建筑物遭到严重破坏;有的出现渗、漏水现象;另外,由于室内过冷或过热而影响工作等等,总之都影响到建筑物的正常使用。为防止由于大自然条件的变化而造成建筑物构件的破坏,保证建筑物的正常使用,往往在建筑构造设计时,针对所受影响的性质和程度,对各有关部位采取必要的防范措施,如防潮、防水、保温、隔热、设变形缝、设隔蒸气层等等,以防患于未然。

3. 人为因素和其他因素的影响

人们所从事的生产和生活的活动,往往会造成对建筑物的影响,如机械振动、化学腐蚀、战争、爆炸、火灾、噪声等,都属于人为因素的影响。因此,在进行建筑构造设计时,必须针对各种可能的因素,从构造上采取隔振、防腐、防爆、防火、隔声等相应的措施,以避免建筑物和使用功能遭受不应有的损失和影响。

另外,鼠、虫等也能对建筑物的某些构、部件造成危害,如白蚁等对木结构的影响等。因此,也必须引起重视。

§5—4 建筑构造设计的原则

1. 必须满足建筑使用功能要求

由于建筑物使用性质和所处条件、环境的不同,对建筑构造设计则有不同的要求。如北方地区要求建筑在冬季能保温;南方地区则要求建筑能通风、隔热;对要求有良好声环境的建筑物则要考虑吸声、隔声等要求。总之,为了满足使用功能需要,在建筑构造设计时,必须综合有关技术知识,进行合理的设计,以便选择、确定最经济合理的构造方案。

2. 必须有利于结构安全

建筑物除根据荷载大小、结构的要求确定构件的必须尺寸外，对一些零星部件的设计，如阳台、楼梯的栏杆、顶棚、墙面、地面的装修，门窗与墙体的结合以及抗震加固等，都必须在构造上采取必要的措施，以确保建筑物在使用时的安全。

3. 必须适应建筑工业化的需要

为了提高建设速度，改善劳动条件，保证施工质量，在构造设计时，应大力推广先进技术，选用各种新型建筑材料，采用标准设计和定型构件，为构部件的生产工厂化、现场施工机械化创造有利条件，以适应建筑工业化的需要。

4. 必须满足建筑经济的综合效益

在构造设计中，应考虑建筑物的经济效益问题。既要考虑降低建筑造价，减少材料的能源消耗，又要有利于降低经常运行、维修和管理的费用，考虑其综合的经济效益。另外，在提倡节约，降低造价的同时，必须保证工程质量，绝不可为了追求效益而偷工减料，粗制滥造。

5. 必须注意美观

构造方案的处理还要考虑其造型、尺度、质感、色彩等艺术和美观问题。如有不当，往往会影响建筑物的整体设计的效果。因此，亦需事先周密考虑。

总之，在构造设计中，全面考虑坚固适用，技术先进，经济合理，美观大方，是最基本的原则。

复习思考题

5—1　建筑物有哪些基本组成部分？各部分的主要作用是什么？

5—2　建筑物的主要结构承重方式有哪些？

5—3　影响建筑构造设计的主要因素是什么？

5—4　单层工业厂房通常采用的结构形式是什么？有哪些主要结构构件组成？

第 6 章　基础与地下室构造

本章提要：本章包括地基与基础、基础的类型与构造、地下室的防潮与防水等。
学习目的：基本掌握基础的类型与构造要求以及地下室的防潮与防水构造。

在建筑工程中，位于建筑的最下部位，直接作用于土层上的承重构件称为基础。基础下面支承建筑总荷载的那部分土层称为地基。

§6—1　地基与基础

一、地基与基础的关系

基础是建筑物的重要组成部分，它承受建筑物的全部荷载，并将它们传给地基。而地基则不是建筑物的组成部分，它只是承受建筑物荷载的土壤层。

地基承受荷载的能力有一定的限度，地基每平方米所承受的最大压力，称为地基允许承载力（也称地耐力），用 f 表示（kN/m^2），N 表示建筑物的总荷载（kN），A 表示基础底面积（m^2），则可列出如下关系式：

$$A \geqslant N/f$$

地基可分为天然地基和人工地基两类。天然地基是指具有足够强度的天然土层，能直接承受建筑物荷载的地基。如岩石、碎石、砂石、粘土等。人工地基是指天然土层没有足够的强度来承受建筑物的荷载，必须对这种土层进行人工加固以提高它的承载能力。人工加固地基通常采用压实法、换土法、打桩法以及化学加固法等。

二、基础的埋置深度

从室外设计地面至基础底面的垂直距离称基础的埋置深度，简称基础的埋深，图 6—1 所示。基础按照埋置深度的不同，分为深基础和浅基础两种。一般基础埋深超过 4 m 者为深基础，小于 4 m 者为浅基础。基础的埋置深度是根据建筑物上部荷载的大小、地基土质的好坏、地下水位的高低、冰冻的深度、工程特点、周围环境、经济能力、施工条件等因素综合决定的。不能认为基础埋得深，它的承载力就一定高，而是要依照实际情况进行研究确定。

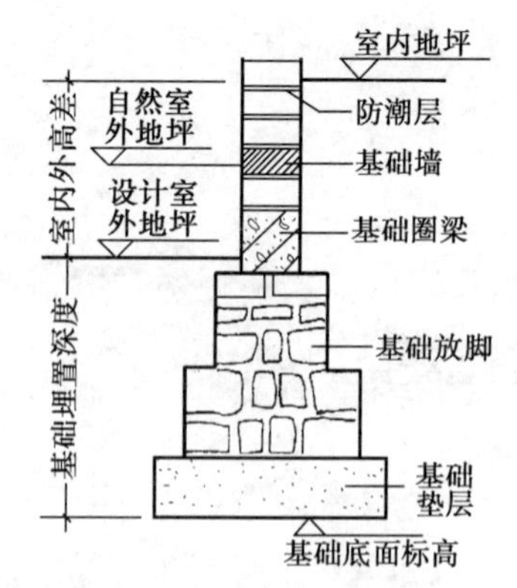

图 6—1　基础的埋置深度

一般情况下，基础应埋在好的土层上，冰冻线以下 200 mm，最高水位以上。同时，还应考虑基础至少埋深 500 mm，以防外界的影响而损坏。

§6—2　基础的类型与构造

基础的类型较多，有刚性基础和非刚性基础。依构造形式分，有条形基础、独立基础、筏形基础、箱形基础等。

一、按基础所采用材料和受力特点分类

1. 刚性基础

由刚性材料制作的基础称刚性基础。由于刚性材料能承受较大的压应力，但只能承受很小的拉应力。因此，根据基础所用材料的抗弯、抗剪能力，对基础的出挑长度 b 与高度 H 之比(图 6—2)进行限制，以保证基础在此夹角范围内不因受弯和受剪而破坏，该夹角称为刚性角($\tan\alpha=b/H$)。如砖基础、毛石基础、混凝土基础、毛石混凝土基础等。

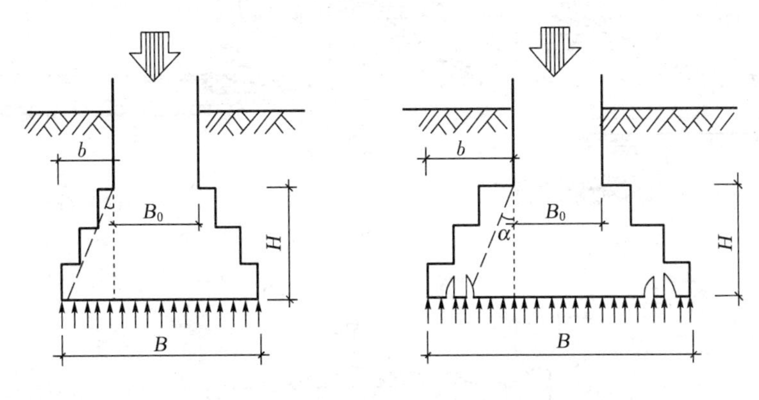

图 6—2　刚性基础

刚性基础的刚性角既与基础材料的性能有关，又与基础所受的荷载有关，而与地基的情况无关。刚性基础常用于荷载不太大的建筑。一般用于 2～3 层混合结构的房屋建筑。

2. 非刚性基础

利用混凝土的抗压强度和钢筋的抗拉强度建造的钢筋混凝土基础称为非刚性基础(常称柔性基础)。这种基础不受刚性角的限制，基础底部不但能承受很大的压应力，而且还能承受很大的弯矩，能抵抗弯矩变形(图 6—3)。这种基础适用于荷载较大的多、高层建筑。

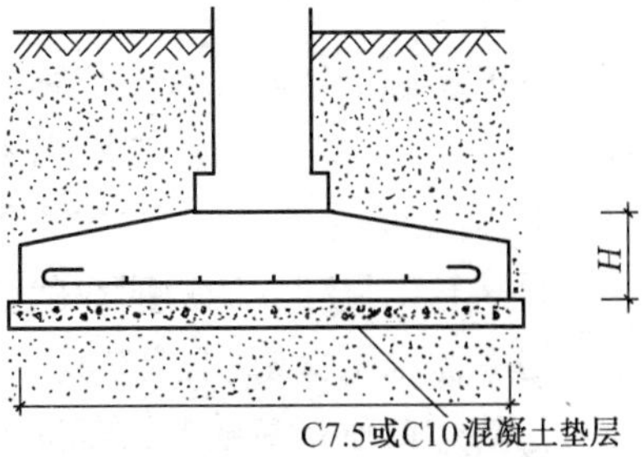

C7.5或C10混凝土垫层

图 6—3　非刚性基础

二、按基础的构造形式分类

基础构造形式的确定随建筑物上部结构形式、荷载大小及地基土质情况而定。在一般情况下，上部结构形式直接影响基础的形式，但当上部荷载增大，且地基承载能力有变化时，基础形式也随之变化。常见的基础有钢筋混凝土条形基础、独立基础、井格基础、板式基础、箱形基础等(图 6—4)。

1. 条形基础

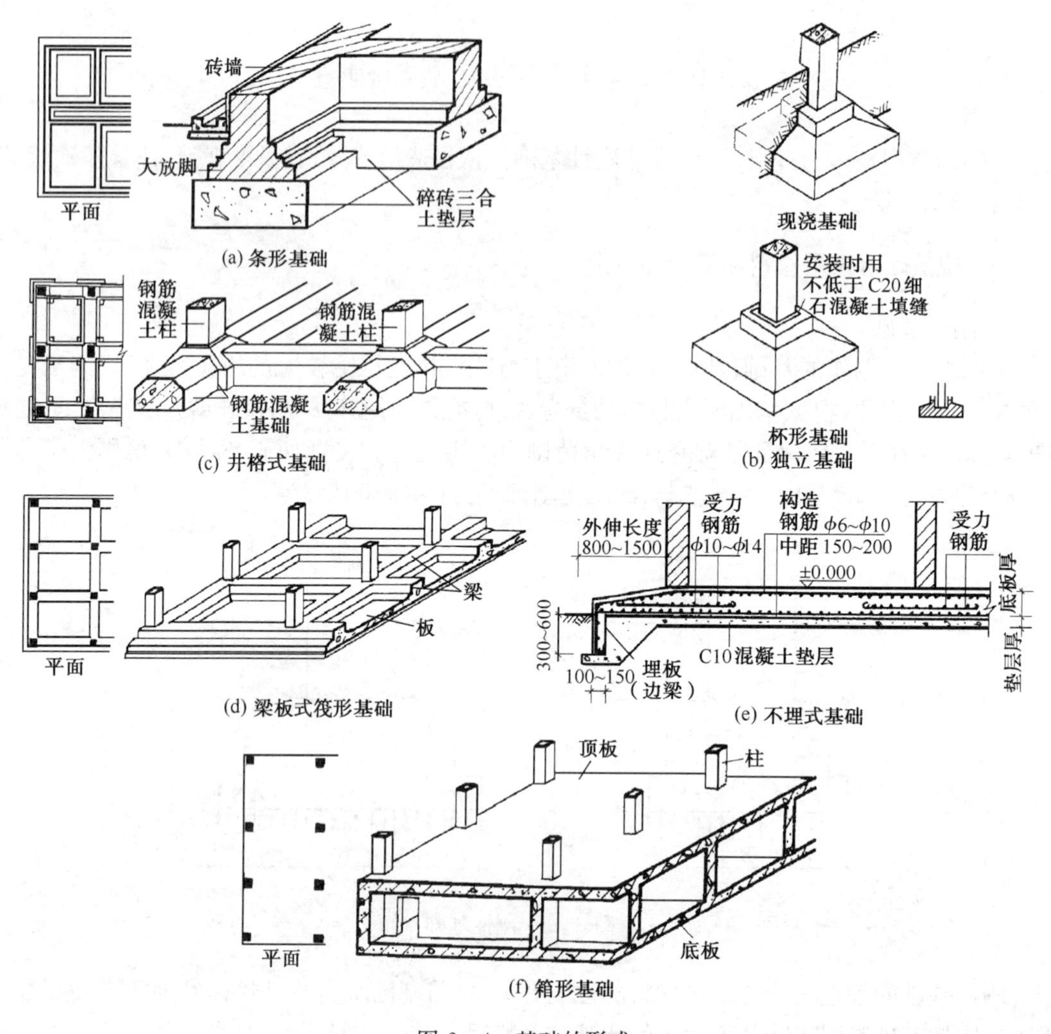

图 6—4　基础的形式

条形基础沿墙身设置形成连续的带形，也称带形基础。当建筑物上部采用墙承重时，而且地基条件较好，基础埋深较浅时，都采用条形基础。

2. 独立基础

独立基础呈独立的矩形块状，形式有台阶形、锥形、杯形等。独立基础主要用于柱下。当建筑物上部采用骨架(框架结构、单层排架及门架结构)承重时，而且基础埋深较大时，都采用独立基础。在独立基础上设基础梁以支承上部墙体。

3. 井格基础.

当框架结构处在地基条件较差的情况时，为了提高建筑物的整体性，以免各柱子之间产生不均匀沉降，常将柱下基础沿纵、横方向连接起来，做成“十”字交叉的井格基础，故又称十字带形基础。

4. 筏形基础

当建筑物上部荷载较大，而建筑基地的地基承载能力又比较弱，这时采用简单的条形基础或井格式基础已不能适应地基变形的需要，常将墙或柱下基础连成一片，使整个建筑物的荷载承受在一块整板上，这种满堂式的板式基础称筏形基础。筏形基础有平板式和梁板式之分。图 6－4d 为梁板式筏形基础，图 6－4e 为不埋板式基础。不埋板式基础是在天然地表上，将场地平整并用压路机将地表土碾压密实后，在较好的持力层上，浇灌钢筋混凝土平板。这一平板便是建筑物的基础。在结构上，基础如同一只盘子反扣在地面上承受上部荷载。这种基础大大减少了土方工作量，且较适宜于较弱地基（但必须是均匀条件）的情况，特别适宜于 5～6 层整体刚度较好的居住建筑中。

5. 箱形基础

箱形基础是由钢筋混凝土的底板、顶板和若干纵横墙组成的，形成空心箱体的整体结构，共同承受上部结构荷载。箱形基础整体空间刚度大，对抵抗地基的不均匀沉降有利，一般适用于高层建筑或在软弱地基上建造的重型建筑物。当基础的中空部分尺度较大时，可用作地下室。

以上是常见基础的几种基本结构形式。此外，我国各地还因地制宜地采用许多不同材料、不同型式的基础，如灰土基础、壳体基础（图 6－5）等。

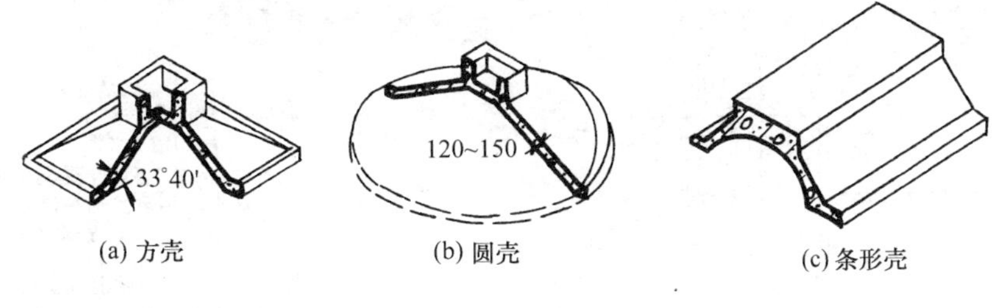

图 6－5　壳体基础

§6－3　地下室的防潮与防水

在当今城市用地紧张的情况下，促使建筑既向高空发展，也向地下发展。地下室的外墙、底板将受到地潮或地下水的侵蚀。如果因为结构的原因导致结构层开裂，或由于忽视防潮、防水工作，地潮或地下水便“乘虚而入”，严重时，致使地下室不能使用甚至影响到建筑物的耐久性。因此如何保证地下室在使用时不受潮、不渗漏，则是地下室构造设计的主要任务。

一、地下室的防潮

当地下水的常年水位和最高水位都在地下室地坪标高以下时（图 6－6a），地下水不能直接侵入室内，墙和地坪仅受到土层中地潮的影响。所谓地潮系指土层中的毛细管水和地面水下渗而造成的无压水，这时地下室只需做防潮处理。其构造要求是：墙体必须采用水泥砂浆砌筑，灰缝必须饱满。当地下水位较高时，可采用如图 6－6b 的做法，在外墙外侧设垂直防潮层。垂直防潮层是在墙外表面先抹一层 20 mm 厚水泥砂浆找平层后，涂刷一道冷底子油（即稀释沥青）和两道热沥青。防潮层需涂刷至室外散水坡处，然后在防潮层外侧回填低渗透性土壤，如粘土、灰土等，并逐层夯实，土层宽 500 mm 左右，以防地表水的影响。

另外，地下室所有的墙体都必须设两道水平防潮层，一道设在地下室地坪附近，一般设置在地坪的结构层之间，如图 6－7a 所示。另一道设在室外地面散水坡以上 150～200 mm 的位置，以防地潮沿地下墙身或勒脚处墙身入侵室内。地下室地坪的防潮构造如图 6－7b 所示。

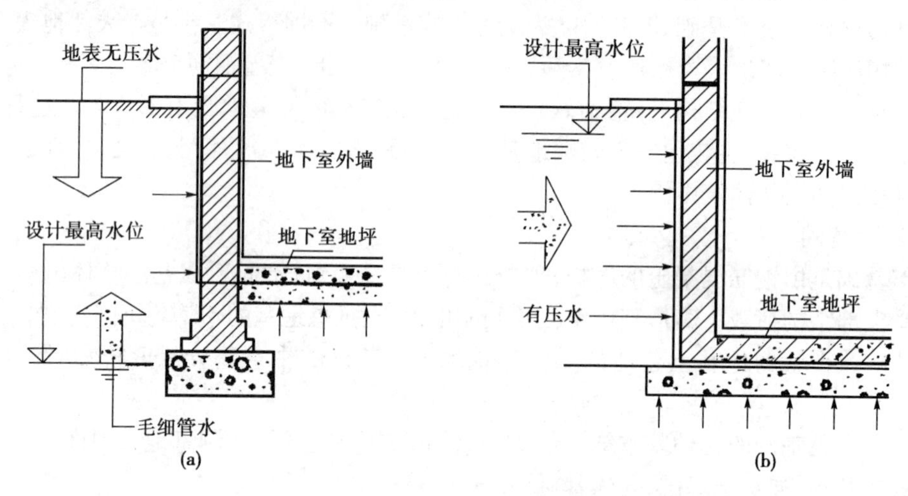

图 6－6　地下水对地下室影响

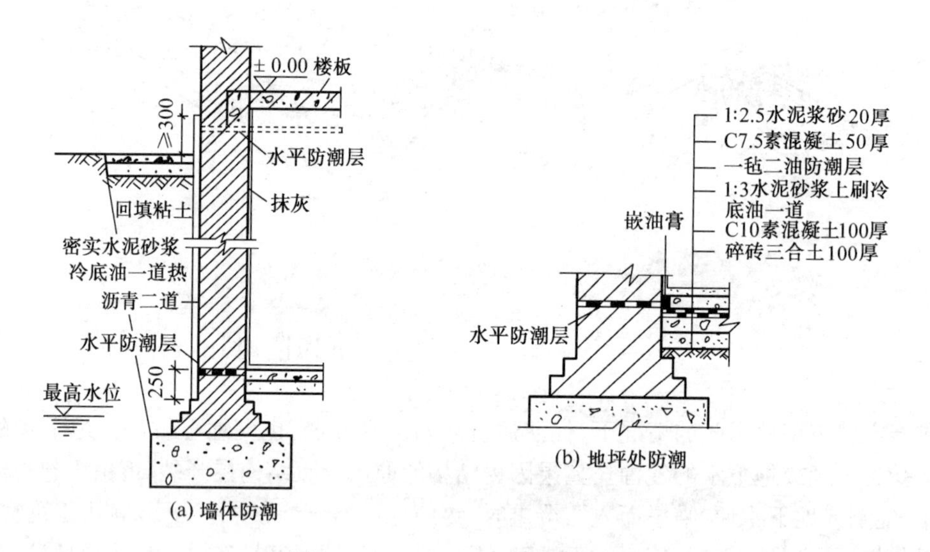

图 6－7　地下室地坪的防潮构造

二、地下室的防水

当设计最高地下水位高于地下室地坪时，地下室的外墙和地坪均受到水的侵袭，如图 6－6b所示，地下室外墙受到地下水侧压力的影响，地坪受到地下水浮力的影响。地下水侧压力的大小是以水头为标准的。水头是指最高地下水位至地下室地面的垂直高度，以 m 计。水头越高，则侧压力越大，这时必须考虑地下室外墙做垂直防水处理，地坪做水平防水处理。

地下室防水主要有柔性防水和刚性防水两种。

1. 柔性防水

柔性防水分为卷材防水和涂膜防水两种。卷材防水有高聚物改性沥青卷材（APP 卷材、SBS 卷材），合成高分子卷材（三元乙丙橡胶卷材、氯化聚乙烯卷材、PVC 卷材），冷胶料加衬玻璃布防水等；涂膜防水有合成高分子聚氨酯涂膜防水材料等。

① 卷材防水。卷材防水分外包和内包。外包防水是将防水层贴在地下室外墙外表面(即迎水面),具体做法是:先在外墙外侧抹 20 mm 厚 1∶3 水泥砂浆找平层,其上刷冷底子油一道,然后铺贴卷材防水层,并与从地下室地坪底板下留出的卷材防水层逐层搭接。防水层的层数应根据地下室最高水位到地下室地坪的距离来确定,见表 6－1。防水层应高出最高水位 300 mm,其上用一层防水卷材贴至散水底。防水层外面砌半砖保护墙一道,并在保护墙与防水层之间用水泥砂浆填实。砌筑保护墙时,先在底部干铺卷材一层,并沿保护墙长度每隔 5～8 m 设一通高断缝,以便使保护墙在土的侧压力作用下,能紧紧压住卷材防水层。最后在保护墙外 0.5 m 范围内回填 2∶8 灰土或炉渣(图 6－8),这一方式对防水较为有利。

表 6－1 防水层的卷材层数

最大计算水头(m)	卷材所受经常压力(MPa)	卷材层数
<3	0.01～0.05	3
3～6	0.05～0.1	4
6～12	0.1～0.2	5
>12	0.2～0.2	6

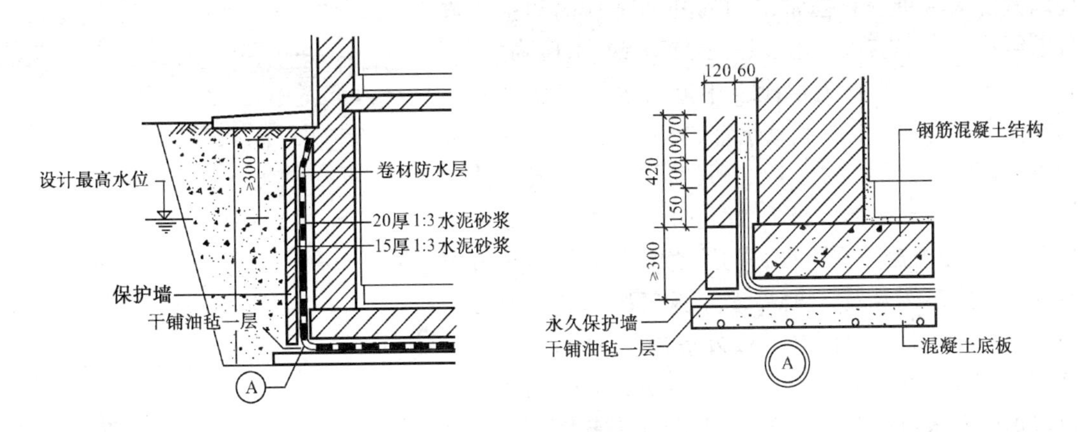

图 6－8 地下室卷材外防水做法

内包防水是将防水卷材铺贴在地下室外墙内表面(即背水面)的内防水做法。这种防水方案对防水不太有利,但施工简便,易于维修,多用于修缮工程(图 6－9)。

对地下室地坪的防水处理,是在土层上先浇混凝土垫层作底板,板厚约 100 mm。将防水层铺满整个地下室,然后在防水层上抹 20 mm 厚水泥砂浆保护层,以便于浇筑钢筋混凝土。为保证地坪防水层转向垂直墙面,地坪防水层必须留出足够的长度以便与垂直防水层搭接,同时还需要做好接头防水层的保护工作。

② 涂膜防水(以聚氨酯涂膜防水材料为例)。它是以异氰酸酯为主剂的甲料和含有多羟基的固化剂,并掺有增粘剂、催化剂、防霉剂、填充剂、稀释剂制成的乙料所组成。这种甲料和乙料按一定比例配合均匀,即可进行涂膜施工。涂膜防水有利于形成完整的防水涂层,对建筑内有穿墙管、转折和高差的特殊部位的防水处理极为有利。为保证施工质量,应使基层保持清洁、平整、表面干燥。

2. 刚性防水

刚性防水一般都采用钢筋混凝土材料，以满足地下室地坪与墙体的结构和防水需要。主要采用防水混凝土材料为佳。防水混凝土是依靠自身的憎水性和密实性防水。防水混凝土主要有普通防水混凝土和掺外加剂防水混凝土两类。

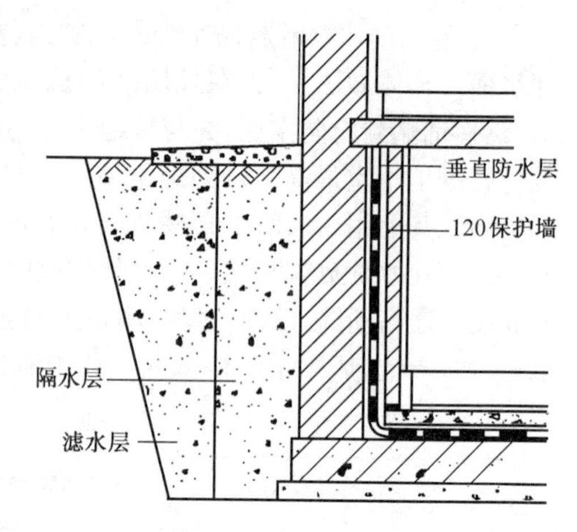

图 6—9　地下室卷材内防水做法

① 普通防水混凝土的配制和施工与普通混凝土相同，所不同的是借不同的集料级配，以提高混凝土的密实性和混凝土自身的防水性能。集料级配主要是采用不同粒径的骨料进行级配，同时提高混凝土中水泥砂浆的含量，使砂浆充满于骨料之间，从而堵塞因骨料间直接接触而出现的渗水通道，达到防水目的。实践证明，控制水灰比（0.5～0.6）和坍落度（3～5 cm）是提高混凝土的密实性和抗渗性能的有效措施。集料级配防水混凝土的抗渗标号可达 35 个大气压（1 个标准大气压＝101.325 kPa）。

② 掺外加剂是在混凝土中掺入加气剂或密实剂以提高其抗渗性能。目前常采用的外加防水剂的主要成分是氯化铝、氯化钙、三乙醇胺、三氯化铁、木质磺酸钙、建Ⅰ型减水剂。它掺入混凝土中能与水泥水化过程中的氢氧化钙反应，生成氢氧化铝、氢氧化铁等不溶于水的胶体，并与水泥中的硅酸二钙、铝酸三钙合成复盐晶体。这些胶体与晶体填充于混凝土的孔隙内，从而提高其密实性，使混凝土具有良好的防水性能。外加剂防水混凝土的抗渗标号最高可达 32 个大气压。防水混凝土外墙、底板均不宜太薄。一般外墙厚应为 200 mm 以上，底板厚应在 150 mm 以上，否则会影响抗渗效果。为防止地下水对混凝土侵袭，在墙外侧应抹水泥砂浆，然后涂刷热沥青，如图 6—10 所示。

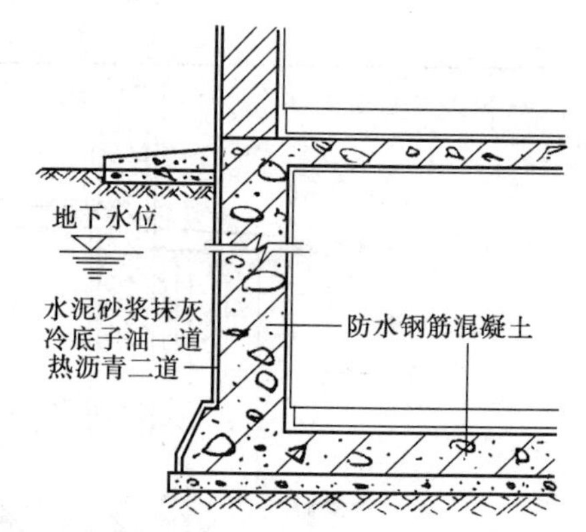

图 6—10　防水混凝土作地下室的处理

除上述防水措施外，还可以采用人工降、排水的办法，消除地下水对地下室的影响。

降、排水法可分为外排法和内排法两种。所谓外排法系指当地下水位已高出地下室地面以上时，采取在建筑物的四周设置永久性降排水设施，通常是采用盲沟排水，即利用带孔的陶管埋设在建筑物四周地下室地坪标高以下，陶管的周围填充可以滤水的卵石及粗砂等材料，以便水透入管中积聚后排至城市排水总管（如图 6—11a），从而使地下水位降低至地下室底板以下，变有压水为无压水，以减少或消除地下水的影响。当城市总排水管高于盲沟时，则采用人工排水泵将积水排出。这种办法只是在采用防水设计有困难的情况以及经济条件较为有利的情况下采用。

内排水法是将渗入地下室内的水，通过永久性自流排水系统（如集水沟排至集水井再用水泵排除）排水。但应充分考虑因动力中断引起水位回升的影响，在构造上常将地下室地坪架空，或设隔水间层，以保持室内墙地面干燥。如图 6—11b 所示。

防水混凝土的施工方法为现场浇注，浇注时应尽可能少留施工缝。对施工缝应进行防水处理，通常采用膨胀橡胶止水条填缝。该止水条为膨胀率 100％的聚氨酯材料，具有较好的自粘性、耐候性（－20～150℃）、耐压性（耐水压 0.6～1.5 MPa）。混凝土面层应附加防水砂浆抹面防水。

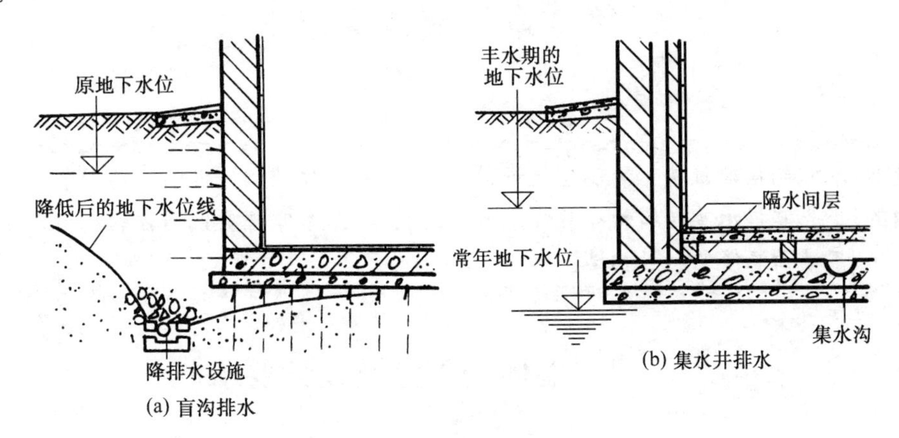

图 6－11　人工降排水措施

复习思考题

6－1　什么叫地基？什么叫基础？常用基础有哪些类型？

6－2　什么是刚性基础？什么是柔性基础？各有何特点？

6－3　基础埋置深度与哪些因素有关？

6－4　地下室防潮、防水应分别采取哪些构造措施？

6－5　基础梁与基础的连接有哪几种方式？

第 7 章　墙体构造

本章提要：本章包括建筑墙体的类型及设计要求，常用墙体的构造做法和墙面装修等。

学习目的：重点掌握承重砖墙的布置方式及构造要求，基本掌握其他墙体的构造做法和常用墙面装修的一般构造。

§7—1　墙体的类型及设计要求

一、墙体的类型

墙体依其在建筑所处位置的不同，有内墙和外墙之分。凡位于建筑物外界四周的墙称外墙。外墙是房屋的外围护结构，起着挡风、阻雨、保温、隔热等围护室内房间不受侵袭的作用；凡位于建筑内部的墙称内墙，内墙主要是分隔房间。沿建筑物短轴方向布置的墙称横墙，横向外墙一般称山墙。沿建筑物长轴方向布置的墙称纵墙，纵墙有内纵墙与外纵墙之分，外纵墙又称檐墙。在一片墙上，窗与窗或门与窗之间的墙称窗间墙。窗洞下部的墙称窗下墙，如图 7—1。

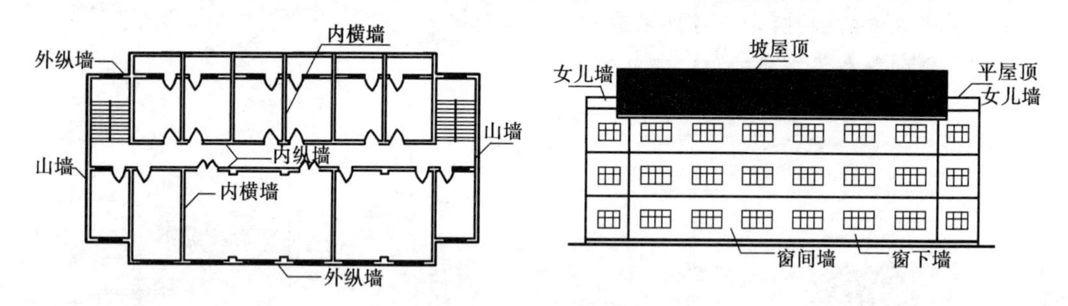

图 7—1　墙体各部名称

墙体按所用材料不同，可分为砖墙、石墙、土墙及混凝土墙等。砖是我国传统的墙体材料，但它越来越受到资源的限制。我国有些大城市已提出限制使用实心粘土砖的规定。在产石地区利用石块砌墙，具有很好的经济价值。土墙便于就地取材，是造价低廉的地方性墙体；混凝土墙可现浇、预制，在多、高层建筑中应用较多。当今多种材料结合的组合墙和利用工业废料发展墙体材料是墙体改革的新课题，应深入研究，推广应用。

墙体根据构造和施工方式的不同，有叠砌式墙、版筑墙和装配式墙之分。叠砌式墙包括实砌砖墙、空斗墙和砌块墙等。砌块墙系指利用各种原料制成的不同形式、不同规格的中、小型砌块，借助手工或小型机具砌筑而成。板筑墙则是施工时，直接在墙体部位竖立模板，然后在模板内夯筑或浇筑材料捣实而成的墙体，如夯土墙、灰砂土筑墙以及混凝土墙体等。装配式墙是在预制厂生产墙体构件，运到施工现场进行机械安装的墙体，包括板材墙和多种组合墙等。这种装配式墙机械化程度高，施工速度快，工期短，是建筑工业化的方向。

二、墙体的设计要求

1. 结构承重墙

墙体根据结构受力情况不同，有承重墙和非承重墙之分。凡直接承受上部屋顶、楼板所传来荷载的墙称承重墙；凡不承受上部荷载的墙称非承重墙（在单层厂房中也称承自重墙），非承重墙包括隔墙、填充墙和幕墙。凡分隔内部空间其重量由楼板或梁承受的墙称隔墙；框架结构中填充在柱子之间的墙称框架填充墙；而悬挂于外部骨架或楼板间的轻质外墙称幕墙。外部的填充墙和幕墙不承受上部楼板层和屋顶的荷载，却承受风荷载和地震荷载。承重墙又分横墙承重、纵墙承重和纵横墙承重。

（1）横墙承重体系

承重墙体主要由垂直于建筑物长度方向的横墙组成，如图 7－2a。楼面荷载依次通过楼板、横墙、基础传递给地基。由于横墙起主要承重作用且间距较密，建筑物的横向刚度较强，整体性好，对抗风力、抗地震力和调整地基不均匀沉降有利，但是建筑空间组合不够灵活。纵墙只承担自身的重量，主要起围护、隔断和联系的作用，因此对纵墙上开门、窗限制较少。这一布置方式适用于房间的使用面积不大、墙体位置比较固定的建筑，如住宅、宿舍、旅馆等。

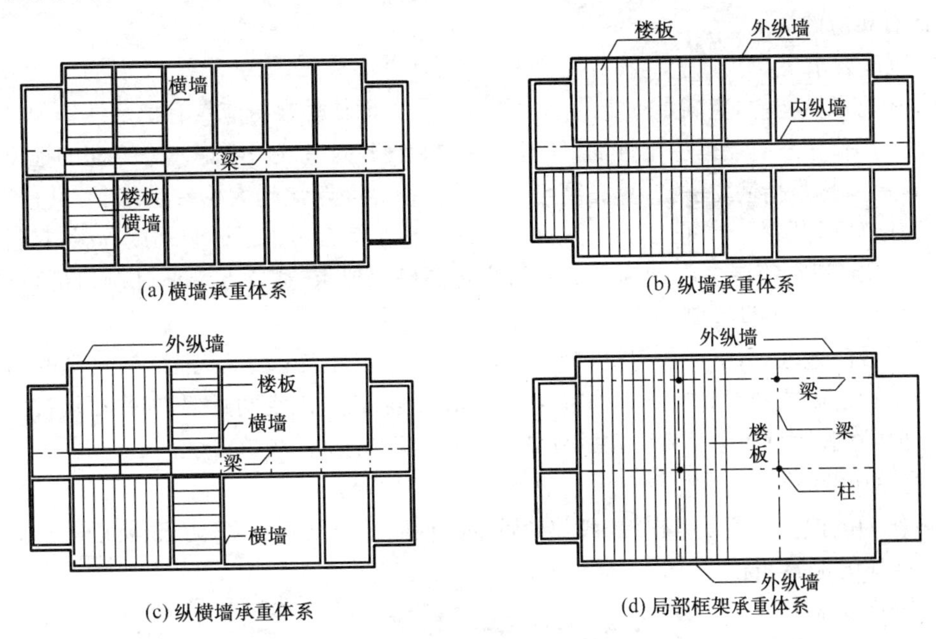

图 7－2　墙体承重方案

（2）纵墙承重体系

承重墙体主要由平行于建筑物长度方向的纵墙承受楼板或屋面板荷载，如图 7－2b。楼面荷载依次通过楼板、梁、纵墙、基础传递给地基。特点是内外纵墙起主要承重作用，室内横墙的间距可以增大，建筑物的纵向刚度强而横向刚度弱。为了抵抗横向水平力，应适当设置承重横墙，与楼板一起形成纵墙的侧向支撑，以保证房屋空间刚度及整体性的要求。此方案空间划分较灵活，适用于要求有较大空间、墙位置在同层或上下层之间可能有变化的建筑，如教学楼中的教室、阅览室、实验室等，但对在纵墙上开门窗的限制较大。相对横墙承重体系来说，纵墙承重体系刚度较差,板的材料用量较多。

(3) 纵横墙承重体系

承重墙体由纵横两个方向的墙体混合组成,如图 7－2c。双向承重体系在两个方向抗侧力的能力都较好。国内几次大地震后的震害调查表明,在砖混结构多层建筑物中,双向承重体系的抗地震能力比横墙承重体系、纵墙承重体系都好。此方案建筑组合灵活,空间刚度较好,适用于开间、进深变化较多的建筑,如医院、实验楼等。

(4) 局部框架体系

分为内部框架承重和底层框架承重两种。当建筑内部需要大空间时,采用内部框架承重,四周为墙承重。楼板自重及活荷载传给梁、柱或墙,建筑的刚度主要由框架保证,如图 7－2d。当建筑底层需要大空间时,底层采用框架承重,楼层由砖墙承重,适用于底层商场、楼层住宅的建筑。

2. 结构抗震要求

(1) 强度要求

强度是指墙体承受荷载的能力,砖墙是脆性材料,变形能力小,如果层数过多,重量就大,砖墙可能破碎和错位,甚至被压垮,因而应验算承重墙或柱在控制截面处的承载力。特别是地震区,建筑的破坏程度随层数增多而加重,因而对建筑的高度及层数有一定的限制值,设计规范中对此有相应的规定。

(2) 刚度要求

墙体作为承重构件,应满足一定的刚度要求。一方面构件自身应具有稳定性,同时地震区还应考虑地震作用下对墙体稳定性的影响,对多层砖混建筑一般只考虑水平方向的地震作用。

墙、柱高厚比是指墙、柱的计算高度与墙厚的比值。高厚比越大构件越细长,其稳定性越差。高厚比必须控制在允许值以内。允许高厚比限值是综合考虑了砂浆强度等级、材料质量、施工水平、横墙间距等诸多因素确定的。为满足高厚比要求,通常在墙体开洞口部位设置门垛,在长而高的墙体中设置壁柱。

在抗震设防地区,为了增加建筑物的整体刚度和稳定性,在多层砖混结构建筑的墙体中,还需设置贯通的圈梁和钢筋混凝土构造柱,使之相互连接,形成空间骨架,加强墙体抗弯、抗剪能力,使墙体在破坏过程中具有一定的延伸性,减缓墙体的酥碎现象产生。

3. 墙体功能的要求

墙体作为围护构件应具有保温、隔热的性能。同时还应具有隔声、防火、防潮等功能要求。

(1) 墙体的保温、隔热在第 13 章节能设计中具体论述。

(2) 隔声要求

不同类型的建筑具有相应的噪声控制标准。墙体主要隔离由空气直接传播的噪声。空气中的噪声在墙体中的传播途径有两种:一是通过墙体的缝隙和微孔传播,二是在声波作用下墙体受到振动,声音透过墙体而传播。建筑内部的噪声,如说话声、家用电器声等;室外噪声,如汽车声、喧闹声等,从各个构件传人室内。控制噪声,对墙体一般采取以下措施:

① 加强墙体的密缝处理;

② 增加墙体密实性及厚度(即质量增加,振动减小),避免噪声穿透墙体及墙体振动;

③ 采用有空气间层或多孔性材料的夹层墙,提高墙体的减振和吸音能力;

④ 充分利用垂直绿化降噪。

(3) 其他方面的要求

① 防火。选择燃烧性能和耐火极限符合防火规范规定的材料。在较大的建筑中应根据防火分区要求设置防火分隔物，如防火墙，以防止火灾蔓延。

② 防水防潮。在卫生间、厨房、实验室等有水的房间及地下室的墙应采取防水、防潮措施，选择良好的防水材料以及恰当的构造做法，保证墙体的坚固、耐久性，使室内有良好的卫生环境。

③ 建筑工业化。在大量性民用建筑中，墙体工程量占着相当的比重。同时劳动力消耗大，施工工期长。因此，建筑工业化的关键是墙体改革，必须改变手工生产操作，提高机械化施工程度，提高工效，降低劳动强度，并应采用轻质高强的墙体材料，以减轻自重，降低成本。

§7—2 砖墙

一、砖墙材料

砖墙是用砂浆胶结材料将砖块砌筑而成为砌体。砖墙属于块材墙，我国使用砖墙历史悠久。砖墙有很多优点：保温、隔热及隔声效果较好，具有防火和防冻性能，有一定的承载能力，且取材容易，生产制造及施工操作简便，不需大型设备。但砖墙也存在不少缺点：施工速度慢、劳动强度大、自重大，而且烧制粘土砖占用农田。所以，砖墙有待于进行改革，当前利用煤矸石、粉煤灰和炉渣等工业废料烧砖则是最有效的途径。

1. 砖

砖的种类很多，从材料上分有粘土砖、灰砂砖、页岩砖、煤矸石砖、水泥砖以及各种工业废料砖(如炉渣砖等)。从形状上分，有实心砖及多孔砖。其中普通粘土实心砖使用最普遍，但部分城市现已规定限制使用。

普通粘土实心砖是全国统一规格，称为标准砖，尺寸为 240 mm×115 mm×53 mm。在砌筑墙体时加上灰缝 10 mm，上下错缝方便灵活，(4 个砖厚＋3 个灰缝)＝(2 个砖宽＋1 个灰缝)＝1 砖长，砖的长宽厚之比为 4∶2∶1。标准砖每块重量约为 25 N，适合手工砌筑。但是这种规格的砖与我国现行模数制不协调，给设计和施工造成困难。有的地区生产符合模数的粘土空心砖，又称为模式砖，它的规格为 190 mm×190 mm×90 mm，但是其重量和尺寸都比标准砖大，给手工砌筑上下错缝造成一定的困难。

砖的强度等级是根据标准试验方法所测得的抗压强度(单位为 N/mm^2)分为六级：MU30、MU25、MU20、MU15、MU10 和 MU7.5。

2. 砂浆

砂浆是粘结材料，砖块需经砂浆砌筑成墙体，使它传力均匀，砂浆还起着嵌缝作用，能提高防寒、隔热和隔声的能力。砌筑砂浆要求有一定的强度，以保证墙体的承载能力，还要求有适当的稠度和保水性，即有好的和易性，方便施工。

砌筑砂浆通常使用的有水泥砂浆、石灰砂浆及混合砂浆三种，水泥砂浆强度高、防潮性能好，主要用于受力和防潮要求高的墙体中；石灰砂浆强度和防潮均差，但和易性好，用于强度要求低的墙体；混合砂浆由水泥、石灰、砂拌和而成，有一定的强度，和易性也好，所以广泛使用。

砂浆的强度等级也是以 N/mm^2 为单位的抗压强度来划分的，从高到低分为 7 级：M15、M10、M7.5、M5、M2.5、M1 和 M0.4。常用的砌筑砂浆是 M1～M5 几个级别，M5 以上属于高强度砂浆。

二、砖墙的组砌方式

砖墙组砌是指砖块在砌体中的排列。组砌时应使上下皮砖的垂直缝交错，保证砖墙的整体性。当墙面不抹灰做清水时，组砌还应考虑墙面图案美观。

在砖墙的组砌中，把砖的长方向垂直于墙面砌筑的砖叫丁砖，把砖的长方向平行墙面砌筑的砖叫顺砖。上下皮之间的水平灰缝称横缝，左右两块砖之间的垂直缝称竖缝。要求丁砖和顺砖交替砌筑，灰浆饱满，横平竖直。普通粘土砖墙常用的组砌方式见图 7－3。

用标准砖砌筑墙体，除应满足结构和功能设计要求之外，墙体还必须符合砖的规格。如图 7－4 为墙厚与砖规格的关系，图 7－5 墙洞口和墙段尺寸的关系。

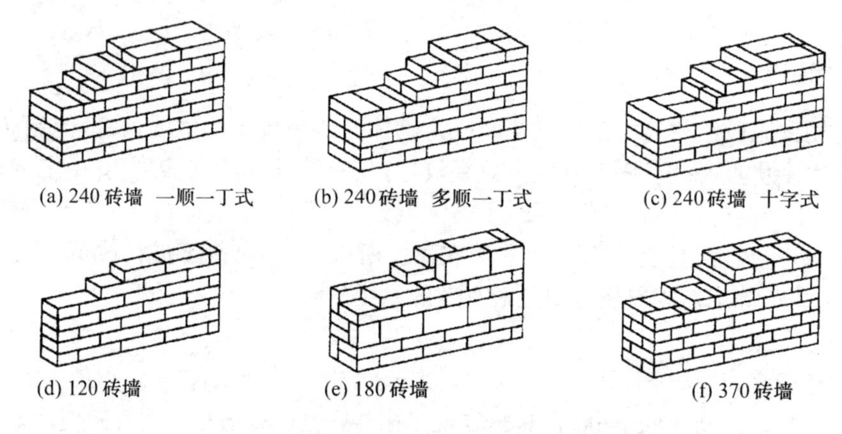

图 7－3 砖墙组砌方式

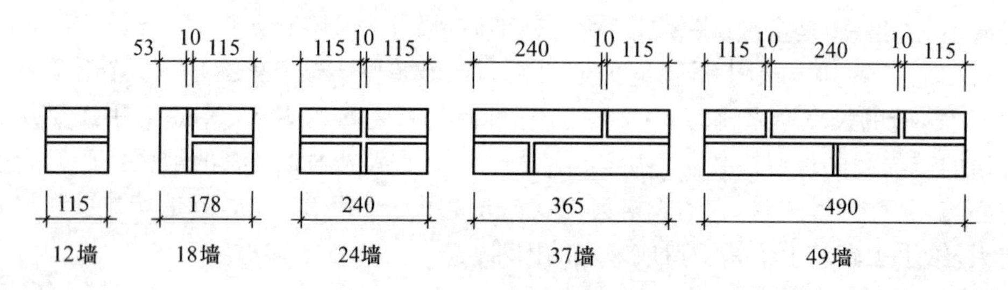

图 7－4 墙厚与砖规格

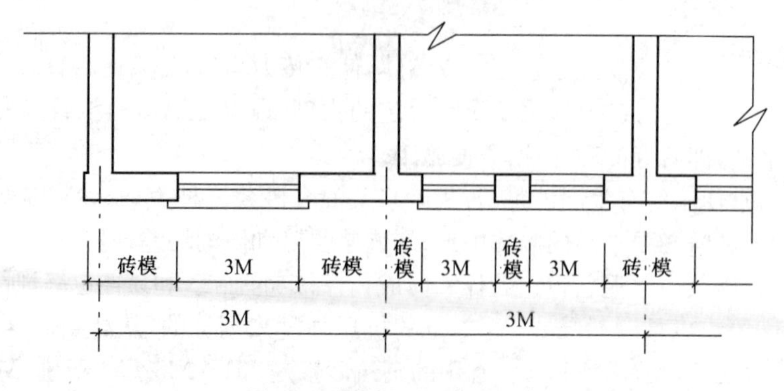

图 7－5 墙洞口和墙段尺寸

三、砖墙的细部构造

1. 墙身防潮

墙身防潮层设置的作用:防止地表水和土壤中的水通过毛细作用渗入墙身,致使墙身受潮、饰面层脱落、影响室内卫生环境。墙身防潮分水平防潮层和垂直防潮层两种。

(1) 水平防潮层

水平防潮层构造做法常用的有以下三种:① 卷材防潮层。先抹 20 mm 厚水泥砂浆找平层,上铺一毡二油,此种做法防水效果好,但有油毡隔离,削弱了砖墙的整体性,不应在刚度要求高或地震区采用。② 防水砂浆防潮层。采用 1∶2 水泥砂浆加 3%～5%防水剂,厚度为 20～25 mm 或用防水砂浆砌三皮砖作防潮层。此种做法构造简单,但砂浆开裂或不饱满时影响防潮效果。③ 细石混凝土防潮层。采用 60 mm 厚的细石混凝土带,内配三根 ϕ6 钢筋,其防潮性能好,砖墙的整体性好。防潮层的位置:当室内地面垫层为混凝土等密实材料时,防潮层的位置应设在垫层范围内,一般低于室内地坪 60 mm 处,同时还应至少高于室外地面 150 mm,防止雨水溅湿墙面。当室内地面垫层为透水材料时(如炉渣、碎石等),水平防潮层的位置应平齐或高于室内地面 60 mm 处。墙身防潮层的设置位置如图 7—6 所示。

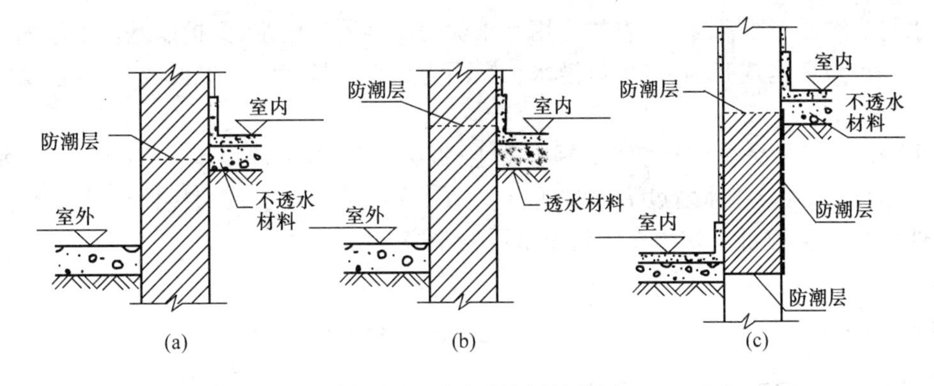

图 7—6　墙身防潮层的位置

如果防潮层处墙体砌筑在不透水的材料(如条石或混凝土等),或设有钢筋混凝土地圈梁和基础梁时,可以不设防潮层。

(2) 垂直防潮层

当内墙两侧地面有高差时,应在墙身高低两道水平防潮层之间靠土壤一侧设垂直防潮层(图 7—6c)。其构造做法是先用水泥砂浆抹灰,再涂冷底子油一道,热沥青两道,也可用防水砂浆抹灰防潮。

2. 勒脚构造

勒脚是墙身接近室外地面的部分。它的作用是防止外界的碰撞和雨、雪、地表水及土壤中的水对墙身的侵蚀。所以要求勒脚更加坚固耐久和防潮。

勒脚的做法应结合建筑造型要求确定勒脚的高矮、色彩等,选用耐久性高的材料或防水性能好的外墙饰面,主要有以下几种构造做法(如图 7—7):

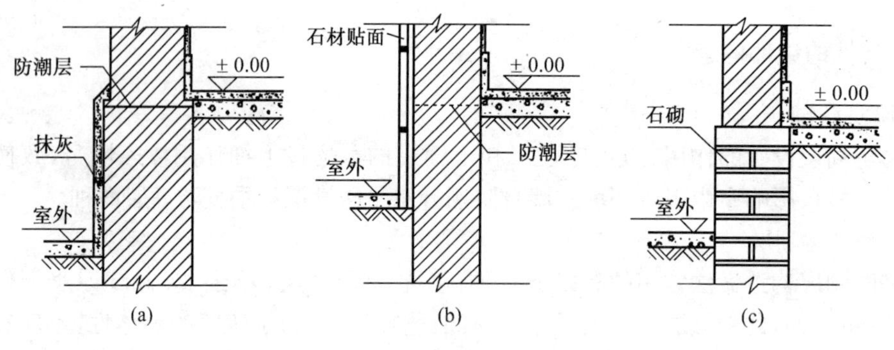

图 7—7　勒脚构造做法

① 勒脚表面抹灰。可采用 20 厚 1∶3 水泥砂浆抹面，1∶2 水泥白石子水刷石或斩假石抹面。此法多用于一般建筑。

② 勒脚贴面。可用天然石材或人工石材贴面，如花岗石、水磨石板等。贴面勒脚耐久性、装饰效果好，用于高标准建筑。

③ 勒脚采用坚固材料。采用条石、混凝土等坚固耐久的材料代替砖勒脚。

3. 散水与明沟构造

散水与明沟位于外墙四周，它的作用是排除房屋四周的雨水，保护墙基。当屋面为有组织排水时一般设明沟或暗沟，也可设散水。屋面为无组织排水时一般设散水，但应加滴水砖(石)带。

散水的做法通常是在素土夯实上铺三合土、混凝土等材料，厚度 60～70 mm。散水应设不小于 3%的排水坡。散水宽度 L 一般为 0.6～1.0 m。散水与外墙交接处应设分格缝，分格缝用弹性材料嵌缝，防止外墙下沉时将散水拉裂(图 7—8)。

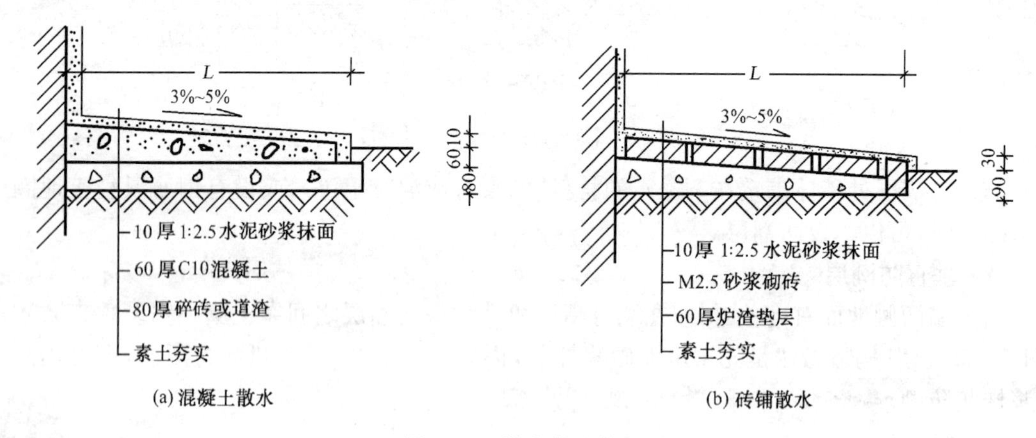

图 7—8　散水构造做法

明沟的做法一般用混凝土现浇，也可用砖或石砌筑，沟底纵坡为 0.5%～1%(图 7—9)

4. 窗台构造

窗台的作用是排除沿窗面流下的雨水，防止其渗入墙身和室内，同时避免雨水污染外墙面。窗台分悬挑与平墙两种，处于内墙或阳台等处的窗，不受雨水冲刷的窗台或外墙面材料为贴面砖时，墙面易被雨水冲洗干净，可不设挑窗台。

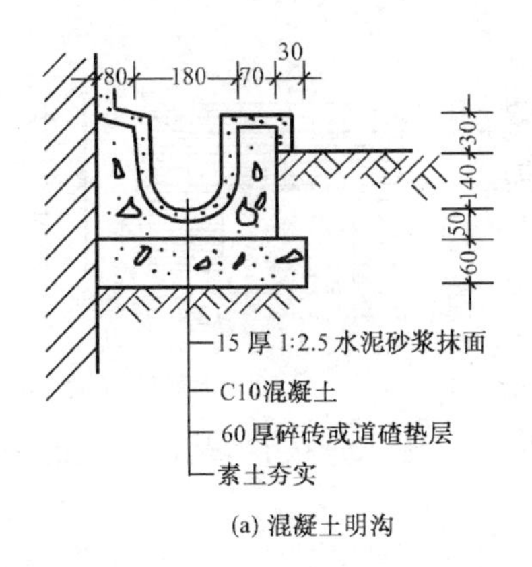

(a) 混凝土明沟

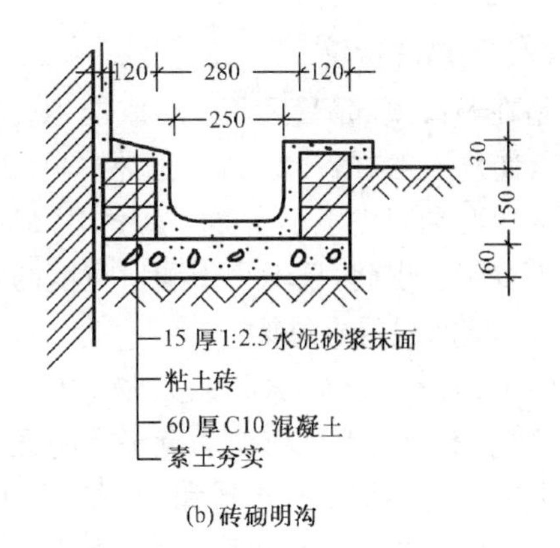

(b) 砖砌明沟

图 7－9　明沟构造做法

悬挑窗台的做法有砖砌窗台和钢筋混凝土窗台两种，砖砌挑窗台施工简单，应用广泛。根据设计要求可分为平砌和侧砌挑砖窗台，如图 7－10b、7－10c。悬挑窗台向外出挑 60 mm。窗台长度每边应超过窗宽 120 mm。窗台表面应做抹灰或贴面处理。侧砌窗台可做水泥砂浆勾缝的清水窗台，窗台表面应做成一定的排水坡度，并应注意抹灰与窗下墙的交接处理，防止雨水向室内渗入。挑窗台下做滴水槽或斜抹水泥砂浆，引导雨水垂直下落不致影响窗下墙面。预制混凝土窗台施工速度快，其构造要点与砖窗台相同(图 7－10d)。

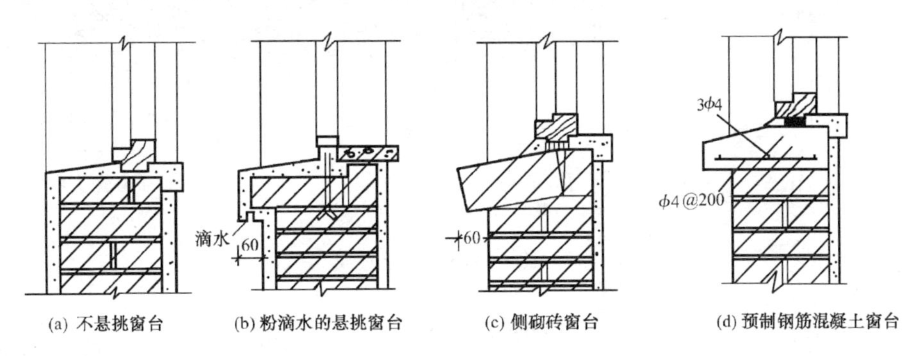

(a) 不悬挑窗台　(b) 粉滴水的悬挑窗台　(c) 侧砌砖窗台　(d) 预制钢筋混凝土窗台

图 7－10　窗台构造

5. 门窗过梁

过梁的作用是支承门窗洞口上砌体传来的各种荷载，是承重构件。过梁按材料和构造方式不同分为三种。

(1) 砖砌拱过梁

这是我国传统做法，常见的有平拱、弧拱和半圆拱(图 7－11)。其跨度最大可达 1.2 m，当过梁上有集中荷载或振动荷载时，不宜采用。

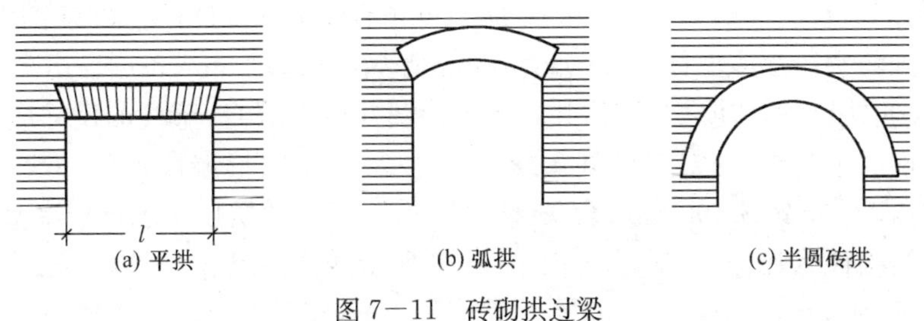

(a) 平拱　(b) 弧拱　(c) 半圆砖拱

图 7－11　砖砌拱过梁

(2) 钢筋砖过梁

是在洞口顶部配置钢筋，形成能承受弯矩的加筋砖砌体。其跨度一般在2 m以内。通常采用 2～3 根 $\phi 6$ 钢筋，钢筋伸入两端墙内不小于 240 mm，用 M5 水泥砂浆砌筑，高度不少于五皮砖，且不小于洞口宽度的 1/4(图 7—12)。

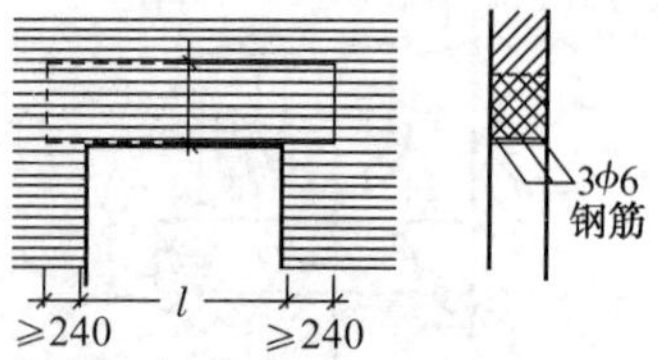

图 7—12　钢筋砖过梁

(3) 钢筋混凝土过梁

钢筋混凝土过梁承载能力强，可用于较宽的门窗洞口，对建筑不均匀下沉或振动有一定的适应性。预制装配过梁施工速度快，是最常用的一种。钢筋混凝土过梁主要有矩形和 L 形等几种断面形式(图 7—13)。

常用的过梁形式是矩形断面，施工制作方便，如图 7—13a。过梁宽度一般同墙厚，高度按结构计算确定，但应配合砖的规格，如 60 mm、120 mm、180 mm、240 mm，过梁两端伸进墙内的支承长度不小于 240 mm。L 形断面过梁，主要考虑立面中不同形式的窗，如有窗套，一般挑出60 mm，厚 60 mm，如 7—13b。又如带窗眉板的过梁，可按设计要求出挑。如图 7—13c。

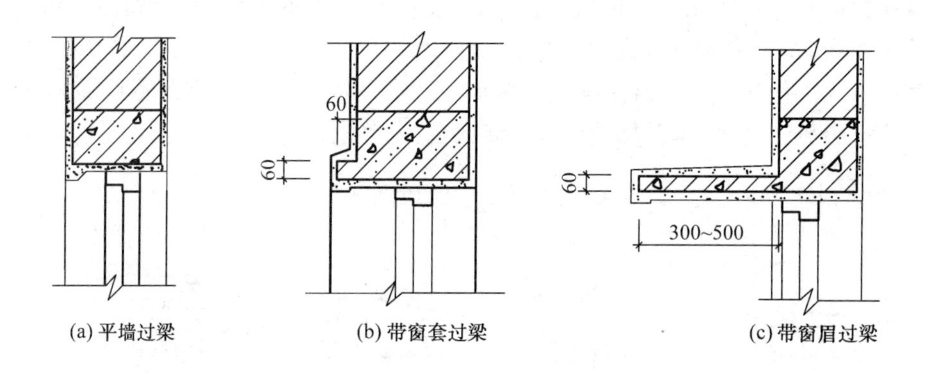

(a) 平墙过梁　(b) 带窗套过梁　(c) 带窗眉过梁

图 7—13　钢筋混凝土过梁

由于钢筋混凝土的导热系数大于砖的导热系数，在寒冷地区过梁内表面易产生凝结水，为了避免这种现象的产生，采用 L 形过梁，使外露部分的面积减小，或全部把过梁包起来，如图 7—14。

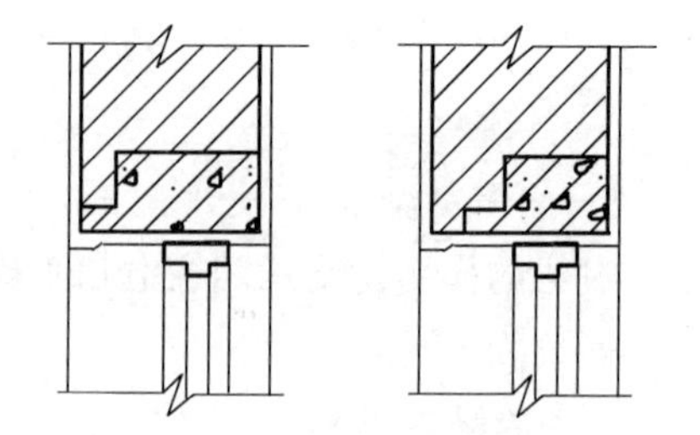
图 7—14　寒冷地区钢筋混凝土过梁

6. 墙身加固措施

(1) 门垛和壁柱

为保证墙身稳定和门框安装，在墙体上开设门洞时一般应设门垛，特别是在墙体转折处或丁字墙处，门垛宽度同墙厚，门垛长度一般为 120 mm 或 240 mm(不计灰缝)，过长会影响室内使用。

当墙体受到集中荷载或墙体过长(如 240 mm 厚，长度超过 6 m，单层厂房高度超过 11 m)应增设壁柱(又叫扶壁柱)，使之和墙体共同承担荷载并稳定墙身，壁柱的尺寸应符合砖规格，通常壁柱凸出墙面半砖或一砖，考虑到灰缝的错缝要求，丁字形墙段尺度一般为 130 mm 或 250 mm，壁柱宽 370 mm 或 490 mm(含灰缝)，如图 7—15。单层厂房承重砖墙壁柱、转角墙及窗间墙均应经结构计算确定，并不宜小于图 7—16 所示的构造尺寸。

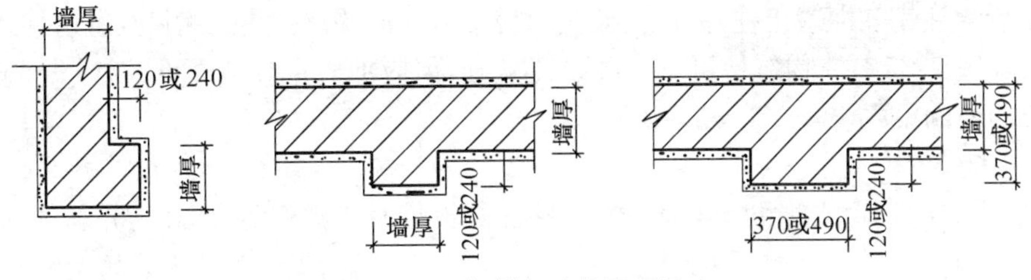

图 7—15　门垛与壁柱平面尺寸

(2) 圈梁

圈梁的作用是增加建筑的整体刚度和稳定性，减轻地基不均匀沉降对建筑的破坏，抵抗地震力的影响。圈梁设在建筑四周外墙及部分内墙中，并处于同一水平高度，必须封闭交圈，若遇标高不同的洞口，应附加圈梁，如图 7—17。圈梁截面不小于 120 mm×240 mm。

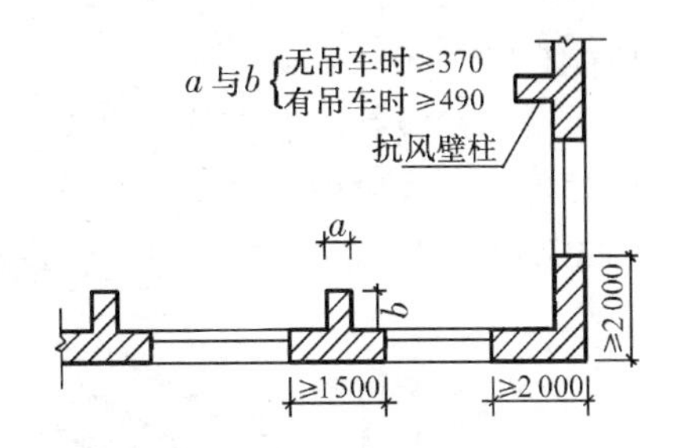

图 7—16　砖墙及壁柱的平面尺寸

圈梁设置的位置：屋盖处必须设置，楼板处可隔层设置，当地基不好时在基础顶面也应设置。圈梁主要沿纵墙设置，内横墙大约 10～15 m 设置一道。当抗震设防要求不同时，圈梁的设置要求相应有所不同。在单层厂房中，当无吊车厂房的承重砖墙厚度小于 240 mm，檐口标高为 5～8 m 时，要在墙顶设置一道圈梁，超过 8 m 时在墙中间部位增设一道；当车间有吊车时，还应在吊车梁附近增设一道圈梁。

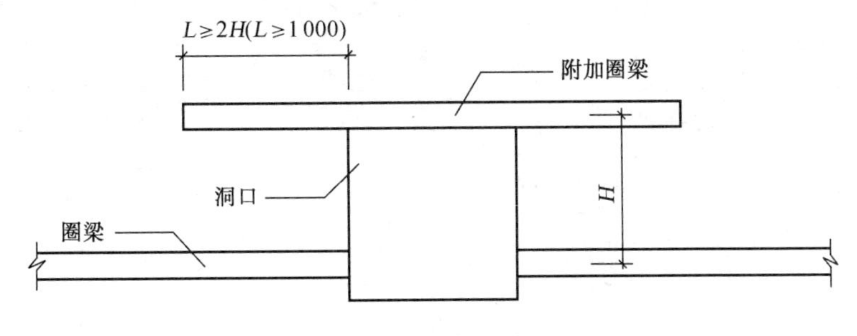

图 7—17　附加圈梁

圈梁有钢筋混凝土圈梁和钢筋砖圈梁两种。钢筋混凝土圈梁整体刚度好，应用广泛。按施工方式圈梁可分整体式和装配整体式两种。圈梁宽度同墙厚，高度一般为 120 mm、180 mm、240 mm。钢筋砖圈梁用 M5 砂浆砌筑，高度不小于五皮砖，在圈梁中设置 4ϕ6 的通长钢筋，分上下两层布置，其做法与钢筋砖过梁相同。

圈梁与门窗过梁应统一考虑，在同一标高上可用圈梁代替门窗过梁。

(3) 构造柱

构造柱是加强建筑整体性、提高抗震性能的一种有效措施。多层建筑构造柱的设置部位是：外墙四角、错层部位横墙与外纵墙交接处、较大洞口两侧、大房间内外墙交接处。除此之外，构造柱的设置要求随建筑的层数和地震烈度不同而有所不同。

构造柱的最小截面尺寸为 240 mm×180 mm，竖向钢筋一般用 4ϕ12，箍筋间距不大于 250 mm，随地震烈度加大和层数增加，建筑四角的构造柱可适当加大截面及配筋。施工时必须先砌墙，后浇注钢筋混凝土柱，并应沿墙高每隔 500 mm 设 2ϕ6 拉接钢筋，每边伸入墙内不宜小于 1 m(图 7—18)。构造柱可不单独设置基础，但应伸入室外地面下 500 mm，或锚入浅于500 mm的地圈梁内。

7. 防火墙

为减少火灾的发生或防止其蔓延、扩大，除建筑设计时考虑到防火分区、分隔，选用难燃烧或不燃烧材料制作构件，增加消防设施之外，在墙体构造上，尚需注意防火墙的设置问题。

防火墙的作用在于截断防火区域的火源，防止火势蔓延。根据防火规范规定，防火墙的耐火极限应不小于 4.0 h；防火墙上不应开设门窗洞口，如必须开设时，应采用甲级防火门窗，并应能自动关闭。

防火墙应截断燃烧体或难燃烧体的屋顶，并高出不燃烧体屋面不小于 400 mm，高出燃烧体或难燃烧体屋面不小于 500 mm，如图 7—19 所示，当屋顶承重构件为耐火极限不低于0.5 h的不燃烧体时，防火墙(包括纵向防火墙)可砌至屋面基层的底部，不必高出屋面。

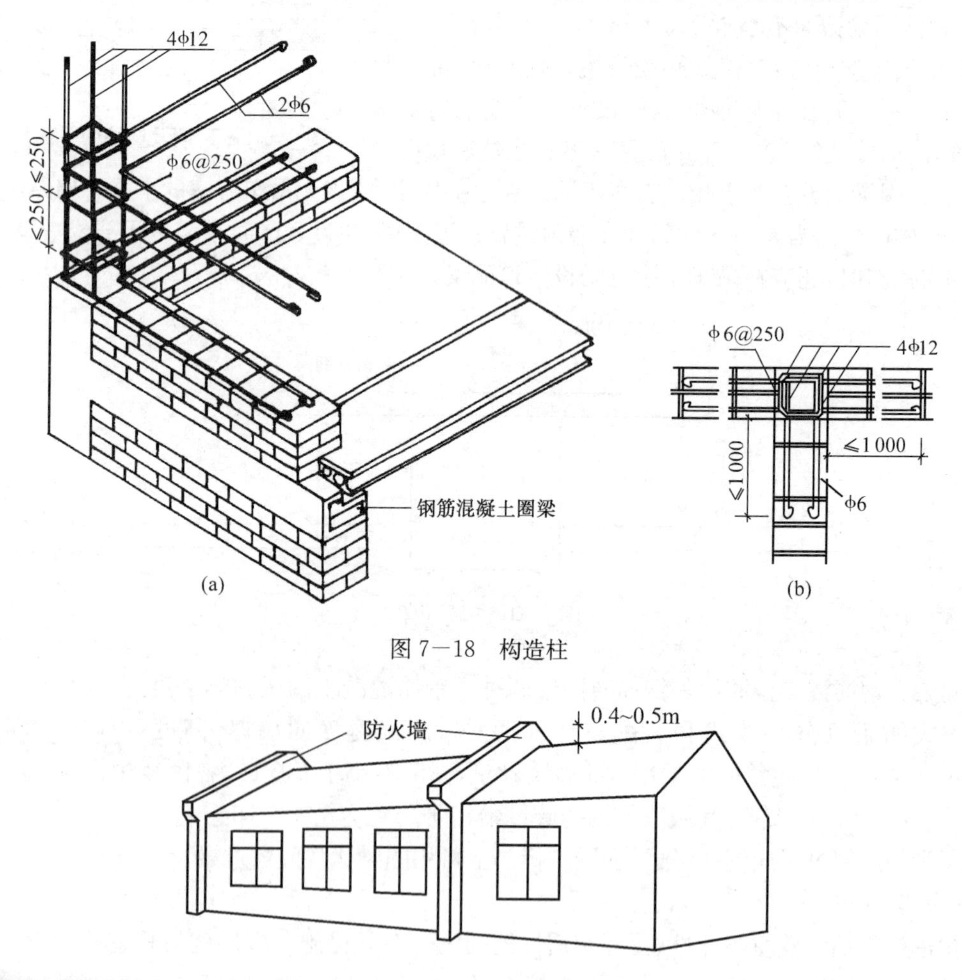

图 7—18　构造柱

图 7—19　防火墙设置要求示意

四、单层厂房砖外墙特殊构造

单层厂房砖外墙特殊构造主要指与民用建筑外墙不同之处的构造。

1. 墙和柱的相对位置及连结构造

① 墙和柱的相对位置。由排架柱承担屋盖以及起重运输设备等荷载，砖墙是不承受上部荷载，只起围护作用的非承重墙。厂房外墙和柱的相对位置通常可以有四种构造方案（图7－20）。其中图7－20a方案构造简单，施工方便，热工性能好，便于基础梁与连系梁等构配件的定型化和统一化，所以单层厂房外墙多用此种方案。图7－20b方案由于把排架柱部分嵌入墙内，可比前者略节省建筑占地面积，并能增强柱列的刚度，但要增加部分砍砖，施工较麻烦。同时基础梁与连系梁等构配件也随之复杂化。图7－20c、7－20d方案基本相似，构造较复杂，施工不便，砍砖多，排架结构外露易受气温变化的影响，且其基础梁与连系梁等构、配件均不能实现定型化和统一化。一般仅用于厂房连接有露天跨或有待扩建的边跨的临时性封闭墙。但这两种方案具有节约建筑用地和增强柱间刚度等优点。对吊车吨位不大的厂房可不另设柱间支撑，适用于我国南方建造。

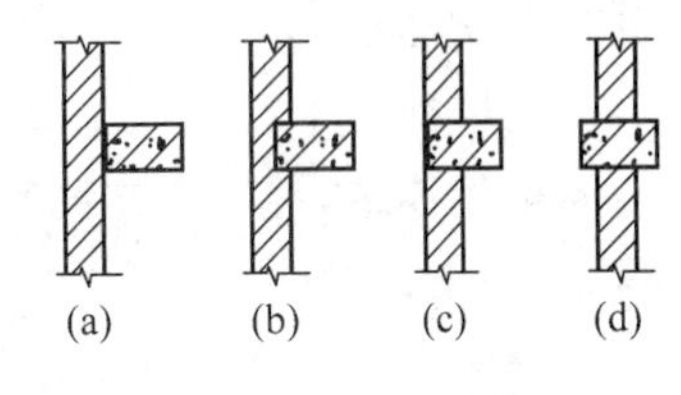

图7－20　墙和柱的相对位置

② 墙和柱的连结构造。为使支承在基础梁上的砖墙与排架柱保持一定的整体性与稳定性，防止由于风力及地震力等使墙倾倒，厂房外墙可用各种方式与柱子相连结。其中最简单最常用的做法是采用钢筋拉结，见图7－21。这种连结方式属于柔性连结。它既保证了墙体不离开柱子，同时又使砖墙的重量不传给柱子，从而维持墙与柱的相对整体关系。

③ 女儿墙的拉结构造。女儿墙是墙体上部高出屋面的矮墙，其厚度一般不小于240 mm（南方地区有的用180 mm），其高度不仅应满足构造设计的需要，还要保护在屋面从事检修、清灰、擦洗天窗等工作人员的安全。因此在非地震区，当厂房较高或屋坡较陡时，一般宜设置高度1 m左右的女儿墙，或在厂房的檐口上设置相应高度的护栏。受设备振动影响较大的或地震区的厂房，其女儿墙的高度则不宜超过500 mm，并须用整浇的钢筋混凝土压顶板加固。女儿墙拉结构造见图7－22。

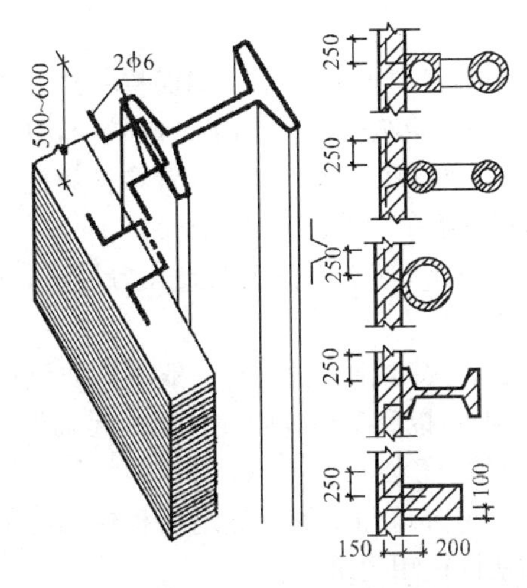

图7－21　墙和柱的连结构造

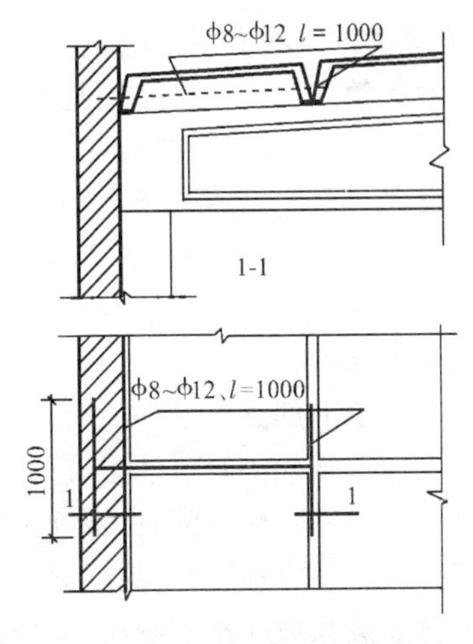

图7－22　女儿墙与屋面的连结

④ 抗风柱的连结构造。由于山墙承受的水平风荷载较纵墙大，通常应设置钢筋混凝土抗风柱来保证山墙的刚度和稳定性。抗风柱的间距以 6 m 为宜，个别的也有采用 5 m 和 7.5 m 等非标准柱距。当山墙的三角形部分高度较大时，为保证其稳定性和抗风、抗震能力，应在山墙上部沿屋面设置钢筋混凝土圈梁。抗风柱与山墙、屋面板与山墙之间应采用钢筋拉结，见图 7—23。

抗风柱的下端插入基础杯口形成下部的嵌固端，在柱的上端通过一个特制的“弹簧”钢板与屋架相连结，使二者之间只传递水平力而不传递垂直力，既有连结而又互不改变各自的受力体系(图 7—23)。

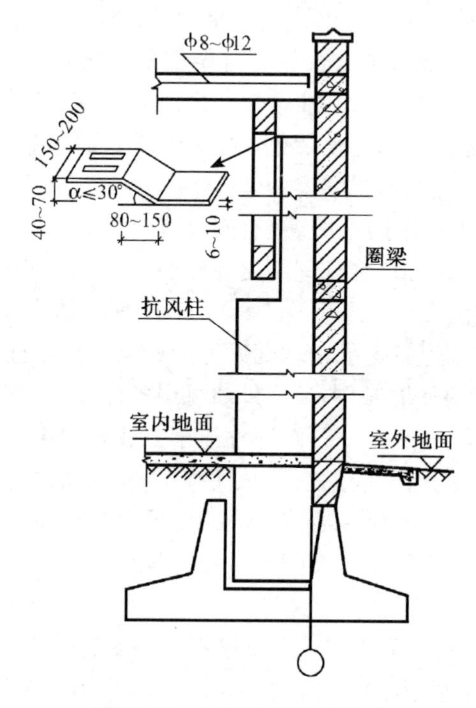

图 7—23　抗风柱的连结构造

2. 砌体围护墙的下部构造

墙通常砌筑在简支于排架柱基础顶面的基础梁上，使之与柱基础沉降保持一致。当基础埋深不大时，基础梁可直接搁置在柱基础的杯口顶面上(图 7—24a)；如果基础较深，可将基础梁设置在柱基础杯口的混凝土垫块上(图 7—24b)；当埋深更大时，也可设置在排架柱底部的小牛腿上或采用高杯口基础(图 7—24c)，使基础梁顶面的标高低于室内地面 50 mm，并高于室外地面 100 mm。车间室内外地面高差保持在 150 mm，便于车间大门口设置坡道，并使基础梁上部受到保护。

由于基础梁上部高出室外地面且钢筋混凝土具有一定的防潮性能，一般不做防潮层而直接在梁上砌墙。基础梁底下的回填土可虚铺，不必夯实，以利基础梁随柱基础一起沉降。在寒冷地区当基土为冻胀性土壤时，基础梁底部还应铺设厚度大于 300 mm 的干砂或炉渣等松散材料，以防冬季土壤冻胀而把基础梁和墙体顶裂。厂房外墙与室外天然地面相接触的部位还应设置勒脚和散水坡或排水明沟，其构造原理及做法同民用建筑。

3. 连系梁与圈梁的构造

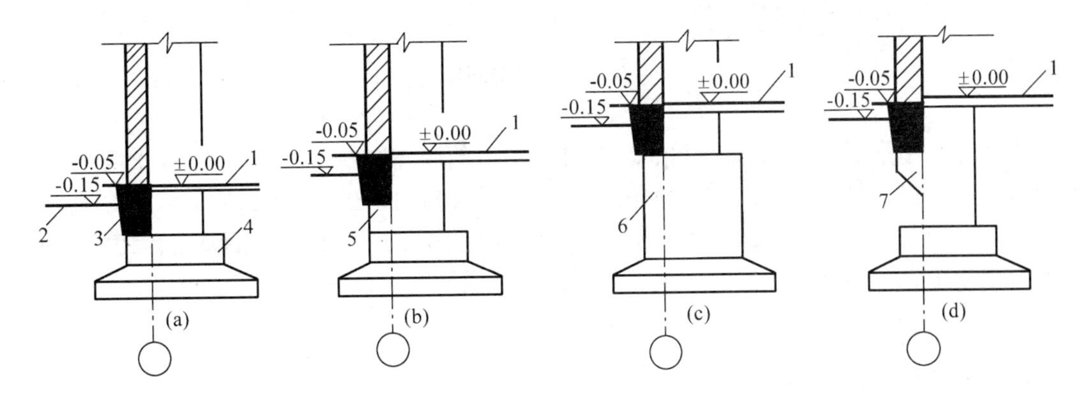

图 7－24　围护砖墙下部构造

1－室内地面；2－散水；3－基础梁；4－柱杯形基础；5－垫块；6－高杯形基础；7－牛腿

单层厂房在高度范围内，没有楼板层相连结，一般靠设置连系梁与厂房的排架柱子联系，以增强厂房的纵向刚度。此外，还通过它向柱列传递水平风荷载，并承担上部墙体的荷载。

连系梁多采用预制装配式和装配整体式的，支承在排架柱外伸的牛腿上，并通过螺栓或焊接与柱子相连结(图 7－25)。梁的截面形状一般为矩形或 L 形。梁的位置应尽可能与门窗过梁相一致，使一梁多用。连系梁的间距一般为 4～6 m。若在同一水平面上能交圈封闭时，也可视作圈梁。

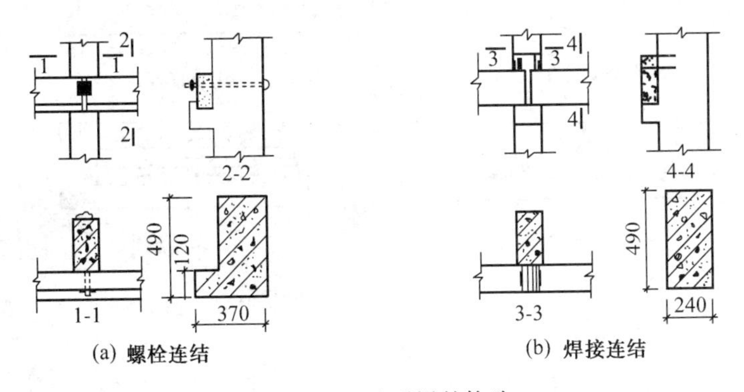

图 7－25　连系梁的构造

砌体围护墙的圈梁设置要求与承重墙中的圈梁设置要求基本相同，可以现浇或采用预制装配式。圈梁内的钢筋要与柱子上预留外伸钢筋锚拉连牢。预制装配式圈梁，应把接头钢筋与柱上的预留锚拉钢筋共同连牢，再补浇混凝土便成为装配整体式的圈梁(图 7－26)。

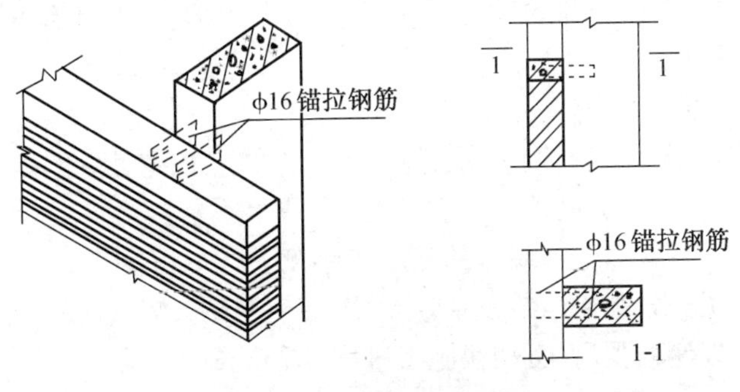

图 7－26　预制装配式圈梁

§7—3　砌块墙

砌块是采用素混凝土、工业废料和地方材料制造的墙体材料。制作方便，施工简单，因地制宜，就地取材，造价经济，具有较大的灵活性。它既容易组织生产，又能减少对耕地的破坏，节约能源。因此在大、中城镇，大力发展砌块墙体具有一定的现实意义。目前各地广泛采用的材料有混凝土、加气混凝土、各种工业废料、粉煤灰、煤矸石、石碴等。一般用于多层民用建筑和单层厂房。

一、砌块的类型及规格

我国各地生产的砌块，其规格、类型极不统一，但从使用情况看，主要分为大、中、小型砌块，砌块中主规格高度在 115～380 mm 的称为小型砌块，高度在 380～980 mm 的称为中型砌块，高度在 980 mm 以上的称为大型砌块。按构造方式分为实心和空心砌块两种，空心砌块有单排方孔、单排圆孔和多排扁孔三种形式，多排扁孔对保温有利，如图 7—27 所示。按组砌位置与作用分为主砌块和辅砌块。

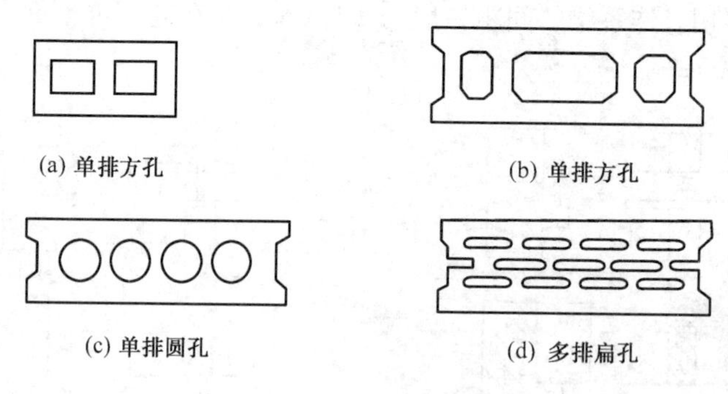

图 7—27　空心砌块的形式

二、砌块的组合与墙体构造

为使砌块墙合理组合并搭接牢固，必须根据建筑的初步设计，作砌块的试排工作，即按建筑物的平面尺寸、层高，对墙体进行合理的分块和搭接，以便正确选定砌块的规格、尺寸。在设计时，必须考虑使砌块整齐、划一，有规律性，不仅要考虑到大面积墙面的错缝、搭接，避免通缝，而且还要考虑内、外墙的交接咬砌，使其排列有序。此外，应尽量多使用主要砌块，并使其占砌块总数的 70%以上。

1. 砌块墙面的划分与排列

① 排列应力求整齐，有规律性，既考虑建筑物的立面要求，又考虑建筑施工的方便。② 保证纵横墙搭接牢固，以提高墙体的整体性；砌块上下搭接至少上层盖住下层砌块 1/4 长度。若为对缝须另加铁器，以保证墙体的强度和刚度。③尽可能少镶砖，必须镶砖时，则尽可能分散、对称。④为了充分利用吊装设备，应尽可能使用最大规格砌块，减少砌块的种类，并使每块重量尽量接近，以便减少吊次，加快施工进度(图 7—28)。

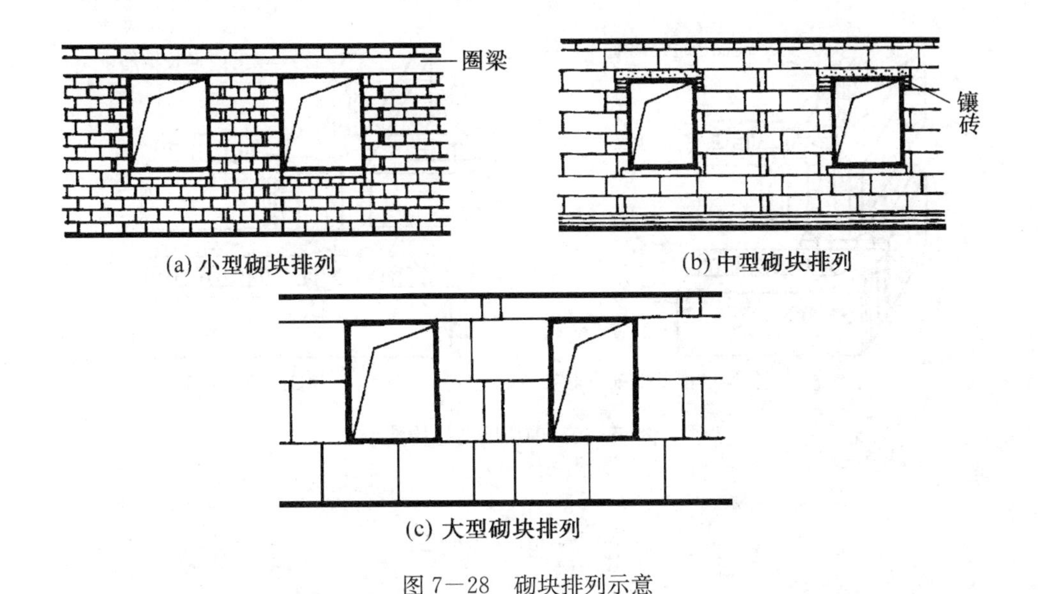

图 7—28 砌块排列示意

2. 砌块墙的构造

砌块墙和砖墙一样，为增强其墙体的整体性与稳定性，必须从构造上予以加强。

(1) 砌块墙的拼接

砌块在砌筑、安装时，必须使竖缝填灌密实，水平缝砌筑饱满，使上、下、左、右砌块能更好地连接。一般砌块采用 M5 级砂浆砌筑，水平灰缝、垂直灰缝一般为 15～20 mm。上下皮砌块的搭接长度必须大于 150 mm。当搭接长度不足时应在水平缝内增设钢筋网片，使之拉结成整体(图 7—29)。

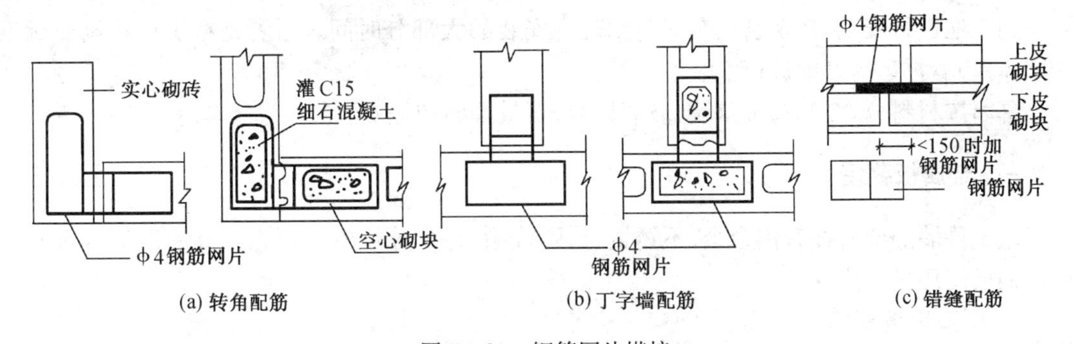

图 7—29 钢筋网片搭接

(2) 过梁与圈梁

圈梁的作用是加强砌块墙体的整体性，一般层层设置。通常情况下圈梁与过梁合并，一般现浇，也可预制。

(3) 砌块墙芯柱

当采用混凝土空心砌块时，应在建筑外墙角、楼梯间四角设芯柱，图 7—30 所示。芯柱采用 C15 细石混凝土灌入砌块孔内，并在孔中插入 2ϕ12 通长钢筋。

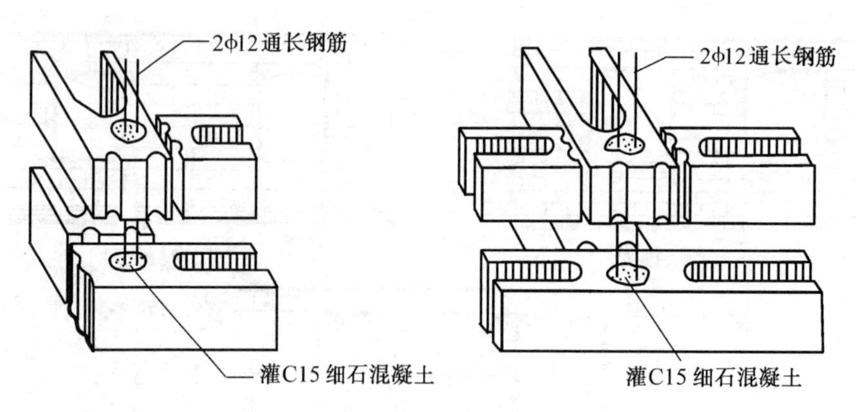

图 7—30　砌块墙芯柱构造

§7—4　幕墙

幕墙是骨架结构的外围护墙，除自重和风力外一般不承受其他荷载，只控制光线、空气和热量的内外交流，防止雨水、尘土、噪音和虫害等的侵入。

前述砖墙和砌块墙可以采用自承重墙或填充墙的方式作为一般骨架建筑的外墙。但是由于自重大、手工劳动程度强和湿作业多等原因，不宜在工业化骨架建筑（如框架建筑）中应用，而主要采用轻质悬挂式外墙——幕墙。

幕墙按施工方式分，有组装式和预制单元式两类。现场组装式，多为条状型材和板材用螺钉或卡具在骨架结构的现场逐件组装起来的幕墙。预制单元式还可分为预制组装单元和预制整体单元两种。前者是把条状型材和板材在工厂里把它们组装成一个一个的标准预制单元，再运到工地进行安装，较现场组装式节约现场安装的大部分时间。后者是在工厂预制成标准的整体单元，再运到工地进行安装。

幕墙按材料分，有金属板幕墙、玻璃幕墙、石板幕墙和轻质混凝土悬挂墙等。

一、金属板幕墙

用于幕墙的金属板有铝合金、不锈钢、搪瓷或涂层钢、涂层铜等薄板。其中以铝合金和涂层薄钢板使用最为广泛。

1. 压型铝板幕墙

采用专用的模具压制，使单层铝合金板成为立体几何形或瓦楞形组装式幕墙单元，安装玻璃窗，并在窗下墙或窗间墙处内部敷设防火材料、保温材料和内饰面（图7—31）。

2. 复合铝板幕墙

也称铝塑板，由两层 0.5 mm 厚的铝板内夹以低密度的聚乙烯树脂，表面覆盖氟碳树脂涂料，用于幕墙的复合铝板总厚度 4～6 mm；宽度有 1.00 m、1.25 m 和 1.50 m 三种，因厚度而定，长度小于 4.5 m，再长可定制。复合铝板的断面两硬一软，既能防止平面的曲折变形，又便于弯成各种立面设计所要求的曲折面。四周边框折边是提高其强度主要措施。板的表面光洁，色彩变化多、防污易洗、防火无毒，加工、安装和保养均较方便，是墙面装饰中采用较为广泛的一种。

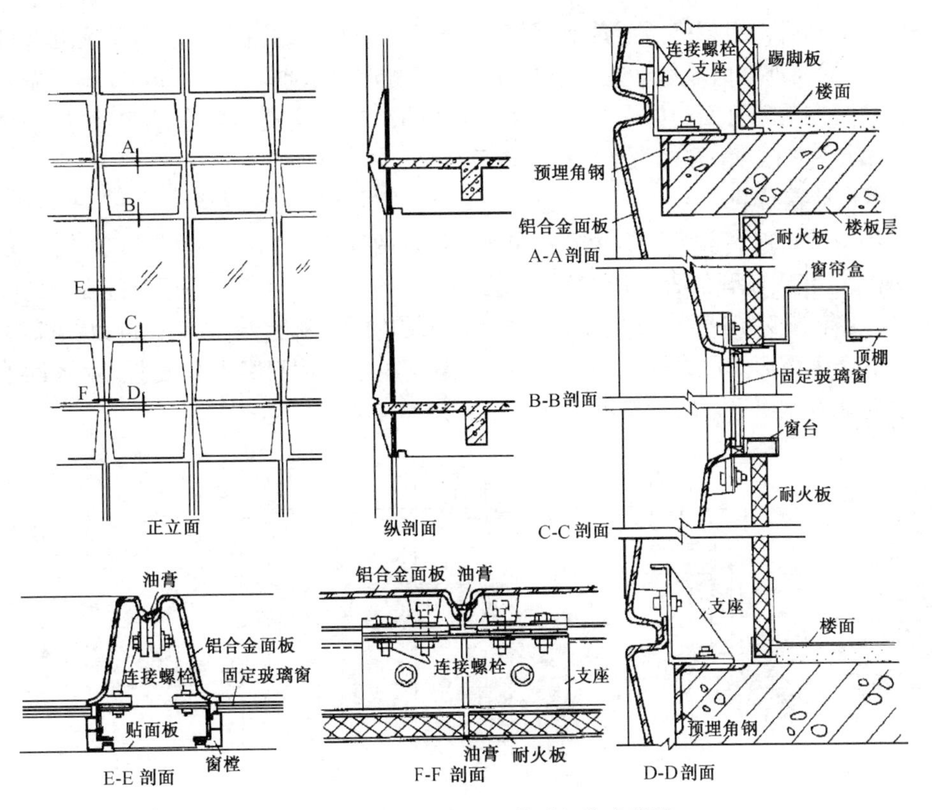

图 7－31　压型铝合金板单元组装式幕墙

3. 纯铝合金板幕墙

板厚 3 mm，构造做法同上，也是目前金属铝板幕墙较常见的形式。

4. 蜂窝复合铝板幕墙

蜂窝复合铝板由两张厚 1.2～1.5 mm 的铝合金板中间夹一层 6～15 mm 高的蜂窝形铝箔，用特殊的胶合工艺制成，能较好地保证外墙面的平整度，适用于外墙大面积实墙面的幕墙。

5. 加肋铝板幕墙

加肋铝板是由 2.5～3 mm 厚的单层铝合金板背面用焊埋螺钉来连接固定筋肋骨架，使得大面积的铝板增加了刚度并较好地保证了平整度和表面装饰面层，同时还可将铝板弯成所要求各种形状的幕墙。

二、玻璃幕墙

随着近代玻璃工业的发展，使得玻璃在透明度、反射性、隔热性、安全性和色彩美观多样性等方面都有了巨大的改善，从而促使玻璃幕墙得到迅速的发展。同时幕墙在结构安全、风雨屏障、温度升降和冷桥阻断等方面的质量也得到了提高，并使建筑物外表展现出大自然的阴晴，使周围的景色驻留于外墙面上，成为一种透视借景和扩大空间深远的建筑处理手法，使建筑立面丰富多彩，更具魅力。

根据外立面形式的不同，玻璃幕墙一般分框式（隐框、半隐框）、全玻式和点式三种。

1. 框式玻璃幕墙

系由立筋和横档组成格子形骨架，固定玻璃或将可开启的窗用专用不锈钢五金件装嵌在每个框格内，能在外立面显示这些框架的玻璃幕墙称露框玻璃幕墙。隐框玻璃幕墙是把金属骨架全部隐藏在玻璃背面。如果其中垂直或水平有一个方向使用隐框结构，而另一个方向仍为外露金属扣件扣合者，称之为半隐框式玻璃幕墙。

(1) 露框玻璃幕墙

有现场组装式玻璃幕墙和单元组装式玻璃幕墙两种。

① 现场组装式玻璃幕墙(图 7－32)。玻璃幕墙的主要受力构件一般悬挂在建筑物的主体结构上，应具有足够的承载力、刚度和相对于主体结构的位移能力，避免在重力、风荷载、地震、温度作用下产生破坏及过大的变形，使玻璃幕墙不发生功能性障碍，气密性、水密性不发生异常。在罕遇地震作用下幕墙骨架不应脱落。

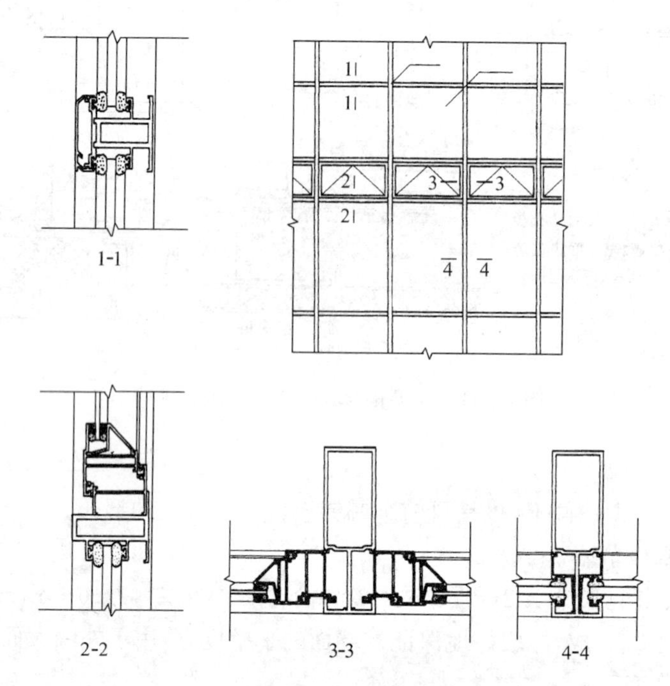

图 7－32　单层玻璃框式幕墙的立面和纵横剖面

幕墙立筋与建筑主体结构的横梁或楼板层的连接，一般先用角钢，一边与主体结构的预埋钢件用螺栓或电焊连接，一边用支座托板与立筋连接。每层一根立筋，上下层立筋中间用连接套管套接，并留有 10～20 mm 的温度伸缩缝(图 7－33)。但不允许采用铁膨胀螺栓将幕墙的主要受力构件与建筑物主体结构进行连接。

幕墙玻璃多为钢化玻璃、夹层玻璃、夹丝玻璃、吸热玻璃、镀膜玻璃等，目前使用较为广泛的为全钢化或半钢化镀膜镜面反射玻璃。有金、银、茶、灰、蓝、绿、红等颜色，可见光透射率 30%～50%。厚度有 4 mm、5 mm、6 mm、8 mm、10 mm、12 mm、15 mm、19 mm 等多种，可供选用。考虑到保温、隔热、隔声和防结露等因素，可采用双层或多层中空玻璃。在铝骨架之间按照需要可安装可开启的玻璃窗，窗台至下一层的顶棚之间为非采光区，玻璃内部可设耐火保温层。在幕墙与楼板或隔墙连接处出现的缝隙，应填不燃材料。

玻璃幕墙是建筑垂直向的外围护构件，要求结构能安全承载最大的正负风荷载和防止风压下雨水的渗透和毛细渗水，注意气温变化下金属构件和玻璃的热胀冷缩以及金属骨架间的冷桥作用。为了防止冷桥作用，可在内外型材之间放置一个非导热的绝缘体，以阻止金属与金属直接接触(图 7－34)。

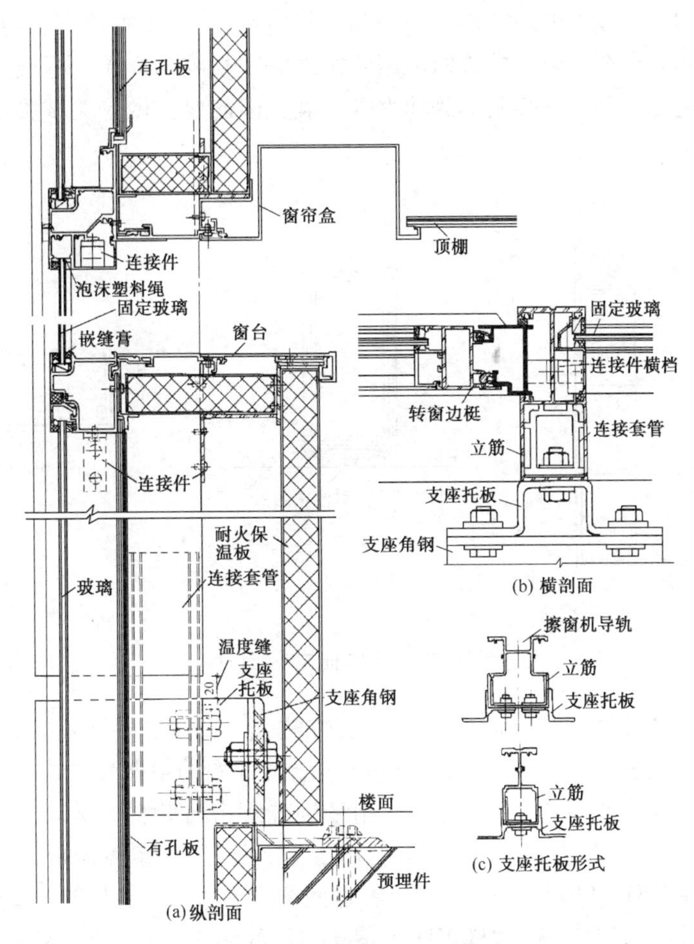

图 7－33　现场组装式玻璃幕墙

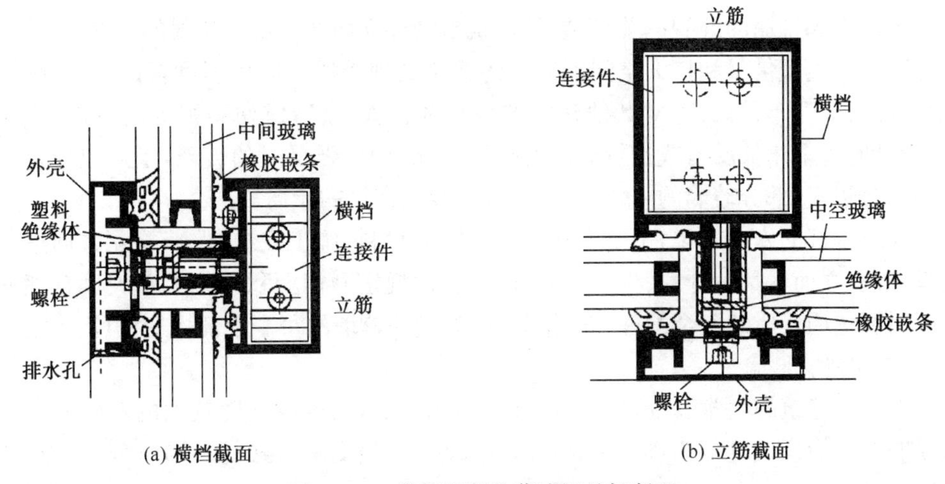

图 7－34　带热阻断的幕墙铝骨架断面

② 单元组装式玻璃幕墙。是把整体幕墙分成许多标准单元，在工厂预先把骨架和玻璃组装成标准单元，再运到现场，安装在建筑的外侧。

(2) 隐框式和半隐框式玻璃幕墙

采用结构硅酮密封腔来使玻璃四周与内部骨架胶结，并提供支持力。隐框型玻璃幕墙的大面积玻璃，在力学上，全部依靠玻璃四边用结构硅酮密封胶粘合在内框架上，承受玻璃产生的自重、风荷载、地震力和收缩膨胀的热动力等荷载。因此要先做有关试验，以充分保证胶结料以及胶结施工操作的质量(图 7—35)。

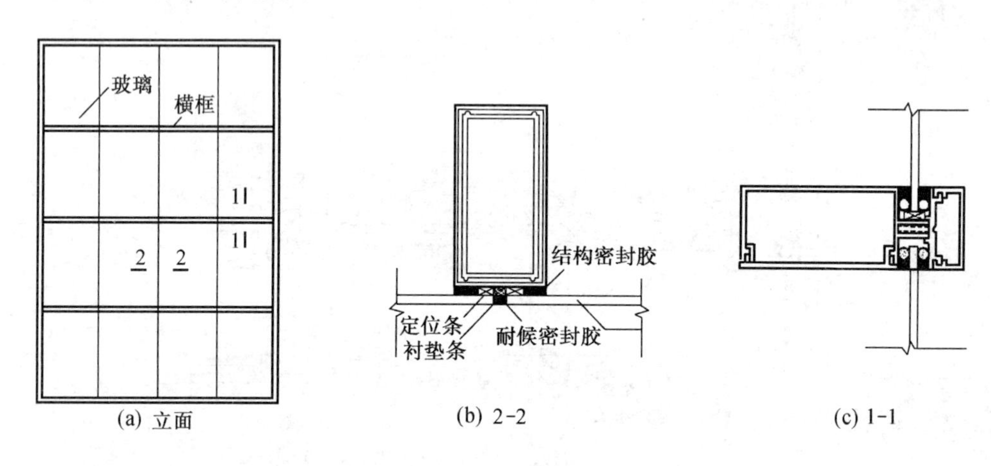

图 7—35 半隐框式玻璃幕墙

隐框玻璃幕墙的玻璃安装一般有两种安装方法：① 工地安装法，一般先用隔离衬垫条定位，再把结构硅酮密封胶从内部充填在玻璃和金属骨架的空腔中。② 工厂安装法，一般先做一个与玻璃一样大小专用型材的框子，用结构硅酮密封胶粘合玻璃成为一个组合单元原件，再运到工地挂在骨架的横档上，四周再用定型卡件扣牢，覆盖面板嵌平(图 7—36)。

在构造上最好有两层密封措施，并在两者之间留有空气室，在十字交叉点留有通风排水口，使室内与室外空气压力平衡，这样可防毛细孔作用的渗水，而使渗入铝型材内的雨水自然排出。

镀膜镜面玻璃幕墙的外貌晶莹剔透，使建筑物的外立面产生镜面反射的虚像，成为现代建筑得到一种新的透视借景和扩大空间深远感的建筑处理手法。但也不可否认，在多幢建筑之间，反射光照直对驾车司机，直对其他建筑的住户或行人，会造成妨碍视觉的所谓“光污染”。因此，在设计时宜采用低反射或透析率高的幕墙玻璃，少用强反射的玻璃，也可以通过调整设计而采用部分铝板，部分玻璃的组合式幕墙，以减少光污染的矛盾。

对于玻璃幕墙的安全来说，主要应从设计、选型、材料、施工安装、保养等几方面进行全过程的质量控制，立面尽量不开窗、少开窗或开小窗(按规定开窗面积不宜大于玻璃幕墙面积的15%)，同时要选用优质的五金配件和胶结料，做好玻璃幕墙的每个细部构造设计。

2. 全玻式玻璃幕墙

在大型公共建筑的大堂、大商场、大厅和走马廊等处，高度或宽度较大的对外开口常采用玻璃做纵肋的大面积玻璃幕墙，称“全玻式玻璃幕墙”。因支承方式的不同可分为坐地式和吊挂式两种(图 7—37)。

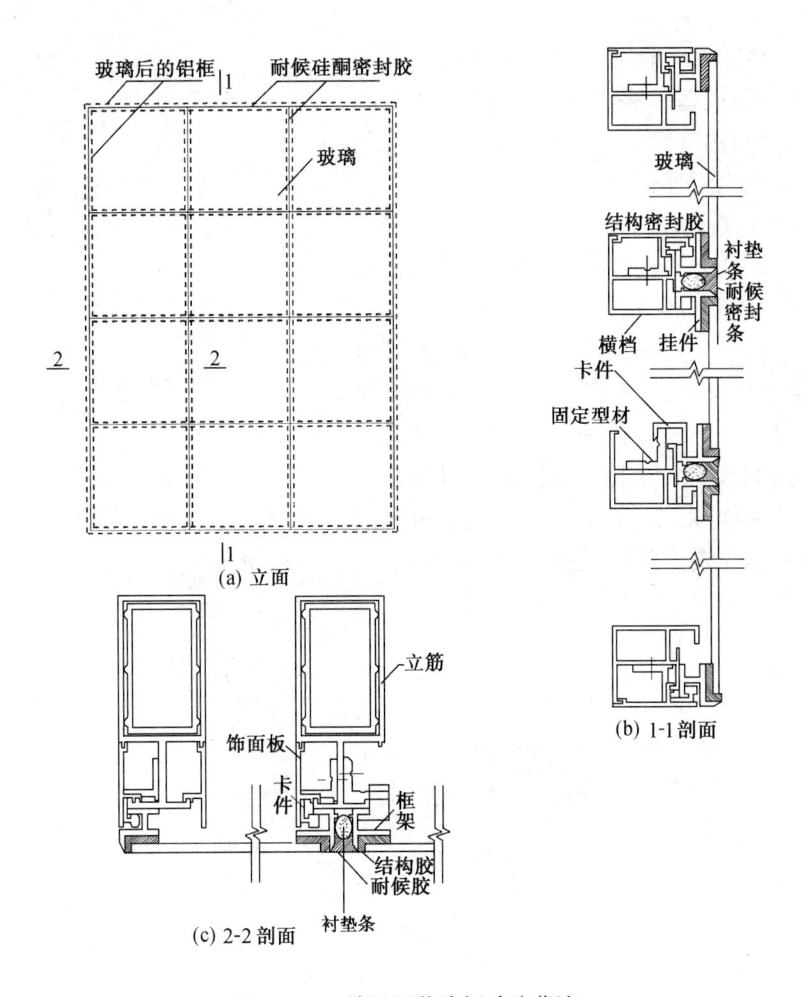

图 7—36　单元组装隐框玻璃幕墙

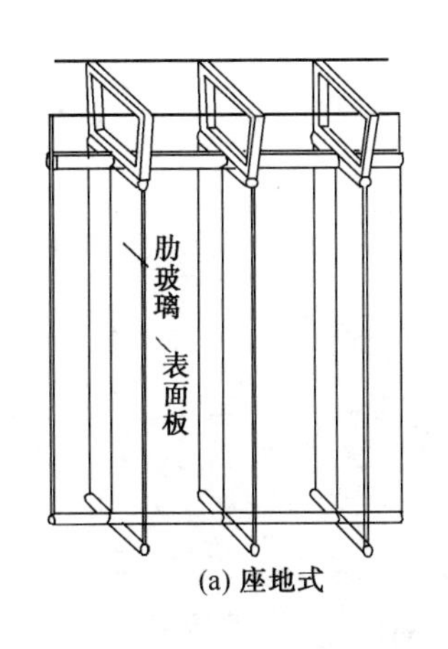

(a) 座地式

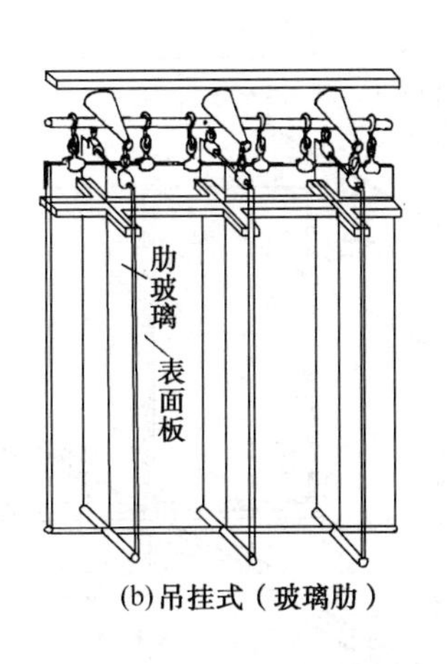

(b) 吊挂式（玻璃肋）

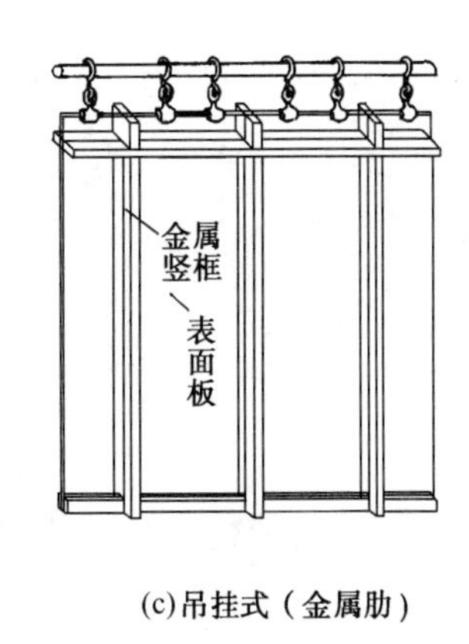

(c) 吊挂式（金属肋）

图 7—37　全玻式玻璃幕墙

(1) 坐地式全玻幕墙

支承点在下部，常用于设计高度在 4.5 m 以下，而幅面宽度较大的地方。一般情况下，由立面要求和计算来确定玻璃肋板的间距和尺寸。有单、双肋及通肋三种。

4～4.5 m高度以下的玻璃肋幕墙，上下和左右靠墙处均为不锈钢压型凹槽，用氯丁橡胶垫块定位，泡沫橡胶嵌实后再用硅酮耐候胶封口。拐角处为避免碰坏，也可采用立柱形式(图7－38)。

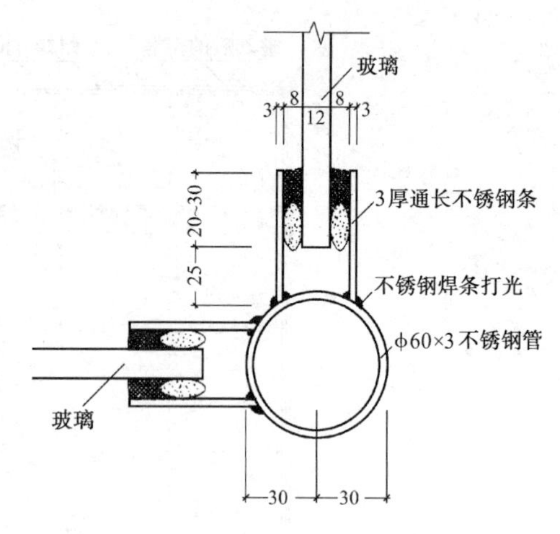

图7－38　全玻幕墙拐角节点构造

(2) 吊挂式全玻幕墙

高度4.5 m以上的全玻式幕墙必须采用吊挂式。大型全玻式幕墙，由于玻璃幅面大，重量重，设计与安装均应特别注意，吊装后要平、顺、垂直，器具均应柔软构造，尺寸要计算确定，上部应留有钢支架和吊装空间(图7－39)。吊挂式全玻幕墙最高12 m，如果高度再大则可采用吊挂式钢构件或钢桁架作肋，可使之达到25 m高度。吊挂式全玻幕墙受力性能合理、施工安全，特别是地震区，它有随和性，不易损坏。

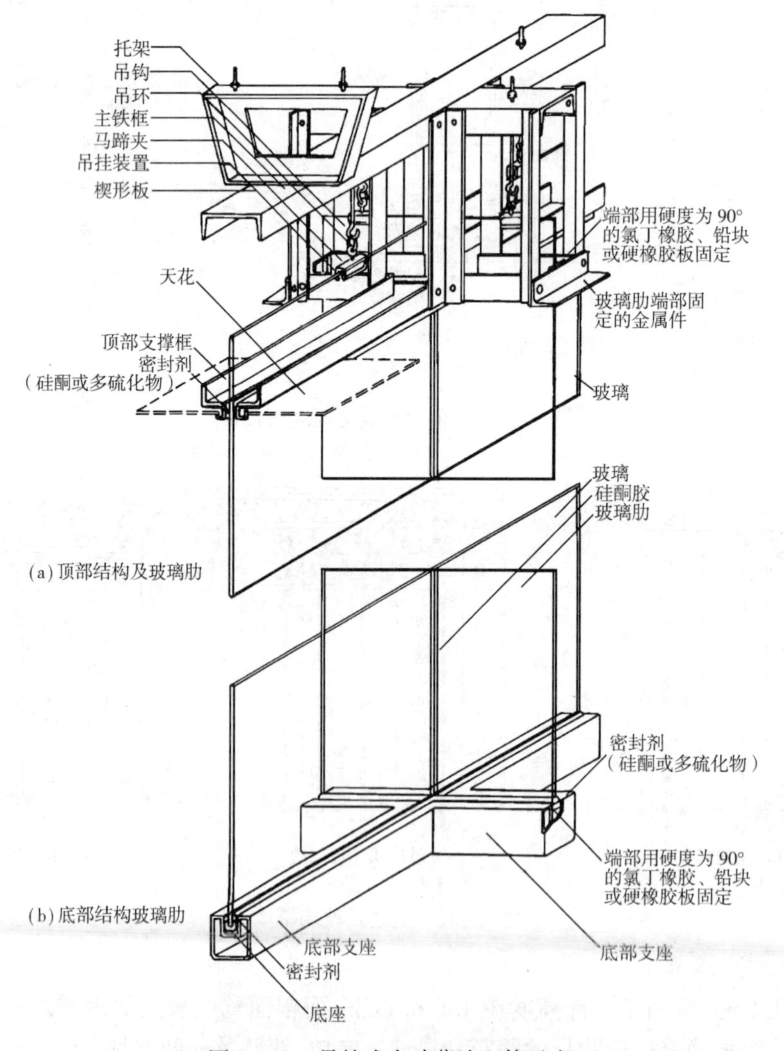

图7－39　吊挂式全玻幕墙立体示意

3. 点式玻璃幕墙

点式玻璃幕墙是一种无框玻璃幕墙结构，打破了以往由金属桁架连成的墙面网架体系。每块玻璃由四角的不锈钢“蛙爪”构件作四点固定(图 7—40)，每个点上由直径 50 mm 的构件锚固，“蛙爪”后面由钢索系统纵横向绷紧固定的称为张拉桁架(图 7—41)。“蛙爪”后面也有铰接于钢桁架上的。

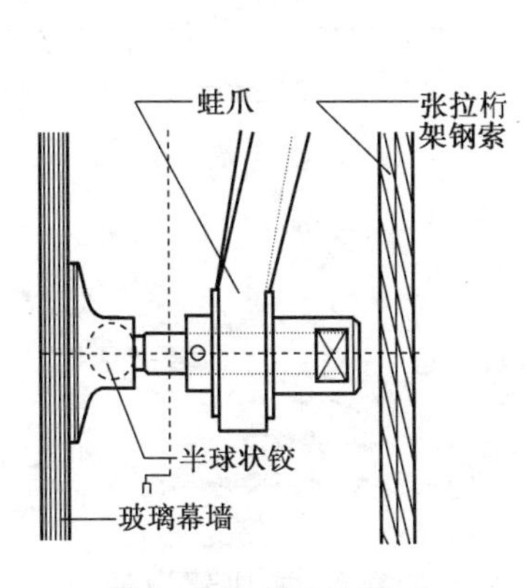

图 7—40 “蛙爪”构造

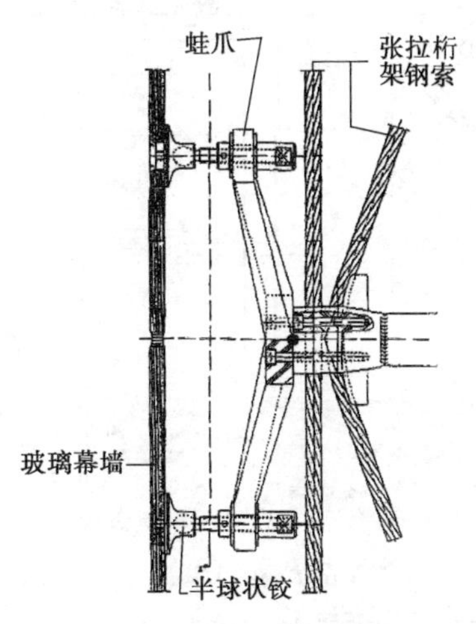

图 7—41 点式玻璃幕墙张拉桁架

(1) 张拉桁架玻璃幕墙

是基于将幕墙结构整体置于吊拉状态，由张力拉杆组成压、拉受力桁架的空间稳定结构。它改变了传统结构中，拉力、压力由不同的构件分别承担的状态，所受侧压力(如风力)通过垂直于墙面结构的受压杆件全部转移至拉杆。所有拉杆成为一整体网架的受力组合系统，这一系统将所有外力转化为拉力施加于主体结构上。在“蛙爪”与玻璃连接的四点上各安装了一个半球状的铰接螺栓，它们可以自由的转动，通过它们来适应玻璃的变形，提高了玻璃的抗风压、抗震的性能。“蛙爪”铰接在其后的张拉桁架上，整个玻璃幕墙形成一个趋于完美的柔性受力系统，很好地满足了通透、轻盈的视觉要求。在玻璃的选用上，用的是单层透明玻璃，为了保证30%左右的空调遮光率，可选用彩釉(白色)网点印刷玻璃。

(2) 铰接钢桁架

由“蛙爪”抓住玻璃，再将“蛙爪”与横向钢桁架活动铰接，钢桁架与结构柱铰接使之适应玻璃变形。

三、石板幕墙

主要采用天然花岗石作面料的幕墙，背后为金属支撑架。花岗石色彩丰富，质地均匀，强度及抗拒大气污染等各方面性能较好，因此深受欢迎。用于高层的石板幕墙，板厚一般为 30 mm，分格不宜过大，一般不超过 900 mm×900 mm。它的最大允许挠度限定在长度的 1/1 500～1/2 000，所以支撑架设计须经过结构精确计算，以确保石板幕墙质量安全可靠(图 7—42)。

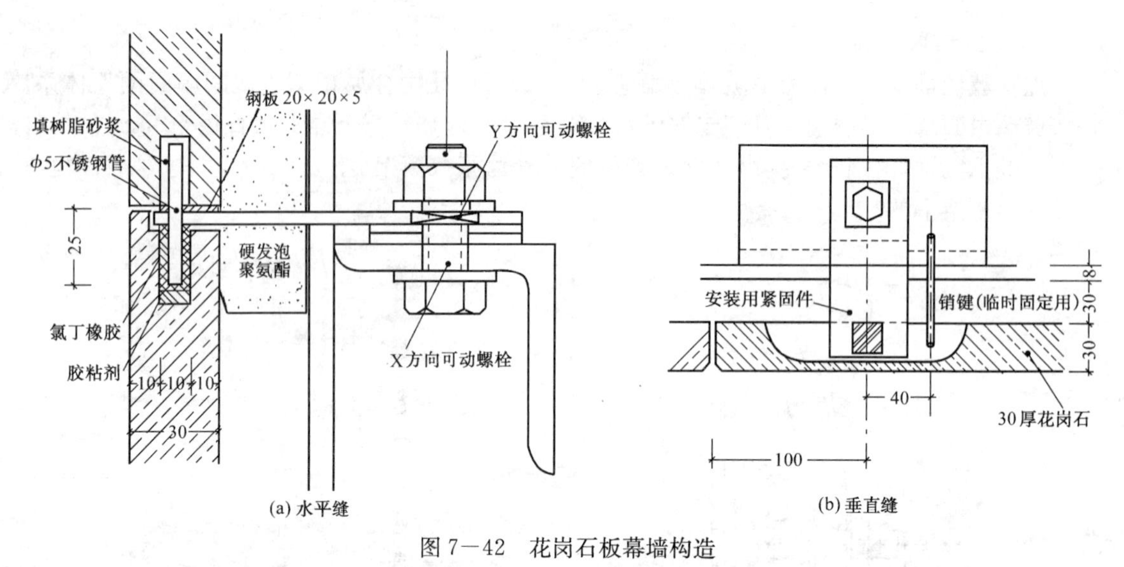

图 7—42　花岗石板幕墙构造

§7—5　板材墙

大型板材墙主要用于单层厂房中，它可成倍地提高工程效率，加快建设速度，同时它还具有良好的抗震性能。

一、墙板的类型

墙板的类型很多，按所用材料分有钢筋混凝土、陶粒混凝土、加气混凝土、膨胀蛭石混凝土和矿渣混凝土等混凝土材料类墙板，还有用普通混凝土板、石棉水泥板及铝和不锈钢等金属薄板夹以矿棉毡、玻璃棉毡、泡沫塑料或各种蜂窝板等轻质保温材料构成的复合材料类墙板等；按其保温性能分有保温墙板和非保温墙板；按其受力状况分有承重墙板和非承重墙板；按其规格分有形状规整，大量应用的基本板，有形状特殊少量应用的异形板(如加长板、山尖板等)，有和墙板共同组成墙体的辅助构件(如墙梁、转角构件等)；按其在墙面的位置分有檐下板、一般板、女儿墙板和山尖板等等。

二、墙板的规格和布置

根据我国《厂房建筑模数协调标准》(GBJ6—86)的规定，并考虑单层厂房山墙抗风柱的设置情况，一般把基本板长定为 4 500 mm、6 000 mm、7 500 mm、1 2000 mm 等数种。但有时为了满足生产工艺的需要，并考虑技术经济效果时，也允许采用 9 000 mm 的规格。

基本板高度应符合 3M 标准，规定为 1 800 mm、1 500 mm、1 200 mm 和 900 mm 四种。6 m柱距一般选用 1 200 mm 或 900 mm 高、12 m 柱距选用 1 800 mm 或 1 500 mm 高。通常基本板的厚度应符合(1/5)M(20 mm)。具体厚度则按结构计算确定(保温墙板同时考虑热工要求)。

墙板在墙面上的布置方式，最广泛采用的是横向布置，其次是混合布置，竖向布置采用较少(图 7—43)。以下主要介绍横向布置大型板材墙的构造。

墙板横向布置时采用的板型少，以柱距为板长，板柱相连，省去了窗过梁和连系梁，板缝处理也较容易。图 7－43a 为有带窗板的横向布置，带窗板预先装好窗扇再吊装，故现场安装简便，但带窗板制作较复杂。图 7－43b 为用通长带形窗的横向布置，采光好，无带窗板，但窗用钢材以及现场安装量均较多。图 7－43c 为混合布置，板型较多，优点是立面处理较灵活。图 7－43d 为竖向布置，构造复杂，须设墙梁固定墙板，优点是不受柱距限制，布置灵活。

山墙山尖部位墙板布置随屋顶外形可布置成台阶形、人字形、折线形等（图 7－44）。台阶形山尖异形墙板少，但连接用钢较多，人字形则相反，折线形介于两者之间。山墙山尖以下部位布置墙板方式与侧墙同。

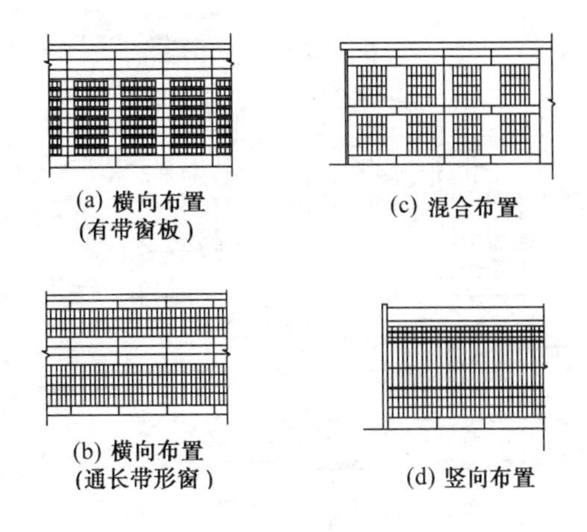

图 7－43 墙板布置方式

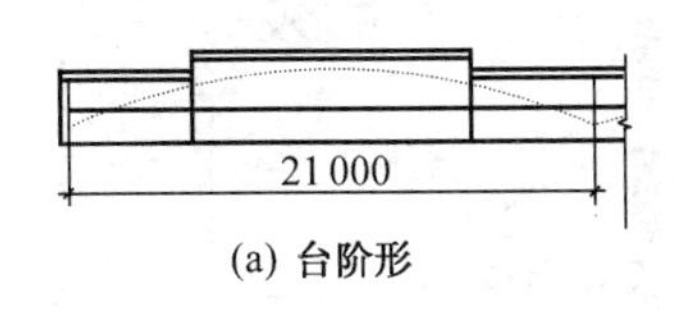

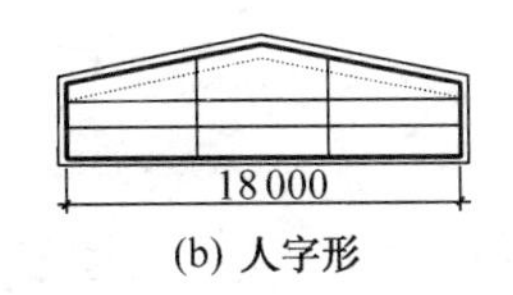

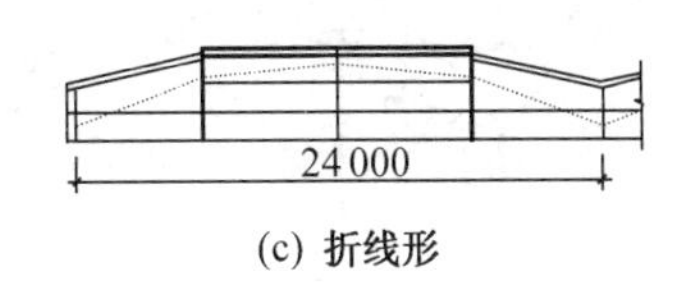

(a) 台阶形 (b) 人字形 (c) 折线形

图 7－44 山墙山尖墙板布置

三、墙板连接

1. 板柱连接

板柱连接一般分柔性连接和刚性连接两类。

柔性连接的特点：墙板在垂直方向一般由钢支托支承，钢支托每 3～4 块板一个，水平方向由挂钩等拉连。因此，墙板与厂房骨架以及板与板之间在一定范围内可相对独立位移，能较好地适应振动（包括地震）等引起的变形。设计烈度高于 7 度的地震区宜用此法连接墙板。柔性连接有角钢挂钩连接和螺栓挂钩连接。图 7－45a 为螺栓挂钩柔性连接。其优点是安装时一般无焊接作业，维修换件也较容易，但是用钢量较多，暴露的零件较多，容易被腐蚀，必须严加防护。图 7－45b 为角钢挂钩柔性连接。其用钢量较螺栓连接少，暴露的金属面较少，安装时上下板间有少许焊接作业，但预埋件的位置及板材安装精度较高，否则就不能实现挂得准、挂得快的优点。角钢挂钩连接的板材与厂房骨架间相对位移的独立性不及螺栓挂钩连接好，上下板之间也失去了独立位移条件。角钢挂钩连接一般可省去钢支托。

图 7－45c 为刚性连接，就是将每块板材与柱子用型钢焊接在一起，无需另设钢支托，其突出的优点是连接件钢材少，但由于刚性连接失去了能相对位移的条件，并能传递振动或不均匀沉降引起的荷载，使墙板易产生裂缝等破坏，故刚性连接对不均匀沉降或振动大的地方较敏感。

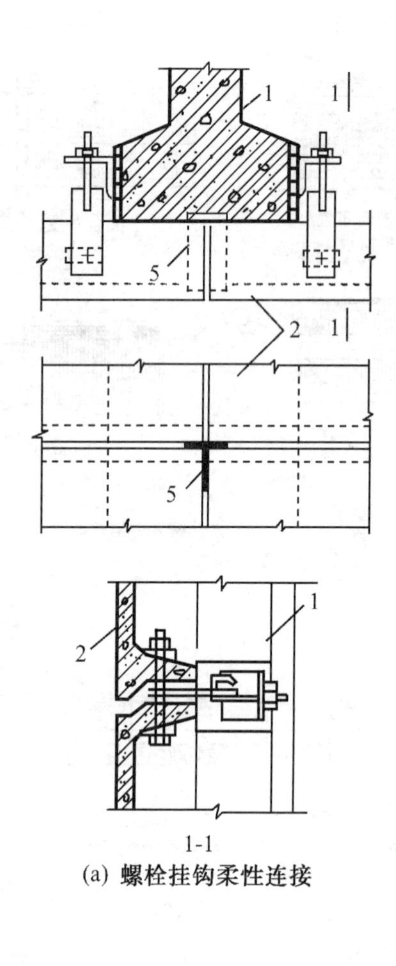

(a) **螺栓挂钩柔性连接**

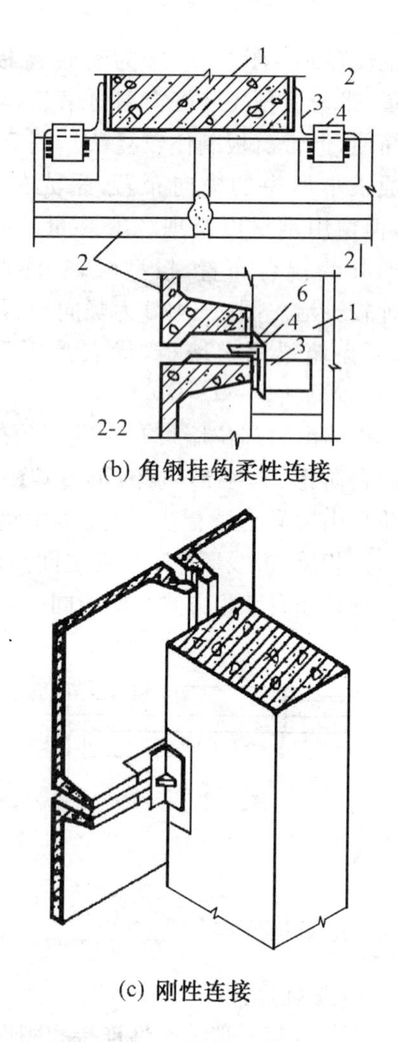

(b) **角钢挂钩柔性连接**

(c) **刚性连接**

图 7—45　墙板与柱连接示例

1—柱；2—芯板；3—柱侧预焊角钢；4—墙板上预焊角钢；5—钢支托；6—上下板连接筋（焊接）

2. 板缝处理

因为墙板的结构变形、热工变形和干湿变形都将集中反映在墙板之间的缝隙上，所以板缝处理的好坏直接影响着墙板的使用质量。对板缝的处理首先要求是防水，并应考虑制作及安装方便，对保温墙板尚应注意满足保温要求。

通常板缝宜优先选用“构造防水”，即用砂浆勾缝。防水要求较高时可采用“构造防水”与“材料防水”相结合的方式。“材料防水”应合理选择嵌缝材料，如防水砂浆、油膏、胶泥、沥青麻丝等。

水平缝宜选用高低缝、滴水平缝和肋朝外的平缝。对防水要求不严或雨水很少的地方可采用最简单的平缝（图 7—46a）。较常用的垂直缝有直缝、喇叭缝、单腔缝、双腔缝等（图 7—46b）。

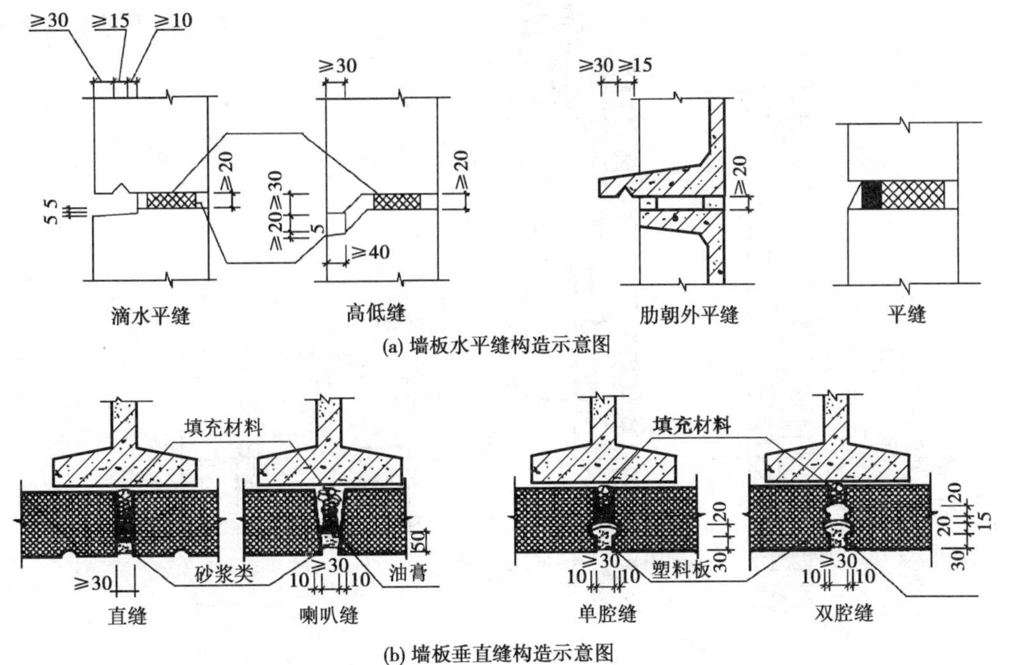

图 7—46　墙板板缝防水构造

四、轻质板材墙

随着建材工业的不断发展，国内外单层厂房采用石棉水泥波瓦、镀锌铁皮波瓦、塑料墙板、铝合金板以及压型钢板等轻质板材建造的外墙在不断增加。它们的连接构造基本相同，现以石棉水泥波瓦墙和压型钢板墙为例简要分述如下。

1. 石棉水泥波瓦墙

石棉水泥波瓦具有自重轻、造价低、施工简便的优点，并有一定的防火、绝缘和耐腐蚀性能，但它属于脆性材料，容易受到破坏。它多用于一般不要求保温的中小型热加工车间、防爆车间和仓库建筑的外墙。对于高温、高湿和有强烈振动的车间不宜采用。

石棉水泥波瓦与厂房骨架的连接通常是通过连接件悬挂在连系梁上(图 7—47)。连系梁垂直方向的间距应与瓦长相适应，瓦缝上下搭接不小于 100 mm，左右搭接为一个瓦垅，搭缝应与多雨季节主导风向相顺，勿使倒灌。为避免雨水冲蚀和碰撞损坏，墙的转角、大门洞口以及勒脚等部位可用砖或砌块砌筑。

2. 压型钢板墙

压型钢板墙板是靠固定在柱上的水平墙梁固定的。墙梁与连系梁相似，但采用型钢(槽钢或角钢)制作。墙梁与柱的固接有预埋钢板焊接或螺栓连接两种，见图 7—48。压型钢板与墙梁的连接，是在压型钢板上钻 ϕ6.5 mm 的孔洞，然后用钩头螺栓固定在墙梁上，亦可采用木螺丝或柱铆钉固定(图 7—49)。外墙转角和有伸缩缝处的细部构造见图 7—50。

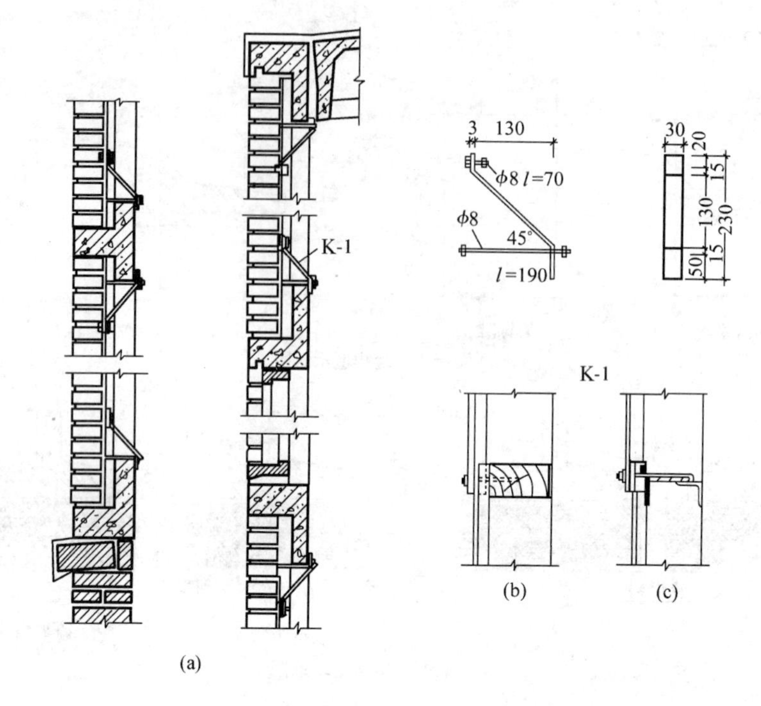

图 7—47　石棉水泥波瓦与厂房骨架的连接

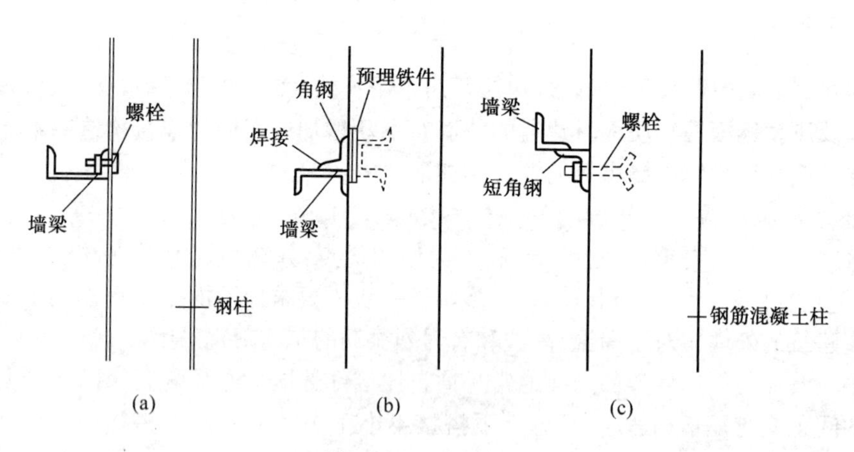

图 7—48　墙梁与柱

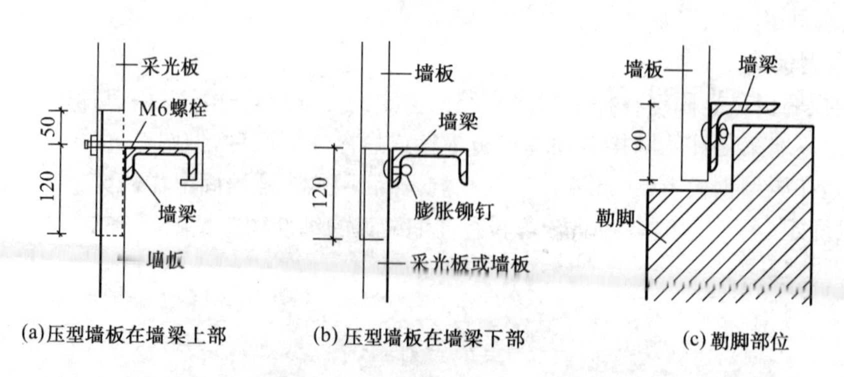

图 7—49　压型钢板上下搭接

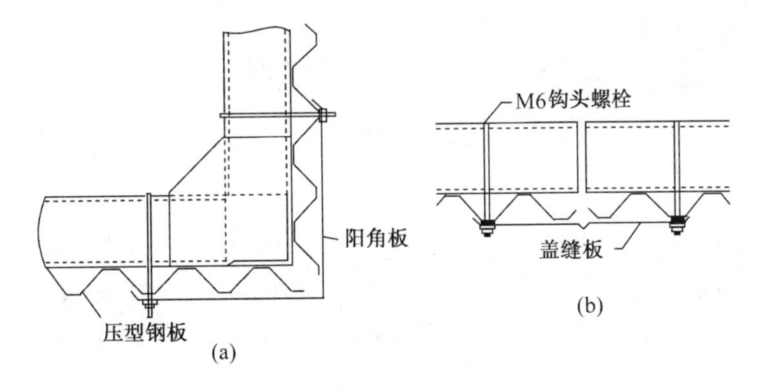

图 7—50　压型钢板转角和伸缩缝处的细部构造

§7—6　开敞式外墙

南方炎热地区一些热加工车间(如炼钢等)和某些化工车间常采用开敞式或半开敞式外墙,这种墙的主要作用是既便于通风又能防雨,故其外墙构造主要就是挡雨板的构造,常用的有:

1. 石棉水泥波瓦挡雨板

特点是轻,图 7—51a 为构造示例,该例中基本构件有:型钢支架(或圆钢筋轻型支架)、型钢檩条、中波石棉水泥波瓦挡雨板及防溅板。挡雨板垂直间距视车间挡雨要求与飘雨角而定。

2. 钢筋混凝土挡雨板

图 7—51b 基本构件有三:支架、挡雨板、防溅板。图 7—51c 构件最少,但风大雨多时飘雨多。

室外气温很高、风沙大的干热带地区不宜采用开敞式外墙。

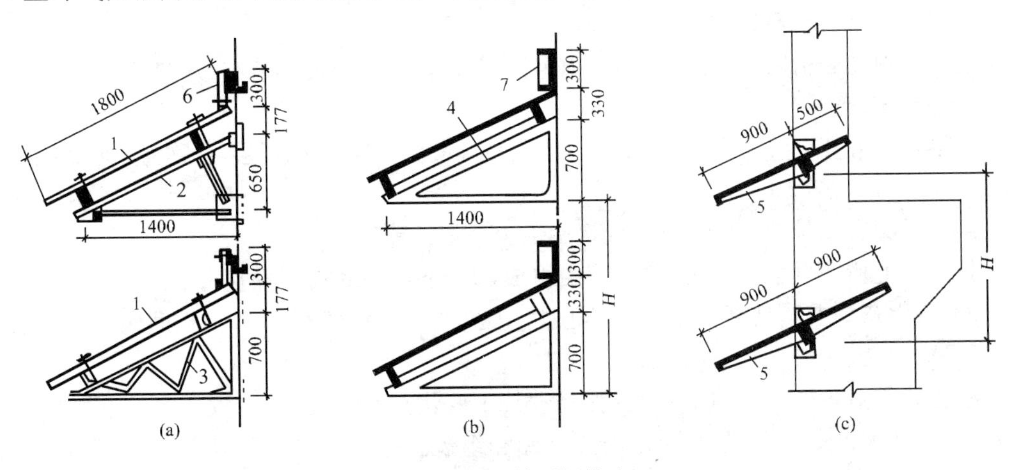

图 7—51　挡雨板构造

1—石棉水泥波瓦;2—型钢支架;3—圆钢筋轻型支架;4—钢筋混凝土挡雨板及支架
5—无支架钢筋混凝上挡雨板;6—石棉水泥波瓦防溅板;7—钢筋混凝土防溅板

§7—7　隔墙与隔断

一、隔墙

隔墙是非承重构件，主要用来分隔室内空间。在现代建筑中，为了提高平面布局的灵活性，大量采用隔墙以适应建筑功能的变化。因此隔墙设计要求自重轻、厚度薄、便于安装和拆卸，有一定的隔声能力，同时还要能够满足特殊使用部位如厨房、卫生间等处的防火、防水、防潮等要求。

隔墙的类型按其构造方式可分为轻骨架隔墙、块材隔墙、板材隔墙三大类。

1. 块材隔墙

块材隔墙是用普通砖、空心砖、加气混凝土等块材砌筑而成的，常用的有普通砖隔墙和砌块隔墙。

(1) 普通砖隔墙

普通砖隔墙一般采用半砖(120 mm)隔墙。

半砖隔墙用普通砖顺砌，砌筑砂浆宜用 M2.5，在墙体高度超过 5 m 时应加固，一般沿高度每隔 0.5 m 砌入 2ϕ4 钢筋，或每隔 1.2～1.5 m 设一道 30～50 mm 厚的水泥砂浆层，内放 2ϕ6 钢筋。顶部与楼板相接处用立砖斜砌，填塞墙与楼板间的空隙。隔墙上有门时，要预埋铁件或将带有木楔的混凝土预制块砌入隔墙中以固定门框。半砖隔墙，坚固耐久，有一定的隔声能力，但自重大，湿作业多，施工麻烦，如图 7—52。

(2) 砌块隔墙

目前最常用的是加气混凝土块、粉煤灰硅酸盐砌块、水泥炉渣空心砖等砌筑的隔墙。隔墙厚度由砌块尺寸而定，一般为 90～120 mm。砌块大多具有质轻、孔隙率大、隔热性能好等优点，但吸水性强。因此，砌筑时应在墙下先砌 3～5 皮粘土砖。

砌块隔墙厚度较薄时，也需采取加强稳定性措施，其方法与砖隔墙类似(图 7—53)。

2. 轻骨架隔墙

轻骨架隔墙由骨架和面层两部分组成，通常先立墙筋(骨架)后做面层，也称为立筋式隔墙。

(1) 骨架

常用的骨架有木骨架、型钢骨架、轻钢和铝合金骨架等。

木骨架由上槛、下槛、立筋、斜撑及横档组成，上、下槛及立筋断面尺寸为(45～50)mm×(70～100)mm，斜撑与横档断面相同或略小些，立筋间距常用 400 mm。横档间距可与立筋相同，也可适当放大。

轻钢骨架是由各种形式的薄壁型钢制成，其主要优点是强度高、刚度大、自重轻、整体性好、易于加工和大批量生产，还可根据需要拆卸和组装。常用的薄壁型钢有 0.8～1mm 厚槽钢和工字钢。图 7—54 为一种薄壁轻钢骨架的轻隔墙。其安装过程是先用螺钉将上槛、下槛(也称导向骨架)固定在楼板上，上、下槛固定后安装钢龙骨(墙筋)，间距为 400～600 mm，龙骨上留有走线孔。

(2) 面层

轻骨架隔墙的面层有灰板条和人造板材面层，如胶合板、纤维板、石膏板、塑料板等。胶合

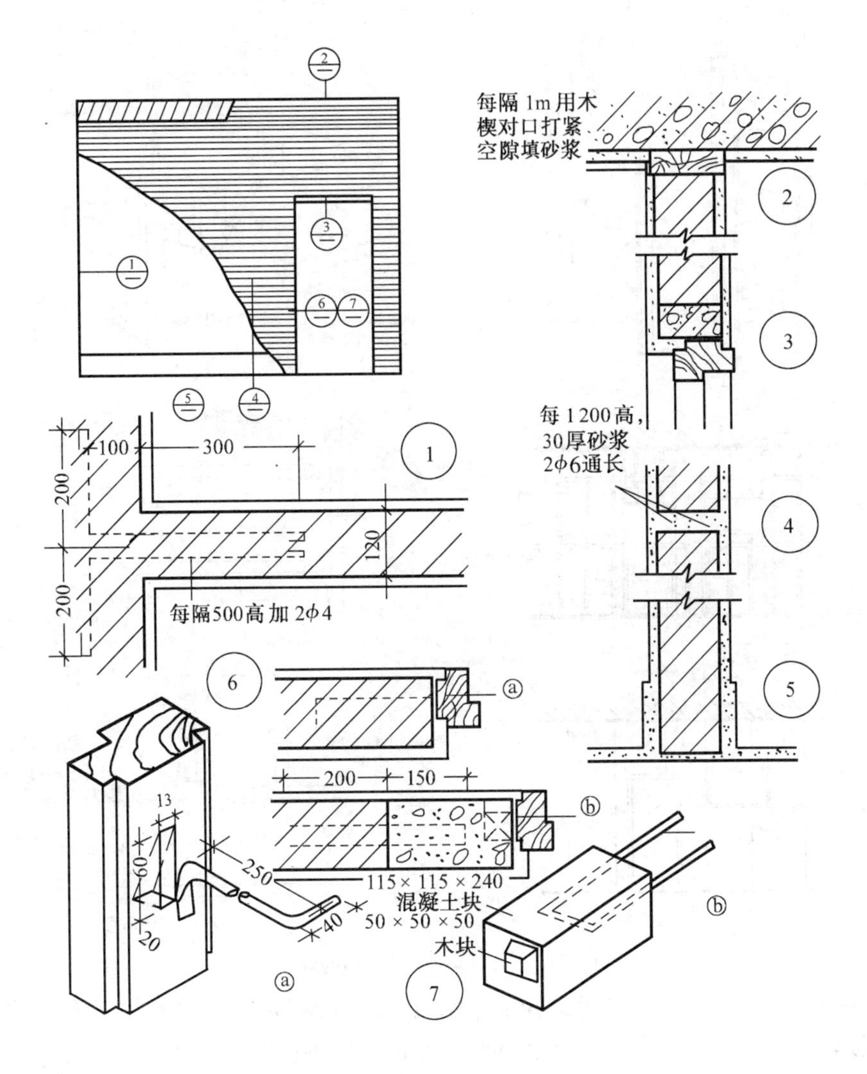

图 7—52　半砖隔墙

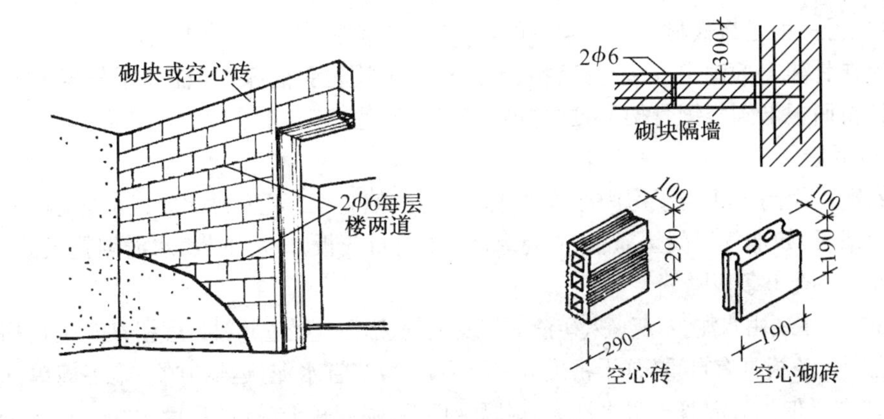

图 7—53　砌块隔墙

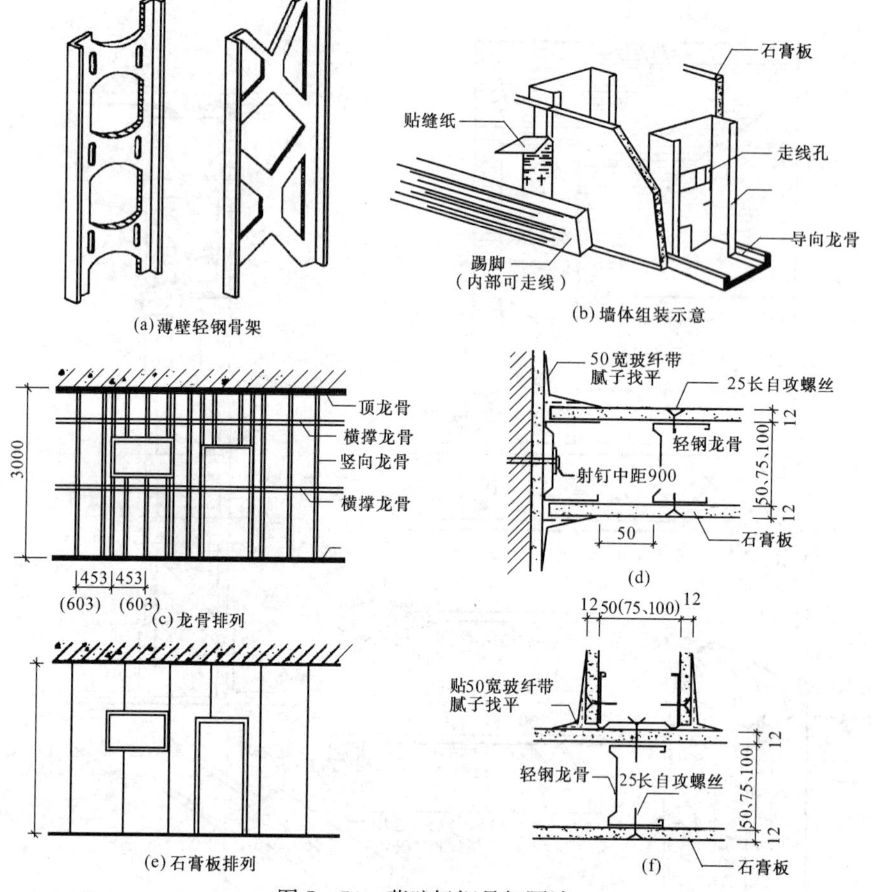

图 7－54　薄壁轻钢骨架隔墙

板是用阔叶树或松木经旋切、胶合等多种工序制成；硬质纤维板是用碎木加工而成的；石膏板是用一、二级建筑石膏加入适量纤维、粘结剂、发泡剂等经辊压等工序制成。胶合板、硬质纤维板等以木材为原料的板材多用木骨架，石膏面板多用石膏或轻钢骨架。

人造板与骨架的构造关系有两种：一种是在骨架的两面或一面，用压条压缝或不用压条压缝即贴面式；另一种是将板材置于骨架中间，四周用压条压住，称为镶板式。

人造板在骨架上的固定方法有钉、粘、卡三种。采用轻钢骨架时，往往用骨架上的舌片或特制的夹具将面板卡到轻钢骨架上，这种做法简便、迅速，有利于隔墙的组装和拆卸。

3. 板材隔墙

板材隔墙是用高度相当于房间净高的单板，不依赖骨架，直接装配而成的隔墙。目前，采用的大多为条板，如加气混凝土条板、石膏条板、碳化石灰板、蜂窝纸板、水泥刨花板等。

(1) 加气混凝土条板隔墙

加气混凝土主要由水泥、石灰、砂、矿渣等加发泡剂(铝粉)，经过原料处理和养护等工序制成。

加气混凝土条板具有自重轻(干密度 5～7kN/m^3)，节省水泥，运输方便，施工简单，可锯、可刨、可钉等优点。但加气混凝土吸水性大、耐腐蚀性差、强度较低(抗压强度 300～500N/cm^2)，运输、施工过程中易损坏。不宜用于具有高温、高湿或有化学、有害空气介质的建筑中。

加气混凝土条板规格为长 2 700～3 000 mm，宽 600～800 mm，厚 80～100 mm。隔墙板

之间用水玻璃砂浆或 107 胶砂浆粘结，其配合比分别为水玻璃：磨细矿砂：细砂＝1：1：2，107 胶：珍珠岩粉:水＝100：15：2.5。条板安装一般是在地面上用一对对口木楔在板底将板楔紧(图 7—55)。

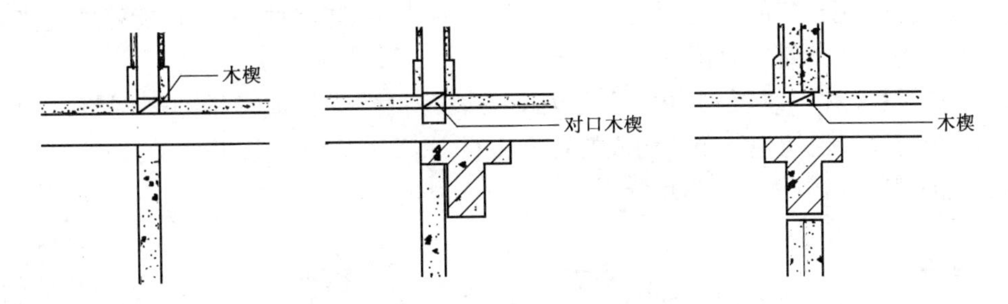

图 7—55　加气混凝土板隔墙与楼板的连接

(2) 碳化石灰板隔墙

碳化石灰板是以磨细的生石灰为主要原料，掺 3%～4%(质量比)的短玻璃纤维，加水搅拌，振动成型，利用石灰窑的废气碳化而成的空心板。碳化石灰板材料来源广泛，生产工艺简单，成本低廉，重量轻，隔声效果好。一般的碳化石灰板的规格为长 2 700～3 000 mm，宽 500～800 mm，厚 90～120 mm。板的安装同加气混凝土条板隔墙(图 7—56)。

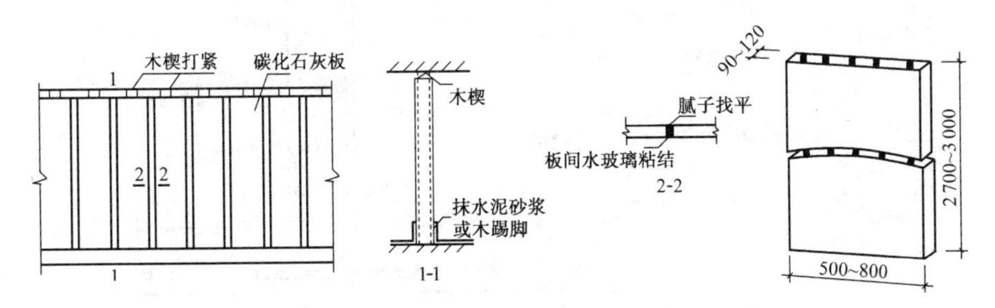

图 7—56　碳化石灰板隔墙

碳化石灰板隔墙可做成单层或双层，90 mm 厚或 120 mm 厚，隔墙平均隔声能力为 33.9 dB，或 35.7 dB。60 mm 宽空气间层的双层板，平均隔声能力可为 48.3 dB，适用于隔声要求高的房间。

(3) 增强石膏空心板

增强石膏空心板分为普通条板、钢木窗框条板及防水条板三种，在建筑中按各种功能要求配套使用。石膏空心板规格为宽 600 mm、厚 60 mm、长 2 400～3 000 mm，9 个孔，孔径 38 mm，空隙率 28%，能满足防火、隔声及抗撞击的功能要求(图 7—57)。

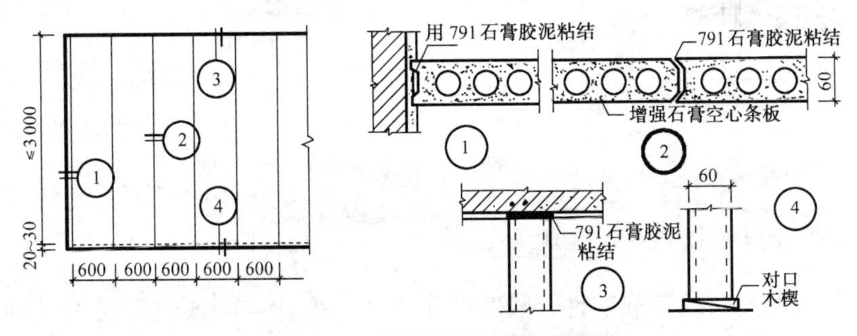

图 7—57　增强石膏空心条板隔墙

(4) 复合板隔墙

用几种材料制成的多层板为复合板。复合板的面层有石棉水泥板、石膏板、铝板、树脂板、硬质纤维板、压型钢板等。夹心材料可用矿棉、木质纤维、泡沫塑料和蜂窝状材料等。

复合板充分利用材料的性能,大多具有强度高,耐火性、防水性、隔声性能好的优点,且安装、拆卸简便,有利于建筑工业化。

(5) 泰柏板(又称三维板)是由 ϕ2 低碳冷拔镀锌钢丝焊接成三维空间网笼,中间填充 50 mm厚的阻燃聚苯乙烯泡沫塑料构成的轻质板材,然后在现场安装并双面抹灰或喷涂水泥砂浆而组成的复合墙体(图 7—58)。

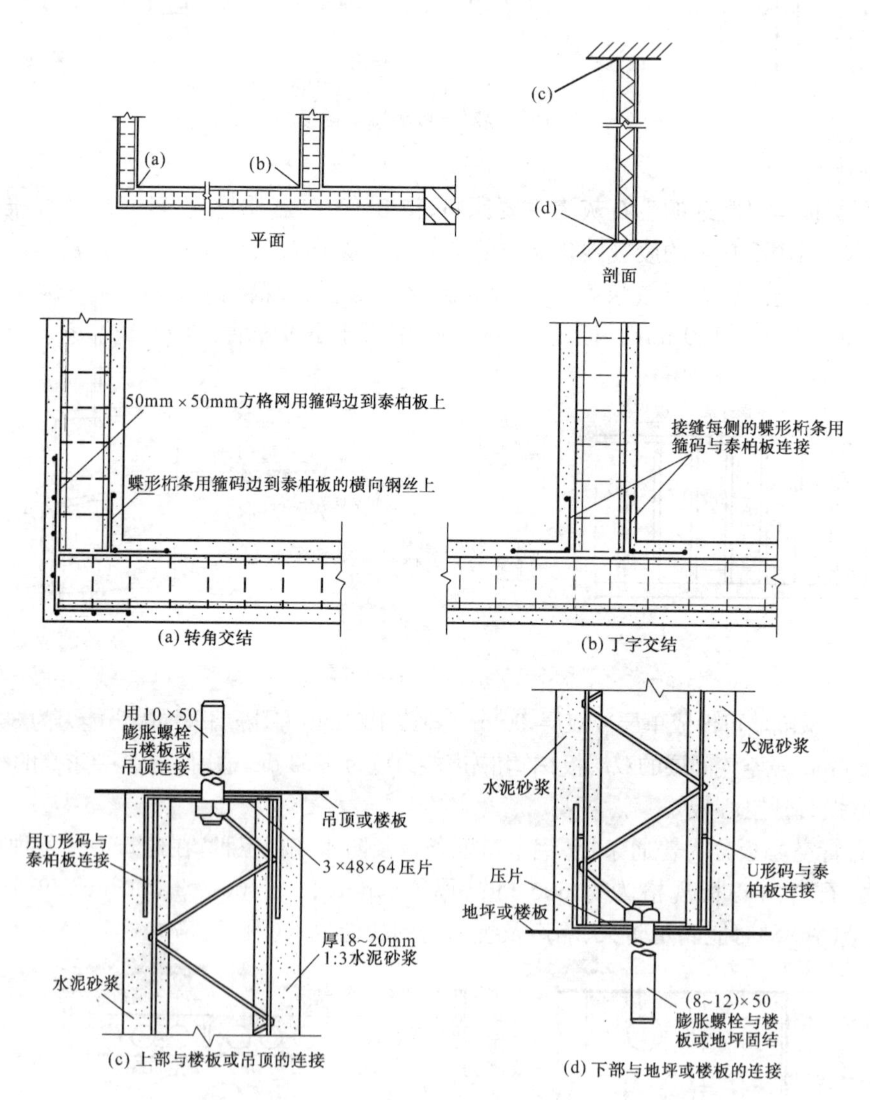

图 7—58 泰柏板复合墙体

二、隔断

隔断是分隔室内空间的装修构件。隔断的作用在于变化空间或遮挡视线,增加空间的层次和深度。

隔断的形式有屏风式、镂空式、玻璃墙式、移动式以及家具式隔断等。

1. 屏风式隔断

屏风式隔断通常不隔到顶，使空间通透性强，常用于办公室、餐厅、展览馆以及门诊部的诊室等公共建筑中。厕所、淋浴间等也多采用这种形式。隔断高一般为 1 050 mm、1 350 mm、1 500 mm、1 800 mm等，可根据不同使用要求进行选用。

屏风式隔断有固定式和活动式两种构造形式。固定式构造又可有立筋骨架式和预制板式之分。预制板式隔断借预埋铁件与周围墙体、地面固定；立筋骨架式与隔墙相似，它可在骨架两侧铺钉面板，亦可镶嵌玻璃。玻璃可以是磨砂玻璃、彩色玻璃、棱花玻璃等，骨架与地面的固定方式如图 7－59a 所示。

活动式屏风隔断可以移动放置。最简单的支承方式是在屏风扇下安装一金属支承架。支架可以直接放在地面上，也可在支架下安装橡胶滚动轮或滑动轮，这样移动起来，更加方便如图 7－59b 所示。

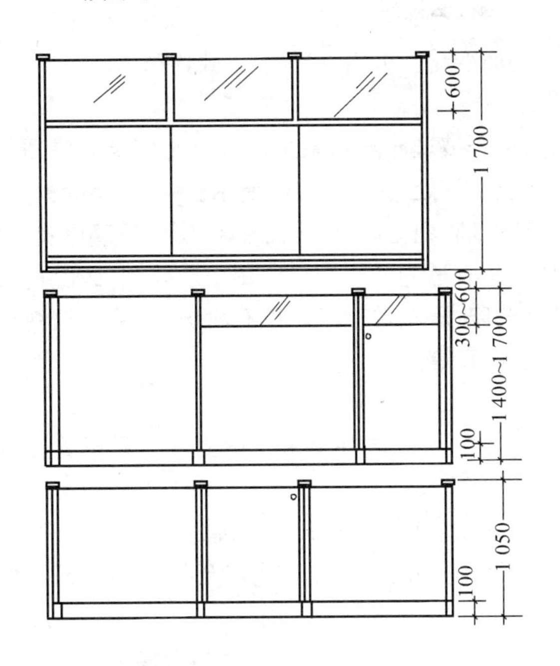

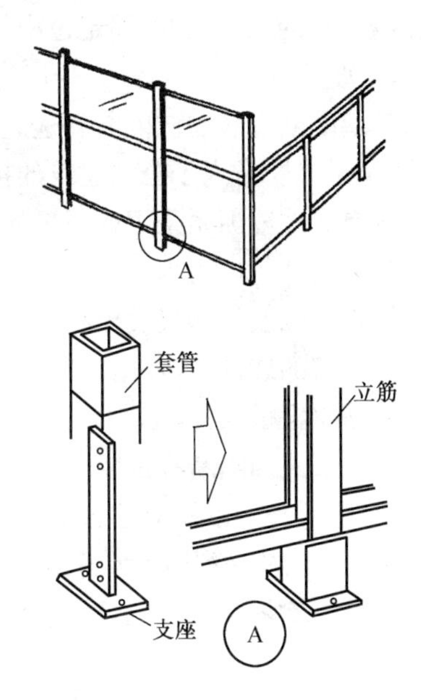

(a) 屏风式隔断

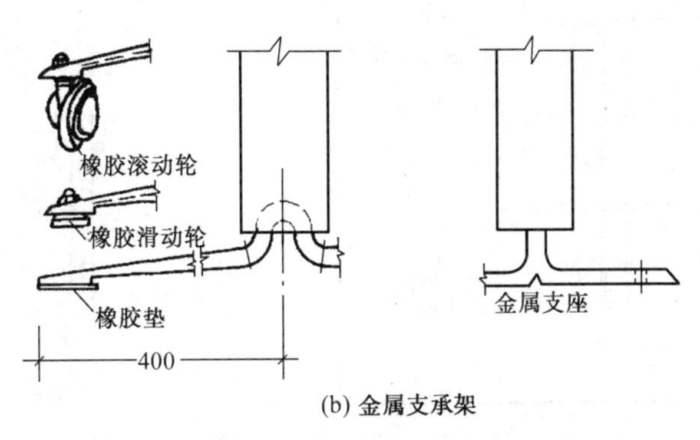

(b) 金属支承架

图 7－59 灵活隔断构造

2. 镂空式隔断

镂空花格式隔断是公共建筑门厅、客厅等处分隔空间常用的一种形式，有竹、木制的，也有混凝土预制构件的，形式多样，如图 7—60 所示。

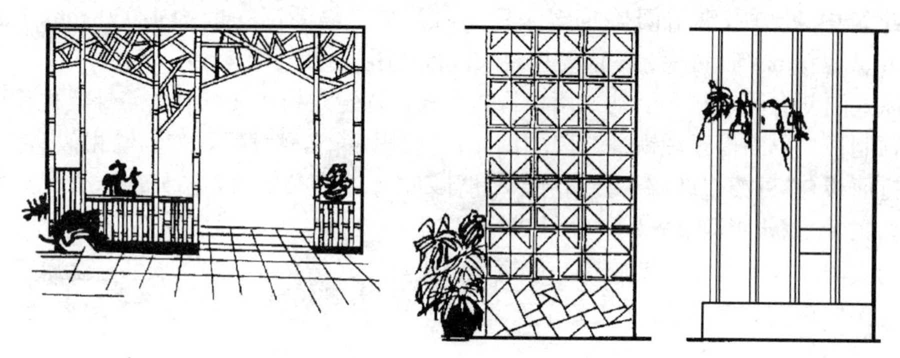

图 7—60　镂空式隔断

隔断与地面、顶棚的固定也根据材料不同而变化。可用钉、焊等方式连结。

3. 玻璃隔断

玻璃隔断有玻璃砖隔断和透空式隔断两种。玻璃砖隔断系采用玻璃砖砌筑而成，既分隔空间，又透光。常用于公共建筑的接待室、会议室等处，如图 7—61 所示。

透空玻璃隔断系采用普通平板玻璃、磨砂玻璃、刻花玻璃、压花玻璃、彩色玻璃以及各种颜色的有机玻璃等嵌入木框或金属框的骨架中，具有透光性。它主要用于幼儿园、医院病房、精密车间走廊以及仪器仪表控制室等处。彩色玻璃、压花玻璃或彩色有机玻璃，除遮挡视线外，还具有丰富的装饰性，可用于餐厅、会客室、会议室等。

4. 其他隔断

其他形式的隔断有拼装式、滑动式、折叠式、悬吊式、卷帘式和起落式等多种形式，多用于餐馆、宾馆活动室以及会堂之中。

家具式隔断是利用各种适用的室内家具来分隔空间的一种设计处理方式，它把空间分隔与功能使用以及家具配套巧妙地结合起来。这种形式多用于住宅的室内以及办公室的分隔等。

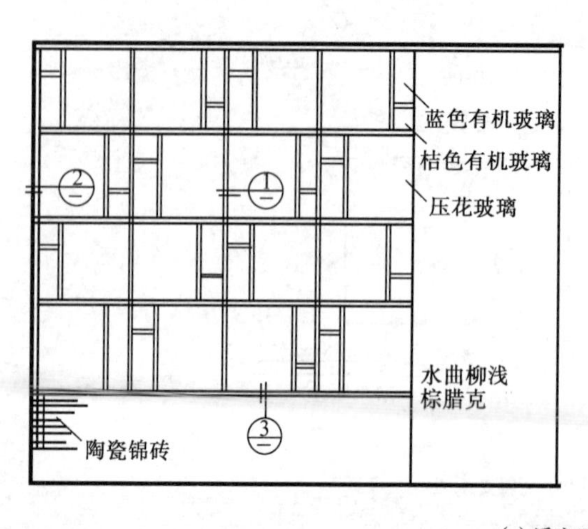

(a) 透空玻璃隔断

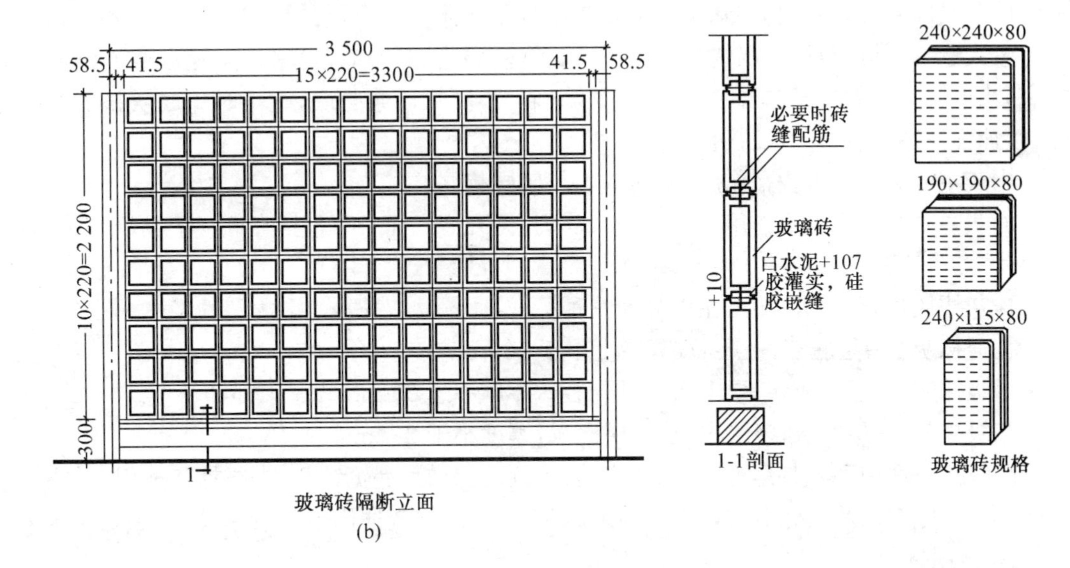

图 7—61　玻璃隔断

§7—8　墙面装修

墙面装修是建筑装修中的重要内容之一,它对提高建筑的艺术效果、美化环境起着很重要的作用,同时还具有保护墙体的功能和改善墙体热工性能的作用。墙体表面的饰面装修因其位置不同有外墙面装修和内墙面装修两大类型。又因其饰面材料和做法不同,外墙面装修可分为抹灰类、贴面类和涂料类;内墙面装修则可分为抹灰类、贴面类、涂料类和裱糊类。

在这里主要介绍几种常用的大量性民用建筑的墙体饰面装修做法。

一、抹灰类墙面

抹灰又称粉刷,是以石灰、水泥等为胶结材料,掺入砂、石骨料用水拌和后,采用不同施工方法,获得多种装饰效果。其材料来源广泛,施工简便,造价低,因此在建筑墙体装饰中应用广泛。

1. 抹灰的组成

抹灰一般分三层,即底灰(层)、中灰(层)、面灰(层)(图 7—62)。抹灰施工时须分层操作,做到表面平整,粘结牢固,色彩均匀,不开裂。

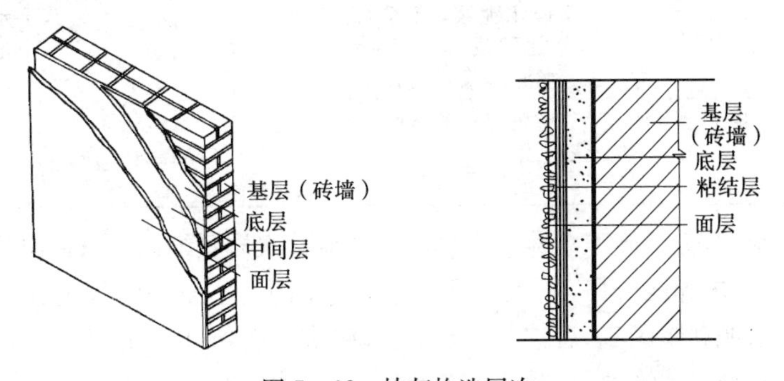

图 7—62　抹灰构造层次

底灰又叫刮糙，主要起与基层粘结和初步找平作用。这一层的用料和施工对整个抹灰质量有较大影响，其用料视基层情况而定。当墙体基层为砖、石时，可采用水泥砂浆或混合砂浆打底，当基层为骨架板条基层时，应采用纸筋（麻刀）石灰砂浆打底，施工时将底灰挤入板条缝隙，以加强拉结，避免开裂、脱落。

中灰主要起进一步找平作用，材料基本与底层相同。

面灰主要起装饰美观作用，要求平整、均匀、无裂痕。面层不包括在面层上的刷浆、喷浆或涂料。

抹灰按质量要求和主要工序划分为三种标准：

普通抹灰：一层底灰，一层面灰，厚度小于 18 mm。

中级抹灰：一层底灰，一层中灰，一层面灰，厚度小于 20 mm。

高级抹灰：一层底灰，多层中灰，一层面灰，厚度小于 25 mm。

高级抹灰适用于公共建筑、纪念性建筑，如剧院、宾馆、展览馆等；中级抹灰适用于住宅、办公楼、学校、旅馆以及高标准建筑物中的附属房间；普通抹灰适用于一般建筑。

2. 常用抹灰种类

抹灰按照面层材料及做法分为一般抹灰和装饰抹灰。

一般抹灰常用的有石灰砂浆抹灰、水泥砂浆抹灰、混合砂浆抹灰、纸筋石灰浆抹灰、麻刀石灰浆抹灰；装饰抹灰常用的有水刷石面、水磨石面、斩假石面、干粘石面、弹涂面等。常用抹灰做法见表 7—1。

表 7—1　常用抹灰做法

种　类	做 法 说 明	适 用 范 围	备　注
纸筋（麻刀）灰	面：刷内墙涂料 中：2 厚纸筋（麻刀）灰抹面 底：15 厚 1：2.5 石灰砂浆（加草筋）打底	普通内墙抹灰	
混合砂浆	面：刷内（外）墙涂料 中：5 厚 1：0.3:3 水泥石灰砂浆抹面 底：15 厚 1：1：6 水泥石灰砂浆打底	普通内墙抹灰	如用于外墙：中层 8 厚 1：1：6 水泥石灰砂浆
水泥砂浆	面：刷内（外）墙涂料 中：8 厚 1：2.5 水泥砂浆抹面 底：12 厚 1：3 水泥砂浆打底	内外墙易受潮部位	
水刷石	面：10 厚 1：2 水泥白石子（彩色石子）抹面 中：刷素水泥浆一道，掺水重 3%～5%107 胶 底：12 厚 1：3 水泥砂浆打底	外墙、窗套、阳台、雨篷、勒脚	粒径 8 厘，当小于 8 厘时，宜用 8 厚1：1.5
干粘石	面：刮 1 厚 107 胶水泥浆，干粘石拍平压实 中：6 厚 1：3 水泥砂浆 底：12 厚 1：3 水泥砂浆打底扫毛	外墙	水泥：107 胶（重量比）＝1：（0.3～0.5），粒径小 8 厘
斩假石	面：10 厚 1：2 水泥白石屑抹面，斧剁斩毛 中：刷素水泥浆一道，掺水重 3%～5%107 胶 底：12 厚 1：3 水泥砂浆打底	外墙、窗套、勒脚	

在外墙面抹灰中，为了施工接茬、比例划分、适应抹灰层胀缩以及日后维修更新的需要，抹灰前，事先按设计要求弹线分格，用素水泥浆将浸过水的小木条临时固定在分格线上，做成引条。木引条先用水泥砂浆固定，后抹灰，施工完及时取下引条，形成所需要的凹线，也可在凹线内涂上一定颜色以增添装饰效果（图 7—63）。

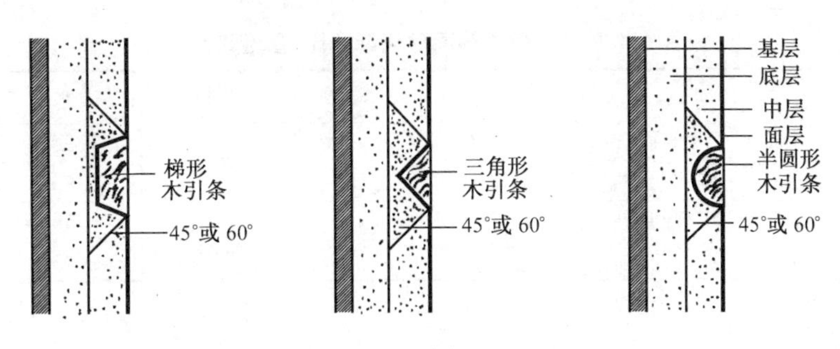

图 7－63 抹灰面的引条做法

3. 装饰抹灰做法及应用

(1) 水刷石饰面

水刷石是一种传统的外墙饰面，是将水泥和石子等加水搅拌，抹在建筑物的表面，半凝固后，用喷枪、水壶喷水，或者用硬毛刷蘸水，刷去表面的水泥浆，使石子露出 1/3。水刷石饰面朴实淡雅，经久耐用，装饰效果好，运用广泛，主要适用于外墙、窗套、阳台、雨篷、勒脚及花台等部位的饰面。若采用不同颜色的石子(屑)，将得到不同色彩的装饰效果。

(2) 斩假石饰面

斩假石又称剁斧石，它是以水泥石子浆或水泥石屑浆，涂抹在水泥砂浆基层上，待凝结硬化具有一定强度后，用斧子和各种凿子等工具，在面层上剁斩出具有石材经雕琢后的纹理效果的一种人造石料装饰方法。斩假石饰面装饰的效果类似毛面的天然花岗岩，质朴素雅，美观大方，有真实感，装饰效果好。但因手工操作，工效低，劳动强度大，造价高，故一般用于公共建筑重点装饰部位，如外墙面、勒脚、室外台阶和花台等。

(3) 干粘石饰面

干粘石饰面是用拍子将小粒径石碴甩到粘结砂浆上，然后拍实。这种饰面效果与水刷石饰面相似，但比水刷石饰面节约水泥 30%～40%，节约石碴 50%，提高工效 30%左右，故应用较多。但因其粘结力较低，一般与人直接接触的部位不宜采用。

在干粘石饰面做法的基础上，改用压缩空气带动的喷斗喷射石碴代替用手甩石碴的喷粘饰面做法，其机械化程度高，工效快，劳动强度减轻，石碴也粘得牢固。

干粘石饰面具有质地朴实、美观大方、成本较低等优点，故应用广泛。

(4) 弹涂饰面

弹涂饰面是在墙体表面刷一道聚合物水泥色浆后，用弹涂器分几遍将不同色彩的聚合物水泥浆弹在已涂刷的涂层上，形成 3～5 mm 的扁圆形花点，在色点干燥以后，将耐水性、耐候性较好的甲基硅树脂或聚乙烯醇缩丁醛等材料进行罩面处理，使饰面的颜色保持较好的耐久性及耐污性。

弹涂饰面的材料以白水泥为主，根据设计要求和拼板试配确定刷涂层及弹涂层的颜色以及颜料用量。弹涂的色彩常由 2～3 种颜色组成，分为深色、浅色和中间色。弹涂的表面不仅有各种色彩，而且还有单色光面、细麻面和小拉毛拍平等各种质感，装饰性较好。

弹涂砂浆一般由普通水泥、白水泥、颜料、水和 107 胶等材料组成，它的配合比见表 7－2。砂浆配制时，应先将 107 胶按配合比加水搅拌均匀，再将白水泥和颜料拌和均匀后将配好的 107 胶溶液倒入，搅拌成色浆。

表 7—2　弹涂饰面砂浆配合比(重量比)

项目	水　泥	颜料	水	107 胶
刷底色浆	普通硅酸盐水泥 100	适量	90	20
	白水泥 100		80	13
弹花点	普通硅酸盐水泥 100	适量	55	14
	白水泥 100		45	10

4. 特殊部位的抹灰

抹灰的特殊部位，主要指护墙墙裙(图 7—64)、内墙和门洞阳角处的护角(图 7—65)、踢脚线(图 7—66)和顶角线(图 7—67)。它们的主要作用是保护墙身、防潮、防水，如门厅、走道的墙面和有防潮、防水要求(如厨房、浴厕)的墙面；墙裙和护角高度 2 m 左右。根据要求护角也可用其他材料如木材和薄型钢制作。踢脚线在内墙面和楼地面交接处，遮盖地面与墙面的接缝，防止擦洗地面时弄脏墙面而设，高 120～150 mm，做法有三种，即与墙面粉刷相平、凸出、凹进。其材料与楼地面相同。顶角线是为了增加室内美观，在内墙面和顶棚交接处设置。

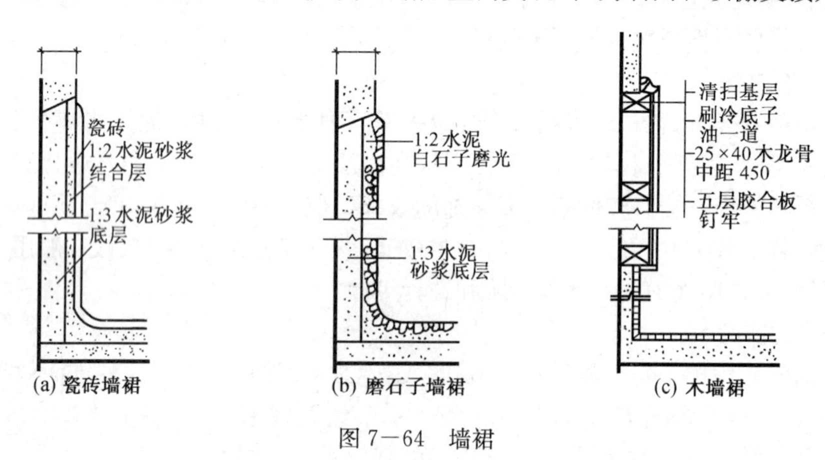

图 7—64　墙裙

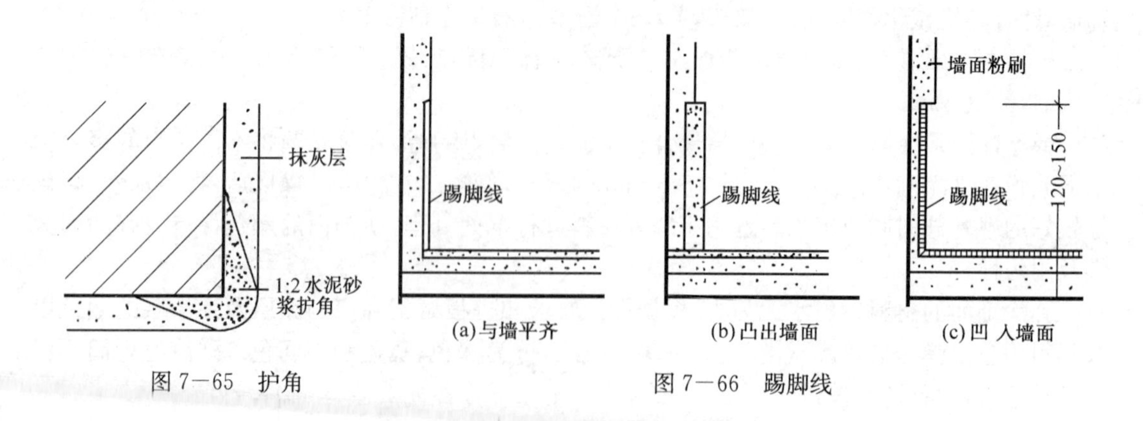

图 7—65　护角

图 7—66　踢脚线

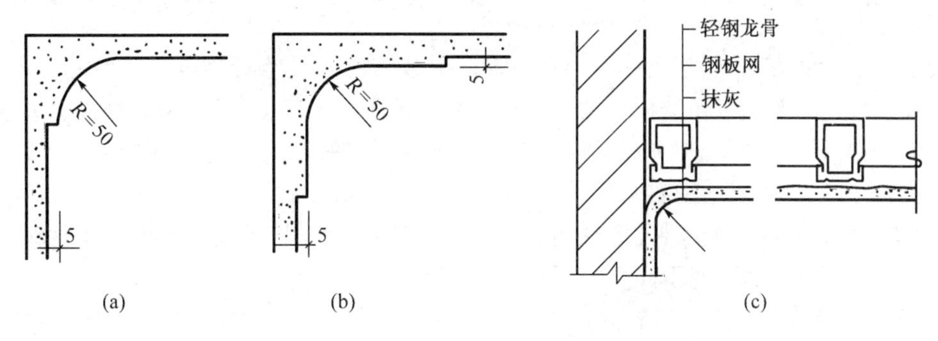

图 7－67　顶角线

二、陶瓷贴面类墙面

1. 陶瓷锦砖

陶瓷锦砖也称马赛克，是高温烧结而成的小型块材，是不透明的饰面材料，表面致密光滑、坚硬耐磨、耐酸耐碱、一般不易变色。它的尺寸较小，根据它的花色品种，可拼成各种花纹图案。铺贴时，先按设计的图案将小块的面材正面向下贴于 500 mm×500 mm 大小的牛皮纸上，然后牛皮纸面向外将马赛克贴于饰面基层，待半凝后将纸洗去，同时修整饰面。陶瓷锦砖可用于墙面装修，更多用于地面装修。

2. 面砖

面砖多数是以陶土或瓷土为原料，压制成型后经煅烧而成。面砖不仅可以用于墙面装饰也可用于地面，常称之为墙地砖。常见的面砖有釉面砖、无釉面砖、仿花岗岩瓷砖、劈离砖等。

无釉面砖主要用于高级建筑外墙面装修，具有质地坚硬、强度高、吸水率低(＜4%)等特点。釉面砖具有表面光滑、容易擦洗、美观耐用、吸水率低等特点。釉面砖除白色和彩色外，还有图案砖、印花砖以及各种装饰釉面砖等。釉面砖主要用于高级建筑内外墙面以及厨房、卫生间的墙裙贴面。

面砖规格、色彩、品种繁多，根据需要可按厂家产品目录选用。常用 150 mm×150 mm、75 mm×150 mm、113 mm×77 mm、145 mm×113 mm、233 mm×113 mm、265 mm×113 mm 等几种规格，厚度约为 5～17 mm(陶土无釉面砖较厚为 13～17 mm，瓷土釉面砖较薄为 5～7 mm厚)。

面砖铺贴前先将面砖放入水中浸泡并清洗表面，贴前取出晾干或擦干。铺贴时用 1:3 水泥砂浆打底并拉毛，后用 1∶0.3∶3 水泥石灰砂浆或用掺有 107 胶(水泥用量 5%～10%)的 1∶2.5水泥砂浆满刮于面砖背面，其厚度不小于 10 mm，然后将面砖贴于墙上。对贴于外墙的面砖常在面砖之间留出一定缝隙(5～10 mm)，以利排除湿气。而内墙面为便于擦洗和防水则要求安装紧密，不留缝隙。面砖如被污染，可用浓度为 10%的盐酸洗刷，并用清水洗净。

三、石材贴面类墙面

1. 石材的类型

石材有天然石材和人造石材之分，按其厚度分有厚型和薄型两种，通常厚度在 30～40 mm以下的称板材，厚度在 40～130 mm 以上的称为块材。

(1) 天然石材

天然石材主要有花岗岩、大理石及青石板。按装饰效果天然石材可分为磨光和剁斧两种处理形式。磨光的产品有粗磨板、精磨板、镜面板等区别;剁斧的产品可分为磨面、条纹面等类型,也可以根据设计的需要加工成其他的表面。天然石材做饰面具有各种颜色、花纹、斑点等天然材料的自然美感,质地密实坚硬,耐久性、耐磨性等均比较好,常用来制作饰面板材、各种石线角、罗马柱、茶几、石质栏杆、电梯门贴面等,在装饰工程中广泛使用。但由于材料的品种、来源的局限性,造价较高,属于高级饰面材料。

① 花岗岩板材饰面。花岗岩为火成岩中分布最广的岩石,其构造密实,抗压强度较高,孔隙率及吸水率较小,抗冻性和耐磨性能均好,并具有良好的抵抗风化性能,其外观色泽可以保持百年以上,因而多用于重要建筑的外墙饰面。装饰质感强,主要以剁斧和磨光两种较常用。

② 大理石板材饰面。大理石是一种变质岩,属中硬石材,其质地密实,但表面硬度、化学稳定性和大气稳定性均不如花岗岩,可加工成表面光滑的板材。除少数几种质地较纯、杂质较少的汉白玉、文叶青等用在室外比较稳定外,其他的都可用于室内。大理石的色彩有灰色、绿色、红色、黑色等多种,而且还带有美丽的花纹。

③ 青石板饰面。青石板系水成岩,材质软,易风化。材性纹理构造易于劈制成面积不大的薄板。青石板不属高档材料,便于简单工具加工,造价不高。使用规格一般为长宽 300~500 mm不等的矩形块,表面保持劈开后的自然纹理形状,再加上青石板有暗红、灰、绿、蓝、紫等不同颜色,所以掺杂使用能形成丰富而质朴的饰面效果。

(2) 人造石材

人造石材属于复合装饰材料,它具有重量轻、强度高、耐腐蚀性强等优点。人造石材包括水磨石、合成石材等。人造石材的色泽和纹理不及天然石材自然、柔和,但其花纹和色彩可以根据生产需要人为控制,可选择范围广,且造价要低于天然石材墙面。

① 人造大理石板。人造大理石板一般有水泥型、树脂型、复合型、烧结型等几种材料。聚酯型人造石材在目前装饰工程中使用较广,因为聚酯型板材的物理性能和化学性能好,花纹容易设计,而且多种花纹可以同时出现在一块板材上。但这种板材造价偏高,且不宜在室外使用,因为在温差影响下,其色彩变化大,老化快且易变形。水泥型价格虽便宜,但耐腐蚀性能差,容易出现细微裂缝。复合型综合了前两种方法的优点,既有良好的物理、化学性能,成本也较低。烧结型以粘土作胶结剂,但需要经过高温焙烧,耗能大,造价高。

人造大理石板的厚度为 8~20 mm,它经常应用于室内墙面、柱面、门套等部位的装修。

② 预制水磨石板。水磨石板经过分块、制模、浇制、表面加工等工序制成。板材面积一般在 0.25~0.50m^2,常用的尺寸为 400 mm×400 mm 或 500 mm×500 mm,板厚在 20~25 mm 之间。预制水磨石板分普通与美术两种板材。普通水磨石板采用普通水泥制成,美术水磨石板采用白色水泥制成。

为了防止板材运输时破碎,制作时宜配以 8 号铅丝或 $\phi4 \sim \phi6$ 钢筋网。面积超过 0.25 m^2 时,应在板的上边预埋铁件或 U 形铁件。

2. 石材饰面构造

安装石材前必须按设计要求核对石材品种、规格、颜色,并进行统一编号。天然石材要用电钻打好安装孔,较厚的板材应在其背面凿两条 2~3 mm 深的砂浆槽,利于粘合。在阳角交接处,应做 45°倒角。石材的安装有以下几种方式:

(1) 拴挂法

拴挂法的特点是在墙内预埋镀锌铁环，固定立筋（常用 ϕ8 钢筋），在同一标高上插上水平钢筋（常用 ϕ8）并绑扎固定，然后把背面打好眼的板材用双股 16 号铜丝或不易生锈的金属丝拴结在钢筋上。灌注砂浆一般采用 1∶1.25 的水泥砂浆，砂浆层厚 30 mm 左右。每次灌浆高度不宜超过 150～200 mm，且不得大于板高的 1/3。待下层砂浆凝固后，再灌往上一层，使其连接成整体。灌注完成后将表面挤出的水泥浆擦净，并用与石材同颜色的水泥浆勾缝，然后清洗表面。（如图 7－68）。

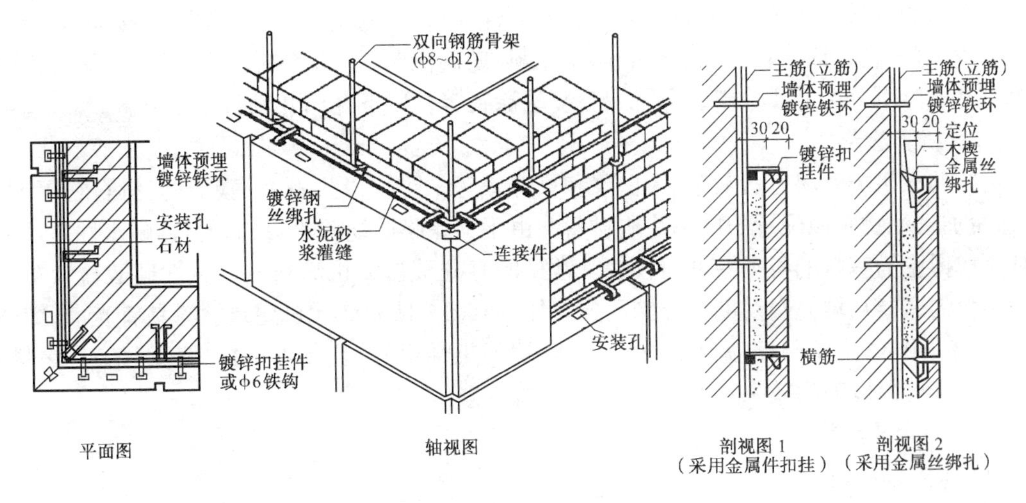

图 7－68　石材拴挂法

(2) 干挂法

干挂法的特点是通过特制连接件与墙体连接。其做法是用膨胀螺丝将连接件固定在墙上，另一端与板材插销连接。连接件应选用不锈钢零件，以防锈蚀，延长使用寿命，这种方法也可以用于砖墙的贴面（如图 7－69）。

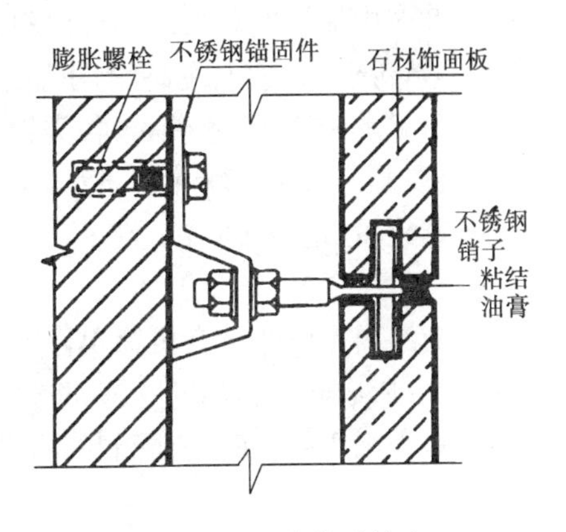

图 7－69　连接件干挂法

(3) 聚酯砂浆粘结法

这种做法的特点是采用聚酯砂浆粘结固定。聚酯砂浆的胶砂比一般为 1∶(4.5～5.0)，固化剂的掺加量随要求而定。施工时先固定板材的四角并填满板材之间的缝隙，待聚酯砂浆固化并能起到固定拉结作用以后，再进行灌缝操作。砂浆层一般厚 20 mm 左右，灌浆时，一次灌浆量应不高于 150 mm，待下层砂浆初凝后再灌注上层砂浆。

(4) 树脂胶粘结法

这种做法的特点是采用树脂胶粘结板材。它要求基层必须平整，最好是用木抹子搓平的砂浆表面，抹 2～3 mm 厚的胶粘剂，然后将板材粘牢。一般应先把胶粘剂涂刷在板的背面的相应位置，尤其是悬空板材，涂胶必须饱满。施工时将板材就位、挤紧、找平、找正、找直后，应马上进行顶、卡固定，以防止脱落伤人。

四、涂料类墙面

涂料饰面是在基层表面上喷、刷涂料的饰面装修。它靠一层很薄的涂层起保护和装饰作用，并根据需要可以配成多种色彩。涂料饰面涂层薄，抗蚀能力差，外用乳液涂料使用年限一般为 4～10 年，但是由于涂料饰面施工简单，省工省料，工期短、效率高、自重轻、维修更新方便，故在饰面装修工程中得到较为广泛应用。

建筑涂料的种类很多，按成膜物质可分为有机类涂料、无机类涂料、有机无机复合涂料。按建筑涂料的分散介质可分为溶剂型涂料、水溶性涂料、水乳型涂料(乳液型)。按建筑涂料的功能分类，可分为装饰涂料、防火涂料、防水涂料、防腐涂料、防霉涂料、防结露涂料等，按涂料的厚度和质感可分为薄质涂料、厚质涂料、复层涂料等。以下介绍几种常用涂料。

1. 无机类涂料

传统的无机类涂料有石灰浆、大白浆和可赛银等。主要以生石灰、碳酸钙、滑石粉等为原料，适量加入动物胶而配置的内墙涂刷材料。由于其涂膜质地疏松，易起粉，且耐水性差，已逐步被合成树脂为基料的各类涂料所代替。常见的有硅酸盐无机涂料是以碱性硅酸盐为基料，外加硬化剂、颜料、填充料及助剂配制而成。如 JH801 、JH802 无机建筑涂料具有光滑、细腻、耐光、耐水、耐酸、耐碱、耐高温及耐老化性能，耐污染性也好，且无毒，对空气无污染。涂料施工喷、刷均可，但以喷涂效果较好，适合于内外墙装修。

2. 有机合成涂料

(1) 水溶性涂料

水溶性涂料有聚乙烯醇水玻璃内墙涂料、聚乙烯醇缩甲醛内墙涂料等，俗称 106 内墙涂料和 SJ－803 内墙涂料。聚乙烯醇涂料是以聚乙烯醇树脂为主要成膜物质。这类涂料的优点是不掉粉，造价低，施工方便，有的还能经受湿布轻擦，使用较为普遍，主要用于内墙饰面。

由丙烯酸树脂、彩色砂粒、各类辅助剂组成的石漆涂料是一种具有较高装饰性的水溶性涂料，膜层质感与天然石材相似，色彩丰富，具有不燃、防水、耐久性好等优点，且施工简便，对基层的限制较少，适用于宾馆、剧场、办公楼等场所的内外墙饰面装饰。

(2) 乳液涂料

乳液涂料是以各种有机物单体经乳液聚合反应后生成的聚合物，它以非常细小的颗粒分散在水中，形成非均相的乳状液，将这种乳状液作为主要成膜物质配成的涂料称为乳液涂料。当填充料为细小粉末时，所配制的涂料能形成类似油漆漆膜的平滑涂层，故习惯上称为“乳胶漆”。

乳液涂料以水为分散介质，无毒、不污染环境。由于涂膜多孔而透气，故可在初步干燥的抹灰基层上涂刷。涂膜干燥快，对加快施工进度缩短工期十分有利。另外，所涂饰面可以擦洗，易清洁，装饰效果好。乳液涂料施工须按所用涂料品种性能及要求(如基层平整、光洁、无裂纹等)进行，方能达到预期的效果。乳液涂料品种较多，属高级饰面材料，主要用于内外墙饰面。若掺有类似云母粉、粗砂粒等粗填料所配得的涂料，能形成有一定粗糙质感的涂层，称为乳液厚质涂料，通常用于外墙饰面。

(3) 溶剂性涂料

溶剂性涂料是以高分子合成树脂为主要成膜物质，有机溶剂为稀释剂，加入一定量颜料、填料及辅料，经辊轧塑化，研磨搅拌溶解配制而成的一种挥发性涂料。这类涂料一般有较好的硬度、光泽、耐水性、耐蚀性以及耐老化性。但施工时有机溶剂挥发，污染环境，施工时要求基层干燥，除个别品种外，在潮湿基层上施工易产生起皮、脱落现象。这类涂料主要用于外墙饰面。

3. 油漆类饰面

油漆涂料是由粘结剂、颜料、溶剂和催干剂组成的混合剂。油漆涂料能在材料表面干结成漆膜，与外界空气、水分隔绝，从而达到防潮、防锈、防腐等保护作用。漆膜表面光洁、美观、光滑，改善了卫生条件，增强了装饰效果。常用的油漆涂料有调和漆、清漆、防锈漆等。

五、裱糊类墙面

裱糊类墙面是将卷材类软质饰面材料用胶粘贴到建筑内墙平整基层上的装修做法。其具有装饰性强，造价较经济，施工方法简捷、效率高，饰面材料更换方便等优点，在曲面和墙面转折处粘贴可以顺应基层获得连续的饰面效果。

1. 基层处理

裱糊类饰面的基层要求：坚实牢固，表面平整光洁，线脚通畅顺直，不起尘，无砂粒和孔洞，同时应使基层保持干燥。基层填平做法：刮腻子数遍，用乳胶腻子和油性腻子将基层凹处、钉眼、接缝等处补齐，干后用砂纸磨平。抹嵌腻子的遍数视基层的情况不同而定，抹最后一遍腻子时应打磨，光滑后再用软布擦净。

石膏板基层为防接缝开裂，应在磨平后的接缝处用贴缝纸粘贴，用相同的砂浆进行修补脱灰、孔洞等缺陷，再用腻子进行修补填平。如果墙面有油渍等污迹，应清除干净后再做其他处理，以保证基层的粘结牢固。

对有防水或防潮要求的墙体，应对基层做防潮处理。可先在基层涂刷均匀的防潮底漆，防潮底漆可用酚醛清漆与汽油或松节油调配，其调配比为清漆：汽油(或松节油)＝1∶3。

2. 饰面材料

裱糊类墙面的饰面材料种类很多，常用的有墙纸、墙布、锦缎、皮革、薄木等。锦缎、皮革和薄木裱糊墙面属于高级室内装修，用于室内使用要求较高的场所，这里主要介绍常用的一般裱糊类墙面装修做法。

(1) 墙布

常用的墙布有无纺墙布和玻璃纤维墙布。① 无纺墙布是采用天然纤维或合成纤维经过无纺成型为基材，经染色、印花等工艺制成的一种新型高级饰面材料。无纺墙布色彩鲜艳不褪色，富有弹性不易折断，表面光洁且有羊绒质感，有一定透气性，可以擦洗，施工方便。② 玻璃纤维墙布以玻璃纤维布为基材，表面涂布树脂，经染色、印花等工艺制成。它强度大、韧性好，具有布质纹路，装饰效果好，耐水、耐火，可擦洗。但是玻璃纤维墙布的遮盖力较差，基层颜色有深浅差异时容易在裱糊完的饰面上显现出来；饰面遭磨损时，会散落少量玻璃纤维，因此应注意保养。

(2) 墙纸

墙纸是室内装饰常用的饰面材料，它具有色彩及质感丰富、图案装饰性强、易于擦洗、价格便宜、更换方便等优点。目前采用的墙纸多为塑料墙纸，分为普通纸基墙纸、发泡墙纸、特种墙纸三类。普通纸基墙纸价格较低，可以用单色压花方式仿丝绸、织锦，也可以用印花、压花方式制作色彩丰富并具有立体感的凹凸花纹。发泡墙纸经过加热发泡可制成具有装饰和吸音双重功能的凹凸花纹，图案真实，立体感强，具有弹性，是目前最常用的一种墙纸。特种墙纸有耐水墙纸、防火墙纸、木屑墙纸、金属箔墙纸、彩砂墙纸等，用于有特殊功能或特殊装饰效果要求的场所。

3. 裱糊施工及接缝处理

为避免墙纸或墙布膨胀变形，在施工前要先作浸水或润水处理。在墙纸的背面不宜刷胶以避免正面污染，但可均匀涂刷粘结剂以增强粘结力。先用按 1∶(0.5～1)稀释的 107 胶水满刷一遍，再涂刷粘结剂，以防止基层吸水过快。裱糊的顺序为先上后下、先高后低，应使饰面材料的长边对准基层上弹出的垂直准线，用刮板或胶辊将其赶平压实，使饰面材料与基层间没有气泡存在。相邻面材接缝处若无拼花要求，可在接缝处使两幅材料重叠 20 mm，用钢直尺压在搭接宽度的中部，用工具刀沿钢直尺进行裁切，然后将多余部分揭去，再用刮板刮平接缝。当饰面有拼花要求时，应使花纹重叠搭接。

复习思考题

7—1　什么是承重墙、非承重墙？并简述墙体的分类方式。

7—2　砖混结构的墙体承重有哪几种结构布置方案？各有何特点？

7—3　墙体设计有哪些基本要求？

7—4　普通粘土砖的尺寸是多少？什么是砖模？

7—5　砖墙组砌的要点是什么？常见的组砌方式有哪些？

7—6　过梁的作用是什么？常见过梁的方式有哪几种？

7—7　建筑物为何要设置防潮层？墙体水平防潮层和垂直防潮层应如何设置？

7—8　墙身加固应采取哪些构造措施？

7—9　常用隔墙的类型有哪些？其构造做法是怎样的？并分析各种隔墙的特点。

7—10　墙面装修有何作用？简述墙面装修的种类和特点。

7—11　墙体保温与哪些因素有关？提高建筑外墙保温能力有哪些措施？

7—12　幕墙有几种类型？各有何构造特点？

7—13　常用的单层厂房外墙有几种类型？各有何特点？

7—14　单层厂房砖墙的抗震、抗震应采取哪些措施？

7—15　联系梁与圈梁在作用上有何不同？与柱是怎样连接的？

第 8 章　楼地层构造

本章提要: 本章包括建筑楼地层的基本组成及设计要求、钢筋混凝土楼板层构造、楼地面构造、顶棚构造和阳台与雨篷构造等。

学习目的: 掌握楼地层的基本组成及设计要求,基本掌握钢筋混凝土楼板层构造,楼地面、顶棚、阳台与雨篷构造。

§8—1　楼地层的基本组成及设计要求

楼地层包含楼板层和地坪层,是建筑中沿水平方向分隔空间的结构构件。楼板层分隔上下层空间,地坪层分隔底层空间和大地。楼板层的结构层——楼板将上部荷载及自重传给墙或柱,再通过墙、柱传给基础。地坪层是指建筑物底层与土壤相接触的结构构件,它的结构层是垫层,它承受着地坪上的荷载,并均匀传给地基。

一、地坪层基本组成

地坪层由面层、垫层和基层三部分构成。对有特殊要求的地坪,常在面层与结构层之间增设附加层,如防水层、防潮层、保温隔热层,如图 8—1 所示。

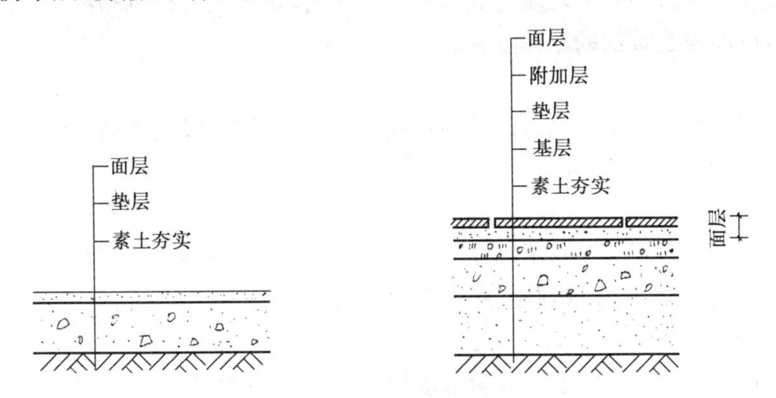

图 8—1　地坪层基本组成

面层:又称地面,是地坪层最上部分,也是人们经常接触的部分,同时也对室内起装饰作用。根据使用和装修要求的不同,有各种不同做法。

垫层:它是地坪的承重和传力的结构部分。通常采用 C10 混凝土制成,其厚度一般为80～100 mm。

基层:基层位于垫层之下,作用是承受垫层传递下来的荷载。可以用灰土、碎石、碎砖作基层,也有的采用三合土作基层。基层均须夯实。

二、楼板层的基本组成和类型

1. 楼板层的基本组成

依据建筑使用的要求，楼板层一般分为面层、结构层、附加层和顶棚层等四部分组成，如图8－2所示。

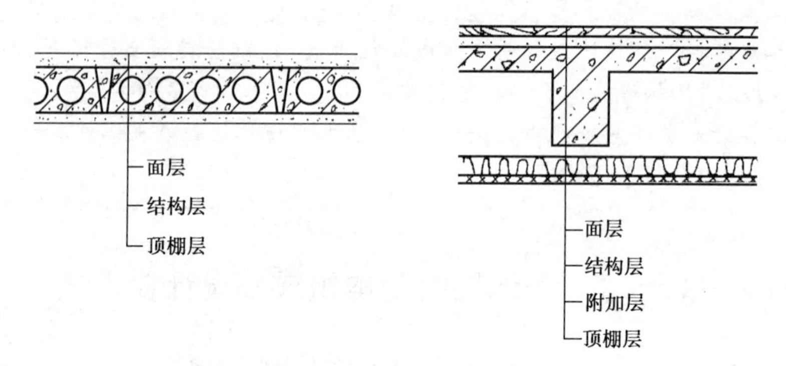

图8－2 楼板层的基本组成

(1) 楼板面层

又称楼面或地面。起着保护楼板层，分布荷载和各种绝缘的作用。同时也对室内装修起重要作用。

(2) 楼板结构层

它是楼板层的承重部分，包括板和梁。主要功能在于承受楼板层上的全部静、活荷载，并将这些荷载传给墙或柱；同时还对墙身起水平支撑作用，帮助墙身抵抗和传递由风或地震等所产生的水平力，以增强建筑物的整体刚度。

(3) 附加层

附加层又可称功能层，主要用以设置满足隔声、防水、隔热、保温等绝缘作用的部分。它是现代楼板结构中不可缺少的部分。

(4) 顶棚层

它是楼板层的下面部分，主要用以保护楼板、安装灯具、遮掩各种水平管线设备以及装修室内。在构造上可分为直接抹灰顶棚、粘贴类顶棚和吊顶棚等多种形式。

2. 楼板的类型

根据所采用材料的不同，楼板可分为木楼板、钢筋混凝土楼板以及钢衬板承重的楼板等多种型式，如图8－3所示。

木楼板具有自重轻、构造简单等优点，但其耐火和耐久性均较差，为节约木材，除产木地区现已极少采用。

钢筋混凝土楼板具有强度高，刚度好，既耐久，又防火，还具有良好的可塑性，且便于工业化生产和机械化施工等特点，是目前我国工业与民用建筑中楼板的基本型式。

压型钢板组合楼板是用截面为凹凸形的压型钢板与现浇混凝土面层组合形成整体性很强的一种楼板结构。压型钢板既可作为混凝土面层的模板，又起结构作用，从而增加楼板的侧向和竖向刚度，使结构的跨度加大，梁的数量减少，楼板自重减轻，施工进度快，在国外高层建筑中得到广泛应用。

三、楼板层的设计要求

楼板层除了承受并传递垂直荷载和水平荷载外，还应具有一定程度的隔声、防火、防水等能力。同时，建筑物中的各种水平设备管线，也将在楼地层内安装。因此，作为楼板层，必须具备如下要求：

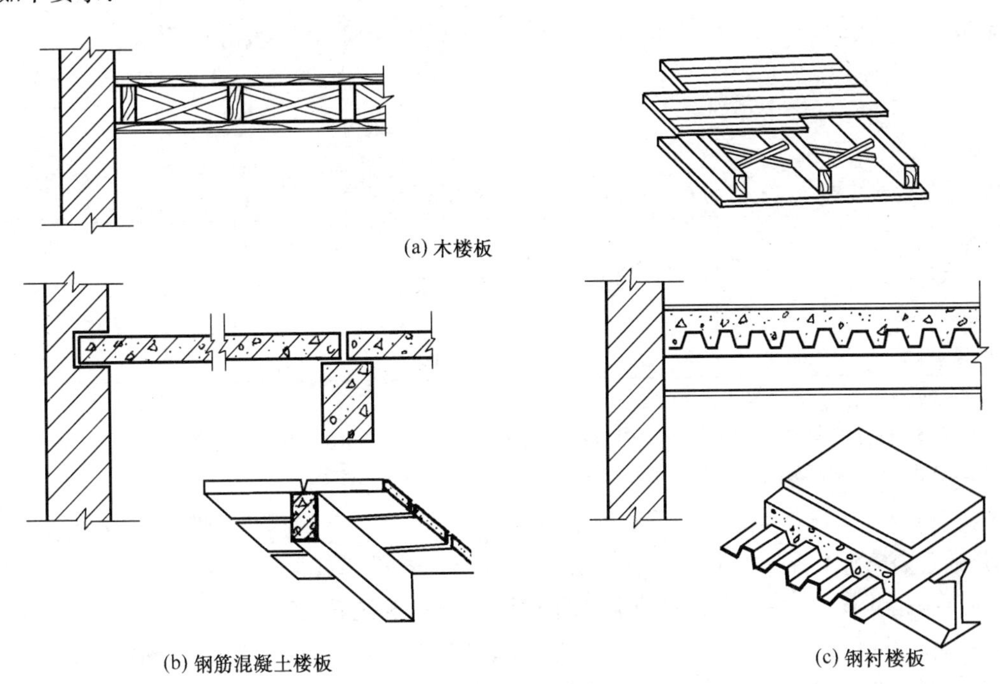

(a) 木楼板

(b) 钢筋混凝土楼板

(c) 钢衬楼板

图 8－3　楼板的类型

（1）必须具有足够的强度和刚度，以保证结构的安全。

（2）具有一定的隔空气传声和撞击传声的能力。

楼板层应具有一定的隔声能力，以防止噪声通过楼板传到上下相邻的房间，影响使用。各种不同性质的房间有不同隔声的要求，如广播室、录音室、演播室等的隔声要求较高，见表8－1和表8－2。而住宅楼板的隔声标准则略低：一级隔声标准为 65 dB；二级隔声标准为 75 dB。

表 8－1　公共建筑允许噪声标准　　单位：dB

建　筑　名　称	允许噪声标准(A 声级)		
	甲等	乙等	丙等
剧场观众厅	≤35	≤40	≤45
影院观众厅	≤40	≤45	≤45
电影院、医院病房楼、小会议室	35～42		
教室、大会议室、电视演播室	30～38		
音乐厅、剧院	25～30		
视听室、广播录音室	20～30		

表 8—2　民用建筑允许噪声标准　　单位：dB

建筑名称	允许噪声标准(A 声级)			
	一级	二级	三级	四级
卧室(或卧室兼起居室)	⩽40	⩽45	⩽50	
起居室	⩽45	⩽50	⩽50	
学校教学用房	⩽40[1]	⩽50[2]	⩽55[3]	
病房、医护人员休息室	⩽40	⩽45	⩽50	
门诊室		⩽60	⩽65	
手术室		⩽45	⩽50	
测听室		⩽25	⩽30	
旅馆客房	⩽35	⩽40	⩽45	⩽50
会议室	⩽40	⩽45	⩽50	⩽50
多用途大厅	⩽40	⩽45	⩽50	
办公室	⩽45	⩽50	⩽55	
餐厅、宴会厅	⩽50	⩽60	⩽60	

注：1. 特殊安静要求房间指语音教室、录音室、阅览室等。
2. 一般教室指普通教室、自然教室、音乐教室、琴房、阅览室、视听教室、美术教室、舞蹈教室等。
3. 无特殊要求的房间指健身房、以操作为主的实验室、教师办公室及休息室等。

空气传声和固体传声是噪声传播的主要途径。空气传声如说话声及吹号、拉提琴等乐器声都是通过空气来传播的。提高楼板密实性、无裂缝等构造措施可达到隔绝空气传声的目的。固体传声系指步履声、移动家具对楼板的撞击声、缝纫机和洗衣机等振动对楼板发出的噪声等是通过固体(楼板层)传递的。由于声音在固体中传递时，声能衰减很少，所以固体传声较空气传声的影响更大。因此，楼板层隔声主要是针对固体传声。

隔绝固体传声的方法主要有以下几种：

一是板面处理：即在楼板面铺设弹性面层，以减弱撞击楼板时所产生的声能，减弱楼板的振动。如铺设地毯、橡胶、塑料等，如图 8—4a。在钢筋混凝土楼板上铺设地毯，噪声通过量可控制在 75dB 以内(钢筋混凝土空心楼板不作隔声处理，通过的噪声为 80～85 dB；钢筋混凝土槽板、密肋楼板不作隔声处理，通过的噪声在 85 dB 以上)。这种方法比较简单，隔声效果也较好，同时还起到了装饰美化室内空间的作用，是较广泛采用的一种方法。

二是板中处理：在楼板上设置片状、条状或块状的弹性垫层，其上做面层形成浮筑式楼板如图 8—4b。这是通过弹性垫层来减弱由面层传来的固体声能以达到隔声的目的。

三是板下处理：结合使用要求，在楼板下设置吊顶棚，使撞击楼板产生的振动不能直接传入下层空间。在楼板与顶棚间留有空气层，吊顶与楼板采用弹性挂钩连接，使声能减弱。对隔声要求高的房间，还可在顶棚上铺设吸声材料加强隔声效果，如图 8—4c。

防固体传声的三种措施，以面层处理效果最好，又便于工业化；浮筑式楼板层虽增加造价不多，效果也较好，但施工较麻烦，很少采用。

(3) 楼板层必须具有一定的防火能力，以保证人身及财产的安全。

(4) 楼板层必须有一定的热工要求，对有一定温、湿度要求的房间，在楼板层中设置保温材料。对有水侵袭的楼板层，须具有防潮、防水的能力，以防水的渗漏，影响建筑物的正常使用。

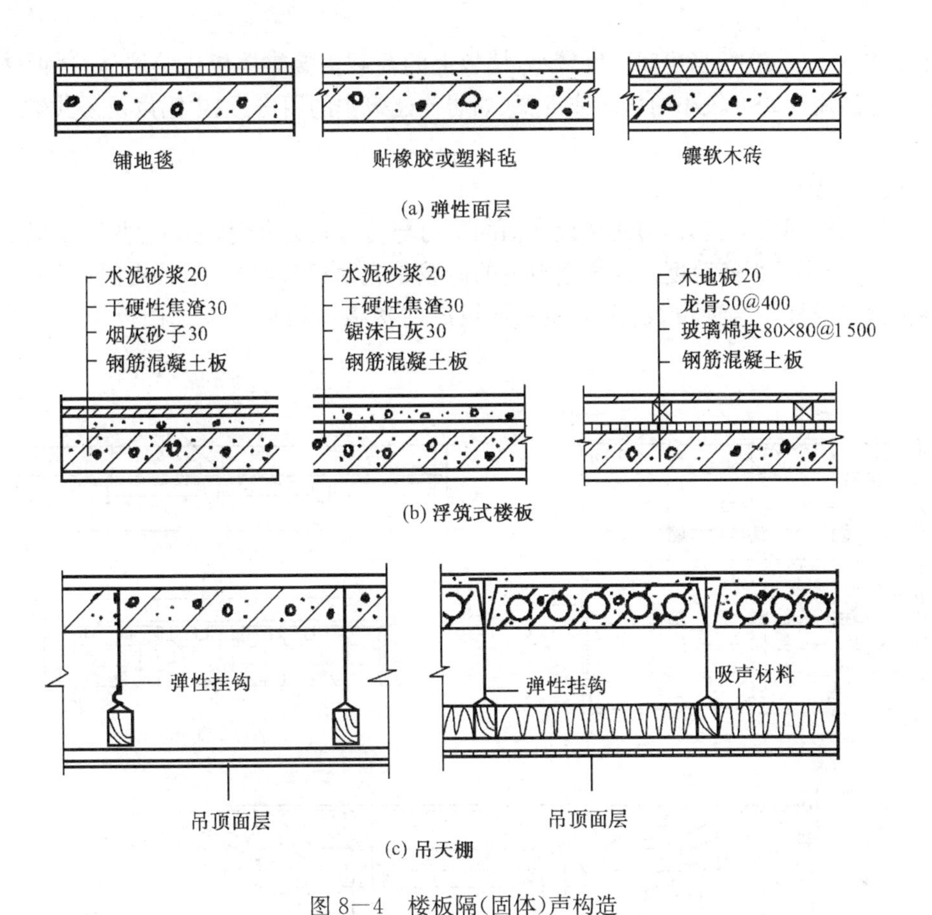

图 8—4　楼板隔(固体)声构造

(5) 在现代建筑中,由于各种服务设施日趋完善,电气、电话、电脑更加普及,有更多的管道、线路将借楼板层来敷设。为保证室内平面布置更加灵活,空间使用更加完整,在楼地层的设计中,必须仔细考虑各种设备管线的走向。

§8—2　钢筋混凝土楼板

钢筋混凝土楼板按施工方法可分为现浇式、装配式和装配整体式三种。现浇钢筋混凝土楼板整体性好、刚度大、利于抗震、梁板布置灵活、能适应各种不规则形状和需留孔洞等特殊要求的建筑,但模板材料的耗用量大,施工速度慢。装配式钢筋混凝土楼板能节省模板,并能改善构件制作时工人的劳动条件,有利于提高劳动生产率和加快施工进度,但楼板的整体性较差,建筑的刚度也不如现浇式的好,一些建筑为节省模板,加快施工进度和增强楼板的整体性,常做成装配整体式楼板。

一、现浇整体式钢筋混凝土楼板

现浇钢筋混凝土楼板是在施工现场按支模、绑扎钢筋、浇注混凝土、养护等施工程序而成型的楼板结构。根据受力和传力情况有板式楼板、梁板式楼板、无梁楼板和钢衬板楼板之分。

1. 板式楼板

在墙体承重建筑中，当房间尺度较小，楼板上的荷载直接靠楼板传给墙体，这种楼板称板式楼板。它适用于跨度较小的房间或走廊(如居住建筑中的厨房、卫生间以及公共建筑的走廊等)。

2. 梁板式楼板

当房间的空间尺度较大，为使楼板结构的受力与传力较为合理，常在楼板下设梁以增加板的支点，从而减小了板的跨度。这样楼板上的荷载是先由板传给次梁，再由次梁传给主梁，再由主梁传给墙或柱。这种由板、次梁和主梁组成的楼板结构称梁板式楼板结构。如图8—5所示。

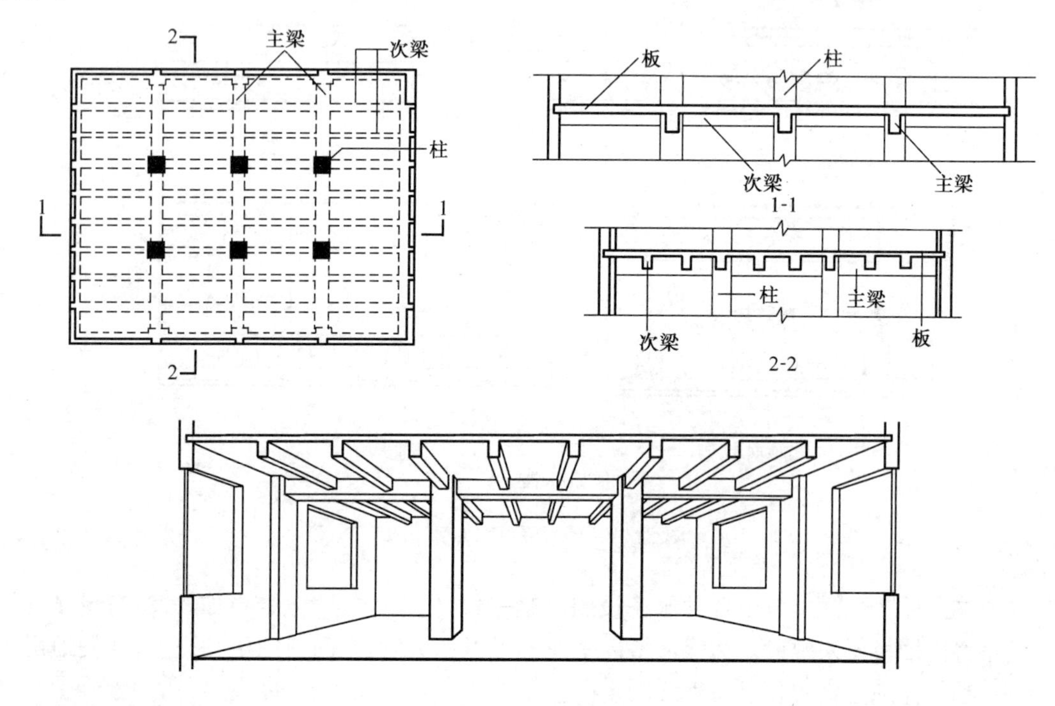

图 8—5 梁板式楼板

楼板依其受力特点和支承情况，又有单向板和双向板之分。在板的受力和传力过程中，把板的短边尺寸设为 L_1，长边尺寸设为 L_2，当 $L_2/L_1>2$ 时，在荷载作用下，板基本上只在 L_1 方向挠曲，而在 L_2 方向挠曲很小。这表明荷载主要沿 L_1 方向传递，故称单向板。

当 $L_2/L_1\leqslant 2$ 时，则两个方向都有挠曲，这说明板在两个方向都传递荷载，故称为双向板。双向板使板的受力和传力更加合理，构件的材料更能充分发挥作用。

(1) 楼板结构的经济尺度

主梁跨度一般为 5～9 m，最大可达 12 m；主梁高为跨度的 1/14～1/8；次梁跨度即主梁间距一般为 4～6 m，次梁高为次梁跨度的 1/18～1/12。梁的宽与高之比一般为 1/3～1/2，其宽度常采用 250 mm，跨度及荷载大者可用 300 mm 或以上。板的跨度即次梁(或主梁)的间距，一般为 1.7～2.5 m；双向板两个方向均不宜超过 5 m。板的厚度根据施工和使用要求，一般有如下规定：

单向板时：

屋面板板厚 60～80 mm；一般为板跨(短跨)的 1/35～1/30；

民用建筑楼板板厚 70～100 mm；

生产性建筑的楼板板厚 80～180 mm；

当混凝土强度等级大于等于 C20 时，板厚可减少 10 mm，但不得小于 60 mm。

双向板时：

板厚为 80～160 mm。一般为板跨(短跨)的 1/40～1/35。

(2) 楼板的结构布置

在楼板结构布置中，应考虑构件的经济尺度，以确保构件受力的合理性。当房间的尺度超出构件经济尺度时，可在室内增设柱子作为主梁的支点，使其尺度在经济跨度范围以内。构件的布置应根据建筑平面设计的尺寸，使主梁尽量沿支点的短跨方向布置，次梁则与主梁方向垂直。对一些公共建筑的门厅或大厅中，当房间的形状近似方形，长短边的比例 $L_2/L_1 \leqslant 2$ 时。且跨度在 10 m 或 10 m 以上时，常沿两个方向等尺寸布置构件，即不分主、次梁，梁的截面也相同，形成井格形梁板结构形式。这种结构又称井式楼板，如图 8－6 所示。

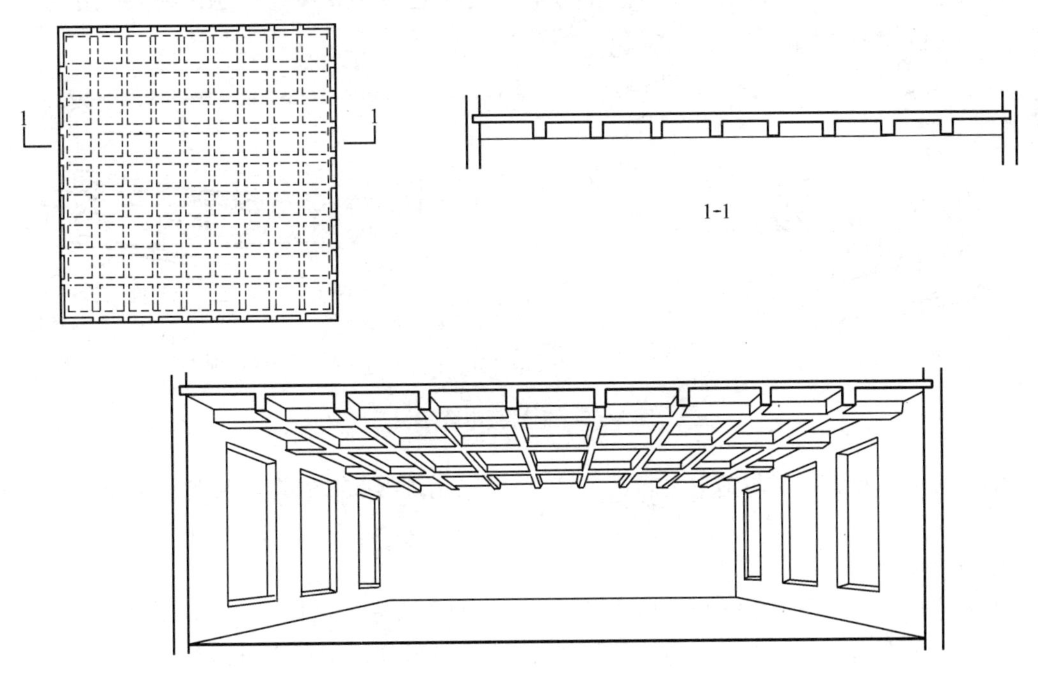

图 8－6　井式楼板

同时，在建筑与结构的配合中，应从使用功能、结构安全和经济等角度考虑问题，密切配合，从而创造出适用、安全、经济合理的结构方案。

3. 压型钢板组合楼板

压型钢板组合楼板实际上是一种钢与混凝土组合的楼板。这种结构系列用凹凸相间的压型薄钢板作衬板与现浇混凝土浇筑在一起支承在钢梁上构成整体型楼板支承结构。主要适用于大空间、高层民用建筑及大跨工业厂房中。

钢衬板组合楼板主要由楼面层、组合板和钢梁三部分所构成。组合板包括现浇混凝土和钢衬板部分。此外可根据需要设吊顶，组合楼板的跨度为 1.5～4.0 m，其经济跨度为 2.0～3.0 m。钢衬板有单层钢衬板和双层孔格式钢衬板之分，如图 8－7 所示。

单层钢衬板组合楼板从有利于受力考虑，常见的构造如图 8－7a，组合楼板在混凝土的上部仍配有钢筋，一方面可提高混凝土面层的抗裂强度，另一方面还可在支承处作为承受负弯矩的钢筋。图 8－7b 在钢衬板上加肋条或压出凹槽，形成抗剪连接，这时钢衬板对混凝土起到加强筋的作用。图 8－7c 则是在钢梁上焊有抗剪栓钉，保证混凝土板和钢梁能共同工作。这是一种经济的构造形式。

双层孔格式钢衬板组合楼板的构造如图 8－7d、图 8－7e，在压型钢板下加一张平钢板，使钢衬板下形成封闭的空腔，这样使承载能力提高。形成的空腔便于设置管线，可作电缆的通道。这种压型钢板高为 40 mm 和 80 mm。

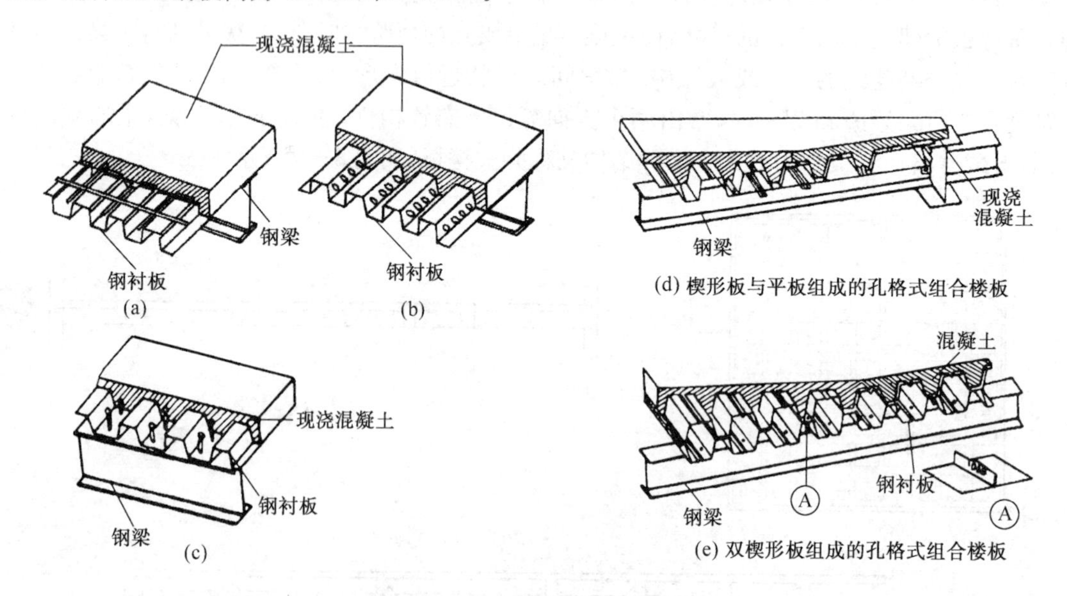

图 8－7　钢衬板组合楼板

钢衬板之间和钢衬板与钢梁之间或连接，一般采用焊接、自攻螺栓、膨胀铆钉或压边咬接等方式连接。

4. 无梁楼板

无梁楼板是框架结构中将板直接支承在柱子上且不设梁的结构，如图 8－8 所示。而楼板的四周可支承在墙上亦可支承在边柱的圈梁上，或是悬臂伸出边柱以外。为了增大柱子的支承面积和减小板的跨度，则在柱的顶部设柱帽和托板。无梁楼板的柱应尽量按方形网格布置，通常楼面活荷载大于等于 5 000 kN/m^2，跨度在 6 m 左右时较梁板式楼板经济，由于板跨较大时，板厚应在 120 mm 以上。无梁楼板多用于荷载较大的商店、展览馆及仓库等建筑中。

无梁楼板与梁板式楼板比较，顶棚平整，室内净空大，采光、通风好，施工较简单。

二、预制装配式钢筋混凝土楼板

预制钢筋混凝土楼板是指在构件预制加工厂或施工现场外预先制作，然后运到工地现场进行安装的钢筋混凝土楼板。凡建筑设计中平面形状规则，尺度符合模数要求的建筑物，都应尽量采用预制楼板，以利于提高施工机械化水平，使工期大为缩短，提高了建筑工业化水平。

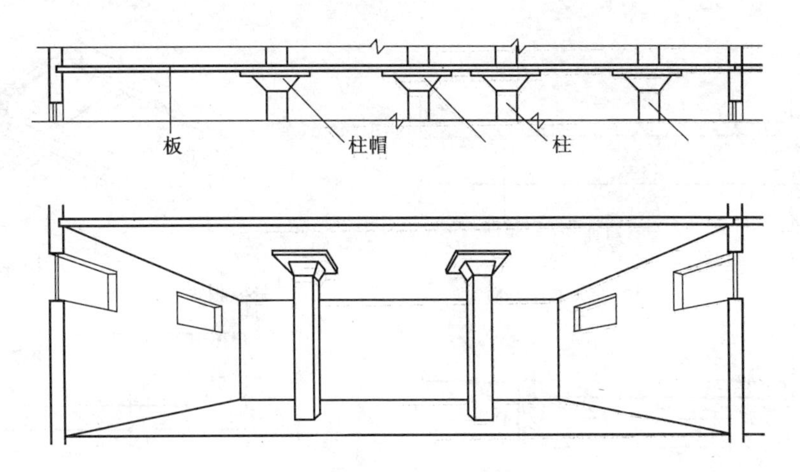

图 8－8　无梁楼板

预制构件可分为预应力和非预应力两种。预应力与非预应力构件相比，可节省钢材30%～50%，节省混凝土10%～30%，使自重减轻，造价降低。

1. 板的类型

(1)实心平板

预制实心平板，跨度一般在2.4 m以内；板厚为跨度的1/30，一般为50～80 mm；板宽约为600～900 mm。预制实心平板因跨度小，多用作过道或小开间房间的楼板，亦可用做搁板或管道盖板等。如图8－9所示。

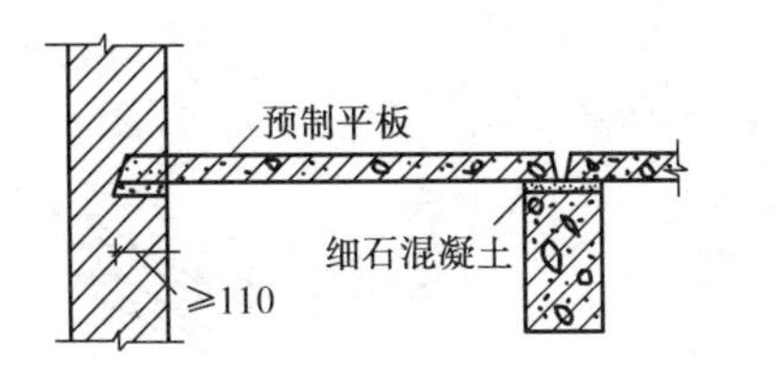

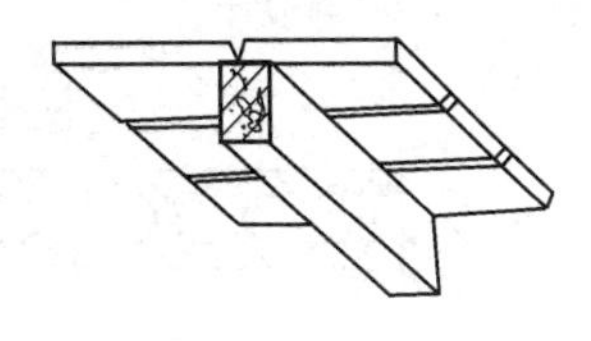

图 8－9 预制钢筋混凝土平板

(2) 槽形板

槽形板是一种梁板结合的构件，即在实心板的两侧设有纵肋，构成 ⌐¬ 形截面。板跨为3～7.2 m；板宽为600～1200 mm；板厚为25～30 mm；肋高为120～300 mm。

为提高板的刚度和便于搁置，常将板的两端以端肋封闭，当板跨达6 m时，应在板的中部每隔500～700 mm处增设横肋一道。

搁置时，板有正置(指肋向下)与倒置(指肋向上)两种。正置板由于板底不平，多再做吊顶。倒置板可保证板底平整，但需另做面板，有时为考虑楼板的隔声或保温，亦可在槽内填充轻质多孔材料。图8－10为槽形板搁置的示意图。

(3) 空心板

空心板根据板内抽孔方式的不同，有方孔板、椭圆孔板和圆孔板之分。目前主要以圆孔使用较广(图8－11)。

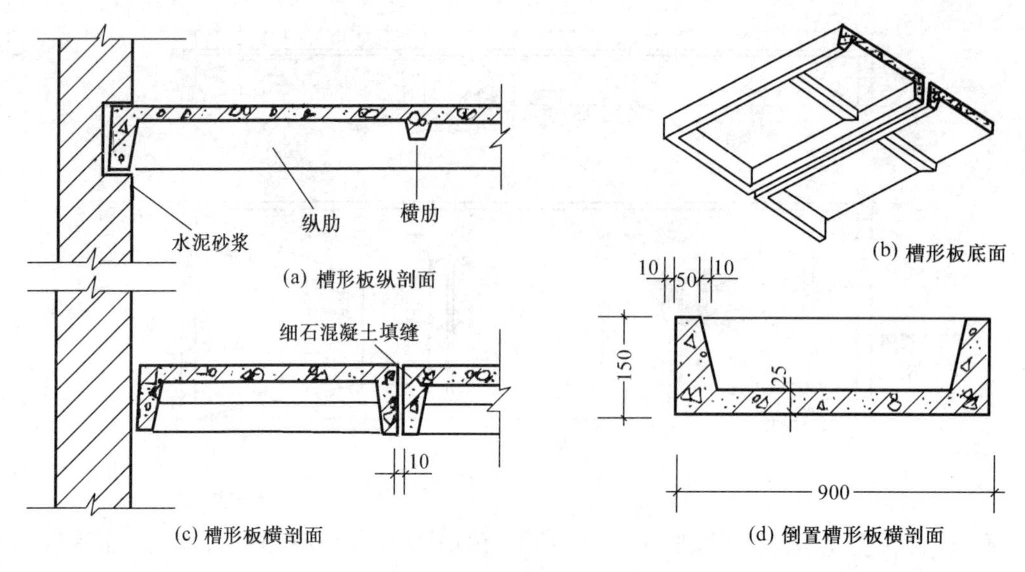

图 8－10　槽形板搁置

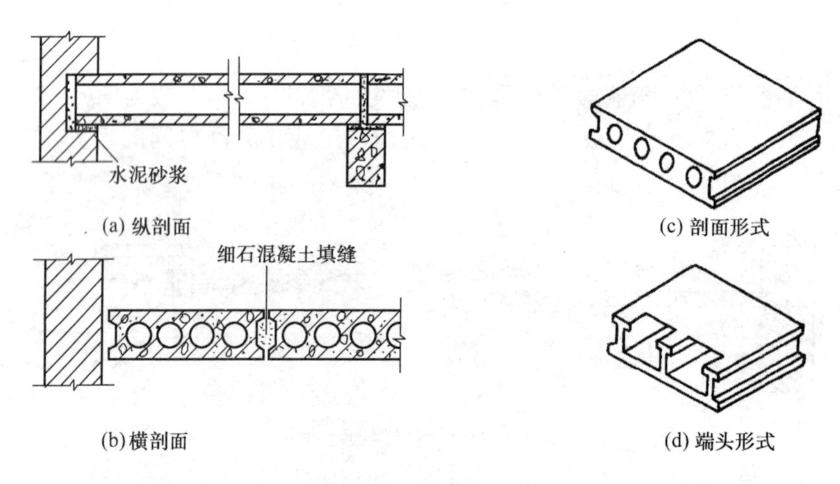

图 8－11　预制空心板

空心板有中型板和大型板之分，中型板板跨多为 4.5 m 以下，板宽 500～1 500 mm，常见的是 600～1 200 mm，板厚 120 mm。大型空心板板跨为 4～7.2 m，板宽为 1 200～1 500 mm，板厚 180～240 mm。空心板的优点是节省材料，缺点是板面不能随意打洞。

空心板支承端的两端孔内常以专制填块、砖块或砂浆块填塞，避免灌缝时混凝土会进入孔内，保证在支座处不致被压坏。

2. 预制板的结构布置与细部处理

(1) 板的布置方式

板的结构布置，首先应根据房间开间、进深尺寸确定板的支承方式，然后依据现有板的规格(或设计某种板型)进行合理布置。板的支承方式有板式和梁板式两种。当预制板直接搁置在墙上称为板式结构布置；楼板先搁在梁上然后将荷载传给墙被称为梁板式结构布置。前者多用于横墙间距较密的宿舍、住宅及病房等建筑中，而后者则多用于教学楼等开间、进深尺寸都较大的建筑中(图 8－12)。

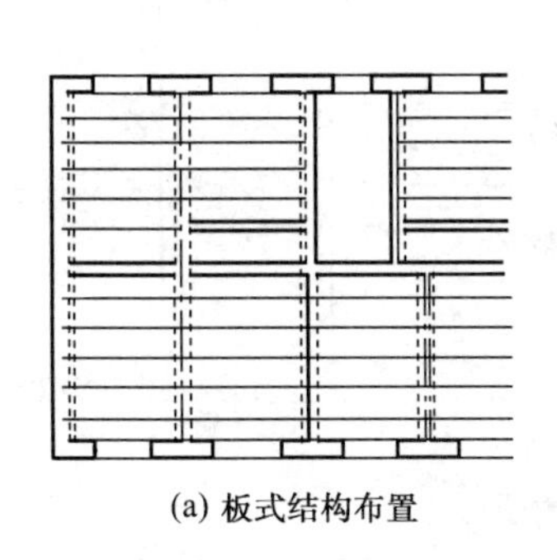

(a) 板式结构布置

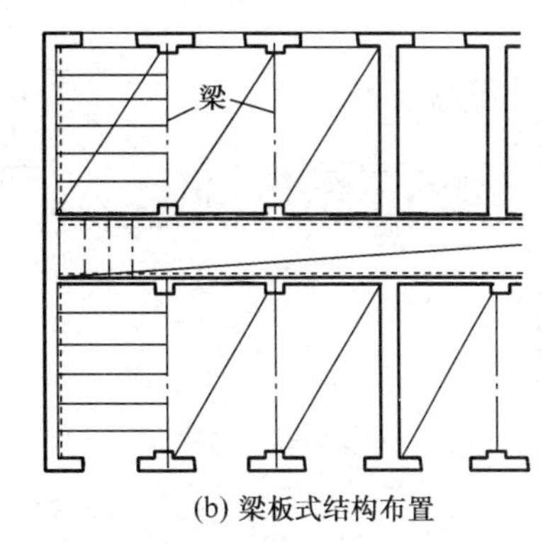

(b) 梁板式结构布置

图 8－12　预制楼板结构布置

板在梁上搁置的方式一般有两种。一是板直接搁在矩形梁顶上,如图 8－13a 所示;另一种是板搁在花篮梁两侧的挑耳上,这时板的上皮与梁顶面平齐,如图 8－13b 所示。在梁高不变的情况下,采用花篮梁比矩形梁少占空间高度,从而提高了室内净空高度。但必须注意板的跨长不同,花篮梁的板跨比矩形梁的板跨减少了梁顶宽度的一半。

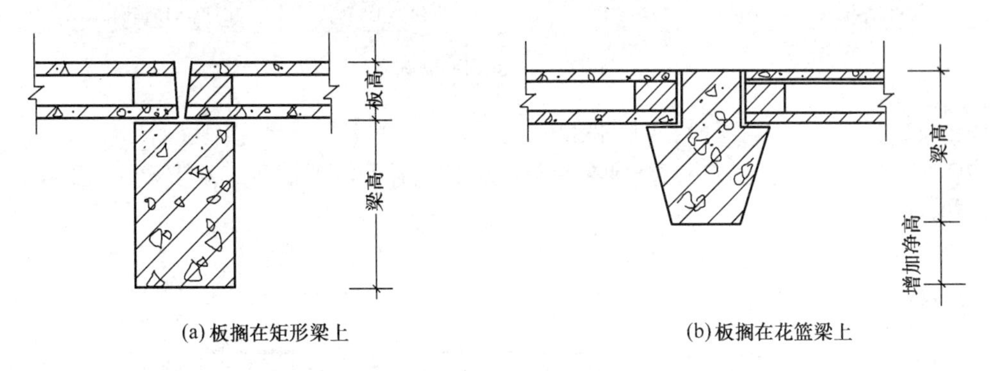

(a) 板搁在矩形梁上　　(b) 板搁在花篮梁上

图 8－13　板在梁上的搁置方式

为避免造成施工差错,板的规格、类型愈少愈好。优先采用宽度较大的板型。

(2) 板缝处理

在排板过程中,应避免出现三面支承,即板的长边不得搁置在墙上,否则在荷载作用下,板会发生纵向裂缝。当板的横向尺寸(板宽方向)与房间平面尺寸出现差额(这个差额称为板缝差)时,可采用以下办法解决。当缝差在 60 mm 以内时,调整板缝宽度,缝宽在 10～20 mm;当缝差在 60～120 mm 时,可沿墙边挑两皮砖解决,如图 8－14a 所示;当缝差超过 120 mm 且在 200 mm之内,或因竖向管道沿墙边通过时,则用局部现浇板带的办法解决,如图 8－14b、c 所示。当缝差超过 200 mm,则需重新选择板的规格。

(3) 板的搁置及锚固

为满足安全要求,板应有足够的搁置长度,一般板在墙上的搁置宽度应不小于 80 mm,在梁上的搁置长度应不小于 60 mm;同时,必须在梁或墙上铺以 20 mm 厚 M5 水泥砂浆找平(俗称坐浆)。此外,为增强房屋的整体刚度,对楼板与墙体之间及楼板与楼板之间常用锚固钢筋

（拉结筋）予以锚固。图 8－15 中锚固钢筋的配置可供参考。

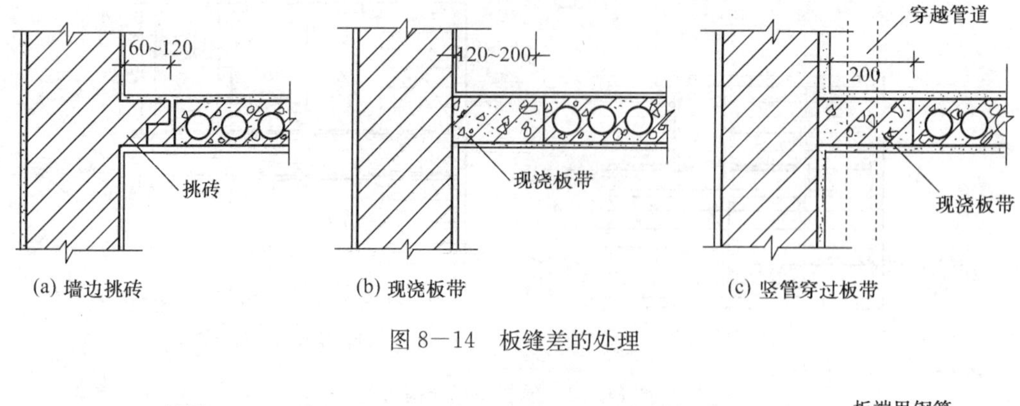

(a) 墙边挑砖　(b) 现浇板带　(c) 竖管穿过板带

图 8－14　板缝差的处理

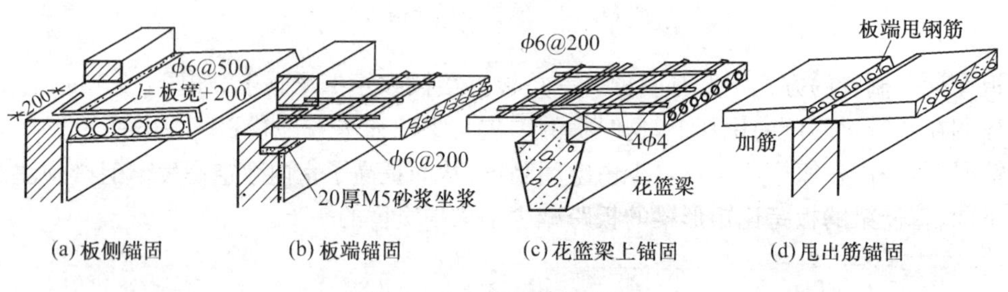

(a) 板侧锚固　(b) 板端锚固　(c) 花篮梁上锚固　(d) 甩出筋锚固

图 8－15　锚固筋的配置

板的接缝有端缝和侧缝两种，板端缝一般需将板缝内灌以砂浆或细石混凝土，使相互连结。也可将板端露出的钢筋交错搭接在一起，或加钢筋网片，然后用细石混凝土灌缝，以增强板的整体性和抗震能力。

侧缝一般有三种形式：V 型缝、U 型缝和凹槽缝，如图 8－16 所示。其中以凹槽缝对楼板的受力较好。

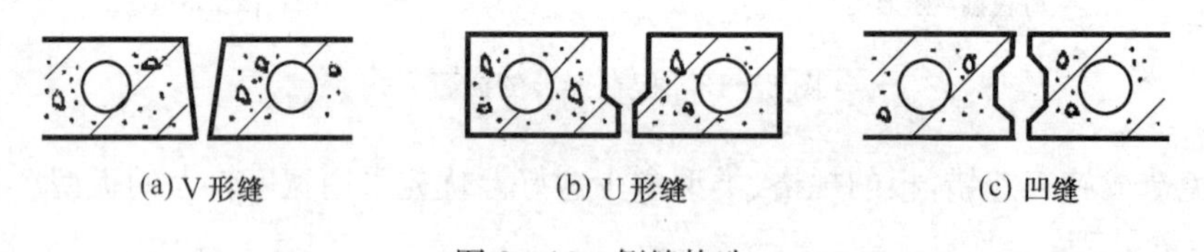
(a) V 形缝　(b) U 形缝　(c) 凹缝

图 8－16　侧缝构造

3. 楼板与隔墙构造关系

当房间设置轻质隔墙时，可直接设置在装配式楼板上。但当采用自重较大的材料如粘土砖作隔墙时，则不宜直接设置在装配式楼板上。应尽量避免使隔墙的重量完全由一块板负担。可采用设置小梁、板内配筋或将隔墙搁在槽形板的纵肋上，如图 8－17 所示。

三、装配整体式钢筋混凝土楼板

装配整体式楼板是将楼板中的部分构件预制，然后到现场安装，再以整体浇筑其余部分的办法连接而成的楼板。它兼有现浇与预制的双重优越性。

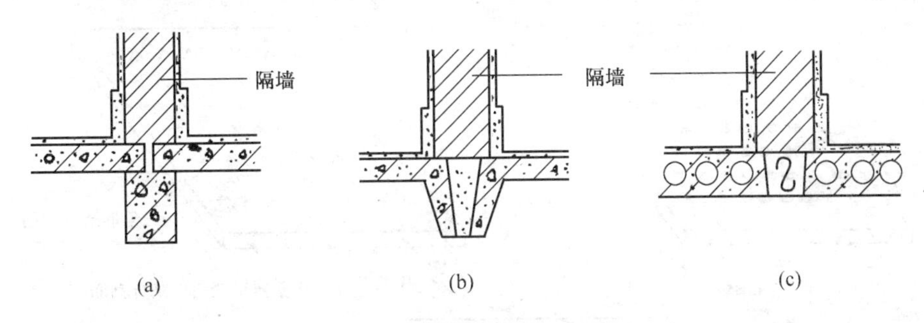

图 8—17　楼板与隔墙构造关系

1. 密肋填充块楼板

密肋填充块楼板的密肋有现浇和预制两种，前者是在填充块之间现浇密肋小梁和面板，其填充块有空心砖、轻质块、玻璃钢模壳等(图 8—18a、图 8—18b)；后者的密肋常见的有预制倒T形小梁、带骨架芯板等(图 8—18c)。这种楼板可充分利用不同材料的性能，能适应不同跨度和不规整的楼板，并有利于节约模板。

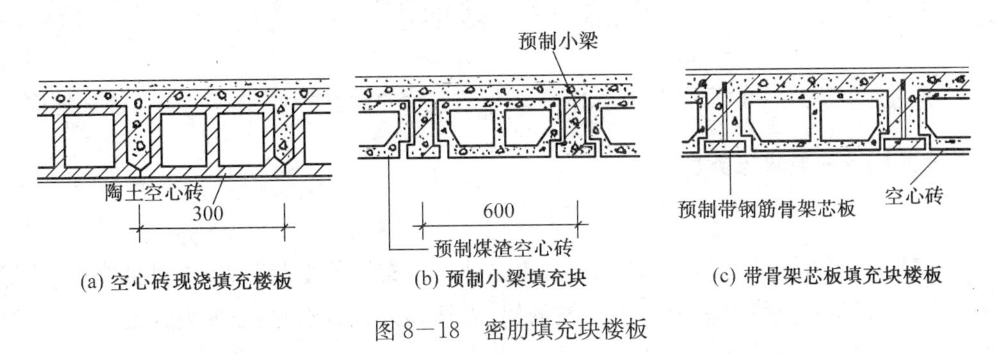

图 8—18　密肋填充块楼板

2. 预制薄板叠合楼板

由于现浇钢筋混凝土楼板要耗费大量模板，故不经济，而装配式楼板整体性较差。采用预制薄板与现浇混凝土面层叠合而成的装配整体式楼板，或称预制薄板叠合楼板，其整体性好，节约模板，施工速度快。它可分为普通钢筋混凝土薄板和预应力混凝土薄板两种。

这种楼板的预制混凝土薄板既是永久性模板承受施工荷载，也是整个楼板结构的组成部分。预应力混凝土薄板内配以刻痕高强钢丝作为预应力筋，同时也是楼板的跨中受力钢筋。板面现浇混凝土叠合层，所有楼板层中的管线均事先埋在叠合层内。现浇层内只需配置少量的支座负弯矩钢筋。预制薄板底面平整，作为顶棚可直接喷浆或粘贴装饰壁纸。预制薄板叠合楼板适合在住宅、宾馆、学校、办公楼、医院以及仓库等建筑中应用。

叠合楼板跨度一般为 4～6 m，最大可达 9 m，5.4 m 以内较为经济。预应力薄板厚 50～70 mm，板宽 1.1～1.8 m。为了保证预制薄板与叠合层有较好的连接，薄板上表面需做处理，常见的有两种：一种是在上表面作刻凹槽处理，如图 8—19a 所示，刻凹槽直径 50 mm，深 20 mm，间距 150 mm；另一种是在薄板上表面露出较规则的三角形结合钢筋，见图 8—19b。现浇叠合层采用 C20 混凝土，厚度一般为 70～120 mm。叠合楼板的总厚取决于板的跨度，一般厚为 150～250 mm。楼板厚度以大于或等于薄板厚度的两倍为宜。

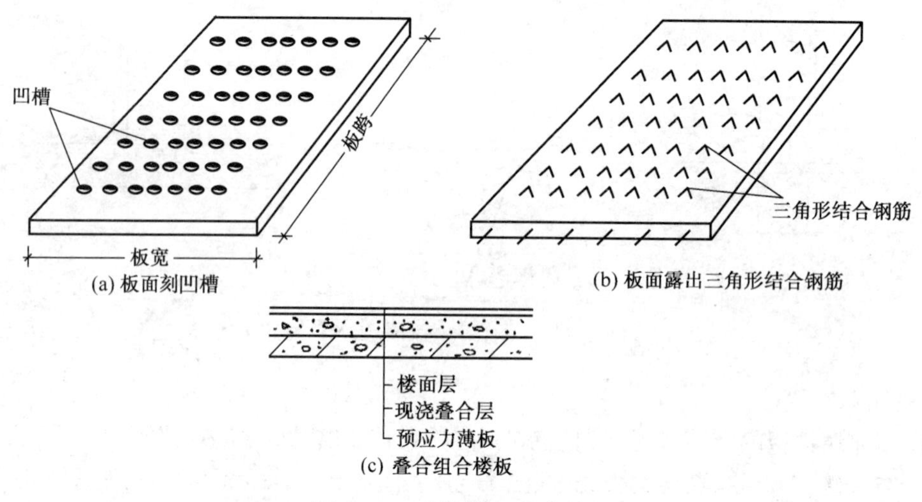

图 8—19　预制薄板叠合楼板

§8—3　楼地面

楼板层的面层和地坪的面层在构造和要求上是一致的，均属室内装修范畴，统称地面。

一、地面构造的要求与类型

1. 地面的要求

地面是人、设备和家具直接接触的部分，也是建筑中直接承受荷载、经常受到摩擦、清扫和冲洗的部分。应具有足够的坚固性，不易被磨损、破坏，易清洁，不起灰；保温性能要好；具有防潮、防水、防火、耐燃烧和防腐蚀的能力。

总之，在设计地面时应根据房间使用功能的要求，选择有针对性的材料，提出适宜的构造措施。

2. 地面的类型

按面层所用材料和施工方式不同，常见地面可分为以下几类：

整体类地面：包括水泥砂浆、细石混凝土、水磨石及菱苦土地面等；

镶铺类地面：包括粘土砖、大阶砖、水泥花砖、缸砖、陶瓷锦砖、地砖、人造石板、天然石板及木地板等地面；

粘贴类地面：包括油地毡、橡胶地毯、塑料地毯及无纺地毯等地面；

涂料类地面：包括各种高分子合成涂料所形成的地面。

二、地面构造

1. 整体类地面

(1) 水泥砂浆地面

水泥砂浆地面简称水泥地面，它构造简单，坚固耐磨，防潮防水，造价低廉，是目前使用最普遍的一种低档地面。水泥砂浆地面导热系数大，吸水性差，容易返潮，此外它还具有易起灰，不易清洁等问题。

水泥砂浆地面分为双层和单层构造，如图8－20所示。双层做法有面层和底层，一般以15～20 mm厚1∶3水泥砂浆找平，再以5～10 mm厚1∶1.5或1∶2.5的水泥砂浆抹面。单层构造是在结构层上抹水泥浆结合层一道后，直接抹15～20 mm厚1∶2或1∶2.5的水泥砂浆一道，抹平后待其终凝前，再用铁板压光。

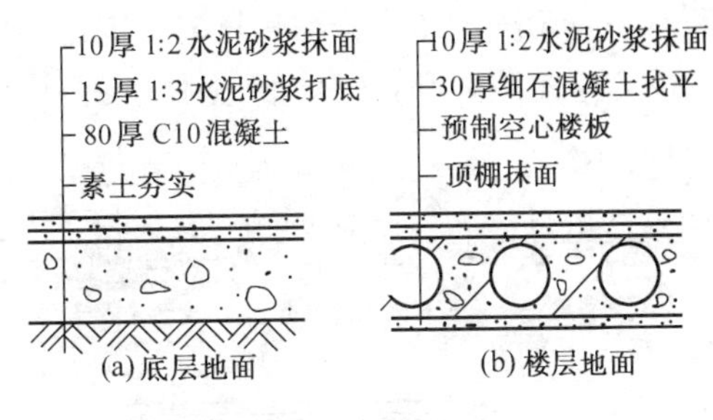

图 8－20　水泥砂浆地面

(2) 细石混凝土地面

是在楼板上浇灌30～40 mm厚细石混凝土，在初凝时用铁辊滚压出浆抹平后，待其终凝前再用铁板压光，作为地面。这种楼面能增强楼板层的整体性，防止楼面产生裂缝和起砂。

(3) 水磨石地面

又称磨石子地面，其特点是表面光洁、美观，不易起灰，如图8－21所示。其造价较水泥地面高，黄梅天也易返潮。常用作公共建筑的大厅、走廊、楼梯以及卫生间的地面。

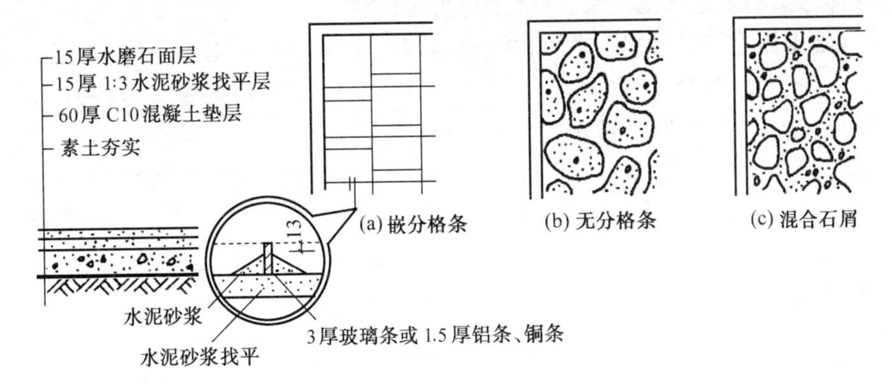

图 8－21　水磨石地面

水磨石地面常见做法是先用15～20 mm厚1∶3水泥砂浆找平，然后用1∶1的水泥砂浆固定分格条，再用10～15 mm厚1∶1.5或1:2的水泥石屑浆抹面，待水泥凝结到一定硬度后，用磨光机打磨，再用草酸清洗，打蜡保护。分格条将面层按设计分隔成正方形、长方形、多边形等各种图案，尺寸常为400～1 000 mm。分格条有玻璃条、铜条或铝条等，视装修要求而定。地面分格的作用是便于施工和维修，并防止因温度变化而导致面层变形开裂，同时也为了更加美观。

(4) 沥青砂浆和沥青混凝土地面(常用于单层厂房)

沥青砂浆是将粉状骨料及砂预热后与已热熔的沥青拌合而成(图8－22)。一般铺筑厚度为20～30 mm。沥青混凝土则在填料中按比例加入碎石或卵石，其粒径不得超过面层分层铺设厚度的2/3。沥青混凝土地面的面层一般厚度为40～50 mm，可采用两层做法，总厚度可为70 mm。沥青砂浆和沥青混凝土面层均须做在混凝土垫层上，为了便于粘结，混凝土垫层上应涂刷冷底子油一道。当地面有耐酸或耐碱使用要求时，则应掺入耐酸或耐碱材料。这种地面可应用于工具室、乙炔站、蓄电池室、电镀车间等。

(5) 水玻璃混凝土地面(图8－23)(常用于单层厂房)

水玻璃混凝土是以水玻璃为胶结剂，氟硅酸钠为硬化剂，耐酸粉料(辉绿岩粉、石英粉)、耐酸石子及耐酸砂子为粗细骨料按一定比例配制而成。它的优点是:具有良好的耐酸稳定性,特别适合于耐浓酸和强氧化酸;整体性好,机械强度高,耐热性能好;材料来源充沛,价格较低。

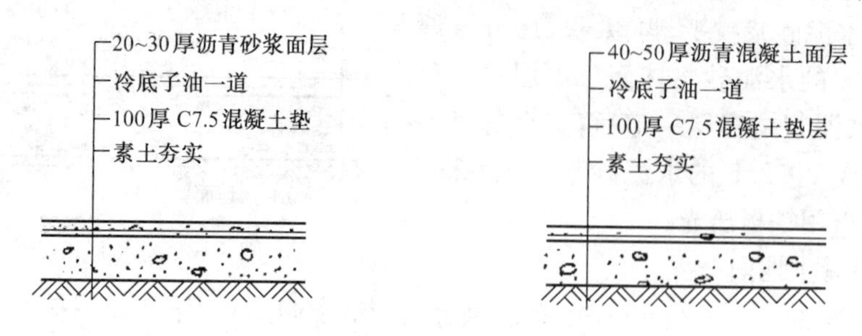

图 8—22 沥青砂浆和沥青混凝土地面

这种地面在耐酸防腐工程中应用很广泛,如生产车间或仓库。但水玻璃混凝土不耐碱性介质和氢氟酸,抗渗性差,因此地面均须设置隔离层,即在混凝土垫层上涂沥青或铺卷材做隔离层,以防液体渗透与普通水泥砂浆、混凝土等直接接触。

水玻璃混凝土面层有铺平和磨平两种做法,后者一般称水玻璃磨石子地面,它们的厚度分别为 60 及 70 mm(分两次施工)。

(6) 菱苦土地面(图 8—24)(常用于单层厂房)

菱苦土地面是用苛性菱镁矿、锯末、砂(或石屑)和氯化镁水溶液的拌合物铺设而成。菱苦土面层通常做在混凝土垫层上,其做法有双层和单层两种。双层的上层厚度一般为 8～10 mm,下层厚度为 12～15 mm。单层的厚度为 12～15 mm。菱苦土地面具有弹性好、保温、不发生火花和不起灰等优点。它适用于精密生产车间、装配车间、计量站、纺纱车间、织布车间、校验室等厂房。

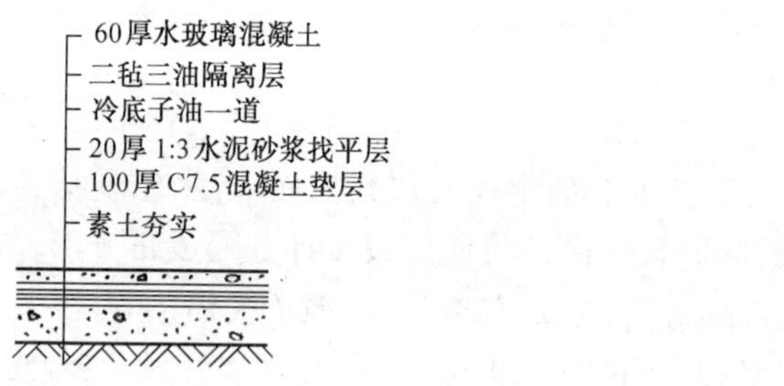

图 8—23 水玻璃混凝土地面

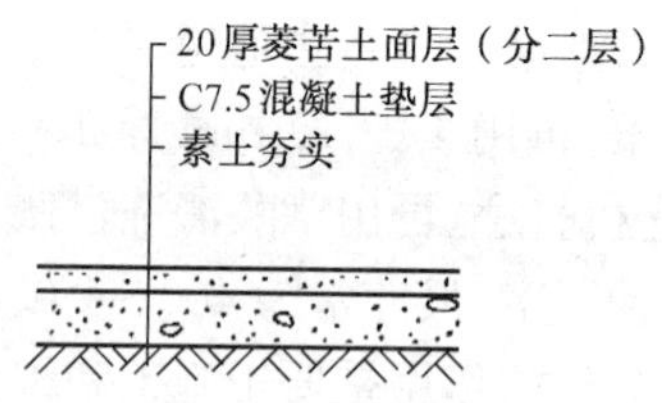

图 8—24 菱苦土地面

2. 块料地面

块料地面是借助胶结材料将块料地面铺贴在结构层上。常用的块料地面有粘土砖、水泥砖、大理石、缸砖、陶瓷锦砖、陶瓷地砖等。胶结材料既起胶结作用又起找平作用,也有先做找平层再做胶结层。常用胶结材料有水泥砂浆、油膏等,也有用细砂和细炉渣做结合层。

(1) 粘土砖地面

粘土砖地面用普通标准砖,有平铺和侧铺两种。这种地面施工简单,造价低廉,适用于要求不高或临时建筑地面以及庭园小路等。

(2) 水泥制品块地面

水泥制品块地面常用的有水泥砂浆砖(尺寸常为150～200 mm方形,厚10～20 mm)、水磨石块、预制混凝土块(尺寸常为400～500 mm方形,厚20～50 mm)。水泥制品块与基层粘结有两种方式:当预制块尺寸较大且较厚时,常在板下干铺一层20～40 mm厚细砂或细炉渣,待校正后用砂浆填缝。这种做法施工简单、造价低,便于维修更换,但不易平整,如图8－25a。当预制块小而薄时,则采用10～20 mm厚1∶3水泥砂浆做结合层,铺好后再用1∶1水泥砂浆嵌缝。这种做法坚实、平整,但施工较复杂,造价也较高,如图8－25b、c。

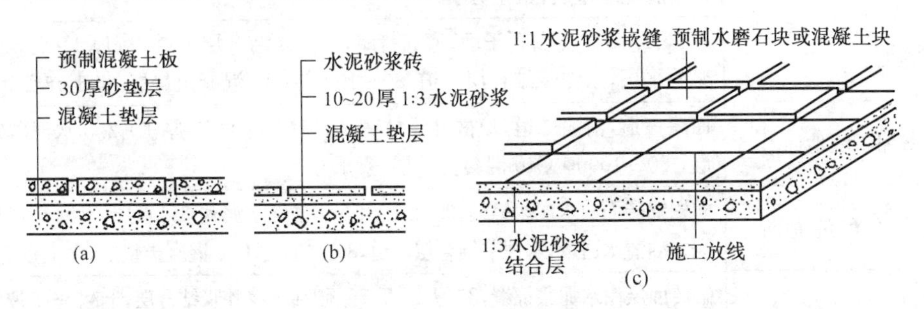

图8－25　水泥制品块地面

(3) 陶瓷锦砖及缸砖地面

陶瓷锦砖又称马赛克,是以优质瓷土烧制而成的小尺寸瓷砖,其特点与面砖相似。陶瓷锦砖有不同大小、形状和颜色并由此可以组合成各种图案,使饰面能达到一定艺术效果。主要用于防滑要求较高的卫生间、浴室等房间的地面。

缸砖是用陶土焙烧而成的一种无釉砖块。形状有正方形(尺寸为100 mm×100 mm和150 mm×150 mm,厚10～19 mm)、六边形、八角形等。颜色也有多种,但以红棕色和深米黄色居多。由不同形状和色彩可以组合成各种图案。缸砖背面有凹槽,使砖块和基层粘结牢固,铺贴时一般用15～20 mm厚1∶3水泥砂浆做结合材料,要求横平竖直(图8－26)。缸砖具有质地坚硬、耐磨、耐水、耐酸碱、易清洁等特点。

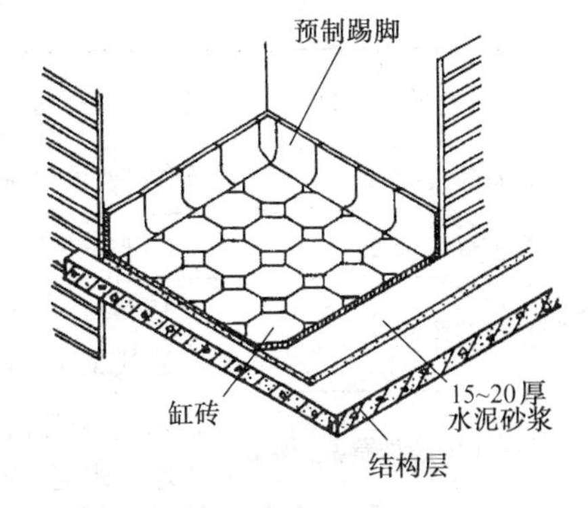

图8－26　缸砖地面

(4) 地砖地面

地砖又称墙地砖,其类型有釉面地砖、亚光釉面砖和无釉防滑地砖及抛光同质地砖。地砖有各种颜色,色调均匀,砖面平整,抗腐耐磨,施工方便,且块大缝少,装饰效果好。特别是防滑地砖和抛光地砖又能防滑,因而越来越多地用于办公、商店、旅馆和住宅中。陶瓷地砖一般厚6～10 mm,其规格有600 mm×600 mm,500 mm×500 mm,400 mm×400 mm,300 mm×300 mm,250 mm×250 mm,200 mm×200 mm。块越大,价格越高,装饰效果越好。

常用楼地面做法见表8－3、表8－4。

3. 木地面

木地面的特点是具有弹性、导热系数小、不起尘、不反潮。由于我国木材资源少,造价高,因此常用于宾馆、体育馆、剧院舞台和住宅等建筑。

表 8—3 常用地面做法

名　称	材料及做法
水泥砂浆地面	25 厚 1∶2 水泥砂浆面铁板赶光，水泥浆结合层一道，80～100 厚 C10 混凝土垫层，素土夯实
水泥豆石地面	25 厚 1∶2 水泥豆石（瓜米石）面铁板赶光，水泥浆结合层一道，80～100 厚 C10 混凝土垫层，素土夯实
水磨石地面	15 厚 1∶2 水泥白石子面，磨光打蜡，水泥浆结合层一道，25 厚 1∶2.5 水泥砂浆找平层，水泥浆结合层一道，80～100 厚 C10 混凝土垫层，素土夯实
聚乙烯醇缩丁醛地面	面漆三道，清漆二道，填嵌并满抹腻子，清漆一道，25 厚 1∶2.5 水泥砂浆找平层，80～100 厚 C10 混凝土垫层，素土夯实
陶瓷锦砖（马赛克）地面	陶瓷锦砖面白水泥浆擦缝，25 厚 1∶2.5 干硬性水泥砂浆结合层，上洒 1～2 厚干水泥并洒清水适量，水泥浆结合层一道，80～100 厚 C10 混凝土垫层，素土夯实
缸砖地面	缸砖面层白水泥浆擦缝，25 厚 1∶2.5 干硬性水泥砂浆结合层，上洒 1～2 厚干水泥并洒清水适量，水泥浆结合层一道，80～100 厚 C10 混凝土垫层，素土夯实
陶瓷地砖地面	陶瓷地砖面层白水泥浆擦缝，25 厚 1∶2.5 干硬性水泥砂浆结合层，上洒 1～2 厚干水泥并洒清水适量，水泥浆结合层一道，80～100 厚 C10 混凝土垫层，素土夯实

表 8—4 常用楼面做法

名　称	材料及做法
水泥砂浆楼面	25 厚 1∶2 水泥砂浆面铁板赶光，水泥浆结合层一道，钢筋混凝土楼板层
水泥石屑楼面	30 厚 1∶2 水泥石屑面铁板赶光，水泥浆结合层一道，钢筋混凝土楼板层
水磨石楼面	15 厚 1∶2 水泥白石子面，磨光打蜡，水泥浆结合层一道，25 厚 1∶2.5 水泥砂浆找平层，水泥浆结合层一道，钢筋混凝土楼板层
陶瓷锦砖（马赛克）楼面	陶瓷锦砖面白水泥浆擦缝，25 厚 1∶2.5 干硬性水泥砂浆结合层，上洒 1～2 厚干水泥并洒清水适量，水泥浆结合层一道，钢筋混凝土楼板层
陶瓷地砖楼面	陶瓷地砖面层白水泥浆擦缝，25 厚 1∶2.5 干硬性水泥砂浆结合层，上洒 1～2 厚干水泥并洒清水适量，水泥浆结合层一道，钢筋混凝土楼板层
大理石（镜面花岗石）楼面	20 厚大理石（镜面花岗石）面层白水泥浆擦缝，25 厚 1∶2.5 干硬性水泥砂浆结合层，上洒 1～2 厚干水泥并洒清水适量，水泥浆结合层一道，钢筋混凝土楼板层

木地面按其规格分为长条企口地板和拼花地板两种。企口地板 20 mm 厚，50～150 mm 宽，左右板缝具有凹凸企口用暗钉钉于基层木搁栅上（图 8—27b）。拼花地板是由长度 200～300 mm 窄条硬木地板纵横交错镶铺在毛板上而成，毛板直接斜铺在基层木搁栅上（图 8—27a）。

木地面主要有两种构造方法，即架空式和实铺式。架空式耗用木材多，已很少采用。实铺式是直接在实体基层上铺设木地板。一般分为木搁栅支承方式和粘贴方式。木搁栅支承式是将木搁栅固定在结构层上,一般采用预埋铁丝绑扎或U形铁件嵌固等方式。底层地面应做防潮处理,在结构层上涂冷底子油和热沥青。粘贴式木地面是用沥青胶、环氧树脂和乳胶将木地板直接粘贴在找平层上,省去了木搁栅,但应保证找平基层平整和粘贴质量(图8—27c)。

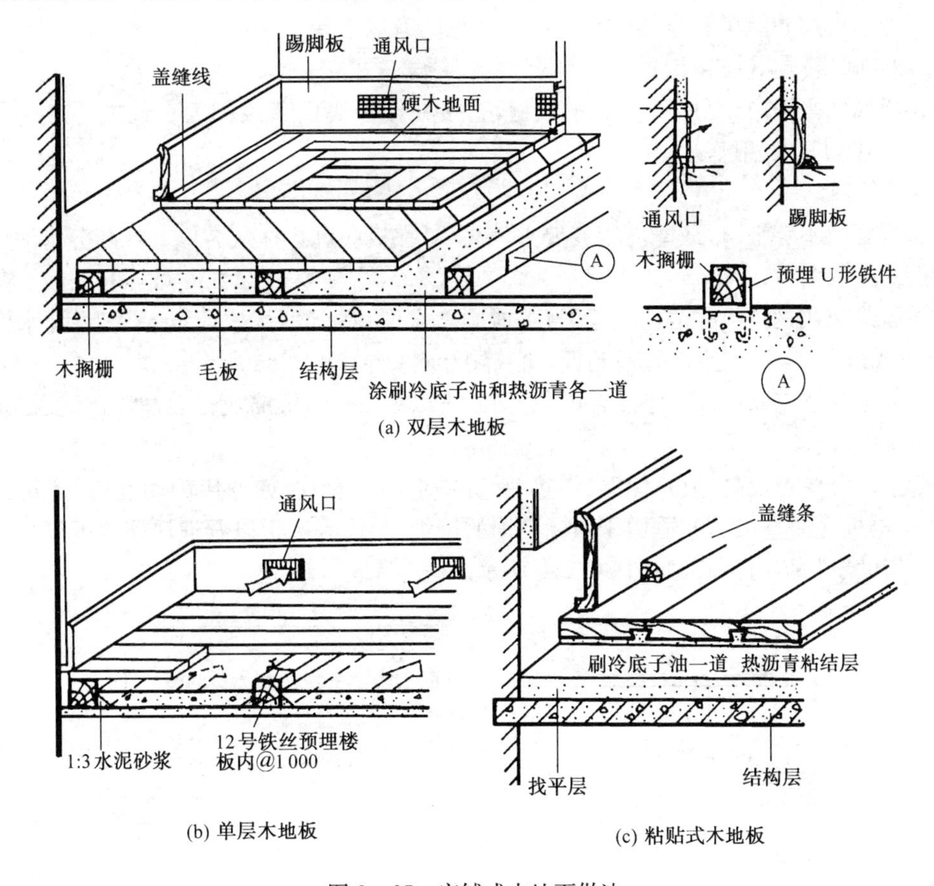

图8—27　实铺式木地面做法

4. 塑料地面

塑料地面包括一切以有机物质为主所制成的地面覆盖材料。如以一定厚度平面状的块材或卷材形式的油地毡、橡胶地毯、涂料地面和涂布无缝地面。

塑料地面装饰效果好,色彩鲜艳,施工简单,维修保养方便,有一定弹性,脚感舒适,步行时噪声小,但它有易老化,日久失去光泽,受压后产生凹陷,不耐高热,硬物刻画易留痕等缺点。

§8—4　顶棚

顶棚又称平顶或天花,系指楼板层的下面部分,也是室内装修的一部分。作为顶棚,要求表面光洁、美观,且能起反射光照的作用,以改善室内的亮度。对某些有特殊要求的房间,还要求顶棚具有隔声、防水、保温、隔热等功能。

根据房间用途的不同,顶棚可做成弧形、凹凸形、高低形、折线型等。依其构造方式的不同,顶棚有直接式顶棚和悬吊式顶棚之分。

一、直接式顶棚

直接式顶棚是指直接在钢筋混凝土楼板下喷、刷、粘贴装修材料的一种构造方式。多用于大量性工业与民用建筑中。直接式顶棚装修常见的有以下几种处理：

1. 直接刷(喷)涂料

当楼板底面平整时，可用腻子嵌平板缝，直接在楼板底面喷或刷大白浆或 106 等装饰涂料，以增加顶棚的光反射作用。

2. 抹灰装修

当楼板底面不够平整，或室内装修要求较高，可在板底进行抹灰装修。抹灰分水泥砂浆抹灰和纸筋灰抹灰两种。

水泥砂浆抹灰是将板底清洗干净，打毛或刷素水泥浆一道后，抹 5 mm 厚 1∶3 水泥砂浆打底，用 5 mm 厚 1∶2.5 水泥砂浆粉面，再喷刷涂料，如图 8－28a 所示。

纸筋灰抹灰系先以 6 mm 厚混合砂浆打底，再以 3 mm 厚纸筋灰粉面，然后喷、刷涂料。

3. 贴面式装修

对某些装修要求较高，或有保温、隔热、吸音要求的建筑物，如商店门面、公共建筑的大厅等等，可于楼板底面直接粘贴适用于顶棚装饰的墙纸、装饰吸音板以及泡沫塑胶板等。这些装修材料均借助于粘结剂粘贴，如图 8－28b 所示。

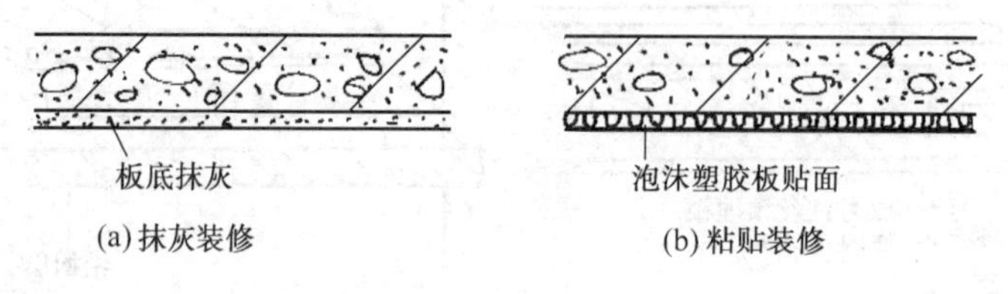

图 8－28　直接式顶棚

二、吊顶棚

吊顶棚又称吊天花，简称吊顶。在现代建筑中，为提高建筑物的使用功能，除照明、给排水管道、煤气管需安装在楼板层中外，空调管、灭火喷淋、传感器、广播设备等等管线及其装置，均需安装在顶棚上。

吊顶依所采用材料、装修标准以及防火要求的不同有木质骨架和金属骨架之分。

1. 木龙骨吊顶

木龙骨吊顶主要是借预埋于楼板内的金属吊件或锚栓将吊筋(又称吊头)固定在楼板下部，吊筋间距一般为 900～1 000 mm，吊筋下固定木主龙骨又称吊档，其截面均为 45 mm×45 mm或 50 mm×50 mm。主龙骨下钉次龙骨(又称平顶筋或吊顶搁栅)。次龙骨截面为 40 mm×40 mm，间距为 400 mm、450 mm、500 mm、600 mm，间距的选用视下面装饰铺材的规格而定。面板有木板条抹灰、纤维板面、胶合板、各种装饰吸声板、石膏板、钙塑板等板材，其具体构造见图 8－29 所示。

木龙骨吊顶因其基层材料具可燃性，加之安装方式多系铁钉固定，使顶棚表面很难做到水平。因此在一些重要的工程或防火要求较高的建筑中，已极少采用。

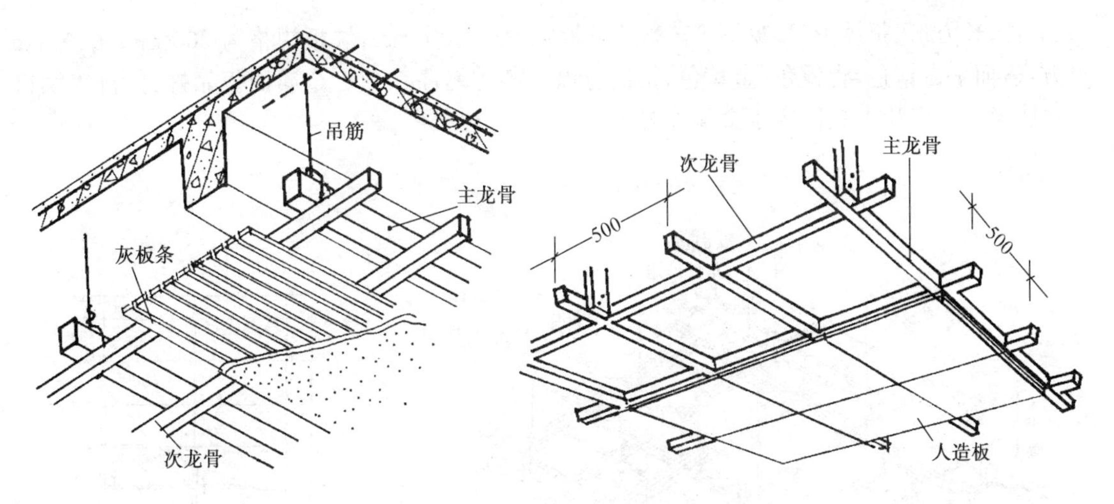

图 8—29　木质吊顶

2. 金属龙骨吊顶

金属龙骨吊顶主要由金属龙骨基层与装饰面板所构成。金属龙骨由吊筋、主龙骨、次龙骨和横撑龙骨组成。吊筋一般采用 ϕ6 钢筋或 8 号铅丝或 ϕ6 螺栓，中距 900～1 200 mm，固定在楼板下。吊筋头与楼板的固结方式可分为吊钩式、钉入式和预埋件式，如图 8—30 所示。在吊筋的下端悬吊主龙骨。主龙骨有[形截面和⊥形截面两种，吊筋借吊挂配件悬吊主龙骨，然后再在主龙骨下悬吊次龙骨。在次龙骨之间增设小龙骨，小龙骨间距视面板规格而定。次龙骨和小龙骨截面有 U 形(图 8—31)和⊥形(图 8—32)。最后在次龙骨和横撑上铺、钉面板。

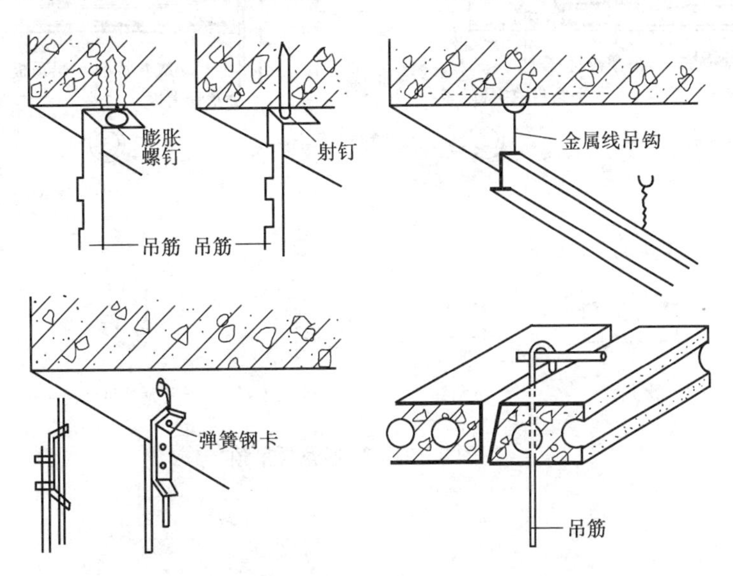

图 8—30　吊筋与楼板的固结方式

装饰面板有各种人造板和金属板之分。人造板包括纸面石膏板、矿棉吸音板、各种穿孔板和纤维水泥板等。装饰面板可借平头自攻螺钉固定在龙骨和横撑上，亦可放置在⊥形龙骨的翼缘上。金属面板包括铝板、铝合金型板、彩色涂层薄钢板和不锈钢薄板等。面板形式有长条形、方形、长方形、折棱形等，见图 8－33。条板宽 60～300 mm，块板规格为 500 mm、600 mm 见方，表面呈古铜色、青铜色、金黄色、银白色以及各种烤漆颜色。金属面板靠螺钉、自攻螺钉或膨胀铆钉或专用卡具固定于金属龙骨上。

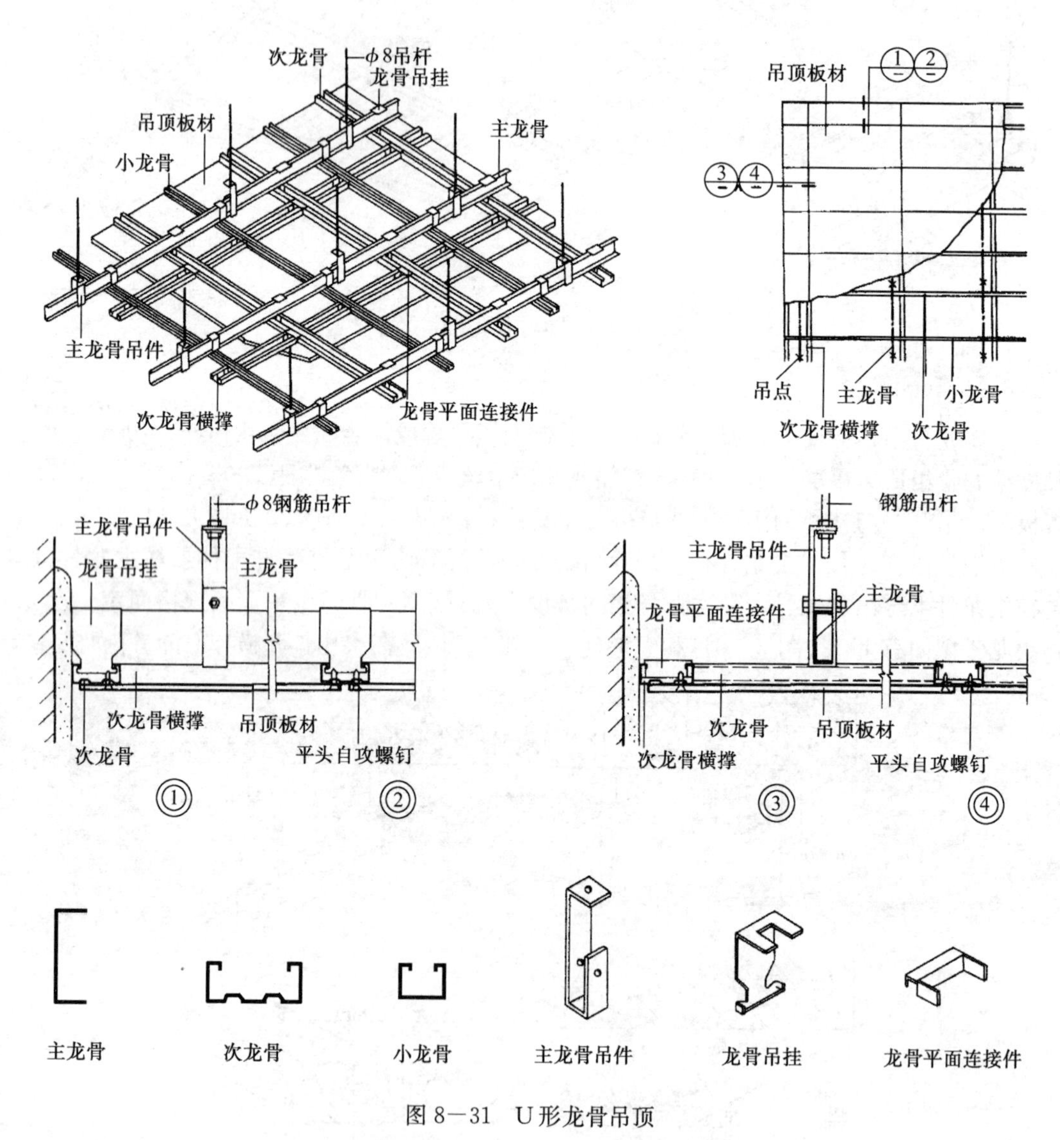

图 8－31　U形龙骨吊顶

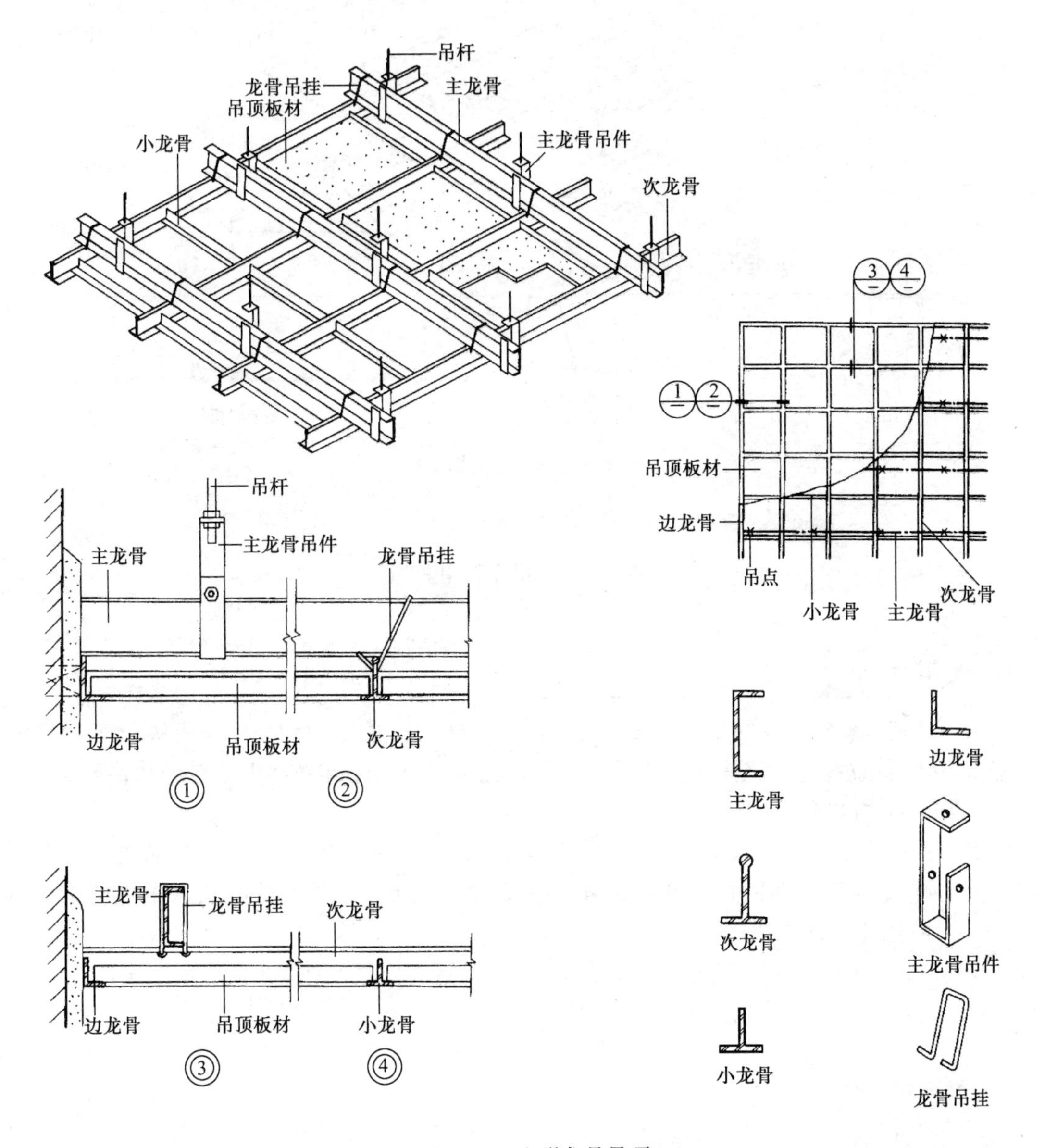
吊杆
龙骨吊挂
主龙骨
吊顶板材
小龙骨
主龙骨吊件
次龙骨
3
4
1
2
吊顶板材
边龙骨
吊点
小龙骨
主龙骨
次龙骨
吊杆
主龙骨吊件
主龙骨
龙骨吊挂
边龙骨
吊顶板材
次龙骨
①
②
主龙骨
边龙骨
主龙骨
龙骨吊挂
次龙骨
边龙骨
吊顶板材
小龙骨
③
④
次龙骨
主龙骨吊件
小龙骨
龙骨吊挂

图 8—32　⊥形龙骨吊顶

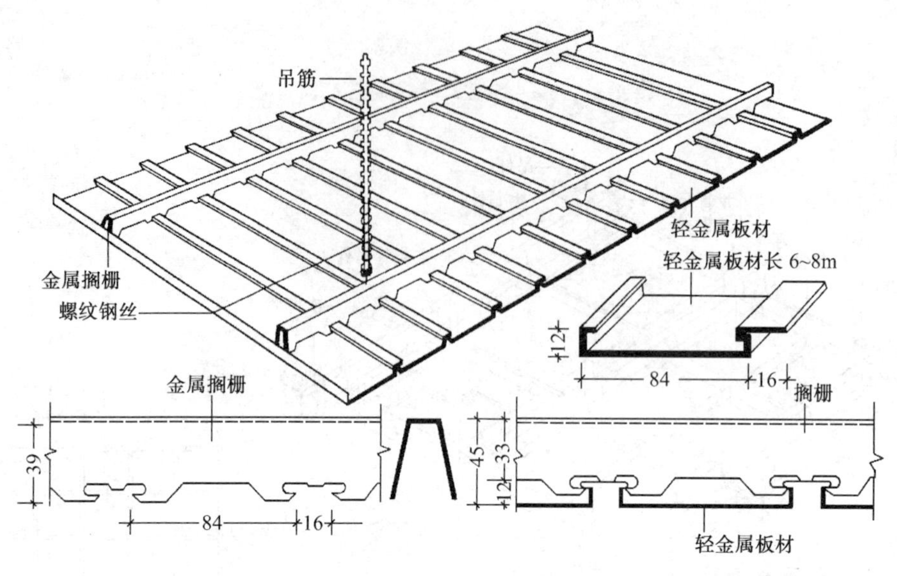

图 8—33　金属面板

§8—5　阳台与雨篷

一、阳台

阳台是多层建筑中房间与室外接触的平台。阳台主要供人们休息、眺望或从事家务活动。按阳台与外墙相对位置和结构处理不同,可有挑阳台、凹阳台和半挑半凹阳台等几种形式。

1. 阳台结构布置

阳台的承重形式有墙承式和悬挑式。墙承式是将阳台板搁置在承重墙上,板的跨度与房间的板相同,主要用于凹阳台。悬挑式分为挑梁式和挑板式。挑梁式是从承重内墙中出挑 1.0～1.5 的悬臂梁,压在墙中的长度一般为悬臂长的 1.5 倍,然后在悬臂梁上搁置楼板,如图 8—34a所示。挑板式是将阳台板与圈梁现浇在一起,这时圈梁受扭,要求上部有较大的压重,故阳台板悬挑不宜过大,一般在 1.2 m 以内为好。

2. 阳台细部构造

(1) 栏杆形式

阳台栏杆是在阳台外围设置的垂直构件,其作用有二:一是承担人们倚扶的侧向推力,以保障人身安全,二是对建筑物起装饰作用。因此,作为栏杆既要考虑安全(如多层住宅其竖向净高不小于 1 m),又要注意美观。从外形上看,栏杆有实体和镂空之分。实体栏杆又称栏板,镂空栏杆其垂直杆件之间的净距离不大于 130 mm。从材料上栏杆有砖砌栏板、钢筋混凝土栏杆和金属栏杆之分,如图 8—35 所示。

(2) 细部构造

阳台细部构造主要包括栏杆与扶手、栏杆与面梁、栏杆与阳台板、栏杆与花盆台的连接以及栏杆、栏板的处理。

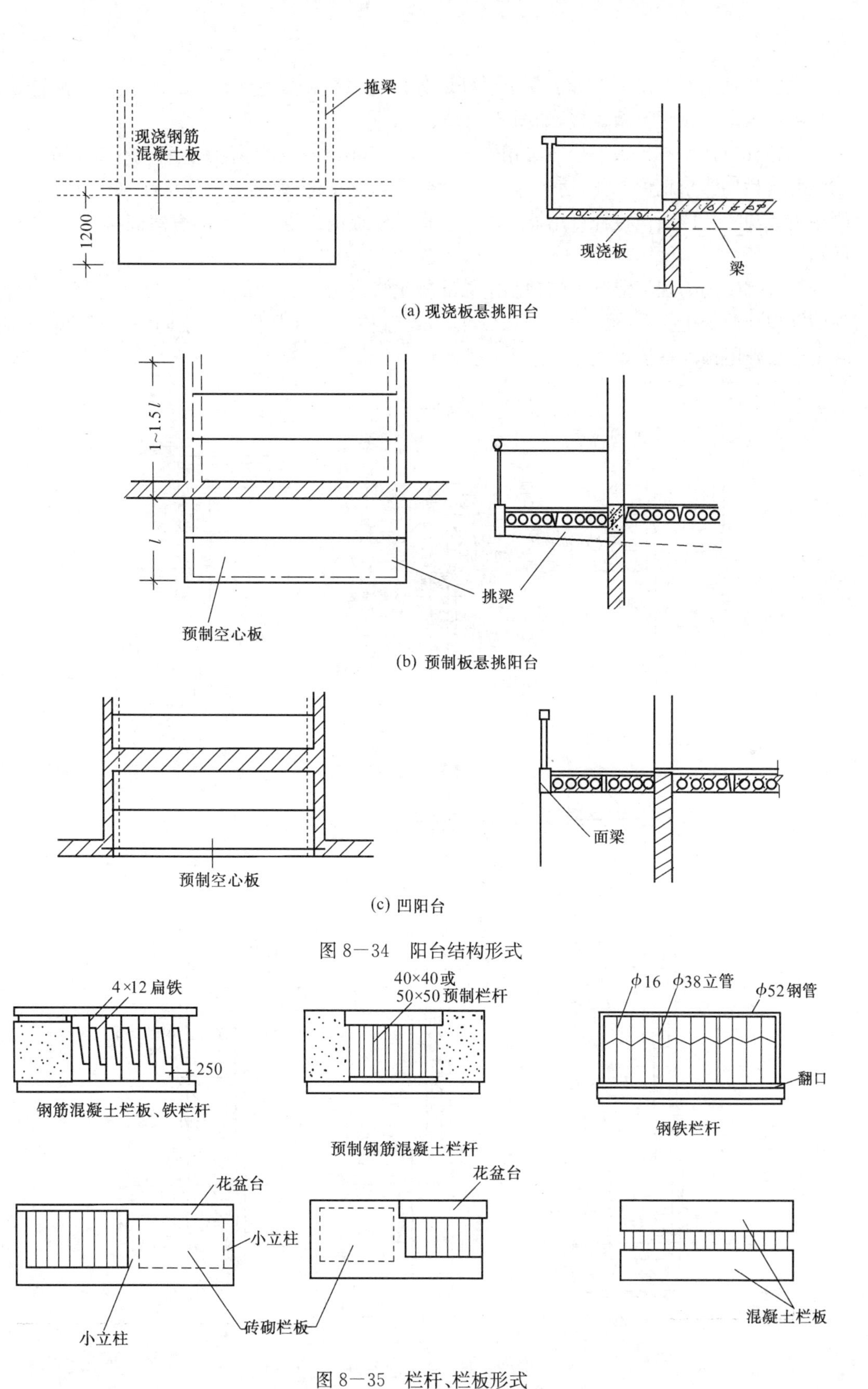

图 8－34　阳台结构形式

图 8－35　栏杆、栏板形式

镂空栏杆中有金属栏杆和混凝土栏杆之分。金属栏杆采用钢筋、方钢、扁钢或钢管等，钢栏杆与面梁上的预埋钢板焊接，如图 8－36a 所示。

钢栏杆与扶手或栏板连接方法相同，见图 8－36b、8－36c。金属栏杆需作防锈处理。预制混凝土栏杆要求钢模制作，使构件表面光洁，棱角方正，安装后可不做抹面，只需根据设计加刷涂料或油漆。混凝土栏杆可用插入面梁或扶手模板内现浇混凝土的方法固接，如图 8－36d 所示。

栏板有砖砌与现浇混凝土或预制钢筋混凝土板之分。为确保安全，应在栏板中配置通长钢筋并现浇混凝土扶手(见图 8－36e、f)，亦可设置构造小柱与现浇扶手固结。对预制钢筋混凝土栏板则用预埋钢板焊接。

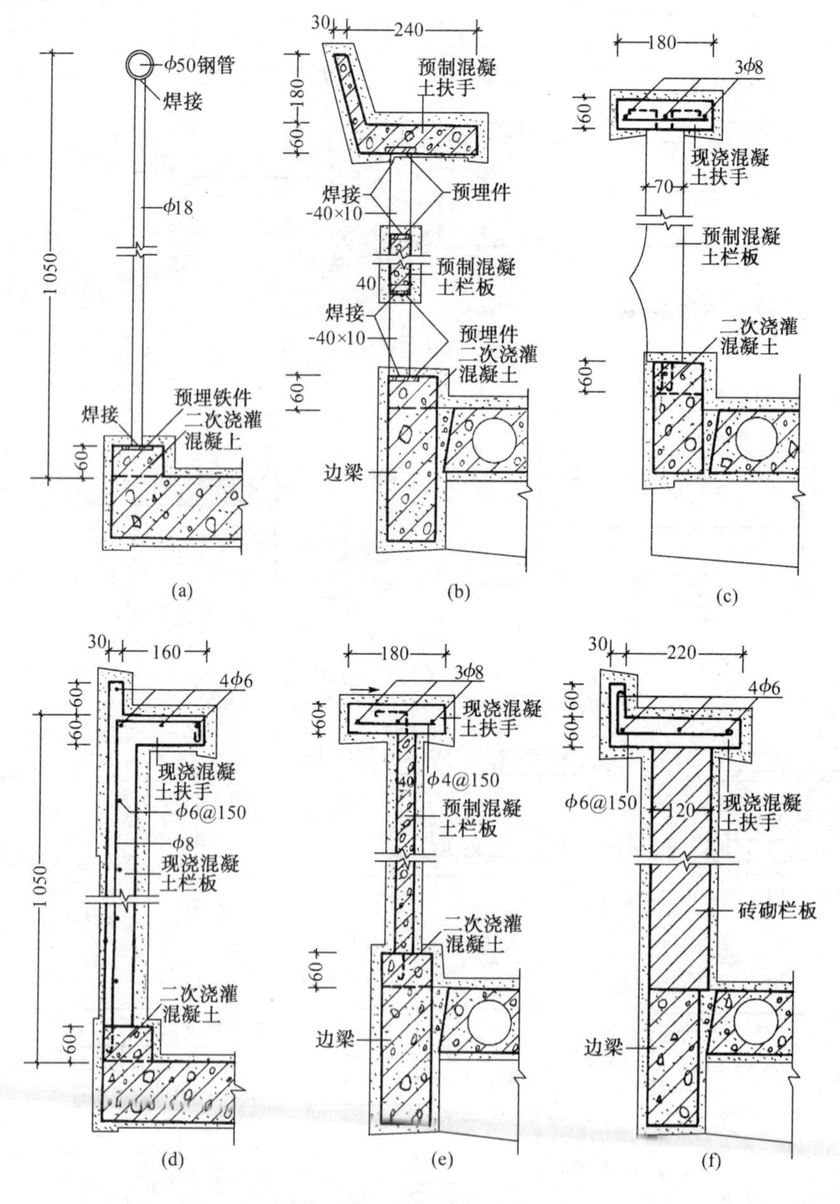

图 8－36　栏杆、栏板构造

现浇混凝土栏板经支模、绑扎钢筋后，与阳台板或面梁、挑梁一道整浇。

栏板两面需作饰面处理，可采用抹灰或涂料，亦可粘贴马赛克、面板等，但不宜作水刷石、干粘石之类饰面。

阳台底部作纸筋灰刷胶白或涂料处理。

3. 阳台排水

由于阳台外露，室外雨水可能飘入，为防止雨水从阳台上泛入室内，设计中应将阳台地面标高低于室内地面 30～50 mm，地面用水泥砂浆粉出排水坡度，将水导向排水孔，孔内理设 ϕ40 或 ϕ50 镀锌钢管或塑料管并通入水落管排水。如图 8－37 所示。

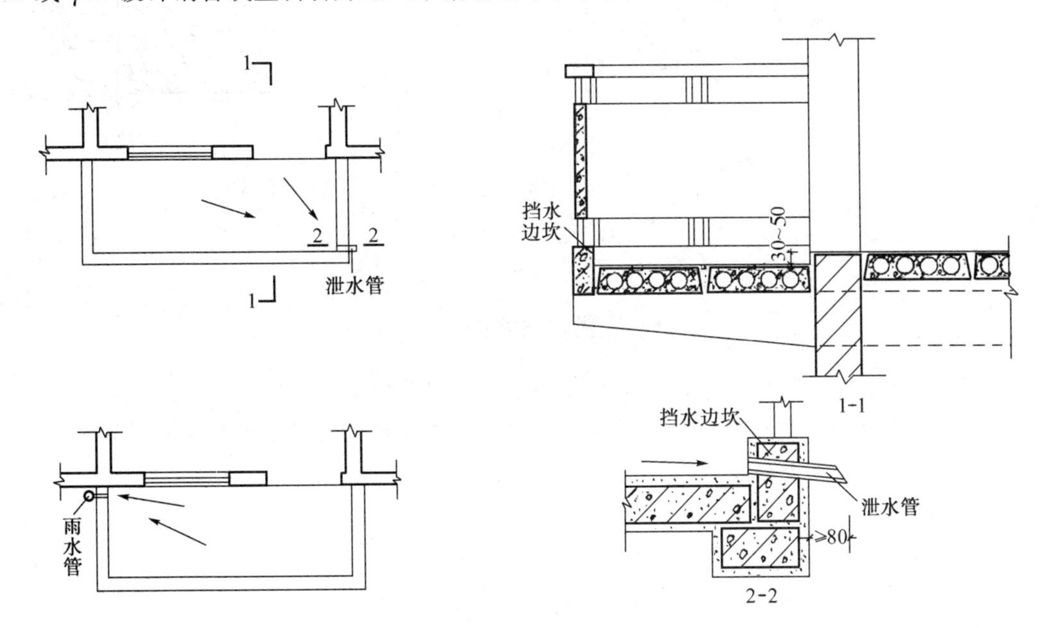

图 8－37　阳台排水

二、雨篷

雨篷是建筑物入口处位于外门上部用以遮挡雨水、保护外门免受雨水侵害的水平构件。一般为现浇钢筋混凝土悬臂板或悬挑梁板，其悬臂长度一般为 1～1.5 m，如图 8－38 所示。也可采用其他结构形式，如立柱支承雨篷，可以形成门廊。

雨篷板的厚度一般为 60～80 mm，可采用自由落水方式，在板底周边设滴水，如图 8－38a 所示。对梁板式雨篷，为了美观，同时也为了防止周边滴水，常将周边梁向上翻起成反梁式，如图 8－38b 所示。

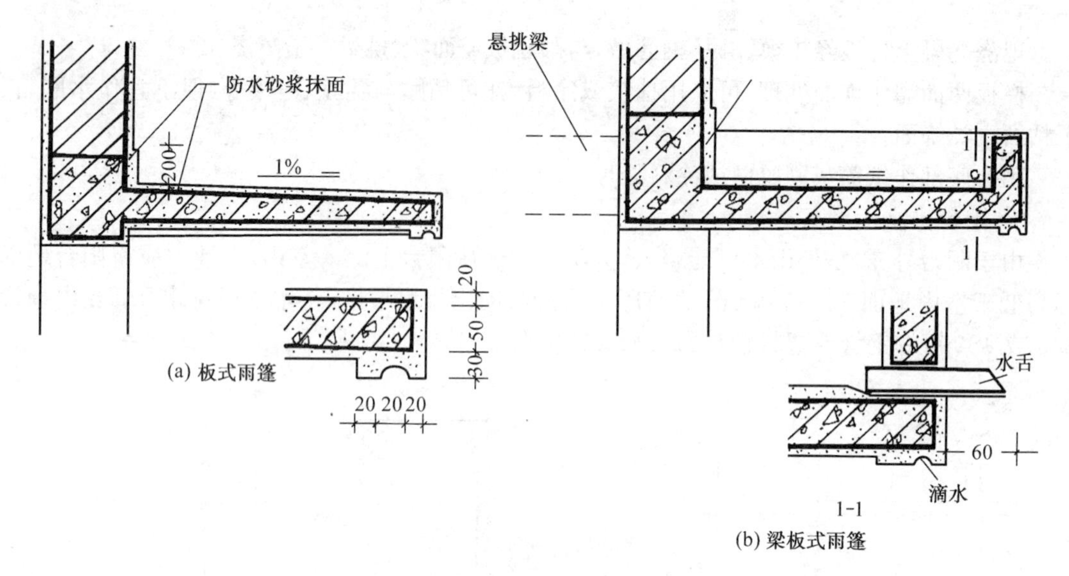

图 8—38　雨篷构造

复习思考题

8—1　楼板层基本组成部分有哪些？各部分的作用是什么？

8—2　现浇钢筋混凝土楼板的类型有哪几种？梁板式楼板的布置原则是怎样的？

8—3　井式楼板和无梁楼板的特点及适用范围是什么？

8—4　压型钢板组合楼板的特点是什么？

8—5　预制装配式钢筋混凝土楼板常用的类型及特点如何？

8—6　预制装配式钢筋混凝土楼板的搁置细部构造是怎样的？

8—7　地坪层的组成及各层的作用如何？

8—8　水泥砂浆地面、水磨石地面、木地面、陶瓷地砖等地面的特点及适用范围如何？

8—9　吊顶由哪几部分组成？其构造做法如何？

8—10　何谓浮筑楼板？楼板隔声应采取哪些措施？

8—11　阳台常用的结构布置方式有哪些？

8—12　阳台栏杆与阳台板的连接构造如何？

8—13　单层工业厂房地面有何要求？常用的厂房地面种类有哪些？

第 9 章　楼梯构造

本章提要：本章主要讲述楼梯的组成与尺度，现浇与预制钢筋混凝土楼梯的设计与构造，电梯、自动扶梯、台阶、坡道的设计要求及构造做法等。

学习目的：重点掌握钢筋混凝土楼梯的设计要求和构造做法，其他内容作一般了解。

楼梯、电梯、自动扶梯、台阶、坡道以及爬梯等是建筑空间的竖向交通设施。其中，楼梯是竖向交通和人员紧急疏散的主要交通设施，使用最广；电梯主要用于楼层面超过 16 m 以上的多层建筑和高层建筑，在一些高标准宾馆等低层建筑中也常使用；自动扶梯主要用于人流量大且使用要求高的公共建筑，如大型商场、候车楼等；台阶用于室内外高差之间和室内局部高差之间的联系；坡道则用于通行汽车，如多层车库和医疗建筑中担架车通道，同时也用于建筑中有无障碍交通要求的高差之间的联系；爬梯专用于检修等。本章主要论述大量性民用建筑中广泛使用的楼梯、电梯和台阶。

§9－1　楼梯的组成与尺度

一、楼梯的组成

楼梯一般由梯段、平台、栏杆扶手三部分组成，如图 9－1 所示。楼梯作为建筑空间竖向联系的主要部件，除了起到提示、引导人流的作用，还应充分考虑其造型美观，人流通行顺畅，行走舒适，结构坚固，防火安全，同时还应满足施工和经济条件的要求。因此，需要合理地选择楼梯的形式、坡度、材料、构造做法，精心处理好其细部构造。

1. 楼梯梯段

常称梯跑，是联系两个不同标高平台的倾斜构件。根据结构受力不同可分为板式梯段和梁板式梯段。荷载由梯段直接传给平台梁的称板式梯段（也称板式楼梯）；荷载由踏步传给斜梁，再由斜梁传给平台梁的称梁板式梯段（也称梁板式楼梯）。一般梯段的踏步数不宜超过 18 级，如大于 18 级应设置中间平台。但也不宜少于 3 级，以引起人们的注意，以免摔倒。

2. 楼梯平台

按其所处位置分为中间平台和楼层平台。与楼层地面标高齐平的平台称为楼层平台，用来分配从楼梯到达各楼层的人流。两楼层之间的平台称为中间平台，作用是供人们行走时调节体力和改变行进方向。

3. 栏杆扶手

栏杆扶手是设在梯段及平台边缘的安全保护构件。当梯段宽度不大时，可只在梯段临空面设置。当梯段宽度较大时，非临空面也应加设靠墙扶手。当梯段宽度大于等于 3 m 时，则需在梯段中间加设中间扶手。

二、楼梯形式

选择楼梯形式应综合考虑楼梯所处位置、楼梯间的平面形状与大小、楼层高低与层数、人流多少等因素。楼梯形式(图 9—2)主要有以下几种：

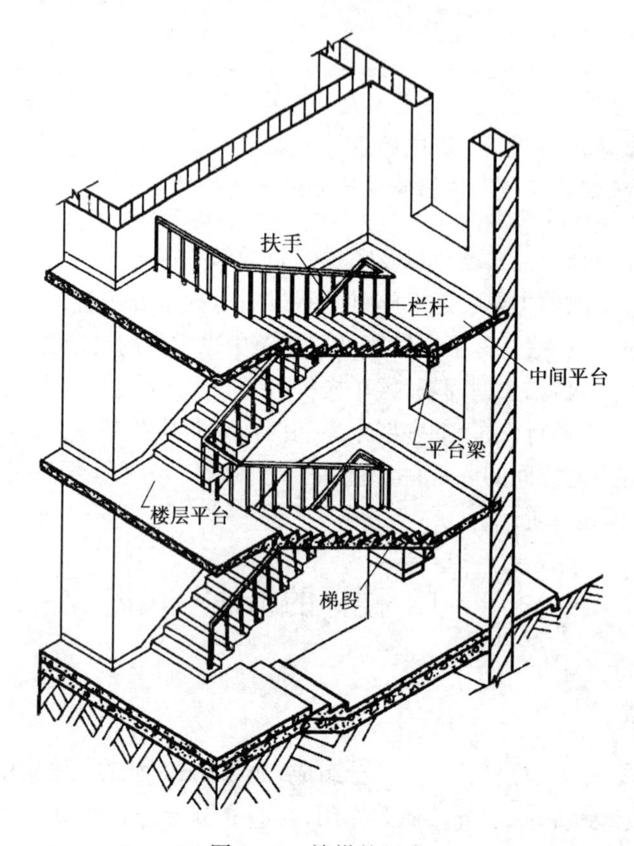

图 9—1　楼梯的组成

1. 直行楼梯

直行楼梯分为直行单跑楼梯(图 9—2a)和直行多跑楼梯(图 9—2b)两种。前者无中间平台，一般用于层高不大的建筑。后者是直行单跑楼梯的延伸，增设了中间平台，将单梯段变为多梯段。一般为双跑梯段，适用于层高较大的建筑。

直行多跑楼梯导向性强，交通路线明确，给人以直接、顺畅的感觉，适用于人流较多的公共建筑中。但其会增加交通面积并加长人流行走距离。

2. 平行跑楼梯

平行跑楼梯分为平行双跑楼梯(图 9—2c)、平行双分楼梯(图 9—2d)和平行双合楼梯(图 9—2e)三种。

平行双跑楼梯比直跑楼梯节约面积并缩短人流行走距离，是最常用的楼梯形式之一。

平行双分楼梯和平行双合楼梯是在平行双跑楼梯的基础上演变产生的。通常在人流多，梯段宽度较大时采用。其造型对称严谨，常用作办公类建筑和纪念性建筑的主要楼梯。

3. 交叉跑(剪刀)楼梯

交叉跑(剪刀)楼梯如图 9－2f,是由两个直行单跑楼梯交叉并列布置而成,通行的人流量较大,且为上下楼层的人流提供了两个方向,对于空间开敞,楼层人流多方向进出有利。但仅适合层高小的建筑。

交叉多跑(剪刀)楼梯如图 9－2g,在交叉跑楼梯中设置中间平台,人流可在中间平台处变换行走方向,适用于层高较大的公共建筑,如商场、多层食堂等。

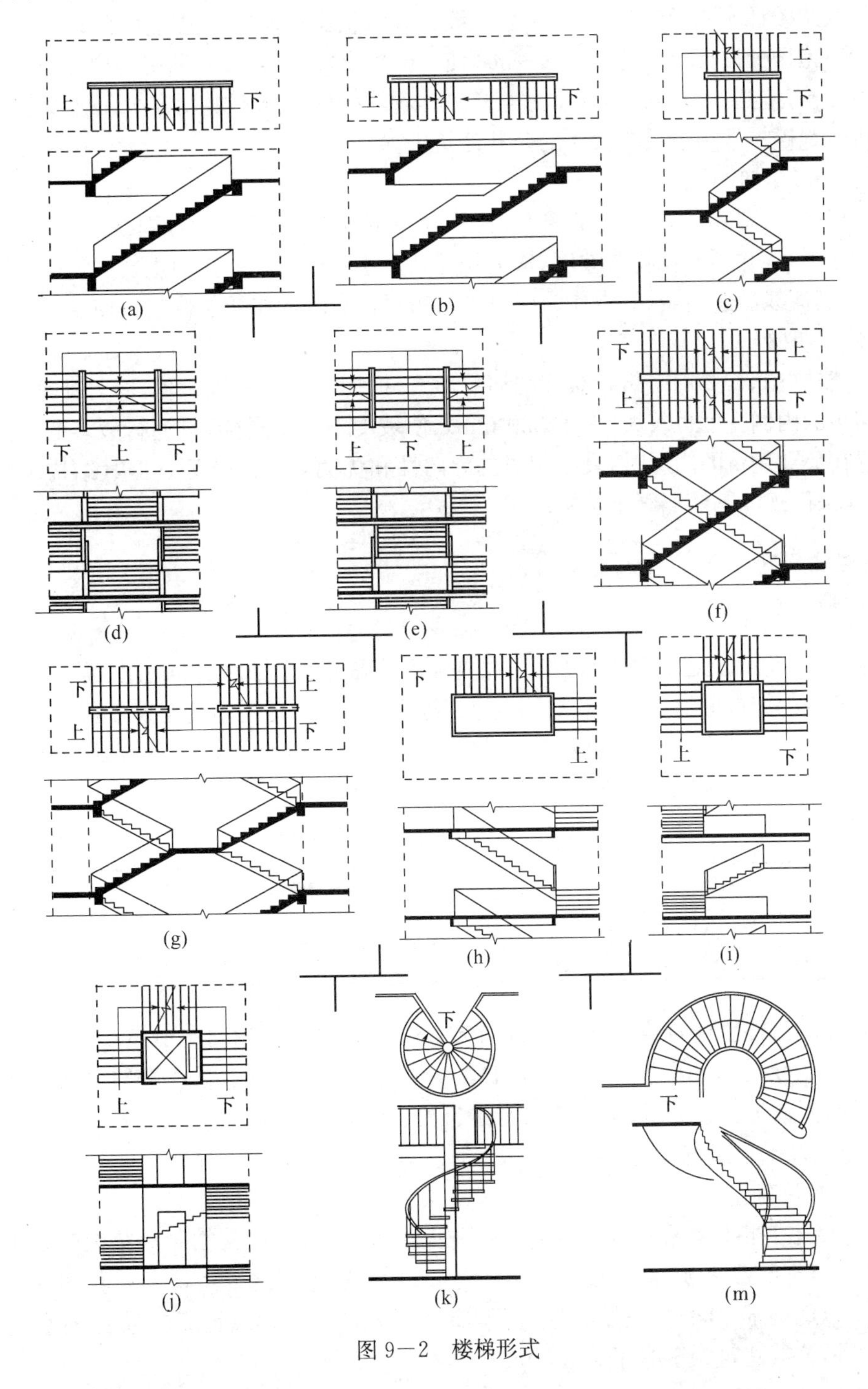

图 9－2　楼梯形式

防火交叉跑(剪刀)楼梯是在楼梯周边设防火墙,中间加上防火分隔墙(图 9－2f、9－2g 中虚线所示),使两边梯段空间互不相通,形成两个各自独立的空间通道,开设防火门。这种楼梯可以视为两部独立的疏散楼梯,满足双向疏散的要求。常在有双向疏散要求的高层住宅建筑中采用。

4. 折行楼梯

折行楼梯分为折行双跑楼梯(图 9－2h)和折行三跑楼梯(图 9－2i、图 9－2j)。

折行双跑楼梯人流导向较自由,折角一般为 90°,根据具体情况也可大于或小于 90°。

折行三跑楼梯比折行双跑楼梯多一折,使中部形成较大梯井,可利用楼梯井作为电梯井位置,但对视线有遮挡。当楼梯井未作为电梯井时,不安全,因此不能用在少年儿童使用的建筑中。折行三跑楼梯常用于层高较大的公共建筑中。

5. 螺旋形楼梯

螺旋形楼梯(图 9－2k)平面呈圆形,其平台和踏步均为扇形平面,围绕一根单柱布置,踏步内侧宽度很小,并形成较陡的坡度,构造较复杂。这种楼梯不能作为主要人流交通和疏散楼梯,但由于其流线型造型美观,常作为建筑小品布置在庭院或在跃层住宅内使用。

6. 弧形楼梯

弧形楼梯(图 9－2m)是折行楼梯的演变形式,把折行变为一段弧形,并且曲率半径较大。其扇形踏步的内侧宽度也较大(大于 220 mm),使坡度不至于过陡,可通行较多的人流。弧形楼梯布置在公共建筑的门厅时,具有明显的导向性和优美轻盈的造型。但其结构和施工难度较大,通常采用现浇钢筋混凝土结构。

三、楼梯尺度

1. 踏步尺寸

通常踏步高宽比决定了楼梯的坡度。楼梯坡度的确定是依据建筑的使用性质和人流行走的舒适度、安全感、楼梯间的尺度、面积等因素进行综合权衡的。常用的坡度为 1∶2 左右。对公共建筑人流量大,安全要求高的楼梯坡度应该平缓一些,反之则可陡一些,以利节约楼梯间面积。

常用楼梯的踏步高和踏步宽尺寸见表 9－1。

表 9－1 踏步常用高度尺寸

名称	住宅	幼儿园	学校、办公楼	医院	剧院、会堂
踏步高 h(mm)	150～175	120～150	140～160	120～150	120～150
踏步宽 b(mm)	260～300	260～280	280～340	300～350	300～350

一般情况下,较适宜的踏步高度,成人 150 mm 左右,不应高于 175 mm。较适宜的踏步宽度(水平投影宽度)300 mm 左右,不应窄于 260 mm。当踏步宽过宽时,将导致梯段水平投影面积的增加;而踏步宽过窄时,会使人流行走不安全。如将踏步出挑 20～30 mm,使踏步实际宽度不大于其水平投影宽度,可增加行走舒适度,如图 9－3。

2. 梯段尺度确定

梯段尺度主要指梯宽和梯长。梯宽应按防火规范来确定,即根据紧急疏散时要求通过的人流股数多少。每股人流通常按 550＋(0～150)mm 宽度考虑,双人通行时为 1 000～1 200 mm,以此类推。同时,还需满足各类建筑设计规范中对梯段宽度的限定,如住宅大于等于1 100 mm,公共建筑大于等于 1 300 mm 等。

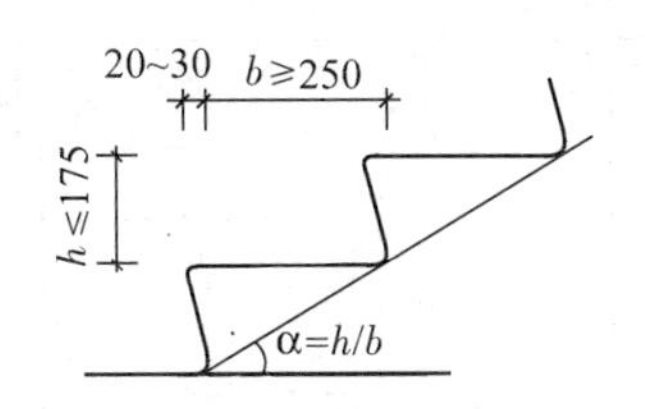

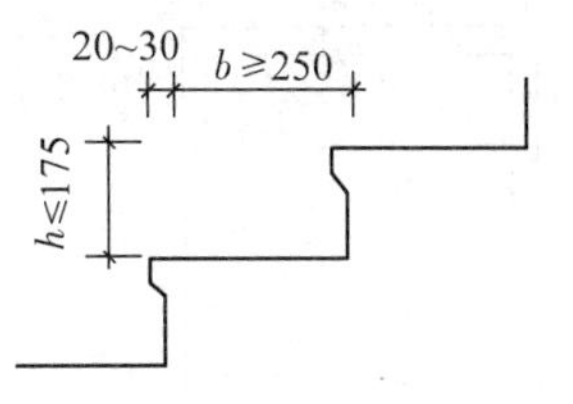

图 9—3　踏步出挑

梯长即踏面宽度的总和，其值为 $L=b(N-1)$，其中 b 为踏面水平投影步宽，N 为梯段踏步数。

3. 平台宽度

平台宽度有中间平台宽度 D_1 和楼层平台宽度 D_2，通常中间平台宽度应不小于梯宽，以保证同股数人流正常通行。对于特殊建筑如医院建筑应保证担架在平台处能转向通行，其中间平台宽度应大于等于 1 800 mm。而直行多跑楼梯，其中间平台宽度可等于梯段宽，或者大于等于 1 000 mm。楼层平台宽度，一般比中间平台更宽松一些，以利人流分配和停留。

4. 梯井宽度

梯井系指梯段之间形成的空当，此空当从顶层到底层贯通，见图 9—4 中的 C。在平行多跑楼梯中，可不设梯井，为了梯段安装和平台转弯缓冲一般设梯井，宽度 60～200 mm 为宜，以利安全。

5. 楼梯尺寸计算

在进行楼梯构造设计时，应对楼梯各细部尺寸进行详细的计算。现以常用的平行双跑楼梯为例，说明楼梯尺寸的计算方法，如图 9—4。

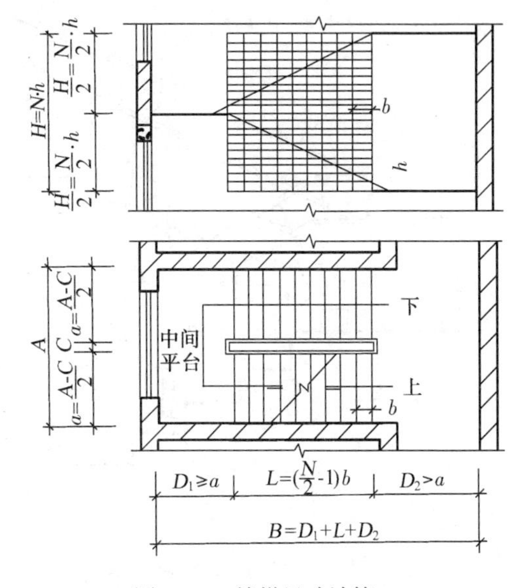

图 9—4　楼梯尺寸计算

① 根据层高 H 和初选步高 h 定每层踏步数 N，$N=H/h$。设计时尽量采用等跑梯段，N 宜为偶数，以减少构件规格。如所求出 N 为奇数或非整数，可反过来调整步高 h。

② 根据步数 N 和初选步宽 b 决定梯段水平投影长度 L，$L=(0.5N-1)b$。

③ 确定是否设梯井。如楼梯间宽度较富余，可在两梯段之间设梯井。供少年儿童使用的楼梯梯井不应大于 120 mm，以利安全。

④ 根据楼梯间开间净宽 A 和梯井宽 C 确定梯宽 a，$a=(A-C)/2$。同时检验其通行能力是否满足紧急疏散时人流股数要求，如不能满足，则应对梯井宽 C 或楼梯间开间净宽 A 进行调整。

⑤ 根据初选中间平台宽 D_1（$D_1\geqslant a$）和楼层平台宽 D_2（$D_2>a$）以及梯段水平投影长度 L 检验楼梯间进深净长度 B，$D_1+L+D_2=B$。如不能满足，可对 L 值进行调整（即调整 b 值）。必要时，则需调整 B 值。在 B 值一定的情况下，如尺寸有富裕，一般可加宽 b 值以减缓坡度或加宽 D_2 值以利于楼层平台分配人流。在装配式楼梯中，D_1 和 D_2 值的确定尚需注意使其符合预制板安放尺寸，并减少异形规格板数量。图 9—5 为楼梯各层平面图示。

6. 栏杆扶手高度

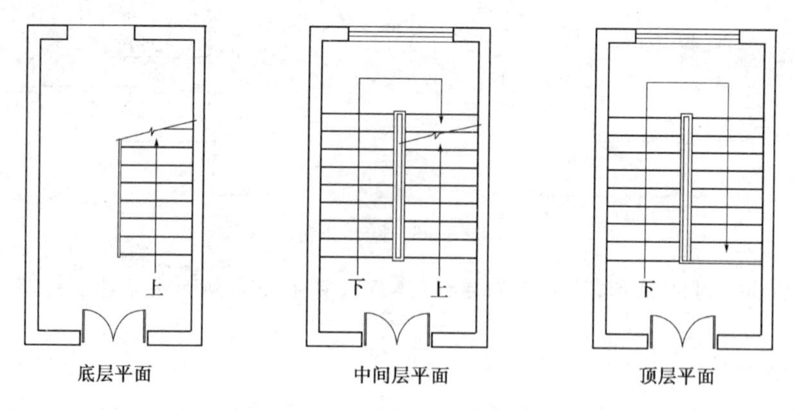

图 9—5　楼梯各层平面图

栏杆扶手高度是从踏步中心点至扶手顶面的距离。其高度根据人体重心高度和楼梯坡度大小等因素确定。一般不小于 900 mm，供儿童使用的楼梯应在 500～600 mm 高度增设扶手(图 9—6)。

7. 楼梯净空高度

楼梯各部位的净空高度应保证人流通行和家具搬运，一般要求不小于 2 000 mm，梯段范围内净空高度宜大于 2 200 mm(图 9—7)。

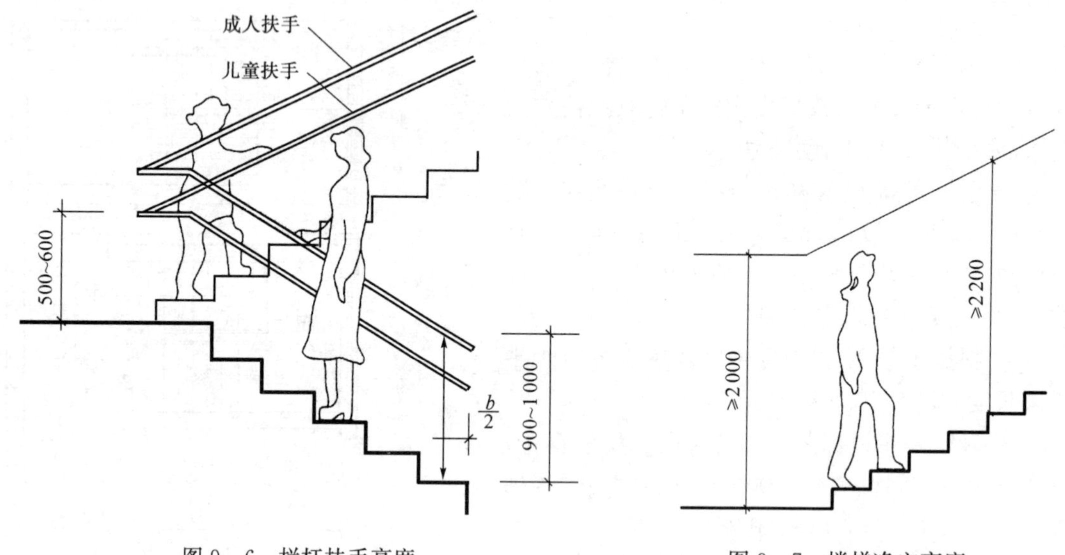

图 9—6　栏杆扶手高度

图 9—7　楼梯净空高度

当利用平行多跑楼梯底层中间平台下作通道时，应保证平台下净高满足通行要求，一般可采用以下方式解决：

① 在底层变作长短跑梯段。起步第一跑为长跑，以提高中间平台标高，如图 9—8a。这种方式仅在楼梯间进深较大、底层平台宽 D_2 富余时适用。

② 局部降低底层中间平台下地坪标高，使其低于室内地坪标高±0. 000，但应高于室外地坪标高，以免雨水内溢，如图 9—8b。这种处理方式可保持等跑梯段，使构件统一。

③ 综合上两种方式，在采取长短跑梯段的同时，又降低底层中间平台下地坪标高，如图 9—8c。这种处理方法可兼有前两种方式的优点，并减少其缺点。

④ 底层用直行楼梯直接从室外上二层，如图9－8d。这种方式常用于住宅建筑，设计时需注意入口处雨篷底面标高的位置，保证净空高度要求。

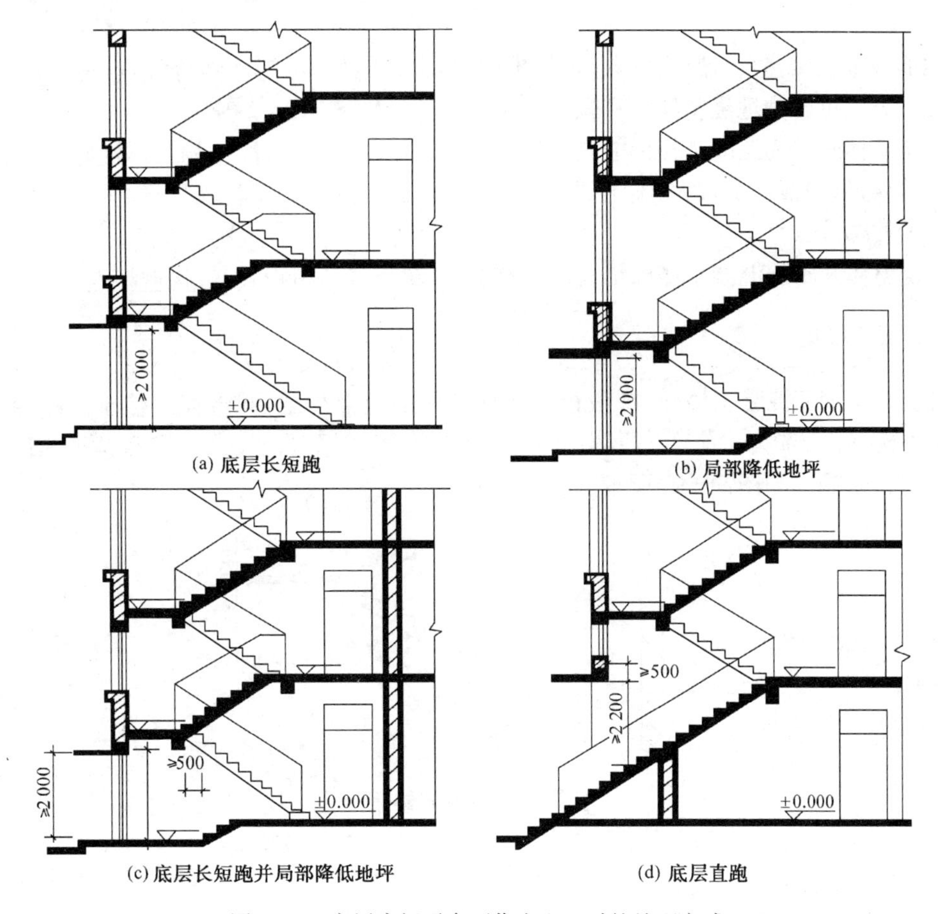

图 9－8　底层中间平台下作出入口时的处理方式

在楼梯间顶层，当楼梯不上屋顶时，可在满足楼梯净空要求情况下局部加以利用，做成小储藏间等，以免空间浪费，如图 9－9 所示。

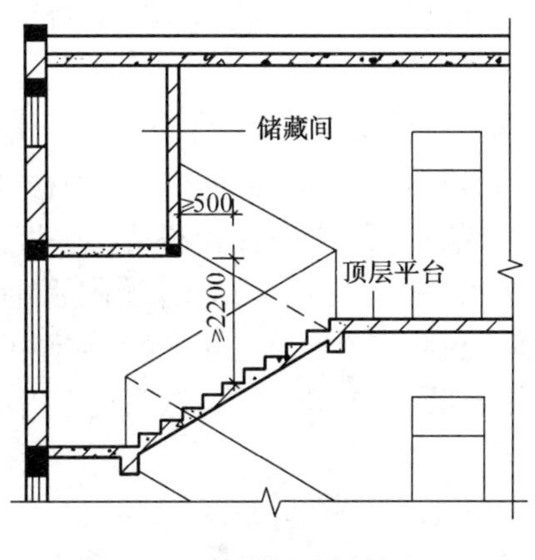

图 9－9　楼梯间局部利用

§9—2　现浇整体式钢筋混凝土楼梯

钢筋混凝土楼梯具有坚固耐久、节约木材、防火性能好、可塑性强等优点，得到广泛应用。按其施工方式可分为现浇整体式和预制装配式。

现浇整体式钢筋混凝土楼梯能充分发挥钢筋混凝土的可塑性，结构整体性好，适用于各种形式的楼梯，但模板耗费较大，施工周期较长，自重较大，通常用于特殊异形的楼梯或要求防震性能高的楼梯。

现浇整体式钢筋混凝土楼梯结构形式有板式、梁板式和扭板式，其构造特点如下。

一、板式梯段

现浇板式钢筋混凝土楼梯，梯段板承受该梯段的全部荷载，并将荷载传至两端的平台梁上。这种楼梯构造简单，施工方便，造型简洁，但梯段板较厚，自重大，一般在楼梯梯段跨度小于 3 m 时常采用。如图 9—10 所示。

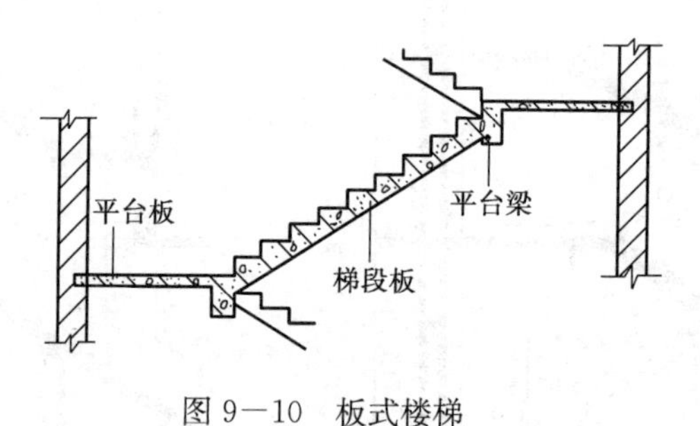

图 9—10　板式楼梯

二、梁板式梯段

梁板式梯段荷载由踏步板承受，并传给楼梯斜梁，再由斜梁传至两端的平台梁上。梁板式梯段可分为梁承式、梁悬臂式等类型。

① 梁承式楼梯斜梁可上翻或下翻，如图 9—11a、9—11b 所示。

② 梁悬臂式楼梯系指踏步板从梯斜梁两边或一边悬挑的楼梯形式。常用于框架结构建筑中或室外露天楼梯，如图 9—12 所示。

这种楼梯一般为单梁或双梁悬臂支承踏步板和平台板。单梁悬臂常用于中小型楼梯或小品景观楼梯，双梁悬臂则用于梯段宽度大、人流量大的大型楼梯。由于踏步板悬挑，造型轻盈美观。踏步板断面形式有平板式、折板式和三角形板式。平板式断面踏步使梯段踢面空透，常用于室外楼梯，如图 9—12a 所示。折板式断面踏步板由于踢面未漏空，可加强板的刚度并避免灰尘下落，但折板式断面踏步板底支模困难且不平整，如图 9—12b 所示。三角形断面踏步板式梯段，板底平整，支模简单，如图 9—12c 所示，但混凝土用量和自重均有所增加。

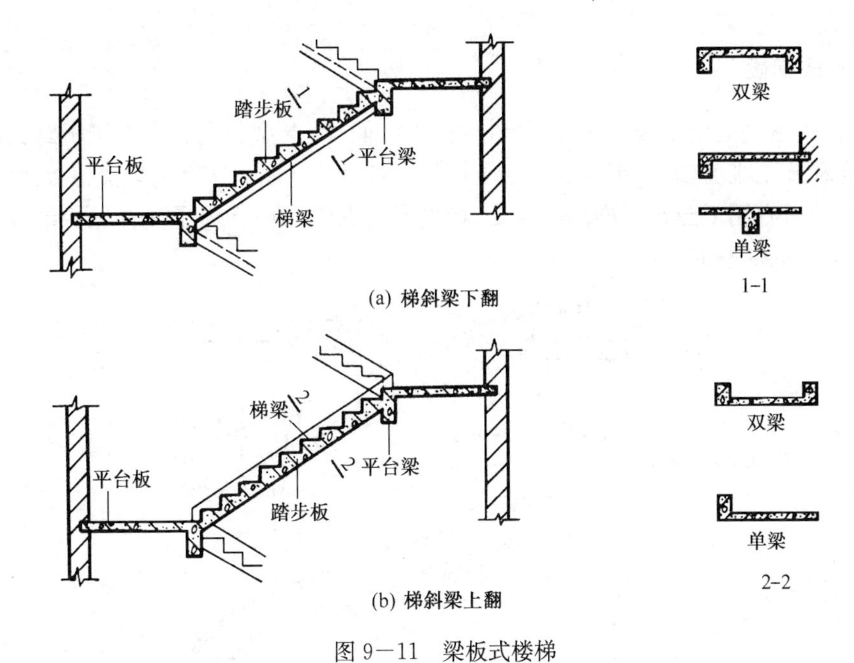

(a) 梯斜梁下翻

(b) 梯斜梁上翻

图 9—11　梁板式楼梯

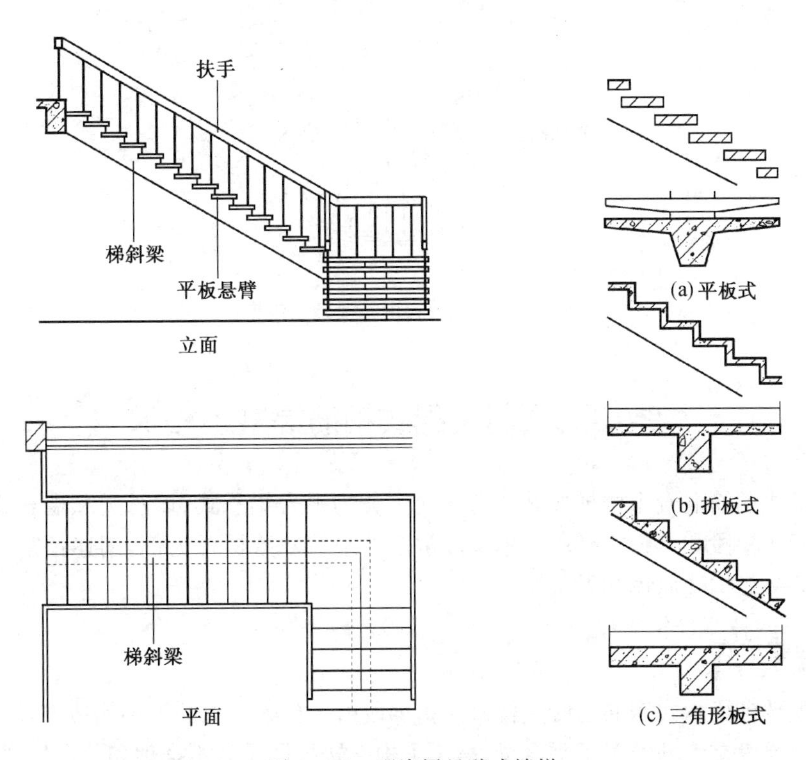

(a) 平板式

(b) 折板式

(c) 三角形板式

图 9—12　现浇梁悬臂式楼梯

三、扭板式梯段

现浇扭板式钢筋混凝土楼梯底面平整，结构占空间少，造型美观。但由于板跨大，受力复杂，结构设计和施工难度较大，钢筋和混凝土用量也较大。如图 9—13 为现浇扭板式钢筋混凝土弧形楼梯，一般宜用于建筑标准高的建筑，特别是公共大厅中。为了使梯段边沿线条轻盈，常在靠近边沿处局部减薄出挑。

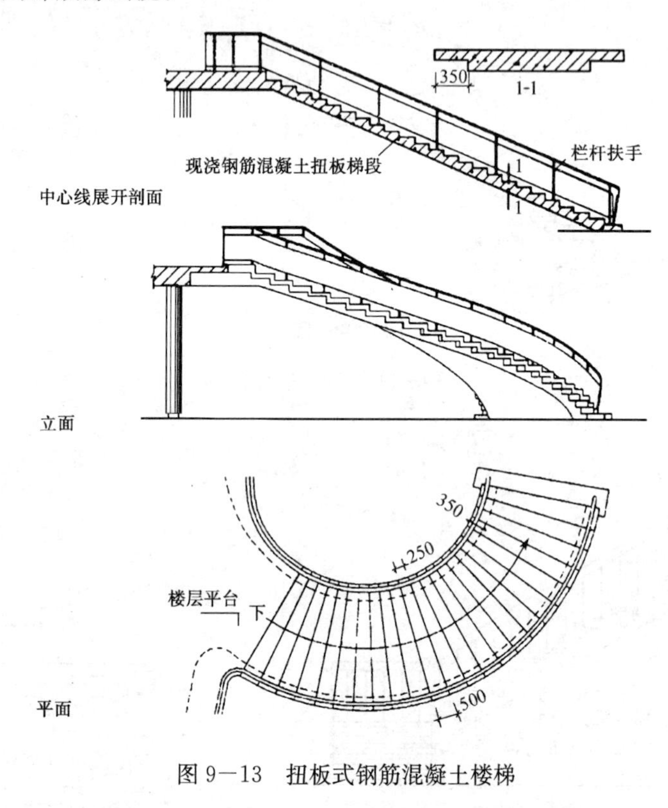

图 9—13　扭板式钢筋混凝土楼梯

§9—3　预制装配式钢筋混凝土楼梯

预制装配式钢筋混凝土楼梯按其构造方式可分为平台梁承式、墙承式和墙悬式。平台梁承式可分为板式梯段和梁板式梯段。本节以常用的平行双跑楼梯为例，阐述预制装配式钢筋混凝土楼梯的一般构造原理和做法。

一、平台梁承式

预制装配平台梁承式钢筋混凝土楼梯系指梯段由平台梁支承的楼梯构造方式。由于在楼梯平台与斜向梯段交汇处设置了平台梁，避免了构件转折处受力不合理和节点处理的困难，在一般大量性民用建筑中较为常用。预制构件分为梯段(板式或梁板式梯段)、平台梁、平台板三部分，如图 9—14 所示。

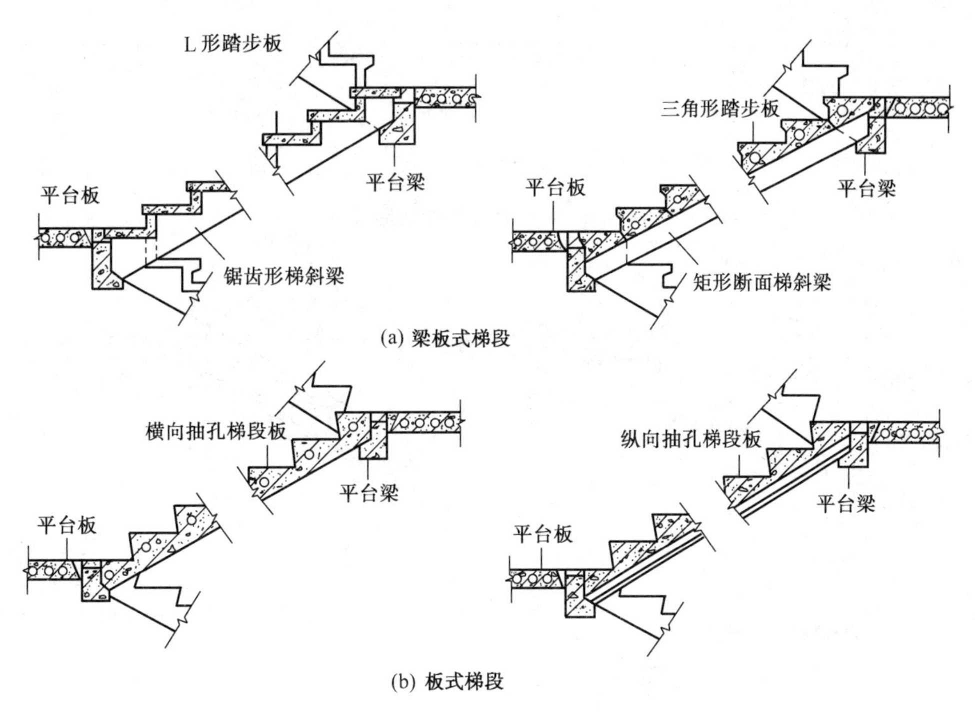

图 9—14　预制装配式梁承式楼梯

1. 梯段

(1) 板式梯段

板式梯段为整块或数块带踏步条板，没有梯斜梁，梯段底面平整，结构厚度小，(其有效断面厚度可按 $L/20 \sim L/30$ 估算)，其上下端直接支承在平台梁上，如图 9—14b。使平台梁位置相应抬高，增大了平台下净空高度。

为了减轻梯段板自重，也可做成空心构件，有横向抽孔和纵向抽孔两种方式。横向抽孔较纵向抽孔合理易行，较为常用。如图 9—15 所示。

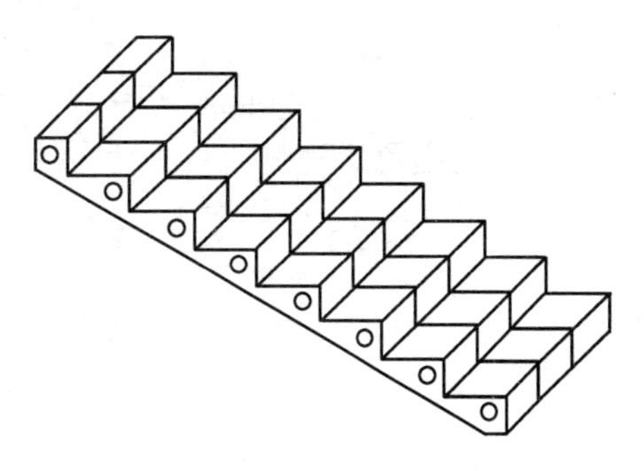

图 9—15　条板式梯段板

(2) 梁板式梯段

梁板式梯段由梯斜梁和踏步板组成。踏步板支承在两侧梯斜梁上。梯斜梁两端支承在平台梁上，构件小型化，施工时不需大型起重设备即可安装。图 9—14a。

踏步板：踏步板断面形式有一字形、L 形、三角形等，断面厚度根据受力情况约为 40～80 mm(图9—16)。一字形断面踏步板制作简单，踢面一般用砖填充，但其受力不太合理，仅用于简易梯、室外梯等。L 形断面踏步板较一字形断面踏步板受力合理，可正置和倒置。其缺点是底面呈折线形，不平整。三角形断面踏步板梯段底面平整、简洁，但自重大，因此常将三角形断面踏步板抽孔，形成空心构件，以减轻自重。

梯斜梁：梯斜梁有矩形断面，L 形断面和锯齿形变断面三种。锯齿形变断面梯斜梁主要用于搁置一字形、L 形断面踏步板。矩形断面和 L 形断面梯斜梁主要用于搁置三角形断面踏步板(图 9—17)。梯斜梁一般按 $L/12$ 估算其断面有效高度(L 为梯斜梁水平投影跨度)。

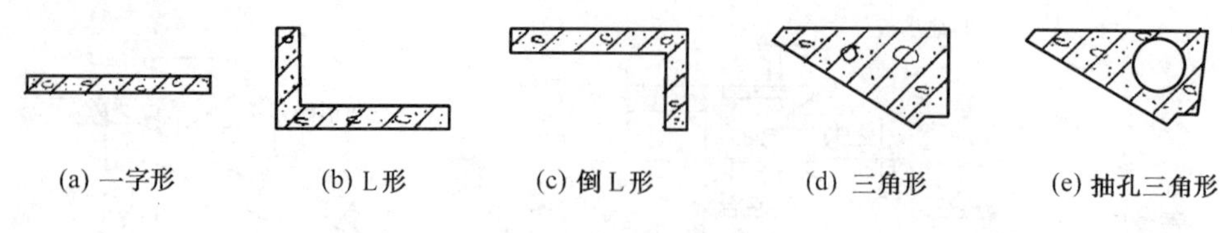

图 9—16 踏步板断面形式

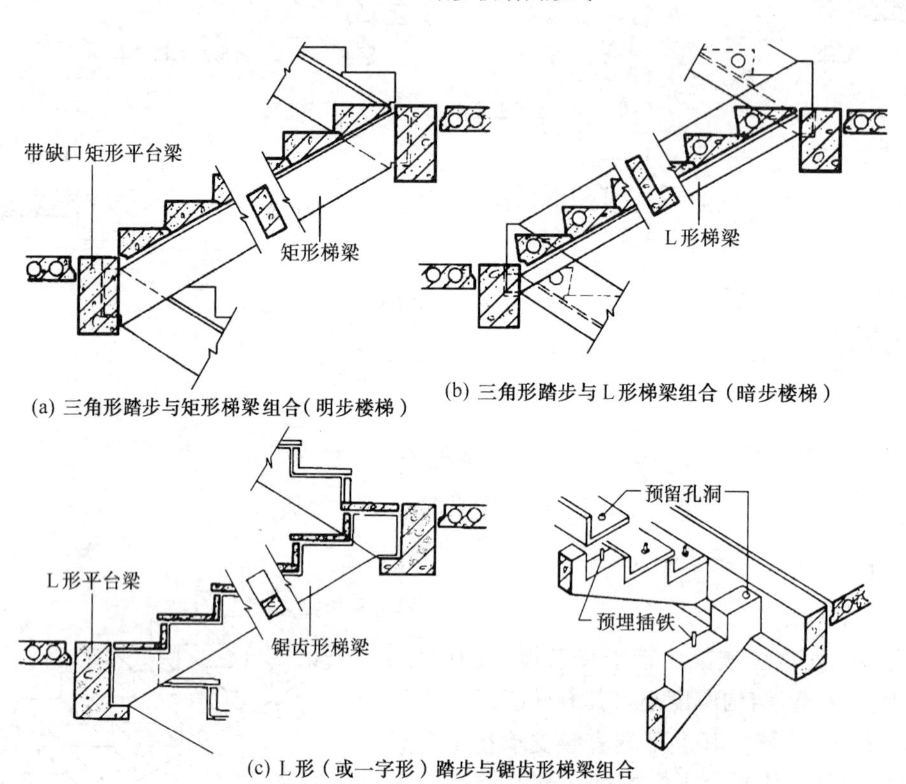

图 9—17 梯斜梁形式

2. 平台梁

为了便于支承梯斜梁或梯段板，平衡梯段水平分力并减少平台梁所占结构空间，一般将平台梁做成L形断面，如图9—18所示。其构造高度按$L/(10\sim12)$估算（L为平台梁跨度）。

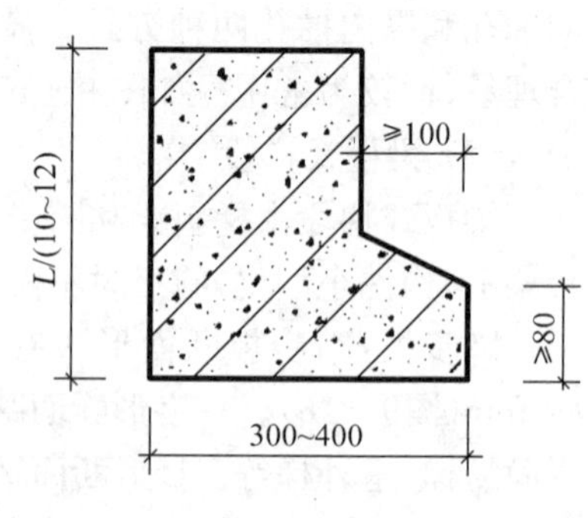

图 9—18 平台梁断面尺寸

3. 平台板

平台板一般采用钢筋混凝土空心板，也可采用槽板或平板。但在平台上有管道井时，不宜布置空心板。平台板一般平行于平台梁布置，以利于加强楼梯间整体刚度。当垂直于平台梁布置时，常用小平板，如图9—19。

4. 平台梁与梯段节点构造

根据两梯段之间的关系，一般有梯段齐步和错步两种方式。根据平台梁与梯段之间的关系，有埋步和不埋步两种方式，如图9—20所示。

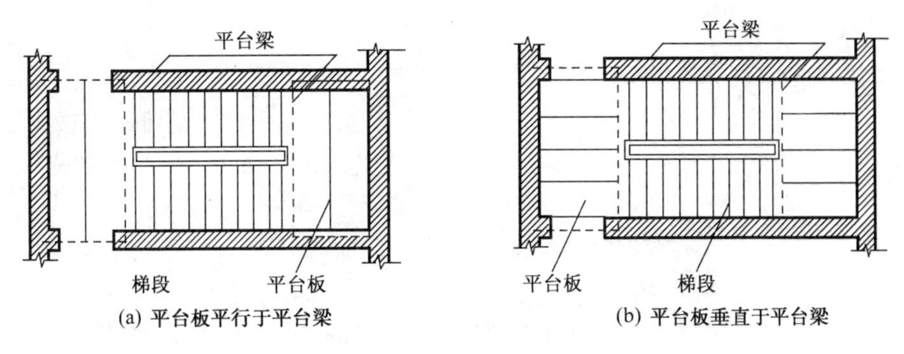

图 9—19　平台板布置方式

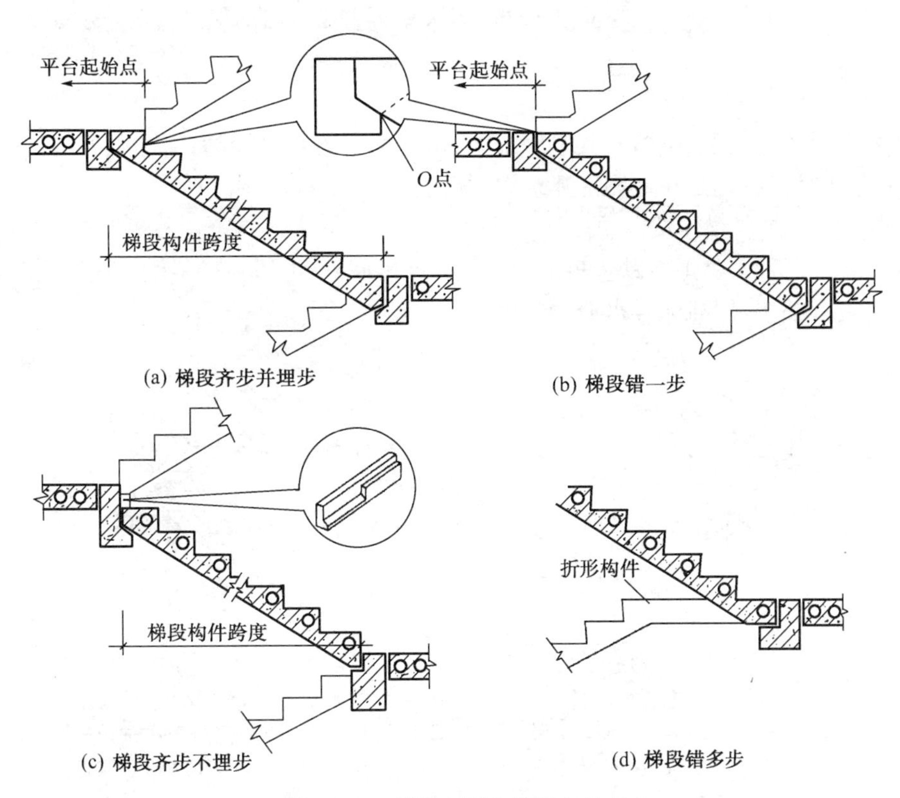

图 9—20　梯段与平台梁节点处理

(1) 梯段齐步布置

如图 9—20a 所示，上下梯段起步和末步踢面对齐，平台完整，可节省梯间进深尺寸。梯段与平台梁的连接一般以上下梯段底线交点作为平台梁牛腿 O 点，可使梯段板或梯斜梁支承端形状简化。

(2) 梯段错步布置

如图 9—20b 所示，上下梯段起步和末步踢面相错一步，在平台梁与梯段连接方式相同的情况下，平台梁底标高可比齐步方式抬高，有利于减少结构空间。但错步方式使平台不完整，并且多占楼梯间进深尺寸。

当两梯段采用长短跑时，它们之间相错步数便不止一步，需将短跑梯段做成折形构件，如

图 9－20d 所示。

（3）梯段不埋步

如图 9－20c 所示，用平台梁代替了一步踏步踢面，可以减小梯段跨度。当楼层平台处侧墙上有门洞时，可避免平台梁支承在门过梁上，在住宅建筑中尤为实用。此种方式的平台梁为变截面梁，平台梁底标高也较低，结构占空间较大，减少了平台梁下净空高度。另外，尚需注意不埋步梁板式梯段采用 L 形踏步板时，其起步处第一踢面需填砖。

（4）梯段埋步

如图 9－20d 所示，梯段跨度较前者大，但平台梁底标高可提高，有利于增加平台下净空高度，平台梁可为等截面梁，此种方式常用于公共建筑。另外尚需注意埋步梁板式梯段采用 L 形踏步板时，在末步处会产生一字形踏步板，当采用到置 L 形踏步板时，在起步处会产生一字形踏步板。

5. 构件连接

由于楼梯是主要交通部件，对其坚固耐久、安全可靠的要求较高，需加强各构件之间的连接，提高其整体性。特别是在地震区建筑中更需引起重视。

（1）踏步板与梯斜梁连接

如图 9－21a 所示，除了在踏步板下用水泥砂浆坐浆外，一般在梯斜梁上预埋插筋，与踏步板支承端预留孔插接，用高标号水泥砂浆填实。

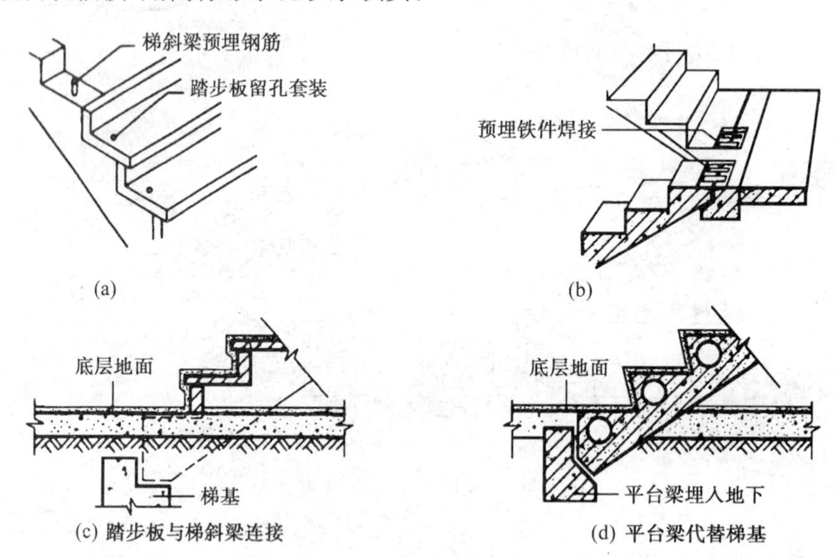

图 9－21　构件连接

（2）梯斜梁或梯段板与平台梁连接

如图 9－21b 所示，在支座处除了用水泥砂浆坐浆外，应在连接端预埋钢板进行焊接。

（3）梯斜梁或梯段板与梯基连接（如图 9－21c、9－21d 所示）

在楼梯底层起步处，梯斜梁或梯段板下应作梯基，梯基常用砖或混凝土，也可用平台梁代替梯基，但需注意该平台梁无梯段处与地坪的关系。

二、墙承式

预制装配墙承式钢筋混凝土楼梯系指踏步板直接搁置在两侧墙上的一种楼梯形式，不需设平台梁和梯斜梁，也不必设栏杆，可设靠墙扶手，如图 9－22 所示。其踏步板一般采用一字形、L 形或倒 L 形断面。

这种楼梯由于在梯段之间有墙，搬运家具不方便，也阻挡视线，上下人流易相撞。通常在中间墙上开设观察口或将中间墙两端靠平台部分局部收进，有利于改善视线和搬运家具物品，如图 9－22 所示。但这种方式对抗震不利。

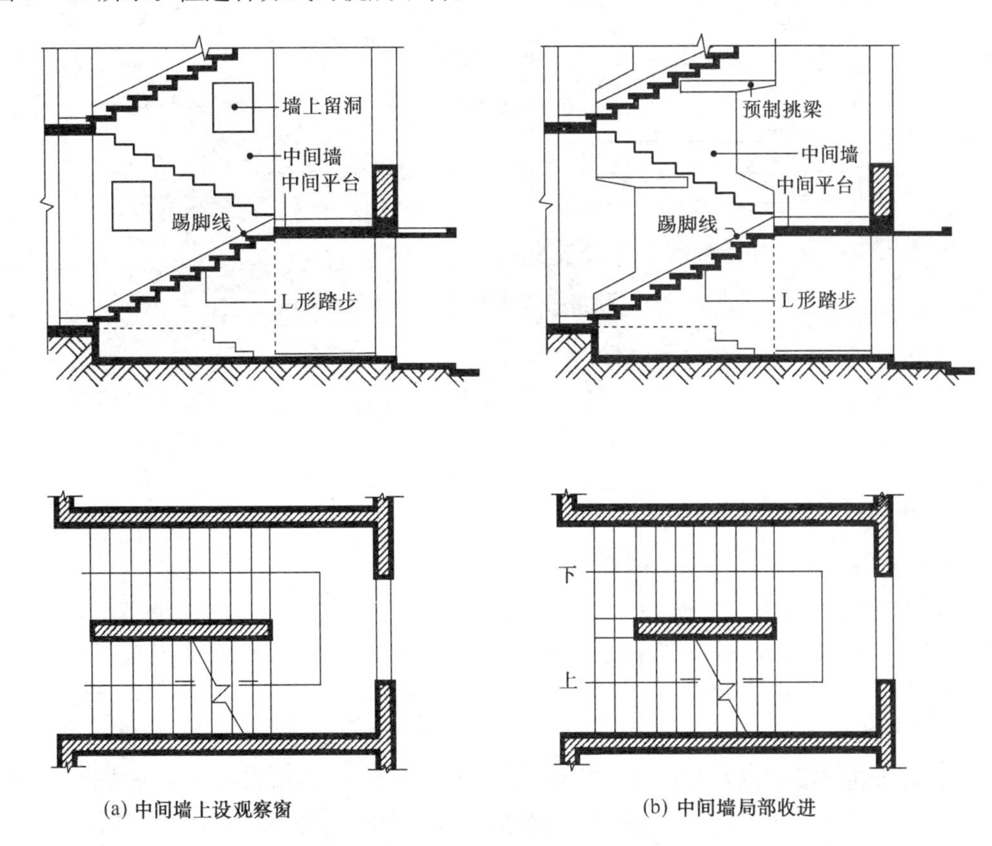

图 9－22 预制装配墙承式钢筋混凝土楼梯

三、墙悬臂式

预制装配墙悬臂式钢筋混凝土楼梯系指预制钢筋混凝土踏步板一端嵌固于楼梯间侧墙上，另一端凌空悬挑的楼梯形式，如图 9－23 所示。

这种楼梯无平台梁和梯斜梁，也无中间墙，楼梯间空间轻巧空透，结构占空间少，在住宅建筑中使用较多，但其楼梯间整体刚度极差，不能用于有抗震设防要求的地区。由于需随墙体砌筑安装踏步板，并需设临时支撑，施工比较麻烦。

墙悬臂式楼梯用于嵌固踏步板的墙体厚度不应小于 240 mm，踏步板悬挑长度一般不大于 1 500 mm，以保证嵌固端牢固。踏步板一般采用 L 形或倒 L 形带肋断面形式。

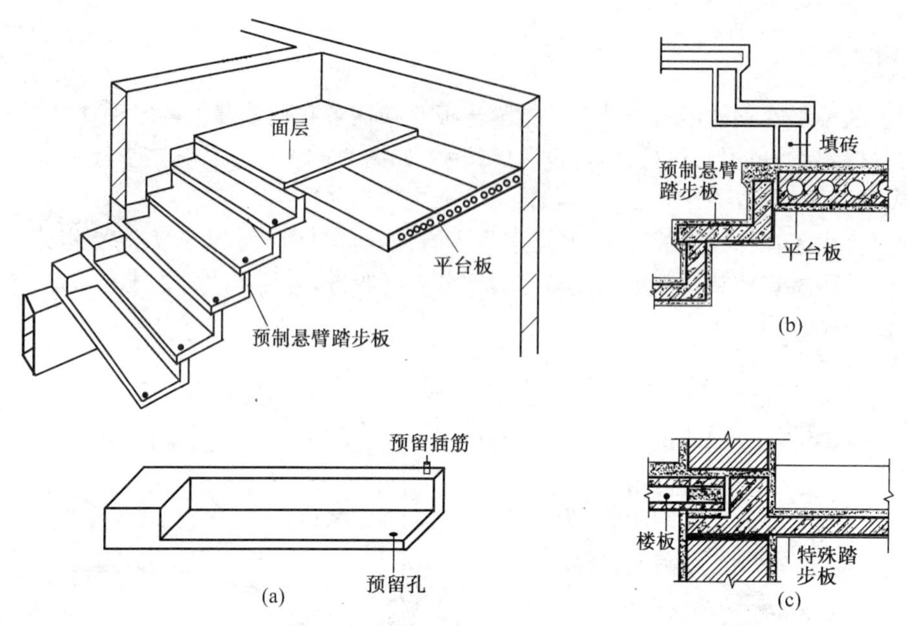

图 9－23　预制装配墙悬臂式钢筋混凝土楼梯

§9－4　楼梯细部构造

一、踏步面层及防滑措施

1. 踏步面层

楼梯踏步面层的做法与楼地面层装修做法基本相同。装修用材应选择耐磨、美观、不起尘、防滑和易清洁的材料，一般有普通水磨石、彩色水磨石、缸砖、大理石、花岗石等，也可在面层上铺设地毯，使其在建筑中具有醒目的地位，起到引导人流的作用，如图 9－24 所示。

2. 防滑措施

设置防滑条的主要目的是避免行人滑倒、保护踏步阳角。在人流量较大的公共建筑中的楼梯均应设置。一般采用水泥铁屑、金刚砂、金属条（铸铁、铝条、铜条）、马赛克及带防滑条缸砖等材料设置在靠近踏步阳角处，如图 9－24 所示，防滑条凸出踏步面不能太高，一般在 3 mm 以内。

二、栏杆与扶手构造

1. 栏杆形式与构造

栏杆形式可分为空花式栏杆、栏板式、组合式等类型，应根据装修标准和使用对象的不同进行合理地选择和设计。

(1) 空花式栏杆

空花栏杆一般采用钢材、木材、铝合金型材、铜材和不锈钢材等制作。断面有圆形和方形，分为实心和空心两种。实心竖杆圆形断面尺寸一般为 $\phi16$～$\phi30$，方形为 20 mm×20 mm～30 mm×30 mm。竖杆应具有足够的强度以抵抗侧向冲击力，最好将竖杆与水平杆及斜杆连为一体共同工作。其杆件形成的空花尺寸不宜过大，通常控制在 110～130 mm，以避免不安全感，尤其是供少年儿童使用的楼梯应特别注意。这种类型的栏杆具有重量轻、空透轻巧的特点，是楼梯栏杆的主要形式，一般用于室内楼梯。如图 9—25 为空花栏杆示例。

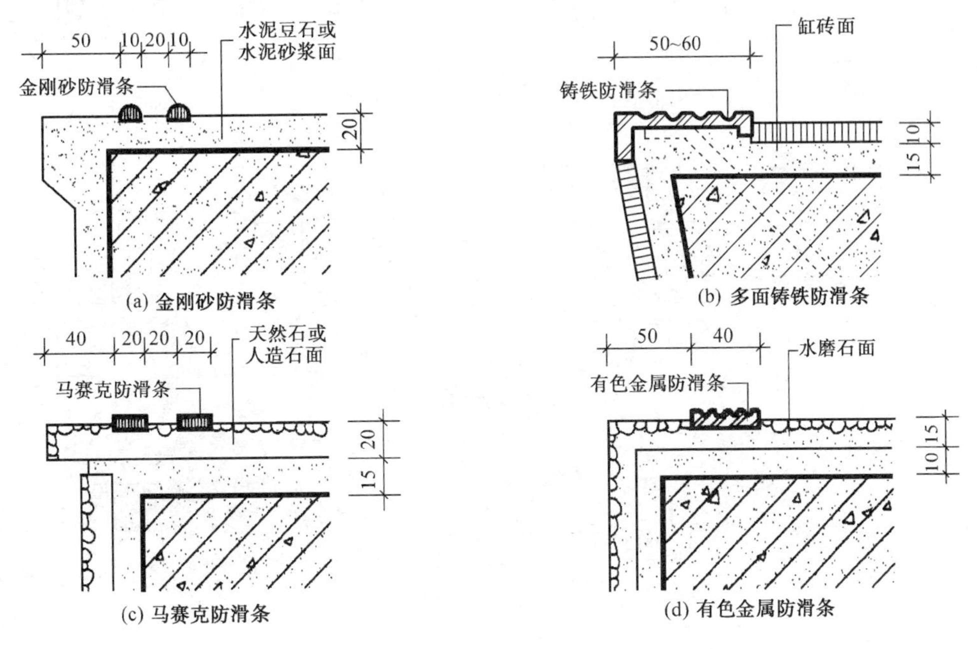

图 9—24　踏步面层及防滑处理

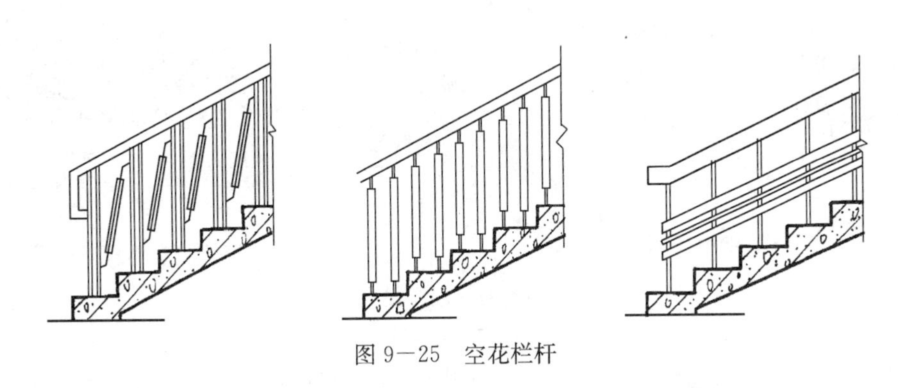

图 9—25　空花栏杆

(2) 栏板式

栏板式是以栏板取代空花栏杆。节约钢材，无锈蚀问题，比较安全。栏板常采用的材料有砖、钢丝网水泥抹灰、钢筋混凝土等，如图 9—26 所示，多用于室外楼梯。

砖砌栏板通常采用高标号水泥砂浆砌筑 1/2 或 1/4 标准砖，在砌体中应加设拉结筋，两侧铺钢丝网，采用高标号水泥砂浆抹面，并在栏板顶部现浇钢筋混凝土通长扶手，以加强其抗侧向冲击的能力。钢筋混凝土栏板与钢丝网水泥栏板类似，多采用现浇处理，比前者更牢固、安全、耐久，但栏板厚度以及造价和自重增大。

(3) 组合式

组合式是指空花式和栏板式两种栏杆形式的组合。栏板为防护和美观装饰构件，常采用轻质美观材料制作，如木板、塑料贴面板、铝板、有机玻璃板和钢化玻璃板等。栏杆竖杆则为主要抗侧力构件，常采用钢或不锈钢等材料(图 9—27)。

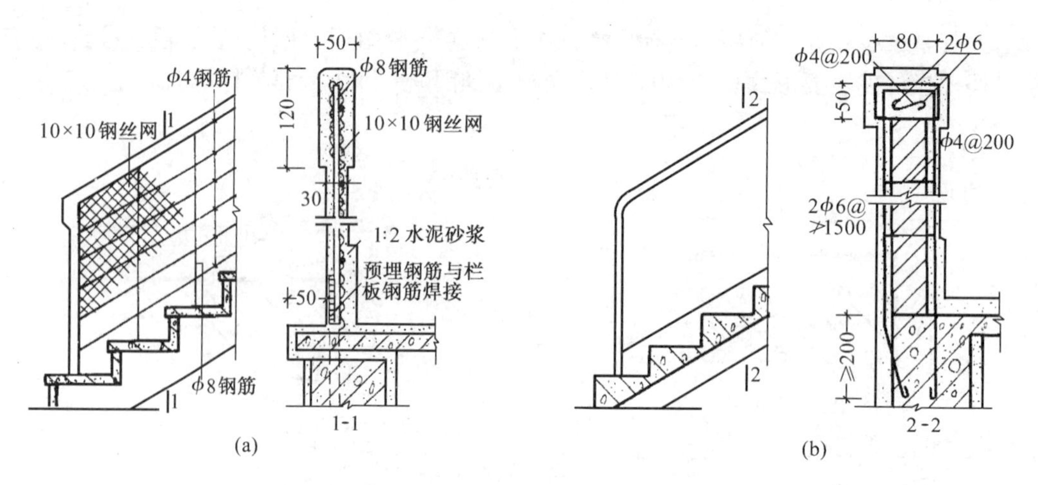

图 9—26　栏板

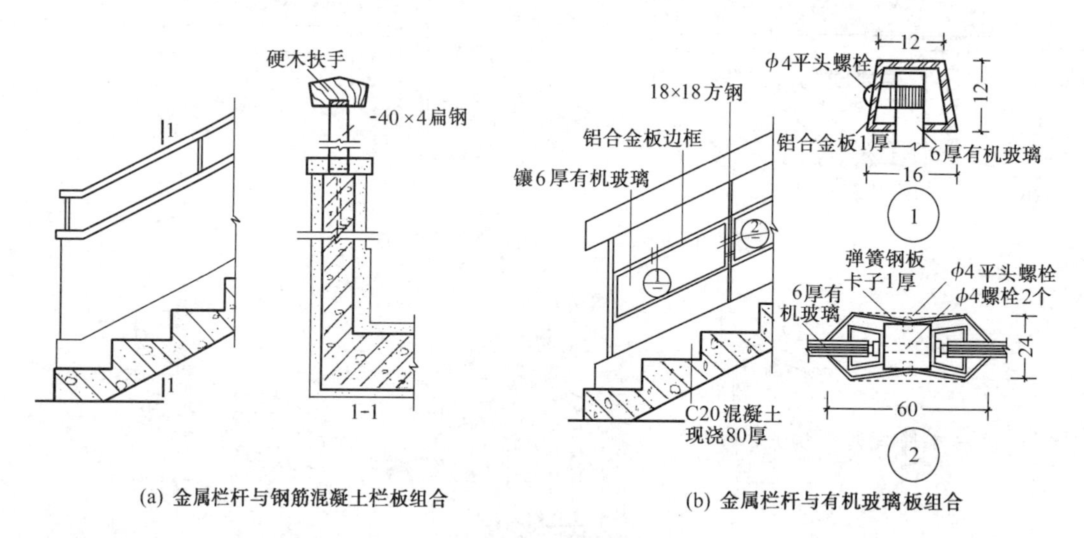

图 9—27　组合式栏杆

2. 扶手

扶手位于栏杆或栏板顶部，常用木材、塑料、金属管材（钢管、铝合金管、铜管和不锈钢管等）制作。最常用的有硬木扶手和塑料扶手，具有手感舒适，断面形式多样的优点。金属管材扶手由于其可弯性，常用于螺旋形、弧形楼梯扶手。钢管扶手表面涂层易脱落，使用受限。铝管、铜管和不锈钢管扶手则造价高，常用于高级装修的楼梯中，如图 9—28。

3. 栏杆扶手连接构造

（1）栏杆与扶手连接

空花式和组合式栏杆当采用木材或塑料扶手时，一般在栏杆竖杆顶部设通长扁钢与扶手底面或侧面槽口榫接，用木螺钉固定，如图 9—28 所示。金属管材扶手与栏杆竖杆连接一般采用焊接或铆接。

（2）栏杆与梯段、平台连接

栏杆竖杆与梯段、平台的连接分为焊接和插接两种。即在梯段和平台上预埋钢板焊接或预留孔插接。为了保护栏杆免受锈蚀和增强美观，常在竖杆下部装设套环，覆盖栏杆与梯段或平台的接头处，如图 9－29 所示。

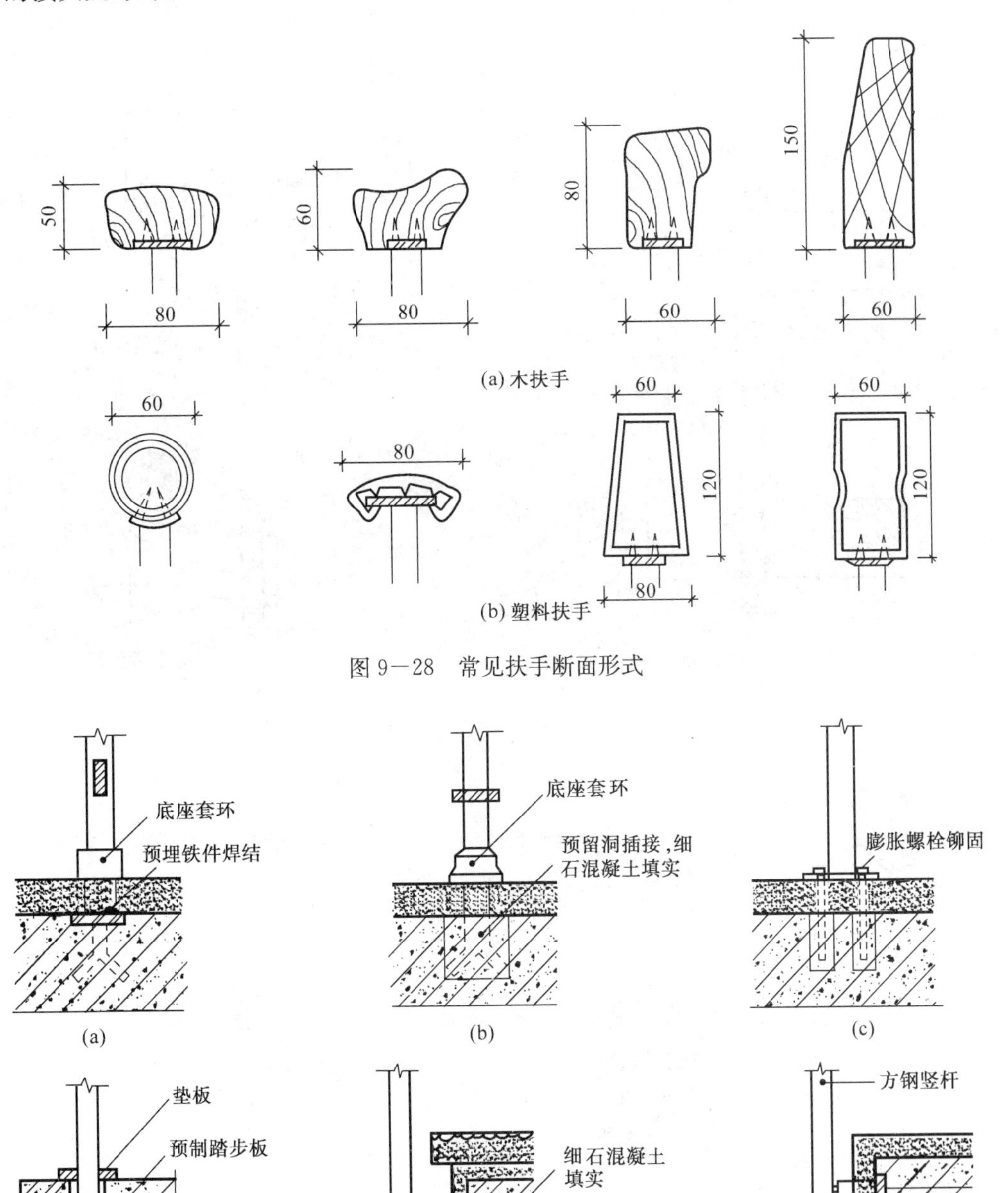

图 9－28　常见扶手断面形式

图 9－29　栏杆与梯段、平台连接

(3) 扶手与墙面连接

墙上装设扶手时，扶手距墙面的距离为 100 mm 左右。将扶手连接杆件伸入砖墙预留洞内，用细石混凝土嵌固，如图 9－30a 所示。当扶手与钢筋混凝土墙或柱连按时，一般采取预埋钢板焊接，如图 9－30b 所示。栏杆扶手与墙、柱面相交处的构造与上述做法相同。如图 9－30c、9－30d 所示。

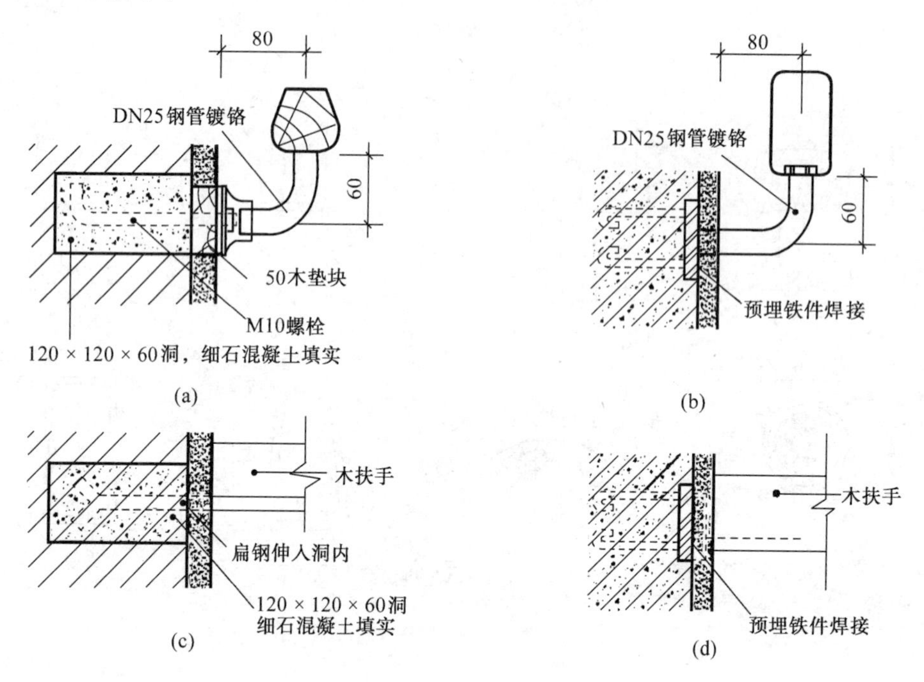

图 9－30　扶手与墙面连接

（4）扶手细部处理

楼梯扶手细部处理主要在底层第一跑梯段起步处和梯段转折处。为增强栏杆刚度和美观，可以对第一级踏步和栏杆扶手进行特殊处理，如图 9－31 所示。

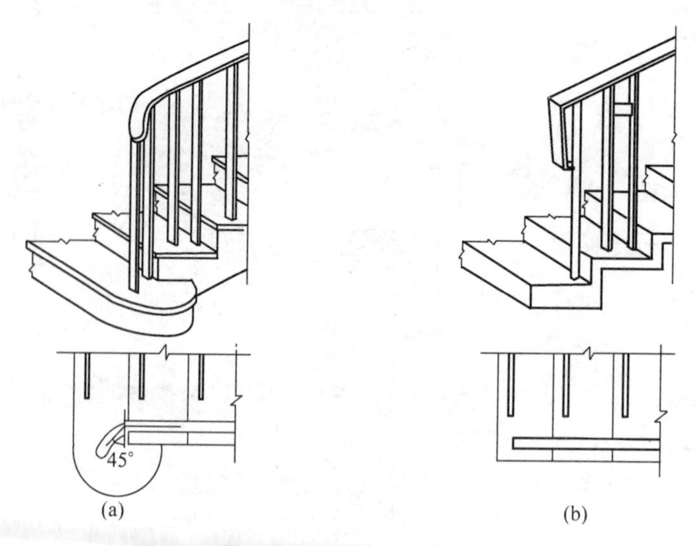

图 9－31　梯段起步扶手

梯段转折处扶手处理：① 当上下梯段齐步时，上下扶手在转折处同时向平台延伸半步，使两扶手高度相等，连按自然，但这样做缩小了平台的有效深度。② 如扶手在转折处不伸入平台，下跑梯段扶手在转折处需上弯形成鹤颈扶手，因鹤颈扶手制作较麻烦，也可改用直线转折的硬接方式。③ 当上下梯段错一步时，扶手在转折处不需向平台延伸即可自然连接。当长短跑梯段错开几步时，将出现一段水平栏杆。如图 9－32。

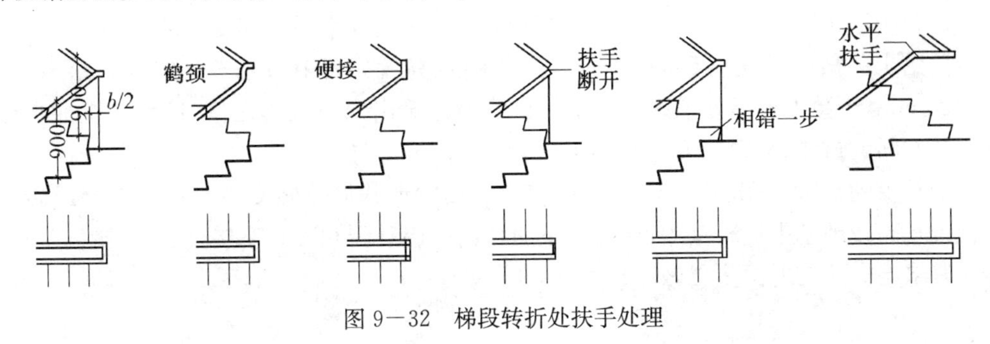

图 9－32　梯段转折处扶手处理

§9－5　坡道与台阶

一、坡道

坡道的作用，主要是解决两个空间有高差时，车辆行驶、行人活动和无障碍设计要求的问题，因此在设计时，坡度一般在 1/6～1/12，以 1/10 为适宜，坡度大于 1/8 时须做防滑处理，一般把表面做成锯齿形或设防滑条。(图 9－33)

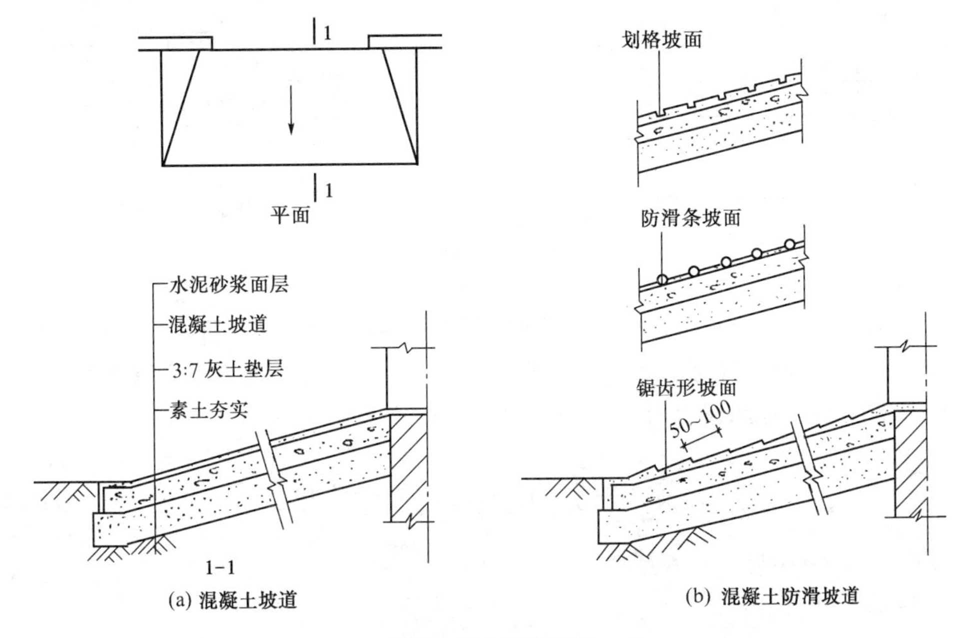

图 9－33　坡道构造

根据坡道的构造不同分为实铺和架空两种，实铺即在地面上铺设坡道，其构造方法与地面构造相似；架空坡道的构造方式与下面所述的台阶相似。

二、台阶

台阶分室外台阶和室内台阶。室外台阶是建筑出入口处室内外高差之间的交通联系部件。室内台阶用于联系室内与室内之间的高差，同时还起到室内空间变化的作用。

台阶踏步一般较平缓，以便行走舒适。其踏步高 h 一般在 100～150 mm，踏步宽 b 在 300～400 mm，步数根据高差来确定。室外台阶与建筑出入口大门之间，应设一缓冲平台，作为室内外空间的过渡，平台深度应不小于 1 000 mm。

步数较少的台阶，一般采用素土夯实，然后按台阶形状尺寸做 C10 混凝土垫层或砖、石垫层。标准较高或地基土层较差的，还可在下面加铺一层碎砖和碎石基层，以免台阶发生不均匀沉降。其垫层做法与地面垫层做法相似(图 9－34)。

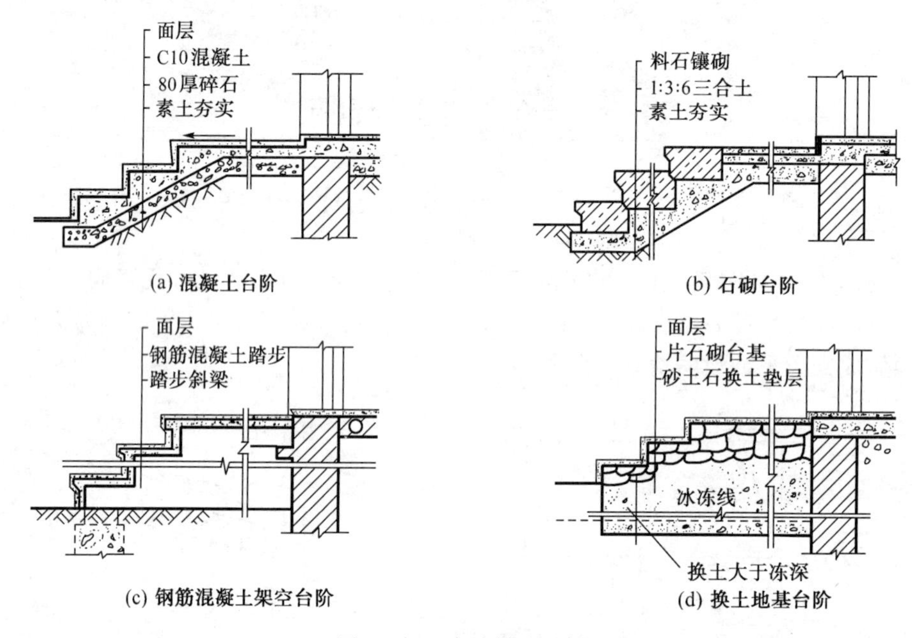

图 9－34　台阶做法示例

地基土质太差或步数较多的台阶，可用钢筋混凝土做成架空式台阶，以避免过多填土和不均匀沉降。在严寒地区，应考虑地基土冻胀因素，可用砂石垫层换土至冰冻线以下。

台阶面层一般采用水泥石屑、斩假石、天然石材、防滑地砖等。

§9－6　电梯与自动扶梯

一、电梯

1. 电梯的类型

(1) 按使用性质分

① 客梯：主要用于人们在建筑物中的垂直联系。

② 货梯：主要用于运送货物及设备。

③ 消防电梯:用于发生火灾、爆炸等紧急情况下作为消防人员紧急救援使用。

④ 观光电梯:是把竖向交通工具和登高流动观景相结合的电梯。

(2) 按电梯行驶速度分

根据不同层数的不同使用要求可分为:

① 高速电梯:速度大于 2 m/s,梯速随层数增加而提高,消防电梯常用高速。

② 中速电梯:速度在 2 m/s 之内,一般客、货梯,按中速考虑。

③ 低速电梯:运送食物电梯常用低速,速度在 1.5 m/s 以内。

2. 电梯的组成(图 9—35)

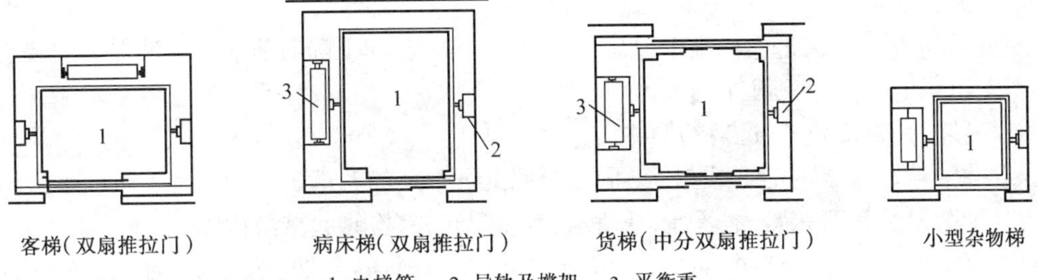

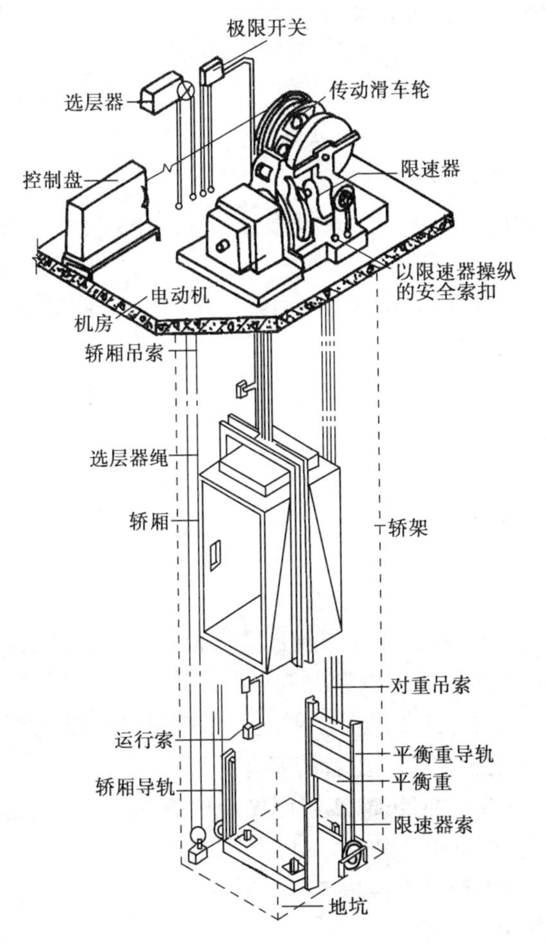

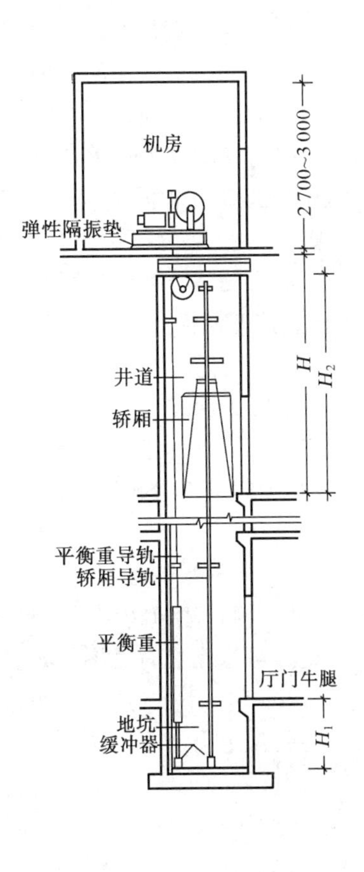

图 9—35

电梯由下列几部分组成：

(1) 电梯井道

不同性质的电梯，其井道根据需要有各种井道尺寸，以配合各种电梯轿厢供选用。井道是火灾事故中火焰及烟气容易蔓延的通道，因此井道壁应依据有关防火规范进行设计，多为钢筋混凝土井壁或框架填充墙井壁。

(2) 电梯机房

机房和井道的平面相对位置允许机房任意向一个或两个相邻方向伸出，并满足机房有关设备安装的要求。

(3) 井道地坑

井道地坑在最底层平面标高下($H_1 \geqslant 1.4$ m)，作为轿厢下降时所需的缓冲器的安装空间。

(4) 组成电梯的有关部件

① 轿厢：是直接载人、运货的厢体。

② 井壁导轨和导轨支架：是支承、固定轿厢上下升降的轨道。

③ 牵引轮及其钢支架、钢丝绳、平衡重、轿厢门开关、检修起重吊钩等。

④ 有关电器部件：交流电动机、直流电动机、控制柜、继电器、选层器、动力开关、照明开关、电源开关、厅外层数指示灯和厅外上下召唤盒开关等。

3. 电梯对建筑物的构造要求(如图 9－36 所示)

(1) 井道、机房建筑的一般要求

① 通向机房的通道和楼梯宽度不小于 1.3 m，楼梯坡度不大于 45°。

② 机房楼板应平坦整洁，能承受 6 kPa 的均布荷载。

③ 井道壁为钢筋混凝土时，应预留 150 mm 见方、150 mm 深孔洞、垂直中距 2 m，以便安装支架。

④ 框架(圈梁)上应预埋铁板，铁板后面的焊件与梁中钢筋焊牢。每层中间加圈梁一道，并需设置预埋铁板。

⑤ 电梯为两台并列时，中间可不用隔墙而按一定的间隔放置钢筋混凝土梁或型钢过梁，以便安装支架。

(2) 电梯导轨支架的安装

安装导轨支架分预留孔插入式和预埋铁件焊接式。

二、自动扶梯

自动扶梯是建筑物层间连续运输效率最高的载客设备。一般自动扶梯均可正、逆方向运行，停机时可当作临时楼梯行走。平面布置可单台设置或双台并列(图 9－37)。双台并列时一般采取一上一下的方式，求得垂直交通的连续性，但必须在二者之间留有足够的结构间距(目前有关规定为不小于 380 mm)，以保证装修的方便及使用者的安全。

自动扶梯的机械装置悬在楼板下面，楼层下做装饰处理，底层则做地坑图 9－38。在其机房上部自动扶梯口处应做活动地板，以利检修。地坑也应作防水处理。

在建筑物中设置自动扶梯时，上下两层面积总和如超过防火分区面积要求时，应按防火要求设防火隔断或复合式防火卷帘封闭自动扶梯井。

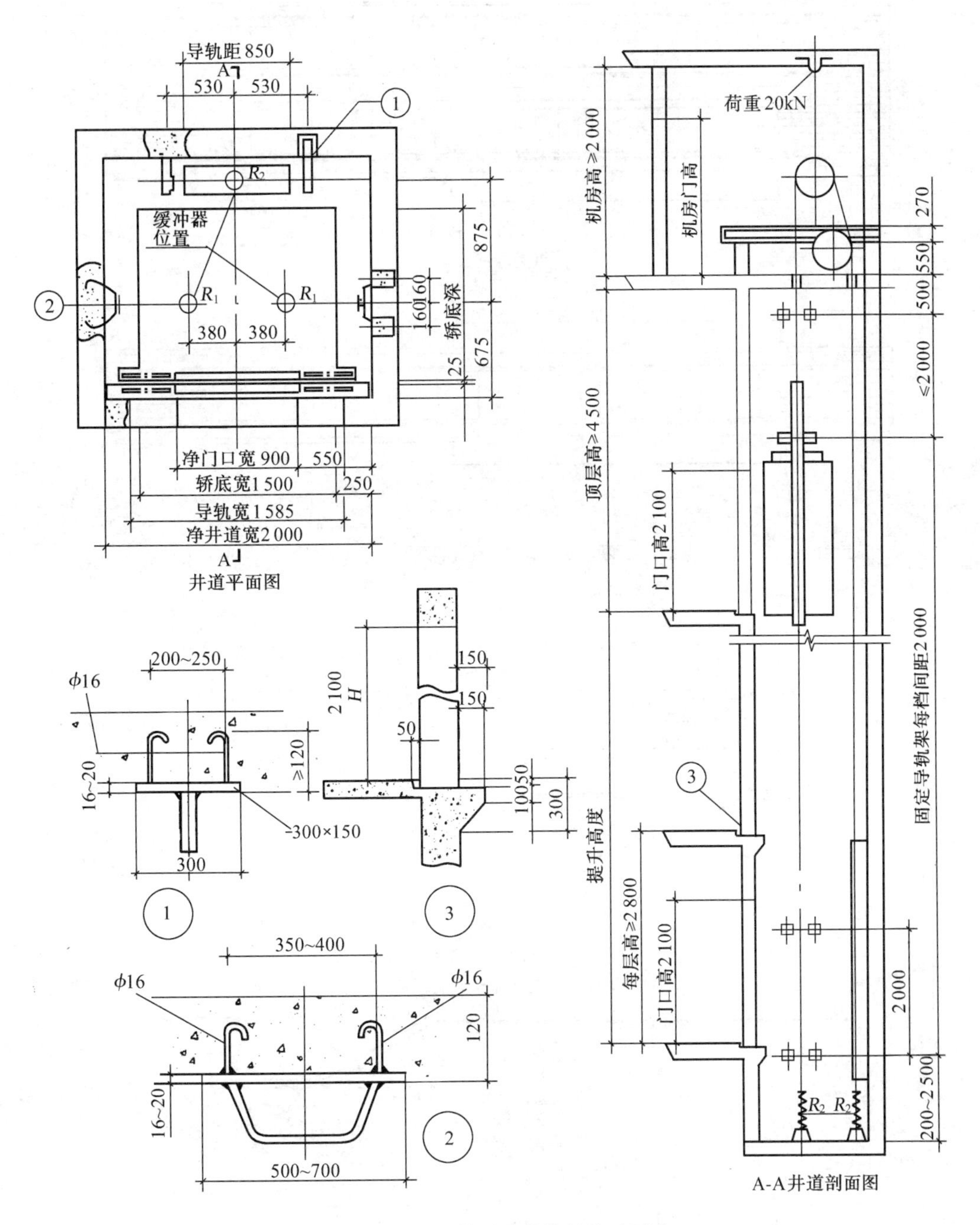

图 9—36　电梯对建筑物的构造要求

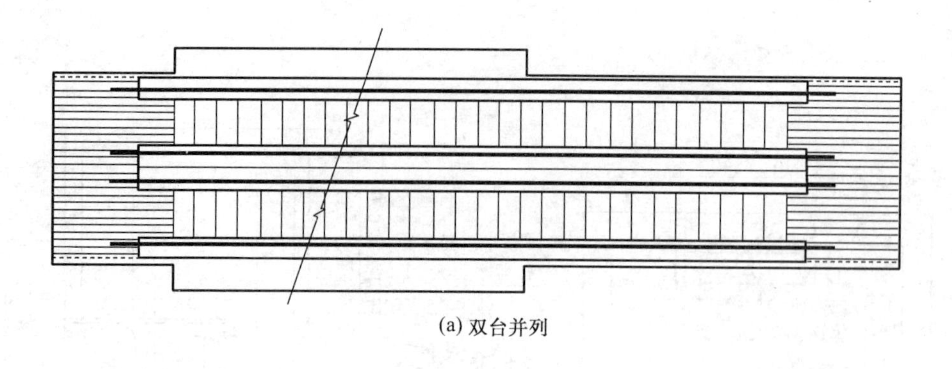
(a) 双台并列

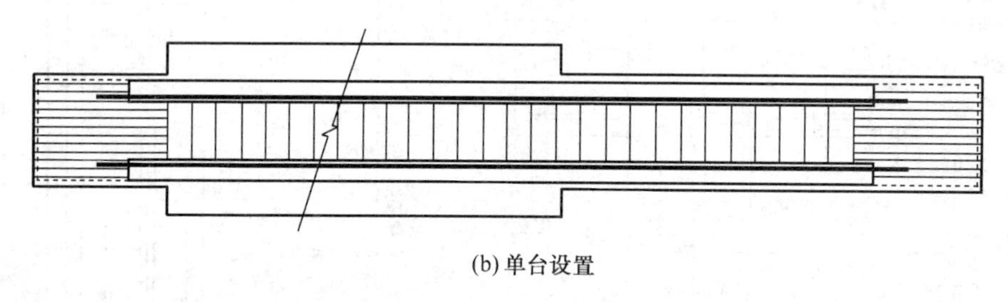
(b) 单台设置

图 9—37　自动扶梯平面

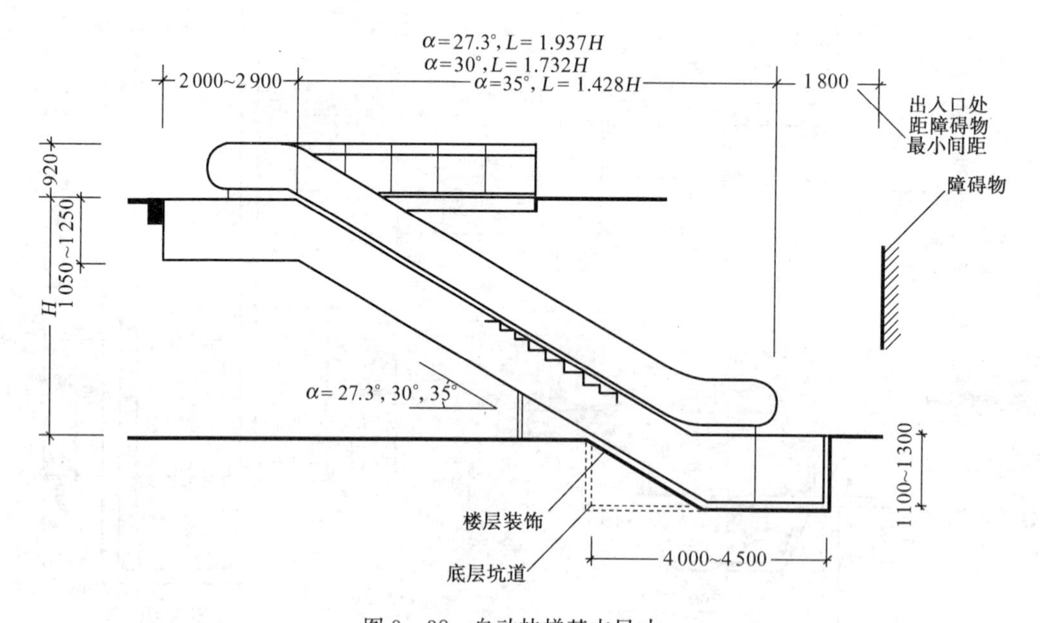

图 9—38　自动扶梯基本尺寸

复习思考题

9—1　楼梯是由哪几部分组成的？各部分的要求和作用是怎样的？

9—2　常见的楼梯有哪些形式？各适用于什么建筑？

9—3　楼梯设计的基本要求和尺寸是怎样的？

9—4　楼梯平台下作为出入口时，要提高平台底面标高应采取哪些措施？

9—5　现浇钢筋混凝土楼梯常见的结构形式有哪几种？各有何特点？

9—6　预制装配式钢筋混凝土楼梯有何特点？其构造形式有哪些？

9—7　楼梯踏面的做法是怎样的？有哪些防滑措施？

9—8　栏杆与踏步以及扶手与栏杆的连接构造如何？

9—9　台阶与坡道的形式有哪些？其构造要求是怎样的？

9—10　电梯井有哪些组成部分？设计要求如何？

第10章　屋顶构造

本章提要：本章包括屋顶的形式及设计要求、屋顶的排水和防水、屋顶的保温与隔热等。
学习目的：重点掌握屋顶防渗漏的原理和方法，并运用此原理处理屋顶的排水、防水构造问题，基本掌握屋顶的保温与隔热措施及其适用范围。

屋顶的排水和防水是通过必要的建筑材料、构造处理而达到的。材料防水性能的好与坏和构造处理的恰当与否，对屋面排水、防水的效果影响很大。

§10—1　屋顶的形式及设计要求

一、屋顶的形式

屋顶一般分为平屋顶、坡屋顶（两坡顶和四坡顶）和其他形式的屋顶（图10—1）。

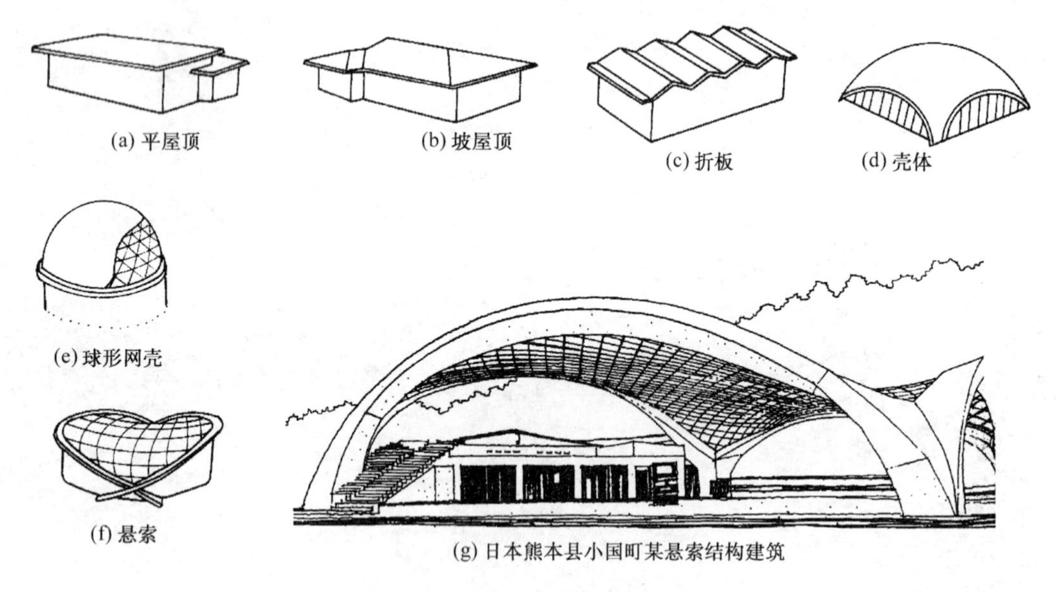

图10—1　屋顶的形式

二、屋顶设计的要求

屋顶设计主要考虑功能、结构和建筑艺术等三方面的要求。

1. 功能要求

屋顶是建筑物最上层覆盖的外围护结构，其主要功能是用以抵御自然界的风霜雨雪、太阳辐射、气温变化和其他外界的不利因素，使屋顶覆盖下的空间，有一个良好的使用环境。因此，要求屋顶在构造设计时注意解决防水、保温、隔热、隔声、防火等问题。

根据建筑物的性质、重要程度、使用功能要求、防水层耐用年限、防水层选用材料和设防要求，将屋面分成四个等级，见表 10—1。

表 10—1　屋面防水等级和设防要求

项　目	屋面防水等级			
	Ⅰ	Ⅱ	Ⅲ	Ⅳ
建筑物类别	特别重要的民用建筑和对防水有特殊要求的工业建筑	重要的工业与民用建筑	一般的工业与民用建筑	非永久性建筑
防水层耐用年限	25 年	15 年	10 年	5 年
防水层选用材料	宜选用合成高分子防水卷材、高聚物改性沥青防水卷材、合成高分子防水涂料、细石防水混凝土等材料	宜选用高聚物改性沥青防水卷材、合成高分子防水卷材、合成高分子防水涂料、细石防水混凝土、平瓦等材料	应选用三毡四油沥青防水卷材、高聚物改性沥青防水卷材、高聚物改性沥青防水涂料、沥青基防水涂料、刚性防水层、平瓦、油毡瓦等	可选用二毡三油沥青防水卷材、高聚物改性沥青防水涂料、波形瓦等材料
设防要求	三道或三道以上防水设防，其中应有一道合成高分子防水卷材，且只能有一道厚度不小于 2 mm 的合成高分子防水涂膜	二道防水设防，其中应有一道卷材，也可采用压型钢板进行一道设防，或两种防水材料复合使用	一道防水设防	

2. 结构要求

屋顶是房屋上层的承重结构，它应能支承自重和作用在屋顶上的各种活荷载，同时还起着对房屋上部的水平支撑作用。因此，要求屋顶在构造设计时，应解决屋顶构件的强度、刚度和整体空间的稳定性等问题。

3. 建筑艺术要求

屋顶是建筑外部形体的重要组成部分，屋顶的形式对建筑的造型极具影响，中国传统建筑的重要特征之一就是其变化多样的屋顶外形和装修精美的屋顶细部，现代建筑也应注重屋顶形式及其细部的设计，以满足人们对建筑艺术方面的需求。

§10—2　屋顶排水

屋顶排水主要解决两个问题，一是排水坡度，二是排水方式。

一、屋顶排水坡度

1. 决定排水坡度大小的因素：

排水坡度的大小是由多方面因素决定的，屋顶的覆盖材料、覆盖形式、材料尺寸、地理气候、结构形式、施工方法、构造组合、建筑造型以及经济等因素都有一定的影响。屋顶覆盖材料的形体尺寸对屋面坡度形成的关系比较大。屋顶覆盖材料形体尺寸越小,则接缝多,缝隙渗漏的可能性大,因此屋顶坡度应大些,如小青瓦、平瓦、琉璃瓦等,屋顶坡度一般在 33%～50%;反之,屋顶覆盖材料形体尺寸越大,接缝少,缝隙渗漏的可能性也小,则屋顶排水坡度可平缓些,如用于平屋面的油毡、玻璃纤维布等卷材,或现浇钢筋混凝土防水层,屋顶坡度一般为2%～5%。

2. 屋顶坡度的形成

(1) 垫坡

也称材料找坡或构造找坡(常称建筑找坡),一般在水平铺设的预制屋面板上用轻质材料(如煤渣混凝土、矿渣混凝土) 填成屋顶坡度。当屋顶设有保温层时,也可将保温层做成坡度,但最薄处应符合保温的要求(图 10—2a)。

(2) 搁置坡度(也称结构找坡)

一般直接利用预制板或屋顶板搁置形成排水坡度。在横墙承重的建筑中,一般将砖墙砌筑成斜坡。用梁或屋架承重时,梁面和屋架的上弦做成坡度。在纵墙承重的建筑中,双坡屋顶的中间屋脊处设有纵墙和脊梁。

搁置坡度的优点是形成坡度时省工省料,屋顶自重轻,缺点是室内顶棚有些倾斜,不利于加层(图 10—2b)。

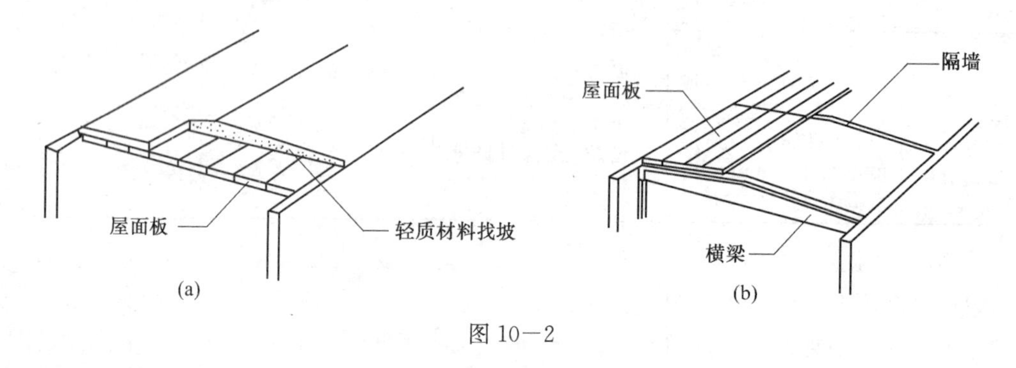

图 10—2

二、屋顶排水方式

排水方式主要根据屋顶高低,跨度大小,变形位置等划分屋顶排水区段,确定屋顶排水方向和檐口排水方式。

屋顶排水方式分为无组织排水(自由落水)和有组织排水(沟管排水)。

1. 无组织排水(也称自由落水)

指屋顶檐口不设排水装置,雨水由檐口自由落到地面。这种排水方式构造简单,施工方便,造价经济,但落水时,雨水会浇淋墙面和门窗。冬季檐口处易结冰柱,拉坏檐口。

2. 有组织排水(也称沟管排水)

指把屋顶雨水有组织地排到天沟或檐沟中去,再由天沟或檐沟流到雨水口,通过雨水管排到地面明沟集水井,最后排入阴沟进入城市管网。

沟管排水根据排水管的位置可分为檐沟外排水(图 10—3a),女儿墙外排水(图 10—3b),女儿墙挑檐沟排水(图 10—3c),女儿墙内排水(图 10—3d),中间天沟内排水(图 10—3e)等几种方式。

3. 排水方式的选择

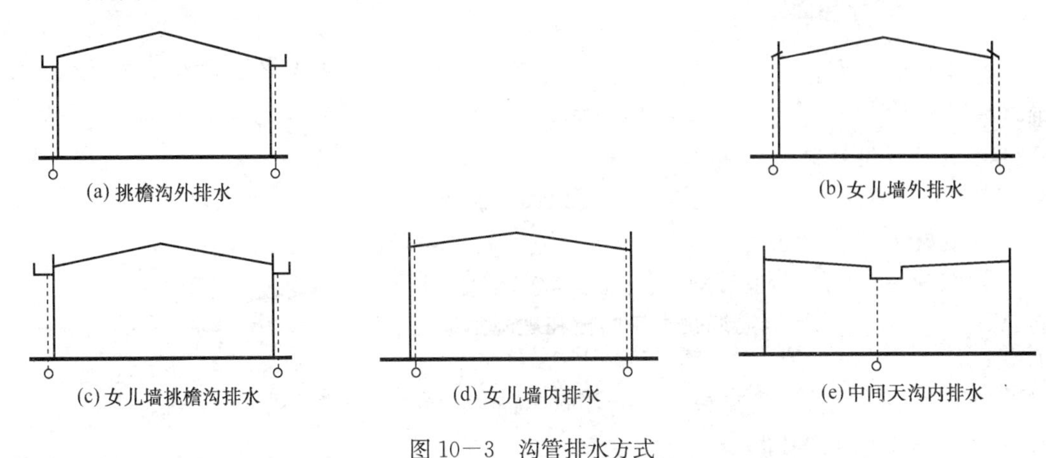

图 10—3　沟管排水方式

确定屋顶的排水方式时，应根据气候条件、建筑物的高度、质量等级、使用性质、屋顶面积大小等因素加以综合考虑。一般可按下述原则进行选择：

(1) 高度较低的简单建筑，为了控制造价，宜优先选用无组织排水。

(2) 积灰多的屋面应采用无组织排水。如铸工车间、炼钢车间这类工业厂房在生产过程中散发大量粉尘积于屋面，下雨时被冲进天沟易造成管道堵塞，故这类屋面不宜采用有组织排水(沟管排水)。

(3) 有腐蚀性介质的工业建筑也不宜采用有组织(沟管)排水，如铜冶炼车间，某些化工厂房等，生产过程中散发的大量腐蚀性介质，会使铸铁雨水装置等遭受侵蚀，故这类厂房也不宜采用有组织排水(沟管排水)。

(4) 在降雨量大的地区或房屋较高的情况下，应采用有组织排水(沟管排水)。

(5) 沿街建筑的雨水排向人行道时宜采用有组织排水(沟管排水)。

4. 雨水管的规格及间距

雨水管按材料分为铸铁、塑料、镀锌铁皮、石棉水泥和陶土等多种，最常采用的是塑料和铸铁雨水管，其管径有 50 mm、75 mm、100 mm、125 mm、150 mm、200 mm 等几种规格。一般民用建筑常用 75 mm、100 mm 的雨水管，面积小于 25 m^2 的露台和阳台可选用直径 50 mm 的雨水管。雨水管的数量与雨水口相等，雨水管的最大间距应同时予以控制。雨水管的间距过大，会导致天沟纵坡过长，沟内垫坡材料加厚，使天沟的容积减少，大雨时雨水容易溢向屋面引起渗漏或从檐沟外侧涌出，因而一般情况下雨水口间距不宜超过 24 m。

§10—3　平屋面防水

屋面坡度较平缓，一般在 2%～5%，常称为平屋面。利用防水材料覆盖整个屋面，缝隙间的搭接严密，以堵住雨水渗漏的可能性。根据材料性质分为柔性防水屋面和刚性防水屋面。柔性防水屋面又可分为卷材防水屋面和涂料防水屋面；刚性防水屋面分为细石混凝土防水屋面和防水砂浆防水屋面。

一、卷材防水屋面

卷材防水屋面就是利用卷材如沥青油毡、高聚物改性沥青油毡、合成高分子防水卷材等纤维材料以及再生胶和合成橡胶等材料作为屋面防水层，冷底子油、沥青胶、氯丁胶等作为粘合剂材料，形成柔性卷材防水屋面。

卷材防水屋面适用于Ⅰ～Ⅳ级防水等级的屋面防水。

1．卷材防水屋面构造（图 10－4）

① 结构层。采用卷材防水层的屋顶，其结构层多为钢筋混凝土。一般有预制钢筋混凝土屋面板和现浇钢筋混凝土屋面板。

② 找平层。卷材防水层要求铺贴在坚固而平整的基层上，以避免卷材凹陷或断裂，故在松软的材料上或难以施工平整的预制屋面板上做一层找平层。找平层一般采用 20 mm厚 1∶3 水泥砂浆，也可以采用 1∶8 沥青砂浆。

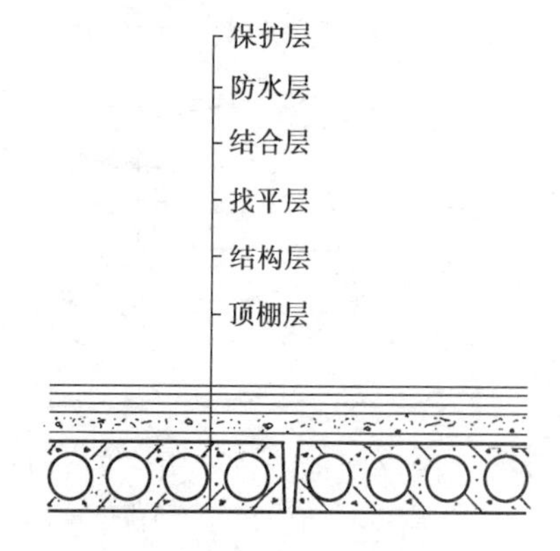

图 10－4　卷材防水屋面构造

③ 结合层。为了能使油毡沥青和水泥砂浆粘结牢固，必须在找平层上满涂一层冷底子油结合层。冷底子油是一种用汽油或煤油稀释的沥青。它既可以渗透到水泥砂浆毛细孔中，同时又能与沥青玛𤥻脂自然结合牢固。

④ 防水层(以沥青油毡防水层为例)：沥青油毡防水层是由多层油毡和沥青玛𤥻脂交替粘合成的。将热沥青玛𤥻脂满刷在油毡的上下层，使之紧密胶合成整体防水层。建筑物Ⅳ级防水等级的防水层，采用二毡三油。Ⅲ级防水等级的防水层应采用三毡四油。

当屋面坡度小于 3%时，油毡宜平行于屋脊，从檐口到屋脊层层向上铺贴，如图 10－5a 所示。屋面坡度在 3%～15%时，油毡可平行或垂直于屋脊铺贴。当屋面坡度大于 15%或屋面受震动时，油毡应垂直于屋脊铺贴，如图 10－5b。铺贴油毡应采用搭接方法，各层油毡的搭接宽度长边不小于 70 mm，短边不小于 100 mm。铺贴时接头应顺主导风向，以免油毡被风掀开。沥青玛𤥻脂的厚度应控制在 1～1.5 mm，过厚易使沥青产生凝聚现象而导致龟裂。

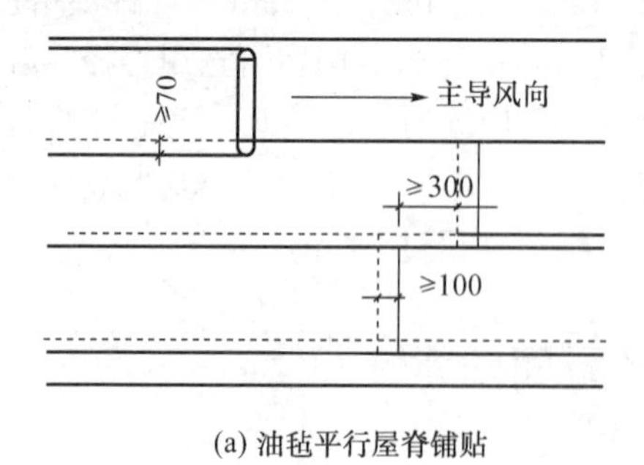

(a) 油毡平行屋脊铺贴

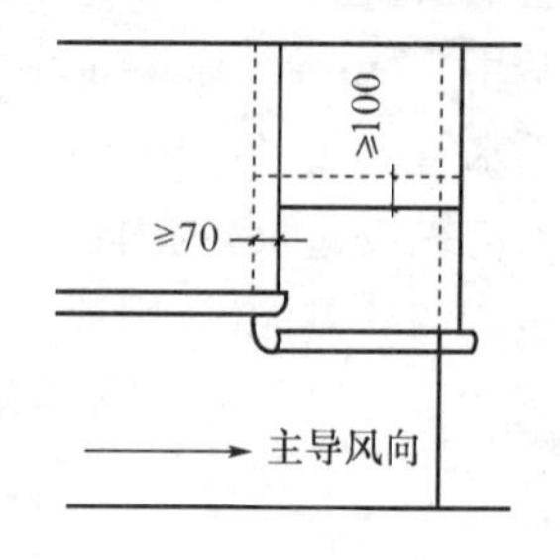

(b) 油毡垂直屋脊铺贴

图 10－5　油毡铺贴方向与搭接尺寸

高聚物改性沥青防水层：高聚物改性沥青防水卷材的铺贴方法有冷粘法及热熔法两种。冷粘法是用胶粘剂将卷材粘贴在找平层上，或利用某些卷材的自粘性进行铺贴。冷粘法铺贴卷材时应注意平整顺直，搭接尺寸准确，不扭曲，卷材下面的空气应予排除，并将卷材辊压粘结牢固。热熔法施工是用火焰加热器将卷材均匀加热至表面光亮发黑,然后立即滚铺卷材使之平展并辊压牢实。

高分子卷材防水层(以三元乙丙卷材防水层为例):三元乙丙卷材是一种常用的高分子橡胶防水卷材,其构造做法是:先在找平层(基层)上涂刮基层处理剂如 CX－404 胶等,要求薄而均匀,待处理剂干燥不粘手后即可铺贴卷材。卷材一般应由屋面低处向高处铺贴。卷材可平行或垂直于屋脊方向铺贴,并按水流方向搭接。铺贴时卷材应保持自然松弛状态,不能拉得过紧。卷材的长边应保持搭接 70 mm,短边保持搭接 100 mm。卷材铺好后立即用工具辊压密实,搭接部位用胶粘剂均匀涂刷粘全。

防水层材料的选用应根据屋面防水等级及设防要求确定(见表 10－1)。

⑤ 保护层。保护层的作用是保护卷材防水层,使沥青类卷材在阳光和大气作用下不至于迅速老化,也可以防止沥青流淌。保护层的构造做法,应根据屋面的利用情况而定。

上人屋面的保护层起着双重作用,既是卷材的保护层,又是地面面层,要求平整耐磨。其构造做法:用沥青砂浆铺贴块材,如缸砖、混凝土板、地砖等,也可现浇 30～40 mm 厚的细石混凝土作为保护层。

不上人屋面的保护层,一般在防水层上撒粒径为 3～5 mm 的小石子,常称绿豆砂保护层。它的作用有两个,一是防止沥青流淌,二是能反射阳光,降低屋面温度。施工时,绿豆砂应预热到 100℃左右,趁热铺撒,以便与沥青玛𤧛脂粘牢。

在炎热地区采用架空钢筋混凝土板来保护防水层,一是加强屋面通风,起到降温隔热作用;二是防止水直接冲刷屋面防水层;还可以防止阳光直射沥青玛𤧛脂,延缓沥青玛𤧛脂及卷材的老化过程。

⑥ 辅助层。是为了满足建筑的使用要求,提高屋面性能而设置的保温层,隔蒸汽层、隔热层、找坡层等。在屋面的保温和隔热一节论述。

2. 卷材防水屋面细部构造

(1) 泛水构造 (图 10－6)

泛水是指屋面与垂直墙面相交处的防水处理。例如:女儿墙、山墙、烟囱、变形缝等部位,均需做泛水处理,以免出现接缝处漏水。

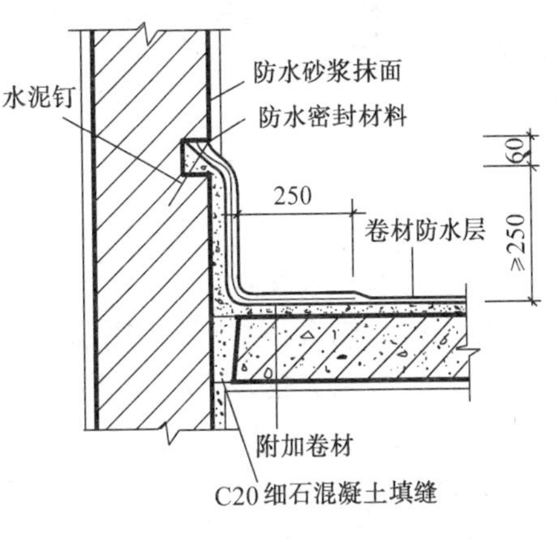

图 10－6　泛水构造

具体做法如下:

① 将屋面的卷材防水层继续铺至垂直面上,形成卷材泛水,其上再加铺一层附加卷材,泛水高度不得小于 250 mm。

② 屋面与垂直面交接处应将卷材下的砂浆找平层抹成直径不小于 150 mm 的圆弧形或 45°斜面,上刷卷材粘结剂,使卷材铺贴牢实,以免卷材架空或折断。

③ 做好泛水上口的卷材收头固定,防止卷材在垂直墙面上下滑。一般做法是:在垂直墙中凿出通长凹槽,将卷材的收头压入槽内,用防水压条钉压后再用密封材料嵌填封严,外抹水泥砂浆保护。凹槽上部的墙体则用防水砂浆抹面。

(2) 檐口构造 (图 10－7)

挑檐口按形式可分为无组织排水和有组织排水,其防水构造的要点是做好卷材的收头,使屋顶四周的卷材封闭，避免水侵入。

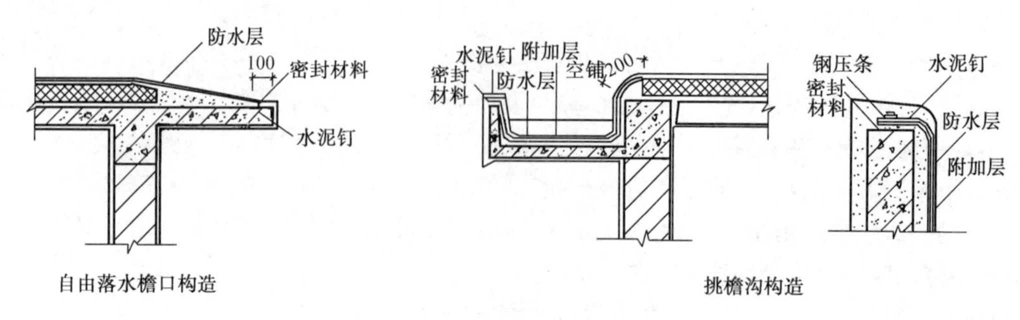

图 10－7　檐口防水构造

(3) 天沟构造

多雨地区或跨度大的房屋，为了增加天沟的汇水量，常采用断面为矩形的天沟，天沟处用专门的钢筋混凝土预制天沟板取代屋面板，常用于单层工业厂房(如图 10－8)。天沟内也需设纵向排水坡，一般在 0.5%～1%。防水层应铺到高处的墙上形成泛水，卷材收头处理与前述女儿墙泛水构造相同。

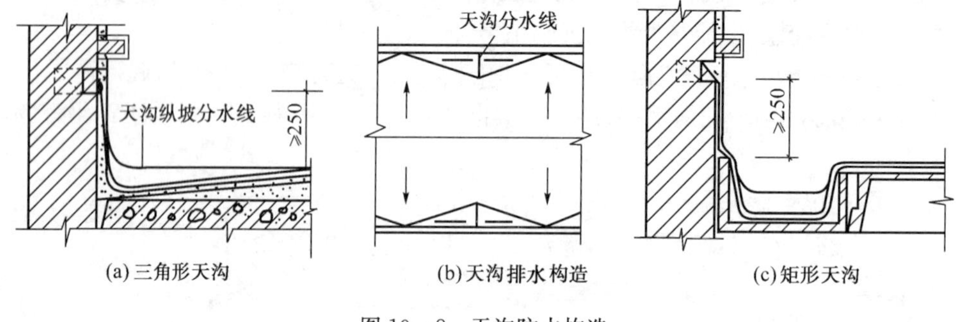

图 10－8　天沟防水构造

(4) 雨水口构造

雨水口是沟管排水方式中用来将屋面雨水排至雨水管而在檐口处或檐沟内开设的洞口。构造上要求排水通畅，不易堵塞和渗漏。沟管排水最常用的有檐沟、天沟及女儿墙雨水口等三种形式。

雨水口通常为定型产品，分为直管式和弯管式两类，直管式适用于中间天沟、挑檐沟和女儿墙内排水天沟，弯管式适用于女儿墙外排水天沟。

雨水口的材质过去多为铸铁，近年来塑料雨水口越来越多地得到运用。金属雨水口易锈不美观，但管壁较厚，强度较高；塑料雨水口质轻，不锈，色彩多样。

① 直管式雨水口。直管式雨水口有多种型号，根据降雨量和汇水面积加以选择。下面以常用的 65 型铸铁雨水口(图 10－9)为例介绍直管式雨水口的构造。该型雨水口由套管、环形筒、顶盖底座和顶盖几部分组成。套管呈漏斗形，安装在天沟底板或屋面板上，各层卷材(包括附加卷材)均粘贴在套管内壁上，表面涂防水油膏，再用环形筒嵌入套管，将卷材压紧，嵌入的深度至少为 100 mm。环形筒与底座的接缝须用油膏嵌封。顶盖底座有放射状格片，用以加速水流和遮挡杂物。

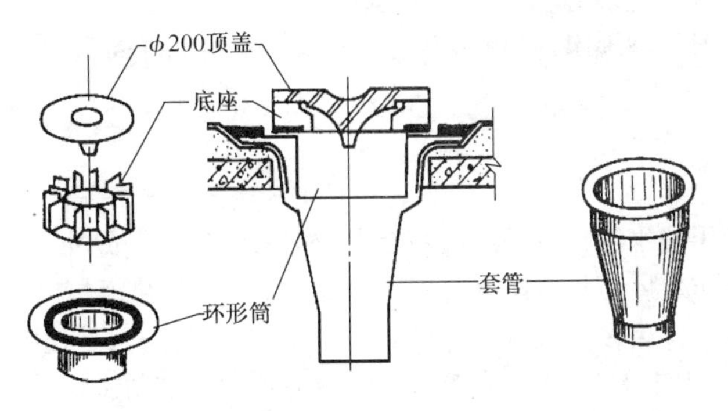

图 10－9　直管式雨水口

② 弯管式雨水口。弯管式雨水口呈 90°弯曲状，图 10－10 所示为两种铸铁雨水口，由弯曲套管和铁篦子两部分组成。弯曲套管置于女儿墙预留孔洞中，屋面防水层及泛水的卷材应铺贴到套管内壁四周，铺入深度不少于 100 mm，套管口用铸铁篦子遮盖，以防污物堵塞水口。构造做法如图 10－10。

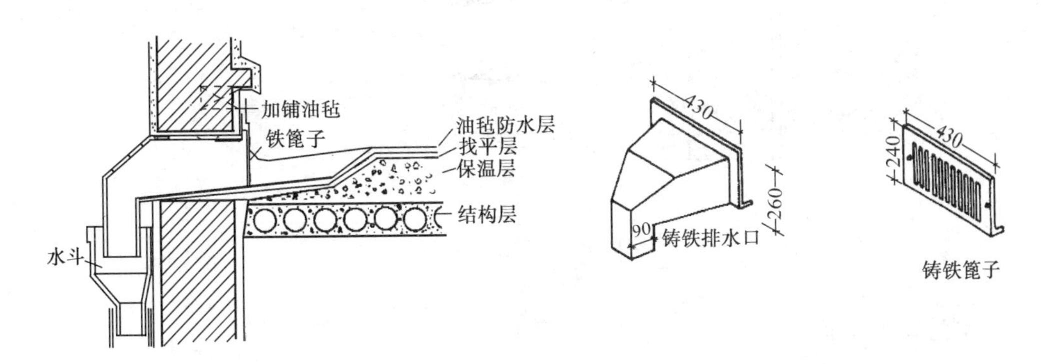

图 10－10　弯管式雨水口

(5) 屋面检修孔、屋面出入口构造

不上人屋面须设屋面检修孔。检修孔四周的孔壁可用砖立砌，也可在现浇屋面板时将混凝土上翻制成，其高度一般为 300 mm，壁外侧的防水层应做成泛水并将卷材用镀锌铁皮盖缝钉压牢固，如图 10－11a 所示。

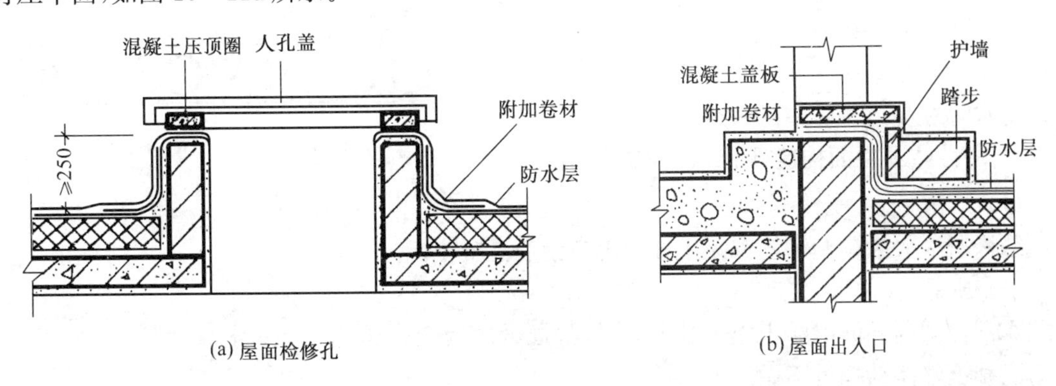

图 10－11　屋面检修孔及屋面出入口构造

出屋面楼梯间一般设屋顶出入口，如不能保证顶部室内地坪高出屋面，在出入口处应设挡水门坎，其构造如图 10－11b。

二、涂膜防水屋面

涂膜防水屋面是用防水涂料刷在屋面基层上，利用涂料干燥或固化以后的不透水性来达到防水的目的。涂膜防水屋面具有防水、抗渗、粘结力强、耐腐蚀、耐老化、延伸率大、弹性好、不延燃、无毒、施工方便等诸多优点，已广泛用于建筑各部位的防水工程中。常用于Ⅲ、Ⅳ级防水等级的防水屋面，可用于Ⅰ、Ⅱ级防水等级多道设防中的一道防水。

防水材料主要有氯丁胶、焦油聚氨酯等各种防水涂料和玻璃纤维布、聚酯无纺布等。构造做法如图 10－12。

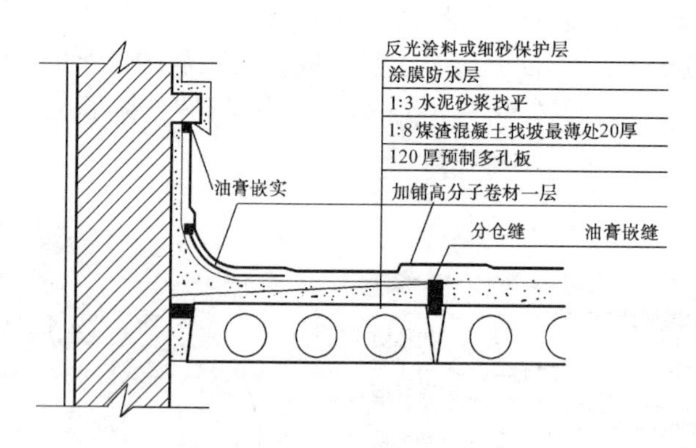

图 10－12　涂膜防水屋面

三、刚性防水屋面

刚性防水屋面是利用钢筋混凝土的密实性来抵抗水分的渗透。因混凝土属于脆性材料，抗拉强度较低，故称为刚性防水屋面。刚性防水屋面与柔性防水屋面相比较，具有便于在形式复杂的屋面上构筑防水层；便于上人屋面使用；材料来源广，耐久性好和经济效益高等优点。缺点是易开裂，对气温变化和屋面基层变形适应性差。因此不宜用于高温、有振动、基础有不均匀沉降的建筑。刚性防水屋面常用于Ⅲ级防水等级的防水屋面，可用于Ⅰ、Ⅱ级防水等级多道设防中的一道防水。

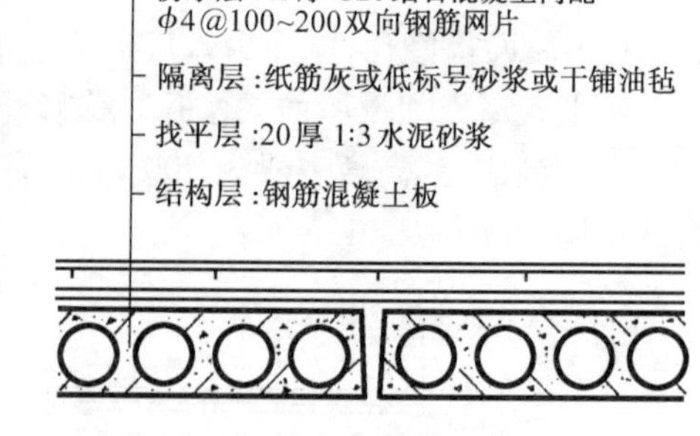

图 10－13　刚性防水构造

1. 刚性防水屋面构造(图 10－13)

(1) 结构层

结构层一般为预制钢筋混凝土板或现浇钢筋混凝土板。

(2) 找平层

通常在预制钢筋混凝土板上做找平层，常规做法为 20 mm 厚 1∶3 水泥砂浆。对于现浇钢筋混凝土整体结构可不做找平层。

(3) 隔离层

由于结构层在荷载作用下产生挠曲变形，在温度变化时产生胀、缩变形，结构层较防水层厚，刚度也大，当结构产生变形时，就会将防水层拉裂。为了减少结构变形对防水层的不利影响，应在结构层与防水层之间设置一隔离层。隔离层可采用纸筋灰或低标号水泥石灰砂浆，也可在薄砂层上干铺一层油毡。

(4) 防水层

采用C20以上的细石混凝土整体现浇，其厚度不应小于40 mm，其中配 $\phi 4$、$\phi 6$ 间距为100～200 mm的双向钢筋网，以防止混凝土收缩开裂。在细石混凝土中加防水剂，泡沫剂或膨胀剂等，可提高混凝土的密实性和抗裂、抗渗性。

2. 刚性防水屋面细部构造

刚性防水屋面与柔性防水屋面一样都应做好泛水、檐口、变形缝等部位的细部构造，同时还应做好防水层的分格缝。

(1) 分格缝构造

分格缝也称分仓缝，是设置在刚性防水层中的变形缝。其作用是：① 当大面积整体现浇混凝土防水层受外界温度影响时会出现热胀冷缩，导致混凝土开裂，如设置一定数量的分格缝，会有效地防止裂缝的产生；② 在荷载作用下，屋面板产生挠曲变形，板的支承翘起，可能引起混凝土防水层破裂，如果在这些部位预留好分格缝，便可避免防水层的开裂。

分格缝的位置一般设在支座处、板缝处、屋脊处和结构变形敏感处。每块防水板块的面积宜小于30 m²(通常分格缝纵横间距宜小于6 m)，图10－14是分格缝构造，缝内应填沥青麻丝，缝口用油膏嵌填或用200～300宽油毡贴缝。另外，防水层内的钢筋应断开。

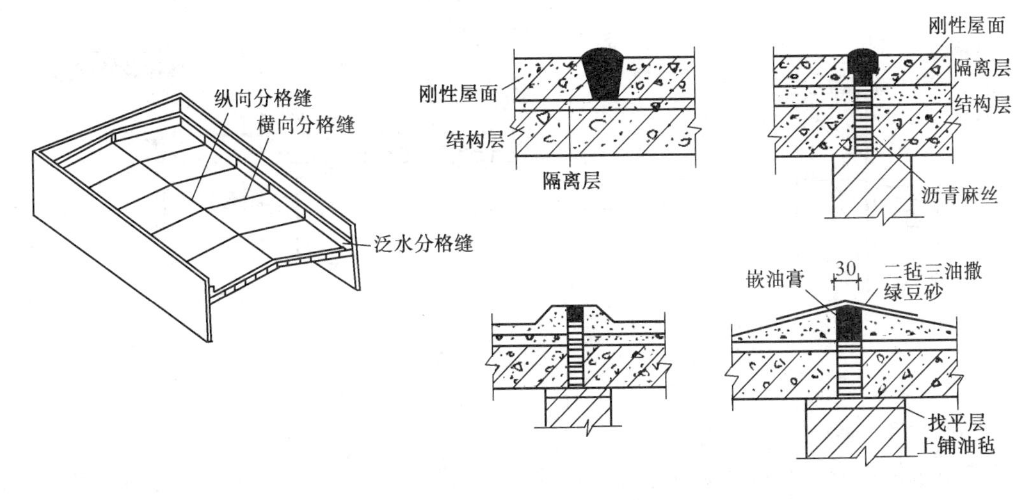

图10－14　分格缝构造

(2) 泛水构造

刚性防水屋面泛水构造与柔性防水屋面泛水构造基本相同，不同的是刚性防水层与屋面突出物(女儿墙、烟囱等)之间应设分格缝，另外加贴卷材盖缝形成泛水，如图10－15。

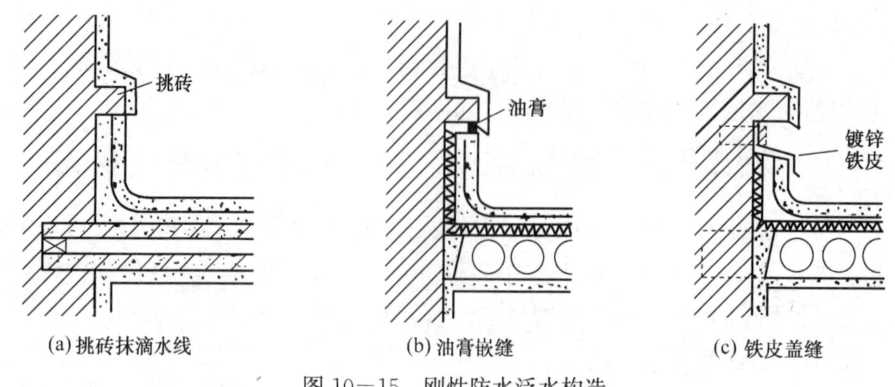

图 10—15　刚性防水泛水构造

(3) 檐口构造

刚性防水屋面常用的檐口形式有自由落水、坡檐沟和挑檐沟，如图 10—16。

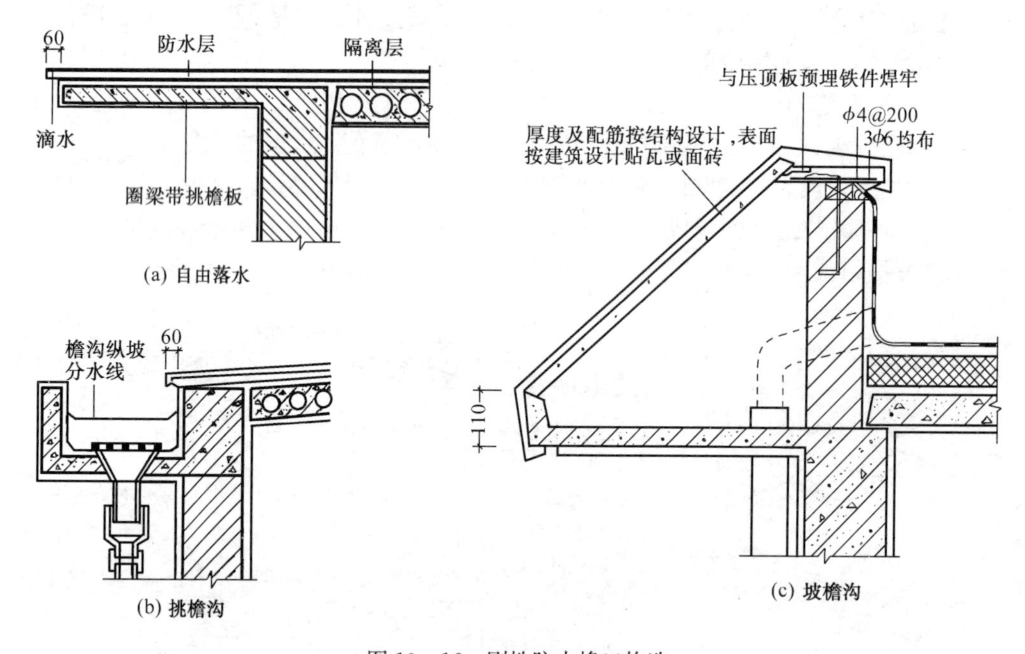

图 10—16　刚性防水檐口构造

(4) 雨水口构造

刚性防水屋面的雨水口常见的做法有两种：一种是直管式，用于天沟或檐沟的雨水口(图 10—17)；另一种是弯管式用于女儿墙排水的雨水口(图 10—18)。

直管式雨水口安装时应在雨水口的四周加铺宽度约 200 mm 的二布三油或二布六涂附加卷材，并应铺入套管内壁中，天沟内的混凝土防水层应盖在卷材的上面，防水层与雨水口的接缝用油膏嵌填密实，以免雨水从雨水口套管与檐沟底板间的接缝处渗漏。用于女儿墙排水的弯管式雨水口可用铸铁或塑料做弯头。

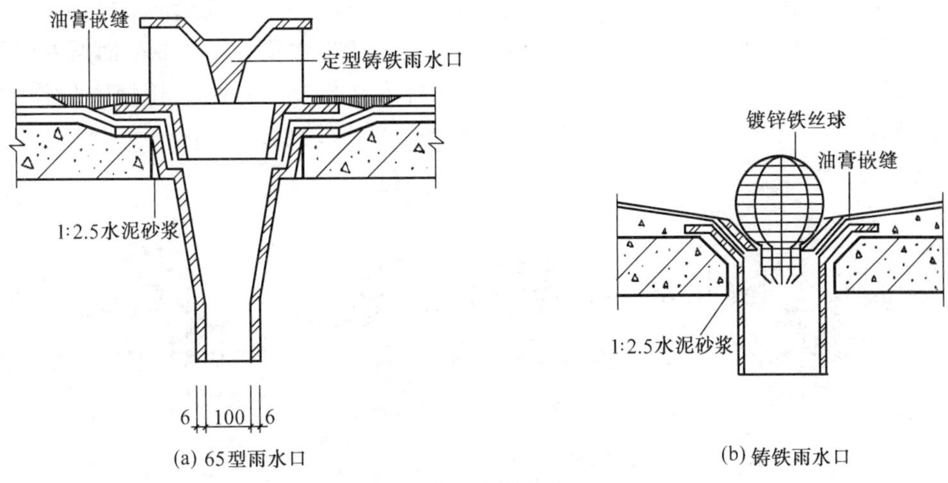

(a) 65型雨水口　　(b) 铸铁雨水口

图 10－17　直管式雨水口

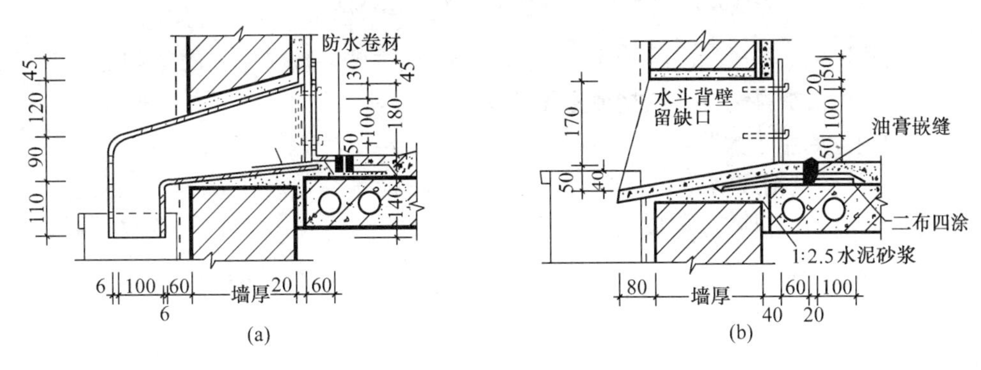

(a)　　(b)

图 10－18　弯管式雨水口

§10－4　坡屋顶防水

利用屋面坡度，将防水构件互相搭接铺盖，把屋面雨水因势利导地迅速排出，因此一般坡度较大。通常是在屋面基层上铺盖各种瓦材，利用瓦材的相互搭接来防止雨水渗漏；有些是造型需要而在屋面盖瓦，利用瓦下的基层材料来做防水。瓦屋面的构造比较简单，取材较便利，是我国传统建筑常用的屋面构造方式。

一、瓦屋面的组成

瓦屋面一般由承重结构和屋面两部分组成，根据需要还可设保温层、隔热层及顶棚等。

1. 承重结构

瓦屋面的承重结构一般可分为横墙(也称山墙)承重结构、桁架结构、梁架结构和空间结构几种系统。

横墙承重结构是当建筑物采用横墙承重的结构布置方案时，横墙砌至屋顶搁置檩条屋面承重结构形式，如图 10－19b。横墙的间距即为檩条的跨度，因而房屋横墙的间距宜尽量一致，使檩条的跨度保持在一个比较经济的尺度以内。

桁架结构是当建筑物的内横墙较少时，将檩条搁置在屋架上构成的屋面承重结构形式，如图 10－19a。瓦屋面所用的桁架多为三角形屋架，也可采用屋面梁。屋架或屋面梁的间距，即建筑物的开间，也是檩条的跨度，因而屋架也宜等距排列并与檩条的距离相适应，以便统一屋架类型和檩条尺寸。民用建筑的屋架间距通常为 3～4 m，大跨度建筑可达 6 m。

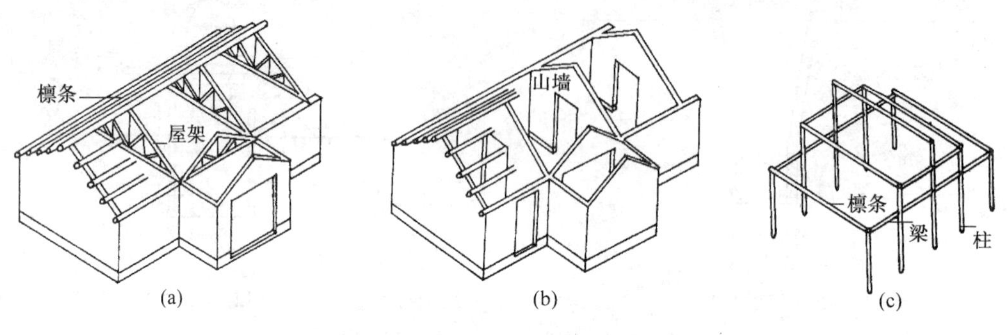

图 10－19　瓦屋面的承重结构

梁架结构是民间传统做法，将檩条搁置在由木柱、木梁、木材构成的梁架结构上，如图 10－19c，这种结构又被称为穿斗结构或立贴式结构。

空间结构则主要用于大跨度建筑，如网架结构和悬索结构等。

檩条常用木材、型钢或钢筋混凝土制作。木檩条的跨度一般在 4 m 以内，断面为矩形或圆形，大小须经结构计算确定，木檩条的间距为 500～700 mm，如檩条间采用椽子时，其间距也可放大至 1 m 左右。木檩条在山墙上的支承端应用沥青等材料防腐，并垫以混凝土或防腐木垫块。

钢筋混凝土檩条的跨度一般为 4 m，有的也可达 6 m。其断面有矩形、T 形和 L 形等(图 10－20)，尺寸由结构计算确定，在钢筋混凝土檩条上应预留直径 4 mm 的钢筋用来固定木条，木条断面为梯形，尺寸为 40～50 mm 对开。山墙承檩时，应在山墙上预置混凝土垫块。

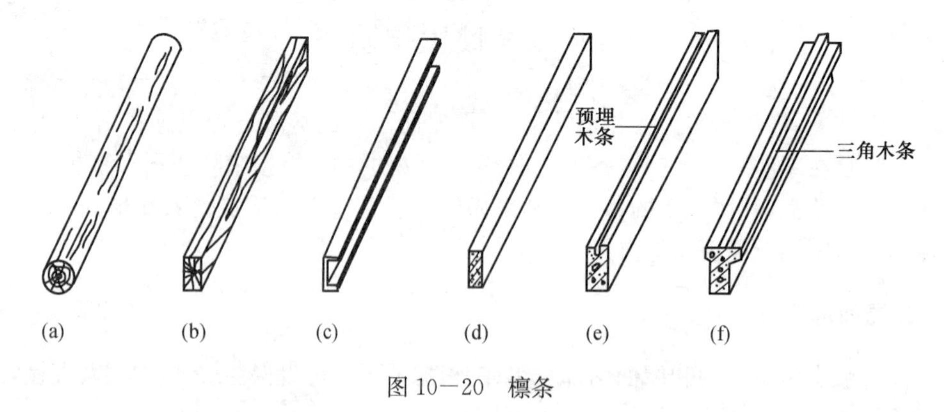

图 10－20　檩条

屋架可用木、钢筋混凝土制作。跨度不超过 12 m 的建筑可采用全木屋架，跨度不超过 18 m时可采用钢木组合屋架，跨度更大时，宜采用钢筋混凝土或钢屋架。常用的几种屋架形式可参见图 10－21。

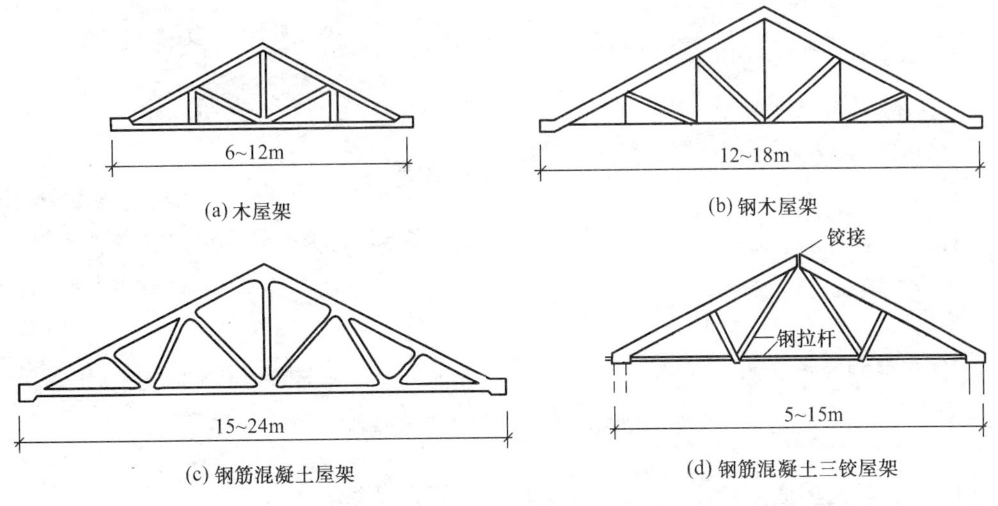

图 10－21　屋架形式

2. 屋面基层和防水层

屋面分为基层和防水层。按屋面基层的组成方式可分为有檩和无檩体系两种。无檩体系是将屋面基层即各类钢筋混凝土板直接搁在山墙、屋架或屋面梁上。有檩体系的基层有檩条、屋面板、顺水条、挂瓦条等组成。

瓦材是防水层，包括机平瓦、小青瓦、金属瓦等。

二、瓦屋面构造

1. 平瓦屋面构造

平瓦由粘土烧结而成(图 10－22a、10－22b)。平瓦屋面主要用于民用建筑和小型工业厂房建筑。一般分为有望板瓦屋面、冷摊瓦屋面、钢筋混凝土挂瓦板屋面、钢筋混凝土板基层瓦屋面等四种。

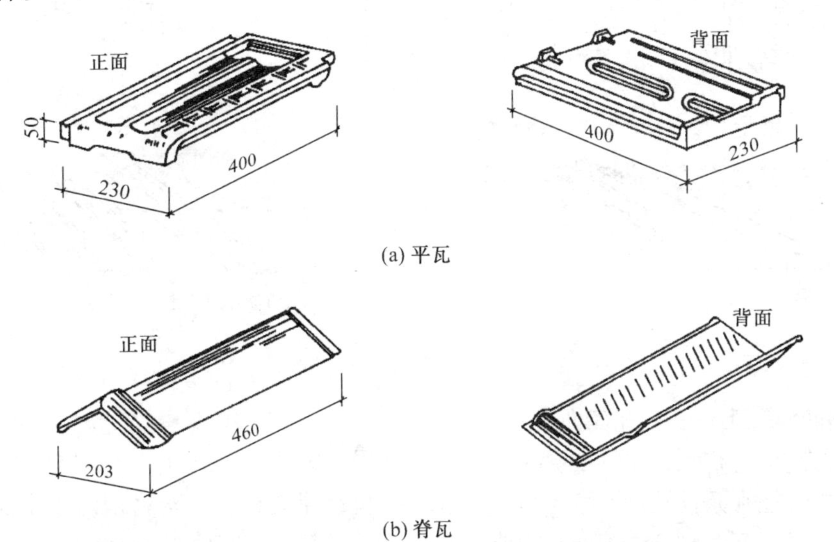

图 10－22(a)　平瓦屋面构造

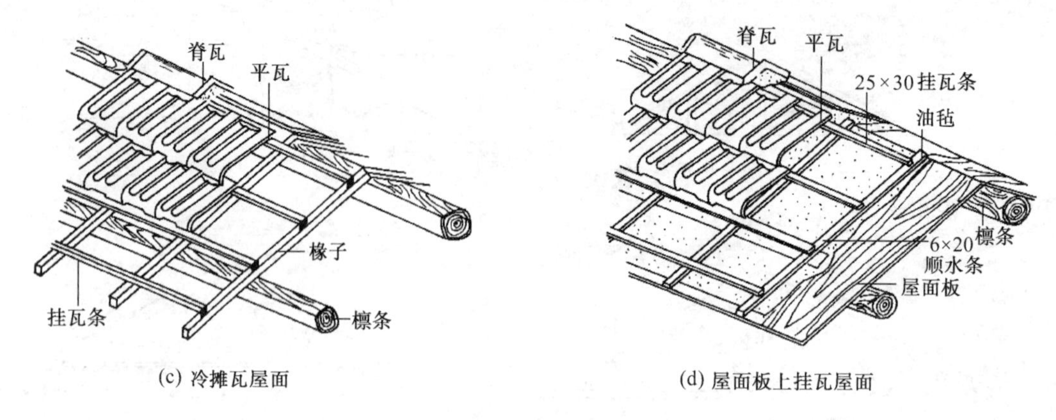

(c) 冷摊瓦屋面　　(d) 屋面板上挂瓦屋面

图 10—22(b)　平瓦屋面构造

(1) 有望板瓦屋面

在屋架上搁置檩条，在檩条上铺木望板，再加铺一层油毡作为第二道防水层，用 6 mm×20 mm顺水条固定油毡，中距 500 mm，再钉 25 mm×30 mm 挂瓦条，中距330 mm，在挂瓦条上铺挂平瓦，图 10—22d。

(2) 冷摊瓦屋面

在檩条上直接钉 50 mm×50 mm 椽子，再钉 25 mm×30 mm 挂瓦条，在挂瓦条上铺挂平瓦。图 10—22c

(3) 钢筋混凝土挂瓦板屋面

是把钢筋混凝土挂瓦板直接搁置在屋架或山墙上，再铺挂平瓦，这样可省去檩条、望板、挂瓦条等。常用的挂瓦板有 F、T、Ⅱ形(图 10—23)。

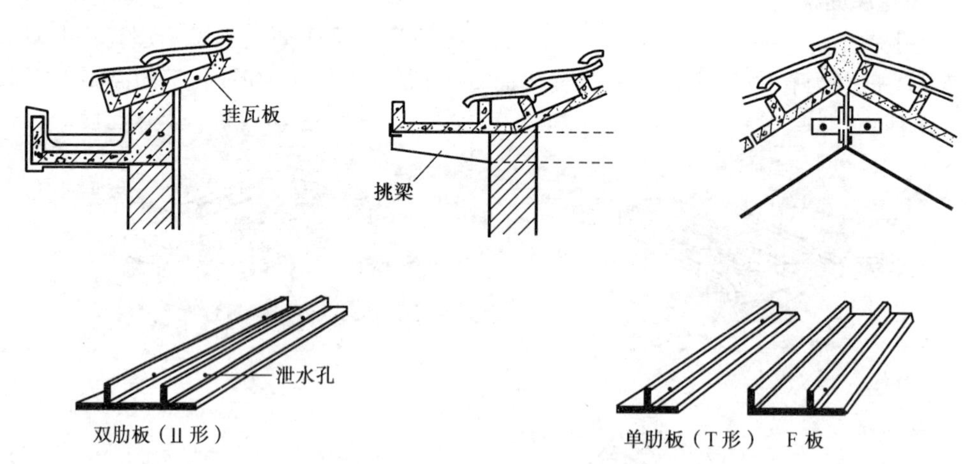

图 10—23　钢筋混凝土挂瓦构造

(4) 钢筋混凝土板基层瓦屋面

有两种方式：一种是在钢筋混凝土板上的找平层上铺油毡一层，用压毡条钉在嵌入板缝内的木楔上，再钉挂瓦条挂瓦(图 10—24)；还有一种是在屋面板上直接粉刷防水水泥砂浆并贴瓦、陶瓷面砖或平瓦。在仿古建筑中也常常采用钢筋混凝土板基层瓦屋面。

2. 细部节点构造

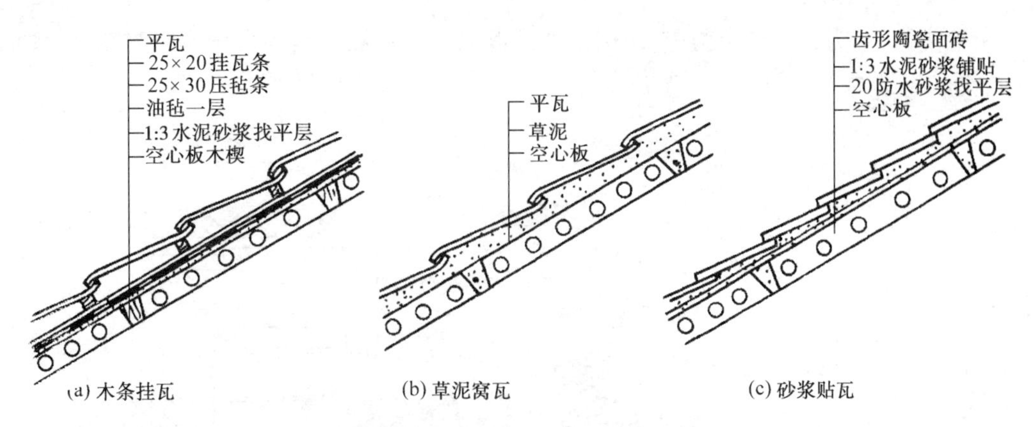

(a) 木条挂瓦　　(b) 草泥窝瓦　　(c) 砂浆贴瓦

图 10－24　钢筋混凝土板基层瓦屋面构造

(1) 檐口构造

檐口一般分为挑檐和包檐两种。挑檐有纵墙挑檐和山墙挑檐(常称悬山);包檐也有纵墙包檐和山墙包檐(常称硬山)。

① 挑檐

纵墙挑檐:如图 10－25a 砖砌挑檐,即在檐口处将砖逐皮向外挑出 1/4 砖长,直到挑出总长度不大于墙厚的一半时为止。图 10－25b 屋面板挑檐,将屋面板直接出挑。图 10－25c 挑檐木挑檐口,将挑檐木置于屋架下出挑。图 10－25d 挑檩檐口,在檐墙外面檐口下加一檩条,由屋架下弦间加一托木,以平衡挑檐的重量。图 10－25e 椽子直接外挑,挑出长度不宜过大(不大于 300 mm)。图 10－25f 檩式屋顶加挑椽檐口,在檐口边另加椽子挑出作为檐口的支托。

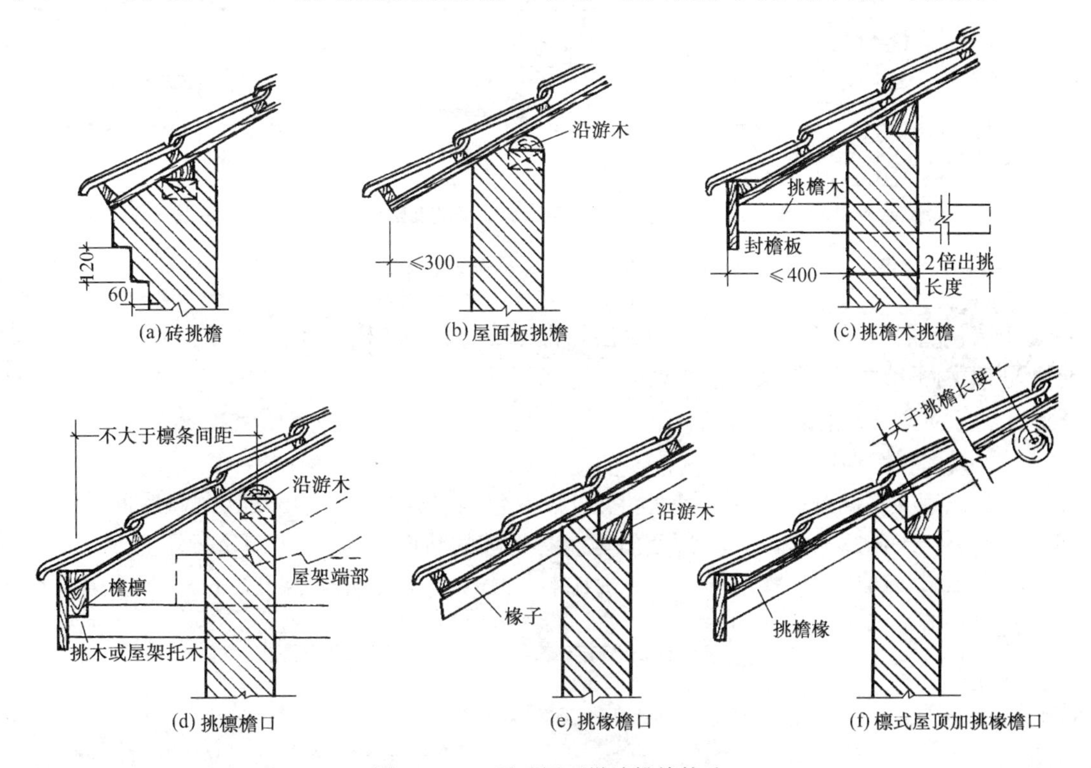

(a) 砖挑檐　　(b) 屋面板挑檐　　(c) 挑檐木挑檐

(d) 挑檩檐口　　(e) 挑椽檐口　　(f) 檩式屋顶加挑椽檐口

图 10－25　平瓦屋面纵墙挑檐构造

山墙挑檐：即为山墙悬山构造，用檩条外挑形成悬山。檩条端部需用木板封檐，沿山墙挑檐的一行瓦应用 1∶2.5 的水泥砂浆做出披水线，将瓦封固(图 10－26)。

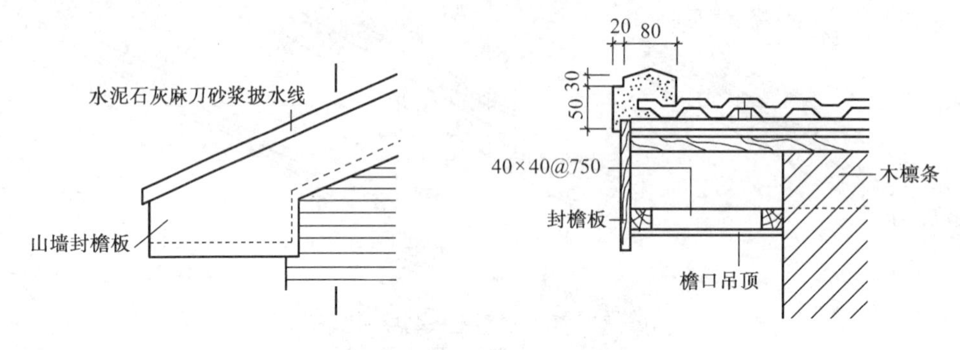

图 10－26　平瓦屋面山墙挑檐构造

② 包檐

纵墙包檐：图 10－27a 为女儿墙包檐口的构造做法，女儿墙与屋架的交接处需架设天沟。天沟最好采用钢筋混凝土槽形天沟板，沟内铺设卷材防水层，并应将卷材一直铺到女儿墙上形成泛水。

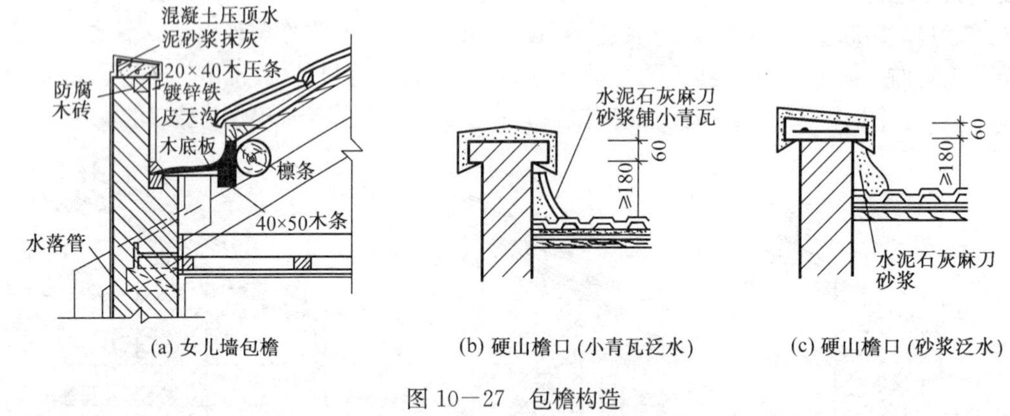

(a) 女儿墙包檐　　(b) 硬山檐口 (小青瓦泛水)　　(c) 硬山檐口 (砂浆泛水)

图 10－27　包檐构造

山墙包檐：即山墙硬山构造，这种做法是将山墙升起包住檐口并在女儿墙与屋面交接处做泛水处理。图 10－27b 是采用砂浆粘贴小青瓦泛水构造；图 10－27c 则是用水泥石灰麻刀抹成泛水。女儿墙顶应做压顶以保护泛水。

(2) 天沟和斜沟构造

天沟出现在等高跨或高低跨屋面相交处以及包檐口处；斜沟则出现在倾斜屋面垂直相交处，构造做法参见图 10－28。天沟及斜沟应有足够的断面面积，其上口宽度不宜小于 300～500 mm，沟内一般用镀锌铁皮铺在木天沟板上，并伸入瓦片下面至少 150 mm。檐沟内防水层应从天沟内延伸至立墙上形成泛水。

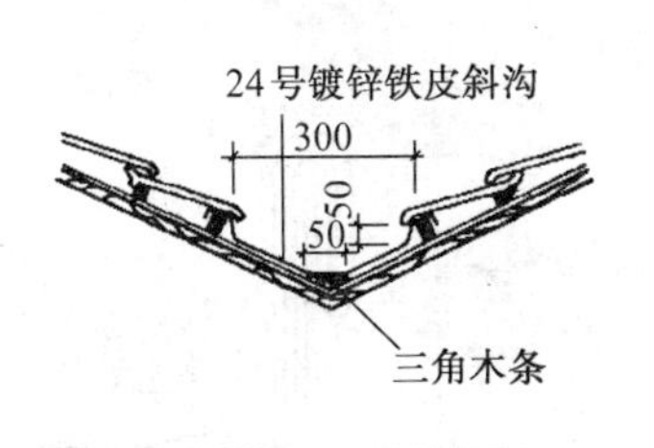

(a) 三角形天沟（等高双跨屋面）

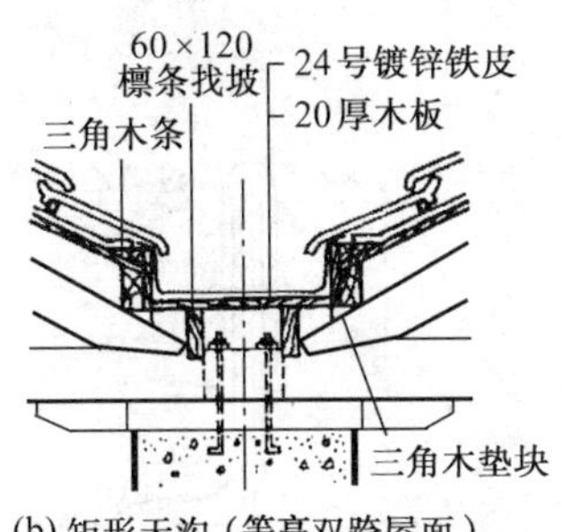

(b) 矩形天沟（等高双跨屋面）

24号镀锌铁皮
20厚木板
350
≥120
铜板卡
120×3@600
三角垫木
找天沟纵坡

(c) 高低跨屋面天沟

图 10－28　天沟和斜沟构造

三、金属瓦屋面

金属瓦屋面是用铝合金瓦或镀锌铁皮做防水层，由檩条、木望板做基层的一种屋面。特点是自重轻，防水性能好，使用年限长，主要用于大跨度建筑的屋面。

金属瓦的厚度很薄(厚度在 1 mm 以内)，铺设时在檩条上铺木望板，望板上干铺一层油毡作为第二道防水，再用钉子将瓦材固定在木望板上。金属瓦间的拼缝通常采取相互交搭卷折成咬口缝，以避免雨水从缝中渗漏。如图 10－29a、10－29b、10－29c 为平行于屋面水流方向的竖缝咬口缝，但上下两排瓦的竖缝应彼此错开。如图 10－29e、10－29f 为垂直于屋面水流方向的横缝平咬口缝。平咬口缝又分为单平咬口缝(屋面坡度大于 30%)和双平咬口缝(屋面坡度小于等于 30%)。在木望板上钉铁支脚，然后将金属瓦的边折卷固定在铁支脚上，使立咬口缝能竖直起来。支脚和螺钉宜采用同一材料为佳。所有的金属瓦必须相互连通导电，并与避雷针或避雷带连接，以防雷击。

四、彩色压型钢板屋面

彩色压型钢板屋面简称彩板屋面，由于其自重轻强度高且施工安装方便，色彩绚丽，质感好，艺术效果佳，近十多年来被广泛用于大跨度建筑中。彩板除用于平直坡面的屋面外，还可根据造型与结构形式的需要，在曲面屋面上使用。

按彩板的功能构造分为单层彩板和保温夹心彩板。

1. 单彩板屋面

单彩板可分为波形板、梯形板、带肋梯形板。纵横向带肋梯形板强度和刚度好，目前使用较广泛。由于单彩板很薄，作屋面时必须在室内一侧另设保温层。

单彩板直接支承于檩条上，采用各种螺钉、螺栓等紧固件固定。螺钉一般在彩钢板的波峰上。当彩钢板波高超过 35 mm 时，彩钢板先应连接在铁架上，铁架再与檩条相连接，防止连接松动(见图 10－30)。檩条一般为槽钢、工字钢或轻钢檩条，檩条间距视屋面板型号而定，一般为 1.5～3.0 m。为避免连接螺钉腐蚀必须用不锈钢制造，钉帽均要用带橡胶垫的不锈钢垫圈，防止钉孔处渗水。

彩钢板的坡度大小与降雨量、板型、拼缝方式有关，一般不小于 3°。

2. 保温夹心板屋面

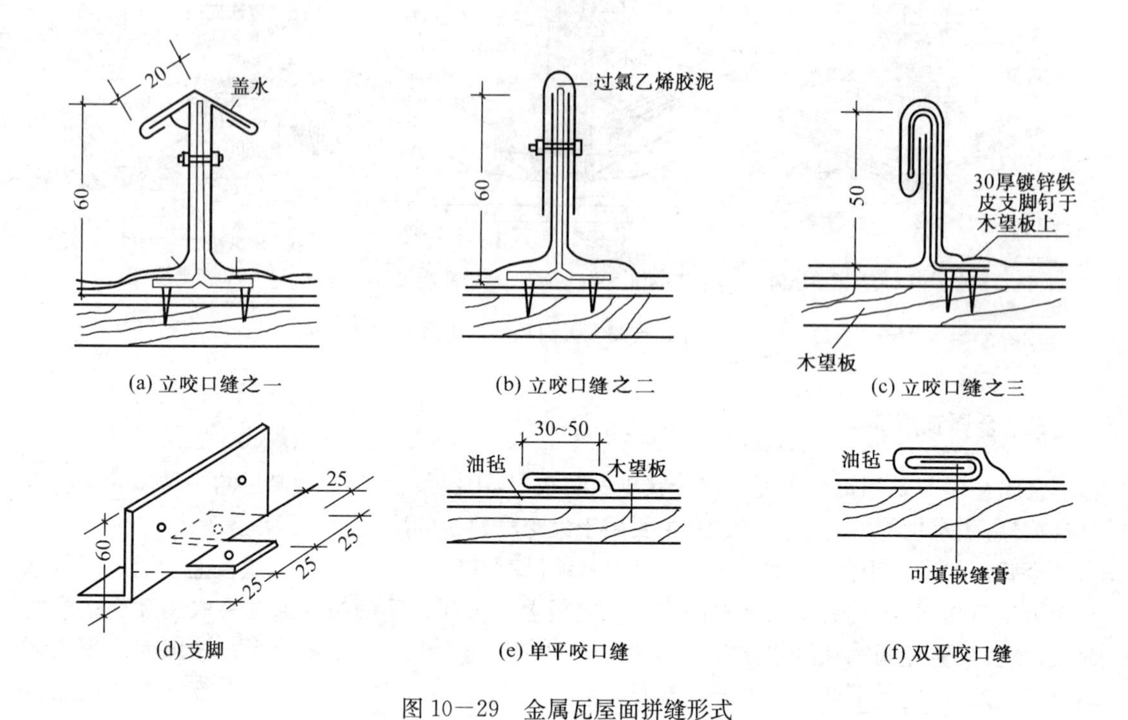

图 10—29　金属瓦屋面拼缝形式

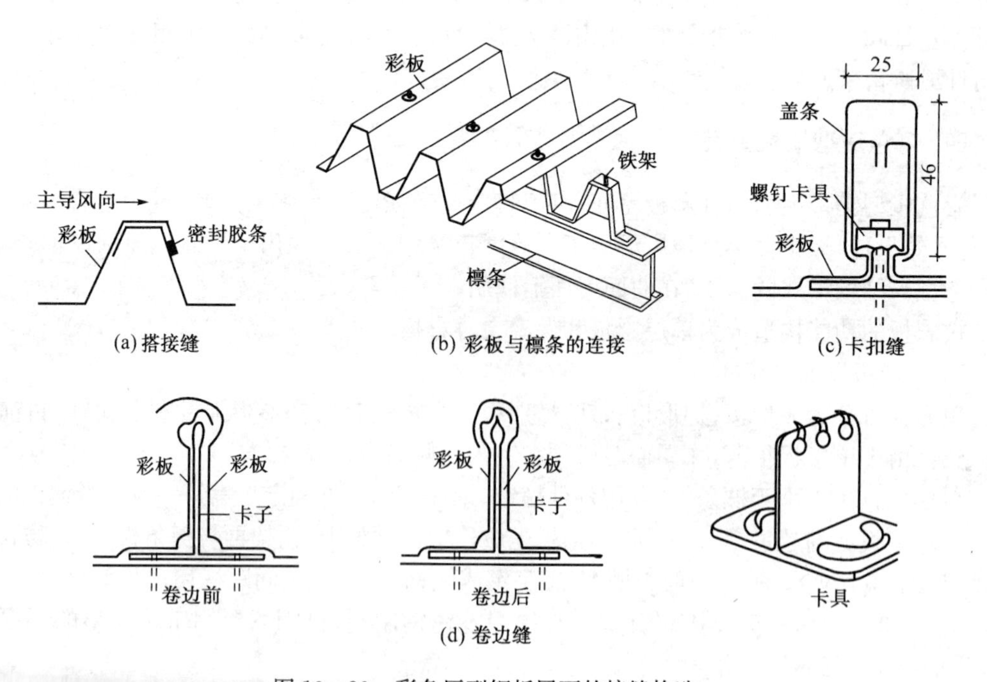

图 10—30　彩色压型钢板屋面的接缝构造

采用自熄性聚苯乙烯泡沫塑料或硬质聚氨酯泡沫作保温芯材，彩色涂层钢板作表层，通过加压加热固化制成的夹心板，具有防寒、保温、自重轻、防水、装饰、承力等多种功能，是一种高效结构材料，主要适用于公共建筑、工业厂房的屋面。

保温夹心板适用坡度为 1/6～1/20，在腐蚀环境中屋面坡度应大于等于 1/12。为减少接缝，防止渗漏，提高保温性能，应采用较长尺寸的夹心板，但一般不宜大于 9 m。

(1) 板缝处理

板缝分为屋脊缝、顺坡缝和横坡缝。顺坡连接缝及屋脊缝以构造防水为主，材料防水为辅；横坡连接缝采用顺水搭接，防水材料密封，上下两块板均应搭在檩条支座上，屋面坡度小于等于 1/10 时，上下板的搭接长度为 300 mm；屋面坡度大于等于 1/10 时，上下板的搭接长度为 200 mm。夹心板与配件及夹心板之间，全部采用铝拉铆钉连接，铆钉在插入铆孔之前应预涂密封胶，拉铆后的钉头用密封胶封死。

(2) 檩条布置

一般情况下，应使每块板至少有三个支承檩条，以保证屋面板不发生翘曲。在斜交屋脊线处，必须设置斜向檩条，以保证夹心板的斜端头有支承(图 10—31)。

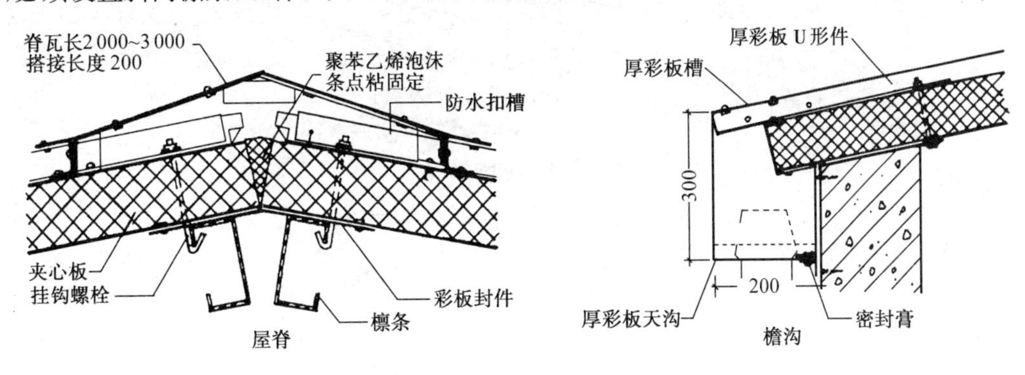

图 10—31　檩条布置构造

五、构件自防水屋面

构件自防水屋面指在屋面板上不设任何防水材料，而靠构件自身的密实性和恰当的构造处理来达到防水效果。构件自防水屋面达到防水效果的关键是板缝处理以及嵌缝材料的选择，此外，还有排水坡度的选择等。构件自防水屋面主要用于单层工业厂房。

目前构件自防水屋面主要采用大型屋面板和 F 型屋面板，这两种屋面板常用于单层工业厂房中，其本身质量主要表现在三个方面，即板面裂缝程度；板面碳化程度；板面风化程度。

(1) 板缝处理

构件自防水屋面板缝处理有三种：嵌缝式、脊带式(图 10—32)和 F 形板搭盖式(图10—33)。

(2) 檐口构造

厂房无组织排水挑檐防水构造同民用建筑，檐口板支承在屋架端部伸出的挑梁上(图 10—34a)。厂房有组织排水挑檐沟，支承方式同檐口板，防水构造同民用建筑(图 10—34b)。

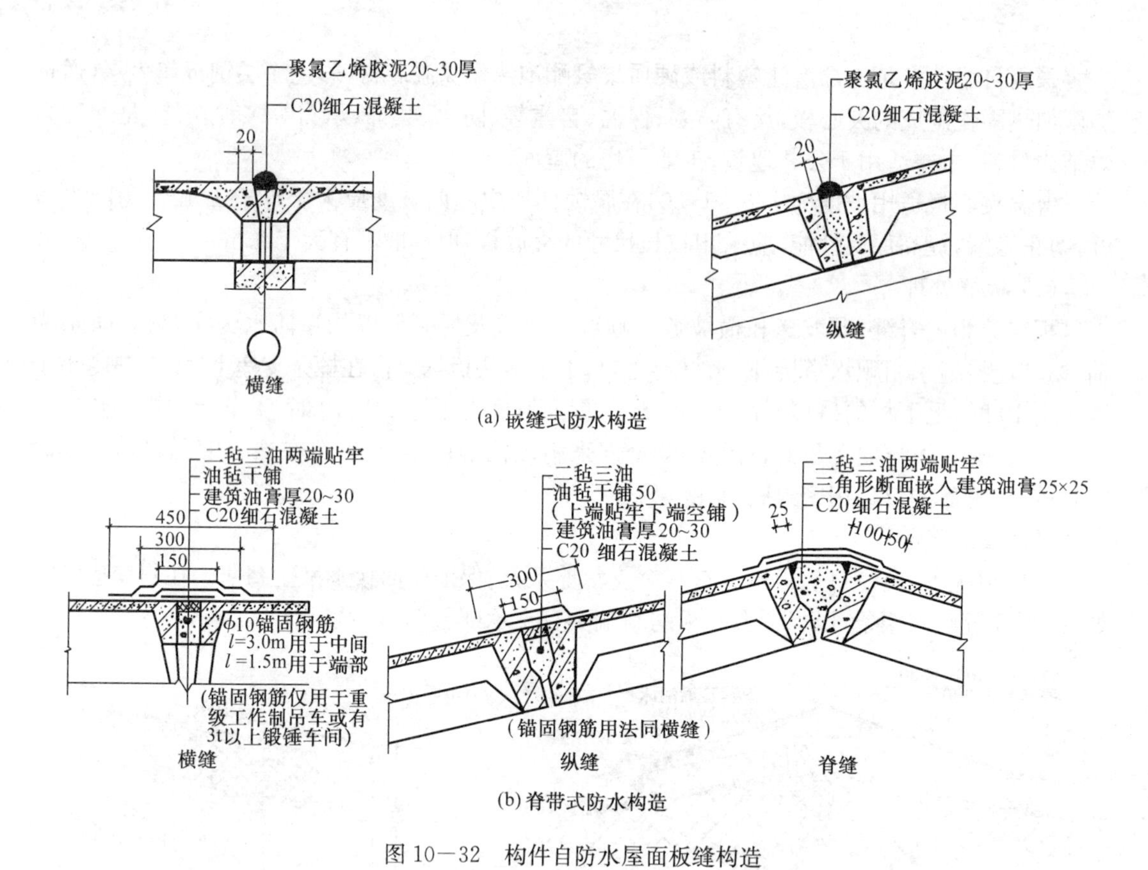

(a) 嵌缝式防水构造

(b) 脊带式防水构造

图 10—32　构件自防水屋面板缝构造

图 10—33　F形板搭盖式

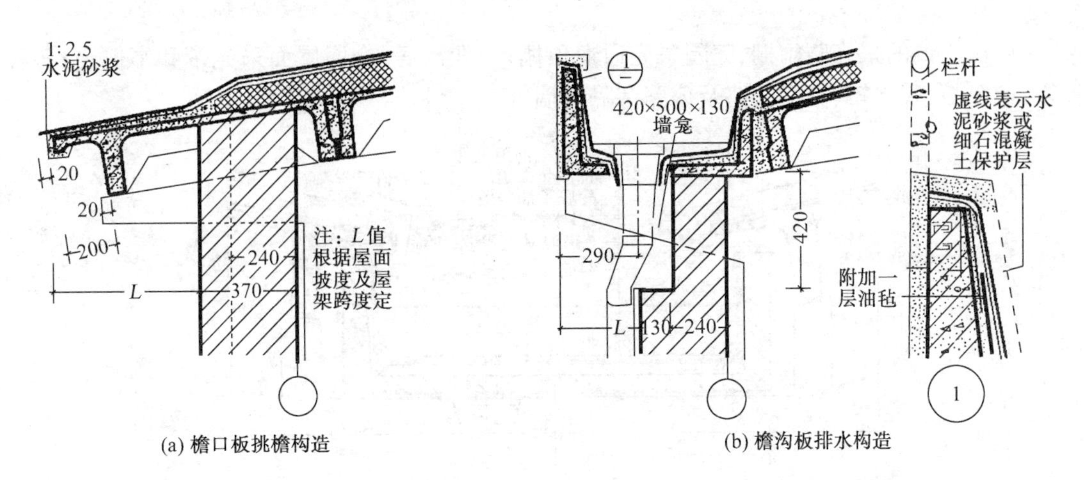

(a) 檐口板挑檐构造　　(b) 檐沟板排水构造

图 10－34　檐口防水构造

(3) 天沟构造

有组织排水的天沟分女儿墙边天沟(图 10－35)和中天沟。中天沟又分宽形单天沟(图 10－36a)和双天沟(图 10－36b)。防水构造同民用建筑。

(4) 高低跨泛水

厂房高低跨泛水一般分有天沟泛水和无天沟泛水(图 10－37)。

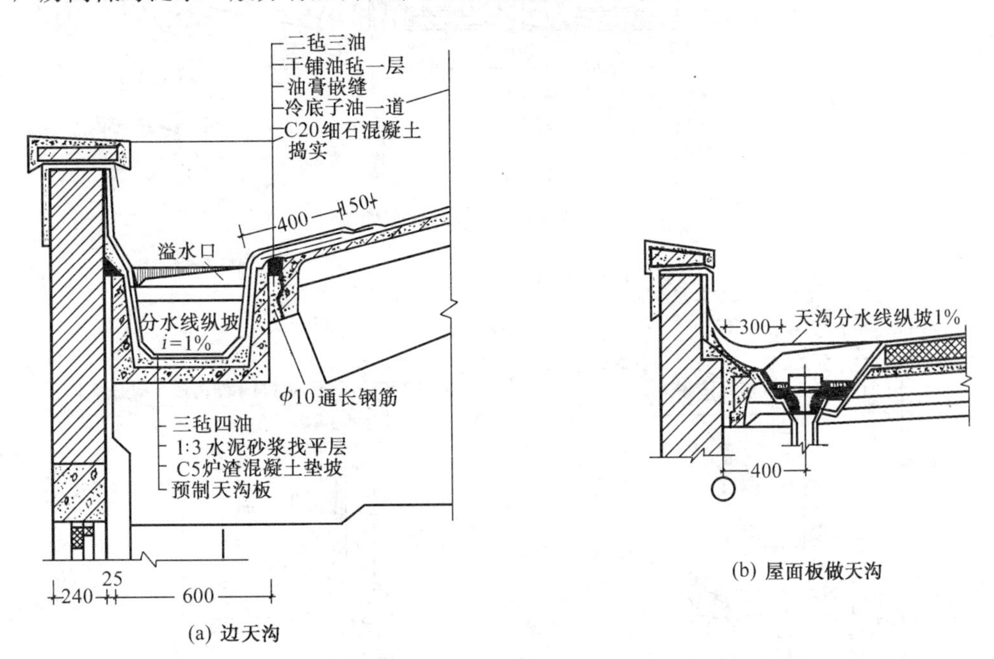

(a) 边天沟　　(b) 屋面板做天沟

图 10－35　女儿墙边天沟构造

六、阳光板

阳光板具有轻质、高强、抗冲击、不易碎、高透光率、多种色彩、温度使用范围广等优良特性，同时易切割，可冷弯。广泛应用于宾馆、游泳馆、体育馆等公共建筑的采光天顶；建筑地下室、室外出入口的采光防雨棚、庭园采光通道顶棚；工业厂房、仓库屋面采光带和高侧窗；各种护栏、遮阳板、采光罩、高速公路及公路旁隔离墙等。

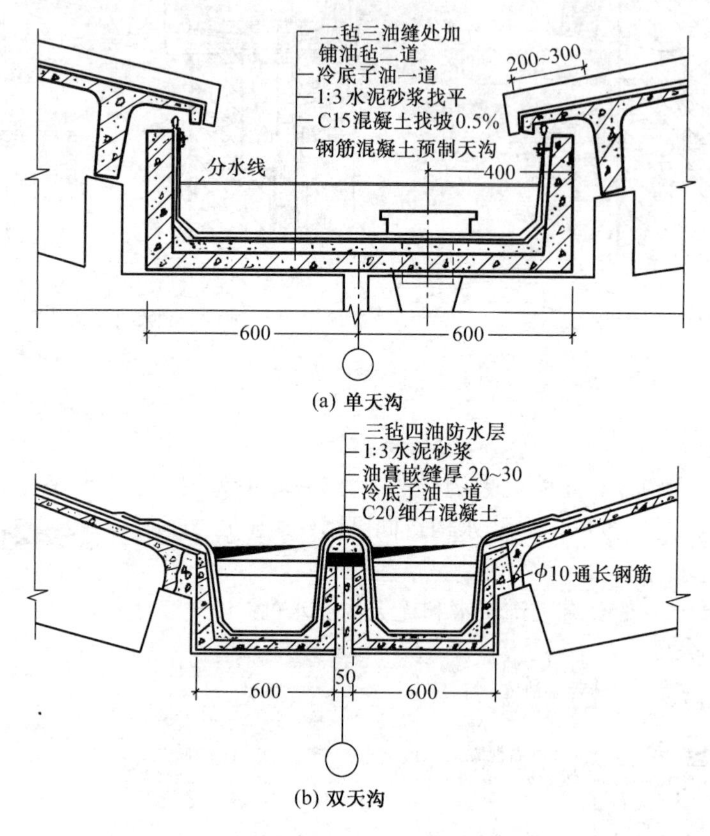

(a) 单天沟

(b) 双天沟

图 10—36　中天沟构造

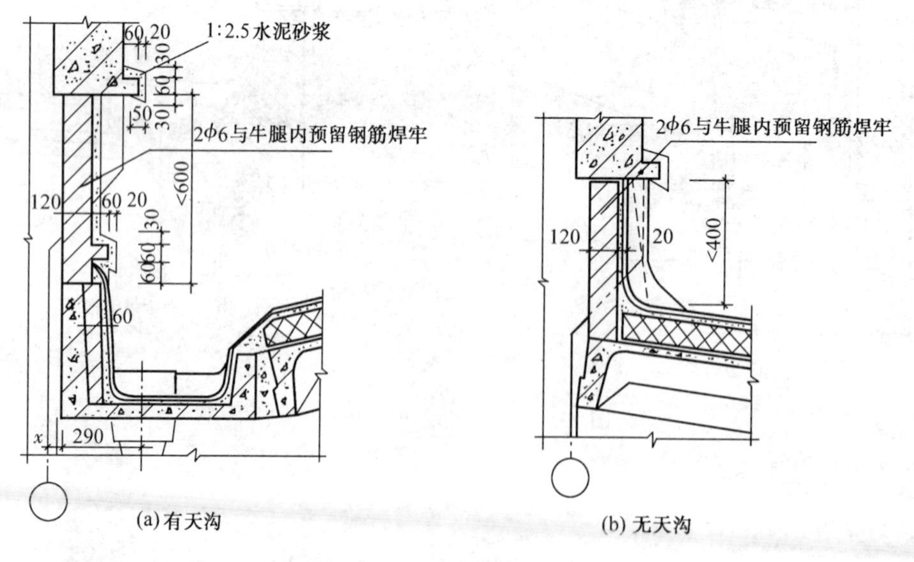

(a) 有天沟　　(b) 无天沟

图 10—37　高低跨泛水构造

1. 类型

当前所使用的阳光板有两种类型：一是实心的PC耐力板；二是PC空心阳光板。

实心PC耐力板系以聚碳酸酯为原料，掺入高聚物专用紫外线吸引剂，以最先进的共压技术生产成型，并在表面覆以长效抗紫外线保护膜，制成透光实心板材。它可以有效隔绝约98%的紫外线，使其不黄化、不变质、历久如新。3 mm厚的PC耐力板其透光率达88%。

PC空心阳光板系以聚碳酸酯为原料，采用三层共挤压生产技术成型，并在表面覆以一层长效抗紫外线保护膜，制成透光空心板材。它除具抗紫外线的特性外，且长期使用不易老化、不变形、不褪色。6 mm厚的阳光板透光率达80%。

2. 板材规格(表10－2)

表10－2 阳光板规格

类型	厚度(mm)	宽×长(mm)	重量(kg/m^2)	颜色
PC耐力板	2 3 4.5	2 100×3 000	2.4 3.6 5.4	白色、绿色、蓝色等
	6 8 10	2 100×5 800	7.2 9.6 12	
PC空心阳光板	4 6 8 10	2 100×5 800	0.9 1.3 1.5 1.7	

3. 构造

(1) PC耐力板连接

PC耐力板与支架的连接方式有螺栓连接和嵌入式连接两种(图10－38)。

(a) PC耐力板螺栓与支架连接

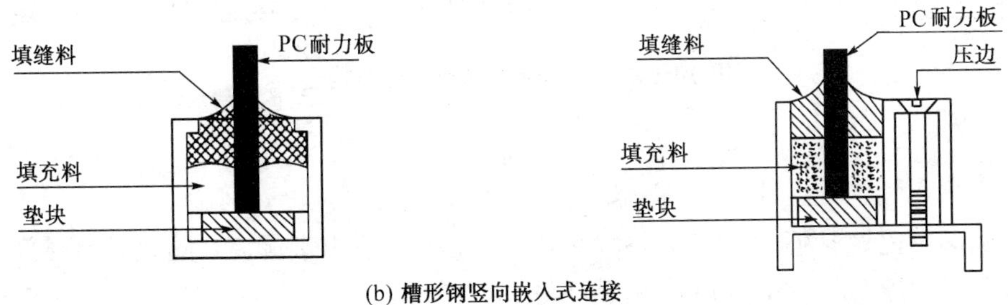

(b) 槽形钢竖向嵌入式连接

图10－38 PC耐力板连接构造

(2) PC空心板阳光板连接

PC空心板阳光板与金属支架的连接采用专用定型扣件固定(图10—39)。

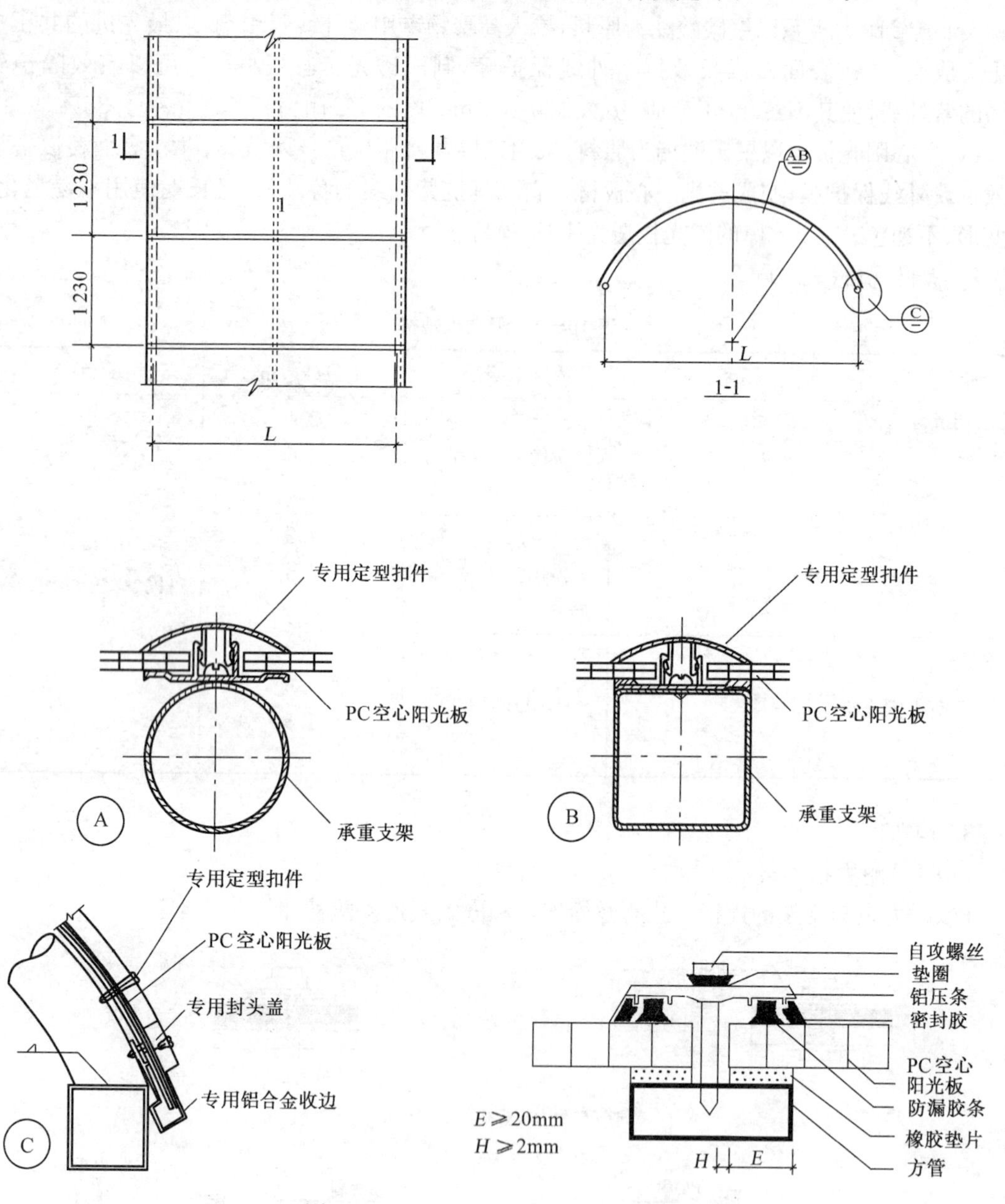

图10—39　PC空心板阳光板连接构造

七、英红瓦

英红瓦即彩色水泥瓦，乃欧式风格故又称英式彩瓦。系由水泥、砂、颜料及增强剂等原料组成。该瓦尺寸为335 mm×145 mm，截面呈大S形(图10—40)。它立体感强，色彩鲜艳多样，不反光，不刺眼，防水性能好，安装方便，适用于各种公寓、别墅、厂房、办公楼等建筑。

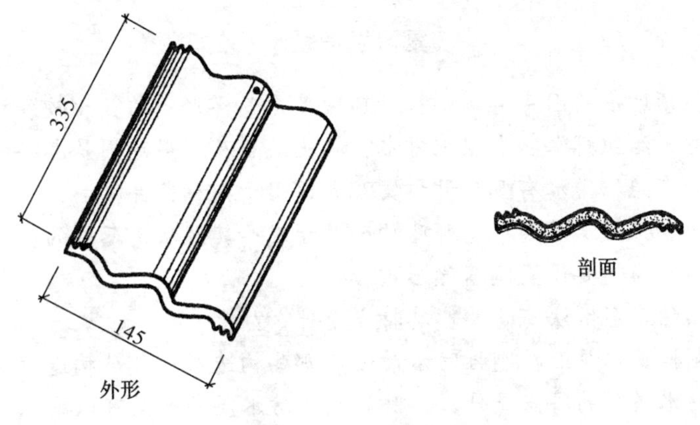

图 10—40 英红瓦

为充分利用屋顶空间,英红瓦主要用作钢筋混凝土屋面板坡屋顶防水层。构造上有挂瓦条安装和水泥砂浆粘贴两种方法(图 10—41)。

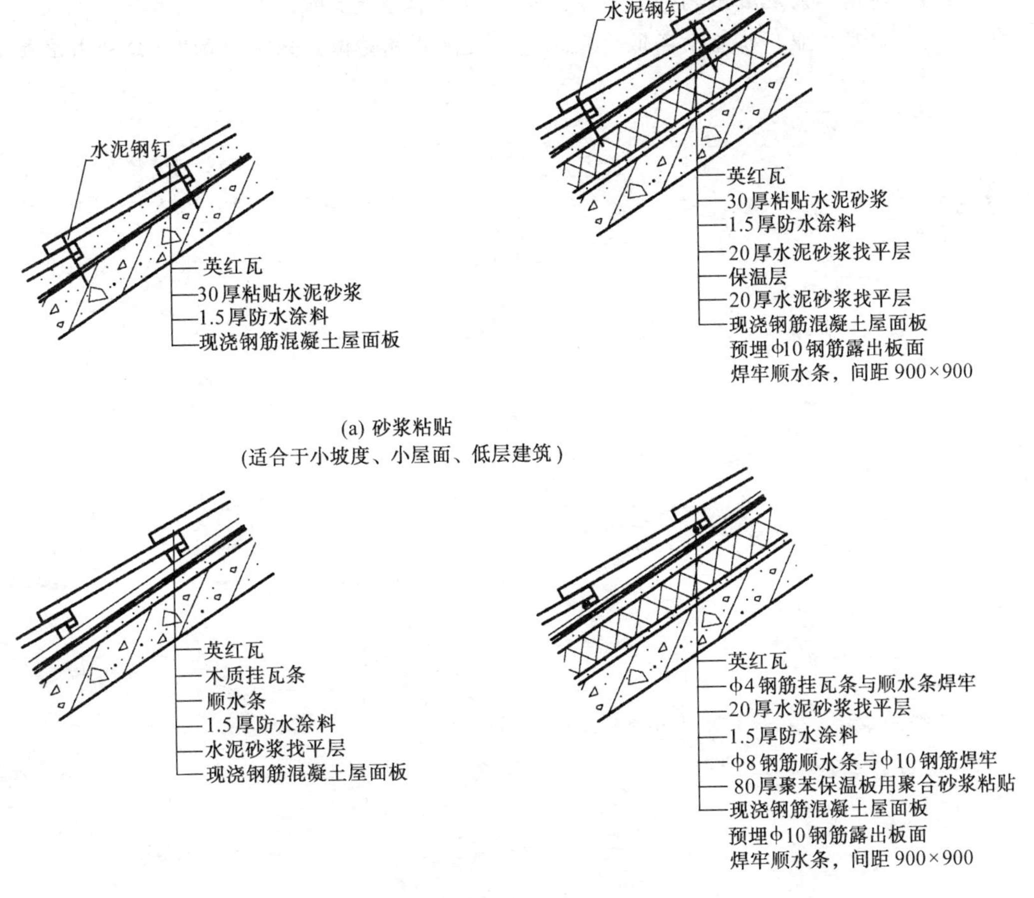

图 10—41 英红瓦防水构造

复习思考题

10—1　影响屋顶坡度的因素有哪些？屋顶坡度是怎样形成的？比较各种方法的特点。

10—2　什么叫无组织排水和有组织排水？其优缺点及适用范围是怎样的？

10—3　常见的有组织排水有哪几种方案？各适用于何种条件？

10—4　什么叫柔性防水屋面？有哪些构造层组成？其做法是怎样的？

10—5　保温屋面为何要设置隔蒸气层？

10—6　瓦屋面的基层做法有哪些？其特点是什么？

10—7　何谓刚性防水屋面？刚性防水屋面有哪些构造层？各层构造做法如何？

10—8　刚性防水屋面的特点是什么？防止刚性防水屋面开裂可以采取哪些措施？

10—9　为什么要在刚性防水屋面中设置分格缝和隔离层？应如何设置？

10—10　什么叫泛水？平屋顶女儿墙泛水构造做法如何(用图表示)？

10—11　挑檐沟细部构造做法如何(用图表示)？

10—12　瓦屋面的承重结构系统有哪几种？

10—13　何谓钢筋混凝土构件自防水屋面？其防水构造有哪几种？

10—14　单层工业厂房屋面高低跨及纵横跨处泛水构造做法是怎样的？(分别用图表示)

第11章　门·窗·天窗构造

本章提要：本章包括门、窗的开启方式与尺度，木门窗、金属与塑料门窗的构造，工业厂房与特殊门的构造，天窗构造等。

学习目的：基本掌握各种不同类型的门窗构造以及天窗与通风天窗的构造要求。

门和窗是建筑中的主要组成部分，是属于围护构件，它的主要功能是供交通出入，分隔、联系建筑空间，并起通风和采光作用。在不同使用条件要求下，还应具有保温、隔热、隔声、防水、防火、防尘及防盗等功能。设计门窗时应考虑大小比例、尺度、造型、组合方式，应满足坚固耐用，开启方便，关闭紧密，功能合理，便于维修的要求。天窗主要用于单层工业厂房。

制作门窗材料有木、钢、铝合金、塑料、彩钢和全玻璃等。

§11—1　门窗的开启方式与尺度

一、窗的开启方式与尺度

1. 窗的开启方式

窗的开启取决于窗扇转动五金的位置及转动方式，通常有如图11—1几种。

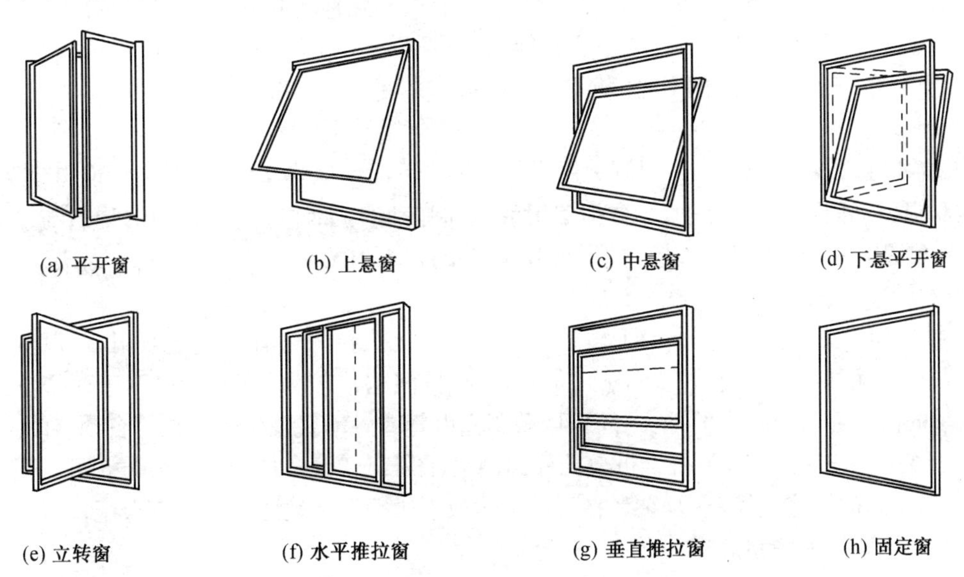

图11—1　窗的开启方式

① 固定窗。不能开启的窗，一般将玻璃直接安装在窗樘上，尺寸可较大。

② 平开窗。将窗扇用铰链固定在窗樘侧边，可水平开启的窗，有外开、内开之分。平开窗

构造简单，制作、安装和维修均较方便，在一般建筑中使用最为广泛。

③ 旋窗。按转动铰链或转轴位置的不同有上旋、中旋、下旋窗之分。一般上旋和中旋窗向外开启，防雨效果较好，且有利于通风，常用于高窗，下旋窗不能防雨，只适用于内墙高窗及门上腰头窗。下旋窗便于上下通风和擦窗。

④ 立式转窗。在窗扇上下冒头设转轴，立向转动的窗。转轴可设在窗扇中心也可在一侧。立式转窗出挑不大时可用较大块的玻璃，有利于采光通风。

⑤ 推拉窗。分垂直推拉和水平推拉两种。水平推拉窗一般在窗扇上下设滑轨槽，开启时两扇或多扇重叠不占据室内外空间，窗扇及玻璃尺寸均可较平开窗大，有利于采光和眺望，尤其适用于铝合金及塑料门窗。垂直推拉窗需要升降及制约措施，常用于通风柜或递物窗。

此外，还有下旋与平开相结合的窗，采用双向可变铰链转动，擦窗、装玻璃均可在室内进行，安全方便。这种开启方式的窗常采用一樘窗上安装一整块玻璃的窗扇，对采光和建筑景观都有所改进，对采用空调不需经常开启的窗较为合适。

2. 窗的尺度

窗的尺度一般根据采光通风要求、结构构造要求和建筑造型等因素决定，同时应符合建筑模数制要求。

从构造上讲，一般平开窗的窗扇宽度为 400～600 mm，高度为 800～1 500 mm，腰头上的气窗高度为 300～600 mm，固定窗和推拉窗尺寸可大些。

目前我国各地标准窗基本尺度多以 300 mm 为模数，使用时可按标准图予以选用。

二、门的开启方式和尺度

1. 门的开启方式

门的开启方式主要是由使用要求决定的，通常有以下几种不同方式(图 11－2)：

① 平开门。水平开启的门。铰链安在侧边，有单扇、双扇，有向内开、向外开之分。平开门的构造简单，开启灵活，制作安装和维修均较方便，为一般建筑中使用最广泛的门(图11－2a)。

② 弹簧门。形式同平开门，但侧边用弹簧铰链或下面用地弹簧传动，开启后能自动关闭。多数为双扇玻璃门，能内外弹动；少数为单扇或单向弹动的，如纱门。弹簧门的构造与安装比平开门稍复杂，多用于人流出入较频繁或有自动关闭要求的场所。门上一般都安装玻璃，以免相互碰撞(图 11－2b)。

③ 推拉门。亦称扯门，在上或下轨道上左右滑行。推拉门可有单扇或双扇，可以藏在夹墙内或贴在墙面外，占用面积较少(图 11－2c)。推拉门构造较为复杂，一般用于两个空间需扩大联系的门。在人流众多的地方，还可以采用光电管或触动式设施使推拉门自动启闭。

④ 折叠门。多扇折叠，可拼合折叠推移到侧边(图 11－2d)。传动方式简单者可以同平开门一样，只在门的侧边装铰链；复杂者在门的上边或下边须要装轨道及转动五金配件。一般用于两个空间需要扩大联系的门。

⑤ 转门。是三或四扇门连成风车形，在两个固定弧形门套内旋转的门(图 11－2e)，对防止内外空气的对流有一定的作用，可作为公共建筑及有空调的建筑外门。一般在转门的两旁另设平开或弹簧门，以作为不需空调的季节或大量人流疏散之用。

⑥ 升降门。开启时门扇沿导轨向上升。门洞高时可沿水平方向将门扇分为几扇。这种

门不占使用空间，只需门洞上部留有足够上升高度，开启的方式有手动和电动两种(图11－2f)。

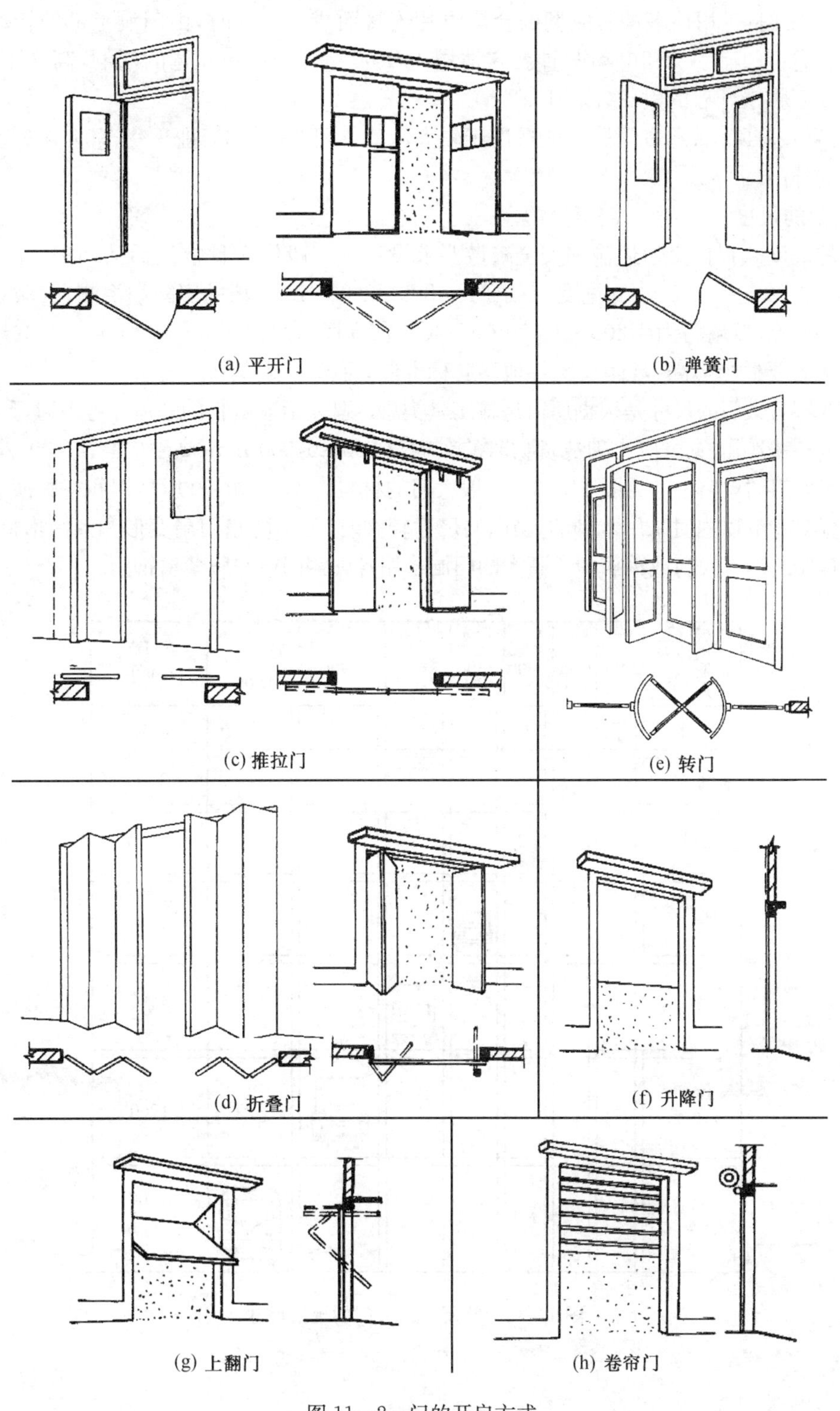

图 11－2　门的开启方式

⑦ 上翻门:门扇侧面有平衡装置,门的上方有导轨,开启时门扇沿导轨向上翻起。平衡装置可用重锤或弹簧。这种形式可避免门扇被碰损(图 11－2g)。

⑧ 卷帘门:是用很多冲压成型的金属页片连接而成。开启时,由门洞上部的转动轴将页片卷起。卷帘门有手动和电动两种。它适用于 4 000～7 000 mm 宽的门洞,高度不受限制。但不适用于频繁开启的大门(图 11－2 h)。

上翻门、升降门、卷帘门等一般适用于较大活动空间的门,如工业厂房车间、车库及某些公共建筑的外门。

2. 门的尺度

门的尺度须根据交通运输和安全疏散要求设计。一般供人日常生活活动进出的门,门扇高度常在 1 900～2 100 mm;宽度:单扇门为 800～1 000 mm,辅助房间如浴厕、贮藏室的门为 600～800 mm,双扇门为 1 200～1 800 mm;腰头窗高度一般为 300～600 mm。公共建筑门的尺度可按需要适当提高,具体尺度各地均有标准图,可按需要选用。

工业厂房大门的尺寸是根据所需运输工具类型、规格、运输货物的外形并考虑通行方便等因素来确定,一般门的宽度应比满装货物时的车辆宽 600～1 000 mm,高度应高出 400～600 mm。常用厂房大门的规格尺寸见图 11－3。一般大门的材料有木、钢木、普通型钢和空腹薄壁钢等几种。门宽 2.8 m 以内时采用木制的,当门洞尺寸较大时,为了防止门扇变形和节约木材,常采用型钢作骨架的钢木大门或钢板门。高大的门洞采用各种钢门或空腹薄壁钢门。

洞口宽(mm) 运输工具	2 100	2 100	3 000	3 300	3 600	3 900	4 200 4 500	洞口高(mm)
3t矿车								2 100
电瓶车								2 400
轻型卡车								2 700
中型卡车								3 000
重型卡车								3 900
汽车 起重机								4 200
火车								5 100 5 400

图 11－3　常用厂房大门的规格尺寸

§11—2 木门窗

一、木窗构造

窗主要由窗樘(俗称窗框)和窗扇组成。窗扇有玻璃窗扇、纱窗扇、板窗扇和百叶窗扇等。在窗扇和窗框间装有各种铰链、风钩、插销、拉手导轨、转轴、滑轮等五金零件。窗有时要加设窗台、贴脸、窗帘盒等(图 11—4)。为保温或隔声需要,还可设置双层窗。

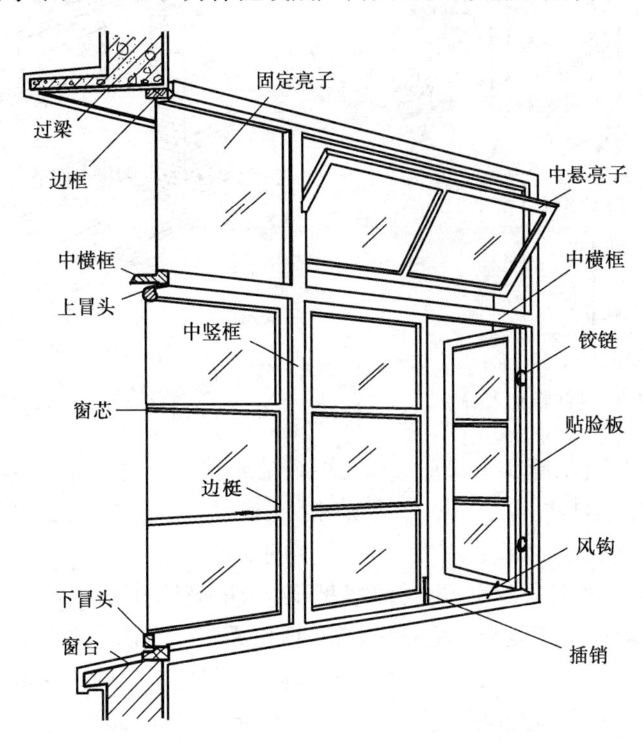

图 11—4　木窗的组成

1. 窗樘(窗框)

窗樘是墙与窗扇之间的联系构件,由上下框和左右边框组成,当窗的尺度较大时应增设中横框和中竖框。施工时安装方式一般有立樘子及塞樘子两种:

(1) 立樘子(立口)

施工时先将窗樘立好后砌窗间墙。为加强窗樘与墙的联系,在窗樘上下档各伸出约半砖长的木段(俗称羊角或走头),同时在边框外侧每隔 500～700 mm 设一木拉砖或铁脚砌入墙身(图 11—5)。

这种做法的优点是窗樘与墙的连接较为紧密,缺点是施工不便,窗樘及其临时支撑易被碰撞,有时还会产生移位或破损,已较少采用。

(2) 塞樘子

塞樘子又称塞口或嵌樘子,是在砌墙时先留出窗洞,以后再安装窗樘。窗樘与墙的固定是靠砌入窗洞两侧的防腐木砖(窗洞每侧应不小于两块),安装窗樘时用长钉或螺钉将窗樘钉在木砖上，也可在樘子上钉铁脚，再用膨胀螺丝钉在墙上；还可用膨胀螺丝直接把樘子钉于墙上(图 11－6)。

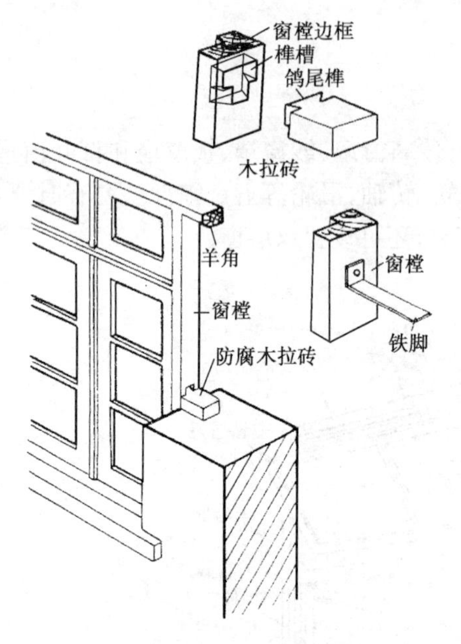

图 11－5　木拉砖或铁脚砌入墙身

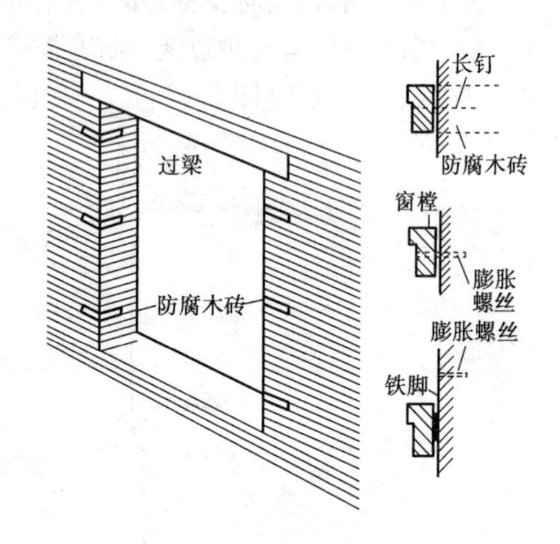

图 11－6　塞口窗洞构造

窗框与墙之间的施工缝 10～20 mm，应用纤维或毡类如毛毡、矿棉、麻丝或泡沫塑料绳等填塞。外侧须用砂浆嵌缝，也可加钉压缝条或采用油膏嵌缝；木窗樘靠墙一面，易受潮变形，常在窗樘外侧开槽，并做防腐处理，以减少木材伸缩变形造成的裂缝(图 11－7)；同时，为使墙面粉刷能与窗樘嵌牢，常在窗樘靠墙一侧内外二角做灰口(图 11－8a、图 11－8b)。窗樘与墙面内平者需做贴脸，窗樘小于墙厚者，可做筒子板，贴脸和筒子板也要注意开槽防止变形(图 11－8c、图 11－8d)。窗樘在墙身中的位置，根据需要可设在外侧、内侧和中间(图 11－9)。

图 11－7　木窗樘防变形处理

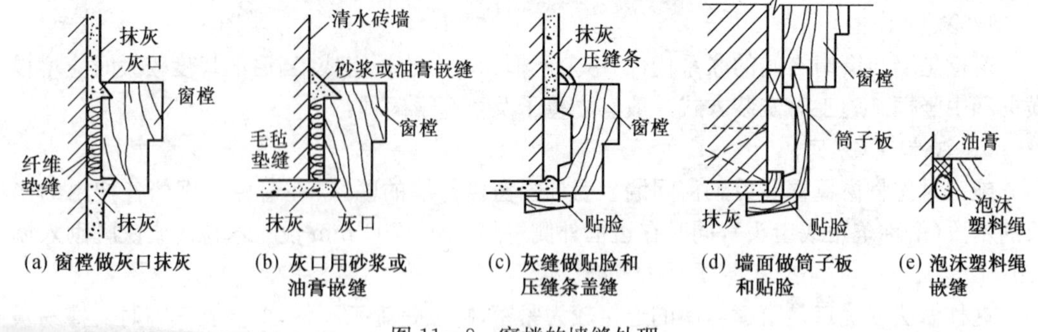

图 11－8　窗樘的墙缝处理

2. 窗樘的断面形状与尺寸

窗樘断面尺寸的确定，要考虑接榫牢固和加工时刨光的损耗，各地都有标准详图供设计时选用，一般尺度的单层窗四周窗樘的厚度常为 40～50 mm，宽度为 70～95 mm，中竖梃双面窗扇需加厚一个铲口的深度 10 mm，中横档除加厚 10 mm 外，若要加做披水，一般还要加宽 20 mm左右。以上二者也可加钉 10 mm 厚的铲口条子而不用加厚樘子木料的方法（图 11－10）。

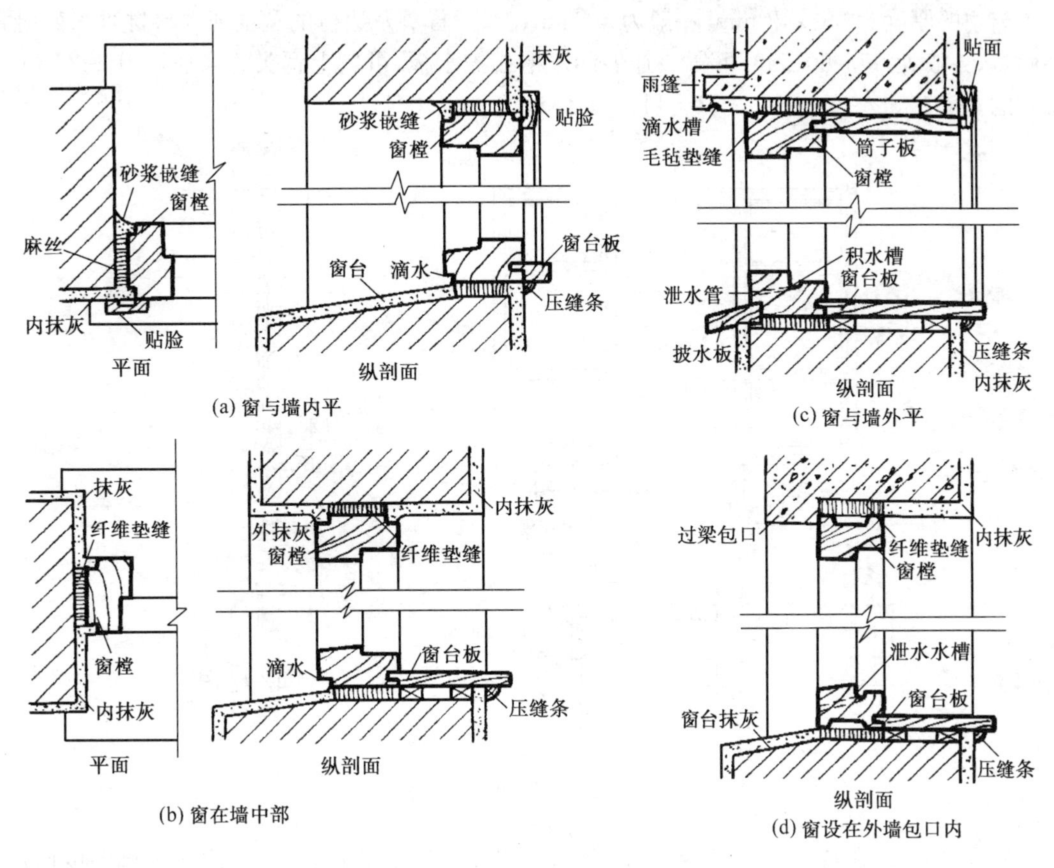

图 11－9　窗樘在墙身的位置

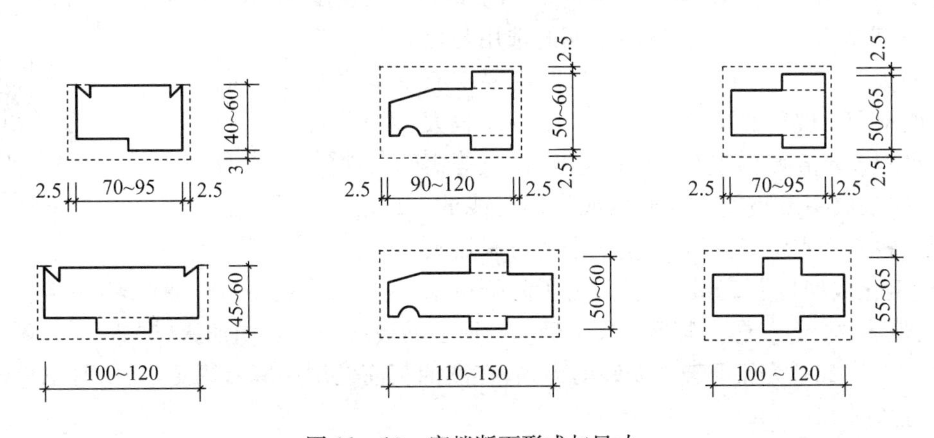

图 11－10　窗樘断面形式与尺寸

单层玻璃窗加一层纱窗或百叶窗，以及双层玻璃窗用一个窗樘时，应增加窗樘的宽度。

3. 窗扇

(1) 平开玻璃窗

① 窗扇的组成及断面形状和尺寸。玻璃窗的窗扇一般由上下冒头和左右边梃榫接而成，有的中间还设窗芯(也称窗棂)。

窗扇的厚度为35～42 mm，一般为40 mm，上、下冒头及边梃的宽度视木料材质和窗扇大小而定，一般为50～60 mm，下冒头加做滴水槽或披水板，可较上冒头适当加宽10～25 mm，窗芯的宽度在30～35 mm(图11—11)。

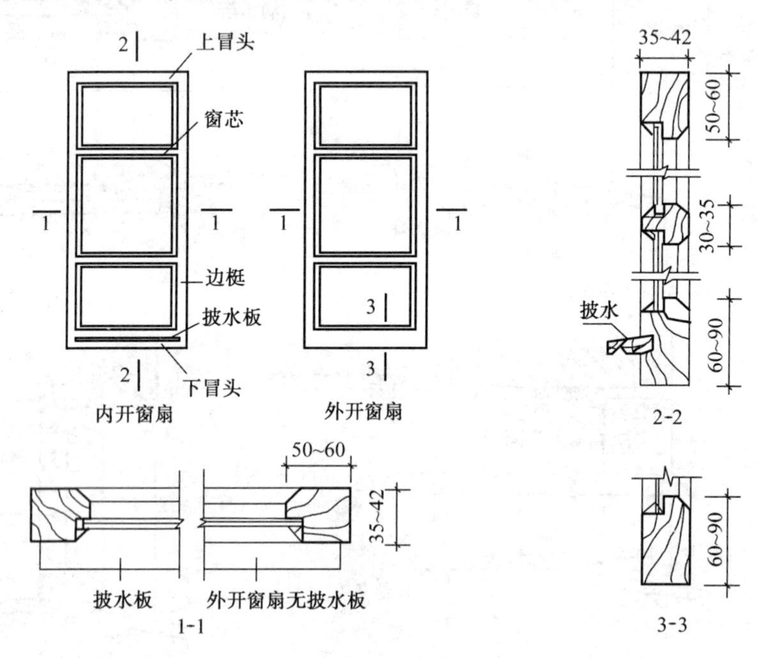

图11—11 窗扇的组成及用料

为镶嵌玻璃，在冒头、边梃和窗芯上，做8～12 mm宽的铲口，铲口深度视玻璃厚度而定，一般为12～15 mm，不超过窗扇厚度的1/3，铲口多设在窗扇外侧，以利防水、抗风和美观。

② 玻璃的选择与镶装。玻璃厚薄的选用与窗扇分格的大小有关，窗的分格大小与使用要求有关。一般常用窗玻璃的厚度为3 mm。如面积较大可考虑采用5 mm厚的玻璃，为了隔声、保温等需要，可采用双层中空玻璃。需遮挡或模糊视线的，可选用磨砂玻璃或压花玻璃；为了安全还可采用夹丝玻璃、钢化玻璃以及有机玻璃等；为了防晒可采用有色、吸热、涂层、变色等特殊种类的玻璃。窗上的玻璃一般多用油灰(桐油石灰)镶嵌成斜角形(图11—12a)，为保证玻璃安装的牢固，在嵌油灰前先用芝麻钉固定，必要时也可采用小木条镶钉如图11—12b。

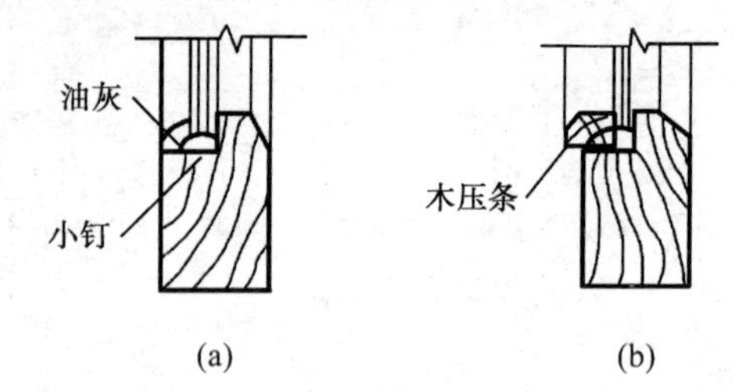

图11—12 窗扇镶嵌玻璃

③ 窗樘与窗扇的连接。一般窗扇都用铰链、转轴或滑轨固定在窗樘上，窗扇与窗樘之间既要开启方便，又要关闭紧密。

单层窗分为外开窗和内开窗。外开窗(图11—13)的上口和内开窗(图11—14)的下口，都是防水薄弱环节，一般须做披水板及滴水槽以防止雨水内渗，同时在窗樘内槽及窗台处做积水槽及排水孔将渗入的雨水排除。

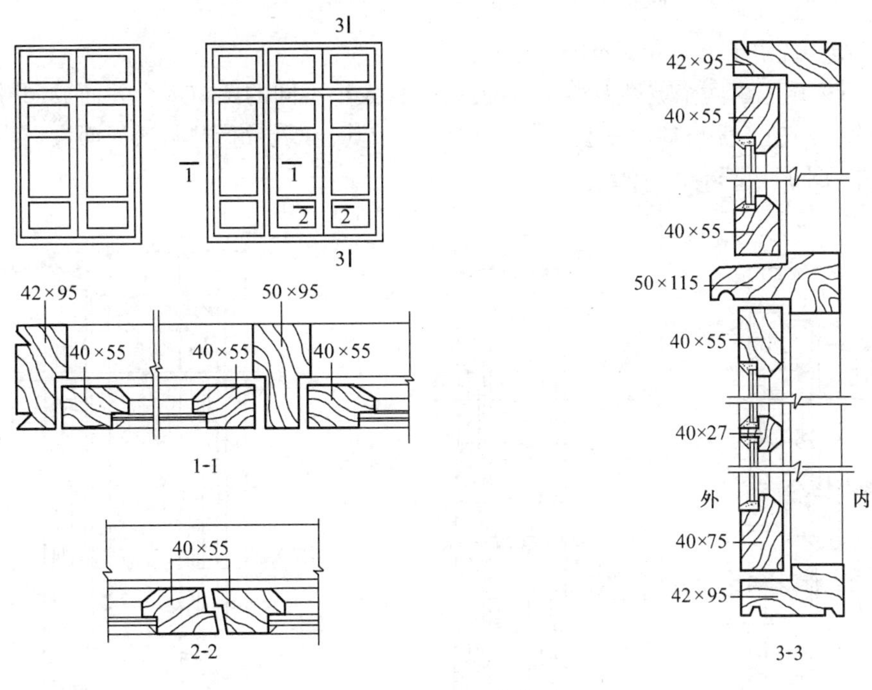

图 11—13　外开窗构造

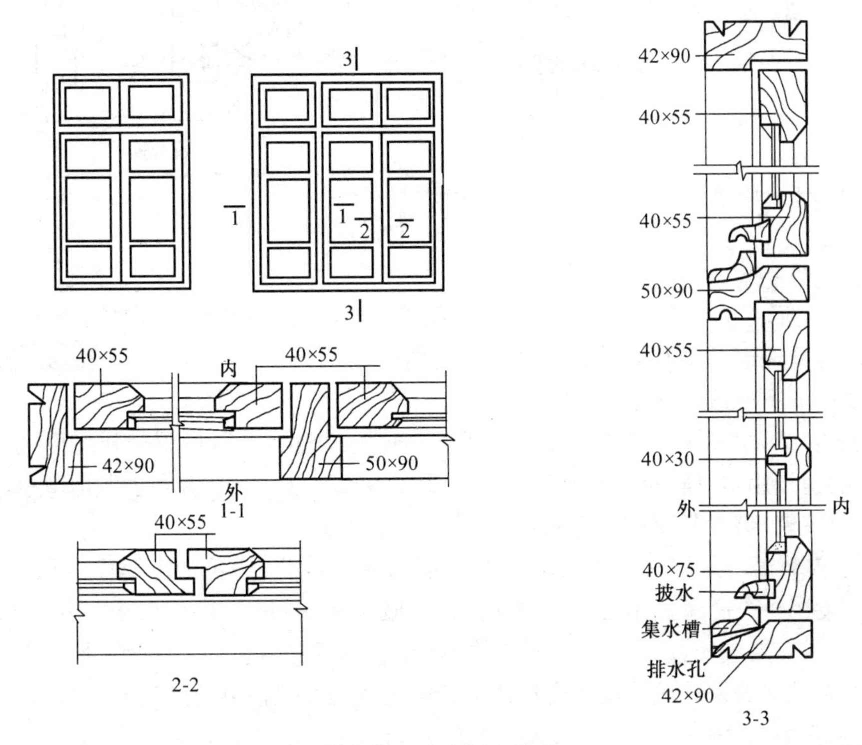

图 11—14　内开窗构造

(2) 双层窗

多层窗通常用于保温、隔声要求的建筑，以及恒温室、冷库、隔音室中。玻璃窗比砖墙的热损失大，采用双层玻璃窗可降低冬季的热损失。

双层玻璃窗，由于窗扇和窗樘的构造不同通常分为：

① 子母窗扇。由两个玻璃大小相同，窗扇用料大小不同的两窗扇合并而成，共用一个窗樘。用两个窗扇便于擦玻璃。一般为内开，这种窗较其他双层窗省料，透光面大，有一定的密闭保温效果(图 11－15a)。

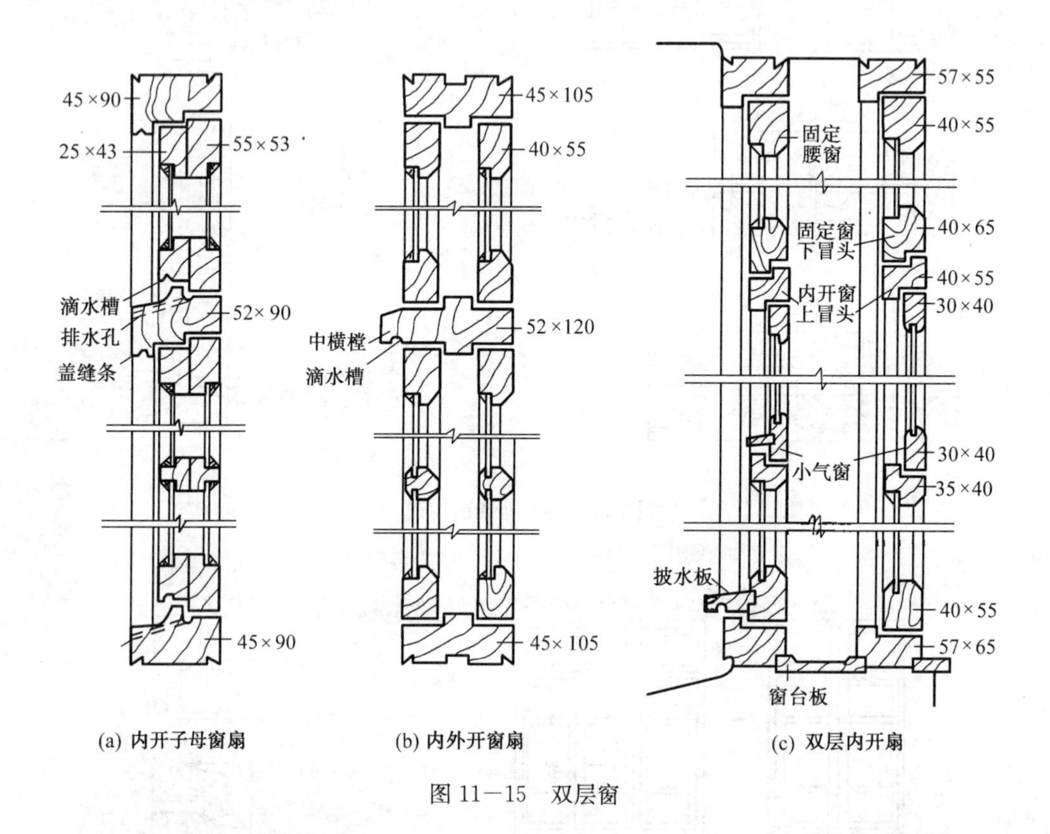

图 11－15　双层窗

② 内外开窗。一般在一个窗樘上内外开双铲口，一扇向内开，一扇向外开(图 11－15b)。这种窗的内外开窗扇基本类同，构造简单，有的内窗扇用料可减薄 5～10 mm，必要时内层窗扇在夏季还可取下或改换成纱扇。

③ 大小扇双层内开窗。双层窗一大一小，一般为一起向内开，可用分开窗樘，也可用同一窗樘，分开的窗樘用料可较小，间距可调整。双层内开窗开启方便，有利于保护窗扇，免受风雨袭击，也便于擦窗，但内开窗占用室内空间(图 11－15c)。

④ 中空玻璃窗。采用中空多层玻璃的窗扇和窗樘，用料要稍加大厚度。双层玻璃中空 5～15 mm，装在一个窗扇上如图 11－16 所示，一般不易密封，上下须做透气孔。如改用密封玻璃，多为两或三层玻璃，四周用边料粘结密封形成中空玻璃，玻璃之间的间距约 4～12 mm，对保温隔声有一定效果。玻璃层间需抽换干燥空气或惰性气体以免产生凝结水。

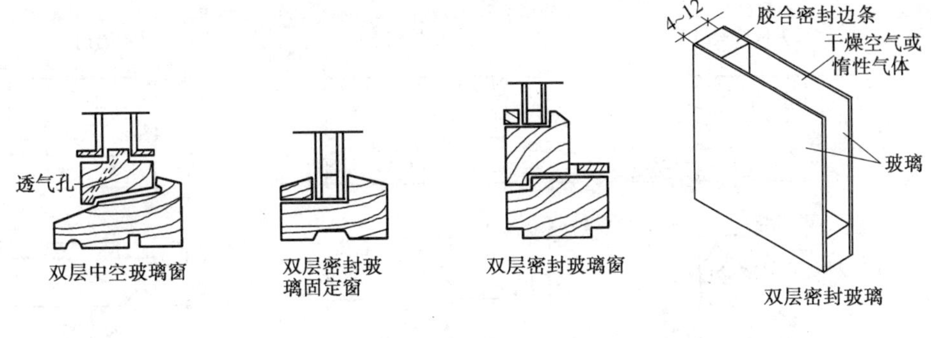

图 11—16　中空玻璃窗

二、木门构造

1. 门的组成

门主要由门樘、门扇、腰头窗和五金零件及其附件等组成(图 11—17)。

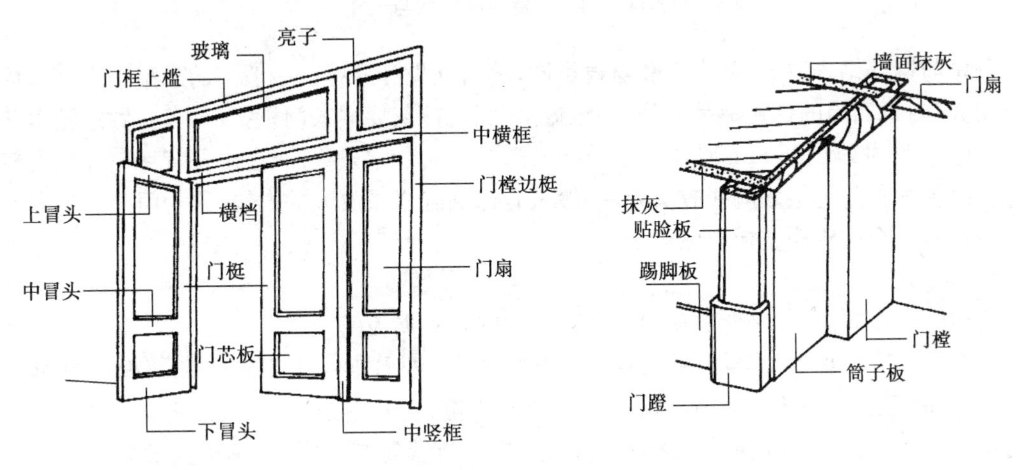

图 11—17　木门的组成

门扇通常有玻璃门、镶板门、夹板门、百叶门和纱门等。腰头窗又称亮子,在门的上方,供通风和辅助采光用,有固定、平开及上、中、下旋等方式,其构造基本同窗扇。门樘是门扇及腰头窗与墙洞的连系构件,有时还有贴脸或筒子板等装修构件。

五金零件多种多样,通常有铰链、门锁、插销、风钩、把手、停门器等。

2. 平开门构造

(1) 门樘

门樘又称门框,一般由两根边梃和上槛组成,有腰窗的门还有中横档,多扇门还有中竖梃,外门及特种需要的门有些还有下槛,可作防风、隔尘、挡水、保温、隔声之用。

门樘断面形状与尺寸,基本上可与窗樘类同,只是门的负载较窗大,尺寸应适当加大,门樘的厚度常为 50～60 mm 宽度为 90～105 mm,如图 11—18。

门樘与墙的结合位置,一般都做在开门方向的一边,与抹灰面齐平,这样门开启的角度较大。

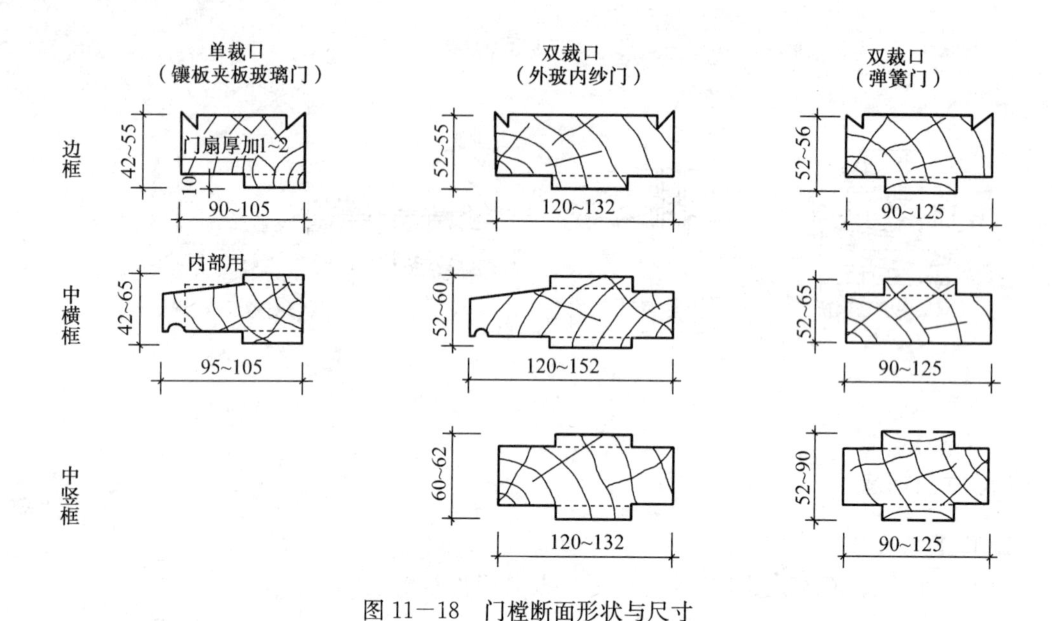

图 11－18　门樘断面形状与尺寸

门樘与墙的结合方式，基本上和窗樘类同，分为立樘和塞樘。一般门的悬吊重力和碰撞力均较窗大，门樘四周的抹灰极易开裂，甚至振落，因此抹灰要嵌入门樘铲口内，并做贴脸木条盖缝。贴脸一般约 15～25 mm 厚，30～75 mm 宽，为了避免木条挠曲，在木条背后应开槽可较为平服。贴脸木条与地板踢脚线收头处，一般做有比贴脸木条放大的木块，称为门蹬。考究者墙洞上、左、右三个面用筒子板包住。

(2) 门扇

常用的门扇有镶板门(含玻璃门、纱门和百叶门)和夹板门

① 镶板门(含玻璃门、纱门和百叶门)。镶板门主要骨架由上下冒头和两根边梃组成框子，有时中间还有一条或几条横冒头或一条竖向中梃，在其中镶装门心板(图 11－19)。门芯板可用 10～15 mm 厚木板拼装成整块，镶入边框。板缝要结合紧密，不可因日后木板干缩而露缝。一般为平缝胶结，如能做高低缝或企口缝接合则可免缝隙露明。门芯板也可用多层胶合板，硬质纤维板或其他人造板等代替。门芯板在门框的镶嵌结合可用暗槽、单面槽以及双边压条等构造形式。门扇边梃及上中冒头厚度一般为 40～45，宽度一般为 100～120 mm，下冒头一般加宽到 160～250 mm，采用双榫结合。

门芯板换成玻璃，则为玻璃门，多块玻璃之间亦可用窗一样的芯子。门芯板改为纱或百叶则为纱门或百叶门。一般纱门的厚度比镶板门薄 5～10 mm。

玻璃、门芯板及百叶可以根据需要组合：如上部玻璃，下部门芯板；也可上部木板，下部百叶等等。

② 夹板门。在骨架两面粘贴面板而成(图 11－20)。门扇面板可用胶合板、塑料面板和硬质纤维板。面板和骨架形成一个整体，共同抵抗变形，夹板门的形式可以是全夹板门、带玻璃或带百叶夹板门。

夹板门的骨架一般用厚约 30 mm、宽 30～60 mm 的木料做边框，中间的肋条用厚约30 mm，宽 10～25 mm 的木条，采用单向排列、双向排列或密肋形式，间距一般为 200～400 mm，在安门锁处另加上锁木。在骨架上设通气孔，以便门扇内通风干燥，防止因内外温湿度差产生变形。

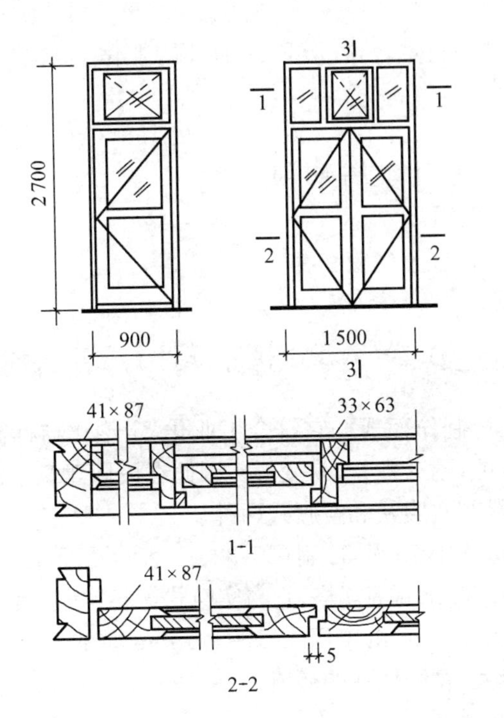

33×51
41×87
41×87
上冒头
镶玻璃
镶板
41×174
下冒头
3-3

图 11—19　镶板门构造

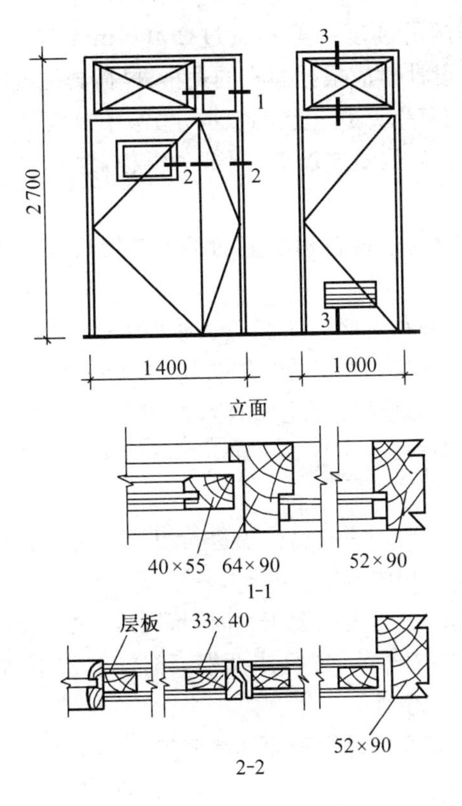

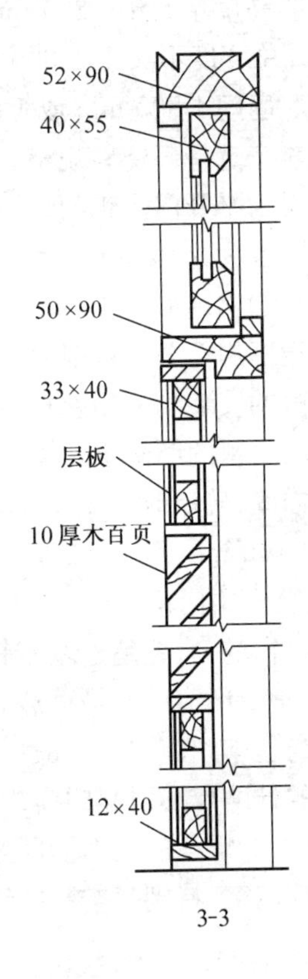

图 11—20　夹板门构造

由于夹板门构造简单，可利用小料、短料，自重轻，外形简洁，便于工业化生产，故在一般民用建筑中广泛用作建筑的内门。

§11—3　金属门窗与塑料门窗

金属门窗主要有钢门窗、彩钢板门窗和铝合金门窗三种。

一、钢门窗

1. 钢门窗用料

钢门窗是用型钢或薄壁空腹型钢在工厂制作而成。它符合工业化、定型化与标准化的要求。强度、刚度较好，但在潮湿环境下易锈蚀，耐久性差，易变形。因此在民用建筑中已基本不用，仅在部分工业建筑中使用。钢门窗用料有实腹式和空腹式两种。

一般实腹式钢门选用 32 及 40 料，钢窗选用 25 及 32 料(25、32、40 表示断面高度)。

空腹式钢门窗断面高度也分为 25 mm、32 mm 等规格，它与实腹式窗料比较，具有更大的刚度，外形美观，重量轻，可节约钢材 40%左右。但由于用 1.5～2.5 mm 厚的低碳钢经冷轧成为薄壁型钢，耐腐蚀性差，不宜用于湿度大、腐蚀性强的环境。

2. 基本钢门窗

基本钢门窗是标准化的最小基本单元，可根据需要直接选用或组合出所需大小和形式的门窗。一般高度不大于1 200 mm，宽度为 400～600 mm。每一基本窗单元的总高度不大于2 100 mm，总宽度不大于 1 800 mm。基本钢门的高度一般不超过 2 400 mm，宽度：单扇门900 mm，双扇门 1 500 mm 或 1 800 mm，具体设计时应根据面积的大小、风荷载情况及允许挠度值等因素来选择门窗料规格。基本窗的形式有平开式、上旋式、固定式、中旋式和百叶窗几种。门主要为平开门。钢门扇可以按需要将上半截做成玻璃，下部为钢板，也可以全部为钢板。钢板厚度为 1～2 mm。

钢门窗的构造如图 11—21 所示。平开钢窗与木窗在构造上的不同之处是在两窗扇闭合处设有中竖框用作关闭窗扇时固定执手。

钢门窗的安装均采用塞樘方式。门窗的尺寸每边必须比洞口尺寸小 15～30 mm，视洞口处墙面饰面材料的厚薄定。樘与墙的连接是由樘四周固定的燕尾铁脚，伸入墙上的预留孔，用水泥砂浆锚固(砖墙时)，或将铁脚与墙上预埋件焊接(混凝土墙时)，如图 11—22 所示。铁脚每隔 500～700 mm 一个，最外一个距樘角 180 mm。

3. 组合式钢门窗

当钢门窗的高、宽超过基本钢门窗尺寸时，就要用拼料将门窗进行组合。拼料起横梁与立柱的作用，承受门窗的水平荷载，主要用于单层厂房中。

拼料与基本门窗之间一般用螺栓或焊接相连。当钢门窗很大时，特别是水平方向很长时，为避免大的伸缩变形引起门窗损坏，必须预留伸缩缝，一般是用两根∟56×36×4 用螺栓组成拼件，角钢上穿螺栓的孔为椭圆形，使螺栓有伸缩余地。

普通钢门窗，特别是空腹式钢门窗易锈蚀，需经常进行表面油漆维护。

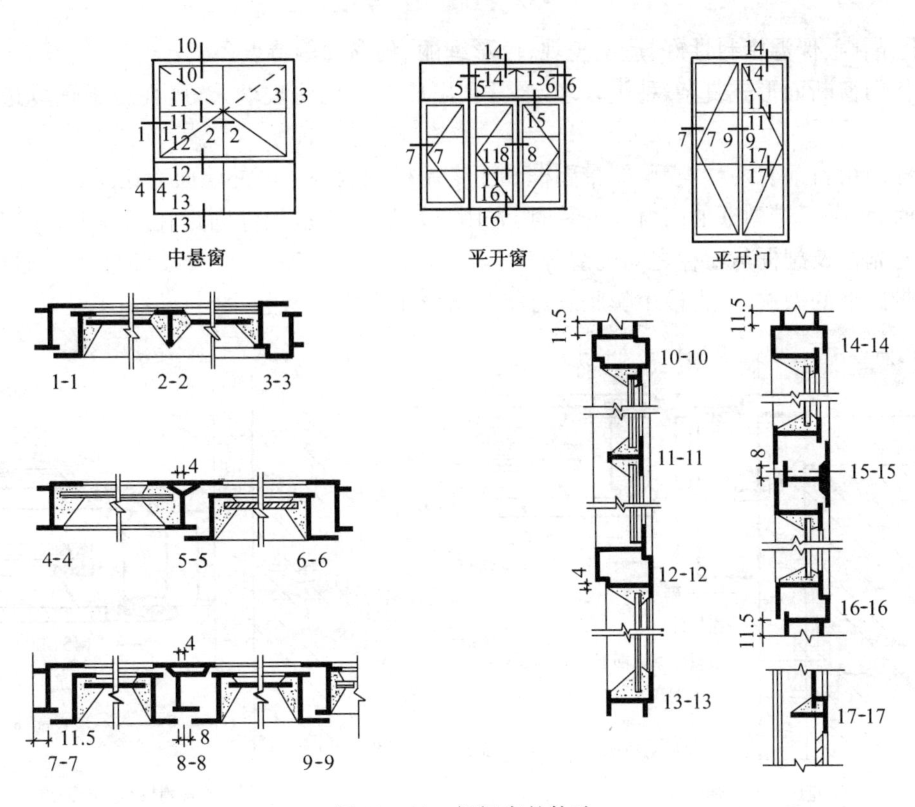

图 11—21 钢门窗的构造

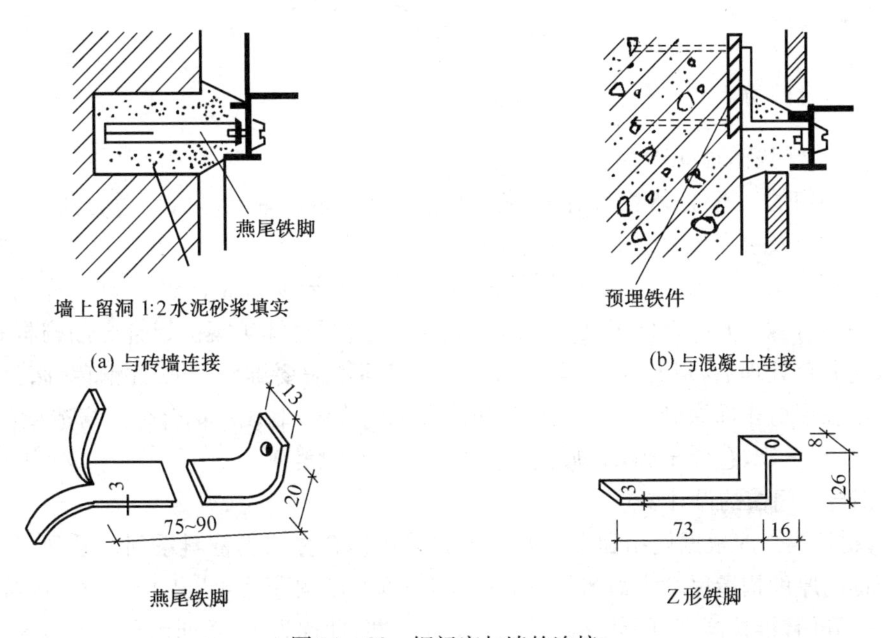

图 11—22 钢门窗与墙的连接

二、彩钢板门窗

彩板钢门窗是以彩色镀锌钢板经机械加工而成的门窗。它具有质量轻、硬度高、采光面积大、防尘、隔声、保温密封性好、造型美观、色彩绚丽、耐腐蚀等特点。

彩板门窗断面形式复杂，种类较多，通常在出厂前就已将玻璃装好，在施工现场进行成品安装。

彩板门窗目前有两种类型，即带副框和不带副框的两种。当外墙面为花岗石、大理石等贴面材料时，常采用带副框的门窗。安装时，先用自攻螺钉将连接件固定在副框上，并用密封胶将洞口与副框及副框与窗樘之间的缝隙进行密封(图 11－23a)。当外墙装修为普通粉刷时，常用不带副框的做法，即直接用膨胀螺钉将门窗樘子固定在墙上(图 11－23b)。

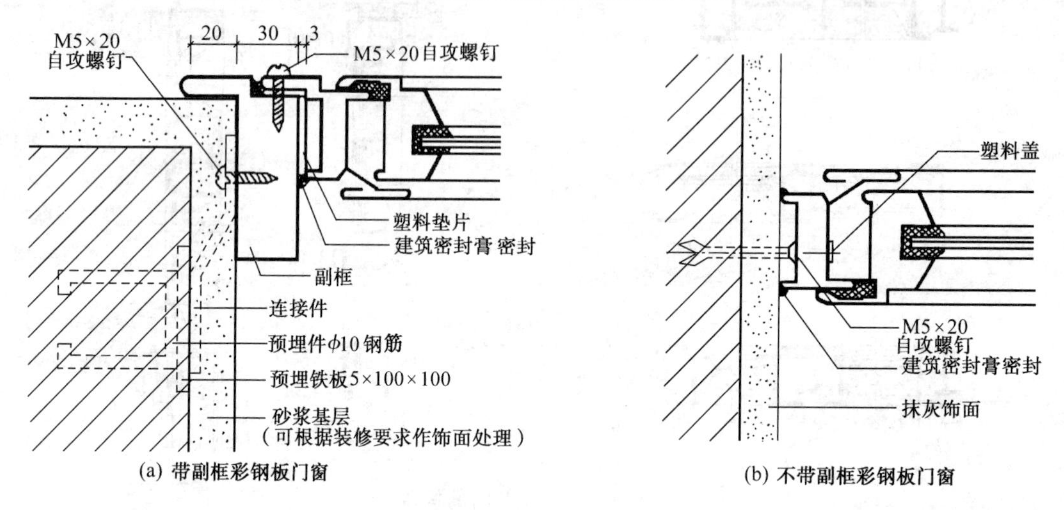

图 11－23　彩板门窗与墙连接

三、铝合金门窗

(1) 铝合金门窗的特点

铝合金门窗的气密性、水密性、隔声性、隔热性都较钢、木门窗好，更适合用于对防火、隔声、保温、隔热以及多台风、多暴雨、多风沙地区有特殊要求的建筑中。其用料省、质量轻，每平方米耗用铝材平均只有 80～120 kg(钢门窗为 170～200 kg)，较钢门窗轻 50%左右。铝合金门窗强度高，刚性好，开闭轻便灵活，无噪声，安装速度快，色泽美观。铝合金门窗框料型材表面经过氧化着色处理后，氧化层不褪色、不脱落，表面不需要维修。90 古铜色、暗红色、黑色等。还可以在铝材表面涂刷一层聚丙烯酸树脂保护装饰膜，制成的铝合金门窗造型新颖大方，表面光洁，外形美观、色泽牢固，增加了建筑立面和内部的美观。

(2) 铝合金门窗的设计要求

① 选材恰当。应根据使用和安全要求确定采用铝合金门窗框料系列。系列名称是以铝合金门窗框的厚度构造尺寸来命名的，如平开门门框厚度构造尺寸为 90 mm 宽，即称为 90 系列铝合金平开门，推拉窗窗框厚度构造尺寸 70 mm 宽，即称为 70 系列铝合金推拉窗等。

② 组合方式。组合门窗设计宜采用定型产品门窗作为组合单元。非定型产品的设计应控制洞口最大尺寸和开启扇最大尺寸。

③ 安全要求。设计外墙窗时应考虑安装高度的限制。广东地区规定，外墙铝合金窗安装高度小于等于 60 m(不包括玻璃幕墙)，层数小于等于 20 层；若高度大于 60 m 或层数大于 20

层，则应进行更严密的设计，必要时，还应进行风洞模型试验。

3. 常用铝合金门窗构造

(1) 铝合金门窗框

铝合金门窗是采用定型铝材和五金件制作装配而成(图11—24)。门窗安装均采用塞樘，将门窗框在抹灰前立于门窗洞处，与墙内预埋件对正，然后作临时固定。经检验确定门窗框水平、垂直、无翘曲后，用连接件将铝合金框固定在墙(柱、梁)上，连接件固定可采用焊接、膨胀螺栓或射钉方法。

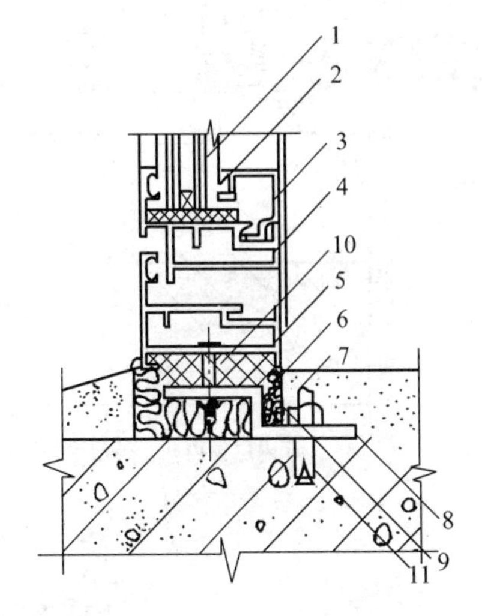

图11—24 铝合金门窗安装
1—玻璃；2—橡胶条；3—压条；4—内扇；5—外枢；6—密封条；7—砂浆；8—地脚；9—软填料；10—塑料垫；11—膨胀螺栓

应采用软质保温材料填塞门窗框四周的缝隙，常用的有泡沫塑料条、泡沫聚氨酯条、矿棉毡条和玻璃丝毡条等。应分层填实，外表留5～8 mm深的槽口用密封膏密封，以防止门窗框四周形成冷热交换区产生结露，影响防寒、防风的正常功能和墙体的寿命，提高建筑物的隔声、保温等功能。同时，应避免混凝土、水泥砂浆与门窗框直接接触，消除碱对门窗框的腐蚀。

门窗框与墙体等的连接固定点，每边不得少于两点，且间距不得大于0.7 m。在基本风压大于等于0.7 kPa的地区，不得大于0.5 m；边框端部的第一固定点距端部的距离不得大于0.2 m。

(2) 窗扇

① 平开窗。铝合金平开窗分为合页平开窗和滑轴平开窗。

平开窗合页装于窗侧面，平开窗开启后，应用撑挡固定。撑挡有外开启上撑挡，内开启下撑挡。平开窗关闭后应用执手固定。

滑轴平开窗是在窗上下装有滑轴(撑)，沿边框开启。

平开窗玻璃镶嵌一般采用密封条固定，也可用密封胶填缝，密封胶固化后将玻璃固定。密封胶固定的水密性、气密性优于密封条固定。隐框平开窗玻璃用密封胶固定在扇梃的外表面，将所有框梃全部隐蔽在玻璃后面，外表只看到玻璃。

双层窗有不同的开启方式，常用的有内层窗内开、外层窗外开(图11—25a)和双层均外开(图11—25b)。

② 推拉窗。铝合金推拉窗有左右推拉和上下推拉两种形式。左右推拉的窗用得较多。铝合金推拉窗外形美观、采光面积大、开启不占空间、防水及隔声效果均佳，并具有很好的气密性和水密性，广泛用于宾馆、住宅、办公、医疗建筑等。推拉窗可根据需要装配各种形式的内外纱窗。推拉窗可用拼樘料(杆件)组合其他形式的窗或门连窗。推拉窗的雨水排除是在下框或中横框两端铣切100 mm，或在中间开设其他形式的排水孔。

推拉窗常用90、70、60、55系列。70带纱系列，其主要构造与90系列相仿，不过将框厚由90 mm改为70 mm，并加上纱扇滑轨(图11—26)。

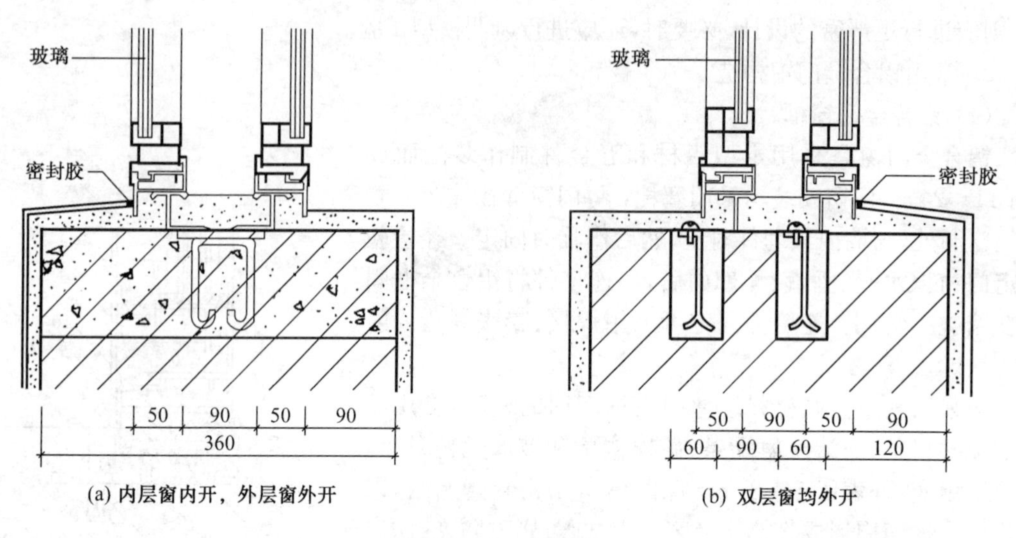

图 11—25　双层窗

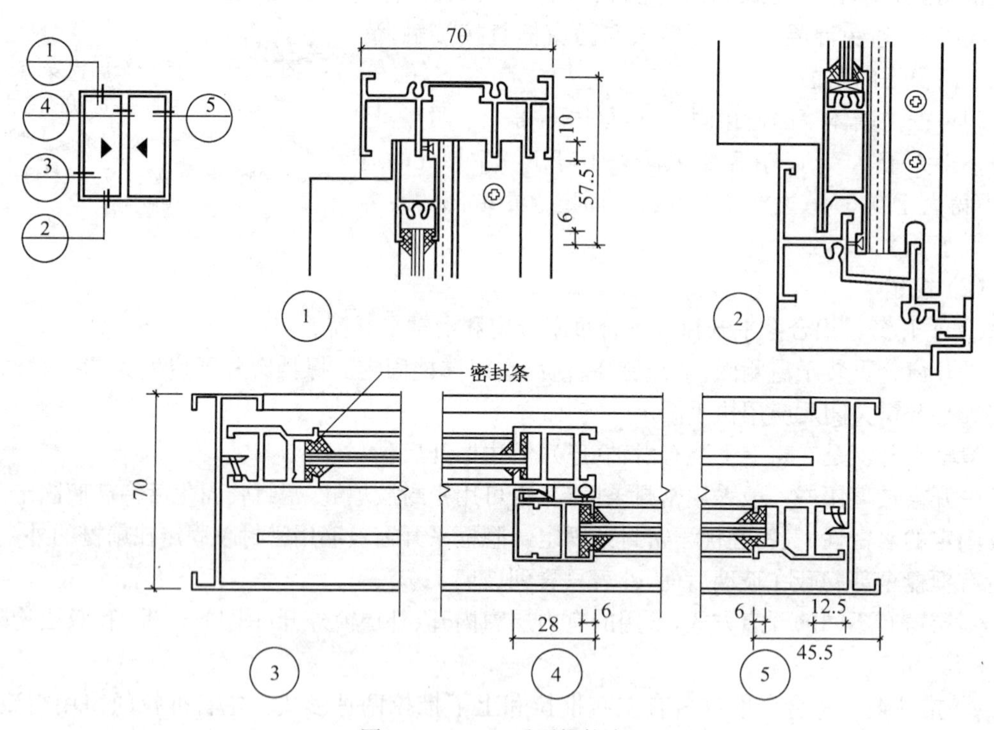

图 11—26　70系列推拉窗

(3) 地弹簧门

是平开门的一种。其开关装置是地弹簧，门可以向内或向外开启。当门扇开启到 90°时，门扇可固定不动；开启不到 90°时，门扇自动关闭。铝合金地弹簧门分为有框地弹簧门(图 11—27)和无框地弹簧门。门扇玻璃应采用 8 mm 或 8 mm 以上钢化玻璃或夹层玻璃。

地弹簧门通常采用 70 系列和 100 系列。

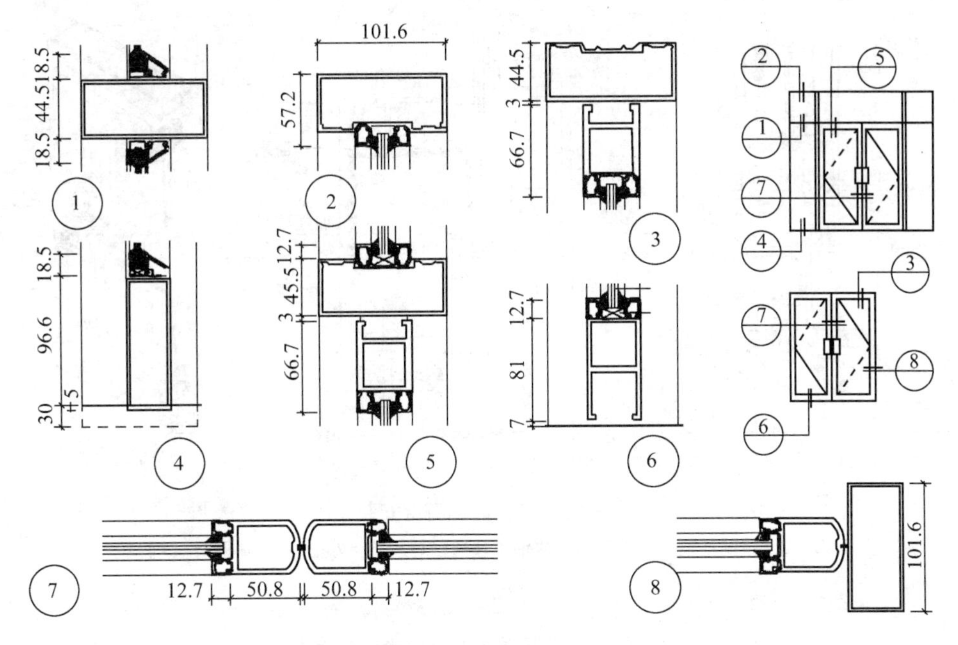

图 11－27　有框地弹簧门

四、塑料门窗

1. 塑料门窗的特点

塑料门窗是以聚氯乙烯、改性聚氯乙烯或其他树脂为主要原料，轻质碳酸钙为填料，添加适量助剂和改性剂，经挤压、机制成各种截面的空腹门窗异型材。为增加抗弯能力，在制作门窗框时，一般在型材内腔加入钢或铝等，故称塑钢门窗。根据不同的品种规格可选用不同截面异型材料制作。塑钢门窗较全塑门窗刚度更好，质量更轻。

塑料门窗线条清晰、挺拔，造型美观，表面光洁细腻，不但具有良好的装饰性，而且有良好的隔热性和密封性。其气密性为木窗的 3 倍，铝合金窗的 1.5 倍；热损耗为金属窗的 1/1 000；隔声效果比铝合金窗高 30 dB 以上。同时，塑料本身具有耐腐蚀等功能，不用涂涂料，可节约施工时间及费用。因此，在办公、住宅、医院等建筑中广泛应用。

2. 塑料门窗的构造

塑料门窗与墙体的连接方法与铝合金门窗相同。用连接件将塑料门窗框固定在墙(柱、梁)上，连接件固定可采用焊接、膨胀螺栓或射钉方法。门窗框四周的缝隙，应采用软质保温材料填塞，如泡沫塑料条、泡沫聚氨酯条、矿棉毡条和玻璃丝毡条等，分层填实，外表留 5～8 mm 深的槽口用密封膏密封见图 11－28。

塑料门窗的开启方式有平开式和推拉式。推拉式窗分为上下推拉和左右推拉，左右推拉窗应用较多。安装玻璃采用密封条固定，也可采用密封胶固定。塑料门窗下框靠外侧应开若干 150×50 mm 排水孔，间距 500～700 mm。

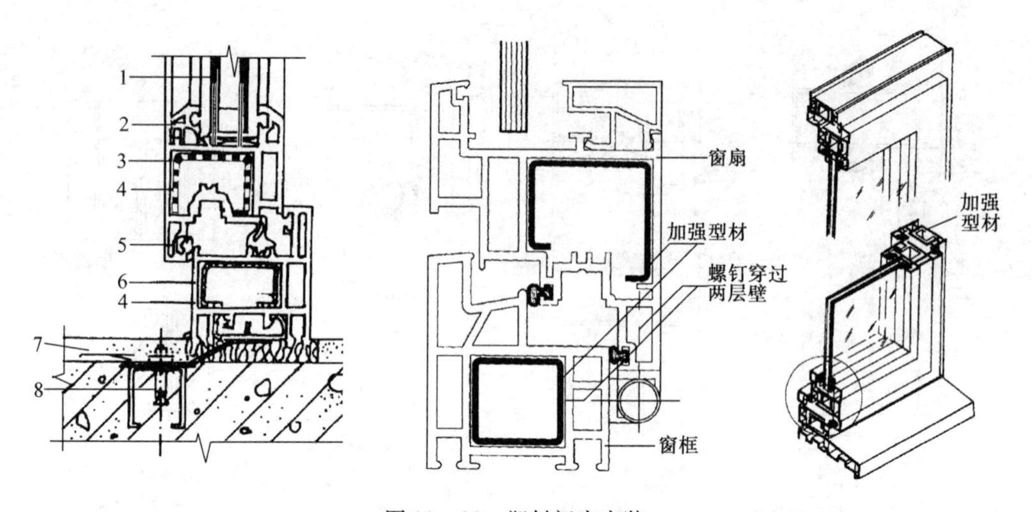

图 11—28 塑料门窗安装

1—玻璃;2—玻璃压条;3—内扇;4—内钢条;5—密封条;6—外枢;7—地脚;8—膨胀螺栓

§11—4 工业厂房大门

(1) 平开门

平开门的门洞尺寸一般不宜大于 3.6 m×3.6 m,当门的面积大于 5 m² 时,宜采用角钢骨架。大门门框有钢筋混凝土和砖砌两种。当门洞宽度大于 3 m 时,设钢筋混凝土门框,并在安装铰链处预埋铁件;洞口较小时可采用砖砌门框,墙内砌入有预埋铁件的混凝土块,砌块的数量和位置应与门扇上铰链的位置相适应,参见图 11—29。

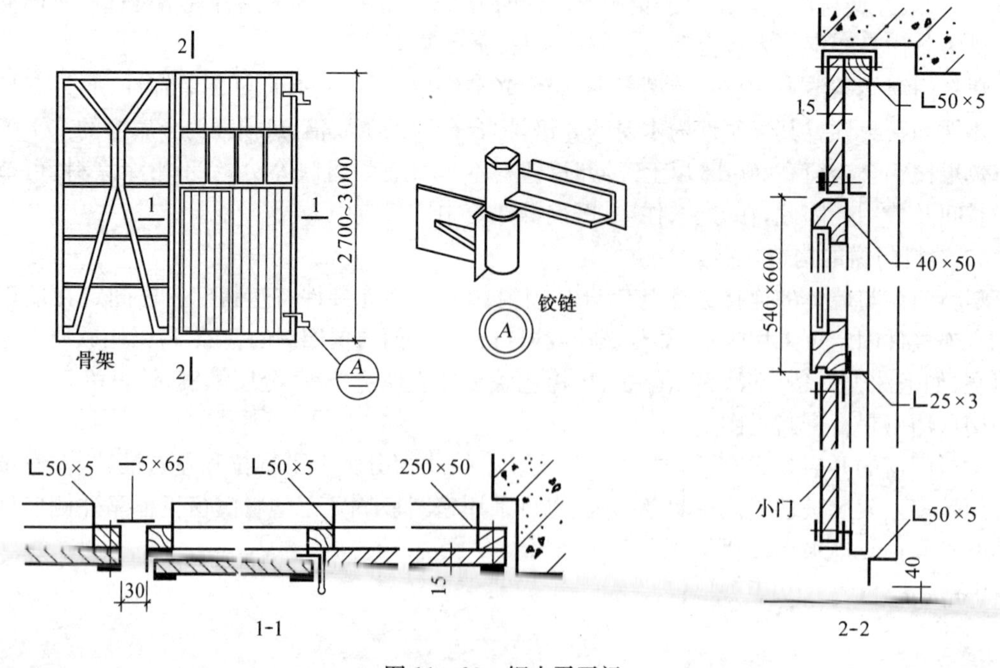

图 11—29 钢木平开门

(2) 推拉门

推拉门由门扇、门轨、地槽、滑轮及门框组成。门扇可采用钢木门、钢板门、空腹薄壁钢门等,每个门扇宽度不大于 1.8 m。推拉门的支承方式分为上挂式和下滑式两种,当门扇高度小于 4 m 时,用上挂式,即门扇通过滑轮挂在门洞上方的导轨上(图 11－30)。当门扇高度大于 4 m时,多用下滑式,在门洞上下均设导轨,门扇沿上下导轨推拉,下面的导轨承受门扇的重量。推拉门位于墙外时,门上方需设雨篷。

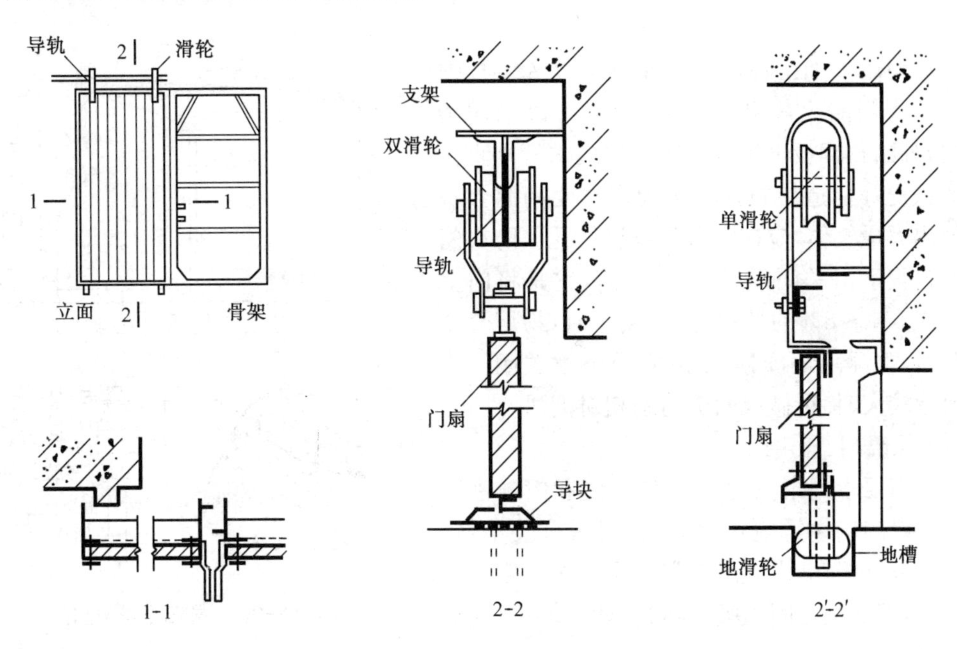

图 11－30　上挂式钢木推拉门

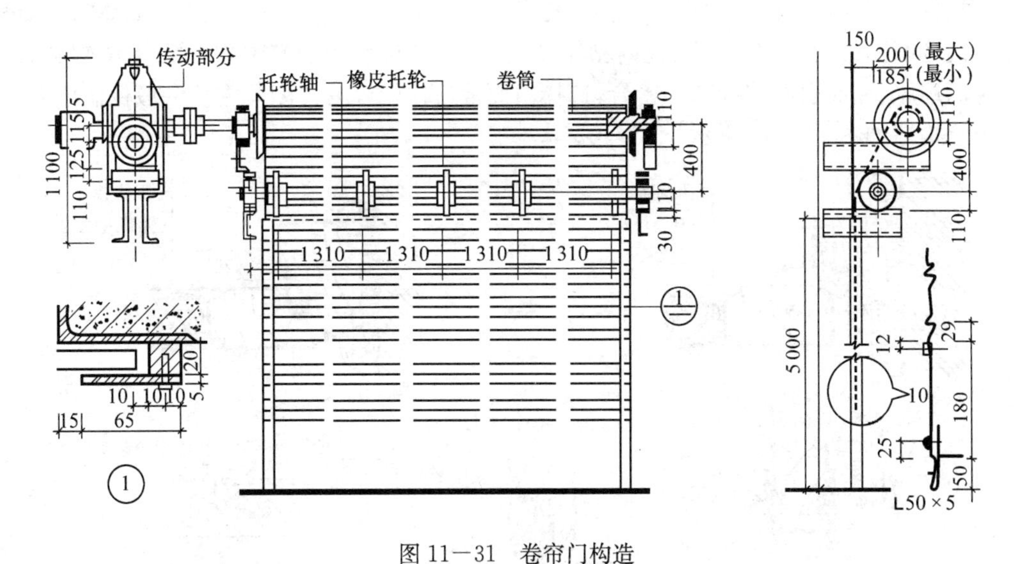

图 11－31　卷帘门构造

(3) 卷帘门(图 11－31)

卷帘门主要由帘板、导轨及传动装置组成。工业建筑中的帘板常采用页板式,页板可用镀锌钢板或合金铝板轧制而成，页板之间用铆钉连接。页板的下部采用钢板和角钢，用以增强卷帘门的刚度，并便于安设门纽。页板的上部与卷筒连接，开启时，页板沿着门洞两侧的导轨上升，卷在卷筒上。门洞的上部安设传动装置，传动装置分手动和电动两种。

§11—5　特殊门

（1）防火门

防火门用于加工易燃品的车间或仓库。根据车间对防火门耐火等级的要求，门扇可以采用钢板、木板外贴石棉板再包以镀锌铁皮或木板外直接包镀锌铁皮等构造措施。考虑到木材受高温会炭化而放出大量气体，应在门扇上设泄气孔。防火门常采用自重下滑关闭门（图 11—32），它是将门上导轨做成 5%～8%的坡度，火灾发生时，易熔合金片熔断后，重锤落地，门扇依靠自重下滑关闭。当洞口尺寸较大时，可做成两个门扇相对下滑。

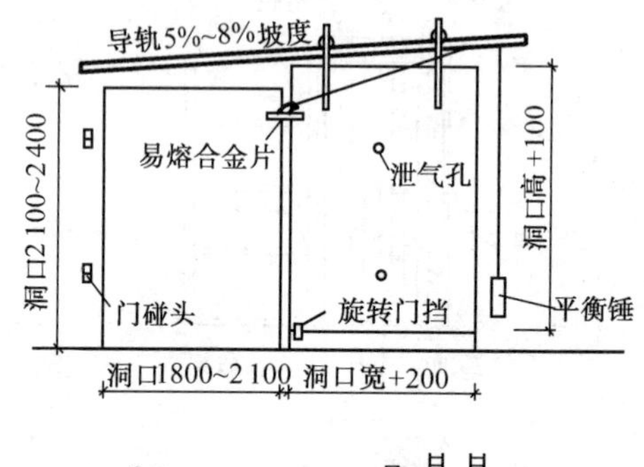

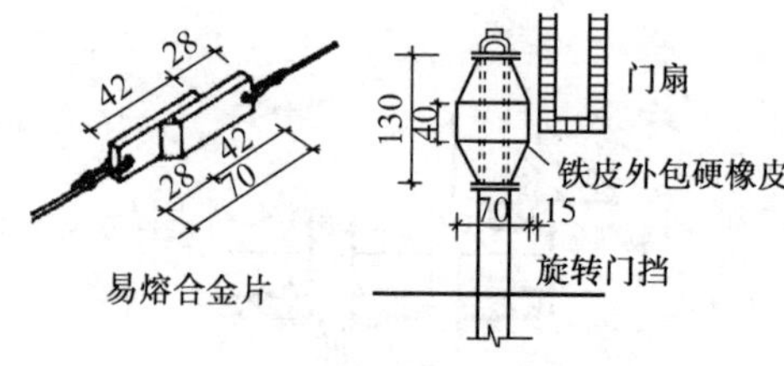

图 11—32　自重下滑关闭门

（2）保温门、隔声门

保温门要求门扇具有一定热阻值和门缝密闭处理。一般门扇越重隔声越好，但过重开关不便，五金零件也易损坏，因此隔声门常采用多层复合结构，即在两层面板之间填吸声材料（如玻璃棉、玻璃纤维板等）。

一般保温门和隔声门的面板常采用不易发生变形的整体板材，如五层胶合板，硬质木纤维板等。门缝密闭处理通常是在门缝内粘贴填缝材料，如橡胶管、海绵橡胶条、泡沫塑料条等。为避免门扇胀、缩而引起的缝隙不密合，选择斜面裁口比较容易关闭紧密。一般保温门和隔声门的节点构造如图 11—33 所示。

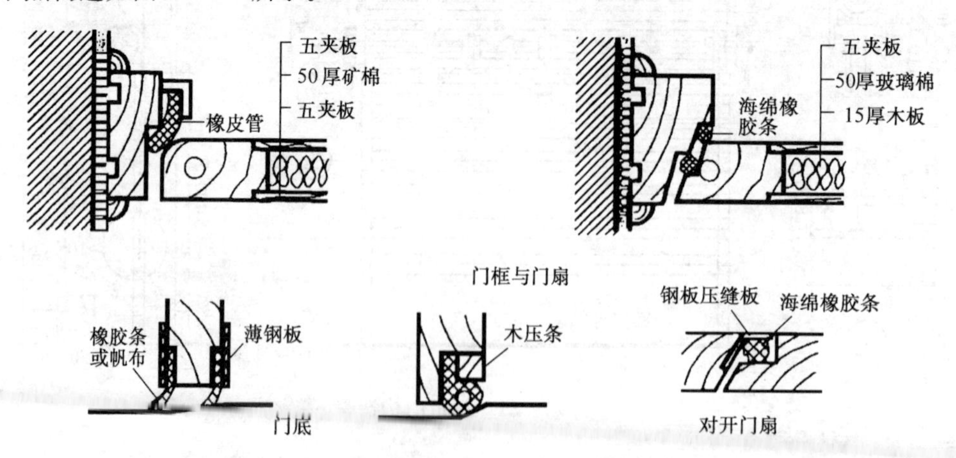

图 11—33　保温门、隔声门门缝密闭处理

§11－6　天窗

天窗主要用于工业建筑的单层厂房中。天窗的形式主要有矩形天窗、下沉式天窗和平天窗，而下沉式天窗可分为横向、纵向和井式三种。

一、矩形天窗

矩形天窗由天窗架、天窗扇、天窗端壁、天窗屋面、天窗侧板等组成(图 11－34)。

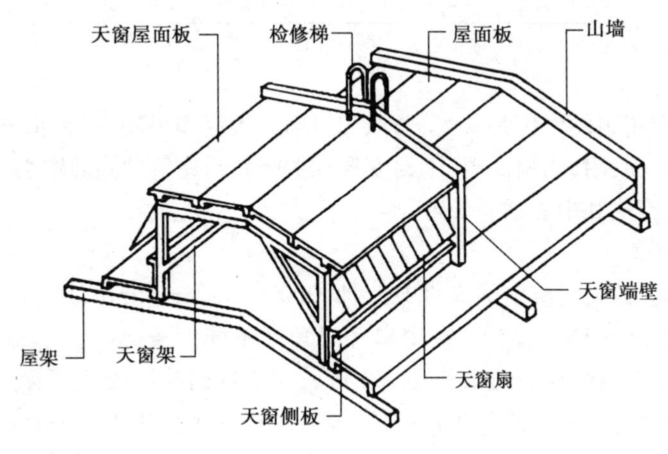

图 11－34　矩形天窗的组成

1. 天窗架

天窗架是天窗的承重构件，它支承在屋架上弦上。天窗架常用钢筋混凝土或型钢制作。

钢筋混凝土天窗架与钢筋混凝土屋架配合使用，它的形式一般为门形、W 形和双 Y 形，如图 11－35a。天窗架的宽度和天窗架的高度应根据采光要求、通风要求、屋面板的尺寸以及屋架上弦节点等因素确定，如表 11－1。一般为厂房跨度的 1/2～1/3。通常为 3m 倍数，即 6 m、9 m、12 m等。6 m 和 9 m 宽的天窗架通常用两块预制构件拼装而成。12 m 宽的天窗架则由三块预制构件拼装而成。

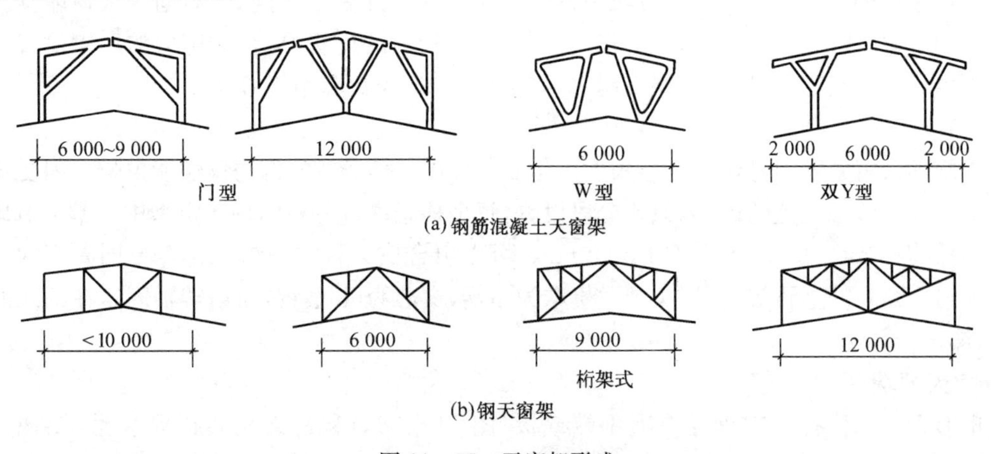

图 11－35　天窗架形式

钢天窗架的质量轻,制作及吊装均方便,除用于钢屋架上外,也可用于钢筋混凝土屋架上。钢天窗架常用的形式有桁架式和多压杆式两种,如图 11－35b。

表 11－1　钢筋混凝土天窗架的尺寸

天窗架形式	门形							W形	
天窗架跨度(标注尺寸)	6 000				9 000			6 000	
天窗扇高度(mm)	1 200	1 500	2×1 200	2×900	2×900	2×1 200	2×1 500	1 200	1 500
天窗架宽度(mm)	2 070	2 370	2 670	3 270	2 670	3 270	3 870	1 950	2 250

2. 天窗扇

矩形天窗设置天窗扇的作用是采光、通风和挡雨。天窗扇可用木材、钢材及塑料等材料制作。钢天窗扇具有坚固、耐久、耐高温、不易变形和关闭较严密等优点,应用广泛。钢天窗扇的开启方式有两种:上旋式和中旋式。

(1) 上旋钢天窗扇

我国 J815 定型上旋钢天窗扇的高度有三种:900 mm、1 200 mm、1 500 mm(标志尺寸)。其特点是防雨性能较好,但通风较差(因窗扇开启角度不能大于 45°)。上旋钢天窗扇由上冒头、下冒头、边梃、窗芯、盖缝板及玻璃组成,图 11－36。在钢筋混凝土天窗架上部预埋铁板,用短角钢与预埋铁板焊接,再将通长角钢(∟100×8)焊接在短角钢上,用螺栓将弯铁固定在通长角钢(∟100×8)上,将上悬钢天窗扇的槽钢上冒头悬挂在弯铁上。窗扇的下冒头为异形断面的型钢,天窗扇关闭时,下冒头位于横档或侧板外缘以利排水。为控制天窗扇开启角度,在边梃及窗芯的上方设止动板。根据天窗采光需要,可组合成不同天窗扇的高度,可布置成通长和分段两种。

① 通长天窗扇(图 11－36a)。它由两个端部固定窗扇和若干个中间开启窗扇连接而成,其组合长度应根据矩形天窗的长度和选用天窗扇开关器的启动能力来确定。

② 分段天窗扇(图 11－36b)。它是在每一个柱距内设置天窗扇,其特点是开启及关闭灵活(可用开关器),但窗扇用钢量较多。

值得注意的是通长天窗扇和分段天窗扇其开启扇与开启扇之间,开启扇与天窗端壁之间均应设固定扇,该固定扇起着窗框的作用,防雨要求较高的厂房,应在固定扇的后侧设置倾斜的挡雨扇,以防止从开启扇两侧飘入雨水,如图 11－36 节点 1、节点 2 所示。

(2) 中旋钢天窗扇

中旋钢天窗扇特点是窗扇开启角度可达 60°～80°,通风流畅,但防雨性能欠佳。因受天窗架的阻挡和受转轴位置的影响,只能分段设置,每个柱距内设一樘窗扇。定型中旋钢天窗扇高度有三种:900 mm、1 200 mm 和 1 500 mm。可以组合成一排、二排、三排等不同高度的中旋钢天窗扇。窗扇的上冒头、下冒头及边梃均为角钢,窗芯为 T 型钢,窗扇转轴固定在两侧的竖框上(图 11－37)。

3. 天窗端壁

矩形天窗端壁有预制钢筋混凝土端壁板(图 11－38a)和钢天窗架石棉水泥瓦端壁(图 11－38b)。前者用于钢筋混凝土屋架;后者多用于钢屋架。钢筋混凝土端壁常做成肋形板代替钢筋混凝土天窗架，支承天窗屋面板。当天窗架跨度为 6 m 时，端壁板由两块预制板拼接而成；天窗架跨度为 9 m 时，端壁板由三块预制板拼接而成。端壁板及天窗架与屋架上弦的连接均通过预埋铁件焊接。当车间需要保温时，应在其内表面加设保温层。

4. 天窗屋面和檐口

天窗的屋面构造一般与厂房屋面构造相同。当采用钢筋混凝土天窗架、无檩体系的大型屋面板时，其檐口构造有两类：①带挑檐的屋面板：自由落水的桃檐出挑长度一般为 500 mm（图 11－39a）。②设檐沟板：可采用带檐沟屋面板（图 11－39b），或者在钢筋混凝土天窗架端部预埋铁件焊接钢牛腿，支承天沟（图 11－39c）。需要保温的厂房，天窗屋面应设保温层。

5. 天窗侧板

在天窗扇下部设置天窗侧板的作用是防止雨水溅入车间及防止因屋面积雪挡住天窗扇。从屋面至侧板上缘的距离，一般为 300～500 mm。侧板的形式应与屋面板构造相适应。当采用钢筋混凝土门字形天窗架时，侧板采用相应的钢筋混凝土槽板（图 11－40a），它与天窗架的连接方法是在天窗架下端相应位置预埋铁件，然后用短角钢焊接，将槽板置于角钢上，再将槽板的预埋件与角钢焊接。图 11－40b 是采用钢筋混凝土小型侧板，小型侧板一端支承在屋面上，另一端靠在天窗窗框角钢下档的外侧。当屋面为有檩体系时，则侧板常采用石棉瓦、压型钢板等轻质材料见图 11－40c。

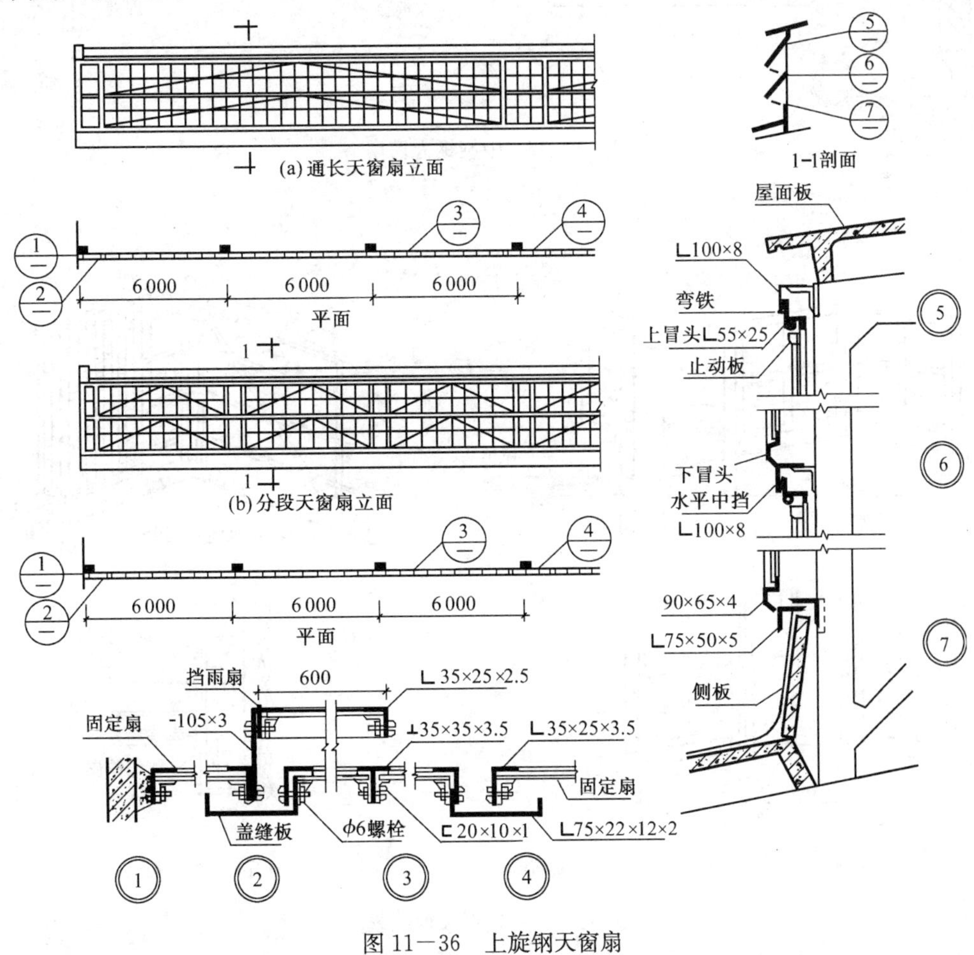

图 11－36　上旋钢天窗扇

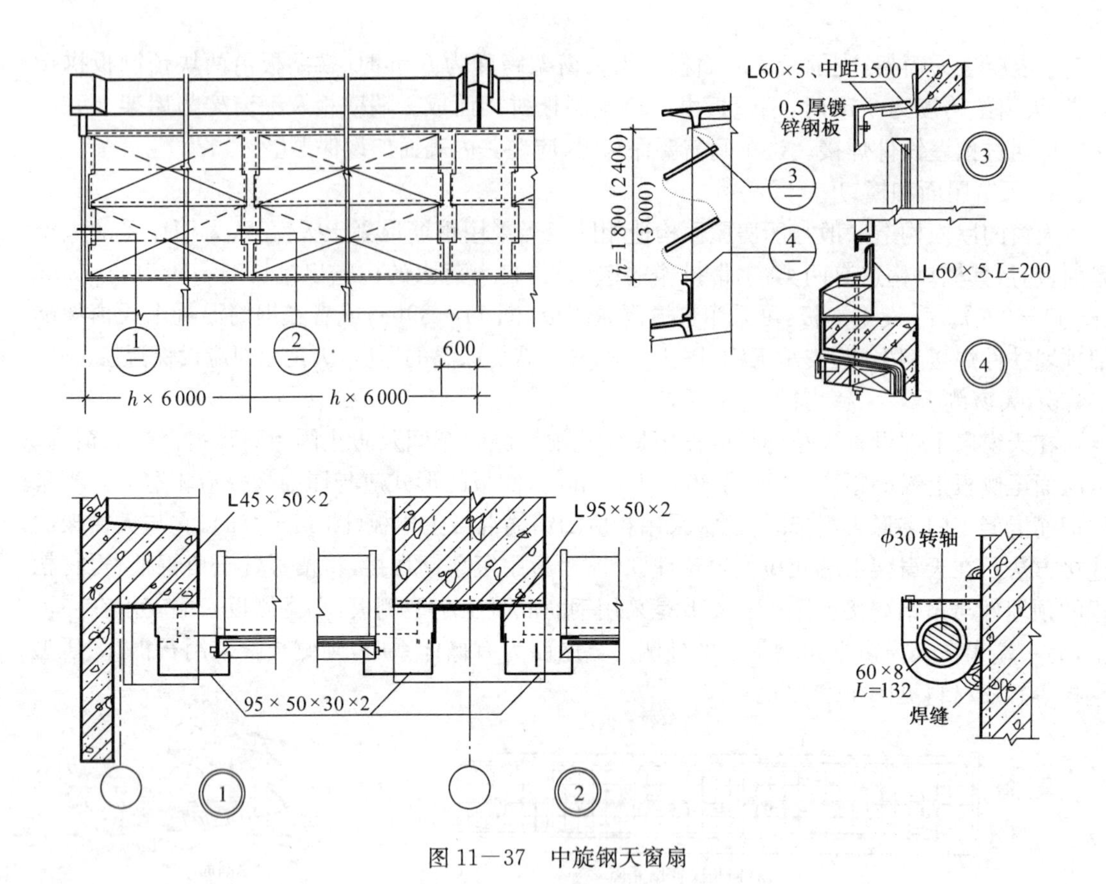

图 11－37　中旋钢天窗扇

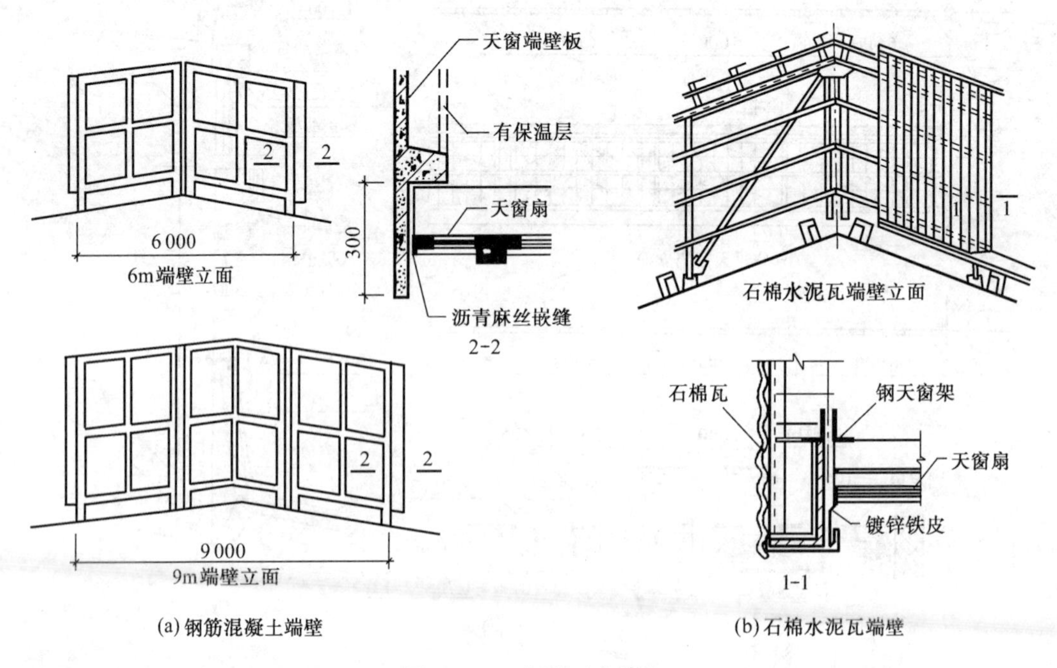

图 11－38　矩形天窗端壁

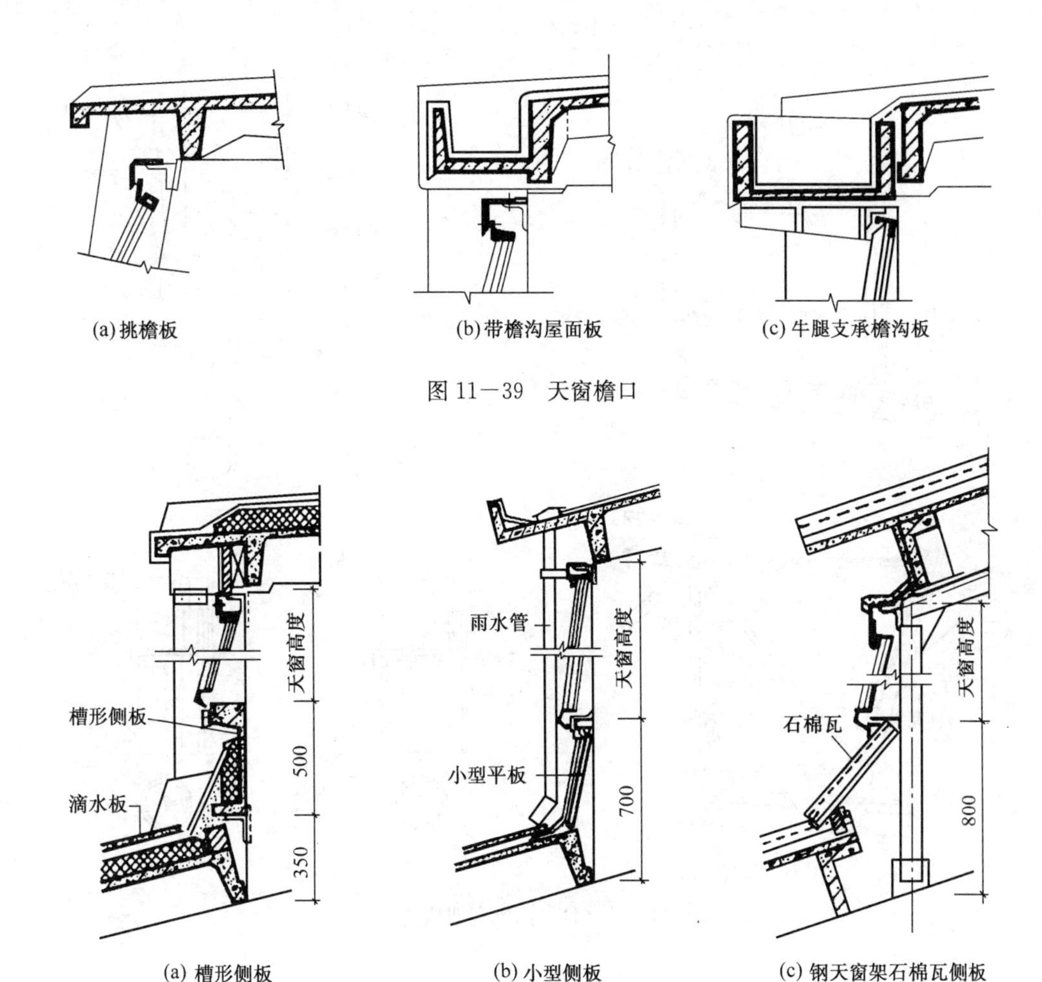

(a) 挑檐板　(b) 带檐沟屋面板　(c) 牛腿支承檐沟板

图 11－39　天窗檐口

(a) 槽形侧板　(b) 小型侧板　(c) 钢天窗架石棉瓦侧板

图 11－40　天窗侧板构造

二、矩形通风天窗

矩形通风天窗由矩形天窗和其两侧的挡风板组成，主要用于热加工车间。

1. 挡风板的形式及构造

挡风板由支架和面板两部分组成。支架的材料常采用型钢及钢筋混凝土，面板材料常采用石棉水泥瓦、玻璃钢瓦、压型钢板等轻质材料。

挡风板支架分为立柱式和悬挑式(图 11－41)。①立柱式是将钢或钢筋混凝土立柱支承在大型屋面板纵肋处的柱墩上，用支撑将柱和天窗架连接，以增加其稳定性，但立柱式挡风板与天窗架的距离受到屋面板布置的限制。在有檩体系的屋面中，立柱应支承在檩条上，其构造复杂，故有檩体系很少采用立柱式的支承方式。②悬挑式是将挡风板支架固定在天窗架上，屋面不承受天窗挡风板的荷载，布置比较灵活。悬挑式挡风板增加天窗架的荷载，用料较多，对抗震不利。两种方式支承的挡风板都可采用垂直或倾斜布置。

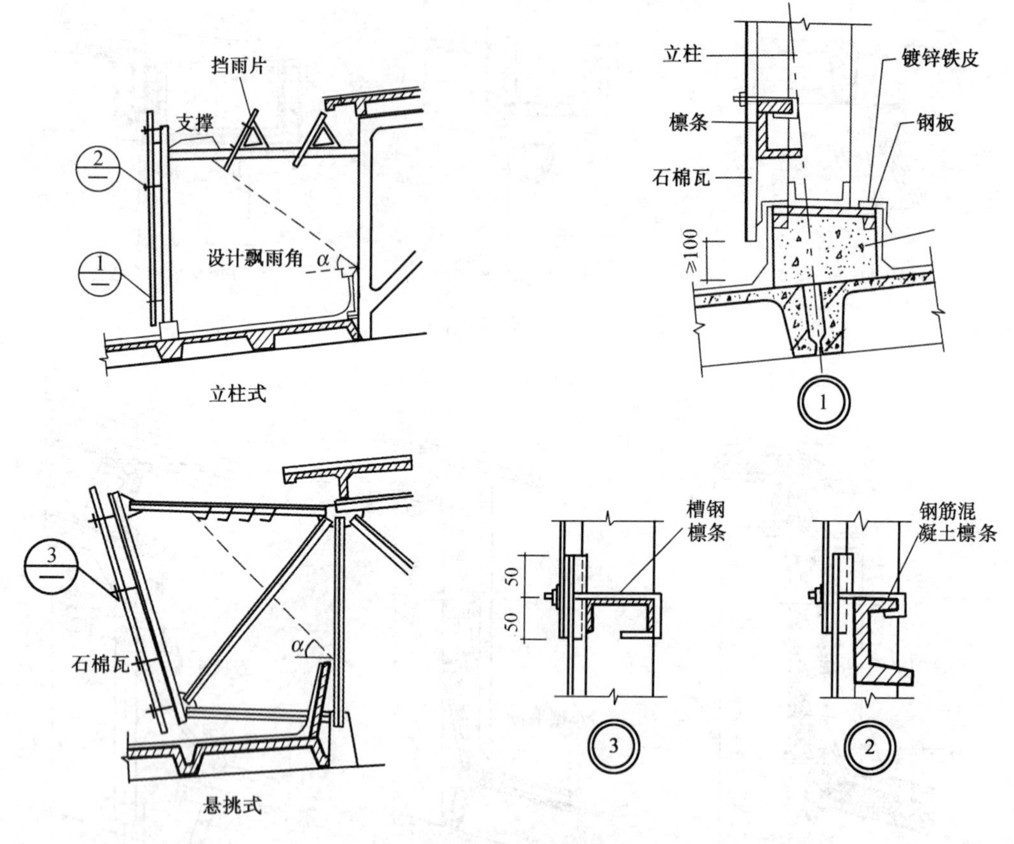

图 11—41　挡风支架构造

2. 挡雨设施

(1) 挡雨方式及挡雨片的布置

天窗的挡雨方式可分为水平口设挡雨片、垂直口设挡雨板和大挑檐挡雨三种(图11—42)。挡雨方式和挡雨角(指挡雨片或挑檐遮挡雨滴的角度,以 α 表示)不同,将影响天窗的排风性能。在挡雨角相同的情况下,水平口设挡雨片及大挑檐式挡雨的天窗,其通风性能比垂直口设挡雨板的好。

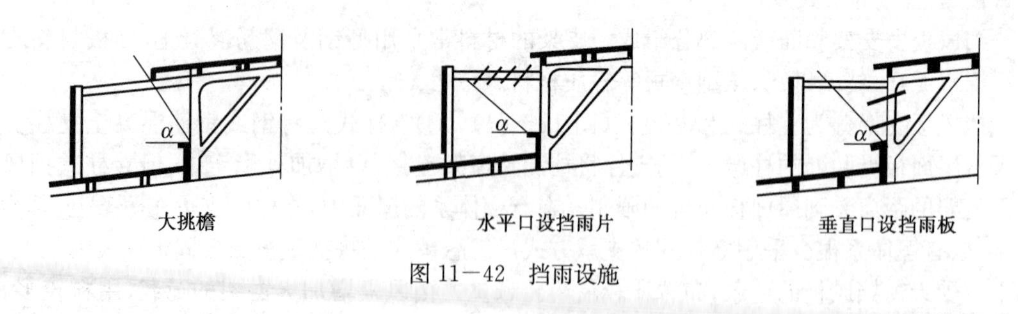

图 11—42　挡雨设施

挡雨片的间距和数量,可用作图法求出。图 11—43 为水平口挡雨片位置的作图法。先定出挡雨片的宽度与水平夹角,画出高度范围 h,然后以天窗口下缘“A”点为作图基点,按图中的1、2、3……各点做图,顺序求出挡雨片的间距,直至等于或略小于挡雨角为止,即可定出挡雨片应采用的数量。

挡雨角的大小，应根据当地的飘雨角（指雨滴下落方向与水平面的夹角）及生产工艺对防雨的要求确定。有挡风板的天窗，由于挡风板内处于负压区，采用的挡雨角可比无挡风板的开敞口处的挡雨角约大 10°，一般可按 35°～45°选用。风雨较大地区可按 30°～35°选用。生产上对防雨要求较高的车间及台风暴雨地区，α 角可酌情减小或使排风区完全处于遮挡区内。

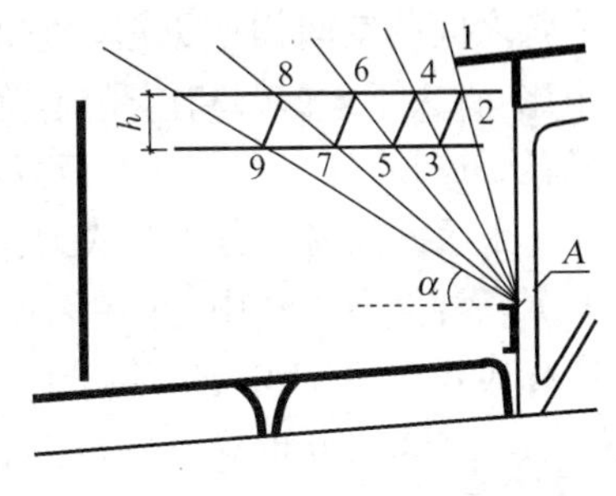

图 11－43　水平口挡雨片位置的作图法

（2）挡雨片构造

挡雨片所采用的材料有石棉瓦、钢丝网水泥板（或钢筋混凝土板）、薄钢板、瓦楞铁等。当天窗有采光要求时，可改用夹丝玻璃、钢化玻璃、玻璃钢波形瓦等透光材料。当采用石棉瓦、瓦楞铁或玻璃钢波形瓦作挡雨片时，用钢筋钩将其固定在钢筋组合檩条或型钢檩条上（图 11－44a）。若采用钢丝网水泥板、钢筋混凝土板、薄钢板、铅丝玻璃、钢化玻璃等作挡雨片时，则嵌插在钢筋混凝土框架横肋的预留槽中或用螺栓与型钢框架横肋侧边的预设铁件固定（图 11－44b）。

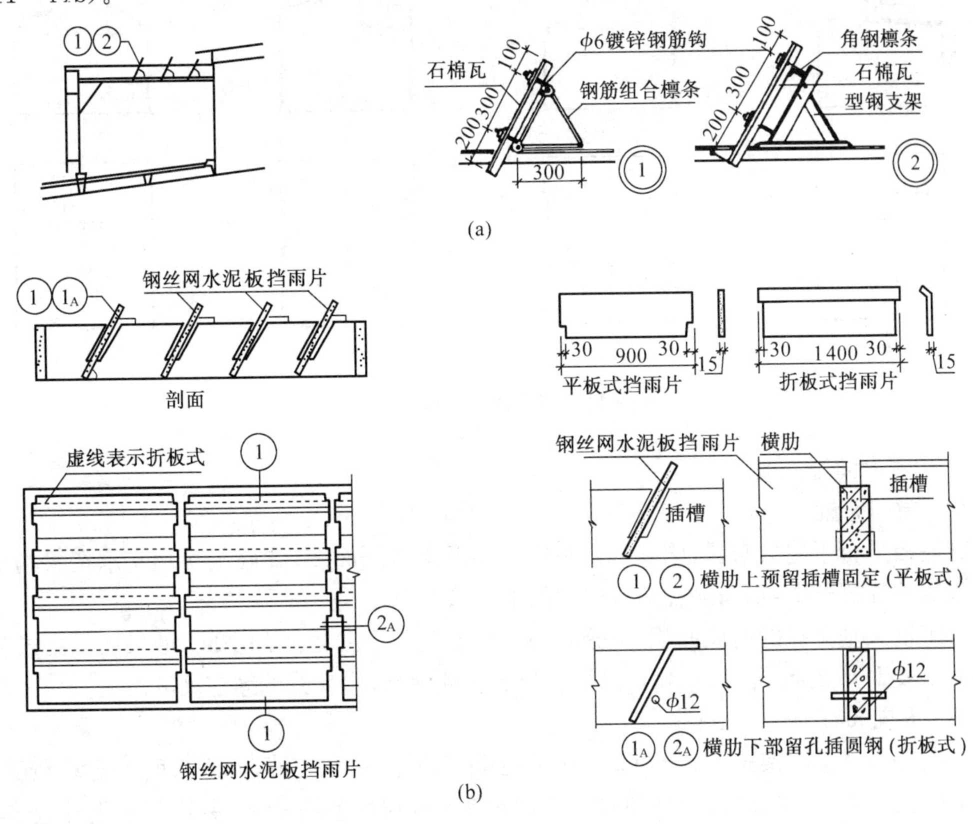

图 11－44　挡雨片构造

三、下沉式通风天窗

下沉式天窗是在拟设置天窗的部位，把屋面板下移铺在屋架的下弦杆上，从而利用屋架上下弦之间的空间构成天窗。它们与矩形通风天窗相比，省去了天窗架和挡风板，降低了厂房的高度，减轻了屋顶、柱子和基础的荷载，用料少，成本低。

下沉式天窗可分为井式天窗、横向下沉和纵向下沉三种类型。其中，井式天窗的构造较为复杂，具有代表性，因此以它为例介绍下沉式天窗的构造特征。井式天窗布置灵活、排风路径短捷、采光均匀、效果较好，图 11－45 为井式天窗构造组成。

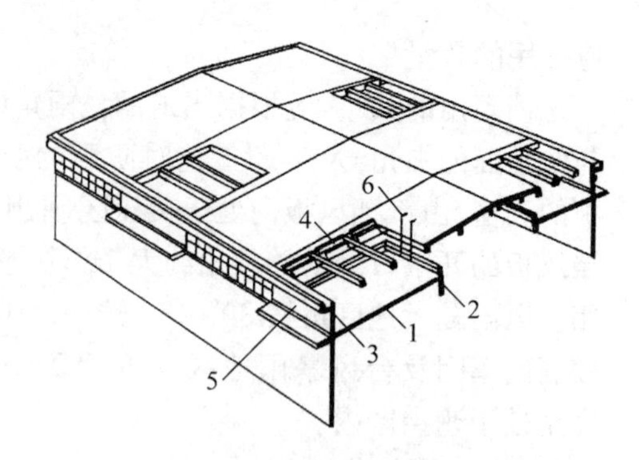

图 11－45 井式天窗构造组成

1－井底板；2－檩条；3－檐沟；4－挡雨片；5－挡风侧墙；6－铁梯

1. 井式天窗布置形式

井式天窗的基本布置形式可分为边井式天窗和中井式天窗(图 11－46)。边井式天窗又分为一侧布置、两侧对称布置、两侧错开布置等几种。由基本布置又可排列组合成各种连跨布置形式。采用何种布置形式，应根据生产工艺对通风、采光、热源布置、结构形式、厂房跨数、排水及清灰等要求来决定。

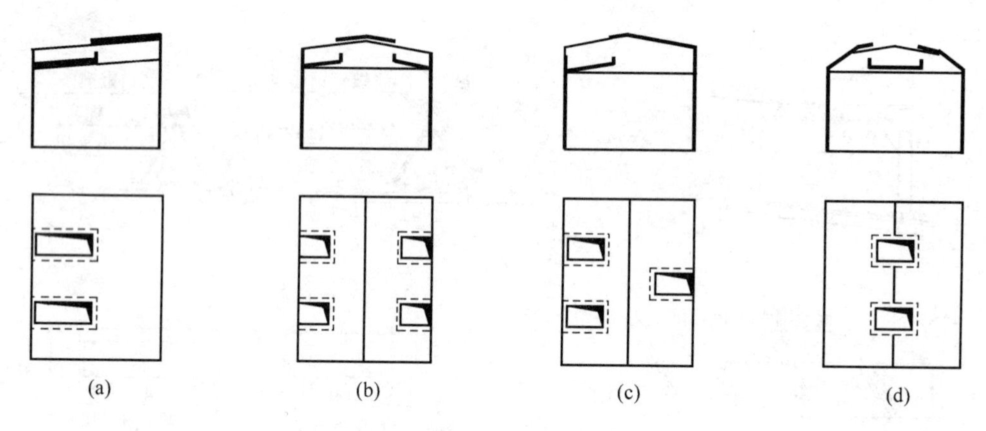

图 11－46 井式天窗布置形式

2. 井底板布置方法

(1) 横向布置

井底板平行于屋架布置，图11－47是边井式天窗横剖面图，井底板一端支承在天沟板上，另一端支承在檩条上，檩条搁在两榀屋架的下弦节点上。

为了增大垂直口的通风面积，充分利用屋架上弦与下弦之间的空间，可采用下卧式檩条、槽形檩条或 L 形檩条(图 11－48)，以尽量降低板的标高，增大井的净空高度。

(2) 纵向布置

井底板垂直于屋架布置。图 11－49a 是中井式天窗横剖面图，井底板两端支承在两榀屋架的下弦上。由于屋架的直腹杆和斜腹杆对搁置标准屋面板有影响，井底板应设计成卡口板或出肋板(图 11－50)。图 11－49b 是边井式天窗横剖面图，井底板为 F 形断面屋面板，F 形板的纵肋支承在两榀屋架下弦节点上。

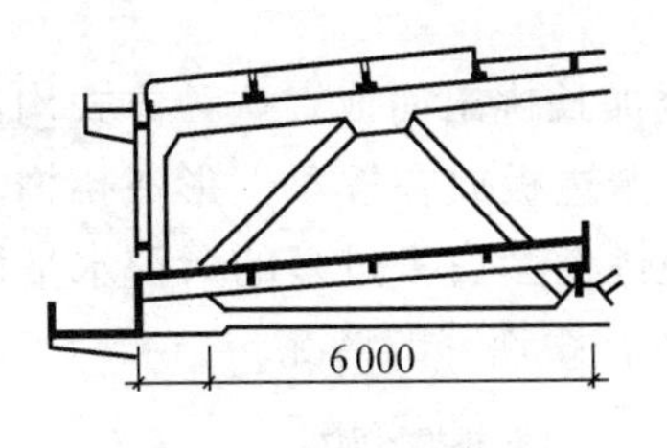

(a) 井底板搁在天沟及檩条上

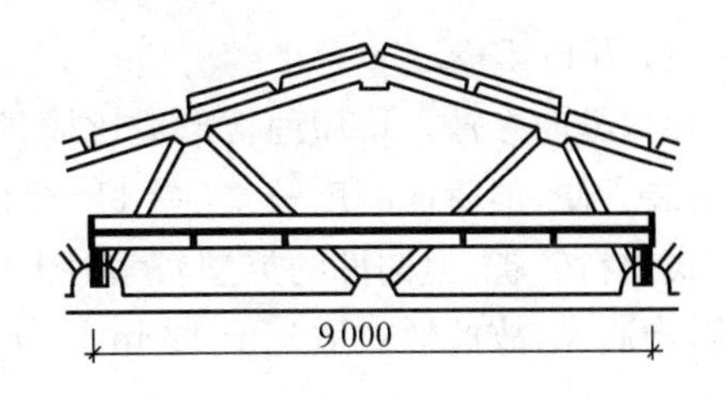

(b) 井底板搁在檩条上

图 11－47　井底板横向布置

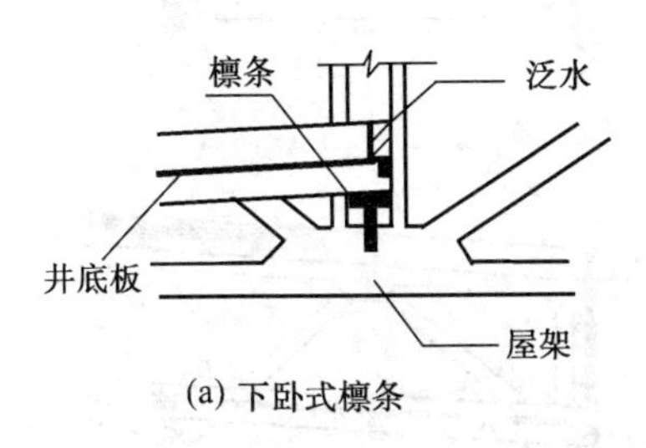

(a) 下卧式檩条

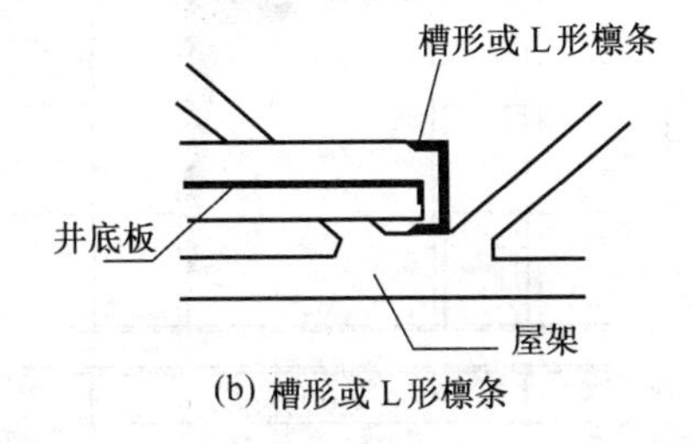

(b) 槽形或 L 形檩条

图 11－48　檩条搁置形式

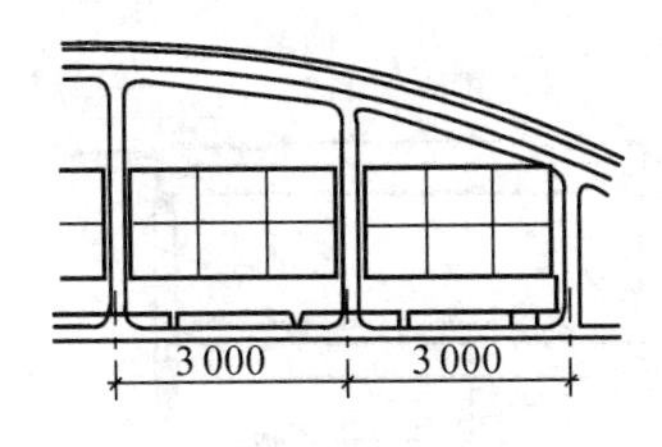

(a) 竖腹杆屋架时用卡口板或出肋板

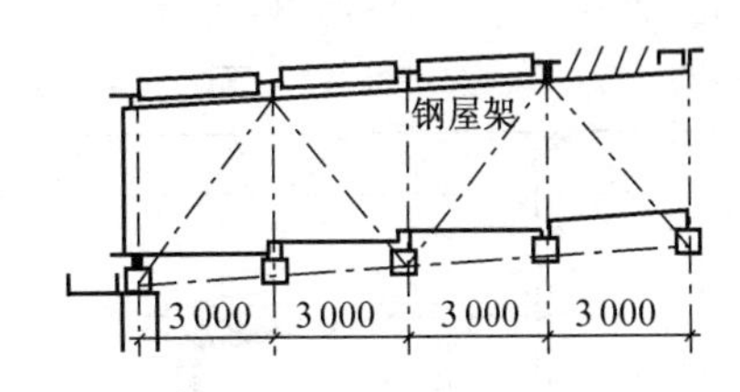

(b) 搁在下弦节点块座上

图 11－49　井底板纵向布置

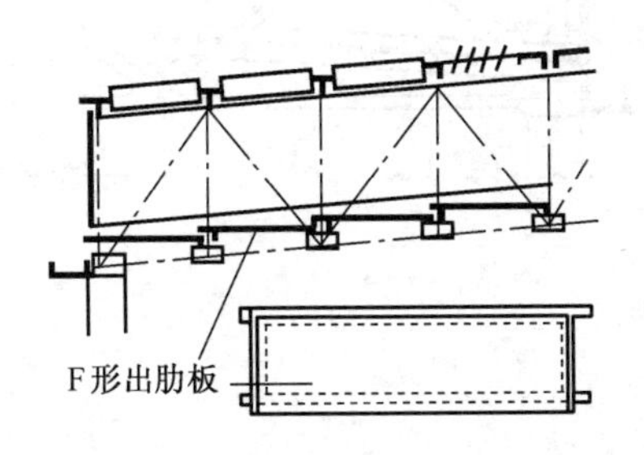

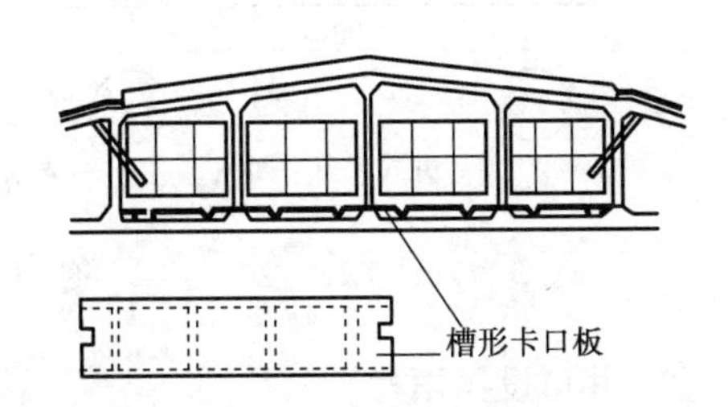

图 11－50　井底板纵向布置的两种形式

3. 井口板及挡雨设施

井式天窗的主要作用是通风，一般井口不设窗扇而做成开敞式，但应做挡雨设施，主要有三种构造形式：

(1) 井口挑檐

井口纵向多放一块屋面板形成挑檐，横向由相邻屋面板加长挑出而成。这种方式构造简单，吊装方便，但屋面刚度较差(图 11－51a)。井口设檩条、镶边板放在檩条上形成挑檐。这种方式用料较省，但构件的类型较多(图 11－51b)。井口做挑檐会占去过多的天窗水平口面积，影响通风，故此形式适宜于 12 m、9 m 柱距设天井或 6 m 柱距连井的情况。

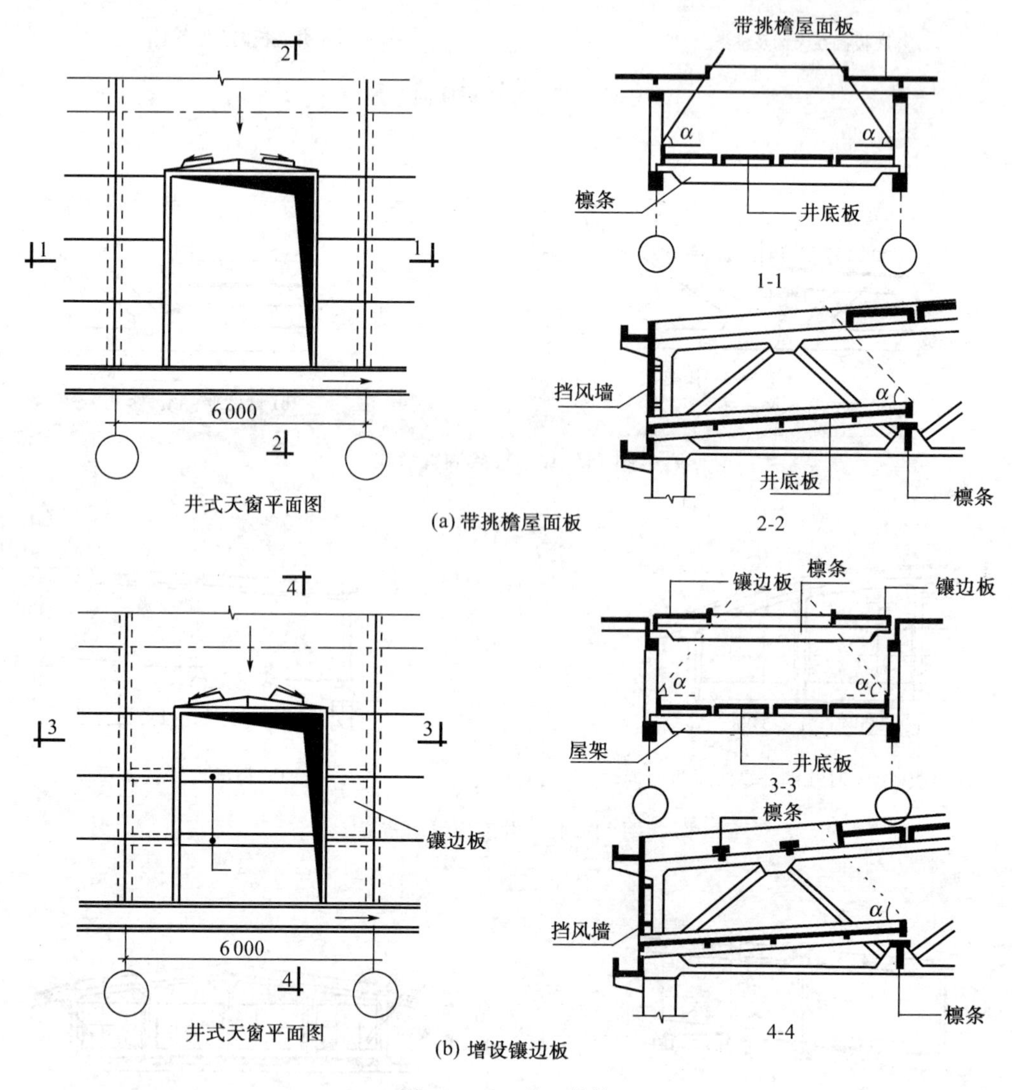

图 11－51　井口挑檐

(2) 井口设挡雨片

当水平井口不大，为了获得较多的通风面积，在井口设空格板，板上装置挡雨片(图 11－52)。空格板是将大型屋面板的大部分板去掉，保留边肋和两端少量的板，将挡雨片固定在空格板的边肋上。挡雨片可采用石棉瓦、钢丝网水泥板、钢板、玻璃钢板等，挡雨片的数量及其位置可按矩形通风天窗挡雨片的设置一样处理。挡雨片固定的方法有插槽法和焊接法两种。

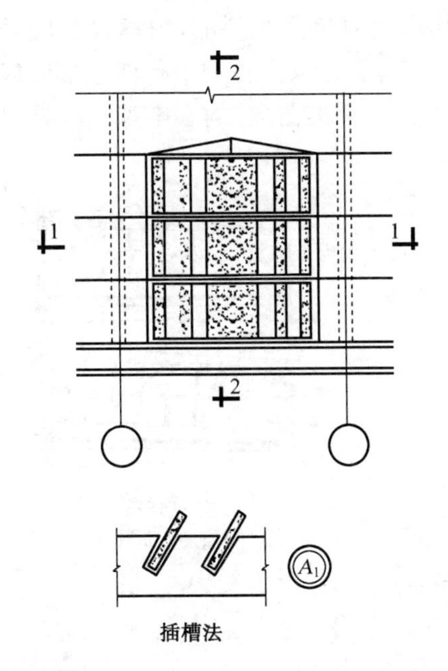

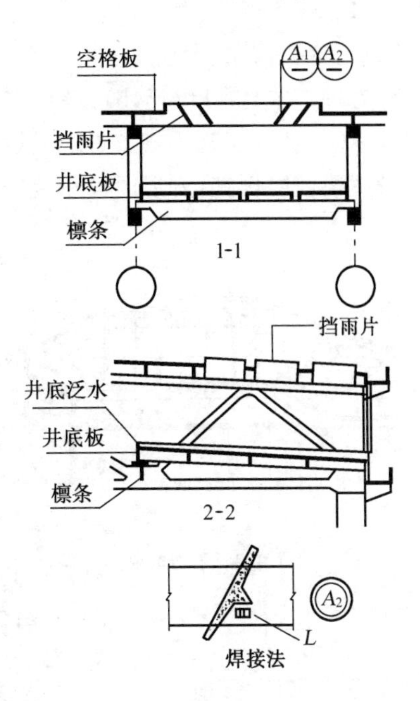

图 11－52　井口设挡雨片

(3) 垂直口设挡雨板

在垂直口处安挡雨板(图 11－53)，一般设一层或二层挡雨板，挡雨板的构造与开敞式厂房外墙设置挡雨板相同。常用钢支架支承石棉瓦或钢丝网水泥板。在纵向垂直口也可设窗扇。

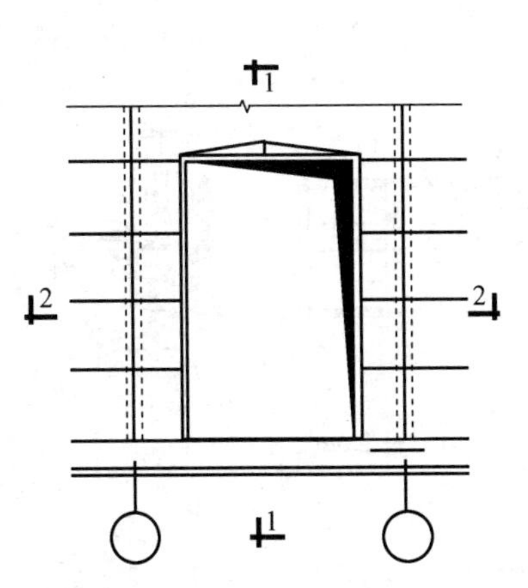

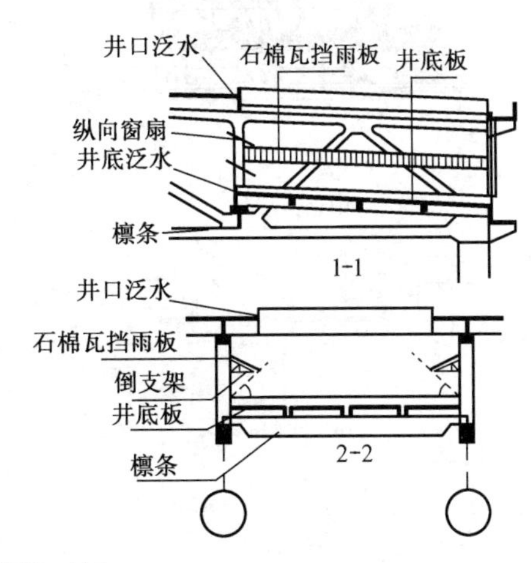

图 11－53　垂直口设挡雨板

4. 窗扇设置

有采暖要求的厂房，在井口处设窗扇。窗扇的布置有两种形式，垂直口设窗扇或水平口设窗扇。

(1) 垂直口设窗扇

沿厂房纵向垂直口为矩形，可选用上旋式或中旋式窗扇。横向垂直口因有屋架腹杆的阻挡，只能选用上旋式窗扇。在中井式天窗里，横向垂直口的形状接近矩形，便于设置窗扇(图

11－54a)。在边井式天窗中，由于屋架坡度的影响，横向垂直口是倾斜的，窗扇设置较困难。有两种处理方式(图 11－54b)：一种方式是将窗扇做成与屋架上弦平行的平行四边形窗扇，这样制作麻烦，玻璃切割不规整，用料浪费；另一种方式是选用标准窗扇，两端空隙用板材封闭，窗角沿屋架坡度斜挂，开启时窗扇受扭，耐久性受到影响。

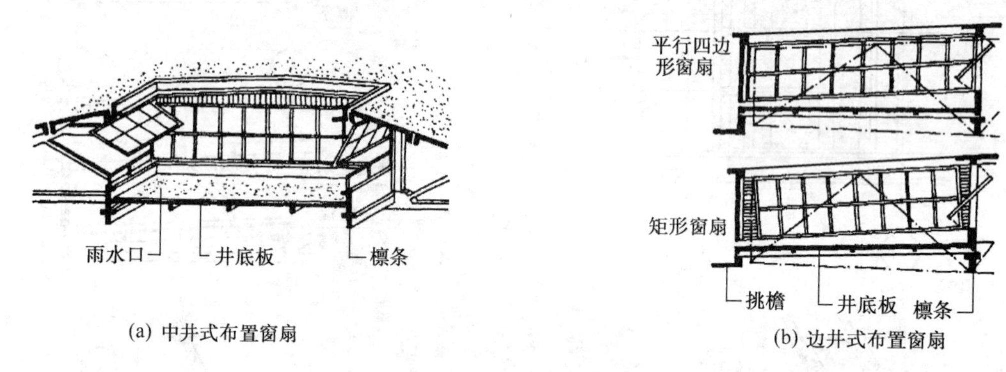

图 11－54　垂直口设窗扇

(2) 水平口设窗扇

水平口设置窗扇比较方便，但不如垂直口设窗扇密闭(图 11－55)。一种是中旋窗式，窗扇支承在空格板或檩条上，根据挡雨及保温要求调整窗扇角度。另一种是水平推拉式，井口设置两扇推拉式的窗扇。窗扇两侧安装滑轮，窗扇沿着井口边的导轨开闭。

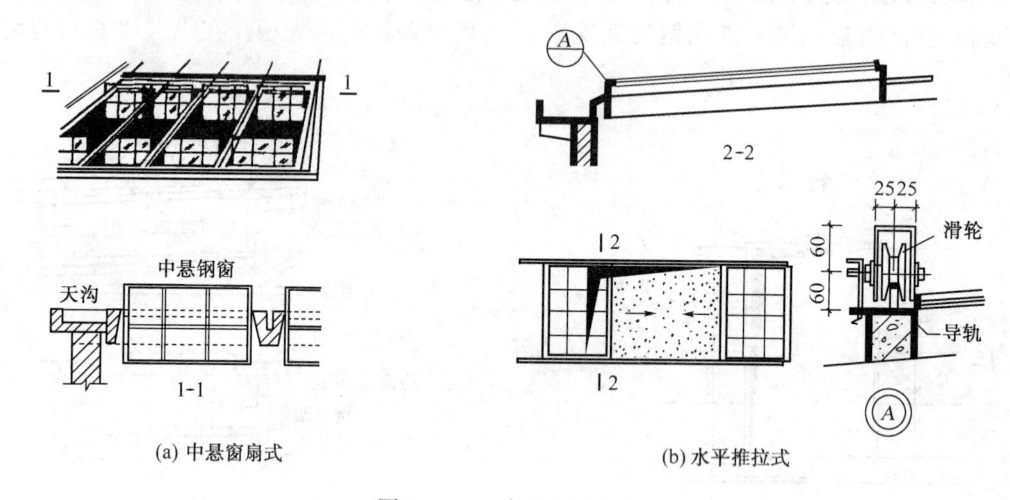

图 11－55　水平口设窗扇

5. 排水措施

井式天窗因屋架上下弦分别铺有屋面板，排水处理较复杂。排水方案的确定应考虑天窗位置、厂房高度、车间灰尘量的大小以及降雨量等因素。排水方式有以下几种：

(1) 边井外排水

① 无组织外排水。上层屋面及下层井底板的雨水分别自由落水，构造简单，施工方便，适用于降雨量较少的地区及厂房高度不大的情况(图 11－56a)。

② 单层天沟外排水。有两种方式：一种是上层屋面设通长天沟作檐沟排水，下层井底板

作自由落水。适于降雨量较大的地区以及烟尘量小的厂房(图 11—56b)。另一种是上层屋面雨水自由落至下层通长天沟内,下层天沟在屋面积灰较大的车间可兼作清灰走道(图 11—56c)。它适于雨量较大及烟尘量较大的厂房,特别适合上下屋面高差不大时。

③ 双层天沟外排水。上层屋面设通长或间断天沟,下层井底板外设排水兼清灰的通长天沟,适于雨量大的地区及烟尘量大的厂房(图 11—56d)。

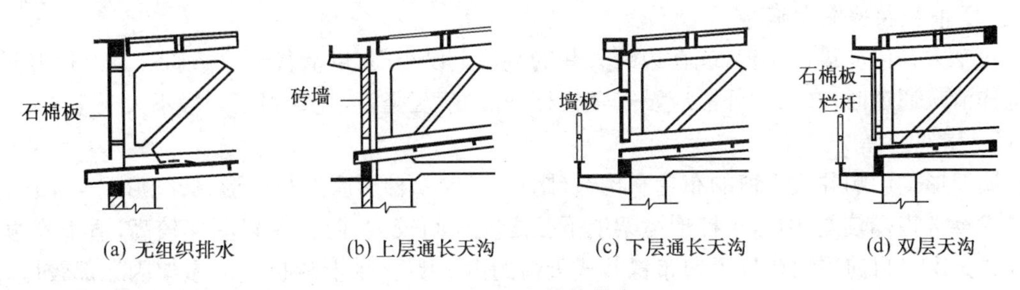

图 11—56　边井外排水

(2) 连跨内排水

相邻两跨布置井式天窗时,出现内排水,处理的方式有以下几种:

① 上下层屋面设间断式天沟。各天窗中井口处自设排水管与水斗,但如某处排水管堵塞,易造成溢水现象,只适用于灰尘不大的厂房(图 11—57a)。

② 上下层屋面均设通长天沟,或下层通长天沟,上层为间断天沟(图 11—57b)。这种方式排水可靠,即使有某个排水管堵塞,雨水可由其他排水管排出,但在两跨之间需增加插入距来安置天沟。它适用于降雨量大的地区及灰尘量大的厂房。

③ 屋面泛水。为防止上部屋面雨水流至井底板上,在井口周围做 150～200 mm 高的泛水(图 11—58)。为防止雨水溅入和流入车间,在井底板的边缘做泛水,高度不小于 300 mm。泛水常用砖砌,再抹水泥砂浆。

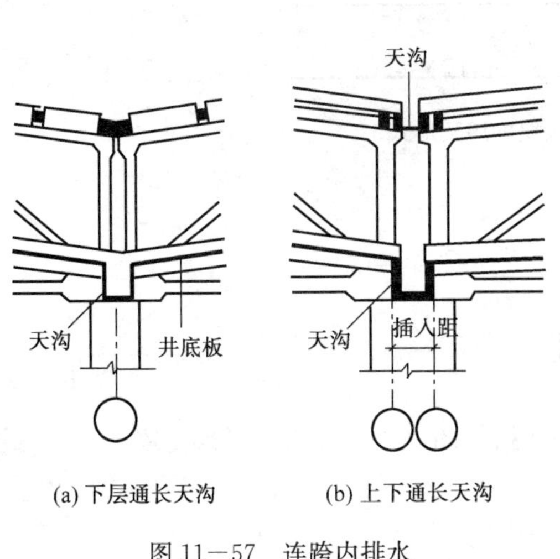

图 11—57　连跨内排水

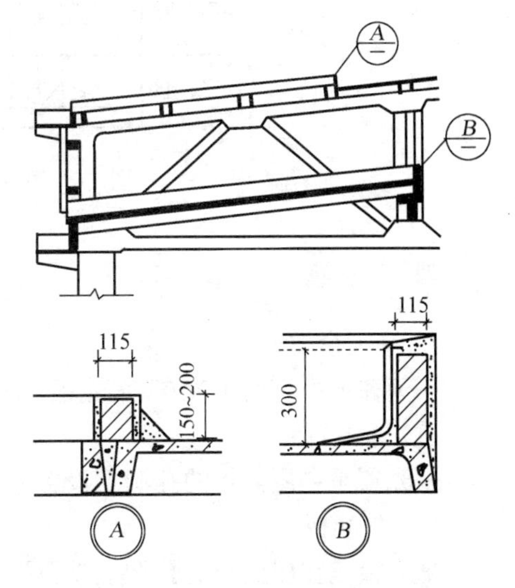

图 11—58　天窗井口屋面泛水

6. 其他设施

(1) 挡风侧墙

为了设在跨边的井式天窗有稳定的通风效果，井口外侧需做挡风侧墙(图 11—56)。侧墙的材料一般与厂房墙体材料一致。侧墙与井底板之间应留有 100～150 mm 缝隙，便于排除雨雪和清扫灰尘。此缝隙不能过大，以免出现较大的气流倒灌，影响天窗的排气。

(2) 清灰及检修设施

每个天井内应设检修梯，或在边跨天井的侧墙上设小门，供清灰和检修通行。如利用下层天沟作清灰通道时，在天沟外沿应设安全栏杆，并设落灰竖管，竖管间距一般不大于 120 m。

7. 屋架选择

屋架形式影响井式天窗的布置和构造(图11—59)。梯形屋架与拱形、折线形屋架相比，虽然技术经济指标较差，但由于梯形屋架上下弦之间空间较大，而且屋架端部较高，适于跨边布置井式天窗。目前采用梯形屋架布置井式天窗的占 70%。拱形或折线形屋架因端部较低，只适于跨中布置井式天窗。屋架下弦要搁置井底檩条或井底板，宜采用双竖杆屋架、无竖杆屋架或全竖杆屋架。双竖杆屋架在竖杆之间搁置檩条，设计和施工时均应注意控制构件尺寸，以免造成安装困难；无竖杆屋架搭放檩条方便，但扩大了上弦节间尺寸；全竖杆拱形屋架适用于跨中布置天窗，井底板可直接放在屋架下弦上，也适于垂直口设窗扇。

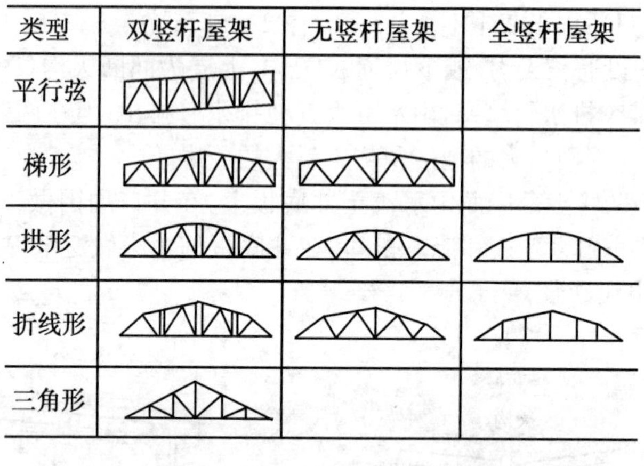

类型	双竖杆屋架	无竖杆屋架	全竖杆屋架
平行弦			
梯形			
拱形			
折线形			
三角形			

图 11—59　适用于井式天窗的屋架形式

四、平天窗

1. 平天窗类型

平天窗的类型有采光罩、采光板、采光带三种(图 11—60)。

(1) 采光罩

采光罩是在屋面板的孔洞上设置锥形、弧形透光材料，图 11—60a 为弧形采光罩。

(2) 采光板

采光板是在屋面板的孔洞上设置平板透光材料，图 11—60c。

(3) 采光带

采光带是在屋面的通长(横向或纵向)孔洞上设置平板透光材料，图 11—60b 是横向采光带和纵向采光带的两种形式(平行于屋架者为横向采光带)。

这三种平天窗的共同特点是:采光效率比矩形天窗高 2～3 倍,布置灵活,采光也较均匀,构造简单,施工方便,但造价高,易积尘。适用于一般冷加工车间。

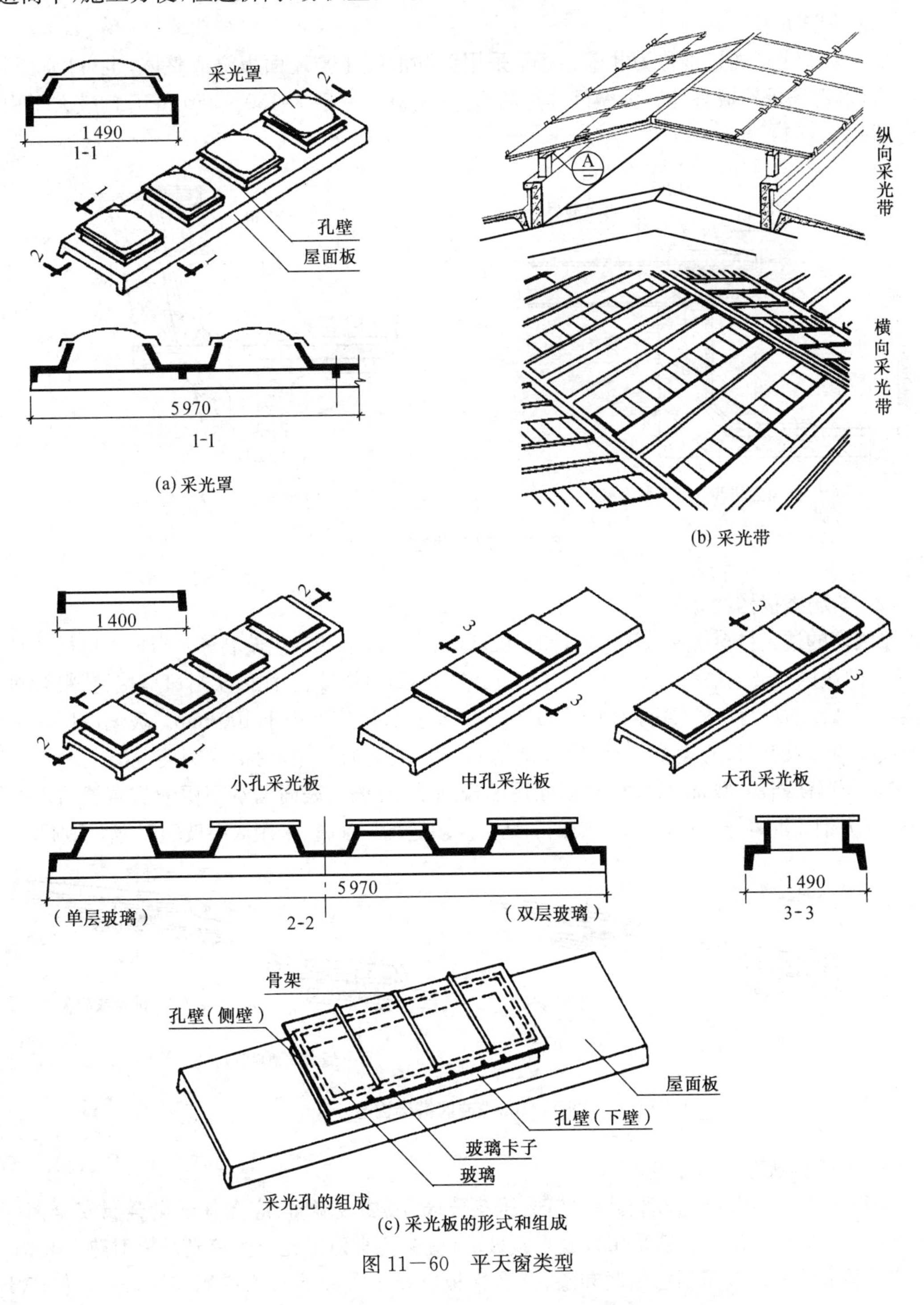

图 11—60　平天窗类型

2. 平天窗构造

图 11－60c 是平天窗(采光板)的构造组成。平天窗类型虽然很多,但其构造要点基本相同,即井壁、横档、透光材料、搭接方式、防眩光、安全保护、通风措施等。

(1) 井壁防水

平天窗采光口的边框称为井壁。经常采用钢筋混凝土与屋面板浇成整体,也可以将两者预制后,再现场焊接成整体。为做好井壁防水,井壁高度一般为 150～250 mm,且应大于积雪深度(图 11－61)。

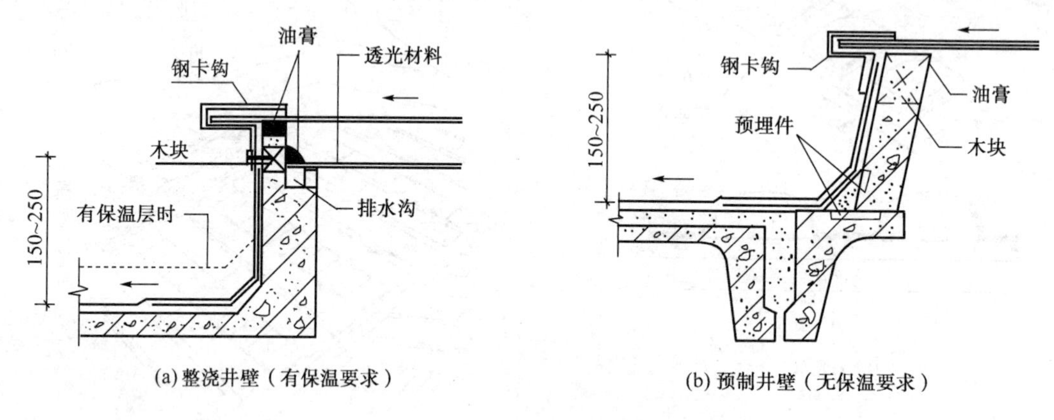

图 11－61 井壁构造

(2) 玻璃搭接构造

平天窗的透光材料主要采用玻璃,如有机玻璃、夹丝玻璃和钢化玻璃等。当采光口尺寸较大时,常由两块以上玻璃搭接而成。搭接方法有:卡钩不封口搭接、水泥砂浆封口搭接、塑料管封口搭接和油膏或油灰封口搭接等四种(图 11－62)。搭接长度应不小于 100 mm。玻璃沿厂房纵向为两块或两块以上时,应设横档,横档起支承和固定玻璃的作用,用钢或钢筋混凝土制作。图 11－63a 为钢横档,T 型断面,玻璃与横档用油膏粘结,玻璃上表面两端部用油灰填缝防水。图 11－63b 为钢筋混凝土横档,玻璃与横档的结合及填缝均用油膏,采用双层玻璃以增大热阻。

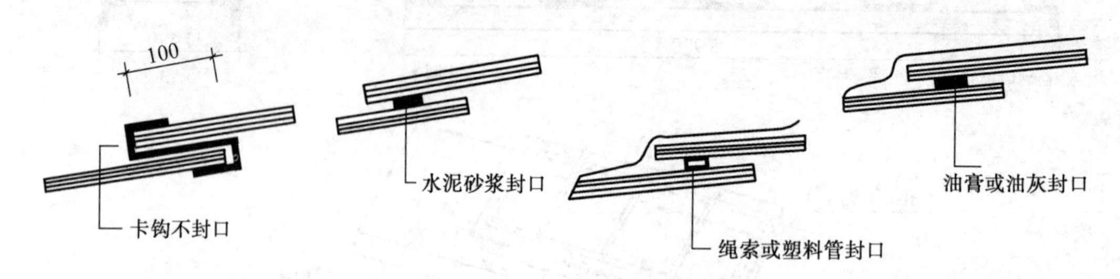

图 11－62 玻璃搭接构造

(3) 安全措施

当透光材料采用磨砂玻璃、乳白玻璃、压花玻璃、吸热玻璃时,应在其下设金属安全网(图 11－63a),以免坠落伤人。若采用普通平板玻璃,应避免直射阳光产生炫光及辐射热。其措施有:①在平板玻璃下表面刷白色调和漆;②在平板玻璃下表面涂聚乙烯醇缩丁醛(简称 PVB)粘贴玻璃丝布;③在平板玻璃下表面刷含 5%滑石粉的环氧树脂;④在平板玻璃下方设遮阳格片。以上四个措施均可使室外的直射阳光成为扩散光。如果采用磨砂玻璃、乳白玻璃，本身就可以避免眩光，不需另加防眩光措施。

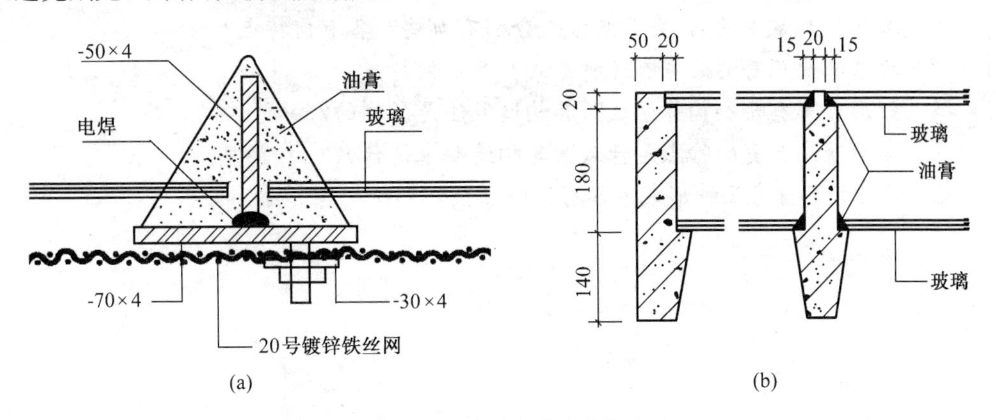

图 11—63　平天窗玻璃横档构造

(4) 通风措施

平天窗的作用主要是采光，若需兼作自然通风时，有以下几种方式：①采光板或采光罩玻璃窗扇可做成能开闭的形式。②带通风百叶的采光罩。③组合式通风采光罩。它是在两个采光罩之间设挡风板，两个采光罩之间的垂直口是开敞的，并设有挡雨板，既可通风，又可防雨。④在南方炎热地区，可采用平天窗结合通风屋脊进行通风的方式，见图 11—64。

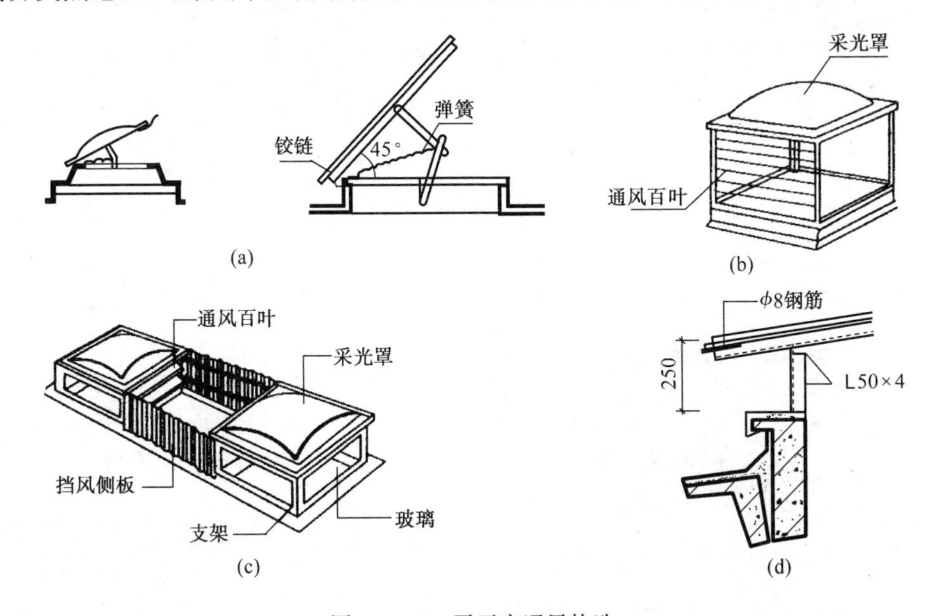

图 11—64　平天窗通风构造

复习思考题

11—1　门窗的作用和设计要求是什么？

11—2　门、窗的形式分别有哪些？各有何特点？

11—3　按门窗所用材料可分为哪几种门窗？各自的特点是什么？

11—4　平开门有哪些构造组成部分？门框是怎样安装的？
11—5　平开窗有哪些构造组成部分？窗框是怎样安装的？
11—6　工业厂房常见的门、窗开启方式分别有哪些？各有何特点？
11—7　单层工业厂房的天窗有几种形式？各有何特点？
11—8　矩形天窗有哪些构件组成？其构造做法是怎样的？
11—9　矩形通风天窗的特点是什么？其构造要求是什么？
11—10 下沉式天窗有几种形式？各有何特点？

第 12 章　变形缝构造

本章提要：本章主要讲述变形缝的设置和变形缝的构造。

学习目的：基本掌握变形缝的设置要求和建筑各部位变形缝的构造做法。

由于温度变化、地基不均匀沉降和地震因素的影响，使建筑物发生裂缝或破坏，故在设计时事先将房屋划分成若干个独立的部分，使各部分能自由地变化，这种将建筑物垂直分开的预留缝称为变形缝。变形缝包括温度伸缩缝、沉降缝和防震缝三种。

§12—1　变形缝的设置

一、伸缩缝

为防止建筑构件因温度变化、热胀冷缩使房屋出现裂缝或破坏，在沿建筑物长度方向相隔一定距离预留垂直缝隙。这种因温度变化而设置的缝叫做温度缝或伸缩缝。

伸缩缝是从基础顶面开始，将墙体、楼板、屋顶全部构件断开，因为基础埋于地下，受气温影响较小，因此不必断开。伸缩缝的宽度一般为 20～30 mm。

结构设计规范对砖石墙体伸缩缝的最大间距有相应规定(见表 12－1)，一般为 50～75 mm。伸缩缝间距与墙体的类别有关，特别是与屋顶和楼板的类型有关。整体式或装配整体

表 12—1　砌体建筑伸缩缝的最大间距(m)

砌体类别	屋顶或楼板层的类别		间距
各种砌体	整体式或装配整体式钢筋混凝土结构	有保温层或隔热层的屋顶、楼板层	50
		无保温层或隔热层的屋顶	40
	装配式无檩体系钢筋混凝土结构	有保温层或隔热层的屋顶	60
		无保温层或隔热层的屋顶	50
	装配式有檩体系钢筋混凝土结构	有保温层或隔热层的屋顶	75
		无保温层或隔热层的屋顶	60
普通粘土、空心砖砌体	粘土瓦和石棉水泥瓦 木屋顶或楼板层 砖石屋顶或楼板层		100
石砌体			80
硅酸盐砖、硅酸盐砌块、混凝土砌块砌体			75

注：1. 层高大于 5 m 的混合结构单层建筑，其伸缩缝间距可按表中数值乘以 1.3 采用，但当墙体采用硅酸盐砖、硅酸盐砌块和混凝土砌块砌筑时，不得大于 75 m；

2. 温差较大且变化频繁地区和严寒地区不采暖的建筑及构筑物墙体的伸缩缝最大间距，应按表中数值予以适当减少后采用。

式钢筋混凝土结构，因屋顶和楼板本身没有自由伸缩的余地，当温度变化时，在结构内部产生温度应力大，因而伸缩缝间距比其他结构形式小些(见表 12－2)。大量性民用建筑用的装配式无檩体系钢筋混凝土结构，有保温或隔热层的屋顶，相对来说伸缩缝间距要大些。

表 12－2　钢筋混凝土结构伸缩缝的最大间距(m)

项次	结构类型		室内或土中间距	露天间距
1	排架结构	装配式	100	70
2	框架结构	装配式	75	50
		现浇式	55	35
3	剪力墙结构	装配式	65	40
		现浇式	45	30
4	挡土墙及地下室墙壁等类结构	装配式	40	30
		现浇式	30	20

注：1. 如有充分依据或可靠措施，表中数值可以增减；

2. 当屋面板上部无保温或隔热措施时，框架、剪力墙结构的伸缩缝间距，可按表中露天栏的数值选用，排架结构可按适当低于室内栏的数值选用；

3. 排架结构的柱顶面(从基础顶面算起)低于 8 m 时，宜适当减少伸缩缝间距；

4. 外墙装配内墙现浇的剪力墙结构，其伸缩缝最大间距按现浇式一栏的数值选用。滑模施工的剪力墙结构，宜适当减小伸缩缝间距。现浇墙体在施工中应采取措施减少混凝土收缩应力。

二、沉降缝

为防止建筑物各部分由于地基不均匀沉降引起房屋破坏所设置的垂直缝称为沉降缝。沉降缝与伸缩缝最大的区别在于伸缩缝只需保证建筑物在水平方向的自由伸缩变形，而沉降缝主要应满足建筑物各部分在垂直方向的自由沉降变形，故应将建筑物从基础到屋顶全部断开。同时沉降缝也应兼顾伸缩缝的作用，故应在构造设计时应满足伸缩和沉降双重要求。

表 12－3　沉降缝的宽度

地基情况	建筑物高度	沉降缝宽度(mm)
一般地基	$H<5$ m	30
	$H=5\sim10$ m	50
	$H=10\sim15$ m	70
软弱地基	2～3 层	50～80
	4～5 层	80～120
	5 层以上	＞120
湿陷性黄土地基		≥30～70

沉降缝设置的原则：

① 同一建筑物相邻部分的高度相差较大，或荷载大小相差悬殊，或结构形式变化较大，易导致地基沉降不均时；

② 当建筑物各部分相邻基础的形式、宽度及埋置深度相差较大，造成基础底部压力有很大差异，易形成不均匀沉降时；

③ 当建筑物建造在不同地基上，且难于保证均匀沉降时；

④ 建筑物体型比较复杂，连接部位又比较薄弱时；

⑤ 新建建筑物与原有建筑物紧相毗连时。

沉降缝的宽度与地基情况及建筑物高度有关。地基越弱的建筑物，沉陷的可能性越大，沉陷后所产生的倾斜距离越大，其沉降缝宽度一般为 30～70 mm，在软弱地基上的建筑其缝宽应适当增加(见表 12—3)。

沉降缝构造复杂，给建筑、结构设计和施工都带来一定的难度。因此，在工程设计时，应尽可能通过合理的选址、地基处理、建筑体型的优化、结构选型和计算方法的调整，以及施工程序上的配合(如高层建筑与裙房之间采用后浇带的办法)来避免或克服不均匀沉降，从而达到不设或尽量少设缝的目的，应根据不同情况区别对待。

三、防震缝

在抗震设防烈度 7～9 度地区内应设防震缝，在此区域内，当建筑物高差在 6 m 以上，或建筑物有错层，且楼板错层高差较大，或者构造形式不同，承重结构的材料不同时，一般在水平方向会有不同的刚度，因此这些建筑物在受地震影响时，有不同的振幅和振动周期，假如房屋的部分相互连接在一起则会产生裂缝、断裂等现象，因此设防震缝，将建筑物分为若干体型简单、结构刚度均匀的独立单元。

一般情况下防震缝仅在基础以上设置，但防震缝应同伸缩缝和沉降缝协调布置，做到一缝多用。当防震缝与沉降缝结合设置时，基础也应断开。

防震缝的宽度 B，在多层砖墙房屋中，按设计烈度的不同取 50～70 mm，在多层钢筋混凝土框架建筑中，建筑物高度小于或等于 15 m 时，缝宽为 70 mm；当建筑物高度超过 15 m 时，设计烈度 7 度，建筑每增高 4 m，缝宽在 70 mm 基础上增加 20 mm；设计烈度 8 度，建筑每增高 3 m，缝宽在 70 mm 基础上增加 20 mm；设计烈度 9 度，建筑每增高 2 m，缝宽在 70 mm 基础上增加20 mm。

§12—2　变形缝构造

一、墙体变形缝构造

伸缩缝应保证建筑构件在水平方向自由变形；沉降缝应满足构件在垂直方向自由沉降变形；防震缝主要是防地震水平波的影响。三种缝的构造原理基本相同，其构造要点是：依据变形缝要求将建筑构件全部断开，以保证缝两侧自由变形。砖混结构变形处，可采用单墙或双墙承重方案，框架结构可采用悬挑方案。变形缝应力求隐蔽，如设置在平面形状有变化处，还应在结构上采取措施，防止风雨对室内的侵袭。

变形缝的形式因墙厚、材料等不同可做成平缝、错口缝、企口缝和凹凸缝等(图 12—1)。外墙变形缝应保证自由变形，并防止风雨影响室内，常用浸沥青的麻丝填嵌缝隙，当变形缝宽度较大时，缝口可采用镀锌铁皮或铝板盖缝调节；内墙变形缝着重表面处理，可采用木条或铝合金盖缝。盖缝条仅一边固定在墙上，允许自由移动(图 12—2)。

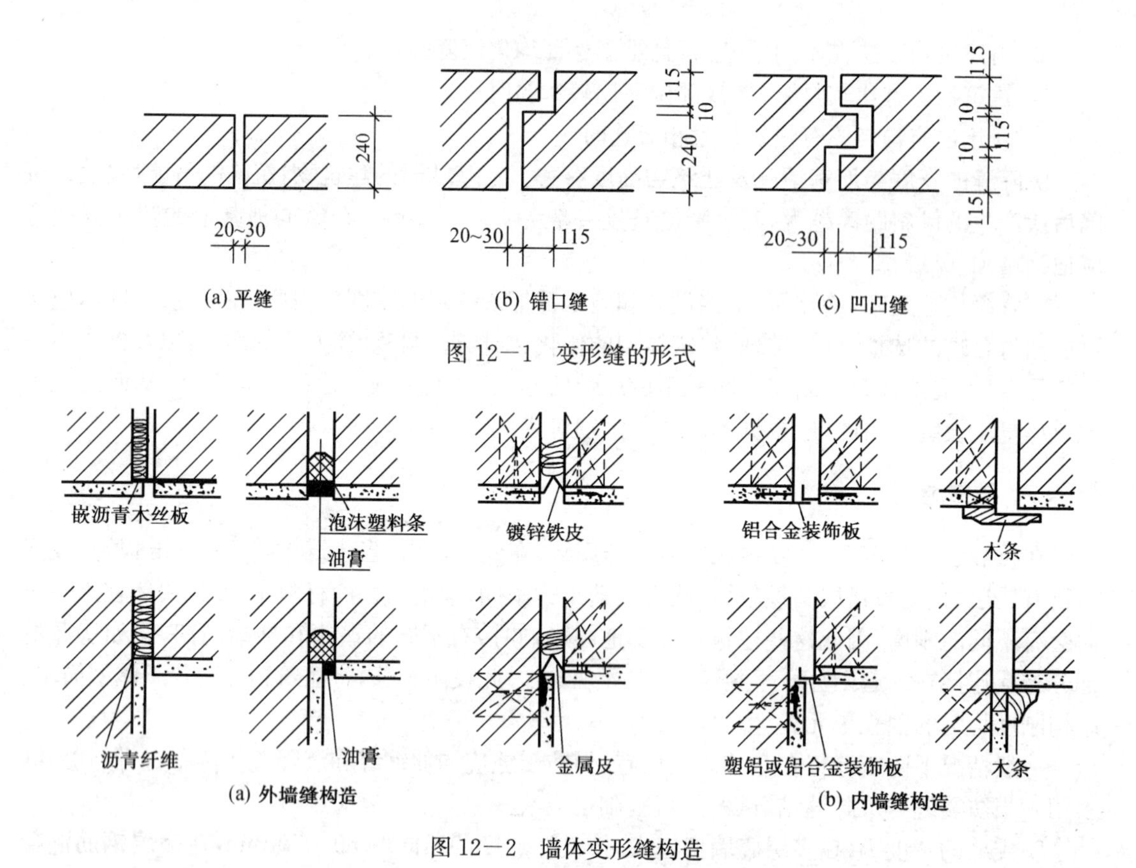

图 12—1　变形缝的形式

图 12—2　墙体变形缝构造

二、楼地层变形缝构造

1. 民用建筑地层细部构造

民用建筑楼地层变形缝的位置与缝宽大小应与墙体、屋顶变形缝一致，缝内应用可压缩变形的材料（如沥青麻丝、油膏、橡胶、金属或塑料调节片）做密封处理，上铺活动盖板或橡、塑地板等地面材料，以保证地面平整、光洁、防滑、防水及防尘等要求。顶棚的盖缝条只固定一侧，使构件能自由变形（图 12—3）。

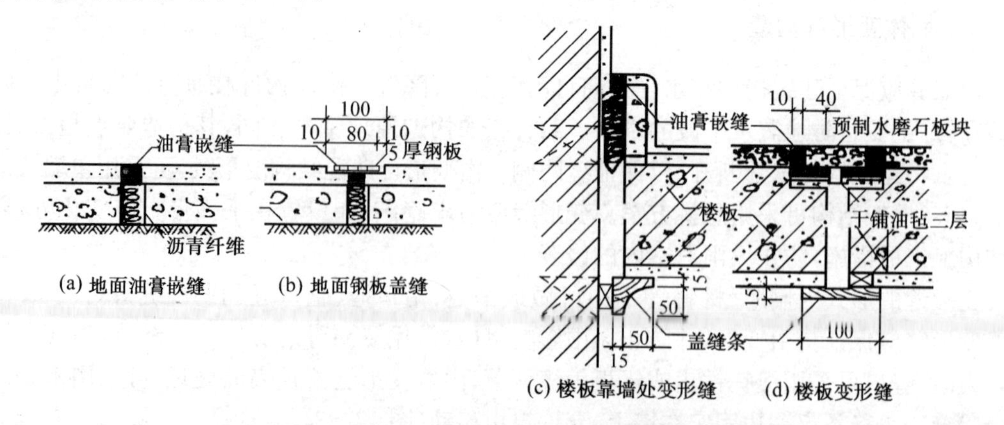

图 12—3　楼地层、顶棚变形缝构造

2. 厂房地面细部构造

(1) 缩缝、分隔缝

当采用混凝土作垫层时，垫层应设置纵向、横向缩缝。纵向缩缝根据要求采用平头缝(图 12－4a)或企口缝(图 12－4b)，其间距一般为 3～6 m；横向缩缝宜采用假缝(图 12－4c)，其间距为 6～12 m。

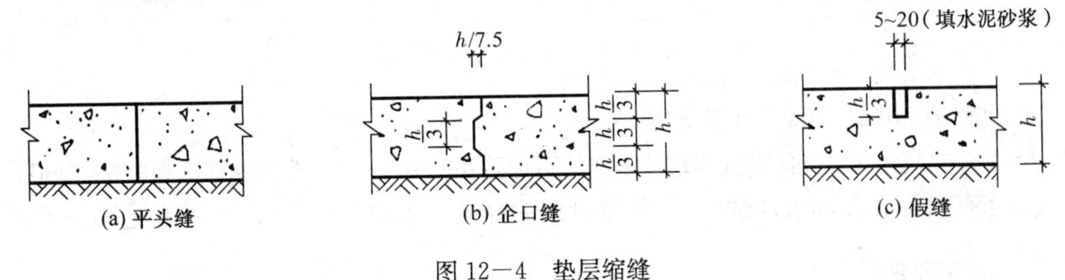

图 12－4　垫层缩缝

在混凝土垫层上作细石混凝土面层时，其面层应设分格缝，分格缝应与垫层的缩缝对齐；如采用沥青类面层或块材面层时，其面层可不设缝；设有隔离层的水玻璃混凝土、耐碱混凝土面层的分格缝可不与垫层的缩缝对齐。

(2) 地面的接缝

① 地面变形缝。地面的变形缝(伸缩缝、沉降缝及抗震缝)的位置应与建筑结构的变形缝处理一致，且贯穿地面各构造层(图 12－5a)。一般在地面与振动大的设备(如锻锤、破碎机等)的基础之间应设变形缝；在承受荷载相差较大的两地段间也设置变形缝。变形缝的宽度为 20～30 mm，用沥青砂浆或沥青胶泥填缝。若面层为块料时，面层不再留缝(图 12－5a)。设有分格缝的大面积混凝土做垫层的地面，可不另设地面伸缩缝。在地面承受荷载较大，经常有冲击、磨损、车辆通过频繁等强烈机械作用的地面边缘须用角钢或钢板焊成护边(图 12－5b)。

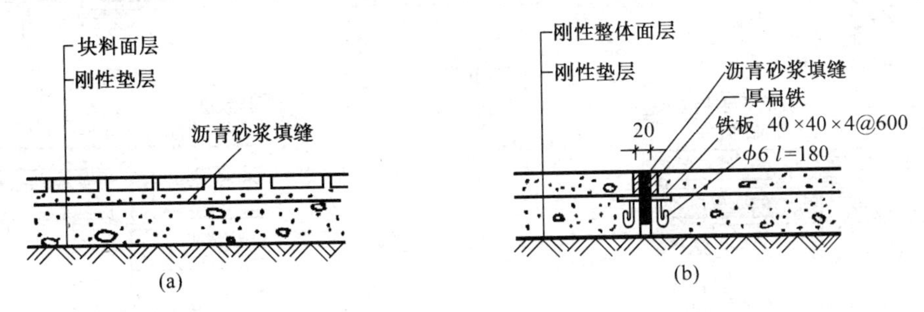

图 12－5　地面变形缝

② 交界缝。两种不同材料的地面，由于强度不同，接缝处极易破坏，可在交界处的垫层中预埋钢板焊接角钢嵌边，或用混凝土预制板加固(图 12－6a、12－6b)。当厂房内铺设铁轨时，应考虑道碴及枕木安装方便，在距铁轨两侧不小于 850 mm 的地带采用板、块材地面。为使铁轨不影响其他车辆和行人的通行，轨顶应与地面相平(图 12－6c)。

(3) 地面与墙间的接缝

地面与墙间的接缝处均设踢脚线，有水冲洗的车间或工部需做墙裙。厂房中踢脚线高度不应小于 150 mm，踢脚线的材料一般与地面面层相同，但须注意以下几点：

① 混凝土及沥青地面其踢脚线一般采用水泥砂浆；

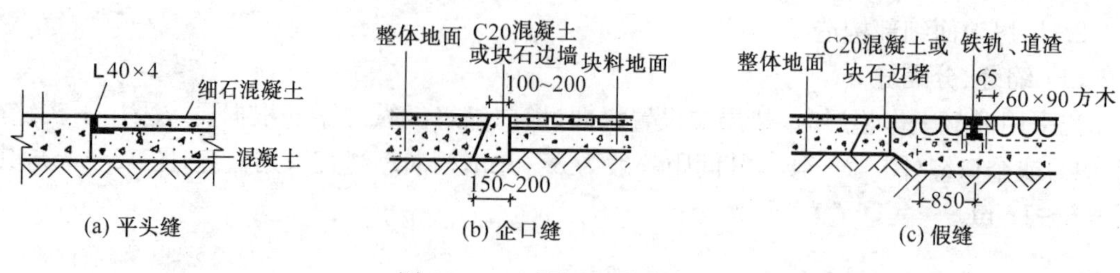

图 12—6　不同地面的交界缝

② 块料地面的踢脚线可采用水磨石；

③ 设有隔离层的地面，其隔离层应延伸至踢脚线的高度，同时还应注意边缘的固结问题；

④ 当有腐蚀介质和水冲洗的车间，踢脚线的高度应为 200～300 mm，并和地面一次施工。

三、屋面变形缝构造

屋面变形缝的构造处理原则是既不能影响屋面的变形，又要防止雨水从变形缝处渗入室内。屋面变形缝有等高屋面变形缝和高低屋面变形缝。

等高屋面变形缝的做法是：在缝两边的屋面板上砌筑矮墙，以挡住屋面雨水。矮墙的高度不小于 250 mm，半砖墙厚。屋面卷材防水层与矮墙面的连接处理类同于泛水构造，缝内嵌填沥青麻丝。矮墙顶部可用镀锌铁皮盖缝，也可铺一层卷材后用混凝土盖板压顶，如图 12—7。

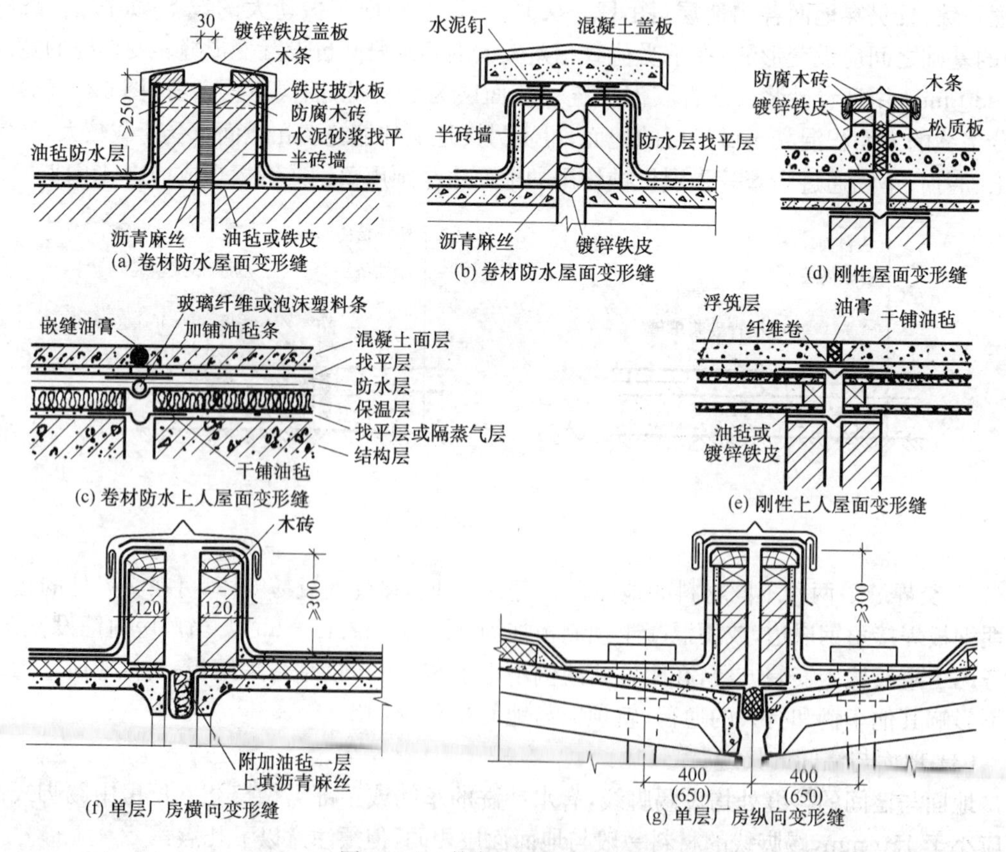

图 12—7　等高屋面变形缝构造

高低屋面变形缝则是在低侧屋面板上砌筑矮墙。当变形缝宽度较小时，可用镀锌铁皮盖缝并固定在高侧墙上，做法同泛水构造；也可以从高侧墙上悬挑钢筋混凝土板盖缝，如图12－8。

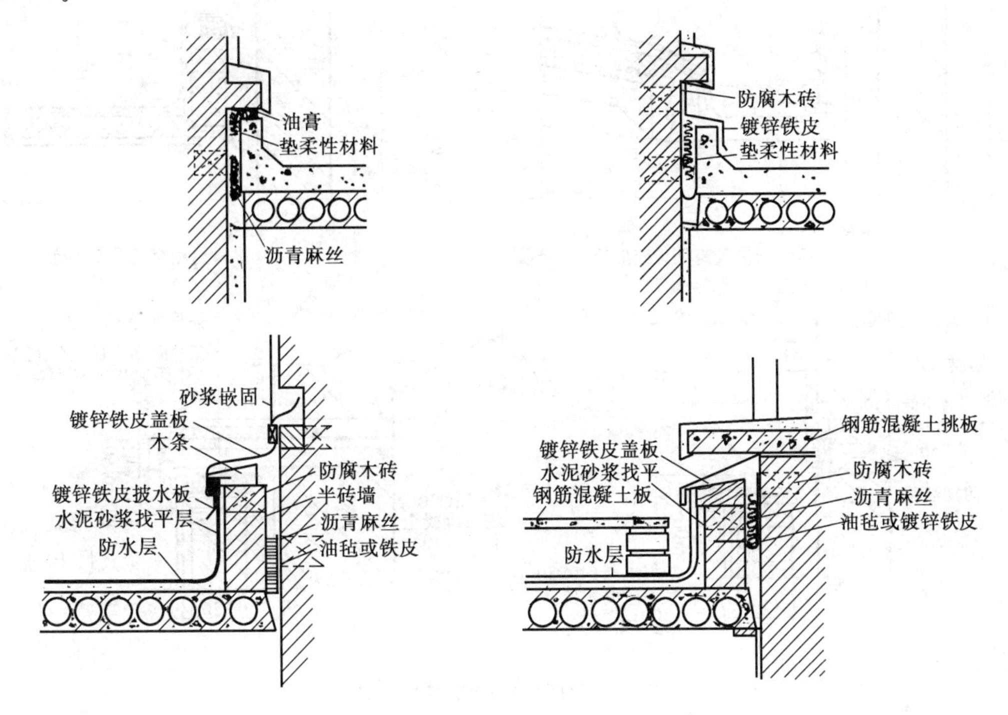

图 12－8　高低屋面变形缝构造

四、基础变形缝

对基础构造影响较大的是沉降缝，基础变形缝构造措施就是沉降缝的构造处理。

1. 基础变形缝构造

基础沉降缝应断开，避免因不均匀沉降造成的相互干扰。常见的砖墙条形基础处理方法有双墙偏心基础、挑梁基础和交叉式基础等三种方案(图 12－10)。

双墙偏心基础整体刚度大，但基础偏心受力，并在沉降时产生一定的挤压力。采用双墙交叉式基础方案，地基受力将有所改进。

挑梁基础方案能使沉降缝两侧基础分开较大距离，相互影响较少，当沉降缝两侧基础埋深相差较大或新建筑与原有建筑毗连时，宜采用挑梁方案。

2. 地下室变形缝防水

当地下室出现变形缝时，为使变形缝处能保持良好的防水性，必须做好地下室墙身及地板层的防水构造，其措施是在结构施工时，在变形缝处预埋止水带。止水带有橡胶止水带、塑料止水带及金属止水带等，其构造做法有内埋式和可卸式两种，无论采用哪种形式，止水带中间空心圆或弯曲部分须对准变形缝，以适应变形需要(图 12－11)。

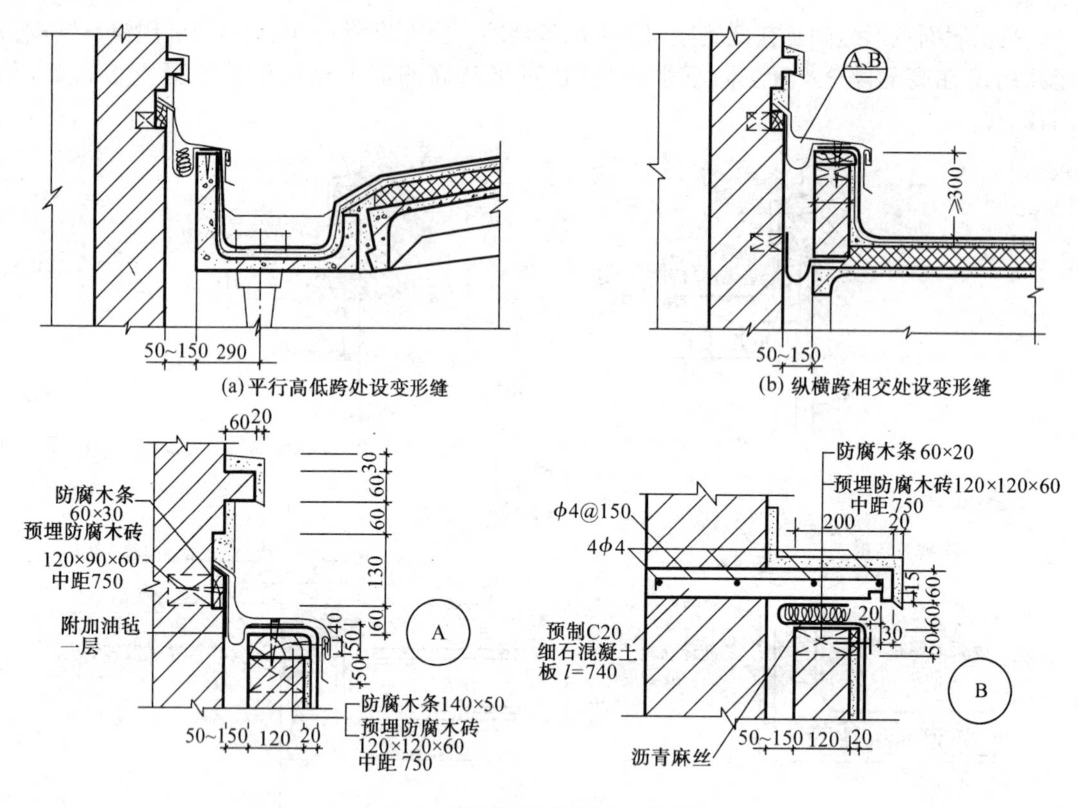

12－9 单层厂房高低屋面变形缝

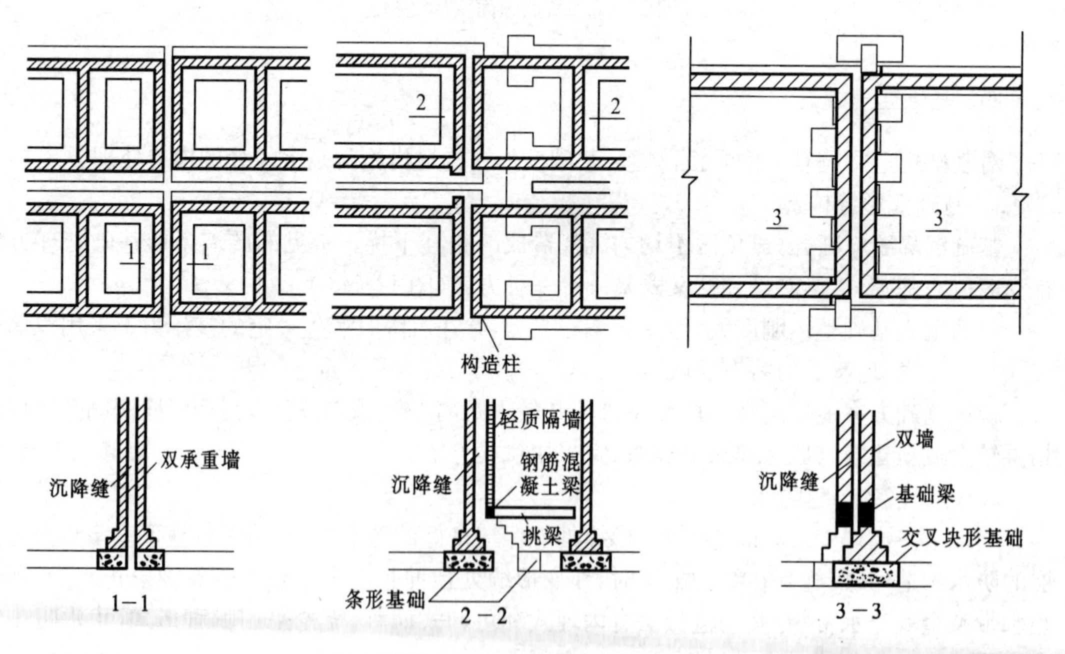

图 12－10 基础变形缝构造

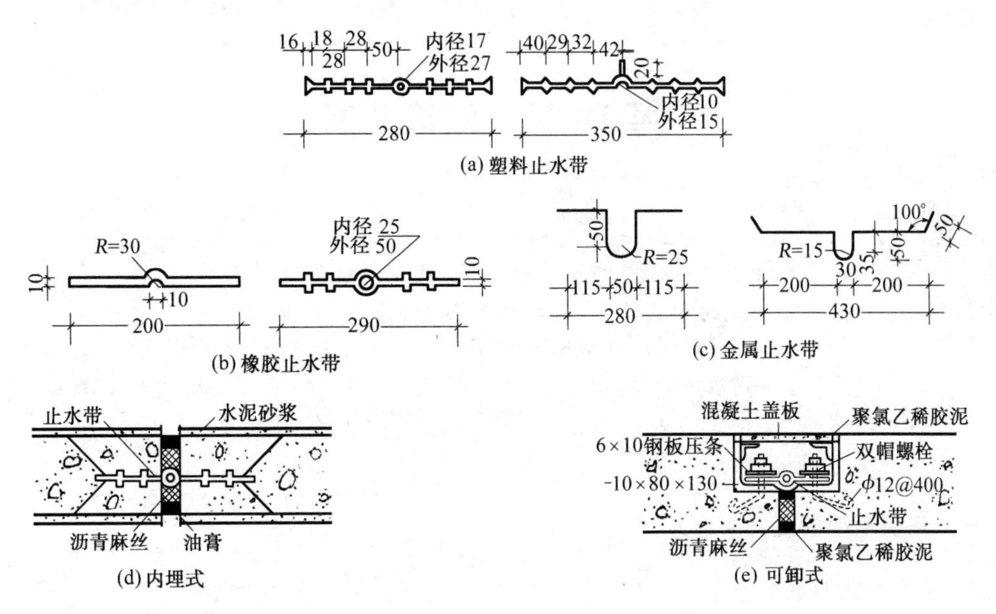

图 12—11　地下室变形缝防水

复习思考题

12—1　何谓建筑变形缝？建筑物为何要设置变形缝？

12—2　建筑变形缝有哪几种？各种变形缝在构造上有何不同？

12—3　墙体、楼板、屋顶等处的变形缝构造做法如何？

第 13 章　建筑节能

本章提要：本章主要讲述建筑节能的定义与意义，建筑节能的设计与构造。
学习目的：了解建筑节能的意义，基本掌握建筑节能的构造做法。

§13—1　建筑节能概述

一、建筑节能的定义与意义

1. 建筑节能的定义

建筑节能是指在建筑中采用技术上可行，经济上合理的措施，减少能源在各个过程中的损失和浪费，提高能源的利用率，使能源的利用更加有效、合理。这是《中华人民共和国节约能源法》对“节能”的法律规定，同时也是国际能源委员会的节能概念。

把少用能作为节能是不正确的。节能的核心是提高能源效率，能源效率是指为终端用户提供的能源服务与所消耗的能源量之比。

2. 建筑节能的意义

(1) 建筑节能可以起到改善空间环境的作用

建筑节能可以改善外部环境。目前我国建筑采暖主要采用以煤炭为主，另外辅有一些其他燃烧产物为二氧化碳等的化合物。这些采暖所需的燃烧材料产生的废弃污染气体和粉尘极大地破坏着我们的环境，影响人类的生活质量。因此，降低煤炭等取暖能源的使用量，提高建筑节能的效果是改善空间环境的根本途径。

建筑节能还可以改善室内环境。节能建筑与一般的建筑相比，可以更好地改善室内热环境，使室内冬暖夏凉。另外，由于节能建筑外墙保温能力好于普通的非节能建筑，其维护结构内表面可以保持一个较高的温度，从而使其可以避免发霉、结露等对建筑造成的不利影响。

(2) 建筑节能可以起到促进国民经济发展的作用

我国虽是一个能源大国，但人均能源拥有量严重不足。从我国国情实际出发，能源的不足已经成为制约国民经济增长的重要因素，因此，建筑节能势在必行。

二、建筑节能的主要内容

1. 我国建筑热工分区

我国建筑热工分区大致可以分为五个分区：

(1) 严寒地区：指最冷的月份的平均气温≤－10℃，且日平均气温≤5℃的天数大于 145 天的地区。对于此类地区的建筑设计，必须充分考虑到冬季的保温要求，一般可以不考虑夏季的防热处理。主要包括内蒙古、东北北部、新疆北部、西藏和青海北部地区。

(2) 寒冷地区：最冷月的平均温度在 0～－10℃，且日平均气温≤5℃的天数在 90～145 天的地区。对于此类地区的建筑设计，应该考虑到冬季的保温要求，部分地区同时要考虑夏季的防热处理。主要包括华北、东北南部、新疆和西藏南部地区。

(3) 夏热冬冷地区：最冷月的平均温度在 0～10℃，最热月平均温度 25～30℃，且日平均气温≤5℃的天数在 0～90 天，日平均气温≥25℃的天数在 40～110 天的地区。对于此类地区的建筑设计，必须满足夏季防热处理的要求，同时应该适当考虑冬季的保温。主要包括南岭以北、黄河以南的长江中下游地区。

(4) 夏热冬暖地区：最冷月平均温度≥10℃，最热月平均温度 25～29℃，且日平均气温≥25℃的天数在 100～200 天的地区。对于此类地区的建筑设计，必须满足夏季防热处理的要求，冬季的保温处理可不考虑。主要包括南岭以南及南方沿海地区。

(5) 温和地区：最冷月的平均温度在 0～13℃，最热月平均温度 18～25℃。且日平均气温≤5℃的天数在 0～90 天的地区。对于此类地区的建筑设计，部分应该考虑到冬季的保温要求，一般可以不考虑夏季的防热处理。主要包括云南西部、贵州西部、四川南部地区。

2. 我国建筑能耗概况

(1) 影响建筑能耗的因素

① 室外大气环境的影响。各种气候因素对于室内的环境都有影响，这种影响通过建筑的维护结构、门窗以及各类开口来实现。如：太阳辐射，空气温度和湿度，降水等等。

② 是否位于采暖区。采暖区是指一年内日均气温低于 5℃的时间大于 90 天的地区。位于采暖区的建筑能耗较大。

③ 太阳的辐射。晴天天数多，每天日照时间长，太阳入射角度大的地区，太阳辐射强度也大，反之，太阳辐射强度小。

④ 建筑本身的隔热性能。建筑的围护结构和各构部件的保温隔热性能是影响建筑能耗的主要原因。加强围护结构材料的保温隔热，提高门窗的气密性，是降低建筑能耗的重要措施。

⑤ 采暖系统的传热效率。采暖系统热效率的提高取决于两方面：一是热源(锅炉)运行的热效率的提高，二是送热管网热损失的降低。

(2) 建筑能耗与效能

① 建筑能耗过大。以 1996 年的数据计，我国建筑年消耗 3.35 亿吨标准煤，占能源消费总量的 24%，到了 2001 年，建筑年消耗 3.76 亿吨标准煤，占能源消费总量的 27.6%，年增幅约达 0.5%。我国还处于建筑业大发展时期，建筑业能耗占社会总能耗的比重还将不断增大。

② 建筑能效过低。在我国，50%～60%的建筑能耗用于供热和空调。其中，北方城市供热的热源主要是燃煤锅炉。锅炉的热效率较低，使得燃烧单位能源释放的热量直接用于供暖的很少。供热管网的保温隔热性能也比较差，能源在运输过程中损耗极高。整个供热系统的效率只有 35%～55%，远远低于发达国家水平。

③ 外维护结构性能较差。我国建筑的维护结构隔热保温性能较差，各维护构件的传热系数都是其他发达国家的几倍。

三、建筑节能设计

1. 设计要求

(1) 环境条件

在进行节能建筑设计之前，应该首先开展一定的准备工作。应该对当地的环境有一个全面的了解，尤其要重视当地的气候条件，地形条件，地表环境等内容。综合分析各种条件后，开始进行设计。

(2) 建筑体形设计

节能建筑对体形的要求往往和人们追求的变化的建筑体形所相悖。从节能角度来看，合理的节能建筑的建筑体形应该是体形系数小，冬季得热较多，能避风害等。

① 降低建筑体形系数

建筑体形系数是指建筑物与大气接触的外表面积与所包围的建筑空间体积的比值。体形系数大的建筑能耗也越大。建筑合适的体形系数应该控制在 0.3 以下，研究结果表明，建筑的体形系数每增大 0.01，建筑能耗增加 2.5%。降低建筑的体形系数可以从以下几个方面来考虑：

A. 减少建筑的宽度，增加其进深；

B. 增加建筑物的层数；

C. 减少建筑的体形变化。

② 提高太阳辐射得热

从冬季得热的角度来看，尽量提高南墙面得到的太阳辐射热，并使其大于散热量。

③ 降低风害

合适的建筑形态可以使风造成的能耗降至最小。

A. L 形、U 形建筑对防风有利；

B. 封闭型院落建筑当有开口时，开口不宜朝向冬季的主导风向；

C. 迎风面为台阶式的高层建筑有利于防下行风；

D. 建筑外墙墙角为圆角比直角防风性能好；

E. 低矮的圆形屋顶有利于防风；

F. 粗糙的屋顶材料可以帮助防风；

G. 选择相互日照遮挡少的建筑体形。

3. 日照设计

利用太阳能是建筑节能得以实现的重要途径。有效地利用太阳能资源，冬季争取较多的太阳辐射，夏季降低太阳辐射，是节能建筑设计的重要问题。

(1) 单体建筑设计中应注意保留建筑日照时间的设计，获得日照的标准是每户的窗台面在大寒日的有效连续日照时间不小于 2 小时。

(2) 群体建筑设计中要考虑它们之间不能相互遮挡。因此建筑与建筑之间应该有一定的距离，称为建筑的日照间距。日照间距系数因地而异。

4. 绿化设计

绿化设计主要考虑它对风形成遮挡，可起到减缓风速的作用。设置防风林对建筑的避风节能很有效。不同高度、密度和距离的防风林带来的挡风效果也不相同。挡风树丛的高度和宽度越大，挡风效果就越好。挡风树丛的密度增大，风速可减小，但同时挡风范围变小(图13－1)。采用透空率为50%的绿篱挡风最合适。

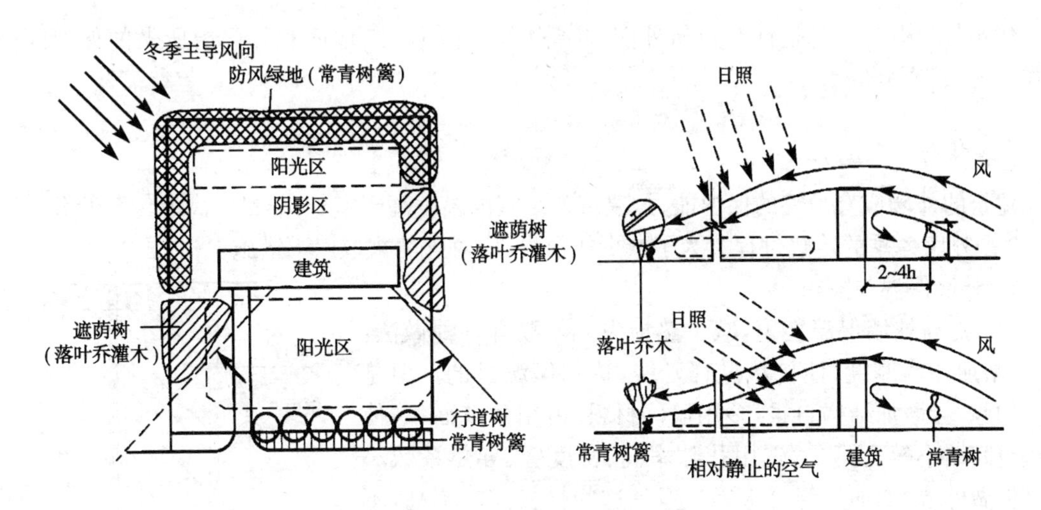

图13－1　绿化的风障作用

5. 建筑遮阳

遮阳按其形式和效果可分为四种，即水平遮阳、垂直遮阳、综合遮阳和挡板遮阳(如图13－2)。

(1) 水平遮阳能有效地遮挡高度角较大时从窗口上方照射下来的阳光，它适合于低纬度地区的北向附近的窗口和接近南向的窗口。

(2) 垂直遮阳能有效地遮挡高度角较小时从窗口两侧斜射过来的阳光，主要适合于东北、北和西北附近的窗口。

(3) 综合遮阳是以上两者的综合，能有效地遮挡高度角中等的从窗前斜射过来的阳光，主要适合于东南和西南附近的窗口。

(4) 挡板遮阳能有效地遮挡高度角较小正射窗口的阳光，适合于东、西向附近的窗口。

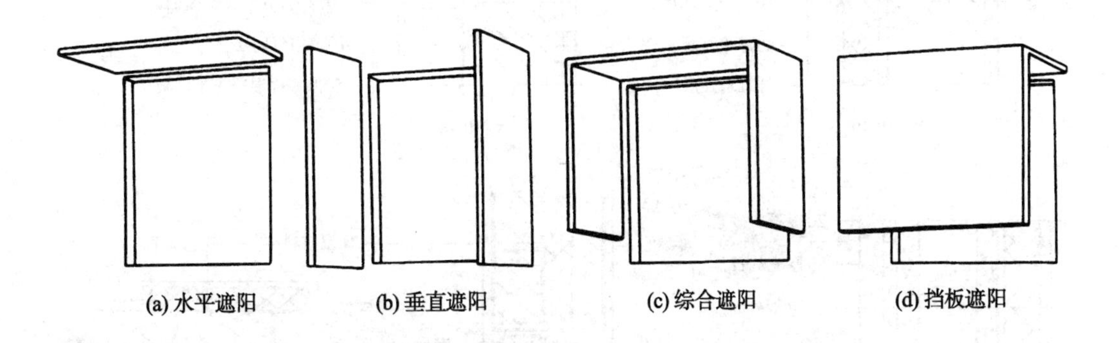

图13－2　遮阳形式

§13－2　建筑节能构造

建筑节能构造主要是针对建筑外围护结构如外墙、屋顶、地面和外门窗所做的保温隔热措施。

一、外墙

建筑的外墙应有足够的保温能力，建筑冬季室内温度高于室外，热量从高温传至低温。图13－3是外墙冬季的传热过程。为了减少热损失，应对外墙采取以下措施：

1. 外墙保温与隔热

(1) 提高外墙保温能力，减少热损失。一般有三种做法：第一，增加外墙厚度，使传热过程延缓，达到保温目的。但是墙体加厚，会增加结构自重，多用墙体材料，占用建筑面积，使有效空间缩小等。第二，选用孔隙率高、密度轻、导热系数小的材料做外墙，如加气混凝土等。但是这些材料强度不高，不能承受较大的荷载，一般用作框架填充墙等。第三，采用多种材料的组合墙，解决保温和承重双重问题（一般保温材料设在低温一侧或中间）。图13－4a、b、c为几种组合墙与370实心粘土砖墙传热系数的比较。第四，冷桥局部保温处理。由于结构上的需要，常在外墙中出现一些嵌入构件，如钢筋混凝土梁、柱、圈梁、过梁等，在寒冷地区，热量很容易从这些部位传出去。这些部位的热损失比相同面积主体部分的热损失要多，所以它们的内表面温度比主体部分低。这些保温性能较低的部位通常称为"冷桥"或"热桥"，为了防止冷桥部分内表面出现结露，应采取局部保温措施（图13－4d、e）

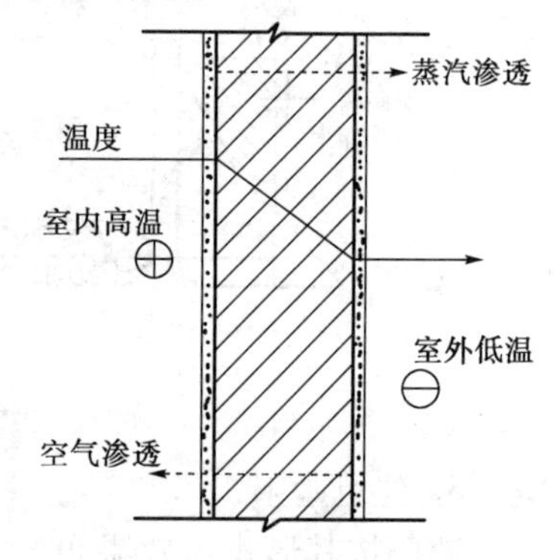

图13－3　外墙冬季传热过程

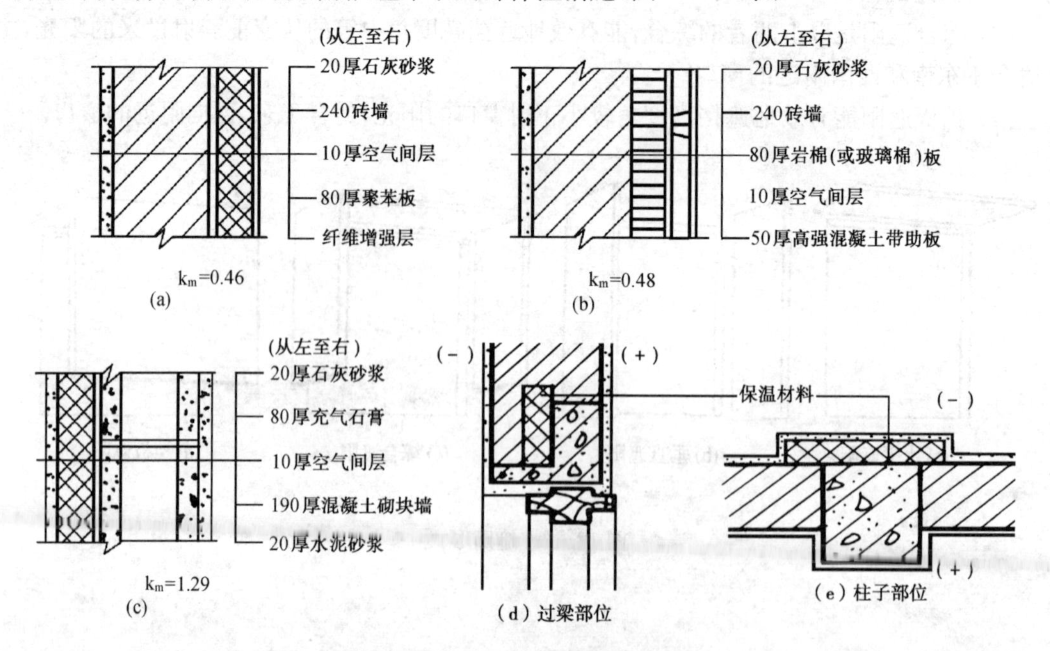

图13－4　墙体保温构造

(2) 防止外墙中出现凝结水。为了避免采暖建筑热损失，冬季通常是门窗紧闭，生活用水及人的呼吸使室内湿度增高，形成高温高湿的室内环境。温度愈高，空气中含的水蒸气愈多。当室内热空气传至外墙时，墙体内的温度较低，蒸汽在墙内形成凝结水，水的导热系数较大，因此就使外墙的保温能力明显降低。为了避免这种情况产生，应在靠室内高温一侧，设置隔蒸汽层，阻止水蒸气进入墙体。隔蒸汽层常用卷材、防水涂料或薄膜等材料(图 13—5)。

(3) 防止外墙出现空气渗透。由于墙体材料存在微小的孔洞，或者由于安装不密封或材料收缩等，会产生一些贯通性缝隙。冬季室外风的压力使冷空气从迎风墙面渗透到室内，而室内热空气从内墙渗透到室外，所以风压及热压使外墙出现空气渗透。这样造成热损失，对墙体保温不利。为了防止外墙出现空气渗透，一般采取以下措施：选择密实度高的墙体材料，墙体内外加抹灰层，加强构件间的密缝处理等。

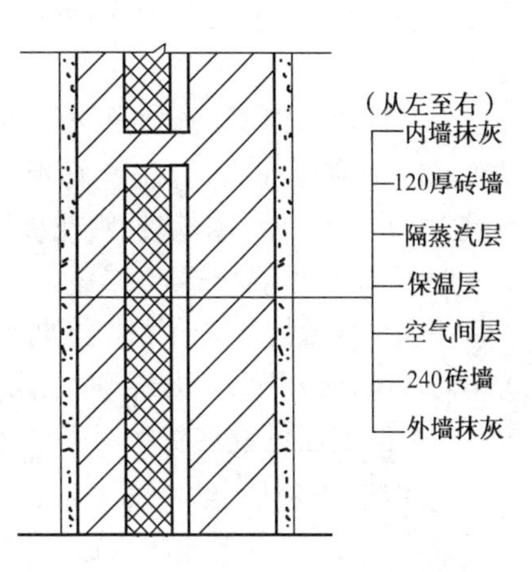

图 13—5 隔蒸汽层的设置

夏季太阳辐射强烈，室外热量通过外墙传入室内，使室内温度升高，影响人们工作和生活，甚至损害人的健康。外墙应具有足够的隔热能力，可以选用热阻大的材料作外墙，也可以选用光滑、平整、浅色的材料如铝箔板等，以增加对太阳的反射能力。

建筑最大的围护面是外墙，应加强外墙的建筑节能设计。如在被动式太阳房的设计中，外墙设计为一个集热、散热器，结合太阳能的利用，在外墙设置空气置换层，为墙体的综合保温与隔热提供了新的方式(图 13—6)。

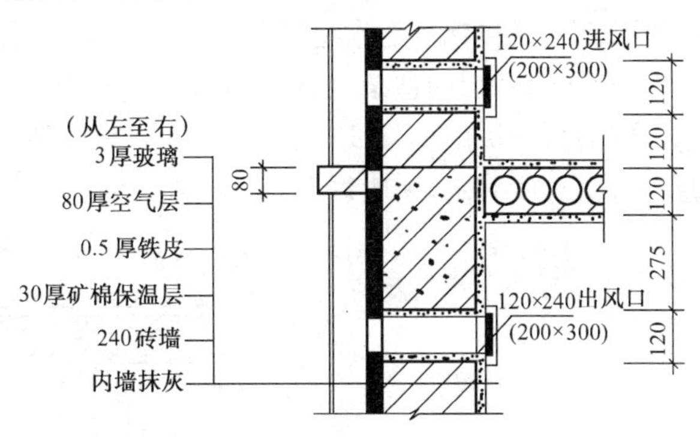

图 13—6 被动式太阳房墙体构造

二、屋顶的保温

屋顶是外围护结构，除了有防风雨侵袭的功能外，还应有保温隔热的功能。为了防止冬季室内热量散失过多、过快，需在围护结构中设置保温层，使室内有一个适于人们生活和工作的环境。保温层的材料和构造方案是根据使用要求、气候条件、屋顶的结构形式、防水处理方法、材料种类、施工条件等综合考虑确定的。

1. 屋顶保温材料

保温材料是导热系数小于 0.3 W/(m·K)的轻质多孔性材料。一般有散料、现场浇筑的混合料、板块料三大类。

(1) 散料保温层。如炉渣、矿渣之类工业废料，膨胀珍珠岩，膨胀蛭石等。

(2) 现浇轻质混凝土保温层。一般为轻骨料如炉渣、矿渣、陶粒、蛭石、珍珠岩与石灰或水泥胶结的轻质混凝土或浇泡沫混凝土。①②两种保温层可与找坡层结合处理。

(3) 板块保温层。常见的有水泥、沥青、水玻璃等胶结的预制膨胀珍珠岩、膨胀蛭石板，加气混凝土、泡沫塑料、矿棉板、岩棉板、木丝板、刨花板等块材或板材。

2. 平屋顶保温构造

平屋顶保温构造按照结构层、防水层和保温层所处的位置不同，可归纳为两种，即设在防水层之下和防水层之上。

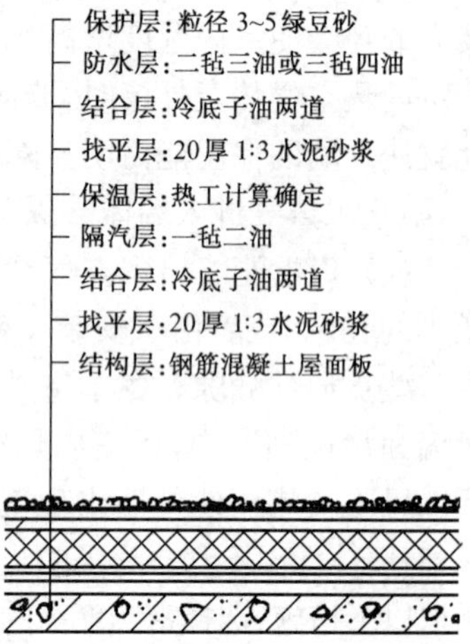

保护层：粒径 3~5 绿豆砂
防水层：二毡三油或三毡四油
结合层：冷底子油两道
找平层：20厚 1:3 水泥砂浆
保温层：热工计算确定
隔汽层：一毡二油
结合层：冷底子油两道
找平层：20厚 1:3 水泥砂浆
结构层：钢筋混凝土屋面板

图 13－7　设置隔蒸汽层的平屋顶保温

(1) 保温层设置在防水层下的屋面构造层次从上到下为防水层、保温层、结构层（图 13－7）。但须在保温层下设置隔蒸汽层。

隔蒸汽层：在冬季由于室内外温差较大，室内水蒸气将随热气流上升向屋顶内部渗透，聚集在吸湿能力较强的保温材料内，容易产生冷凝水，使保温材料受潮，从而降低保温效果。同时，冷凝水遇热膨胀，使油毡起鼓损坏。为了避免上述现象，必须在保温层下设置一道防止室内水蒸气渗透的隔蒸汽层。通常做法是一毡一油或一毡二油。如图 13－8。

隔气层一方面阻止了外界水蒸气渗入保温层，另一方面也使施工时残存在保温材料和找平层内水汽无法散发出去，解决这个问题的办法是在保温层中设排气道，排气道内用大粒径炉渣填塞，既可让水汽在其中流动，又可保证防水层的基层坚实可靠。同时，找平层内也在相应位置留槽作排气道，并在其上干铺一层油毡条，用玛𤧛脂单边点贴覆盖。排气道在整个层面应纵横贯通，并应与大气连通的排气孔相通，图 13－8(b)(c)(d)是几种排气孔的做法示意。排气孔的数量应根据基层的潮湿程度确定，一般每 36 m² 设置一个。

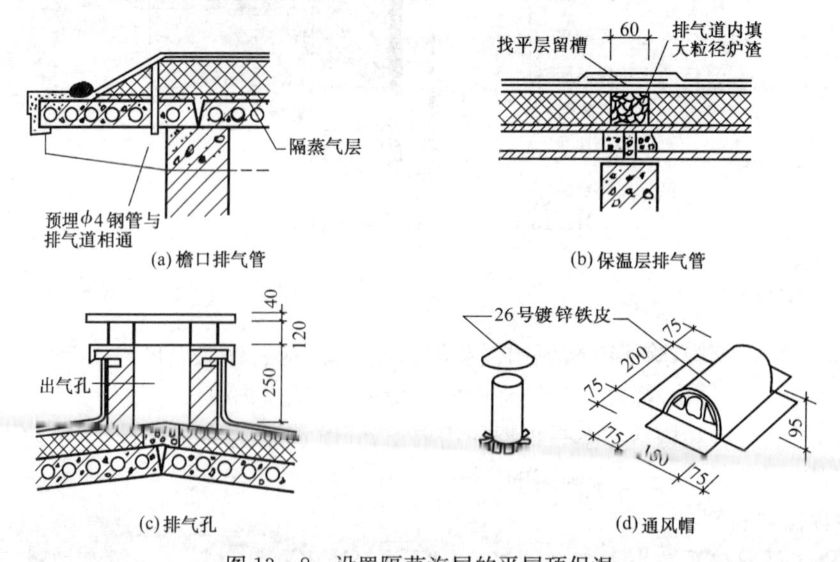

图 13－8　设置隔蒸汽层的平屋顶保温

刚性防水屋面的保温构造相同，只是将柔性防水层改为刚性防水层。

另一种排气方式是在防水层与保温层之间设置空气间层(图 13－9)。主要有两方面的作用：一是有利于保温层水蒸气的散发；二是防止屋顶内部水的凝结。

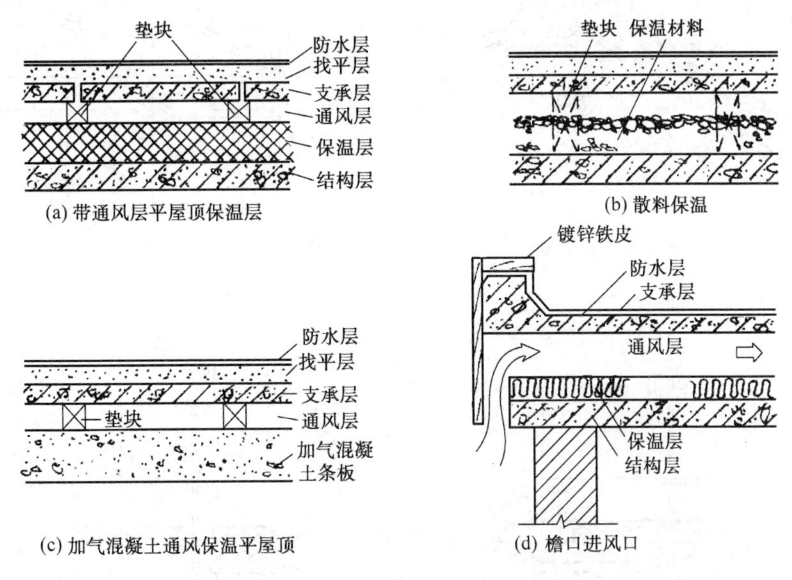

图 13－9　设置空气间层保温屋面

(2) 保温层设在防水层上面，构造层次为保温层、防水层、结构层(图 13－10)。又称"倒铺式屋面"。其优点是防水层不受太阳辐射和剧烈气候变化的影响，不宜受外来的损伤。缺点是须选用吸湿性低，耐气候性强的材料，如聚氨酯和聚苯乙烯发泡材料等，其造价较高。

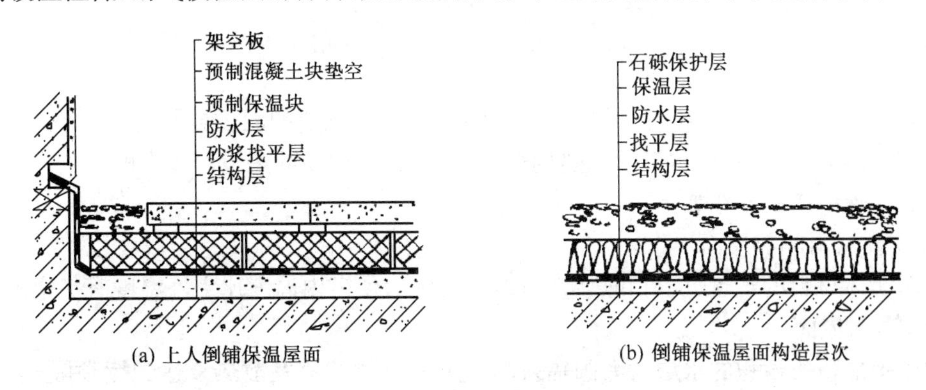

图 13－10　倒铺式保温屋面

3. 坡屋顶保温

坡屋顶的保温层一般铺设在吊顶棚上，也可铺设在屋面板上。

(1) 铺设在吊顶棚上的保温层可选用松散材料和块体材料直接铺设在吊顶棚上，可收到保温和隔热双重效果(图 13－11c)。

(2) 铺设在屋面板上的保温层小青瓦屋面，是在屋面板基层上铺一层厚厚的粘土麦草泥作为保温层，小青瓦片粘结在该层上，如图 13－11a。平瓦屋面，在檩条下设置屋面板，可将保温材料填充在檩条之间，如图 13－11b。

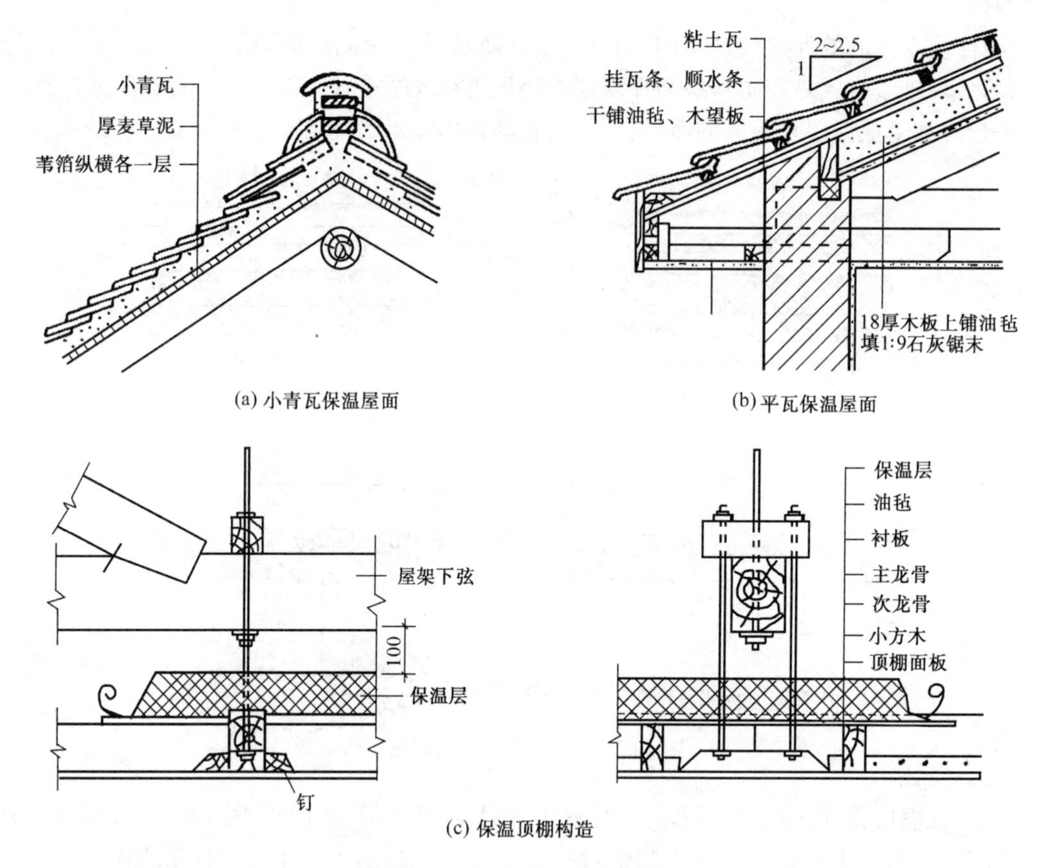

(a) 小青瓦保温屋面

(b) 平瓦保温屋面

(c) 保温顶棚构造

图 13－11c　坡屋顶保温

三、屋顶隔热

夏季，特别在我国南方炎热地区，太阳的辐射热使得屋顶的温度剧烈升高，影响室内的生活和工作。因此，要求对屋顶进行隔热构造处理，以降低屋顶的热量对室内的影响。

隔热降温的措施介绍如下。

1. 实体材料隔热屋面

利用实体材料的蓄热、反射和热量的散发等性能，使室内温度比室外温度有一定的降低。

(1) 蓄水屋面

利用平屋顶所蓄积的水层对太阳辐射起一定的反射和蒸发散热来达到屋顶隔热的目的，(图 13－12)。水层在冬季还有一定的保温作用。此外，水层使混凝土防水层处于长期养护下，减少由于温度变化引起的开裂和防止混凝土的碳化；水层使诸如沥青和嵌缝胶泥之类的防水材料推迟老化过程，延长使用年限。

蓄水屋面既能隔热又可保温，既能减少防水层的开裂又可延长其使用寿命。在我国南方地区，如果在水层中养殖一些水浮莲之类的水生植物，利用植物吸收阳光进行光合作用和叶片遮蔽阳光的特点，对于建筑的防暑降温和提高屋面的防水质量能起到很好的作用。

蓄水屋面的构造特征是比普通平屋顶防水屋面增加了“一壁三孔”，即蓄水池的仓壁，溢水孔、泄水孔、过水孔。构造做法如下：

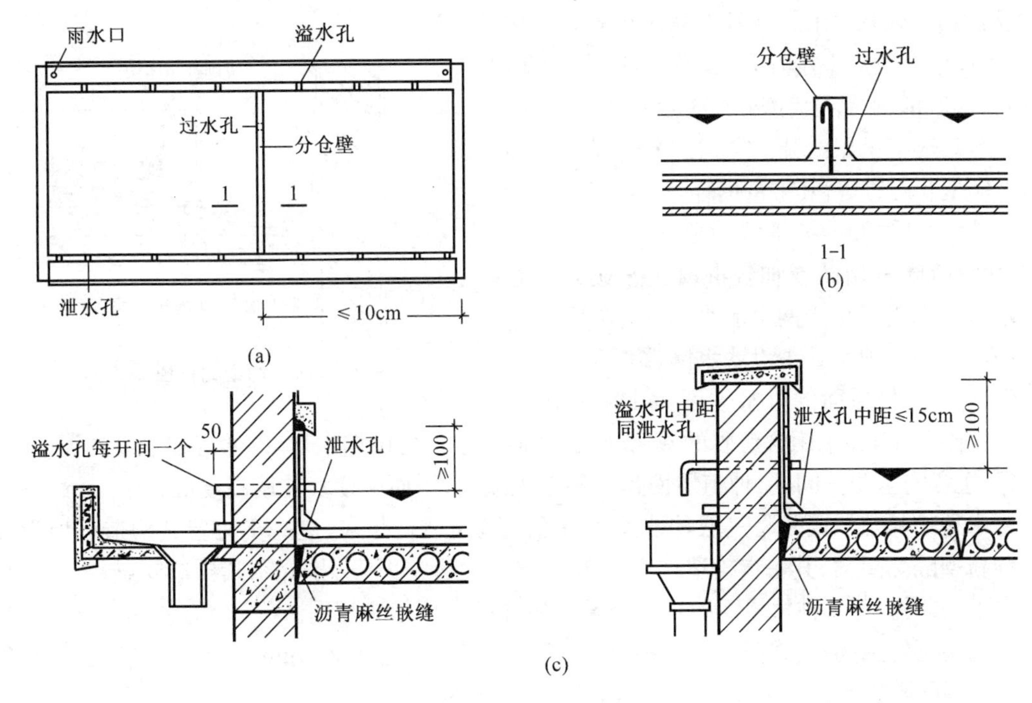

图 13－12　蓄水屋面

① 水层深度及屋面坡度。理论上 50 mm 深的水层即可满足降温与保护防水层的要求，但实际上 150～200 mm 的水深比较适宜。蓄水屋面的坡度不宜大于 0.5%，以确保蓄水深度的均匀。

② 防水层。蓄水屋面防水层通常采用设置涂膜防水层和配筋细石混凝土防水层的多层防水设施，以确保防水质量。应先做涂膜防水层，再做刚性防水层。需要注意的是：除女儿墙泛水处应严格按要求做好分格缝外，屋面的其余部分可不设分格缝，屋面刚性防水层最好一次全部浇捣完成，以免渗漏。

③ 分仓壁与过水孔。为了便于分区检修和避免水层产生过大的风浪，蓄水屋面应用分仓壁划分为若干蓄水区，每区的边长不宜超过 10 m。分仓壁底部应设过水孔。

④ 女儿墙与溢水孔、泄水孔。蓄水屋面四周可做女儿墙并兼作蓄水池的仓壁。泛水的高度应高出溢水孔 100 mm。在蓄水池外壁上部应均匀布置若干溢水孔，在池壁根部设泄水孔，泄水孔和溢水孔均应与排水檐沟或水落管连通，如图 13－12(b)、(c)。

⑤ 管道防水。蓄水屋面的所有给排水管、溢水管、泄水管均应在做防水层之前装好，并用油膏等防水材料妥善嵌填接缝。

(2) 种植隔热

种植隔热的原理是在屋顶上种植植物，借助栽培介质隔热以及植物吸收阳光进行光合作用和遮挡阳光的双重功效来达到降温隔热的目的。

种植隔热根据栽培介质层构造方式的不同可分为一般种植隔热和蓄水种植隔热两类。

一般种植隔热屋面是在屋面防水层上直接铺填种植介质，栽培各种植物。其构造要点为：

① 种植屋面宜采用多道(复合)防水层，最上面一道应为刚性防水层，应特别注意防水层的防蚀处理。分格缝可用一布四涂盖缝，并选用耐腐蚀性能好的嵌缝油膏，同时，不宜种植根

系发达的植物如松、柏、榕树等对防水层有较强侵蚀作用。

② 种植介质应采用谷壳、蛭石、陶粒、泥炭等轻质材料，即所谓的无土栽培介质。也可采用聚苯乙烯、尿甲醛、聚甲基甲酸酯等合成材料泡沫或岩棉、聚丙烯腈絮状纤维等，其重量更轻，耐久性和保水性更好。栽培介质的厚度一般不宜超过 300 mm。

③ 种植床可用砖或加气混凝土来砌筑床埂，在床埂的根部设不少于两个泄水孔，以防积水过多造成植物烂根。泄水处需设滤水网(图 13－13)。

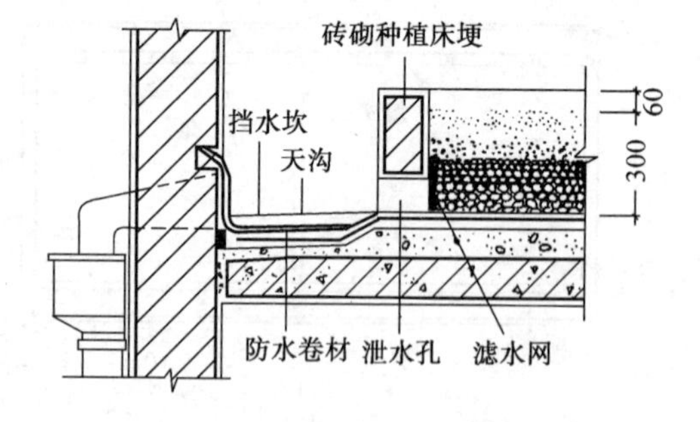

图 13－13　种植隔热屋面构造

④ 一般种植屋面的排水坡度为 1%～5%，以便及时排除积水，如采用含泥砂的栽培介质，屋面排水口处设挡水坎，以便沉积水中的泥砂。

⑤ 注意安全防护问题，种植屋面是一种上人屋面，因而屋顶女儿墙高度应大于 1 m。

蓄水种植隔热屋面是将一般种植屋面与蓄水屋面结合起来，进一步完善其构造后所形成的一种新型隔热屋面，其基本构造层次如图 13－14 所示，以下分别介绍其构造要点。

① 防水层。蓄水种植屋面防水层与蓄水屋面防水层做法相同。

② 蓄水层。蓄水层靠轻质多孔粗骨粒蓄积，粒径不应小于 25 mm，蓄水层深度(包括水和粗骨料)不超过 60 mm。种植床外与床内蓄水深度相同。

③ 滤水层。在粗骨料的上面铺 60～80 mm 厚的细骨料滤水层，细骨料按 5～20 mm 粒径级配，下粗上细铺填。

④ 种植层。栽培介质的堆积密度不宜大于 10 kN/m²。

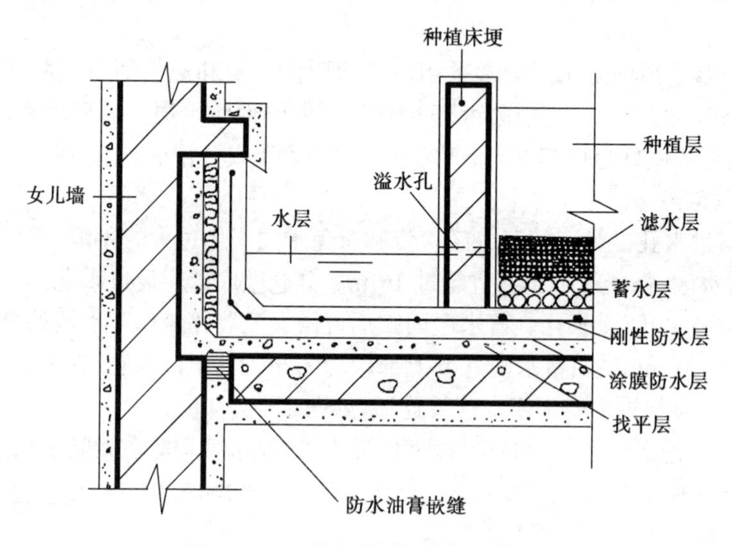

图 13－14　蓄水种植隔热屋面构造

⑤ 种植床埂。根据屋顶绿化设计用床埂进行分区，每区面积不宜大于 100 m²，床埂宜高于种植层 60 mm 左右，床埂每隔 1 200～1 500 mm 设一个溢水孔，孔下口平水层面，溢水孔外应铺设粗骨料或安设滤网以防止细骨料流失。

⑥ 人行架空通道板。为便于操作管理，在蓄水层上、种植床之间设架空板，通常支承在床埂上。

种植屋面不但在降温隔热的效果方面优于所有其他隔热屋面，而且在净化空气、美化环境、改善城市生态、提高建筑综合利用效益等方面都具有极为重要的作用，是一种值得大力推广应用的屋面形式。

2. 通风层降温屋顶

在屋顶中设置通风的空气间层，利用层间通风，散发一部分热量，使屋顶变成两次传热，以降低传至屋面内表面的温度，实测表明，通风屋顶比实体屋顶的降温效果有显著地提高。通风隔热屋顶根据结构层所在的位置不同分为两类：

(1) 通风层在结构层下面(图 13—15)

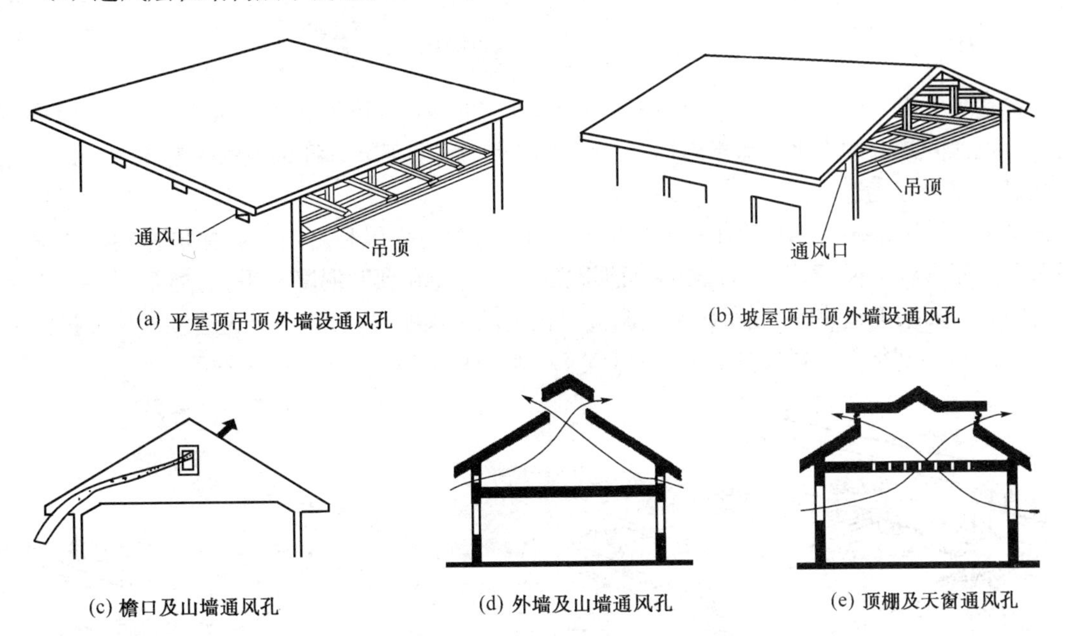

(a) 平屋顶吊顶外墙设通风孔　(b) 坡屋顶吊顶外墙设通风孔

(c) 檐口及山墙通风孔　(d) 外墙及山墙通风孔　(e) 顶棚及天窗通风孔

图 13—15　通风层在结构层下面的降温屋顶

在吊顶、檐墙设通风口，平屋顶、坡屋顶均可采用。优点是防水层可直接做在结构层上面；缺点是防水层与结构层均易受气候直接影响而变形。

利用顶棚与屋面之间的空间做通风隔热层，应注意解决好以下几点问题：

① 设置一定数量的通风孔，能使顶棚内空气迅速对流。

② 顶棚通风层应有足够的净空高度，除去设备、结构所占用的空间，通风层净空高度一般为 500 mm。

③ 通风口应做防雨设施，防止雨水飘进通风口。

④ 顶棚通风屋面的防水层由于暴露在大气中，缺少了架空层的遮挡，直射阳光可引起刚性防水层的变形开裂，还会使混凝土出现碳化现象，导致屋面渗漏。因此，炎热地区应在刚性防水屋面的防水层上涂上浅色涂料，既可反射阳光，又能防止混凝土碳化。卷材屋面，特别是油毡卷材屋面更应做好保护层，以防屋面过热导致油毡脱落和玛𤧛脂流淌。

(2) 通风层在结构层上面

瓦屋面可做成双层，屋檐设进风口，屋脊设出风口，使屋面的太阳辐射热由通风带走一部分，使瓦底面的温度有所降低(图 13—16)。

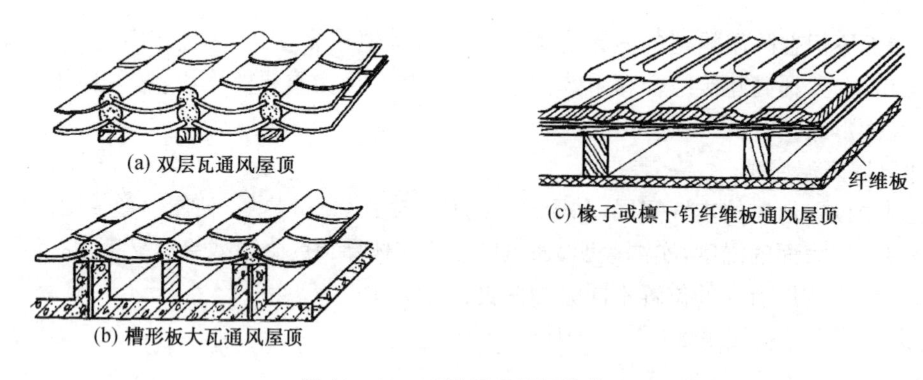

图 13－16　瓦屋顶通风隔热构造

在槽板上设置弧形大瓦，室内可得到斜的较平整的平面，还可利用槽板空当通风，而且槽板还可把瓦间渗入的雨水排泄出屋面。也可采用椽子或檩条下钉纤维板的隔热屋顶。以上均须做通风屋脊方能有效。

平屋顶一般采用预制板块架空搁在防水层上，它对结构层和防水层有保护作用。一般有平面和曲面形状两种(图 13－17)。平面形状的有大阶砖和预制混凝土平板，通常用垫块支在板的四角。如果把垫块铺成条状，使气流进出正负压关系明显，气流可更为通畅。房屋进深大于 10 m 时，中部须设通风口，以加强通风效果。架空层的净高宜在 180～240 mm 之间。

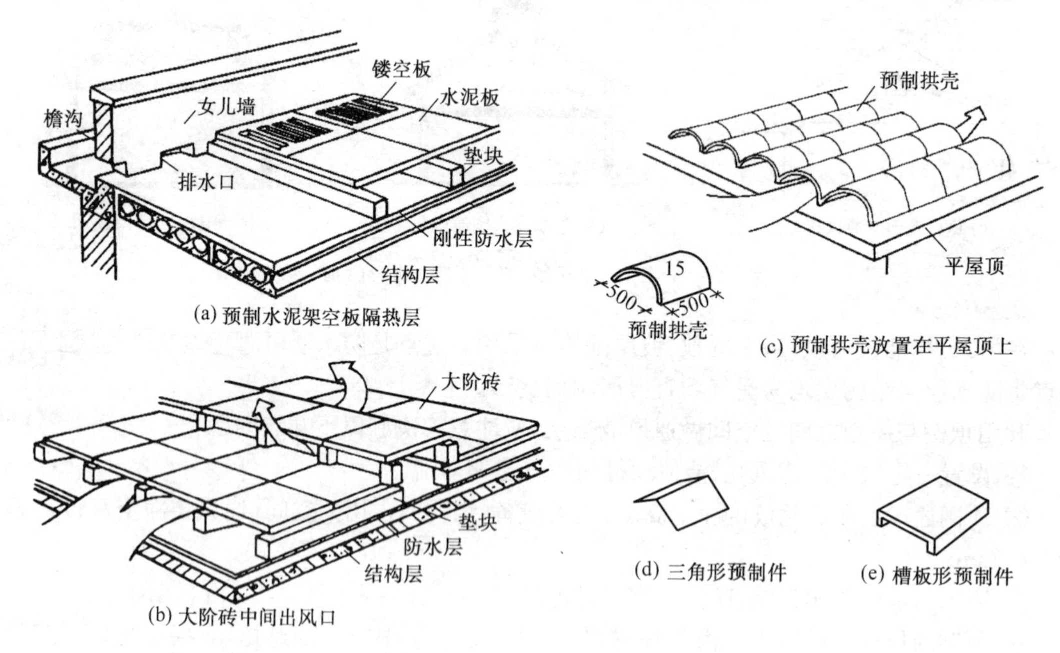

图 13－17　架空通风

3. 反射降温屋顶

利用表面材料的颜色和光滑度对热辐射的反射作用，对平屋顶的隔热降温也有一定的效果。例如，屋面采用淡色砾石铺面或用石灰水刷白对反射降温都有一定效果。如果在通风屋顶中的基层加一层铝箔，则可利用其第二次反射作用，使屋顶的隔热效果有进一步的改善。

4. 蒸发散热降温屋顶

(1) 淋水屋面

屋脊处装水管在白天温度高时向屋面上浇水，形成一层流水层，利用流水层的反射、吸收、蒸发以及流水的排泄可降低屋面温度。

(2) 喷雾屋面

在屋面上系统地安装排列水管和喷嘴，夏日喷出的水在屋面上空形成细小水雾层，雾结成水滴落在屋面上形成一层流水层，与淋水屋面一样，从屋面上吸取热量流走。水滴落下时会从周围空气中吸取热量，因而降低了屋面上空的气温，提高了它的相对湿度，此外雾状水滴也多少吸收和反射一部分太阳辐射热，进一步降低了表面温度，因此它的隔热效果比淋水屋面更好。

四、楼地面

楼地面的保温对建筑的节能是比较重要的部位，地面和楼板出挑部位热损失是不能忽视的，通常的做法是在地面的结构层上加一层保温层，然后再做面层，如图 13－18。

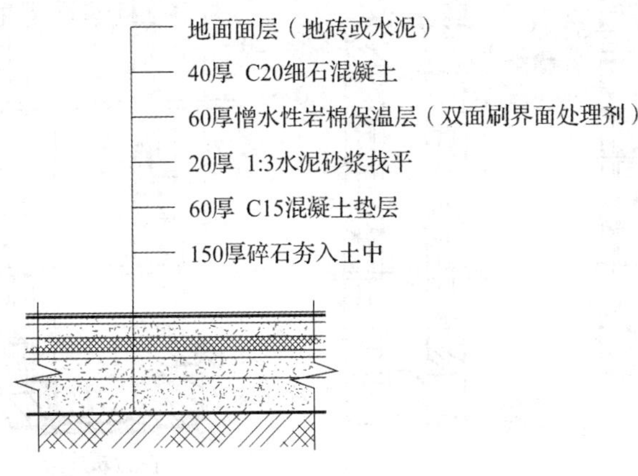

图 13－18　地面保温构造

出挑楼面和架空楼面的具体构造做法，如同外墙一样，靠室外的位置(楼板的底部)加保温材料，再做面层，如图 13－19。

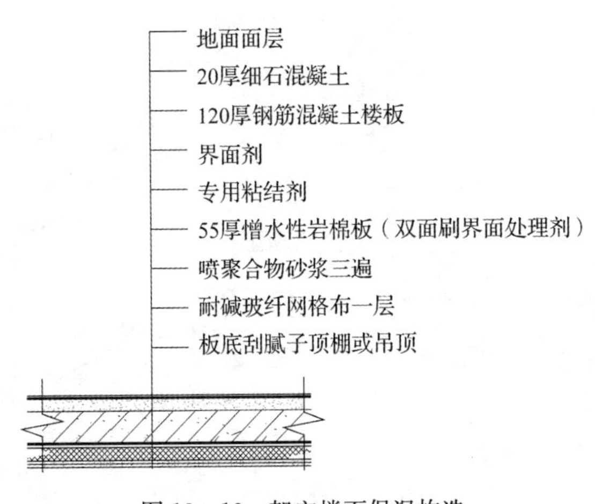

图 13－19　架空楼面保温构造

五、门窗

门窗根据不同地区的保温要求而设置双层窗(图 13－20)和单框中空玻璃窗(图 13－21)。严寒地区和寒冷地区采用双层窗的较多,其他地区常采用阻断型窗框中空玻璃窗。中空玻璃的类型,通常有 6 厚 low-E 玻璃＋12 空气＋6 厚中透白玻,6 厚中透＋12 空气＋6 厚中透白玻。

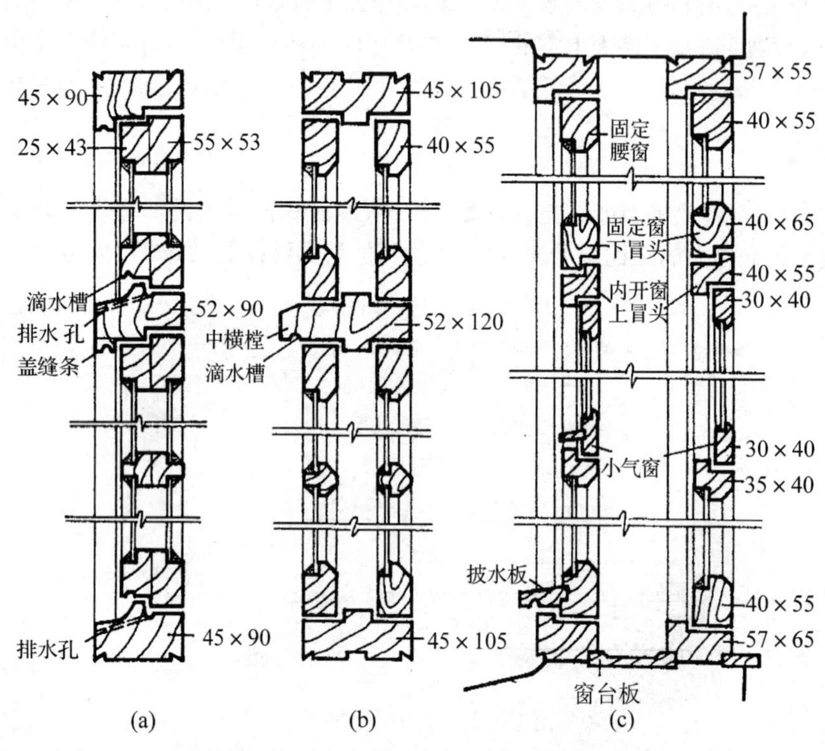

(a) 内开子母窗扇;(b) 内外开窗扇;(c) 双层内开窗

图 13－20 双层窗

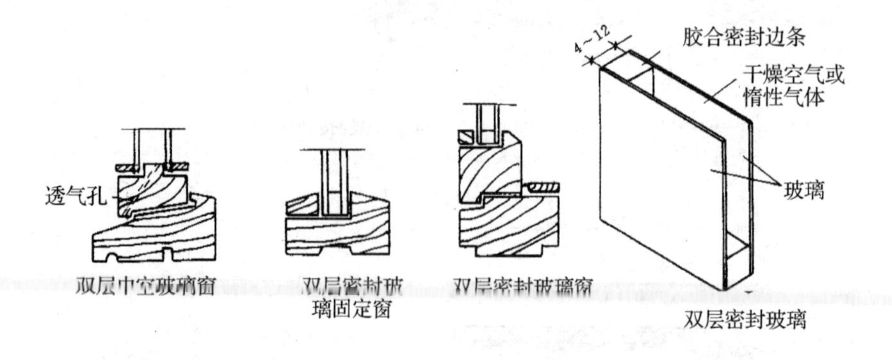

图 13－21 单框中空玻璃窗

复习思考题

13—1　什么是建筑节能?

13—2　为什么要进行建筑节能设计?

13—3　如何使建筑设计符合国家节能要求?

13—4　保温屋面为何要设置隔蒸汽层?

13—5　屋顶的保温构造做法有哪些形式?

13—6　屋顶的隔热措施有几种? 有何特点? 构造做法是怎样的?

第三篇　城市规划导论

第 14 章　城市规划概论

本章提要：本章包括城市产生和发展、近现代城市规划学科的产生、城市规划工作的阶段和内容。

学习目的：掌握城市的产生时期、发展阶段、发展动向，掌握城市规划工作的阶段划分及相应工作内容。

§14—1　城市的产生

一、固定居民点的形成、商品交换的出现及城市的产生

人类最早过着自然的采集生活，采取穴居、巢居的群居形式。在长期与自然的斗争中，创造了工具，提高了自身的生存能力，形成比较稳定的劳动集体——母系氏族社会。继捕鱼、狩猎之后，随着农业和畜牧业的出现，到新石器时代的后期，农业成为主要的生活方式，逐渐产生了固定的居民点。

为了防御野兽的侵袭和其他部落的袭击，原始人类在其聚居形成的居民点外围挖筑壕沟，或用石、土、木等筑墙及栅栏，这些防御性的构筑物与其中的居民点，就是"城"的雏形。在生产力得到进一步提高后，劳动产品有了剩余，产生了交换，交换的场所逐渐固定，商业与手工业从农业中分离出来，形成了一些具有防御功能并以商业及手工业为主要职能的居民点，这就是城市。可以说城市是生产发展和人类第二次社会大分工的产物。有了剩余产品就有了私有制，原始社会的生产关系也就逐渐解体，出现了阶级分化，人类开始进入奴隶社会。可以说，城市是伴随私有制和阶级分化，在原始社会向奴隶社会过渡的时期出现的。世界各地由于生产水平发展的差异，城市出现的时间有先有后，但都是在这个社会发展阶段中产生的。

二、"城"和"市"及城市

城市的产生是人类居住形式由简单的聚居到内容多样、结构复杂的聚居地发展的过程。就中国早期的城市来说，可以借助其文字的含义来说明。起初"城"和"市"是不同的概念，"城"是防御功能的概念，"市"是贸易、交换功能的概念，因而"城"与"市"的政治、经济、社会性质和结构并不相同。随着社会生产和社会组织的发展，商品交换职能的固定居民点的出现及其对防御功能的要求，形成了新的、多功能的聚居形式——城市。

三、现代城市的含义

城市既是社会经济发展的产物，又是社会经济发展过程的体现，所以人们可以从社会学、经济学、地理学、文化学、历史学等多方面给予诠释。不同的学科有不同的定义，但总的来说都抓住城市最根本的两个特征，即人口和非农业生产活动。人们通常认为：城市是规模大于乡村

的、以非农业活动为主的聚落，是一定地域范围内的政治、经济、文化中心。也可以说，城市就是大量的人口和非农产业活动在较大的地域空间的聚集，构成一个对社会生活起重要作用的人居中心。

现代城市是由工业生产、商品流通、交通运输、财政金融、科教卫生、公用设施、居民生活、园林绿化、行政管理等多种体系组成并具有多层次、多功能的复杂有机体。

§14－2 城市的发展

人们在聚居过程中对防御、生产、生活等方面不断产生新的要求，城市则随着这些要求的变化而发展。城市发展是人们利用文化及技术手段，根据变化中的社会经济等要求，不断改造自己的居住环境，能动地或者被动地进行城市建设的过程。城市的产生和发展受到社会、经济、科技等多方面因素的影响，城市建设活动是永不休止的，城市的形态也是不断变化的。世界城市的发展与人类社会的发展密不可分，大致经过了古代奴隶社会城市、封建社会城市、近代城市和现代城市四个阶段。

一、奴隶社会和封建社会城市的发展

1. 外国古代城市

卡洪城(图 14－1)是古代埃及有名的城市。该城创建于公元前 2500 年，平面为长方形，长 380 m，宽 260 m，用砖墙围筑。城市又用厚厚的墙划分为东西两部分。西部为贫民居住区，在 260 m×108 m 的范围内挤满了 250 个由棕榈枝、芦苇和粘土建造的棚屋。这个区内只有一条8～9m宽的南北向道路通向城门。墙的东部被一条东西向的大道分为南北两部分，道路宽阔、整齐，并用石条铺筑路面。北部为贵族区，面积与贫民区差不多，只有十几个大庄园。南部是商人、手工业者、小官吏等中层阶级的住所。城东有市集，城市中心有寺庙，城东南角有大型坟墓。整个城市的结构分区表现了强烈的阶级差别与对立。

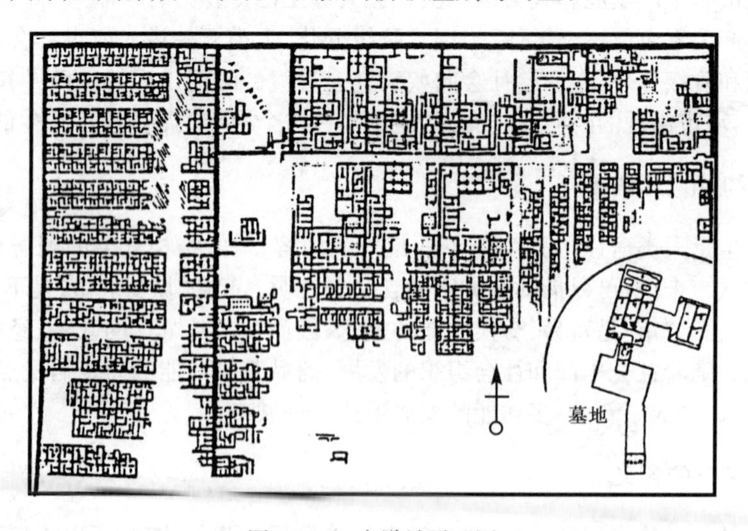

图 14－1 卡洪城平面图

乌尔城(图 14－2)位于两河流域的南部，约建于公元前 2200～2100 年，城市平面为卵形，有城墙与城壕。城中央建有由高耸的台阶式山岳台、神堂及帝王宫殿组成的城寨，城寨四周是用障壁和围墙围起来的外城。外城中保留有大量的耕地，零星的居民点散落其中。

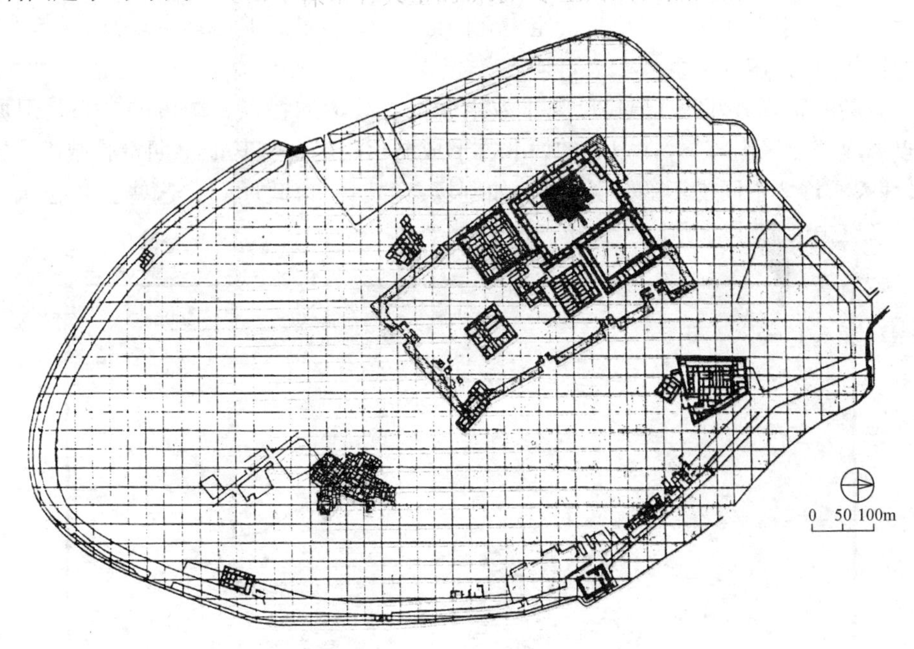

图 14－2 乌尔城平面图

巴比伦城(图 14－3)略近于长方形，横跨幼发拉底河两岸。周围城墙为两层，有九个城门。

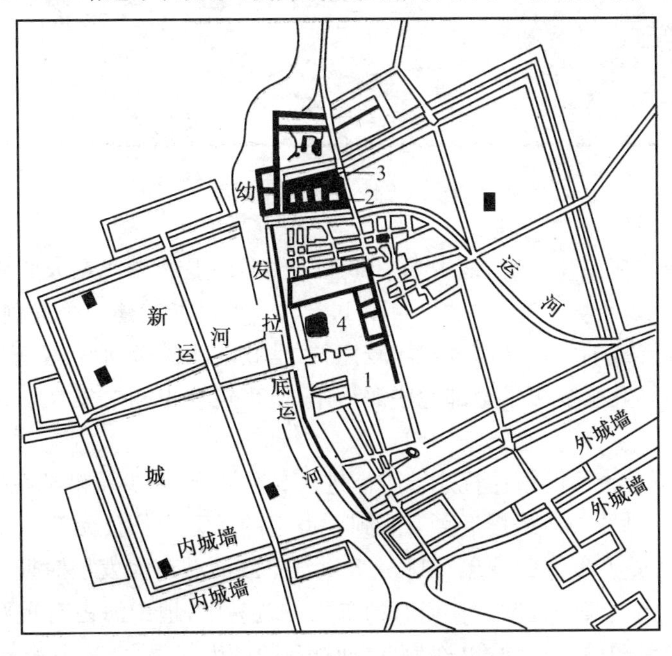

1-马尔邦克神庙　2-空中花园　3-伊什达门　4-天象台

图 14－3 巴比伦城平面示意图

通向城门的大道均匀地划分城市，道路几乎是垂直的。沿大道布置宫殿、山岳台及神庙。大道北部是国王的宫殿，围有坚固的宫墙，占有一个梯形地段，面积约 4.5 hm^2。神庙位于大道中部西侧，内有一个八层高的山岳台正对着大门。城中的小巷曲折而狭窄，两边房屋的土墙几乎没有窗户，小巷显得很闭塞。巴比伦的空中花园建在 20 多米高的台地上，引幼发拉底河水浇灌高处的植物，被人们称为世界七大奇迹之一。

古代希腊的雅典城(图 14－4)反映了奴隶制民主政治的特点。城市的中心是卫城，最早的居民点形成于卫城山脚下，在卫城的西北方形成城市广场。与其他早期希腊城市一样，广场无定型，城内有许多不同类型的公共建筑，如剧场、竞技场、市政厅等。这些公共建筑和神庙、市场组成了城市的公共活动中心。

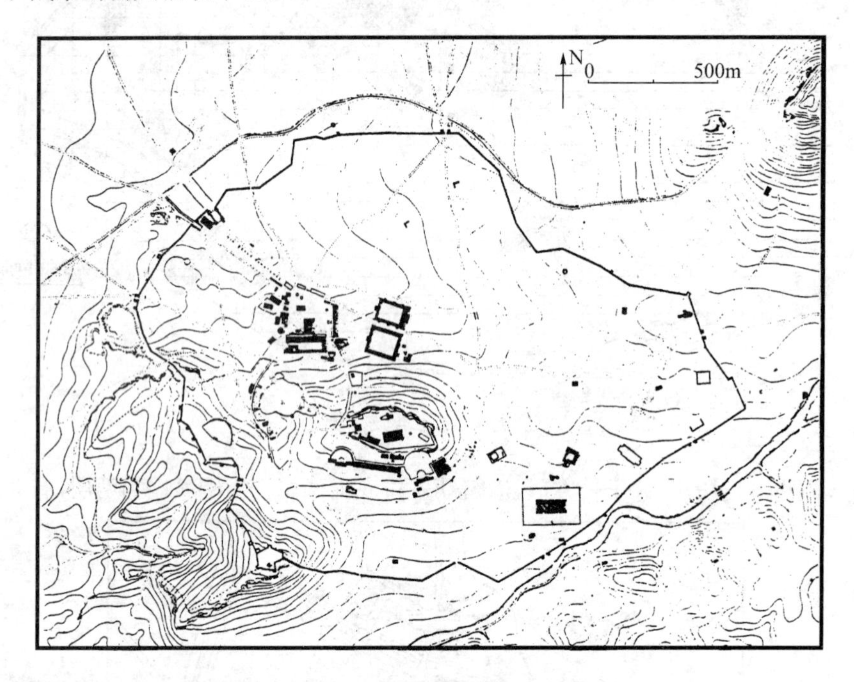

图 14－4　雅典城平面图

当希腊人形成雅典城邦时期，地中海中部亚平宁半岛上的古代意大利人也在拉丁平原形成另一个城邦，它就是历史上有名的罗马(图 14－5)。罗马城始建与公元前 8 世纪，城市是在较长的时间内自发形成的。建筑群及广场较完整，是城市社会、政治和经济活动的中心。到公元前 3～1 世纪，罗马几乎征服了全部地中海沿岸，城市规模也随之发展，人口大量增加，市政工程水平也很高。

公元 5 世纪，罗马帝国的解体标志着欧洲进入封建社会，不少城市都在战乱中遭到严重破坏。盛极一时的罗马城，人口从接近百万降到 6 世纪的 4 万人。公元 9～10 世纪随着农业生产的发展，城市出现重新复苏的现象。11～13 世纪是欧洲城市大发展时期，巴黎、伦敦、米兰、罗马等都达到了相当繁荣的程度。在当时的东西方贸易中，地中海占有重要的位置，这样，这个地区便出现不少帝国城市，有时也称为自由城市(即城市国家)。其中著名的有威尼斯、热那亚、佛罗伦萨等，以后北海、波罗的海沿岸也出现了汉堡、不来梅、吕贝克等城市。这些就是近代自由港的前身。15 世纪末 16 世纪初，由于地理大发现而开通了新航线，大西洋一批沿海城市兴起，如里斯本、安特卫鲁、塞维尔、伦敦、阿姆斯特丹等等。

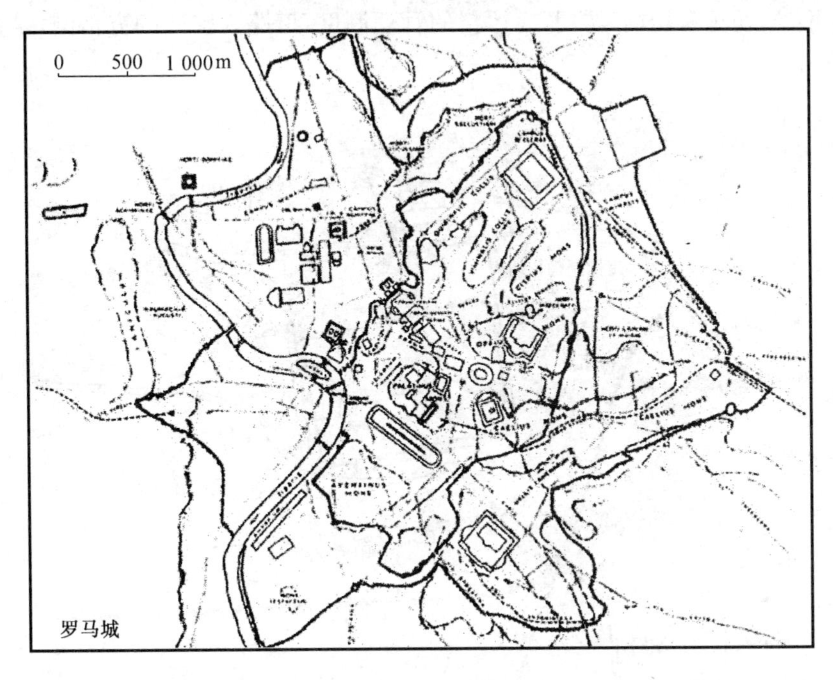

图 14—5　罗马城平面图

2. 中国古代城市

中国古代奴隶社会的城市是在奴隶主的封地中心——邑的基础上发展起来的。这些城市按照奴隶制的等级制度限制其规模大小。都城的规模很大，统治阶级专用地区宫城居中心并占有很大的面积。目前发现最早的都城城址是位于河南郑州的商代都城，大约建于公元前1500年(图 14—6)。商都“殷”城以宫廷为中心；近宫外围布置若干聚落(邑)，居民多为奴隶主和部分自由民；建筑聚落的外圈为散布的手工业作坊，也有居穴，居穴可能是手工业奴隶栖息之所；在外圈疏松地环布居邑，以务农为主，居住有下等自由民和农业奴隶，还有部分小奴隶主，各邑之间空隙地段大多数为农业用地。

周代的城市建设制度明显表现了奴隶主与奴隶关系的尊卑等级制。城市大小分级，帝王都城方九里，诸侯的都城分别为方七里及方五里，不同城市的道路也有等级。城市中有“城”与“廓”之分，“城”指中心的王宫部分，“廓”指外城，即一般平民居住的地方。关于周代的王城，《周礼·考工记》中记载的“匠人营国，方九里，旁三门，国中九经九纬，经涂九轨，左祖右社，面朝后市，市朝一夫”是奴隶制时代都城布局的描述，对后代的都城布局有很大的影响(图 14—7)。

中国封建帝国以其强大的政治统治力量，组织动员大量劳力，修建了不少大型农田水利灌溉工程，使得农业生产力有了较大的发展，剩余产品增多，这使一些特大城市的出现成为可能。汉朝长安城面积有 35 km^2，隋唐发展到 84.1 km^2。西晋的洛阳、南朝的建康(今南京)、隋唐的长安(今西安)、北宋的汴梁(今开封)、南宋的临安(今杭州)，都曾达到或接近 100 万人口，是当时世界最大的都市。

唐代长安(图 14—8)南北长 9 721 m，东西宽 8 761 m，总平面呈长方形。城市布局严整，宫城居中偏北，其南为皇城，集中布置中央官府衙门、官办作坊、仓库及禁卫军营等。城中共有108个居住里坊，坊里有坊墙、坊门，有严格的管理制度，道路为整齐的方格网，是我国对外贸易和国际交往中心。

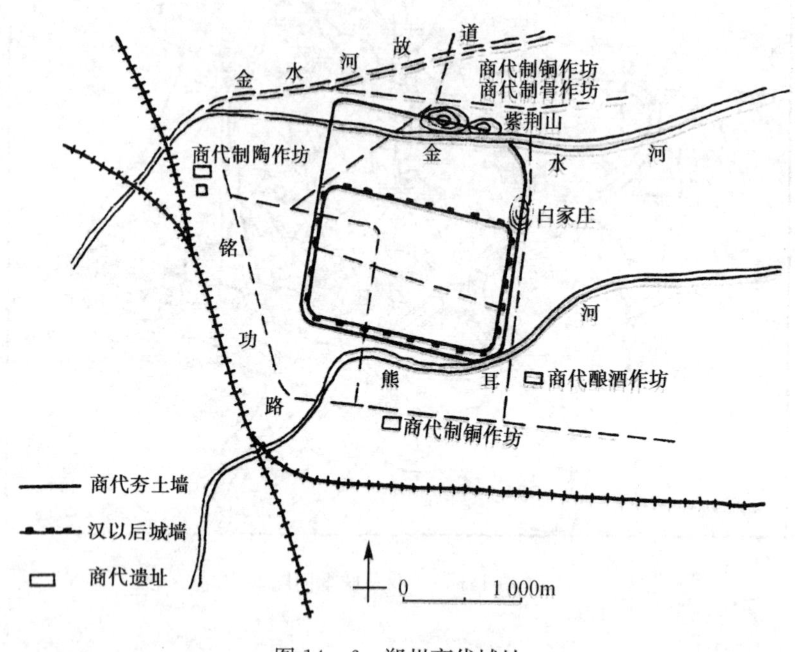

图 14－6　郑州商代城址

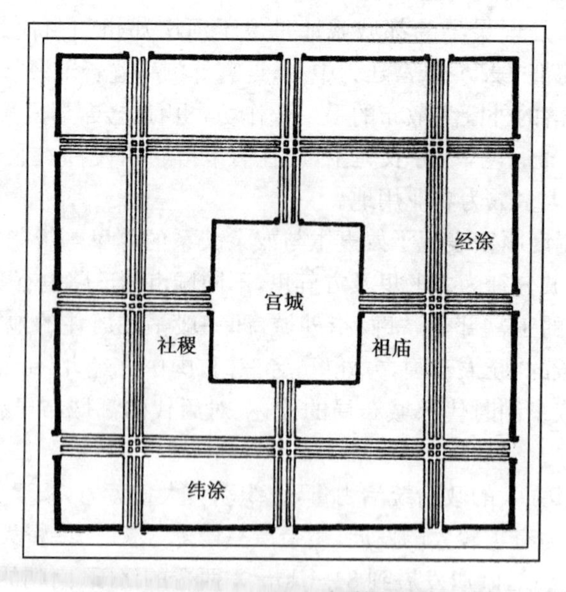

图 14－7　周王城平面想像图

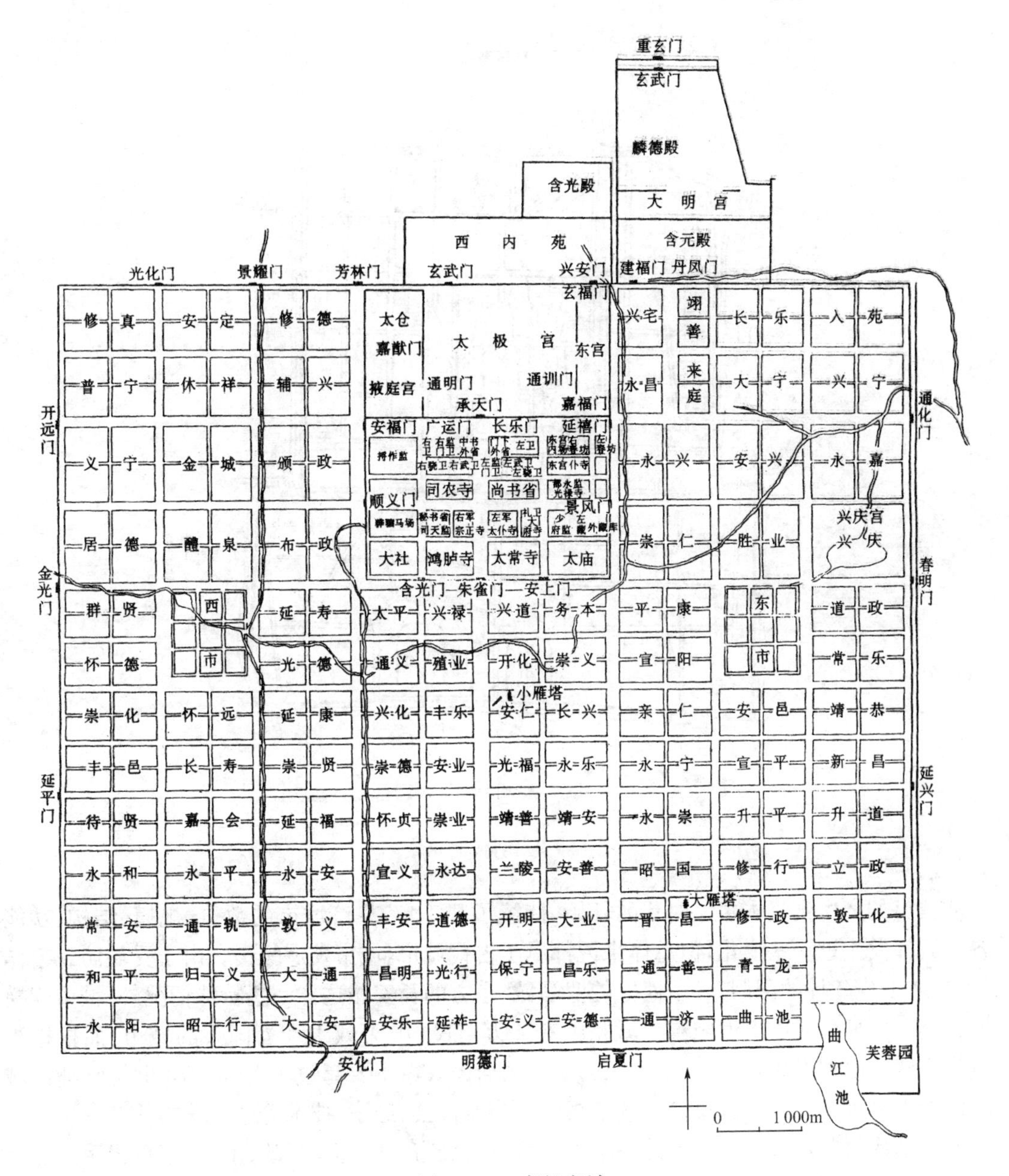

图 14－8　唐长安城

明清北京城是中国封建社会后期的代表。明北京(图 14－9)是在元大都的基础上建造的。城市由三重城墙组成:宫城居中,宫城之外是皇城,最外为外城。清代重建了很多宫殿,但城市布局仍循明制。北京城的平面布局集中表现了中国古代都城的规划制度,在总体布局上也充分体现了中国古代都城的艺术特色。长达 8 km 的中轴线,由城门、干道、广场、建筑群、制高点等形成,突出了主要建筑群——皇宫。道路系统由南北东西正交的几条干道形成骨架,连接次要道路,再连接支路——胡同。充分利用自然地形,把一些河湖水面、公共绿地、私家园林组织在规划布局之中,形成了优美的城市风貌。城市居住区由许多院落式住宅组成,层数低,建筑密度及人口密度较高,但居住环境很安静。

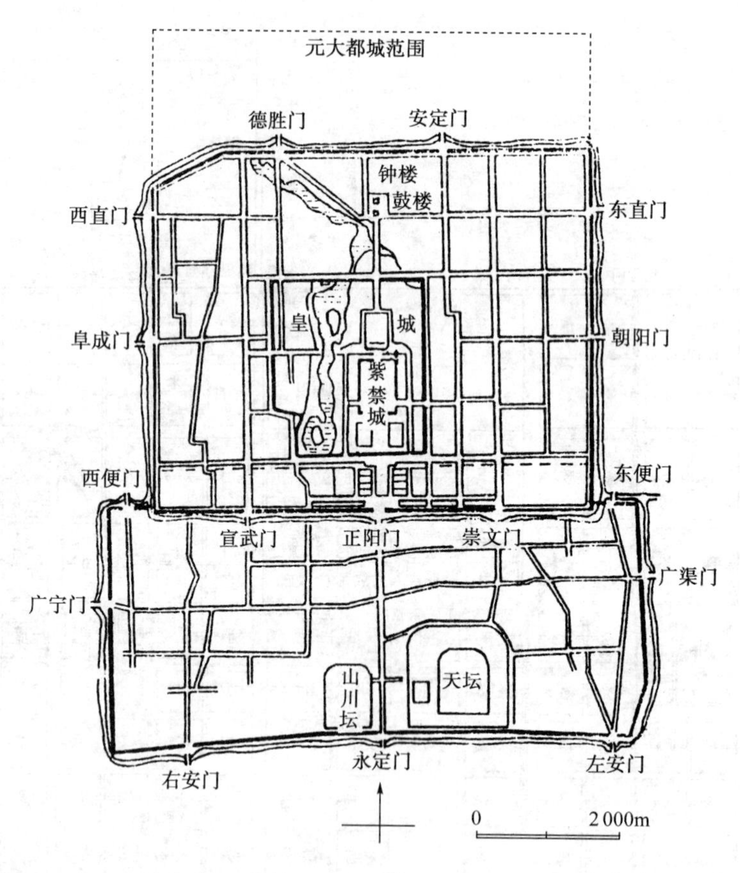

图 14－9　明代北京城

从城市的产生到资本主义时代的开始，持续了几千年，尽管城市的数量、规模、结构、功能等各方面都发生过一些变化，但总体来说都属于古代城市，城市发展缓慢。由于受城防工事体系、供水或卫生条件的限制，除了西方的罗马城、东方的长安城这样一些特殊情况外，城市规模一般较小。例如公元前 5 世纪雅典城是拥有 4 万市民、10 万奴隶和外国人的城市，而根据当时有代表性的规划思想认为，一个理想的城市的居民人数不要超过 1 万人。13 世纪欧洲的城市居民很少超过 5 万人。这反映了城市规模受当时社会、经济、技术等条件的制约。

城市结构简单是古代城市的另一个主要特点。城市一般都是行政、宗教、军事或手工业及贸易中心，规模一般较小，结构与形态比较简单，城市建设多以皇宫、庙宇、教堂、官邸以及其他大型公共建筑和建筑群的建设为中心。城市的防御功能比较突出，由于城墙的限制，城市规模和人口也受到局限。建筑密度很大，街道弯曲狭窄，市政建设也很差，城市处于较低的发展阶段，这反映了生产力不高，城市功能单一的状况。

二、近现代城市的发展与城市化

农业的产生使人类社会出现了固定的居民点，而近代的工业革命则使城市产生了巨大的变化。工业革命使社会经济生活广泛地商品化，城市在整个社会经济生活中占据了主导和支配地位，城市的发展产生了质的变化，开始了城市化的进程。产业革命发源于英国，现代城市化的发展也源于英国，然后是西欧各国，继之是其他各州的发达国家，最后是世界各国。

由于大工业的建立和交通运输业的发展，大量劳动人口被吸引到城市里，城市中出现了人口大量聚集的现象，"人口像资本一样集中起来"。这时期各大资本主义国家的首都、工商业中心及工业城镇都有较大发展，其速度之快，数量之多，变化之巨，是人类从未经历过的（图 14－10）。在一些地域中，城镇人口相对集中的倾向直接影响着区域范围内城镇分布格局，并且给城市内部的结构也带来极大的影响。

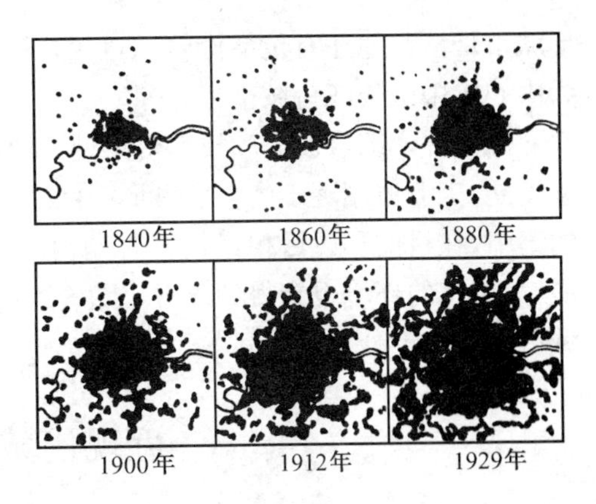

图 14－10　伦敦城自发发展图

工厂建成后，在外围修建了工人居住区，也相应的聚集了为他们生活服务的面包房、裁缝铺、鞋匠等。工厂的工资吸引了大量的农民来到城市就业，城市人口增多，劳动力增加，工资下降，又吸引新的工业前来投资，又在外围修建了工厂及住宅区。这样圈层式的向外扩张，成为工业化初期城市发展的典型形态。

20 世纪初电力、电信技术的推广，汽车、轮船和航空运输的发展，改变了时间—空间尺度，直接促进了城市的技术和经济的繁荣，可称之为现代城市化的开始。第二次世界大战以后，殖民地国家纷纷独立，发展中国家，特别是他们的首都和工业基地发展很快，出现了世界规模的现代城市化局面。

城市是以人工手段改造自然最彻底的地方，城市用地迅速扩展，吞并了周围农村，大批失去土地的人流入城市，城乡的差距扩大，使居民远离了自然环境。工业对大气和水体的污染，使城市生活环境质量日益恶化。人口集中、财富集聚的同时带来了土地价格的猛涨，因而引起了土地投机和产生房荒。人类的过分集聚使居住环境恶化，贫富的分化带来城市中富人居住区与贫民窟的巨大悬殊。城市急剧发展中如何更有效的使用人力、土地和资源，如何解决城市与周围地区的关系，人们提出了生活环境与自然环境的和谐问题。

20 世纪 70 年代前后，西方发达国家的城市人口一般在 70%左右，城市化的进程和速度开始降低，并趋于稳定。许多居住在大城市的经济富裕者纷纷迁往郊区，城市人口向郊区扩散，城市购买力下降导致许多工商业外迁另谋发展。中心城市经济衰退，出现"空洞化"现象，这就是所谓的"逆城市化"。为了防止城市衰退，发达国家在城市内部建立自由港、特别企业区，或提高能源价格和郊区财产税额，"逆城市化"成为有利于城市发展的因素。

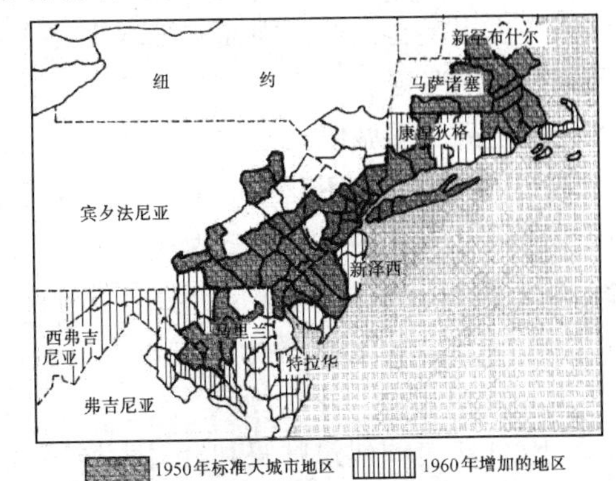

图 14－11　美国东北部大西洋沿岸城市带示意图

与此同时，大城市的不断扩张，使若干个城市之间的边缘逐渐靠近，最终连成一片，在世界的一些地区形成巨大的"城市带"。20 世纪 70 年代，在美国大西洋海岸的北部，从波士顿到华盛顿，包括 40 个聚居点，总面积约 14 万 km^2，美国的这条"主要街道"上集聚了 4 600 万人口，占美国总人口的 20%，在美国五大湖南岸形成了拥有 4 000 万人口的巨大城市带（图 14－11）。在日本太平洋沿岸，形成了拥有人口 5 500 万的东海道巨形城市带。其他还有包括伦敦、伯明翰、利物浦和曼彻斯特等城市的英国城市带,以及以上海为中心的中国长江口城市带等等。

由于许多综合产业和技术密集型工业的兴起,一部分工业生产由综合集中型向专业分散型发展,工业体制逐步由金字塔形向网络型发展。大城市由于各种信息咨询、金融、法律机构的集中,在目前和以后相当长的时期内仍有较大的吸引力和活力,中小城市将得到更大的发展,大城市的环境也会得到改善。随着人类对自然的开发利用,人居、环境和发展问题已成为城市发展中十分重要的问题。

§14—3　近现代城市规划学科的产生和发展

一、近现代城市规划学科的产生和发展

随着资本主义的进一步发展,城市矛盾日益尖锐,既危害劳动人民的生活,又妨碍了资产阶级自身的利益,因此产生了如何解决这些矛盾的理论。从资本主义初期的空想社会主义者,到各种社会改良主义者,都提出过种种理论和设想。如托马斯·摩尔的"乌托邦"、安德雷亚的"基督徒之城"、康帕内拉的"太阳城"、傅利叶的"法郎基"和罗伯特·欧文的"新协和村"等,都是针对资本主义的城市与乡村的脱离和对立、私有制及土地投资等所造成的种种矛盾提出的,在一定程度上揭露了资本主义城市矛盾的实质。这些设想和理论对当时的城市建设并没有产生什么实际影响,但他们把城市作为一个社会经济的范畴,认为城市应该为适应新的生活而变化,这显然比那些把城市和建筑停留在造型艺术的观点上要全面一些。随着更多社会学家和建筑师对城市建设的研究和探讨,到19世纪末逐渐形成了有系统理论、有特定研究对象和范围的近现代城市规划学科。

1. "田园城市"与卫星城镇

1898年英国人霍华德提出了"田园城市"的理论,指出"城市应与乡村结合,强调要在城市周围永久保留绿带的原则"(图14—12)。20世纪初,霍华德"田园城市"的理论由它的追随者恩维发展成为在大城市的外围建立卫星城市以疏散人口控制大城市规模的理论。美国规划师惠依顿也提出在大城市周围用绿地围起来,限制其发展,在绿地之外建立卫星城镇,和大城市保持一定的联系。

最初的卫星城镇只提供生活设施,一般称为"卧城"。后来又建造了一些半独立的卫星城镇,除居住建筑外,还设有一定的工业企业和服务设施,使一部分居民就地工作。英国在60年代建造的以米尔顿·凯恩斯为代表的第三代卫星城,进一步完善了城市公共交通和公共福利设施,城镇具有多种就业机会,社会就业平衡,交通便捷,生活接近自然,规划方案具有灵活性和经济性,真正起到了疏散大城市人口的作用。

2. 邻里单位与小区规划

1929年美国建筑师佩利针对大城市人口密集、房屋拥挤、居住环境恶劣和交通事故严重等现实,提出了"邻里单位"的概念(图14—13)。邻里单位理论要求在较大范围内统一规划居住区,以邻里单位为细胞组成居住区,以幼儿上学不要穿过城市干道为原则,邻里单位内设置小学,并以此来控制和计算邻里单位的用地和人口规模。同时设置日常生活所必需的商业服务设施。

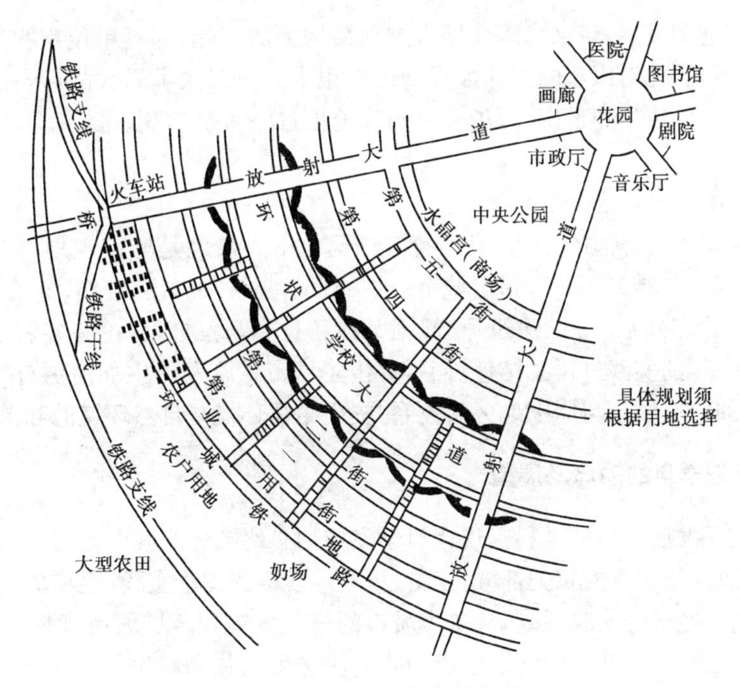

图 14－12　田园城市示意图

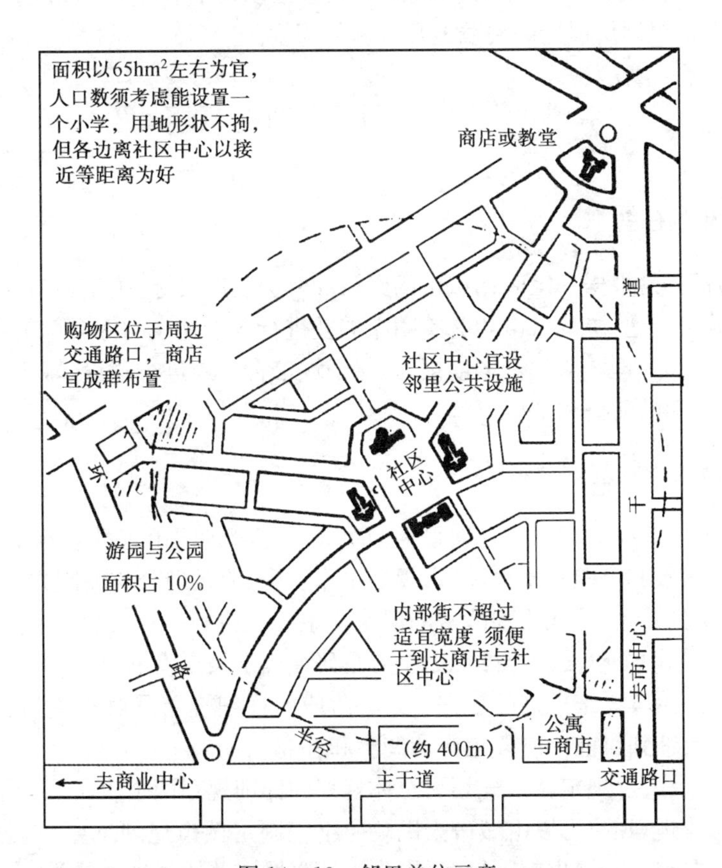

图 14－13　邻里单位示意

由于机动交通的发展，带来了现代城市规划结构上的变化，邻里单位重视居住的安静、朝向、卫生和安全等，因此对以后的居住区规划影响很大。第二次世界大战后，在欧洲一些城市的重建和卫星城镇的规划建设中，邻里单位的理论更进一步被运用、推广，并在它的基础上发展为“小区”规划理论。

3. “雅典宪章”与“马丘比丘宣言”

1933 年国际现代建筑协会(CIAM)在雅典开会，中心议题是城市规划，并制定了第一个“城市规划大纲”——“雅典宪章”，指出城市规划的目的是解决居住、工作、游憩、交通四大活动的正常进行。四十多年后，一批建筑师、规划师在秘鲁利马集会，讨论并签署了《马丘比丘宣言》。对“雅典宪章”的实践进行总结评价后，提出了城市急剧发展中如何更有效地使用人力、土地和资源，如何解决城市与周围地区的关系，提出生活环境与自然环境的和谐问题。

二、城市规划学科的动向及展望

各种学科交叉发展为新的学科是现代科学发展的必然趋势。城市规划学当然也离不开这一趋势，不断吸收其他学科的相关部分，丰富、更新本学科的理论实践，逐步从微观的城市形态规划，扩展到社会、经济等宏观规划，从单个城市的规划发展到区域城市规划。随着人类对自然的开发利用，人居、环境和发展问题已成为我们所必须面临和解决的问题，也正是城市发展中十分重要的问题，各国政府和人民的重视，必然会推动政府在制定城市规划时予以高度重视，从而在促进城市规划从理论到实践上具有新的深度。

§14—4　城市规划的任务

一、城市规划的任务

城市规划的任务是根据一定时期城市的经济和社会发展目标，确定城市性质、规模和发展方向，合理利用城市土地，协调城市功能空间布局及进行各项建设的综合部署和全面安排。城市规划是建设城市和管理城市的基本依据，是保证城市合理地进行建设，城市土地合理地开发利用及正常经营活动的前提和基础。

二、城市规划工作的基本内容

城市规划是城市政府关于城市发展目标的决策。尽管各国由于社会经济体制、城市发展水平、城市规划的实践和经验的不同，城市规划工作步骤、阶段划分与编制方法不尽相同，但基本上都按照从抽象到具体，从战略到战术的层次决策原则进行。一般都将城市规划工作分为总体规划和详细规划两个阶段。总体规划主要是研究确定城市发展目标、原则、战略部署等重大问题，是制定后一阶段详细规划的依据。后一阶段的详细规划是对相关问题的深入研究和制订方案，也可以反馈到对前一阶段工作的调整和补充。

我国《城市规划法》也规定城市规划为总体规划和详细规划两个阶段。为了便于工作的开展，在正式编制总体规划前，可以由城市人民政府组织制定城市规划纲要，对总体规划需要确定的主要目标、方向和内容提出原则性意见，作为编制城市总体规划的依据。

城市总体规划根据城市规划纲要，综合研究和确定城市性质、规模、容量和发展形态，统筹安排城乡各项建设用地，合理配置各项基础工程设施，并且保证城市每个阶段发展目标、发展途径、发展程序的优化和布局结构的科学性，引导城市合理发展。

根据城市的实际情况和工作需要，大中城市可在总体规划基础上编制分区规划。在总体规划的基础上，对城市土地利用，人口分布，公共设施、基础设施的配置做出进一步的规划安排，为详细规划和规划管理提供依据。

详细规划的任务是以总体规划和分区规划为依据，详细规定建设用地的各项控制指标和规划管理要求，或直接对建设项目做出具体的安排和规划设计。详细规划根据不同的需要、任务、目标和深度要求，可分为控制性详细规划和修建性详细规划两种类型。

控制性详细规划的内容包括：详细确定规划地区各类用地的界限和适用范围，提出建筑高度、建筑密度、容积率的控制指标；规定各类用地内适建、不适建、有条件可建的建筑类型；规定交通出入口方位、建筑后退红线距离等；确定各级支路的红线位置、断面、控制点坐标和标高；根据规划容量，确定工程管线的走向、管径和工程设施用地界限；制定相应的土地使用与建筑管理规定细则，作为城市规划管理和综合开发以及土地有偿使用的依据。

修建性详细规划适合成片开发、改建、新建的地区和建设工程项目比较落实的地区，直接对建设项目做出具体的设计或安排。主要是对建筑和绿地、道路的空间布局、景观设计以及工程管线进行规划设计，分析建设条件，估算工程量、拆迁量和总造价，分析投资效益，进行综合技术经济论证。

复习思考题

14—1　城市产生的原因是什么，城市产生的这一过程发生在历史上的那一时期？

14—2　工业革命前后的城市发展有何不同？

14—3　城市规划工作分为几个阶段，各阶段的工作内容是什么？

第15章　城市总体规划

本章提要：本章包括城市性质、城市用地功能组织以及城市总体规划中的道路系统规划、园林绿化系统规划、工程规划。

学习目的：明确认识城市性质的概念及城市用地功能组织中应注意的问题，初步掌握城市总体规划中的道路系统规划、园林绿化系统规划和工程规划。

§15－1　城市组成要素与城市用地功能组织

一、城市性质与城市组成要素

城市性质是指各城市在国家或区域社会发展中所处的地位和所起的作用，在全国城市网络中的分工和职能。城市的形成和发展是历史进步的产物，城市的特征，会因特殊的需要而改变，如军事性的防御、行政制度、科技进步、生产和交通方式的发展改变等都会影响到城市的特征。

一个城市是由多种复杂的组成要素所组成，这些要素有：工业、对外交通运输、仓库、居住建筑、公共建筑、园林绿地、道路、广场、桥梁、自来水、下水道、能源供应等等。其中，有些要素主要是为了满足本市范围以外地区的需要而服务的，它的存在和发展对城市的形成和发展起着直接的决定性的作用，这种要素通常被称为城市形成和发展的基本因素。例如，近代工业革命后，大多数城市是由于工业发展引起人口集中而形成的，所以，工业是城市最主要的基本因素之一。现代化的城市，其形成原因主要是工业生产、对外交通、商业贸易、旅游等等，这些要素，以及一切非地方性的政治、经济、文化教育及科学研究机构，基本建设部门，国防军事单位等等，共同组成了城市的基本因素。

构成城市的基本因素是多种多样的，城市的主导基本因素则因城市而异。城市性质就是由城市形成与发展的主导基本因素的基本特点所决定的，由该因素组成的基本部门的主要职能所体现。例如，鞍山市的主要职能是作为全国的钢铁基地之一，“钢都”就是它的城市性质。又如青岛市既有外贸海港的职能，又有纺织机械工业、国防、旅游、海洋科学研究中心等职能，其中主要职能是前者，所以，青岛市的城市性质，是港口城市。

城市性质的确定一般采用“定性分析”与“定量分析”相结合，以定性分析为主。定性分析就是全面分析说明城市在政治、经济、文化生活中的作用和地位。定量分析就是在定性分析的基础上对城市职能，特别是经济职能采用一定的技术经济指标（如职工人数、产值、产量等），从数量上去确定主导的生产部门。

还必须指出，城市性质既然以城市形成与发展的主导基本因素所决定，那么，一个城市实际上还兼有居于次要地位的其他基本因素。因此，在规划同一类型的城市时，必须注意城市基本因素（或职能）的主要和次要的方面，具体分析，区别对待，切合实际，反映该城市的特色。

二、城市用地

1. 城市用地的概念

城市用地是指用于城市建设和满足城市机能运转所需的土地，既是指已经建设利用的土地，也包括列入城市建设规划区范围而尚待开发的土地。为了适应城市功能多样化的要求，城市用地可以施加高度的人工化处理，也可保持其某种自然的状态。

城市的一切建设工程，不管他们的功能如何复杂，对空间如何利用，都必须要落实到土地上，而城市规划的重要工作之一是制定城市土地利用规划，通过规划过程，具体确定城市用地的规模和范围，以及用地的功能组织与合理利用等。

2. 城市用地的用途分类

城市用地按照所担负的城市功能，划分成不同用途的各种类型。

城市用地的分类，随规划的深度或类别不同，有不同层次的区划与分类方法以及相应的用途名称。我国按照国标《城市用地分类与规划用地建设用地标准》规定，将城市用地划分为大类、中类和小类三级，共分 10 大类，43 中类，78 小类。表 15－1 中所列为城市用地的大类项目。

表 15－1　城市用地分类表

代码	用地名称	内　　容	说　　明
R	居住用地	住宅用地、公共服务设施用地、道路用地、绿地	指居住小区，居住街坊、居住组团和单位生活区等各种类型的成片或零星的用地，分为一、二、三、四类居住用地
C	公共设施用地	行政办公用地、商业金融业用地、文化娱乐业用地、体育用地、医疗卫生用地、教育科研设计用地、文物古迹用地、其他公共设施用地	指居住区及居住区级以上的行政、经济、文化、教育、卫生、体育、科研、设计等机构和设施用地，不包括居住用地中的公共服务设施用地
M	工业用地	一类工业用地、二类工业用地、三类工业用地	指工矿企业的生产车间、库房及其附属设施等用地，包括专用的铁路、码头和道路等用地。不包括露天矿用地，该用地应归入水域和其他用地
W	仓储用地	普通仓库用地、危险品仓库用地、堆场用地	指仓储企业的库房、堆场、包装加工车间及其附属设施等用地
T	对外交通用地	铁路用地、公路用地、管道运输用地、港口用地、机场用地	指铁路、公路、管道运输、港口和机场等城市对外交通运输及其附属设施等用地
S	道路广场用地	道路用地、广场用地、社会停车场库用地	指市级、区级和居住区级的道路、广场和停车场等用地
U	市政公用设施用地	供应设施用地、交通设施用地、邮电设施用地、环境卫生设施用地、施工与维修设施用地、殡葬设施用地、其他市政公用设施用地	指市级、区级和居住区级的市政公用设施用地，包括建筑物、构筑物及管道维修设施等用地
G	绿地	公共绿地、生产防护绿地	指市级、区级和居住区级的公共绿地及生产防护绿地，不包括专用绿地、园地和林地

续表 15－1

代码	用地名称	内　　容	说　　明
P	特殊用地	军事用地、外事用地、保安用地	指特殊性质的用地
E	水域和其他用地	水域、农村用地、闲置地、露天矿用地、自然风景区用地	指除以上九大类城市建设用地之外的用地

注：在计算城市现状和规划用地时，应统一以城市总体规划用地的范围为界进行汇总统计。

三、城市用地功能组织

城市总体布局是城市社会、经济、环境以及工程技术与建筑空间组合的综合反映。对于城市的历史演变和现状存在的问题，自然和技术经济条件的分析，城市中各种生产、生活活动规律的研究，包括各项用地的功能组织，城市建筑艺术的探求，无不涉及到城市的总体布局，而对于这些问题的研究成果，最后都要体现在城市的总体布局中。

城市总体布局是城市总体规划的重要工作内容，它是一项为城市长远合理发展奠定基础的全局性工作，并用来指导城市建设，作为规划管理的基本依据之一。城市总体布局是通过城市用地组成的不同形态体现出来的，城市总体布局的核心是城市用地功能组织，研究城市各项用地之间的内在联系，根据城市的性质和规模，在分析城市用地自然条件和建设条件的基础上，将城市各组成要素按其不同功能要求有机的组合在一起，使城市有一个科学、合理的用地布局。

1. 影响城市各组成要素用地选择的因素

(1) 用地的形状和大小

城市各组成要素用地的形状及面积大小，应根据使用的性质及规模确定，并留有一定的发展余地。工业用地的外形和面积大小，会因生产类别、工艺流程的不同有所不同，而公共建筑用地、居住用地通常根据人口的规模确定相应的用地面积。

(2) 用地自然条件及建设条件

在城市规划前，应对城市用地的自然条件进行调查、研究，对用地适用性进行评价。在进行用地选择时要考虑工程建设对地质、气候、水文和地形方面的要求。此外还应考虑人为因素即通常所说的建设条件对各组成要素的布置的影响，组成城市的各要素，形成城市的各因素之间都是互相依存的，城市也不是孤立存在的，用地选择时要考虑现状布局及基础设施状况。

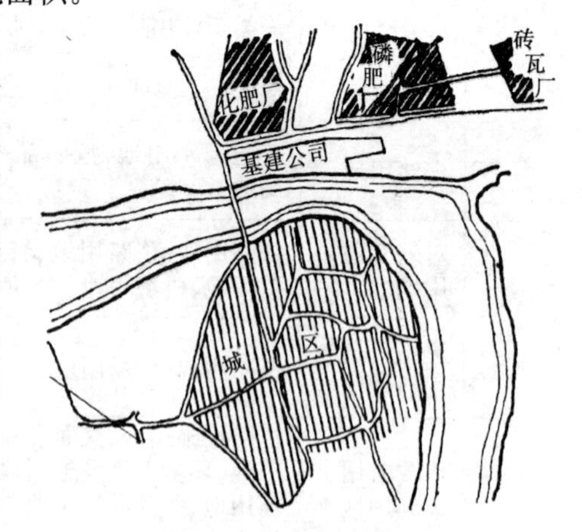

图 15－1　浦圻化肥厂等与城区以河流作为卫生防护带

(3) 环境保护的要求

城市是一个开放程度极高、依赖性很强的系统，它与周边环境发生着相互作用。在规划中应考虑城市各组成要素对环境的影响，保护环境，减少有害物质对环境的污染。例如，排放废气的工业，不宜布置在空气流通不良的盆地、谷地等处，以避免污染物无法扩散而加重污染；在工业区与居住区之间要求隔开一定距离，并设置卫生防护带

(图 15－1)；不得在城市现有及规划水源的上游设置排放有害废水的工业。

2. 城市用地功能组织原则

(1) 点、面结合，城乡统一安排

城市不可能孤立的出现和存在，它必须以周围地区的生产发展为前提，城市及其周围经济影响地区应作为一个整体来考虑。

城市在工业、原材料、燃料的供应，产品的调配，交通运输的联系，环境污染的防治，城市的供水、排水、粮食和蔬菜副食品的供应，以及建筑材料、劳动力的来源等都和城市周围地区或更大范围内有着密切的联系。广大地区的城市化进程，包括农业劳动力的转移、乡镇企业的兴起、村镇居民点的设置，是来自城市外部的因素和条件，会在一定程度上影响城市总体布局。如果不以一定区域范围的背景作为前提来分析研究城市，就城市论城市，就难以真正了解一个城市的历史演变及其发展趋势，所拟定的城市总体布局，必然缺乏全局观点和科学依据。对于城市用地功能组织来说，缺乏可靠的基础，难免会有盲目性和片面性。因此，我们着手编制一个城市的总体布局时，必须联系城市所在地区的政治、经济、资源、社会、环境等现状进行调查研究。如果以城市作为一个点，城市所在的地区或更大的范围就是一个面，点、面结合，分析研究城市在地区国民经济发展中的地位与作用，明确城市生产发展的任务和可能的发展趋向，提出规划的依据。

(2) 功能明确，重点安排城市主要用地

在城市的内部，人类的活动千差万别，城市功能与城市活动的对应是一种不可忽视的基本原则，明确城市各部分功能所在，合理安排城市用地，对城市发展规模与发展方向有着重要的制约作用。对城市的主要功能，应重点考虑。合理布置城市主要用地，综合地考虑工业、交通、居住、公共绿地等用地之间的关系，是反映城市用地功能组织的一项很重要的内容。

(3) 规划结构清晰，内外交通便捷

城市用地结构清晰是城市用地功能组织的一个标志。结构清晰反映了城市各主要组成用地功能明确，而且各用地之间有一个协调的关系，同时拥有安全、便捷的交通联系。在具体进行城市用地规划布局的过程中，可以利用各种有利的自然地形、交通干道、河流和绿地等，合理划分城市用地，使功能明确，面积适当，要注意避免划分得过于分散零乱，不便于城市的总体组织。

在分析研究城市用地功能组织时，必须充分考虑使各区之间有便捷的交通联系，使城市交通有很高的运行效率。城市各功能区之间的联系，主要是通过城市道路来实现的，城市道路系统是联系各功能区的“动脉”，通过“动脉”的活动，强化各区的功能。此外，城市中心区的布置也起着很重要的作用。市中心区是城市总体布局的心脏，它是构成整个城市特点的最活跃的因素，它的功能布局与空间处理的好坏，不仅影响到市中心区本身，还关系到城市的全局。

图 15－2 为英国哈罗新城。该城建于 1949 年，距伦敦约 37 km，规划人口为 8 万人，用地约 2500 hm^2，由伦敦分散出一部分工业及人口形成。铁路、公路及河流位于城市北部，对外交通联系方便。东西两部分各有一个工业区，全市除中心区外，由若干个邻里单位组成，3～4 个邻里单位组成一个居住区。市内主要干道在居住区之间的绿地中通过，联系市中心、对外公路及车站、工业区。此外，次一级道路包括专辟的人行道和自行车道系统，贯穿各邻里单位。从城市的用地功能组织上来看，各组成部分功能明确，结构清晰，交通便捷。

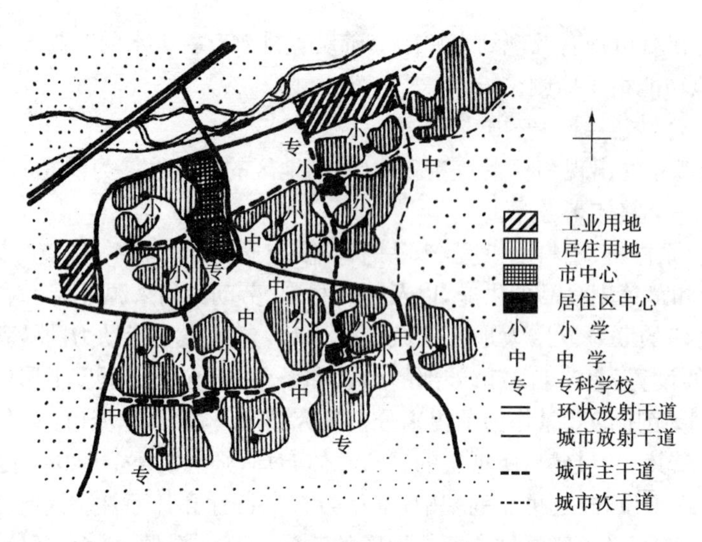

图 15－2　哈罗城市的分级结构方案

城市是一个有机的综合体，生搬硬套、任何臆想的图案是不能用来解决问题的，必须克服形式主义的影响，结合各地具体情况，因地制宜地探求切合实际的城市用地布局。图 15－3 为某市在形式主义影响下编制的图案式总体规划图，建成后发现城市四周的交通不必要地吸引到市中心，中心广场上布置的办公大楼也频繁受到的道路上噪声的干扰。

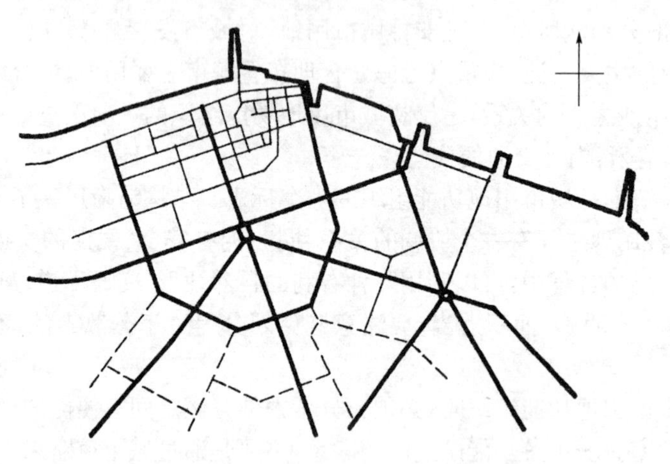

图 15－3　某市规划布局示意图

(4) 阶段配合协调，留有发展余地

从历史发展的观点来看，城市需要不断地发展，不断地改造、更新、完善、提高。在编制城市总体布局时，分析研究城市用地的功能组织，探求城市用地建设发展的合适程序，使一个城市在开始建设的阶段就有一个良好的开端，合理确定第一期城市建设方案，对于充分发挥城市用地价值，节省投资，是很重要的一环。

对于城市各建设阶段用地的选择、先后顺序的安排和联系等，都要建立在城市总体布局的基础上。同时，对各阶段的投资分配、建设速度要有统一的考虑，使得现阶段建设符合长远发展的规划需要。在规划布局中需要留有发展余地，有足够的应变能力和相应措施，使城市布局在不同发展阶段和不同情况下都相对合理，在建设发展的各个阶段能互相衔接，配合协调。

湖北省某城市在建设水利枢纽的过程中提供了有益的经验。在城市规划中充分考虑近远期结合的原则，使水利枢纽的工程设计、施工组织，与城市的近期建设计划相统一，采取了城市道路系统与施工道路系统相结合、临时与永久性建筑相结合、施工取土和开拓城市用地相结合的措施。这样，水利枢纽工程施工期间的工厂用地、生活用地能按照城市规划进行布置和建设，新建的各种管线和市政设施，既考虑水利工程的需要，又结合城市发展的需要，由于各阶段的建设配合协调，做到了大坝建成，城市形成。

英国哈罗新城在按 1952 年规划方案建成后，1963 年在原有基础上，延长部分交通干道，继续向东、西两端布置若干居住小区，仍然不失原有方案的一些特点。如市中心仍居于城市中心的地理位置，方便全城居民，道路结构系统不变，居住用地和工业用地有较好的联系等等(图 15—4)。

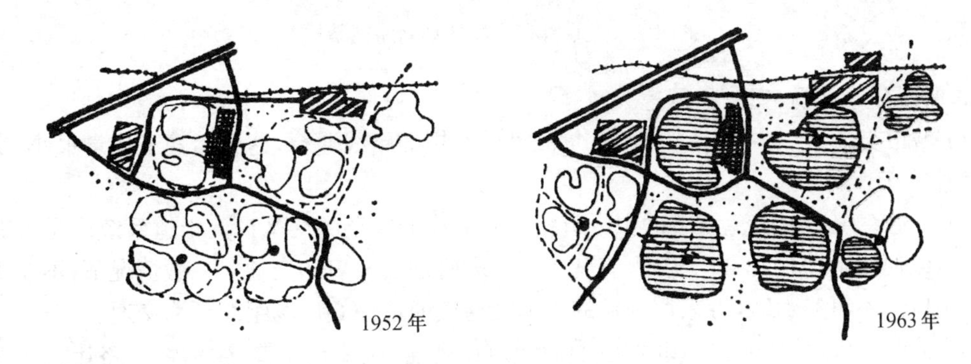

图 15—4　英国哈罗新城两阶段发展的规划布局示意图

§15—2　城市道路系统规划

城市的生存离不开城市交通，外部的、内部的，一切生活、工作、休息都离不开它的运行。城市社会是一个生存代谢(新陈代谢)的机体，组成城市的各要素，形成城市的各因素之间都是互相依存的，必然要由城市交通连接城市的各个部分。

一、布置城市道路系统的基本要求

1. 合理的城市用地功能组织

在合理的城市用地功能的组织上，要有一个完整的道路系统，满足城市交通运输要求。

城市中的各个组成部分通过城市道路的连接，构成一个相互协调、有机联系的整体。城市道路系统规划应该以合理的城市功能组织为前提，而在进行城市用地功能组织的过程中，应该充分考虑城市交通的要求。两者紧密结合，才能得到较为完善的方案。

满足城市交通运输要求是道路系统规划的首要目标，为达到此目标，规划的道路网络系统必须“功能分清，系统分明”，长短距离、快慢速度分离，减少不同性质的车辆之间的相互干扰，组成一个合理的交通运输网，使城市各部分有“方便、迅速、安全、经济”的交通联系(图 15—5)。

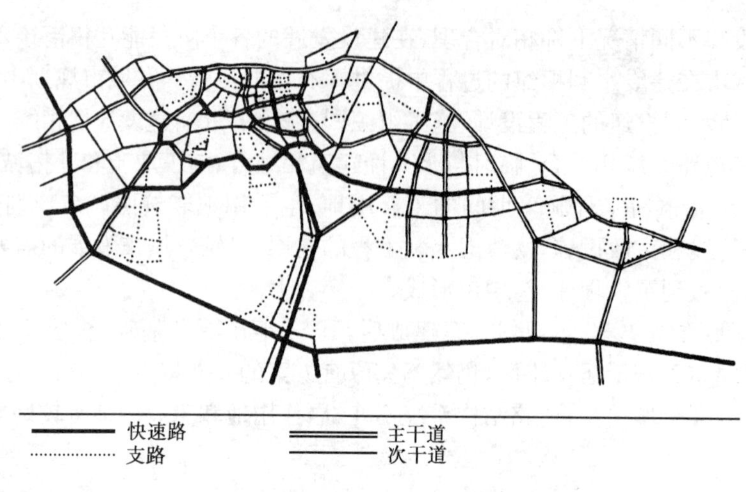

图 15—5　镇江市主城区规划路网结构

2. 保证交通流畅、安全和迅速

(1) 城市交通组织中,使大量的客、货流沿着最短的路线通行,达到运输工作量最小,交通运费最省。

(2) 干道系统内要避免众多的主干道相交所形成的复杂的交叉口。干道系统应尽可能简单、整齐,以便车辆通行时方向明确,有利于组织和管理交叉口的交通。一般情况下,不要规划星形交叉口。不可避免时,可采用一定的立体交通或通过中心广场组织环形交通。

(3) 城市各级道路相互衔接时,应遵循低速让高速、次要让主要、生活性道路让交通性道路以及适当分离的原则。

3. 结合自然条件,合理规划道路路线走向

在确定道路走向和宽度时,尤其要注意节约用地和投资费用。自然地形对规划道路系统有很大的影响。在地形起伏较大的丘陵地区或山区,道路选线常受地形、地貌、工程技术经济等条件的限制,有时不得不在地面上作较大的改变。如果片面地强调平、直,就会增加土石方工程量而造成浪费。因此,在规划道路系统时,要善于结合地形,尽量减少土石方工程量,节约道路的基建费用,便于车辆的行驶和地表水的排除。

道路选线还要注意所经地段的工程地质条件,线路应选在条件稳定、地下水位较深的地方,尽量绕开地质和水文地质不良的地段。地下水位很高时,冬天结冰,对路面结构有破坏作用。路面应与地下水保持一定距离,以免冻胀后引起路面开裂。

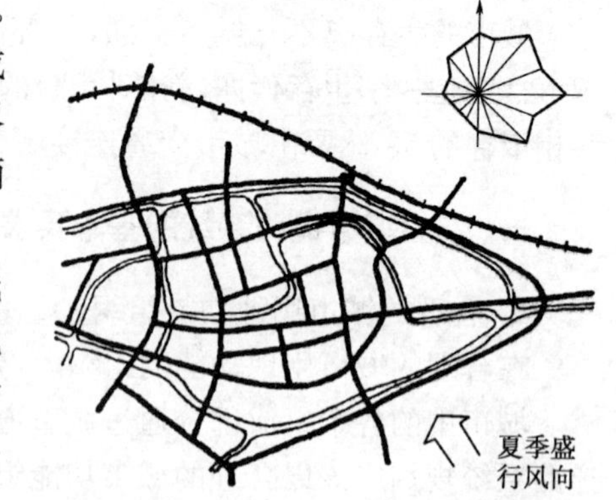

图 15—6　道路走向考虑盛行风向的布局

4. 考虑城市环境和城市面貌的要求

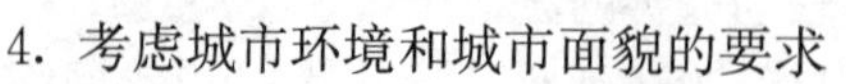

道路走向应有利于城市通风(图 15—6)。南方海滨、江边的道路要临水敞开,并布置一定数量垂直于岸边的道路。北方城市冬季严寒且多风沙、大雪,道路布置应与大风的主导风向垂直或有一定的偏斜角度,以避免大风袭击城市。

在交通日益增长的情况下,对车辆噪声的防治应引起足够的重视。一般在道路规划时应

采取相应措施，例如：过境车辆不穿越市区；控制货运车辆和有轨车辆穿越居住区；在道路宽度上考虑必要的防护绿地来吸收部分噪声；沿街建筑布置方式及建筑设计作特殊处理；避免在交通频繁的交叉路口布置人流量集中的公共建筑。

城市道路特别是干道用以联系城市的各主要部分，同时也反映着城市面貌。因此，沿街建筑和道路宽度之间的比例要协调，并配置恰当的树丛和绿带，还应根据城市的具体情况，把自然景色、历史文物、主要现代建筑等贯通起来，在不妨碍道路的主要功能前提下，使城市面貌更加丰富多彩。

5. 满足敷设各种管线及与人防工程相结合的要求

城市中各种管线工程，一般都沿着道路敷设，各种工程管线的用途不同，性能和要求也有所不同。如电讯管道，本身占地不大，但需要很大的检修人孔；排水管道埋设较深，施工开槽用地就较多；煤气管道要防爆，须远离建筑物；有些管道如采用架空敷设，则需考虑管道下的净空高度，以便车辆或行人通行。当几种管线平行敷设时，它们相互之间要求有一定的水平距离，以便在施工养护时不致影响临近管线的工作和安全。因此，规划道路时要留有足够的用地。一般管线不多时，则根据交通运输的要求来确定道路的宽度。

在城市道路系统的规划中，还应处理好近期与远期、新建与改建、局部与整体的关系，重视经济效益、社会效益与环境效益。

二、城市道路系统规划

1. 城市道路系统的形式

城市道路系统根据干道网的组织一般可归纳为方格网式、环形放射式、自由式、混合式等几种形式。这些形式是在一定的社会条件、自然条件以及当地的建设条件下，适应城市交通以及其他要求而逐步形成的。因此，在城市总体规划中不能先入为主，生搬硬套某种形式，而应该根据各地的具体情况，按照道路系统规划的基本要求进行合理的组织，使不同功能的道路组成一个合理的道路系统，有利于城市环境和城市发展。

(1) 方格网式(棋盘式)道路系统(图 15—7)

这类道路系统的最大特点是街坊排列比较整齐，有利于建筑物布置和识别方向。道路交叉口为十字形，比较简单。车流可以均匀地分布于所有街道上，不会造成市中心的交通负荷过重。这种干道系统在重新分配车流方面具有很大的灵活性，当某条街道受阻时，车辆可以绕道行驶。此外，在平原地区，道路定线与施工较为方便。

方格网式干道系统也有明显的缺点。它使交通分散，主次干道的分工不够明确，特别是对角线方向的交通不便，行驶距离长。这种形式适用于地形平坦地区且交通量不大的城市，应注意结合地形现状与分区布局来进行，不宜机械的划分方格。为适应汽车交通的不断增加，干道间距宜为 600～1 000 m，划分的城市用地形成功能分区，分区内再布置生活性道路。

(2) 放射环形干道系统(图 15—8)

放射环形干道系统由放射干道和环形干道所组成。放射干道主要担负对外交通联系，环形干道则负担各区域间的运输任务，并连接放射形干道以分散部分过境交通。这种形式的优点是使市中心区和各功能区以及市区和郊区之间有便捷的交通联系，同时环形干道可将交通均匀分散到各区。其显著缺点是易造成城市中心交通繁忙，交通机动性也较方格网式差。如在小范围内采用这种形式，还造成一些不规则的街坊和地块。为分散市中心交通，对放射形干道的布置应注意终止于城市中心地区的内环路或二环路，严禁过境交通进入城市中心区。

(3) 自由式干道系统(图 15—9)

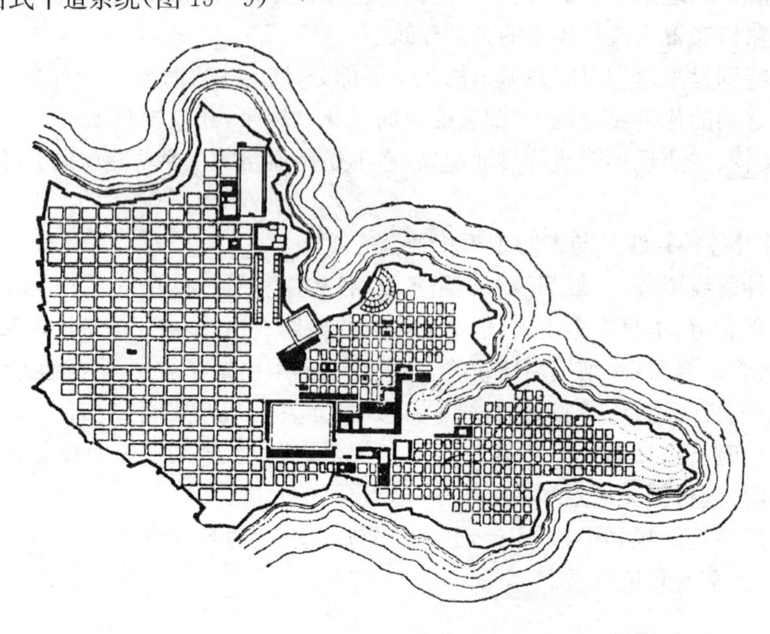

图 15—7　方格网式道路系统

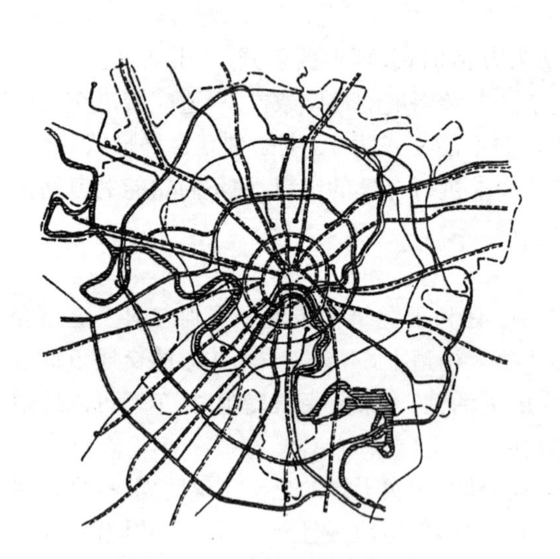

图 15—8　放射环形干道系统

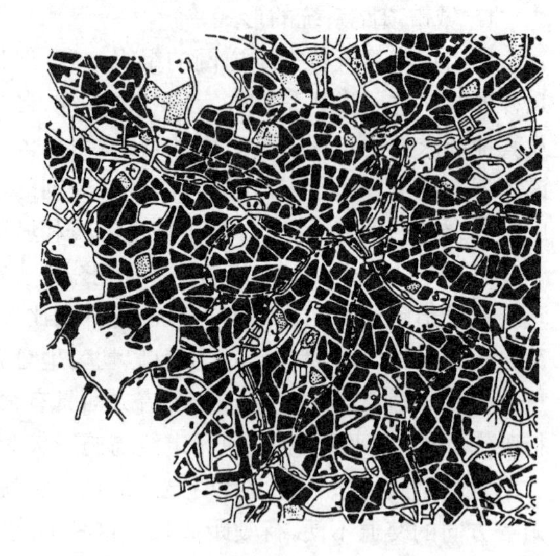

图 15—9　自由式路网

自由式干道系统是由于城市地形起伏，干道顺应地形而成，路线弯曲自然，无一定的图形，适用于山城。这种形式的优点是充分结合自然地形，如果能很好利用地形规划城市用地和干道，可以节约城市建设资金，并创造丰富的城市景观。其缺点是路线弯曲，方向多变。由于路线曲折，形成许多不规则的街坊，影响建筑物和管线工程的布置。

(4) 混合式干道系统(图 15—10)

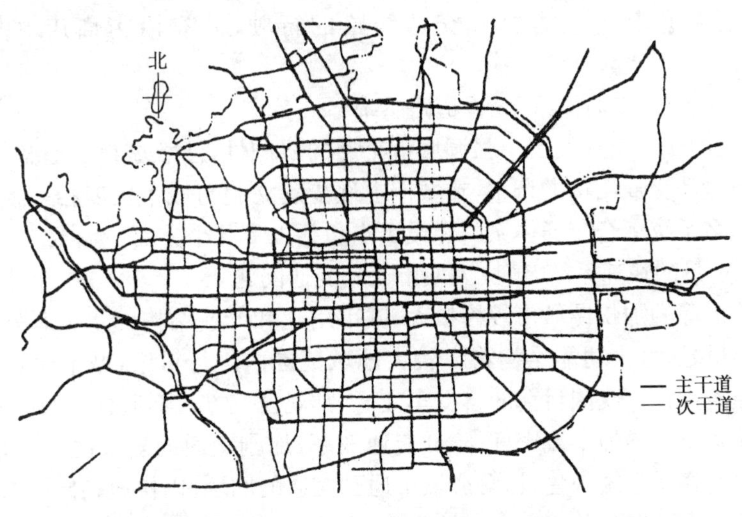

图 15—10　北京市道路系统规划示意图

混合式干道系统是结合街道系统现状和城市用地条件，采用前几种形式组合而成。很多城市是分阶段发展形成的，在旧城区方格网形式的基础上再分别修建放射干道和环形干道，从而形成混合式干道系统。

混合式干道系统的最大特点是可以有效地考虑自然条件和历史条件，力求吸收前几种形式的优点，避免缺点，因地制宜地组织好城市交通，达到较好的效果。国内一些大中城市常采用混合式干道系统。

2. 城市道路分类

划分城市道路类型的基本依据是：交通性质、交通量和行车速度。由于城市交通结构的错综复杂，难以用单一的指标来分类。要综合考虑分类的基本因素，还应结合城市的性质、规模及其现状来合理划分。

城市道路分类的方法很多，按所处的地位和作用划分：全市性干道、区域性道路、环路、放射路、过境道路等；按道路所处地区划分：中心区道路、工业区道路、仓库区道路、行政区道路、住宅区道路等；按承担的主要运输性质划分：客运道路、货运道路、客货运道路等。按我国城市规划中普遍采取的分类方法以及《城市道路交通规划设计规范》的规定，将城市道路系统划分为：快速路、主干路、次干路、支路和其他道路（如自行车专用路）、交叉口、广场和公共停车场。每类道路按照大中小城市规模分为高中低三级标准。

(1) 快速路是专为车速高、行程长的汽车交通连续通行设置的重要交通干路。城市人口200万以上的大城市内、带形城市或组团城市内，应设置快速路，并与城市出入口道路和市际高速公路有便捷的联系。设计行车速度要求达到60～80 km/h。

(2) 主干路是城市道路网的骨架，是连接城市各主要分区的交通干路，以交通功能为主，它与快速路共同分担城市的主要客、货车流，形成重要的交通走廊，设计行车速度为30～60 km/h。

(3) 次干路是城市主干路与支路间的车、人流主要交通集散道路，应设置大量的公共交通路线，广泛联系城市各地。设计行车速度为20～50 km/h。

(4) 支路是次干路与居住区、工业区、市中心商业区、市政公用设施用地和交通设施用地内部道路的连接线。其上应有公共交通线路的行驶，并有沿街商店。设计行车速度为20～40 km/h。

3. 建立多系统综合交通体系，完善道路系统

进入21世纪的城市交通发展应强调城市交通的协调性，注意城市交通整体效率，通过城市交通设施的建设和交通结构的调整，在城市中逐步建立起与城市发展相一致的多系统综合交通体系。城市多系统综合交通体系的建设重点包括以下几个方面：

(1) 建设大运量的快速系统，解决大城市通勤交通问题

我国城市化进程的加快使城市规模扩大，城市用地和产业结构的双重调整是新一轮城市总体规划的主导思想，城市功能结构将在较大地域范围内进行重组，城市通勤交通与现状相比，流量更大，距离更长。我国目前的自行车交通、常规公交方式不适合大城市的通勤需要，继续用于长距离通勤将会增加车流密度，降低交通效率，加剧交通的复杂性。因此，我国大城市应加快大运量快速客运系统的建设，解决城市通勤交通的问题，以快速、舒适、正点的客运系统引导长距离自行车交通向公共客运交通转化，减少地面层交通流量，缓解城市交通的压力。

大运量快速运输系统包括地铁、轻轨交通。《发展我国大城市交通的研究》建议优先在100万人口以上的城市发展地铁、轻轨交通等大运量的快速系统，建立以快速交通为骨干的城市通勤交通，根据城市的具体状况，选择合适的方式，提高公共交通的效率，满足城市通勤需求。

(2) 调整与更新路网结构，实行长短距离、快慢速度的分离

我国道路结构不合理导致了长短距离交通、快慢速度交通的混行，城市公共活动与城市交通的混杂，直接影响了城市地面交通的效率。城市道路的规划不能停留在追求道路的宽度或修建立交桥上，必须着眼于城市道路系统的整体建设，界定道路系统的道路等级，把城市道路按照快速路、主干路、次干路、支路的等级进行划分和组合，实行交通分离。

(3) 建设换乘中心，把自行车交通稳定在最佳骑乘范围内

从城市交通的效率来看，只有把自行车交通稳定在合理的出行范围内，才能发挥自行车交通的优势。所以，必须通过建设换乘中心使长距离出行交通向公共交通转化。沿大城市大运量快速交通干线设置换乘中心，通过快速交通换乘点、公共汽车站、适度规模的购物中心与服务设施、自行车停车场的组合，实现自行车交通与快、慢速公共交通的相互转化，建立起城市综合交通体系，发挥自行车短距离交通、机动车长距离快速交通的优势和效率。

(4) 划定步行区，改善步行交通条件

我国对城市交通一直存在认识上的偏差，忽视了对最基本的步行交通的关怀。城市交通规划常常以机动车行驶的技术要求作为城市道路设计的标准，因此，城市步行交通条件越来越差。城市交通发展应该从人的角度出发，划定步行区及准步行区，支持人的活动。在城市的中心区或特定区域，居住邻里通过限制机动车的进入或行驶速度，建立以步行为主的活动空间。城市道路建设应加强步行道及其相关设施的建设，改善步行环境，提高步行交通的舒适性。

三、城市道路设计

1. 道路宽度及断面设计

沿着道路宽度方向，垂直与道路中心线所作的剖面，称为道路横断面(图15－11)。道路红线宽度即横断面中各组成部分用地宽度的总和，也称路幅，道路红线是城市中道路用地与其他用地的界线。城市道路宽度的确定应根据城市道路的性质、规模和道路系统的规划要求，综

合考虑交通量(机动车、非机动车和人行的交通)、日照、通风、管线敷设以及建筑布置等因素,同时综合不同城市在各时期内城市交通和城市建设上的不同特点,远近结合,统筹安排,适当留有发展余地。

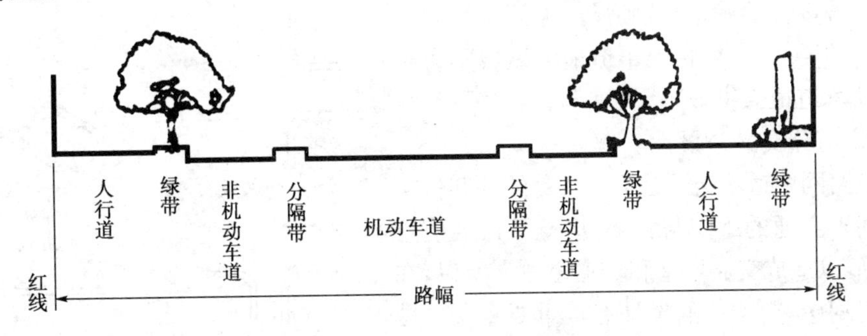

图 15—11 道路横断面组成

在进行机动车道设计时,首先应根据设计交通量和通行能力估算车道数,然后考虑行驶在该道路上的车辆特点进行交通组织和横断面的组合,确定道路宽度。

城市道路横断面的基本形式有四种(图 15—12):

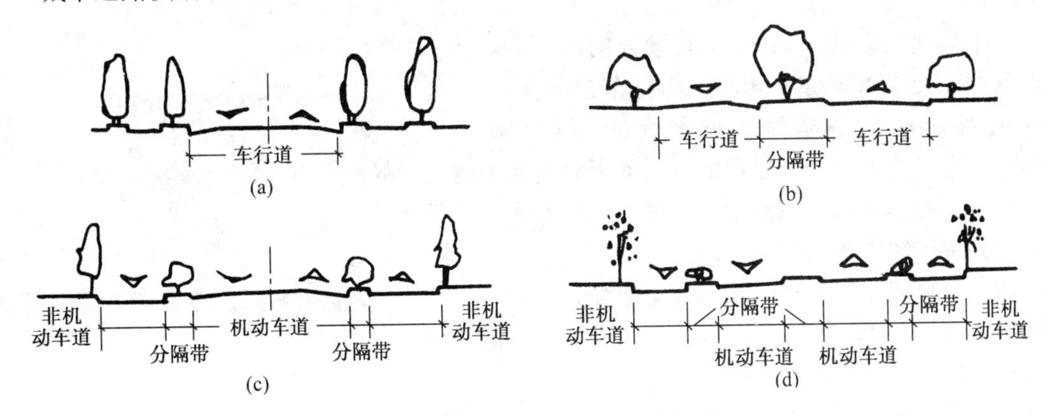

图 15—12 道路横断面的基本形式

(1) 车道上完全不设分隔带,将机动车道设在中间,非机动车道放在两侧,按靠右规则行驶,称为一块板式(图 15—12a)。优点是占地少,投资省,适用于路幅宽度在 40 m 以内,交通量不大,双向交通不均衡的路段。

(2) 两块板式道路(图 15—12b)利用分隔带分隔对向车流,将车行道一分为二,主要用来解决机动车对向行驶的矛盾,适用于机动车较多、夜间交通量大、车速要求高、非机动车类型较单纯且数量不多的道路,如入城的郊区道路等。由于这种断面车辆行驶灵活性差,车道利用率不高,宽度不够时,超车易发生事故,所以不太适合我国非机动车交通量较大的城镇道路现状。

(3) 三块板式(图 15—12c)是指利用分隔带分隔机动车与非机动车流,将车行道一分为三,主要优点是解决了机动车与非机动车的相互干扰问题,分隔带又起了行人过街的安全岛作用,提高了交通安全程度。车速较一块板式要高,易布置绿化和照明设施;机动车行驶产生的噪声与灰尘对沿街居民和行人的影响较小;便于远近结合,分期修建,同时也有利于地下管线的敷设。其缺点是占地大,工程费用高,路幅宽度一般在 40 m 以上。这种断面适用于机动车交通量大，非机动车多，车速要求高的主要交通干道。

(4) 四块板式(图 15－12d)的特点是机动车速度高、交通量大，能解决交通分向和分流，避免对向机动车的干扰，保障行车安全，适用于快速路与郊区公路，

道路纵坡设计要满足车辆通行、地面排水和埋设地下管道的要求，一般机动车道最大纵坡不大于8%，非机动车道最大纵坡不大于3%。

2. 城市道路交叉口设计

城市道路网中道路交叉是不可避免的，同时，交叉口也有利于交通的组织与转换，但交叉口会使行车速度下降，以造成交通堵塞和交通事故。所以，在城市道路规划中，交叉口的设计有着重要意义。城市道路交叉口可分为平面交叉口和立体交叉口。

平面交叉是指各相交道路中心线在同一高度相交的道口。交叉口主要有十字形、X 形、T 形、错位形、Y 形及多条道路交叉的星形或复合型交叉口(图 15－13)。

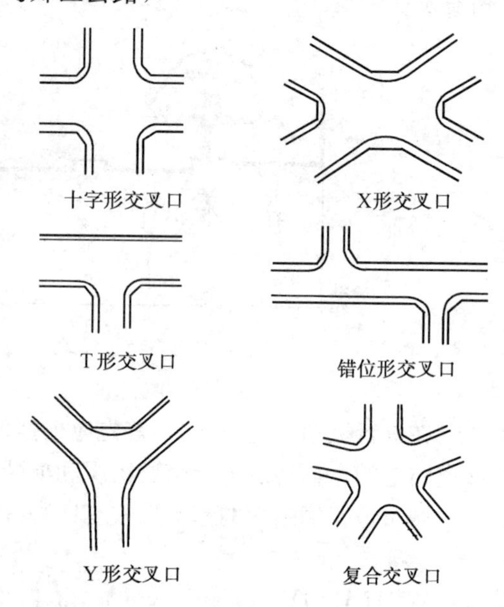

图 15－13　平面交叉口的类型

进平面交叉口的车辆，由于行驶方向的不同，车辆间相互交叉方式亦不相同。当行车方向互相交叉时可能产生碰撞的地点称为冲突点(图 15－14)。设计交叉口时应尽量减少或消灭对交通影响较大的冲突点。

减少冲突点和车辆交汇主要有以下一些方法：

(1) 信号灯管制(图 15－15a)

用信号灯或交通手势指挥实行交通管制，使通过交叉口发生相交或挤撞的车辆的通行时间错开，如原有车道宽度不够，可适当拓宽部分车道(图 15－15b)。

(2) 环形交通(图 15－15c)

通过在交叉口中央设置圆形或椭圆形交通岛，使进入交叉口的车辆不受信号灯控制，一律绕岛单向行驶。

(3) 变左转为右转(图 15－15d)

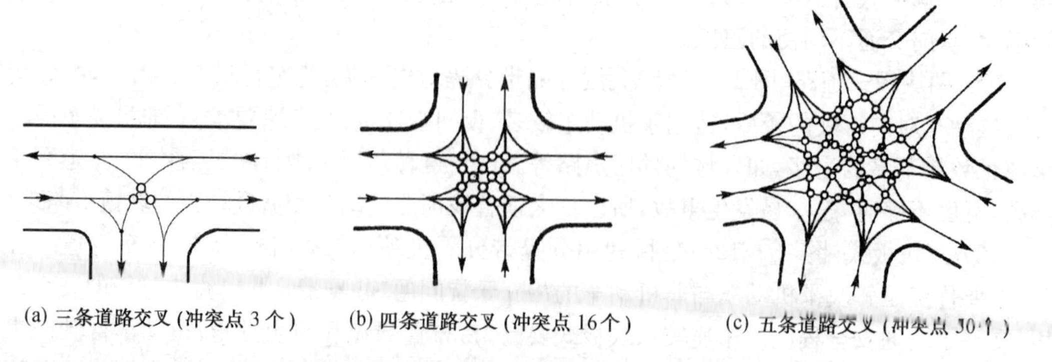

图 15－14　没有交通管制的交叉口的冲突点

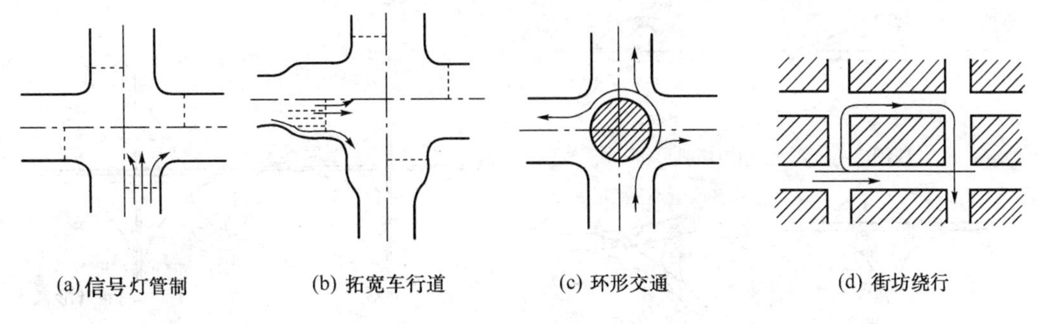

图 15－15　交叉口转弯车辆的组织

通过顺街坊绕行，变左转为右转，其缺点是增加左转行车里程，对于街坊内部产生交通干扰，一般只适用于旧城改造。

(4) 交通渠化(图 15－16)

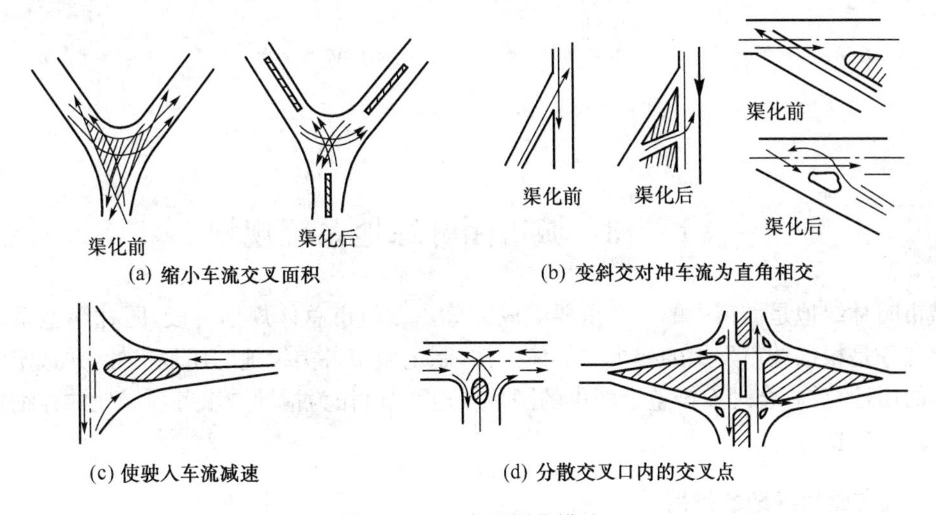

图 15－16　交通渠化措施

交通渠化就是在道路上用交通标志线及交通岛等设施使不同类型的交通，不同方向和不同速度的车辆能向渠道内流水一样，顺一定方向互不干扰地顺畅通过。

(5) 改平面交叉为立体交叉的形式。

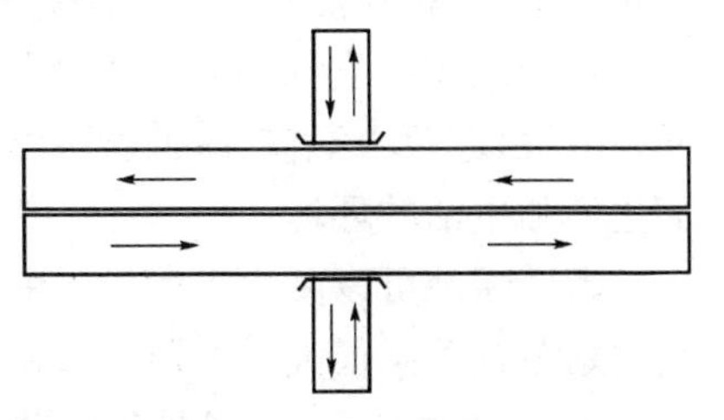

图 15－17　分离式立交

道路立交是消除冲突点的最彻底的办法，即将交叉口处各个方向的车流分别设在不同标高的车道上，使其各行其道，互不干扰。但缺点是占地多，造价昂贵，一般只用在交通量大的主干道和交通道路的交叉口上。

立体交叉的形式有分离式立交(图 15－17)、互通式立交(图 15－18)。前者只保证上下层线路的车辆各自独立通行，如隧道式立交或桥式立交；后者能使上下层车辆相互通行。互通式立交必须在平面和立面上布置复杂的迂回匝道，占用很多土地，且受桥位附近建筑物的干扰和施工期限的限制。

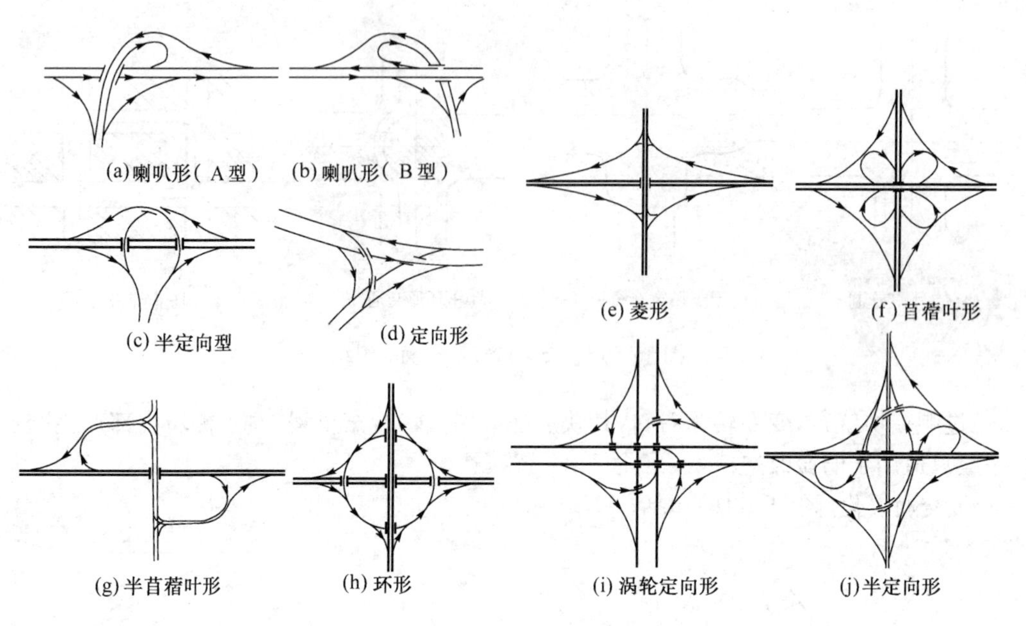

图 15－18　互通式立体交叉的基本类型

§15－3　城市园林绿地系统规划

城市园林绿地是城市中的一个重要组成部分。在城市总体规划阶段,园林绿地系统规划的主要任务是根据城市发展的要求和具体条件,制定城市各类绿地的用地指标,并选定各项主要绿地的用地范围,合理安排整个城市的园林绿地系统,作为指导城市各项绿地的详细规划和建设管理的依据。

一、城市园林绿地的作用

1. 环境保护

园林绿地在改造自然、消除自然灾害等方面有很大的作用。植树造林,有利于城市防风、保持水土、抵抗自然灾害的侵袭。

植物能吸收空气中的 CO_2,同时放出 O_2,并具有过滤尘埃的作用。大片树林和绿地能起净化空气、调节小气候、减低噪声的作用,可以为城市居民提供充沛的新鲜空气,保护和改善人们生产和生活的环境。

街道绿地可以减少车辆发出的噪声对周围建筑的干扰。绿地减低噪声的效果,与树种及其规划布置关系很大,树冠越密、植物配置越合理,吸声能力越显著。

2. 改善城市面貌,提供休息游览场所

城市园林绿地给人们增添了美丽的自然景色,也为居民提供休息、游览的场所。城市中应大量种植树木花草,结合各种有利的自然地形条件布置各项园林绿地,搞好普遍绿化,美化城市环境。

3. 有利于战备、抗震、防灾

植树造林,绿化城乡,有利于隐蔽防护,园林绿地对防震抗灾也有重要的意义。一定数量的绿地面积，特别是分布在居住区内绿地，可供临震前安全疏散用。

二、城市园林绿地的分类和标准

城市绿地的分类方法，应按绿地的主要功能及其使用对象来分，使之与城市用地分类相适应，并兼顾与建设的管理体制及投资来源相一致。此外，还要明确计算方法，避免与城市其他用地面积重复计算，使之在经济论证上有可比性。

1. 城市园林绿地的分类

(1) 公共绿地

包括全市和区级综合性公园、儿童公园、街道广场绿地等，是由城市建设部门投资修建，具有一定规模和比较完善的设施，可供居民游览、休息之用。

(2) 街道绿地

各种道路用地上的绿地，包括行道树、交通岛绿地、桥头绿地等。这类绿地具有遮荫防晒、减弱交通噪声、吸附尘埃等功能，在改善城市卫生、美化市容等方面起着积极的作用。

(3) 街坊庭院绿地

属居住用地的一部分，包括居住区小游园、街坊级庭院、宅边绿地等。这一类绿地设施与居民最接近，通过规划布置，为居民日常休息、户外活动、儿童游戏等创造良好的条件。它们对美化环境，改善小气候方面的作用较为显著。由于这一类绿地分布较广，所以是城市普遍绿化的基础。

(4) 专用绿地

一般属于某一部门或某一单位专用的绿地，其投资和管理也归该部门负责，如工业企业绿地，行政机关、大专院校等公共建筑的绿地。

(5) 园林、生产、防护绿地

包括苗圃、花圃、果园、林场、各类防护林带，这类绿地的主要功能是改善城市的自然、卫生条件，提供树苗、花卉。

(6) 风景游览区

城市内或附近具有大面积的自然景色，只需稍加修饰，可供人们长时间游览的大型绿地。如杭州西湖风景区、无锡太湖风景区、桂林漓江风景区等。

2. 城市园林绿地系统的规划布置

城市园林绿地系统是构成城市总体布局的一个重要方面，规划布置时，必须和工业用地、道路系统、居住区规划以及当地自然地形等方面条件结合，综合考虑，全面安排。在进行规划布置时应注意以下几点：

(1) 均衡分布，连成完整的园林绿地系统

城市中各类绿地有其不同的使用功能，规划布置时应将公共绿地在城市中均衡分布，并连成系统，做到点(公园、花园、游园)、线(街道绿化、江畔滨湖绿带、林荫道)、面(分布广的绿地)相结合，使各类绿地连接成为一个完整的系统，发挥最大效用。

(2) 因地制宜，同河湖山川自然环境相结合

城市园林绿地系统规划必须结合城市特点，因地制宜，与城市总体布局统一考虑。如北方城市以防风沙，水土保持为主；南方城市以遮阳降温为主；工业城市卫生防护林地在绿地系统中比较突出；风景城市绿地系统内容广泛，规划布局要充分利用并与名胜古迹、河湖山川结合；

小城镇一般便于与周围的自然环境相接，甚至有农田、山林、果园等进入市内，可适当减少市内的公共绿地。

3. 绿化的布置形式

绿化布置的形式较多，一般可概括为规则式、自然式以及规则和自然相结合的混合式。

(1) 规则式的布置形式较规则严整，多用于平地或一些要求比较庄重、严肃的场所。道路多用直线和规则的几何形，树和绿篱修剪整齐，在道路交叉点或视线集中处布置雕像、喷泉、亭等，在主要建筑或广场中心多布置地毯式花坛，形成富丽景象。

(2) 在山丘起伏、地形变化较大之处，可顺应自然地形，不求对称，采用自然式布置，以增强自然之美。在变化的地形之上配以树木草地，植物种植有疏有密，空间组织有开有合，道路弯曲自然。

(3) 混合式既不完全采用几何对称的布局，也不过分强调自然面貌，吸收两者的特点，使布置既有人工之美，又有自然之美，能适应不同的要求。如在较大范围内顺应自然的处理，在接近建筑地段，采用规则式。混合式的布置易被接受，用途较多。

4. 植物的配置

植物配置的原则是根据功能、艺术构图和生物学特性的要求使三者相互结合，依据场地的基本条件进行。植物配置的基本形式有孤植、对植、丛植、树群、树林、植篱、花坛、花台、花径、草坪等，可根据规划及环境景观的要求选择合适的形式，或将多种形式加以组合。

5. 植物的选择与种植

植物的选择和种植是城市绿地系统规划设计的一个重要组成部分。绿化植物的种类依其外观形态分为乔木、灌木、藤本、竹类、花卉和草地六类。

绿化植物主要为乔木、灌木、花卉和草地。大片绿地以乔木为主，乔木的枝叶造成浓荫，可改善地区气候；稠密的灌木，能减轻噪声；草地能含蓄水分，减少尘土飞扬。植物的选择，应根据相应的功能及美观要求确定。如需要浓荫者要种冬季落叶植物；防风树要根系发达，枝干不易被风吹折；抗污染、烟尘要能自然洗刷。

选用树木要速生树与慢生树相结合，速生树生长性强，绿化快，但寿命短，宜用慢生树来更新。常绿树与落叶树相结合，四季之中都有绿化效果。能反映地方的绿化面貌和特色的主要树种，应与开花的乔木、灌木、藤本等植物相结合。

绿化种植要注意植物与地方自然条件的关系。树木有阴、阳、寒、温，耐旱、涝、酸、碱，抗风沙、病害等不同特性。地方自然条件如海拔高度、坡向、坡度、土壤的酸碱性等，气候的风霜雨雪等情况也不一样，故种植要考虑植物的适应能力。

树木种植后，要不影响交通、不阻碍行车视线，也不应与建筑物、构筑物及地上地下管道线路设施发生矛盾。

§15—4　城市规划中的工程规划

在城市规划中要解决的工程问题是很多的，如给水工程、排水工程、电讯系统工程、煤气供应系统、供热系统、防洪系统、用地工程准备等。在城市规划中，这些单项工程，由专业技术人员负责进行，综合工作则由城市规划人员来承担。

一、城市给水工程规划

给水工程的作用是集取天然的地表水或地下水，经过一定的处理，使之符合工业生产用水和居民生活饮水标准，并用经济合理的输配方法，输送到各种用户。主要任务包括估算用水量，水源选择和保护，水厂位置和净水方法选择，进行管网布置等。按照工作过程，大致分成三个组成部分：取水工程、净水工程和输配水工程。

1. 城市用水量估算

城市总用水量包括生产用水、生活用水、消防用水及市政用水（如街道洒水、绿地浇水）等，各类用水量的多少根据用水量标准确定。生活用水量主要根据城市的气候、生活习惯和房屋卫生设备等因素确定。工业企业的生产用水量、水压、水质，一般由工业部门提供，或参考同类型工业企业的技术经济指标进行估算。城市消防用水量可根据一次火灾用水量，再乘以同一时间内有可能发生火灾的次数来估算。

2. 取水工程

水源选择是给水工程规划的一项首要任务，应该切实调查研究，综合比较，水源的水量必须充足，尽量取用具有良好水质的水源，以满足水量、水质的要求。选择水源，必须考虑到取水、输水设施的设置方便，施工、运转、管理、维护的安全经济。水源的位置有时会影响到城市其他组成要素的用地选择，从而影响总体布局。城市可选择一个水源，也可根据不同情况设立几个水源。

水源可分为地表水水源和地下水水源两类，取水工程按不同水源的情况，采用不同的取水构筑物。选择取水构筑物的位置，主要考虑地形、地质、水文、水质等自然条件，并避免取水口附近的构筑物对水源水质的污染，影响水量、取水的方便程度。取水构筑物占地并不很大，但其周围必须设置防护地带。

水源地的卫生防护带是保证供水的一项重要措施，一般在水源地周围建立的卫生防护带分为两个区域：警戒区和限制区（图 15－19）。确定水源防护地带应征得主管卫生部门的同意。

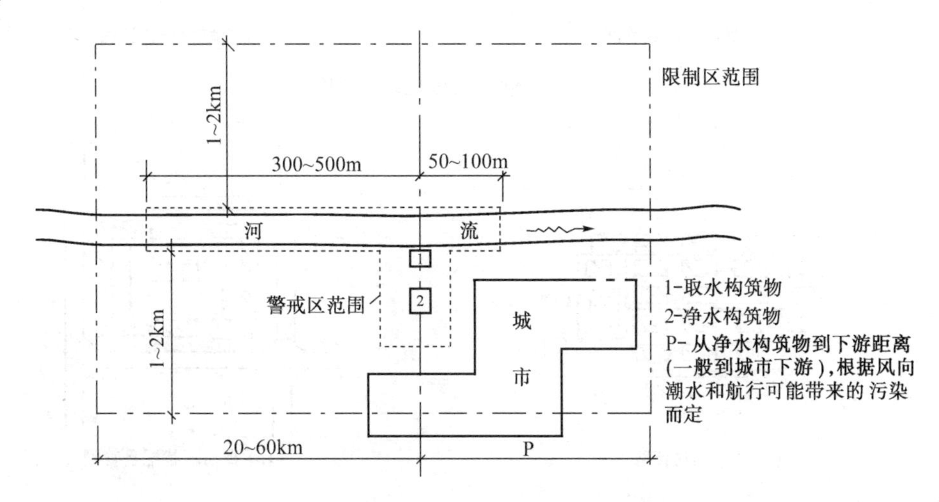

图 15－19　水源卫生防护范围示意

3. 净水工程

为了使水质适应生产和生活使用的要求，符合规定的卫生标准，应将取出的原水加以净化。净水构筑物都设在水厂中，水厂中除了生产用的构筑物外，还有生产性的和生活性的辅助建筑物。

水厂的位置，一般应尽可能地接近用水区，特别是最大量用水区。当取水点距离用水区较远时，更应如此。有时，也可将水厂设在取水构筑物附近，在靠近用水地区另设配水厂，进行消毒、加压。当取水点距离用水区较近时，可设在取水构筑物的附近。

水厂应该位于河道主流的城市上游，取水口尤其应设于居住区和工业区排水出口的上游，并应选择在不受洪水威胁的地方。取用地下水的水厂，可设在井群的附近，尽量靠近最大用水区，亦可分散布置。井群应按地下水流向布置在城市的上游。根据出水量和岩层的含水情况，井管之间要保持一定的距离。

4. 给水管网规划

城市用水经过净化之后，还要安装大口径的输水干管和敷设配水管网，将水输配到各用水地区。输水管道不宜少于两条。

给水管网的布置一般有树枝状（图 15－20）和环状（图 15－21）两种形式。树枝状管网的管道总长度较短，一旦管道某一处发生故障，则下游各段全部断水。环状管网的利弊恰恰相反。城镇管网一般敷设成环状，当允许间断供水时，可敷设成树枝状。在实践中，可两者结合布置。

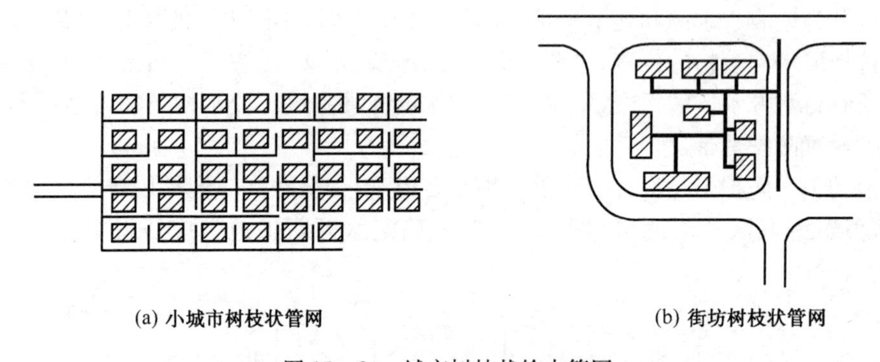

(a) 小城市树枝状管网　　(b) 街坊树枝状管网

图 15－20　城市树枝状给水管网

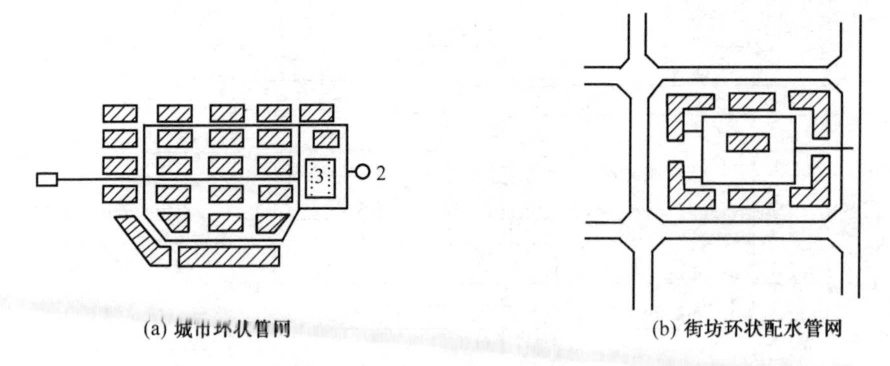

(a) 城市环状管网　　(b) 街坊环状配水管网

图 15－21　城市环状给水管网

给水管网是给水工程中的一个主要部分，一般要求管网比较均匀地分布在整个用水区，干管要布置在地势较高的一边。环状管网的大小，即干管间距，应根据建筑物用水量和对水压的要求而定。管道应尽量少穿铁路和河流。

工业用水的水压，因生产要求不同而异，有的工厂低压进水再自行加压。如果工业用水量大，可根据对水压、水质的不同要求，将管网分成几个系统，分别供水。地形高低相差较大的城市，为了满足地势较高地区的水压要求，避免地势较低地区水压过大，应考虑结合地形，分设管网系统；或按低地区要求的压力送水，在高地区加压。

进行管网规划时，必须多做方案比较，综合研究，才能得出比较经济合理的管网布置。

二、城市排水工程规划

排水工程的作用是把污水、废水集中并运送到适当地点，进行处理，使之达到卫生要求，再排放到水体中去；把雨水及时地排除，消除或减轻因积水造成的危害。排水工程规划的主要任务是：估算城市总排水量，研究雨水排除、污水性质及处理方法，选定污水处理厂位置，布置排水管网等。排水工程包括排水管道和污水处理厂两部分。

1. 城市排水量的估算

分别估算生活污水量、工业废水量和雨水量。一般将生活污水量和工业废水量之和称为城市总污水量，而雨水量单独计算。

2. 排水系统的体制

对生活污水、工业废水和降水采取的排除方式，称为排水的体制，可分为分流制和合流制两种类型。

分流制指用两个或两个以上的管道系统分别收集雨水、污水，各自单独成为一个系统。污水管道系统专门排除污水，雨水通过雨水管道系统或沿地面、路边明沟等直接排入水体。有时，还另设管道系统排除工业废水。

合流制指只埋设单一的管道系统来排除污水和雨水。

3. 排水系统形式

由于地形、土壤、管道出水口位置，以及与其他地下管线的关系等因素影响，排水系统一般有以下几种布置形式。

(1) 截流布置(图 15－22a)

主要管道分区收集污水，在各主要管道末端用一根干管连接，将污水截流至污水处理厂。

(2) 扇形布置(图 15－22b)

地势向河流方向倾斜较大时，为了避免管道坡度和污水流速过大，常采用这种方式。

(3) 分区布置(图 15－22c)

地势高差较大时，可在高地区和低地区分别设置管道，高地区的污水直接流入污水处理厂，低地区的污水，用水泵送入污水处理厂。

(4) 分散布置(图 15－22d)

对于大城市，用地布局分散，地形变化较大时，可采用分散布置，各分区有独自的干管和污水处理厂，自成系统。

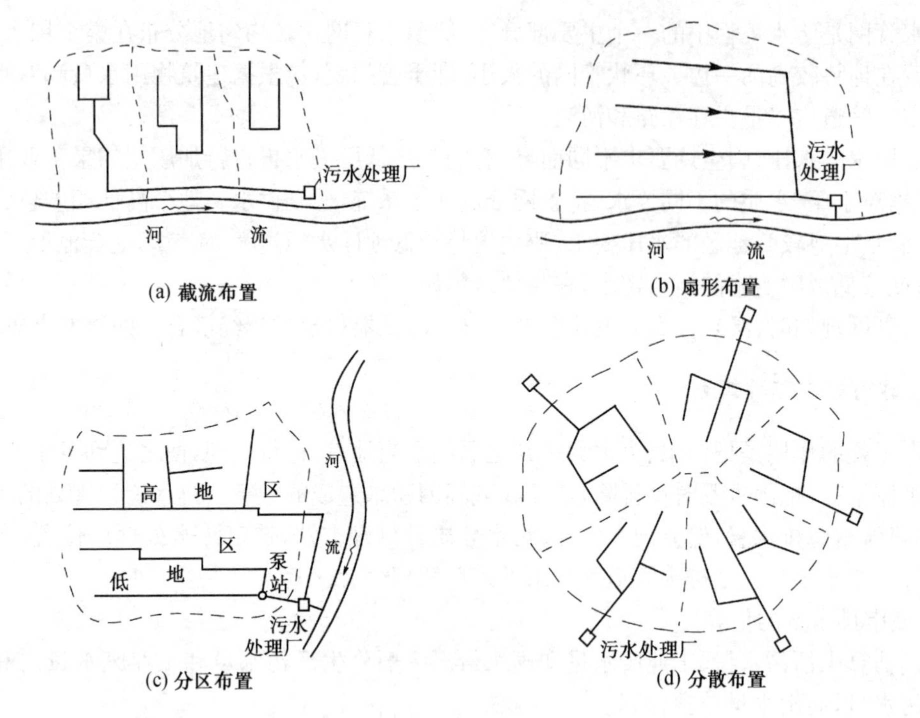

图 15—22　排水系统的形式

4. 污水处理厂及出水口位置的选择

出水口应位于城市河流下游，特别应在城市给水系统取水构筑物和河滨浴场下游，且需保持一定距离(通常至少 100 m)，防止污染城市水源。污水处理厂应尽可能与出水口靠近，以减少排放渠道长度。由于出水口要求位于河流下游，所以污水厂也应位于河流下游，并位于城市夏季最小频率风向的上风侧，与居住区或公共建筑之间要有一定的卫生防护距离。

三、城市供电系统规划

城市供电系统包括发电、送电、变电、配电、用电等主体设备和一系列辅助设备，其基本任务是提供“充足、可靠、合格、廉价”的电力。从城市规划的角度看，城市供电系统规划的主要内容包括确定负荷、布置电源、布置供电网路等。

1. 城市电源的选择

城市电源一般分为发电厂和变电所两种基本类型。

电源选择应考虑的电力系统的经济性和可靠性。在拥有水利资源的城市多用水力发电，电价低廉，但枯水季节发电量不足，需补充其他形式的电源保证城市用电。部分城市用火力发电，成本较高，有污染，但电量可靠。另外还有个别城市采用核能、太阳能、潮汐、风力和地热发电等。

有些城市靠近区域电力系统大电网，或由于资源条件没有自己的发电厂，或者发电厂容量不足的，都必须由外地输入电力。输电距离远，电压就用得高一些，到本地区后，再降压分配给用户使用，因此就需要设置变电所。

2. 电厂及变配电站位置的选择

水电站结合河流设置，一般设在水流速度较大之处。电厂位置应靠近运输线、城市用电负荷中心，建在供水充足、场地开阔、工程地质条件良好的地方。

变配电站的位置应接近负荷中心或网络中心，便于各级电压线路的引入和引出。进出线走廊要与变电所位置同时确定，靠近城市公路和城市道路，但应有一定间隔。区域变电所不应设在城市内。

3. 高压走廊的走向及位置

高压线深入市区，带来安全问题，高压线经过之处要有一定的安全距离，因此在城市总体规划中除了确定电厂、变电所位置外，还应定出高压输电线走廊的走向及宽度(图 15－23)。

高压走廊的规划应注意下面一些问题：

(1) 线路短捷，尽量减少线路转弯次数，并且不宜穿越城市中心区和人口密集地区。

(2) 保证居民及建筑物的安全，留有足够宽度的高压走廊。

(2) 尽可能减少与其他工程管线的交叉。

(3) 避免从洪水淹没地区经过，在河边架设时，要注意河流对基础的冲刷，避免发生倒杆现象。

(4) 注意远离污浊的空气来源，以免影响线路绝缘。避免接近有爆炸危险的建筑物。

4. 电力系统与通讯线路的关系

电力线路与通讯线路应有足够距离，以免对通讯线路产生静电和电磁感应影响，静电干扰的大小取决于电压等级。

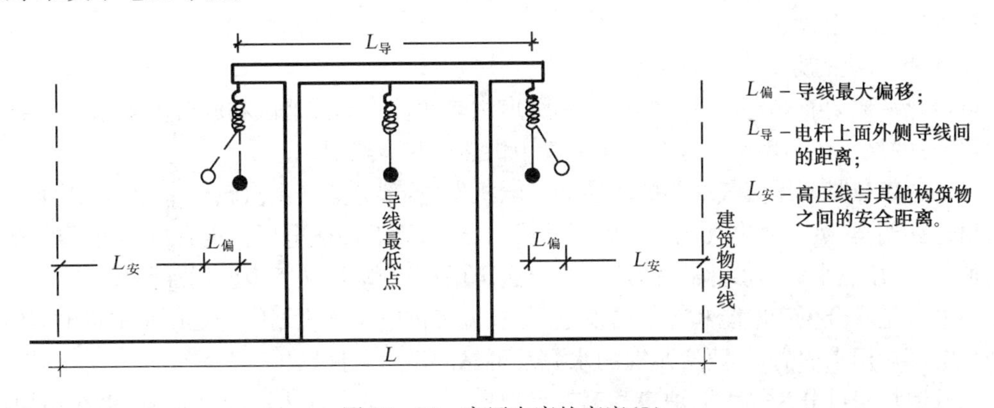

图 15－23　高压走廊的宽度(L)

四、城市电信系统规划

城市中传送信息的工程设施系统，主要由发送设备、传输路线和接收设备三部分组成城市电信系统。电信系统规划的主要内容包括确定通讯设施的种类、电话站的位置、交换机程式和中继方式等。根据通信的重要性以及市话的繁忙程度等，结合工程建设的总体规划各因素统一考虑，然后进行系统线路设计。

1. 局所规划

根据城市市话的发展状况，作出长远的总体布局，研究局所的分布，确定新局所的规模以及交换区的划分界限。选定新建局所的具体位置时应注意：局址应选在安静、清洁、无干扰的地段；地质条件要好，地形平坦，无淹没危险；尽量靠近线路网中心，使线路网费用和线路材料用量最少。

2. 线路网规划

(1) 电缆路由的选择

电缆路由应尽量短直，选择在比较永久性的道路上敷设。主干电缆路由的走向，应尽量和配线是电缆的走向一致、互相衔接。重要的主干电缆和中继电缆，宜采用迂回路由，保证通信。电缆路由的确定在考虑远近期使用的同时，还应和已有线路协调发展。

(2) 电信电缆建设方式

一般有管道电缆、直埋电缆、架空电缆、墙壁电缆，以及水底电缆、桥上电缆、隧道电缆、建筑内暗管和明管穿放电缆等。

(3) 电缆配线方式

市话电缆网路的配线方式分为直接配线、复接配线、补助配线和交接配线四种。直接配线或复接配线的特点是从市话局到各分线设备的电缆线路，中间没有经过连接设备；补助配线或交接配线是在电缆线路中间装有交接箱或补助箱一类的中间连接设备，在设备中用跳线临时跳接。后两种配线方式较前两种通融性大。在选用配线方式时，不一定完全采用单一的配线方式，也可在一个电缆网络中混合使用多种方式，以提高电缆网路的灵活性和通融性。

五、城市集中供热系统规划

城市供热系统是城市中集中供应生产用热和生活用热的工程设施，一般由热源、热力网和应用设施三部分组成。

1. 供热系统的方式

城市热源主要有热电厂供热和区域锅炉房供热两种。部分地区和城市可采用工业余热和地热等，有的城市还利用原子能电厂作为集中供热的基本热源。

热电厂供热是利用蒸气膨胀的功转动汽轮机发电，部分蒸气由汽轮机中抽出供应城市，通过管道送往用户，蒸气放出气化潜热后凝结成水，经水管返回热电厂。也有将热电厂的余热进入水加热器，用热水作为供热载体，通过管道送至用户，冷却后从管道流回加热器。

热电厂是联合生产电能和热能的发电厂，在城市供电系统规划中选定厂址的同时，还应考虑到热电厂对用水的需求，要有足够的水源及可靠的供水条件。

区域锅炉房可分为热水锅炉房及蒸气锅炉房。热水锅炉以热水为热载体，水在锅炉内加热至所需要的温度，进入热网供水管，借助热网水泵进行循环。蒸气锅炉是将锅炉产生的蒸气送入蒸气管网，送至热用户。

锅炉房的选址决定于热负荷的分布，并考虑燃料的堆放场地和防护距离。

热电厂供热与区域锅炉房供热，区别在于一是汽轮机抽气，另一个是直接取自锅炉，在供热系统其他方面，并无多大差别。究竟采用哪一种热源形成方式，应按照城市的具体条件，作技术经济比较。目前情况，用区域锅炉房集中供热较为普遍。

集中供热系统方式的确定还包括对热载体形式的选择。大城市和住宅区供热，热用户有采暖及生活用热供应，往往采用双管热水系统。对工业区供热，热负荷主要是工艺热，通常采用蒸气供热。

2. 供热管网的布置

民用供热管道一般为地下敷设，工业供热管道一般为架空方式。供热管道地下敷设时，根据不同地点，可采用通行地沟、半通行地沟、不通行地沟和无沟敷设。架空管道有高支架、中支架和低支架三种方式。架设时要注意不妨碍车辆及行人的交通，不影响建筑物的天然照明，靠近铁路公路时，要保持一定的距离。

供热系统一般采用枝状网，对供热要求高时，可选用环线网或复线枝状网。管网布置应尽量避开主要干道和繁华街道，减少跨越铁路、公路、河流等。管道尽量敷设在道路的一侧，减少穿越道路的次数。

六、城市燃气系统规划

城市燃气供应系统是指供应居民生活和部分供应生产用燃气的工程设施系统，由气源、输配管网和供用设施组成。

1. 城市燃气的气源

我国城市燃气一般分为天然气、人工煤气和液化石油气三大类。在选择城市气源时，应充分利用外部气源，当选择自建气源时，必须落实原料供应和产品销售等问题，并通过技术经济比较来确定气源方案。对于大中城市，应根据气源规模、制气方式、负荷分布等情况，在可能的条件下，力争安排两个以上的气源。

城市燃气系统的供应方式有三种：仅用低压管网分配和供应的单级系统；燃气用高压或中压管道供给调压站，再经低压管网供应，为两级系统；燃气由高压管进入储气罐，减压后进入中压网，再进入低压网，为三级系统。在以天然气为主要气源的大城市，往往在城市边缘敷设超高压管道网，从而形成四级、五级等多级系统。

2. 燃气厂及各种供应设施在城市中的布置

城市燃气厂厂址的确定，一方面要从城市的总体规划和气源的合理布局出发，另一方面也要从有利于生产，方便运输，保护环境着眼。例如在煤区建立煤气厂，要尽可能接近煤矿，如果煤由外地运来，则要敷设专用线路或靠近运输河流，并有足够面积的储煤场地。

储气站用来平衡燃气用量的周不均匀性和小时不均匀性，其位置的选择要注意安全，与其他建筑间留有足够的防火距离。

调压站一般设在地上单独建筑物内，如条件受到限制，且燃气进口压力不大于 1.5 kg/cm^3 时，可以设在地下单独的构筑物内。环境条件许可时也可设在露天，并设围墙。调压装置进口压力为高压时，与周围建筑的距离不小于 12 m；为次高压、中压或低压时，不应小于 6 m。

在城市中供应液化石油气时，应设液化石油气储配站、灌瓶站、液化石油气供应站，其位置应在城市规划中，参照防火要求，城市运输条件，公用设施条件等考虑确定，一般位于城市边缘。

3. 煤气管网在城市中的布置

根据煤气管道的不同压力和用户的用气量大小，考虑到所经过的地段有无天然障碍、土壤有无腐蚀性等因素，先布置高、中压燃气管道的线路，然后布置低压管网。为了使主要燃气管道供应可靠，应按逐步形成环状管网设计。管道的敷设要便于检修，同时考虑输送安全的要求，如避免埋在交通频繁的干道下面，不能穿过房屋或其他建筑物，不允许设在铁路上。燃气管道穿越河流埋设，在河床下应有一定的埋设深度。室外架空的燃气管道与建筑和道路之间应留有安全距离。

七、城市管线工程综合

城市管线工程综合，是对城市中各种工程管线的空间位置所进行的综合设计，以防止和解决城市建设中各种工程管线之间及与建筑物、构筑物之间可能发生的矛盾和问题，并给将来建设的工程管线预留空间。

1. 城市管线工程分类

城市管线工程，按其用途一般可分为以下几类：给水管道、雨水管道、污水管道、电力线、电讯线、热力管道、燃气管道等。在工业区内，还有一些专用管道，如氧气、乙炔、液体燃料管道，排灰、排渣管道，化工专用管道等。

按敷设形式一般可分为架空架设及地下埋设两大类，大部分管线埋设地下。地下管线还可分为深埋及浅埋两种，与气候、冰冻线深度有关，覆土大于 1.5 m 者为深埋，如给排水管及煤气管。

按输送方式可分为压力管道及重力自流管道，给水、煤气多为压力输送，污水、雨水多为自流输送，后者受地形及标高的制约。

2. 管线工程的工作阶段

一般分为规划综合、初步设计综合、施工图检核阶段。

在城市总体规划阶段，主要以各种管线工程的规划资料为依据，进行总体布置。主要任务是解决各项工程干线在系统布置上的问题，经过规划综合，可以对各单项工程的规划提出修改的建议。

初步设计综合相当于城市规划的详细规划阶段，根据各单项工程的初步设计进行综合，确定各种管线的平面位置和控制标高，综合在规划图上，检查它们之间的水平间距和垂直间距是否合适，在交叉处有无矛盾。经过初步综合设计，对各单项工程的初步设计提出修改意见，有时也可以对城市道路的横断面提出修改意见。

经过初步设计的综合，一般的矛盾已解决，但在各单项工程的技术设计和施工图详图中，由于设计工作进一步深入，或由于客观情况的变化，还需进一步将施工图加以核对。

3. 管线工程综合布置的原则

(1) 厂界、道路、管线的位置都要采用统一的城市坐标系统及标高系统。

(2) 管线尽量短捷，并尽量埋设在道路红线内，但要避免过分集中在交通繁忙的城市干道下，以免维修时影响交通。

(3) 道路下的管线一般应和道路中心线(或建筑线)平行，同一管线不宜从道路一侧转到另一侧。安排管线时，应首先考虑在人行道或非机动车道下面。

(4) 各种管线由道路线向道路中心线方向平行布置的次序一般为：电力、电讯、煤气、热力、给水、雨水、污水(图 15－24)。

(5) 管线交叉越少越好，并尽可能直角相交。

(6) 管线冲突时一般是：未建管线让已建管线；临时管线让永久管线；小管道让大管道；压力管道让重力自流管道，可弯曲管线让不易弯曲管线。管线之间、管线与建筑物之间的间距，要满足技术、卫生、安全等要求，并符合战备需要。

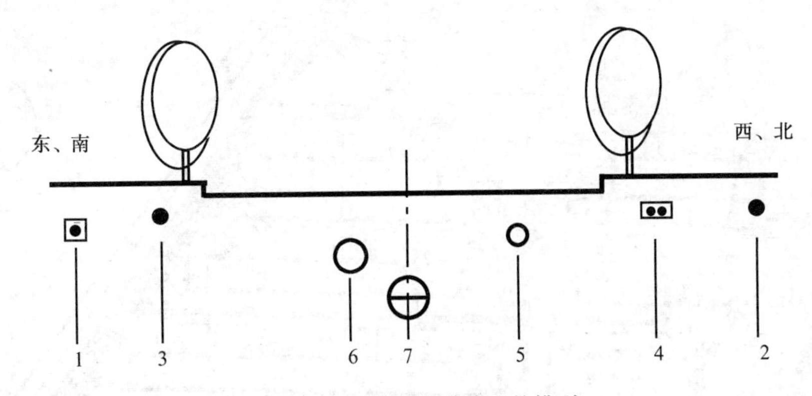

图 15—24　管线在道路上的排列

1—电力线；2—电讯线；3—热力管；4—煤气管；5—给水管；6—雨水管；7—污水管

八、城市用地的竖向规划

城市用地竖向规划设计是对城市用地的主要控制标高所进行的综合设计，目的在于使建筑、道路、场地、排水的标高相互协调，并考虑城市地形地貌和形成优美的城市立体空间的景观要求。

1. 城市用地竖向规划工作的基本内容应包括下列方面：

(1) 结合城市用地选择，分析研究自然地形，充分利用地形，尽量少占或不占农田，对一些需要采取工程措施后才能用于城市建设的地段提出工程措施方案。

(2) 综合解决城市规划用地的各项控制标高问题，如防洪堤、排水干管出口、桥梁和道路交叉等。

(3) 使城市道路的纵坡度既能配合地形又能满足交通上的需求。

(4) 合理组织城市地面排水。

(5) 合理经济地组织好城市用地的土方工程，考虑到填方、挖方的平衡。避免填方土无土源，挖方土无出路，或土方运距过大。

(6) 配合地形，注意城市立体空间环境的美观要求。

城市用地竖向规划要与城市规划工作阶段配合进行。一般也分为总体规划和详细规划阶段。各阶段的工作内容与具体做法与该阶段的工程深度，所能提供的资料，以及要求综合解决的问题相适应。

2. 总体规划阶段的竖向规划

需要对全市的用地进行竖向规划，主要解决道路干道交叉点的控制标高，铁路与城市干道的交叉点、防洪堤、桥梁等标高；分析地面坡向、分水岭、汇水沟、地面排水走向，以及土方平衡的初步估算。

3. 详细规划阶段的竖向规划

在总体规划阶段所确定的竖向规划指导下，对规划地段的建筑、道路、场地、排水所进行的规划设计。由于具体项目的要求不同，竖向规划设计的内容和深度也不同。设计方法一般有高程箭头法、纵横断面法、设计等高线法等。

(1) 高程箭头法(图 15—25)

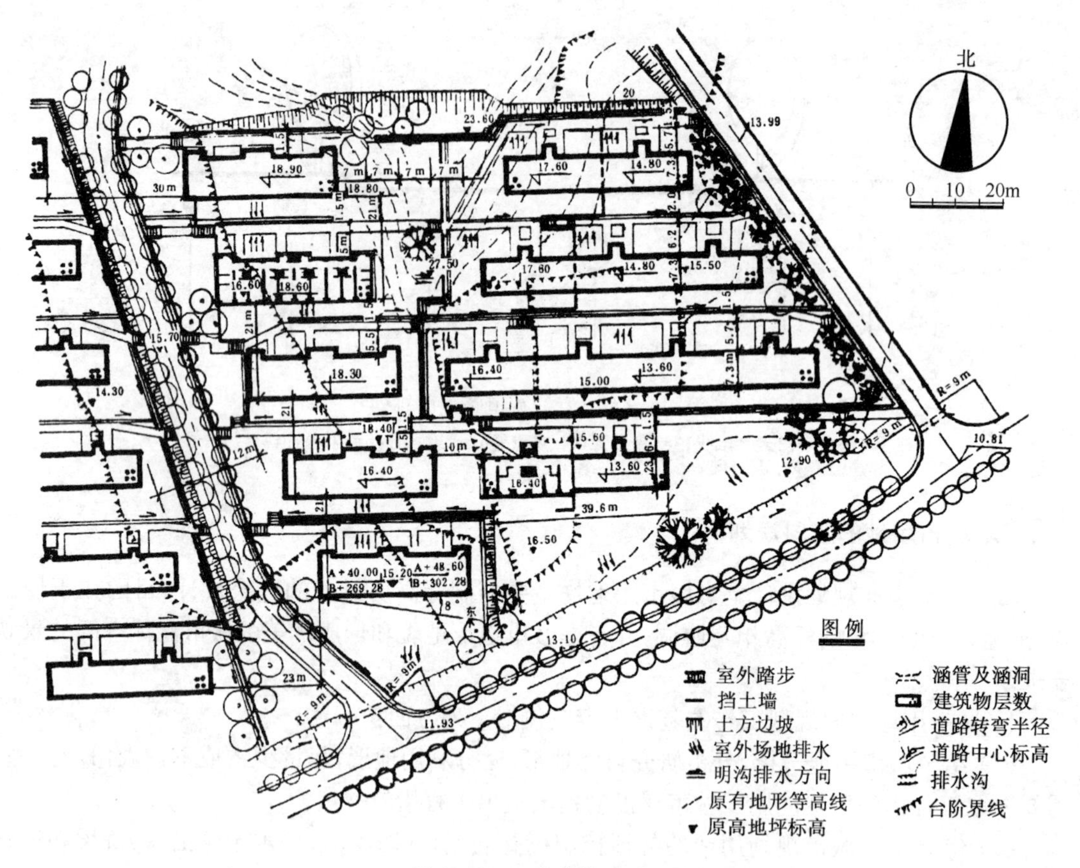

图 15－25 高程箭头法

根据竖向规划设计原则，确定出区内各种建筑物、构筑物的地面标高，道路交叉点、变坡点的标高，以及区内地形控制点的标高，将这些点的标高标注在竖向规划图上，并以箭头表示各类用地的排水方向。

高程箭头法的规划设计工作量较小，图纸制作较快，且易于变动和修改，为详细规划竖向设计常用的方法。缺点是比较粗略，确定标高要有丰富经验，有些部位的标高不明确，在实际工作中可采用高程箭头法与局部剖面相结合的方法。

(2) 纵横断面法(图 15－26)

此法是先在规划的区域平面图上根据需要的精度绘出方格网，然后在方格网的每一交点上注明原地面标高和设计标高。沿方格网长轴方向者称为纵断面；沿短轴方向者称为横断面。此法对规划设计地区的原地形有立体的形象概念，易于考虑地形改造。缺点在于工作量大，花费时间多。多用于地形比较复杂地区的规划。

(3) 设计等高线法(图 15－27)

根据道路及场地排水等要求，初步确定规划区域四周红线的标高、内部车行道、房屋四角的设计标高，连接成大片地形的设计等高线。设计等高线应尽量与自然等高线相合，即该部分用地完全可以不动原地形。全部做出设计等高线后，能较完整地将任何一块用地或一条道路与原来的自然地貌作比较，随时一目了然地看出设计的地面或路(包含路口的中心点)的挖填方情况，便于调整。多用于地形变化不太复杂的丘陵地区的规划设计。

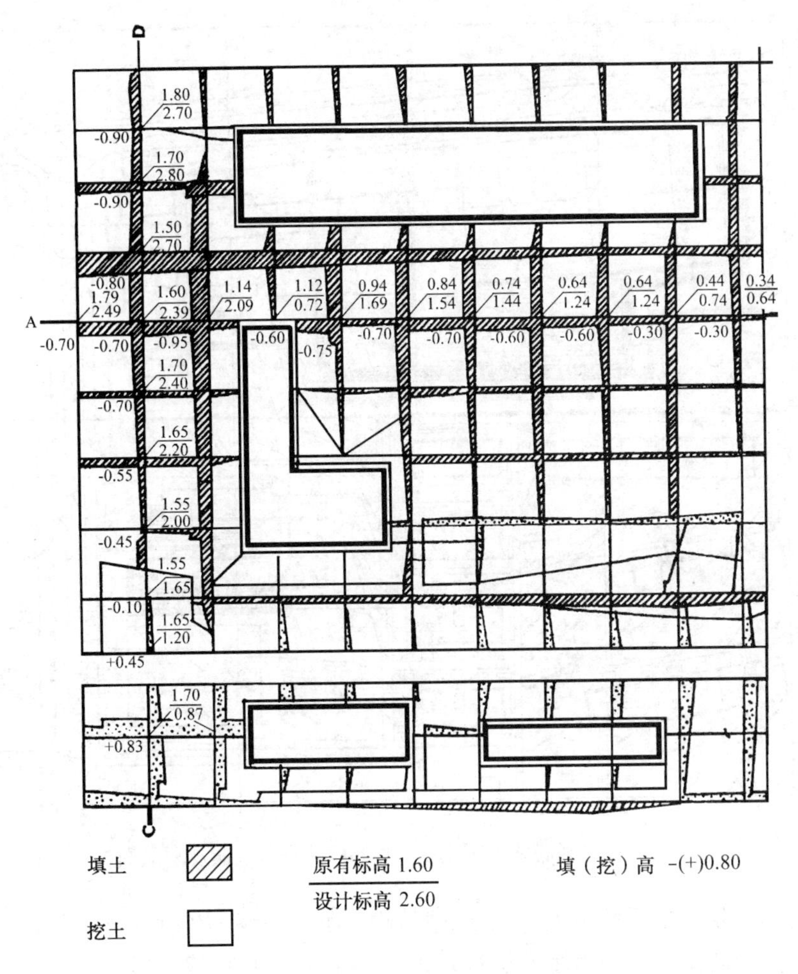

图 15－26　纵横断面法

九、城市防灾救灾规划

城市灾害主要有火灾、爆炸、地震、洪水、泥石流等。城市防灾规划一般包括消防规划、防洪规划、防震规划和防空规划。城市防灾规划的主要内容有：通过合理选址避开自然易灾地段；通过合理规划避免建设中人为的易灾区；建立适合防灾的城市单元结构布局，实现较优的系统防灾环境。

1. 城市消防规划

城市中火灾是频发的灾害。因此，在进行城市总体规划时，必须同时规划城市消防的有关设施。

(1) 消防站的规划

城市消防站规划布局的首要原则是：消防队接到火警后 5 min 内要能达到责任最远点。消防站区的责任范围一般为 4～7 km。消防站的位置应选择在本责任区的中心或靠近中心且交通方便的地点，与医院、中小学、幼儿园等应有足够距离，以免干扰过大。

(2) 消防给水规划

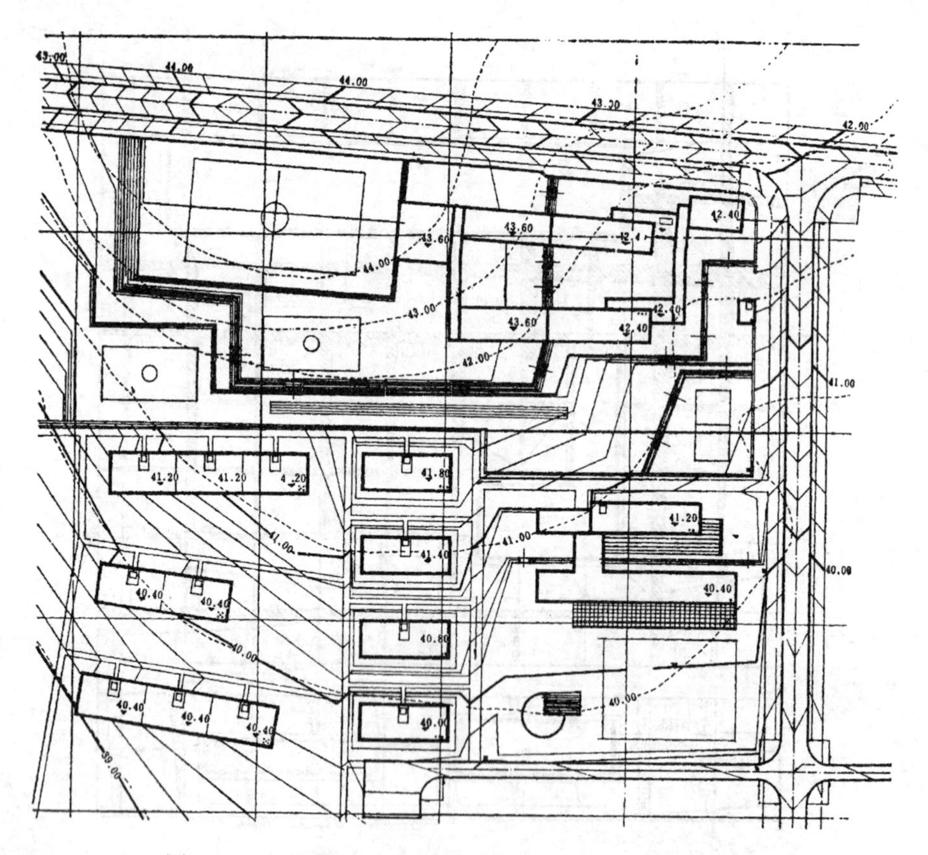

图 15—27　某居住小区用设计等高线法进行竖向规划示例

城市消防用水量应根据城市人口规模、建筑物的耐火等级、火灾危险类别和建筑物体积等因素确定。城市消防供水采用多水源供水方式，一方面通过水厂建设提高供水能力，另一方面要积极开发利用就近天然地表水、人工水或地下水，保证消防用水的需要。城市消防规划还应考虑市政消火栓及室外消火栓的设置，两个消火栓的间距不应超过 120 m。

2．城市防洪规划

城市防洪规划主要包括确定城市防洪标准，拟定防洪工程措施等方面的工作。防洪标准：重要城镇、大城市应按 100 年一遇的洪水，一般城市可按 20～50 年一遇洪水频率考虑。

3．城市防震规划

城市防震规划主要考虑以下几方面：

(1) 城市规模不应过大，建设项目不应过分集中。

(2) 应按城市用地的工程地质条件确定建筑类型和规模，合理安排城市用地。

(3) 城市应有多条出入通道，确保地震时交通不会完全阻绝；城市通讯应有多种手段，保证地震时不致中断；城市供水、供电、通讯宜采用分散装置，建成环状路网并有备用设备。

(4) 根据国家有关规定提高工程设施的防震性能。

(5) 合理规划城市空间，控制建筑密度，增辟公共绿地和各类避难疏散场地。

4．城市人民防空规划

城市人民防空规划应按照平战结合、有备无患的原则，密切与城市规划工作相配合。应按有关规定，在建筑设计中同时设计地下建筑，并成为城市规划审批的内容之一。对已有的人防设施，应加强管理，能够利用的可以作仓库、招待所、商店等。城市应设立专门机构筹划管理各种人防工程。

复习思考题

15—1　什么是城市的性质，怎样确定城市性质？

15—2　在进行城市各组成要素的用地选择时应考虑哪些方面的问题？城市用地功能组织的基本原则是什么？

15—3　布置城市道路系统有哪些基本要求？如何建立多系统综合交通体系，完善城市道路系统？

15—4　城市道路横断面的基本形式有哪些？各种形式的特点及使用范围如何？

15—5　城市规划中的工程规划包括那些方面的内容？在城市建设中有哪些相应的工程设施？

第 16 章　居住区规划设计

本章提要：本章包括居住区的组成和规模，居住区规划设计的基本要求，居住建筑和居住区内公共用地规划，区内道路、绿化和其他设施规划，居住区规划技术经济分析。

学习目的：掌握居住区规划设计的基本要求、相关组成要素的规划设计、居住区规划的部分技术经济指标，在城市居住环境的开发建设中加以运用，合理确定居住区的规模、组织结构形式及内部各组成要素的安排。

居住区是构成城市的有机组成部分，居住区规划是城市详细规划的主要内容之一，是实现城市总体规划的重要步骤。居住区的规划是满足居民的居住、工作、休息、文化教育、生活服务、交通等方面要求的综合性的建设规划。

居住区规划的任务简单讲就是为居民经济合理的创造一个满足日常物质和文化生活需要且方便、卫生、安宁和优美的居住环境。在居住区内，除了布置住宅外，还必须布置居民日常生活所需的各类公共服务设施、绿地、道路广场、市政工程设施等。

§16—1　居住区的组成和规模

一、居住区的组成

1. 居住区的组成要素包括物质和精神两个方面

物质要素——指地形、地质、水文、气象、植物、各类建筑物以及工程设施等。

精神要素——指社会制度、政治、道德风尚、风俗习惯、宗教信仰、文化艺术修养等。

2. 居住区工程类型分类

(1) 建筑工程

主要为居住建筑，其次是公共建筑、生产性建筑、市政公用设施用房(如泵房、调压站、锅炉房等)以及小品建筑等等。

(2) 室外工程

包括地上、地下两部分。其内容有：道路工程(各种道路、通道和小路)，绿化工程(各类绿地和绿化种植)，工程管线(给水、排水、供电、煤气、供暖等管线和设施)，以及挡土墙、护坡、踏步等。

3. 居住区使用功能分类

(1) 住宅用地

指居住建筑基底占有的用地及前后左右附近必须留出的一些空地(住宅日照间距范围内的土地一般都列入居住建筑用地)，其中包括通向居住建筑入口的小路、宅旁绿地和杂物院等。

(2) 公共服务设施用地

指居住区各类公共建筑和公用设施建筑物基底占有的用地及其周围的专用地，包括专用地中的通路、场地和绿地等。

(3) 道路用地

指居住区范围内的不属于以上两项内道路的路面以及小广场、停车场、回车场等。

(4) 绿地

指居住区公园、小游园、运动场、林荫道、小块绿地等。

在居住区用地范围内可能还有一些不属于居住区的其他用地,如市级的公共建筑、工厂或单位的用地,以及一些不适于建筑的地带等,这些都不属于居住区用地。

二、居住区的规模

1. 居住区的合理规模

居住区的规模包括人口及用地两个方面,以人口数作为规模的标志。居住区作为城市的一个居住组成单位,以及由于其本身的功能、工程技术经济和管理方面的要求应具有适当的规模。这个合理的规模的确定,主要由以下一些因素决定。

(1) 配套公共服务设施的设置及经营要求和合理的服务半径

根据有关部门的调查,从项目、经营管理、服务半径等因素分析,配置成套居住区级公共服务设施的合理规模,一般以 3～5 万人为宜。所谓合理的服务半径,是指居住区内居民到达居住区级公共服务设施的最大步行距离,一般以 800～1 000 m,步行时间约 10～15 min 为宜。在山区丘陵地区可适当减少。合理的服务半径是影响居住区用地规模的重要因素。

(2) 城市道路交通的合理组织

现代城市交通的发展要求城市干道的合理间距扩大到 700～1 000 m,因而认为城市干道所包围的用地往往成为决定居住区用地规模的一个重要因素。城市干道间用地规模一般为 36～100 hm^2。

此外,城市的自然条件、现状条件及用地特点,城市的规模和布局方式,人口的分布及建筑层数的分区等,对居住区的规模也有一定的影响。总之,居住区作为城市的一个有机组成部分,应有其合理的规模。这个合理的规模应符合功能、工程技术经济和管理等方面的要求,一般以 3～5 万人为宜,其用地规模应根据规划人口数乘以人均居住区用地控制指标,或根据用地面积大小除以人均居住区用地指标,确定规划人口数。

三、居住区的分级和规划组织结构的基本形式

1. 居住区的分级

居住区按居住人口规模可分为居住区、小区、组团三级。各级标准控制规模,应符合表16－1的规定,并有道路或自然界线围合,配建有相应级别的公共服务设施。

表 16－1　居住区分级控制规模

	居住区	小区	组团
户数(户)	10 000～15 000	2 000～4 000	300～700
人口(人)	30 000～50 000	7 000～15 000	1 000～3 000

2. 居住区规划组织结构的基本形式

居住区规划组织结构有三种基本形式(图 16－1)。

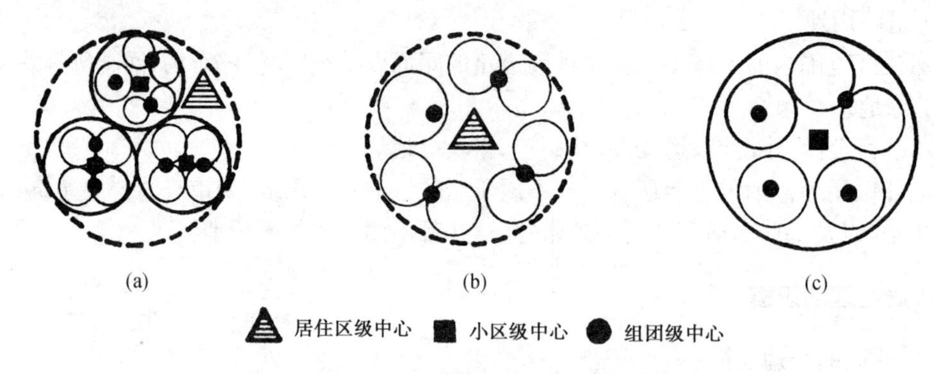

图 16－1　居住区规划组织结构形式示意图

(1) 以组团和小区为基本单位来组织居住区,规划组织结构形式为:居住区——小区——组团三级结构(图 16－2)。

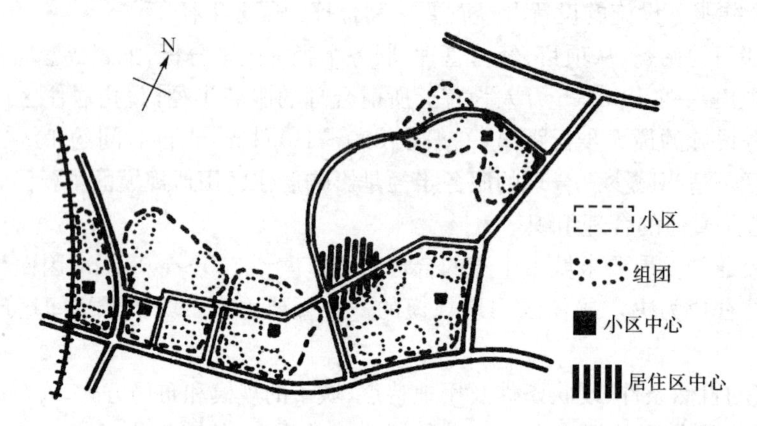

图 16－2　沙冲居住区规划组织结构示意图

居住区由若干小区组成,每个小区由若干组团组成。以组团为规划基本单位来组织小区,再以小区为单位组成居住区,不仅能保证居民生活的方便、安全和内部的安静,而且还有利于道路的分工和交通的组织。这种组织方式可使公共服务设施分级进行布置,配套建设,形成不同级别的公共中心,使用和管理方便,建设经营合理。

(2) 以组团为基本单位组织居住区,规划组织结构形式为:居住区——组团两级结构(图 16－3)。

这种组织方式不明显地划分小区的用地界线,居住区直接由组团组成。组团相当于一个居民委员会的规模,一般为 1 000～3 000 人。居住组团内一般应设有居委会办公室、卫生站、青少年活动站、老年活动室、服务站、小商店、托儿所、室外活动休息场地、小块绿地等。

以组团为规划基本单位来组织居住区,由于其规模小,建筑相对集中,且多为住宅建筑,建设周期短,有利于居住区分期建设及整体面貌的形成。

(3) 以组团为基本单位组成小区的居住区,规划组织结构形式为:小区——组团两级结构(图 16－4)。

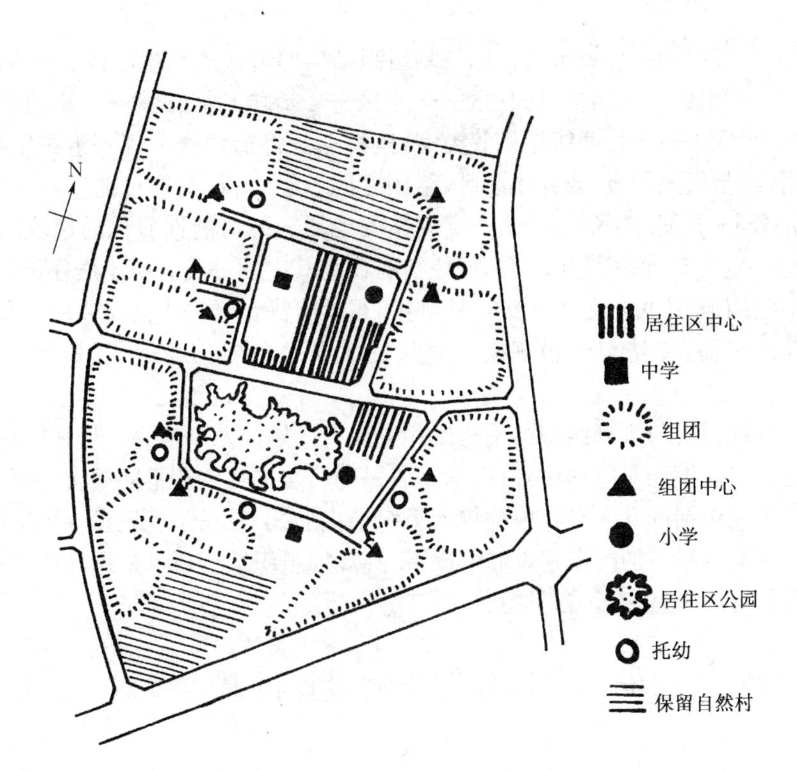

图 16—3　某居住区规划组织结构示意图

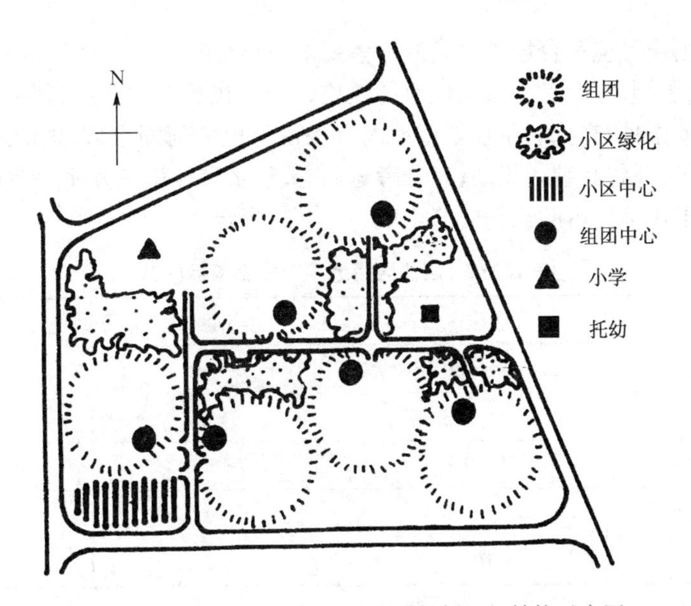

图 16—4　唐山市新区 11 号小区规划组织结构示意图

这种组织方式一般适用于城市规模较小,受自然地形条件限制,或因城市分期建设、旧城改造等需要规划的居住区。小区的合理规模主要取决于基层公共建筑成套配置的经济合理性,居民使用的安全和方便,并结合城市道路交通,以及自然地形条件、住宅层数和人口密度等综合考虑。具体地说,小区的规模一般以一个小学的最小规模为其人口下限,以小区公共服务设施的最大服务半径为其用地规模的上限。

除此以外，目前我国一些城市居住区规划组织结构的形式还有相对独立的组团，居住区——小区——街坊——组团四级结构，居住区——小区——街坊和居住区——街坊群(小区)——组团三级结构，小区——街坊两级结构等类型，其特点是将街坊作为规划组织结构中的一级，或与小区相当，或与组团同级，或介于小区、组团之间。经分析，街坊目前一般出现在旧城区，是被城市道路分割，用地大小不定，无一定规模的地块。街坊的性质也随地块的使用性质而定，如商业街坊、文教街坊、工业街坊等，居住街坊仅是其中的一类。由于居住街坊的用地规模大可相当于小区用地，小可不足组团级用地规模，很难将满足居民生活所需的配套设施直接与街坊用地挂钩。因而，街坊与分级规模无直接的关系，也难将其作为规划组织结构中的某一级。

居住区的分级规模与规划组织结构是既相关又有区别的两个概念。居住区规模分级是为了配建与居住人口规模相对应的设施，以满足居民物质与文化生活不同层次的要求，而居住区规划组织结构则是包括配套含义在内的规划组织结构形式，是属于规划设计手法问题。因而，在满足与人口规模相对应的配套建设的前提下，其规划组织结构还可采用其他多种形式，使居住区的规划设计更加丰富多彩、各具特色。

§16－2　居住区规划设计的基本要求

一、居住区规划设计的基本原则

居住区的规划设计应符合城市规划的总体要求；符合统一规划、合理布局、因地制宜、综合开发、配套建设的原则；综合考虑所在城市的性质、气候、民族习惯、传统风貌等地方特点和规划用地周围的环境条件，充分利用规划用地内有保留价值的河湖水域、地形地貌、植被、道路、建筑物与构筑物等，并将其纳入规划；充分考虑社会、经济和环境三方面的综合效益。

居住区内各项用地所占的比例应符合表16－2的规定。

表16－2　居住区用地平衡控制指标(%)

用地构成	居住区	小区	组团
住宅用地	45～60	55～65	60～75
公建用地	20～32	18～27	6～18
道路用地	8～15	7～13	5～12
公共绿地	7.5～15	5～12	3～8
居住区用地	100	100	100

二、居住区规划设计的基本要求

居住区规划是一项综合性很强的工作，它涉及的面很广，一般居住区规划设计应满足以下几个方面的要求。

1. 使用要求

居住区是居民居住生活和部分居民工作的地方，人们一天中有约2/3的时间是在居住区中度过的，因此，为居民创造一个方便、舒适的生活环境，就成为居住区规划设计的最基本的要求。满足居民对居住区的使用要求是多方面的，如考虑本地区气候特点和为适应家庭人口的不同构成，选择合适的住宅类型；为满足居民生活的多方面需要，合理确定公共服务设施的项目、规模及其布置方式；合理地组织居民户外活动和休息场地，布置绿地和居住区内外交通等。

不同地区、不同民族、不同年龄、不同职业及不同时期，居住生活习惯是不尽相同的，其生活活动的内容也会有所差异，如北方的滑冰场、书场，南方的游泳池、茶馆，就带有地方特色。又如老年人喜欢种花、养鸟、下棋、聊天，儿童喜欢游戏、玩沙、戏水，青年人喜欢打球、跳舞等活动。不同的生活活动，必然对居住区规划设计提出一些不同的要求，必须加以重视，认真研究。

2. 卫生要求

为居民创造一个卫生、安静的居住环境，包括住宅及公共建筑的室内卫生要求，也包括室外和居住区周围的环境卫生，要有良好的日照、通风、采光条件。为此，在居住区规划设计中，住宅等各项建筑布置时，除满足使用功能外，还应从卫生要求出发，充分利用日照和防止阳光强烈辐射，组织居住区的自然通风，配备给排水工程设施，设置垃圾储运的公共卫生设备等，为搞好环境卫生创造条件。

3. 安全要求

安全环境来自有效的居住区规划和科学的管理制度。安全环境包括生理安全、心理安全以及社会安全等因素。居住环境不仅要保证居民正常情况下的安全，还要考虑发生特殊情况时(火灾、地震)的安全。

(1) 合理组织居住区交通网络是保证安全环境的重要因素。居住区道路是城市道路的支网，是它的延伸，但绝不能向城市道路那样四通八达而使居住区内交通环境混乱交错，造成居民心理压抑不安。因此，居住区用地应有合理的规划布局，道路应有明确的分工，其内部道路尽量做到顺而不穿，通而不畅，可设计成曲折形、弧形、风车型等道路线型，使驶入的车辆被迫降低速度，达到安全和安静的目的。

(2) 在地震区，居住环境的规划设计必须考虑抗震。如建筑的结构应保证在地震时不倒塌，房屋体型一般应平直简洁，层数不宜太高。道路应平缓畅通，便于疏散，并布置在房屋倒塌范围之外，考虑安全疏散场地及消防通道。此外，考虑地震时可能因地下管线被破坏而供水中断，应在居住区内附近备有第二水源，供因地震而引起火灾时使用。建筑物之间要保持一定的防火间距，在室内外设置消火栓等必要的灭火设施。

(3) 加强防盗安全防范设施的建设和管理。住宅设计和施工要增加防盗门、防盗锁、防护墙和报警装置等安全设施，居民住宅区内应附设治安值班室等。

4. 经济要求

经济合理地建设居住区，节约用地，降低造价，是居住区规划设计的一项重要任务。在居住区各项建设内容中，住宅建筑面积比重最大(一般在 80%左右)，建设投资大，占用土地也较多(在 50%左右)。因此，在居住区规划时就要按照建设条件和经济要求，拟定住宅设计的技术经济指标，选择和设计适用的住宅类型，并结合用地情况，确定合适的公共服务设施、道路、绿地等，充分考虑它们的合理规模和布局，拟定合适的建筑标准，使其经营合理，使用方便，充分发挥作用。

5. 景观要求

居住区要为居民创造一个优美的居住环境，对城市的面貌也有很大的影响。一个优美的居住环境的形成，不是单个建筑设计所能达到的，它取决于建筑群体的组合和建筑群体与环境的结合。造型美观、色彩和谐、空间丰富，布局严谨而活泼，既有统一性，又有多样性，是创造视觉环境的重要条件。充分利用基地的地形、地物、地貌也是塑造视觉环境的有效途径。居住区规划应将各类建筑、道路、绿化等物质要素，运用规划、建筑以及造园的手法，组织成完整的、丰富的建筑空间，为居民创造明快、淡雅、亲切、富有生活气息的居住环境，并具有地方特色，避免呆板和千篇一律。

§16—3　居住区住宅和公共建筑规划

一、住宅及其用地的规划布置

住宅及其用地的规划布置是居住区规划设计的主要内容。住宅用地量多面广，而且在体现城市面貌方面起着重要作用，因此，在进行规划布置前，首先要合理地选择和确定住宅的类型。

1. 住宅类型的选择

住宅选型是一个很重要的环节，恰当与否将直接影响居民生活是否方便，投资与用地是否适宜，同时也影响到城市的面貌。

住宅的分类可以有不同的分类依据：

(1) 按层数可分为低层(1～3层)、多层(4～6层)、多高层(7～9层)和高层(大于等于10层)。

(2) 城市住宅应按套型设计，每套必须是独门独户，并应设有起居室、卧室、厨房、卫生间以及储藏空间。住宅的套型有一室一厅、两室一厅、三室一厅等。

(3) 按照成套住宅之间的组合方式，又可将住宅分为独院式、梯间式及走廊式。

独院式住宅，每套对外有直接出入口，住户由室外庭院直接入户，每户有独用的庭院，居住环境安静，室外生活方便。独院式住宅有一户一幢的独立式、两户并列的并联式及多户拼接的联排式几种类型。

梯间式住宅以楼梯间为交通联系，各户由楼梯平台进入，楼梯间及其所连各户，成为一个单元。这种住宅平面布置紧凑，公共交通面积少，户间干扰不大，相对比较安静，是一种比较普遍采用的类型。一幢住宅可由若干个单元连接形成一字形、L形、T形等，常用于多层和多高层，也可是独立单元式即点式住宅，高层住宅常用这种形式。多种形式的住宅在小区中的有机组合可丰富居住区景观。

走廊式住宅的特点是沿着公共走廊布置住户，因此，每层服务户数可多些，楼梯利用率高，户间联系也方便，可利用走廊形成邻里交往空间，但走廊对住户有干扰。

跃层式及跃廊式住宅是走廊式的一种变形，采用小楼梯作为层间联系，从而克服了层层设公共走廊的缺点和局限性，设户内楼梯而每户占两层的称为跃层式住宅；公共走廊隔层设置，在户门外设两户或更多户合用小楼梯而每户只占一层的称为跃廊式住宅。

确定住宅类型，应根据使用对象的生活水平等确定合适的套型，综合考虑自然条件、用地、建筑造价的经济性等，确定平面形式及住宅层数。

2. 住宅的规划布置

(1) 住宅建筑组合的基本形式

住宅建筑组合的基本形式一般有以下几种：

行列式布置(图 16－5)：建筑按一定的朝向和合理间距成排布置，使每户都能有好朝向，便于工业化施工。但如果处理不好会造成单调、呆板的感觉，常采用山墙错落、单元错开拼接等方法加以改善。

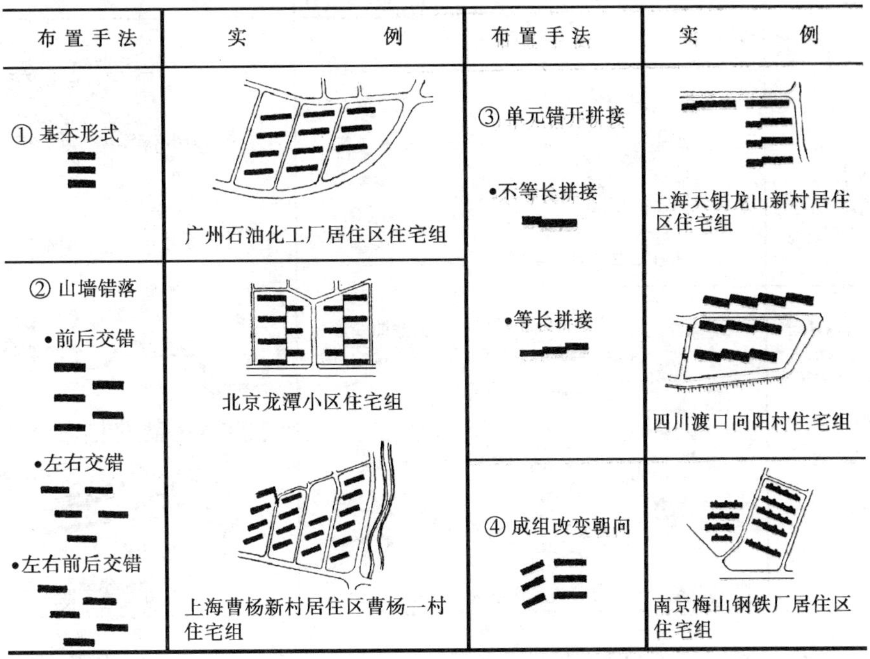

布置手法	实例	布置手法	实例
① 基本形式	广州石油化工厂居住区住宅组	③ 单元错开拼接 •不等长拼接	上海天钥龙山新村居住区住宅组
② 山墙错落 •前后交错	北京龙潭小区住宅组	•等长拼接	四川渡口向阳村住宅组
•左右交错 •左右前后交错	上海曹杨新村居住区曹杨一村住宅组	④ 成组改变朝向	南京梅山钢铁厂居住区住宅组

图 16－5　行列式布置

周边式布置(图 16－6)：建筑沿街坊或院落周边布置的形式称为周边式。周边式有利于形成比较封闭的空间，且具有一定面积的室外场地，便于组织公共绿化和休息园地，还可以阻挡风沙，但是这种形式有相当一部分居室的朝向较差。

自由式布置(图 16－7)：建筑结合地形，在基本满足功能要求的前提下，具备“规律中有变化，变化中有规律”的一种布置形式，其目的是追求住宅组团空间更加丰富，并留出较大的公共绿地和户外活动场地。地形变化较大的地区，采用这种布置形式效果较好。

在居住区住宅的规划布置中，往往将各种形式进行有机组合，取长补短。最常见的是以行列式为主，以少量住宅或公建沿道路或院落周边布置以形成半开敞式院落。

(2) 住宅建筑群体组合

住宅建筑群体的组合有组团式和街坊式两种方式。组团式是以组团作为居住区或小区的基本构成单元，由一定规模和数量的建筑群体组合而成，多用于新建居住区(图 16－8)。街坊式则是以住宅(或结合公建)沿街道成组成段的布置，以街坊作为整体，一般适用于规模不太大的街坊或保留房屋较多的旧居住地段的改建(图 16－9)。

住宅建筑群体采用组团式或街坊式的组合方式并不是绝对的，在组团式的组合方式中，也要考虑成街的要求，进行道路景观设计；而在街坊式的布置中，也要注意建筑空间整体的组合要求。

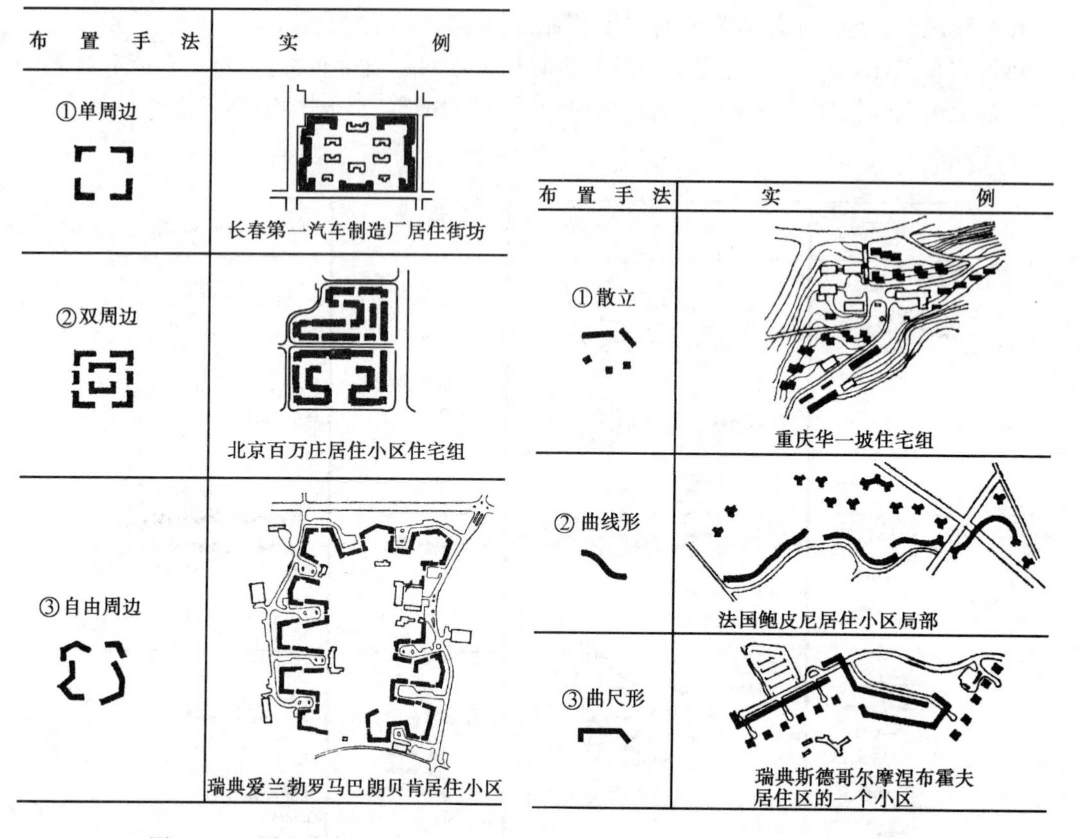

图 16－6　周边式布置

图 16－7　自由式布置

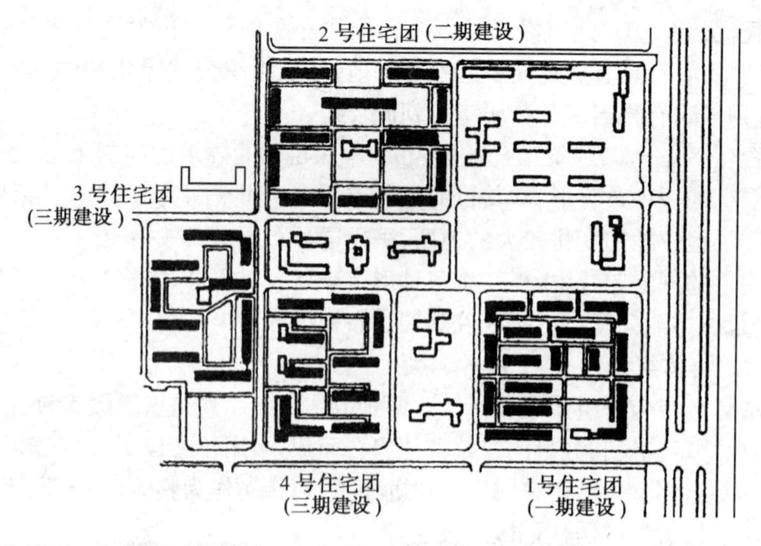

图 16－8　北京垂杨柳居住区北区

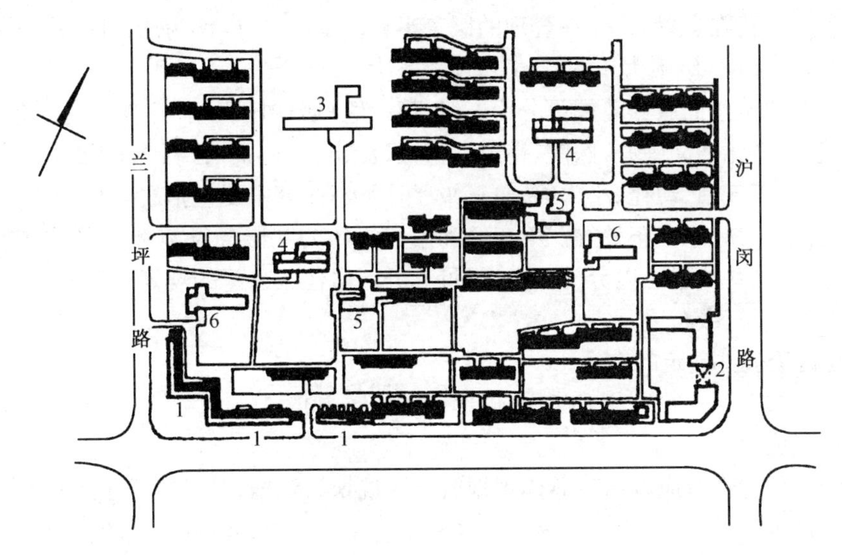

图 16－9　上海闵行东风新村居住小区平面

1－商店；2－邮局；3－小学；4－幼儿园；5－托儿所；6－食堂

二、公共建筑及其用地的规划布置

1. 公共建筑的分类和内容

居住区的公共建筑主要是满足居民基本的物质和精神生活的需要，并主要为本居住区的居民所使用。居住区内的公共建筑按使用性质可分为教育、医疗卫生、商业服务、文娱体育、金融邮电、行政管理、市政公用等类型；按照居民使用的频繁程度可分为每日或经常使用的公共建筑，必要的非经常使用的公共建筑。

居住区公共建筑的内容与项目的设置不是固定不变的，它取决于居民的生活水平、各地的生活习惯、居住区周围的公共服务设施的完善程度以及人们社会生活组织的变化等因素。

2. 公共建筑定额指标的制定和计算方法

居住区公共建筑的定额指标包括建筑面积和用地面积两个方面。合理地确定居住区公共建筑定额指标不仅关系到居民的生活，而且涉及投资和城市建设用地的合理使用。

公共建筑定额指标的计算一般以每千居民为计算单位，故称千人指标。千人指标是根据建筑不同性质而采用不同定额单位来计算建筑面积和用地面积，例如幼托、中小学等以每千人多少座位来计算，医院则以床位计，门诊所按就诊人次为定额单位来计算。定额指标的应用要因地制宜，从实际需要出发，如附近原有设施可利用时，指标可取下限，有些甚至可以不建；如远离城市，且要兼为附近农村服务时，指标可取上限。

3. 公共建筑的规划布置

(1) 规划布置的要求和方式

居住区公建的配套水平，必须与居住人口规模相对应，并应与住宅同步规划、同步建设和同时投入使用。根据不同公建项目的使用性质和居住区的规划组织结构类型，应采用相对集中与适当分散相结合的方式合理布局，并应利于发挥设施效益，方便经营管理和使用，减少干扰；商业服务、金融邮电、文体等项目宜集中布置，形成居住区各级公共活动中心，并结合布置中心绿地。各类公建在布置时，应在合理的服务半径范围内，一般认为居住区级公建的服务半径不大于 1 000 m，小区级不大于 500 m，组团级不大于 150 m。

居住区公共建筑按照服务范围可分为三级：第一级（居住区级）公建项目主要包括专业性的商业服务设施、文化活动中心、医院、街道办事处、派出所、邮局、银行等；第二级（小区级）主要包括农贸市场、煤气站、幼托、小学等；第三级（组团级）内容主要包括居委会、卫生站、综合基层点、早晚服务点、自行车存车处等。第二级和第三级的公共服务设施都是居民日常必需的，统称为基层公建，这些公建可以分为二级，也可不分。居住区公建的规划布置方式基本上可分为两种，即按二级或三级布置。

(2) 居住区级公共建筑的布置

居住区级公共建筑一般宜相对集中，以形成居住区中心。居住区中心主要由文化娱乐、商业服务设施所组成。

居住区中心位置选择应以城市总体规划或分区规划为依据，并考虑居住区的不同类型、所处地位以及地形等条件。图 16－10 为居住区文化商业服务中心位置布置的实例分析。

居住区中心布置的基本方式有两种：一是沿街线状布置，易形成丰富的街景，增加对过往行人的吸引力，当交通量过多时，容易形成人流和车流的互相干扰；二是独立成片集中布置公共建筑，根据各类建筑的功能要求和行业特点成组结合，分块布置，可减少车流的干扰，形成较好的内部环境，便于管理，但用地较多(图 16－11)。

上述两种布置方式各有优缺点，在具体进行规划设计时究竟采用何种布置形式，应根据自然条件、居民习惯、建设规模等条件综合考虑，更多的时候可以将两种方式加以结合，取长补短，例如，沿街一侧发展，形成步行街区。

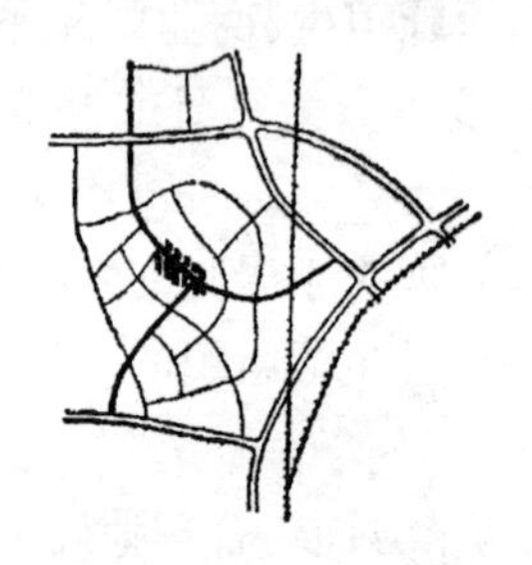

(a) 上海曹杨新村。中心地点居中，在居住区主要道路上，交通方便

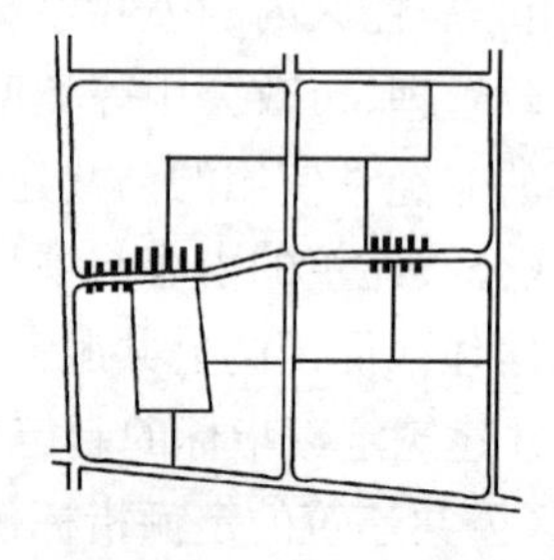

(b) 上海彭浦中心。中心区位于居住区主要出口处，在东侧又设辅助中心

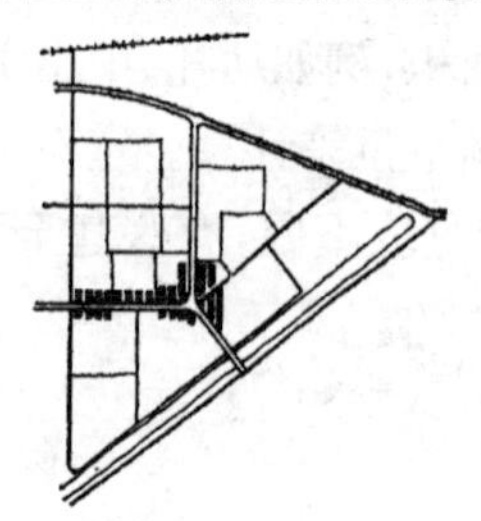

(c) 上海石化总厂居住区。中心位于至厂区的主要道路上

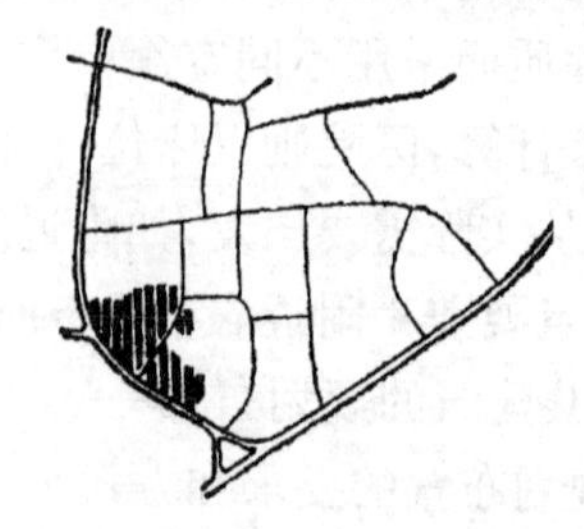

(d) 南京梅山公司居住区。中心区设在居住区边缘，在通往厂区的主要道路上，也方便附近农民使用

图 16－10　居住区文化商业服务中心位置实例

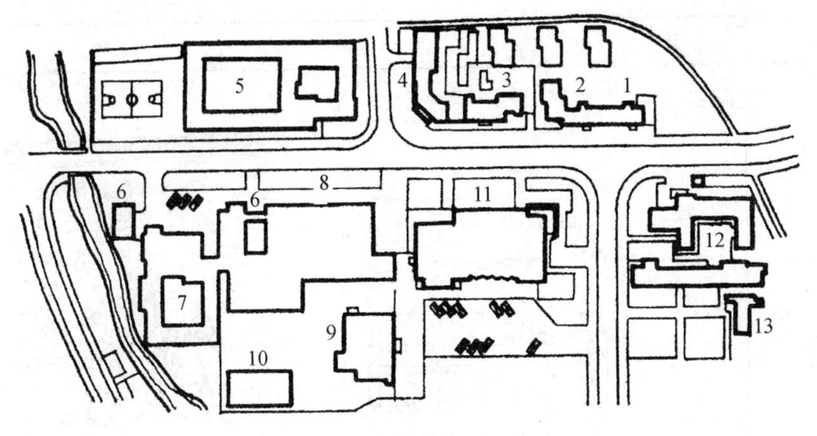

图 16－11　上海曹杨新村居住区中心

1－街道居委会；2－派出所；3－银行；4－邮电支局；5－文化馆；6－商店；

7－饮食店；8－综合商店；9－浴室；10－商业仓库；11－影剧院；12－街道医院；13－接待室

(3) 基层公共建筑及其用地的规划布置

为了便于居民使用，往往将居住小区级公共建筑部分的商业服务设施相对集中布置，以形成小区的生活服务中心，一般可布置在小区的中心地段或主要出入口(图 16－12)。

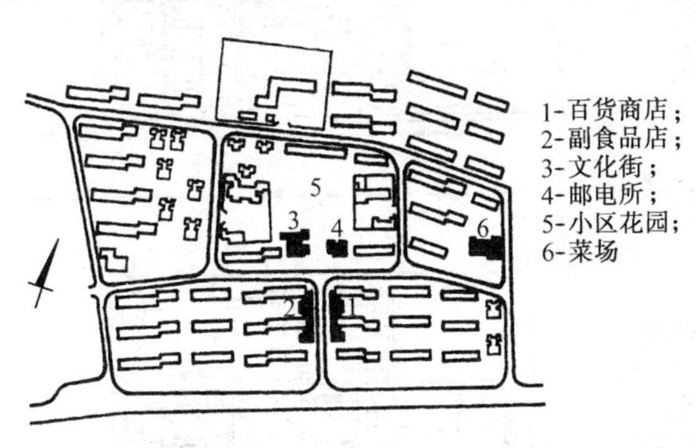

(a) 常州市花园新村居住小区中心布置在小区主要出入口

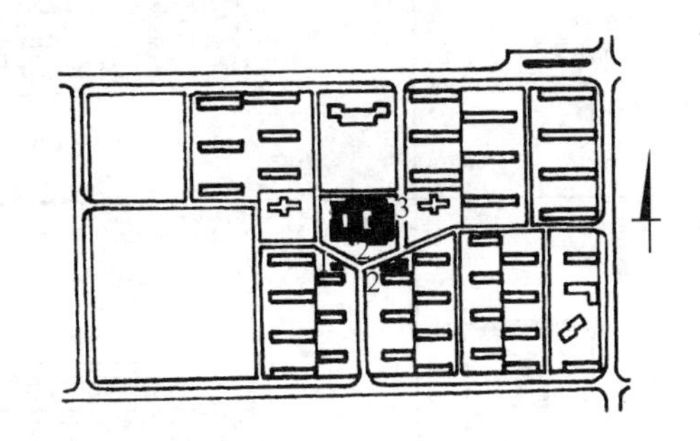

(b) 北京龙潭居住小区中心布置在小区中心地段

1-菜场；2-副食品店；3-小吃店；

图 16－12　小区中心位置实例

中小学是居住小区级公共建筑中占地面积最大的项目，它直接影响居住小区和居住区的规划布局，一般在规划结构中就应加以考虑。中小学的规划布置应保证学生(特别是小学生)能就近上学，一般小学的服务半径为 500 m 左右，中学为 1 000 m 左右。选择学校的位置，既要避免受到城市干道等外界噪声的干扰，又要注意学校本身对居民的干扰(图 16－13)。

居住组团级公共服务设施一般包括幼托、居委会、小商店、自行车存车处等，这些设施宜相对集中布置。其中幼托是居住组团级公共建筑中占地最大的项目，也可设置在组团内，或组团之间，或小区中央(图 16－14)。幼托最好布置在环境安静、接送方便的单独地段上，保证一定面积的室外活动场地以及良好的朝向。

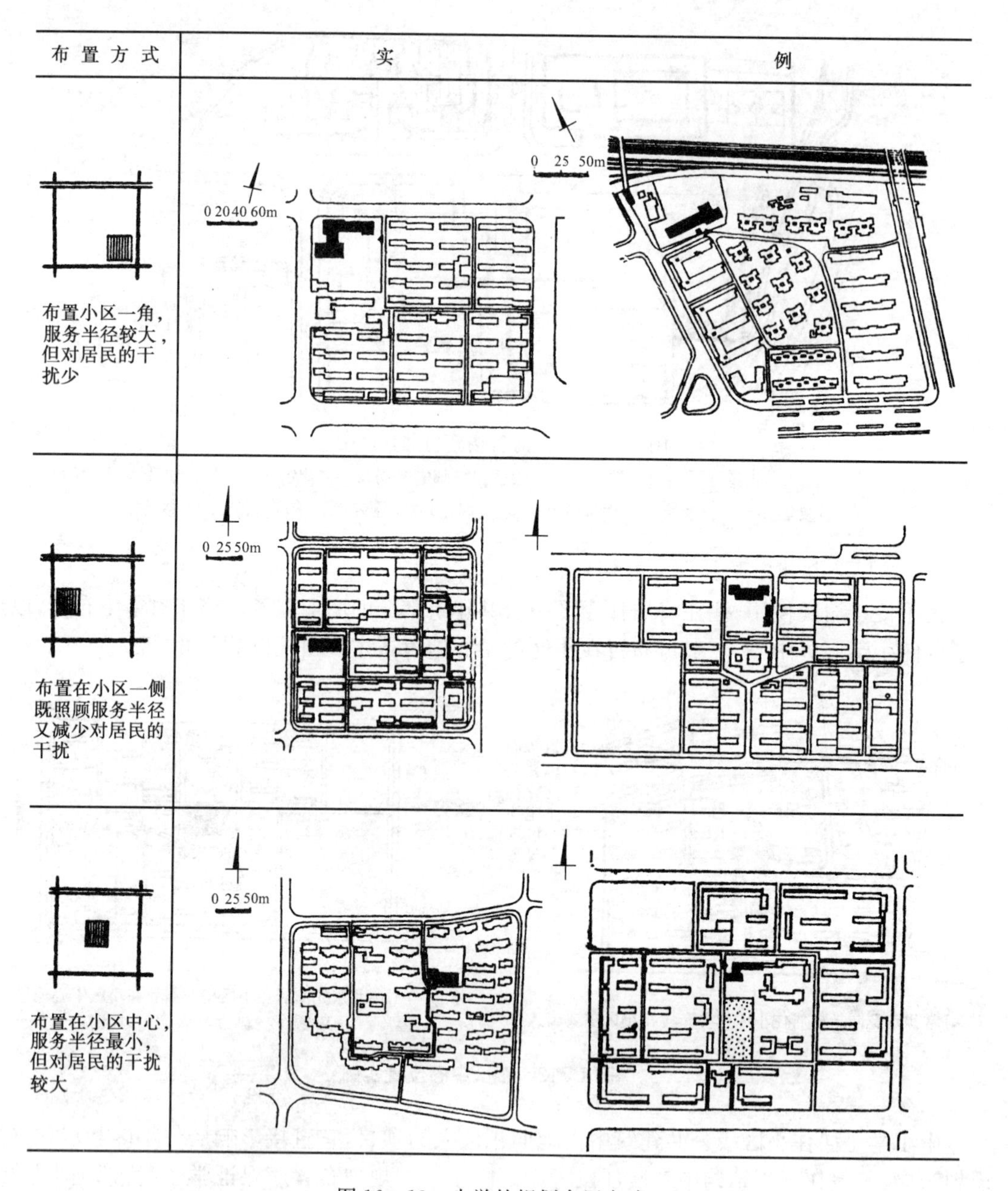

图 16－13　小学的规划布置方式

中小学、托幼是居住区中占地较大的项目，应配合居住区的级别，加以综合考虑，图 16－15 为天津石化居住区中学、小学、幼托布置示意图。

(4) 居住区公共服务设施的建设步骤

基层公共建筑是和居民日常生活最密切相关的一些公共服务设施，配置一定要齐全，并和住宅同步投入使用，否则就会造成居民生活的不方便。居住区级公共服务设施的建设，可一次基本完成，也可在首先配置基层服务设施的基础上，到一定规模时，再建造居住区级公共建筑，规划预留用地，分期建造，逐步实现。

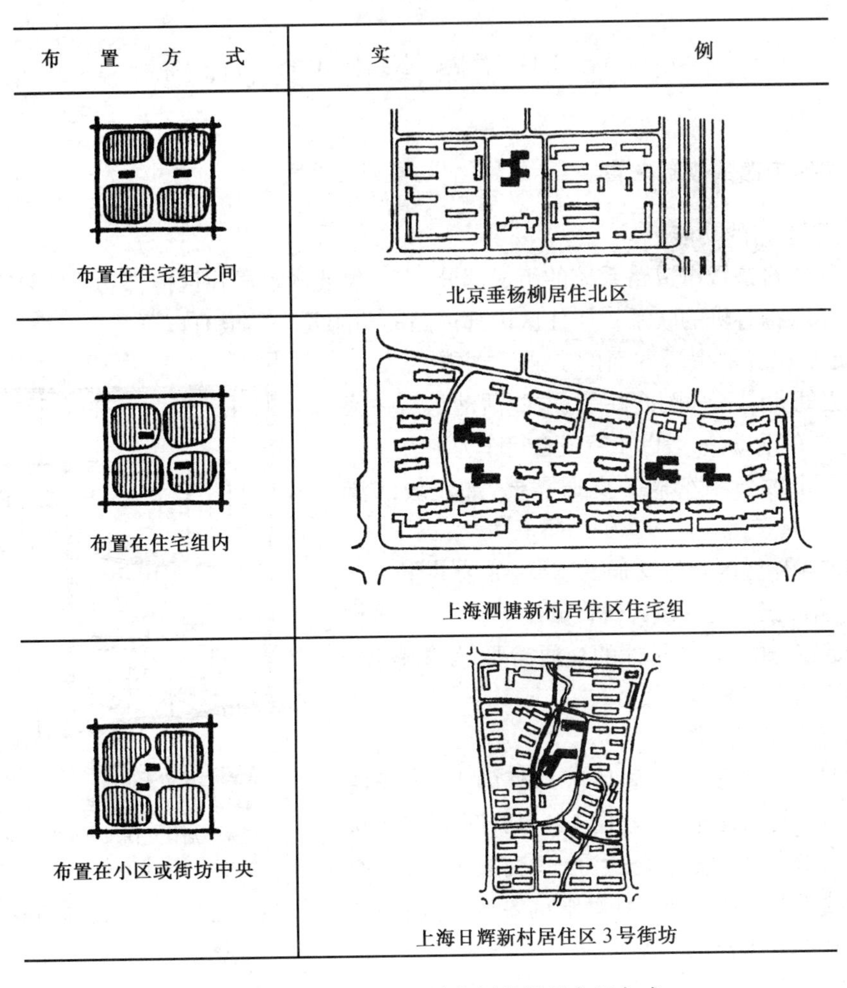

图16－14　托儿所、幼儿园的规划布置方式

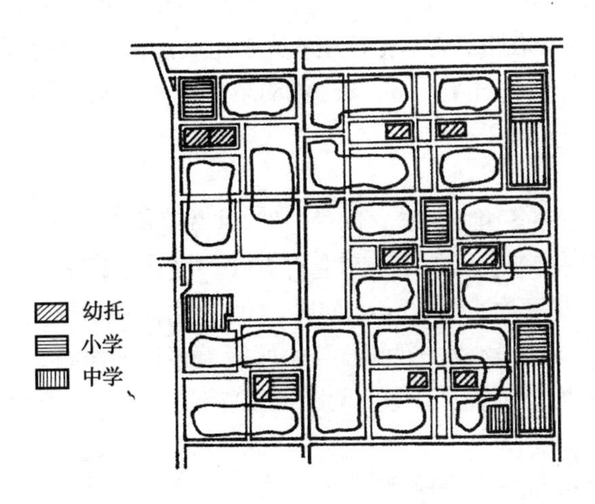

图16－15　天津石化居住区中学、小学、幼托布置图

§16—4　居住区道路、绿化和其他设施规划

一、居住区道路的规划布置

1. 居住区道路的功能

居住区的道路是城市道路系统的组成部分，它不仅要满足居住区内部功能的要求，而且还要与城市总体取得有机的联系。居住区内部道路的功能要求一般有以下几个方面：

(1) 满足居民日常生活方面的交通活动需要，如上下班、上学、去幼儿园和采购商品等，这些活动是居住区内最多、最主要的活动，一般以步行或自行车为主。

(2) 满足市政公用车辆的交通需要，如垃圾的清除、邮电信件的传递等。

(3) 满足居住区内货运交通的需要，如公共服务设施进货，街道第三产业运送原材料、成品等。

(4) 满足特殊的、非经常性的交通需要，如供救护、消防和搬运家具等车辆的通行。

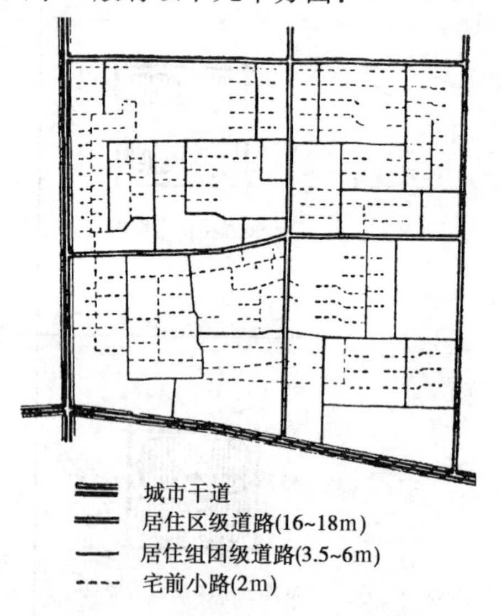

图 16—16　上海彭浦新村居住区道路分级示意图(三级配置)

2. 居住区道路的分级

根据道路的功能要求和居住区规模的大小，居住区道路一般可分为三级或四级(图 16—16，图 16—17)。各级道路的宽度，主要根据交通方式、交通工具、交通量及市政管线的敷设要求而定，对于重要地段，还要考虑环境和景观的要求作局部调整。

(1) 居住区级道路

居住区级道路是整个居住区内的主干道，要考虑城市公共电车、汽车的通行，两边应分别设置非机动车道及人行道，并应设置一定宽度的绿地，种植行道树、草坪和花卉。按各种组成部分的合理宽度，居住区及道路红线(城市道路及居住区道路用地的规划控制红线)的最小宽度不宜小于 20 m，有条件地区宜采用 30 m。机动车道与非机动车道一般情况采用混行方式，汽车道宽度一般为 10～14 m。

(2) 小区级道路

小区级道路是联系小区各组成部分之间的道路，其宽度考虑以非机动车与行人交通为主，不应引进公共电车、汽车交通，一般可采用人车混行方式。机动车行车道路面宽度为 8 m 左右，两侧各安排一条人行道，总宽度为 12～16 m。同时，小区级道路往往又是市政管线埋设的通道，在非采暖区，按 6 种基本管线的最小水平间距，与小区级道路交通车行、人行宽度基本一致。在采暖区，由于要有暖气沟的埋设位置及其左右间距，建筑控制线的最小宽度约为 14 m。

(3) 组团级道路

组团级道路是进出组团的主要通道，路面为人车混行，一般按一条自行车道和一条人行带的双向计算，路面宽度一般为 6 m。

(4) 宅前小路

图 16—17　上海曹杨新村居住区道路系统(四级配置)

通向各户或各单元门前的小路,一般宽度为 4 m。

此外,在居住区内还可能有专供步行的林荫步道,其宽度根据规划设计的要求而定。

3. 居住区道路规划布置的基本要求

居住区道路应与整个居住区规划结构和建筑群体的布置有机结合。内部道路主要为本居住区服务,不应有过境交通穿越居住区。为了保证内部安全并减小对城市干道交通的干扰,不宜有过多的出口。道路的走向要利于居民出行,住宅与最近的公共交通站之间的距离不宜大于 500 m。为了减少桥梁、涵洞及土石方工程量,道路应充分结合地形,在旧居住区改建时,充分利用原有的道路和工程设施。

4. 居住区道路系统形式

居住区道路系统的形式应综合地形、现状以及规划结构的因素综合考虑,不应一味追求形式与构图。

居住区的道路系统根据不同的交通组织方式基本上可分为三种形式:

(1) 人车混行的道路系统

当居住区内没有私人小汽车或数量很少的情况下可采用这种形式。随着生活水平的提高,私人小汽车数量的增加,应采用人车部分或完全分流的道路系统,改善居住区的交通状况。

(2) 人车部分分流的道路系统(图 16—18)

这种形式是在人车混行的道路系统的基础上,另外设置一套联系居住区内各级公共服务中心或中小学的专用步行道,但步行道和车行道的交叉处不采取立交。

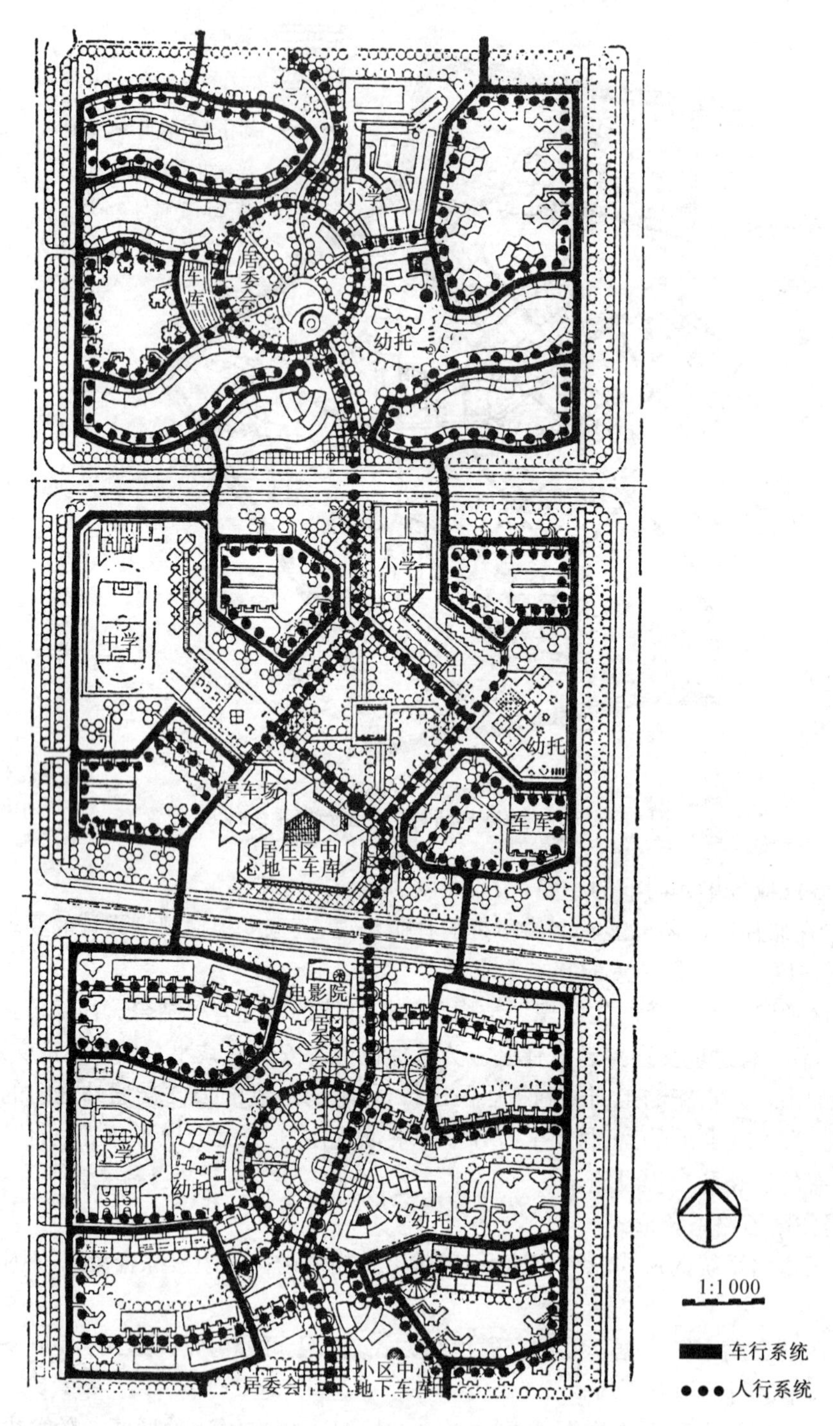

图 16—18　人车部分分流的道路系统实例

(3) 人车交通分流的道路系统(图 16—19)

这种形式是由车行和步行两套独立的道路系统所组成,交叉处都设立交。1928 年在美国纽约附近的一个雷特邦小镇的规划中首次采用,以后便广为流行,称为“雷特邦系统”。这种人车分流的道路系统一般适用于私人小汽车较多的居住区。

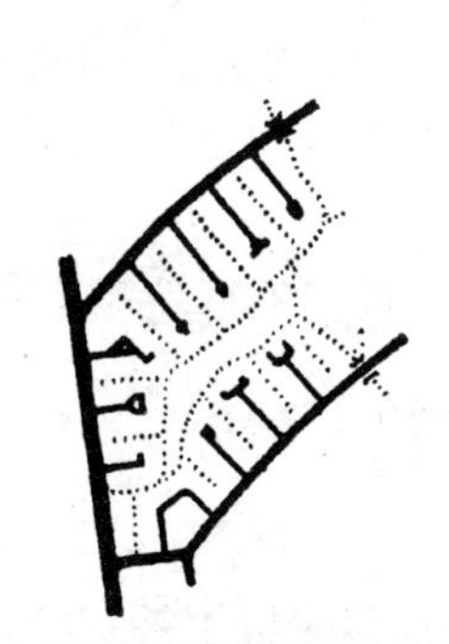

(a) 美国拉物伯恩卫星城是采用人车分流交通系统的一城市

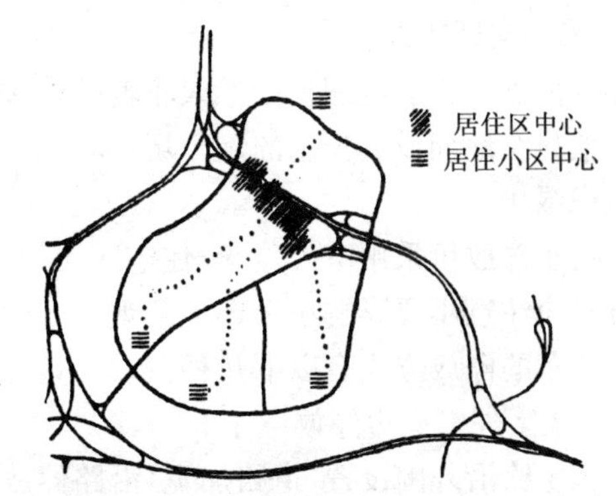

(b) 立陶宛拉兹季那依居住区，采用人行和车行二套道路系统，内部环行车道联系各级中心的步行系统

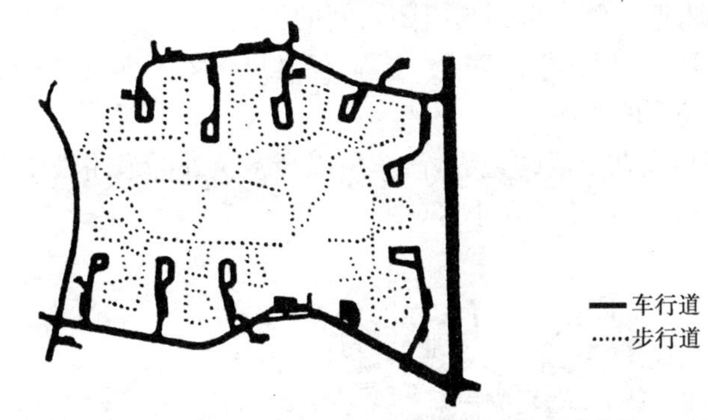

(c) 瑞典爱兰勃罗马巴朗贝肯居住小区是车行与步行交通分设的又一例

图 16—19　人车分流的道路系统实例

5．居住区道路布置形式

居住区内主要道路的布置形式常见的有丁字形、十字形、山字形等。

居住小区不能由过境交通的穿越，小区内部道路的布置形式一般有环通式、尽端式、半环式、混合式等(图 16—20)。

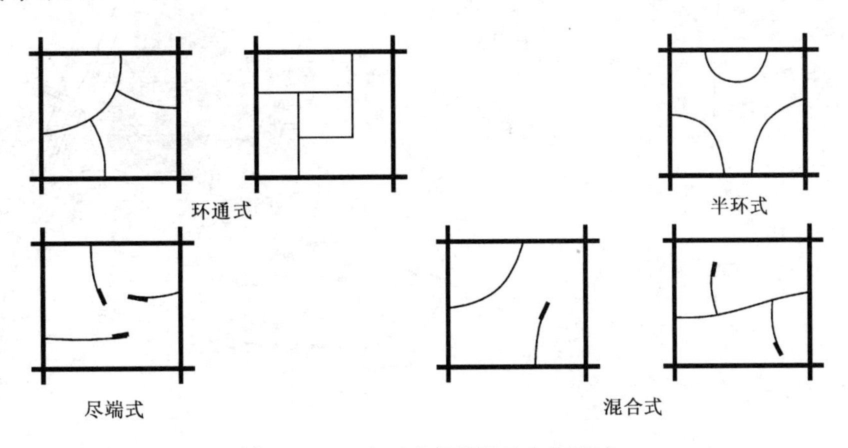

图 16—20　小区内部道路的布置形式

6. 静态交通组织

小区内静态交通组织是指私人车辆的存放安排。地面停车比较经济方便，但常与绿化争地。一般只在地面设置少量的停车场，而将大量的存车场地纳入地下空间，以争取更多的地表面积组织绿化。

自行车停放可采用室外停车、住宅底层架空、集中车库、住宅下设半地下室等几种方式，前两种方式应注意不要影响小区环境美观。

小汽车的停放方式有以下几种：

(1) 小区外围周边停放

小区主路沿外围设置，道路加宽，沿路停放车辆，人行道路布置在小区中部。这种方式较好地解决了人车分流，也充分利用了小区边界不允许建房的土地。

(2) 组团入口附近一侧或组团与组团之间的场地上停放

不让车辆驶入组团，保证组团安全、宁静，但又离住家不远，存取车辆极为方便。

(3) 学校运动场下的车库

由于学校一般均设在小区的边缘，汽车可以直接从外部道路驶入车库，在小区内部场地设人行出入口，方便存车人直接进入小区(图 16—21)。

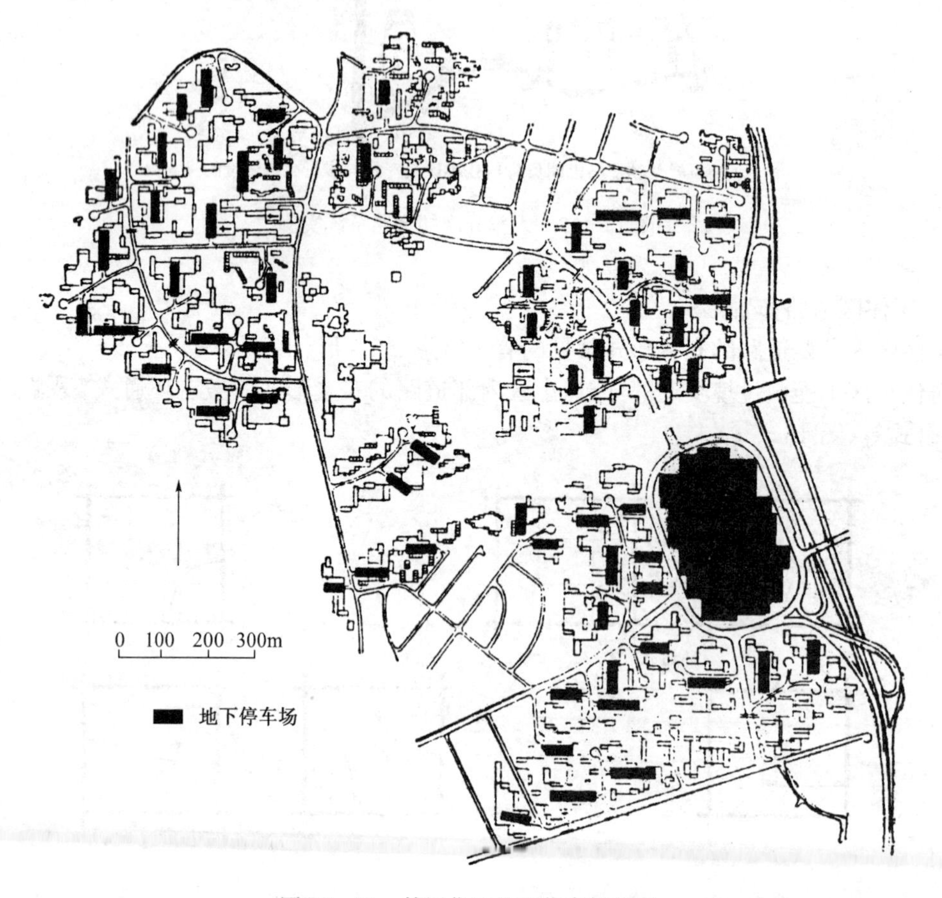

图 16—21　某居住区地下停车场规划

(4) 建筑下的地下车库

车库与地上建筑，特别是与高层住宅的结构结合建造，但必须协调好车库与上部结构的柱网尺寸，使地下车库获得最佳最多的存放车位。

当停车率增加，小区内汽车停放只靠一种方式很难圆满解决，需兼容多种停车方式。

二、居住区绿地的规划布置

居住区绿地是城市绿地系统的重要组成部分，面大量广，与居民关系密切，具有改善小气候、净化空气、减少污染、防止噪声等作用，为居民创造卫生、安静、安全的居住环境。

1. 居住区绿地系统的组成

(1) 公共绿地

居住区内居民公共使用的绿化用地，如居住区公园、居住小区公园、林荫道、居住组团的小块绿地等。

(2) 公共建筑和公共设施专用绿地

居住区内的学校、幼托机构、医院、门诊所、锅炉房等用地的绿化。

(3) 宅旁和庭院绿地

住宅四周的绿化用地。

(4) 街道绿地

指居住区内各种道路的行道树等绿地。

2. 居住区绿地的标准

居住区绿化的标准按每个居民平均占有多少平方米公共绿地面积来衡量。居住区内公共绿地的总指标，应根据人口规模分别达到：组团不少于 0.5 m^2/人，小区（含组团）不少于 1 m^2/人，居住区（含小区与组团）不少于 1.5 m^2/人。此外，新建居住区的绿地率不应低于 30%，旧区改造绿地率不宜低于 25%。

3. 居住区绿地的规划布置

(1) 公共绿地

根据居民的使用要求和居住区的用地条件，以及所处的自然环境等因素，居住区公共绿地可采用二级或三级的布置方式，即按居住区公园——居住小区公园，居住区公园——小块公共绿地，居住小区公园——小块公共绿地二级布置（图 16－22），或按居住区公园——居住小区公园——小块公共绿地三级布置（图 16－23）。另外，还可结合文化商业服务中心和人流过往比较集中的地段设置小花园或街头小游园。

居住区公园主要供本区居民就近使用，面积为 1 hm^2 左右，设置文体活动设施，可与体育场地相邻布置（图 16－24）。居住小区公园服务于小区居民，面积为 0.5 hm^2 左右，设置一些比较简单的游憩和文体设施，多和小区公共中心结合布置。小块公共绿地通常结合居住组团来布置，是居民最接近的休息活动场所，主要供组团内的居民（特别是老人和儿童）使用，内容设置可根据具体情况灵活布置。布置方式有开敞式、半开敞式和封闭式等。

(2) 公共建筑或公用设施专用绿地

专用绿地的规划布置首先应满足其本身的功能需要，同时应结合周围的环境要求。如图 16－25 中幼儿园的绿化布置，东侧的树丛对住宅起到了防止西晒和阻隔噪声的作用，而西边的树丛则分隔了幼儿园院落与相邻的公共绿地空间。此外，还可利用专用绿地作为分隔住宅组群空间的重要手段，与居住区公共绿地有机地组成居住区绿地系统。

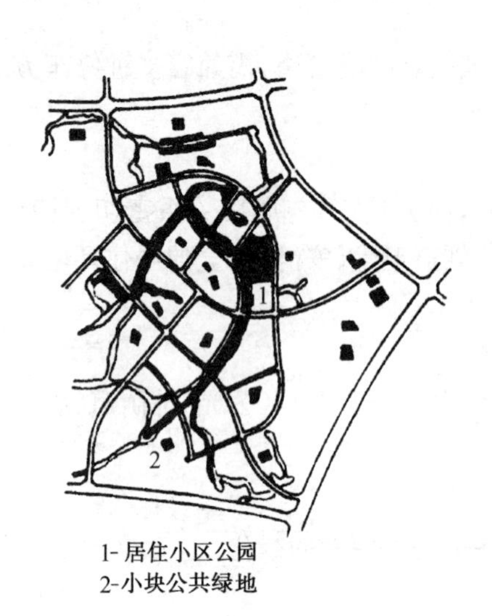

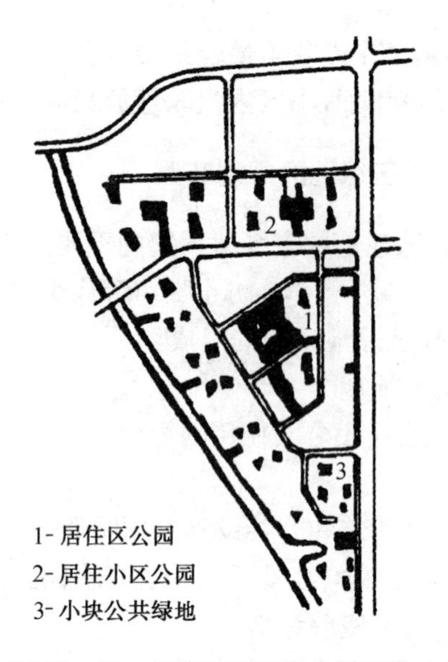

图 16－22　曹杨新村居住区绿地组成(二级布置)

图 16－23　天津王顶区居住区方案绿地组成(二级布置或三级布置)

(3) 宅旁和庭院绿化

居住区内住宅四周的绿化用地有着相当大的面积,宅旁绿地主要满足居民休息、幼儿活动及组织绿化改善环境。低层独院式住宅,宅前用地可以划分为院落,而多层住宅的前后绿地可以组成公共活动的绿化空间,也可将部分绿地作为底层住户的独用院落,至于高层住宅的前后绿地,由于住宅间距较大,空间比较开敞,一般作为公共活动的绿地。

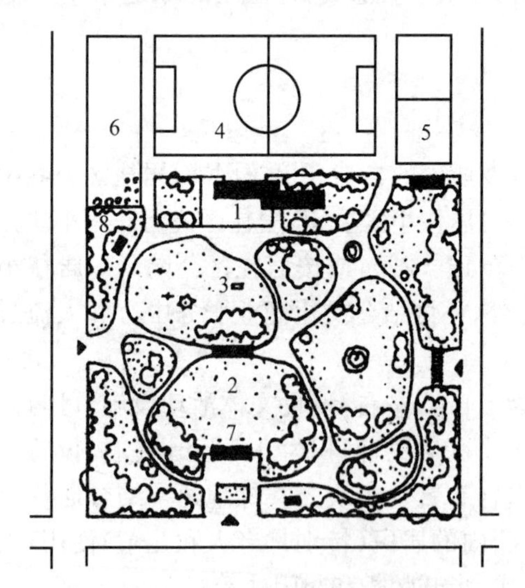

图 16－24　居住区公园

1－青少年文化阅览室;2－露天放映场;3－儿童游戏场;4－小足球场;5－篮/排球;6－苗圃;7－宣传栏;8－厕所

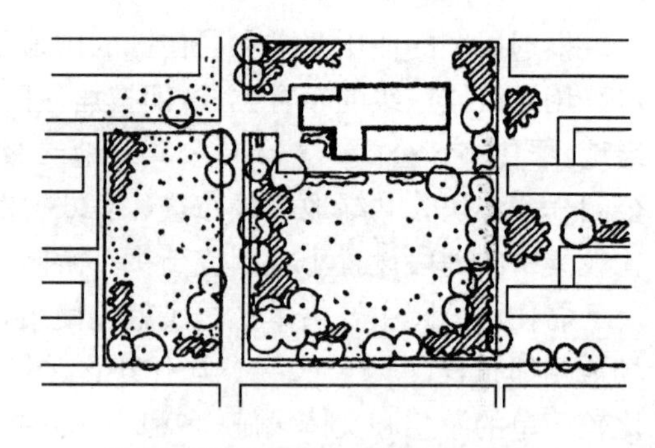

图 16－25　某幼儿园的绿化布置

(4) 街道绿化

街道绿化对居住区的通风、调节气温、减少交通噪声以及美化街景等有良好的作用。根据道路的断面组成、走向和地上地下管线敷设的情况组织街道绿化，在居住区主要道路和职工上下班必经之路的两侧应绿树成荫，一些次要通道就不一定两边都种植行道树，有的小路甚至可以断续灵活的栽种。在道路靠近住宅时，避免树木遮挡住宅的采光、通风。车行道路交叉口处，不应种植高大乔、灌木，以免妨碍驾驶员的视线。

三、室外场地与小品的规划布置

居住区室外场地和环境小品的规划设计，是居住区室外环境设计的主要内容。它除了满足各类居民对室外活动的多种需要外，还对居住区的环境美化起着重要的作用。室外场地主要指儿童游戏、青少年体育活动、成年和老年人休息健身、汽车和自行车停车及生活杂物等场地，而环境小品则包括为数众多、内容广泛的建筑小品、市政公用设施小品、装饰性小品等。

1. 居住区室外场地规划布置

儿童在居住区总人口中占有相当的比重，他们的成长与居住区环境，特别是室外活动环境的关系十分密切。由于儿童年龄的不同，其体力、活动量，甚至兴趣爱好等也随之而异，在规划布置时，应考虑不同年龄儿童的特点和需要。幼儿活动需由家长带领，可与成年、老年人休息活动场地结合布置，或结合宅旁绿地，在家长从户内通过窗户的视线可及范围内。而对于青少年活动场地，则要避免噪声对住户的干扰，一般结合公共绿地进行布置(图 16－26，图16－27，图 16－28)。

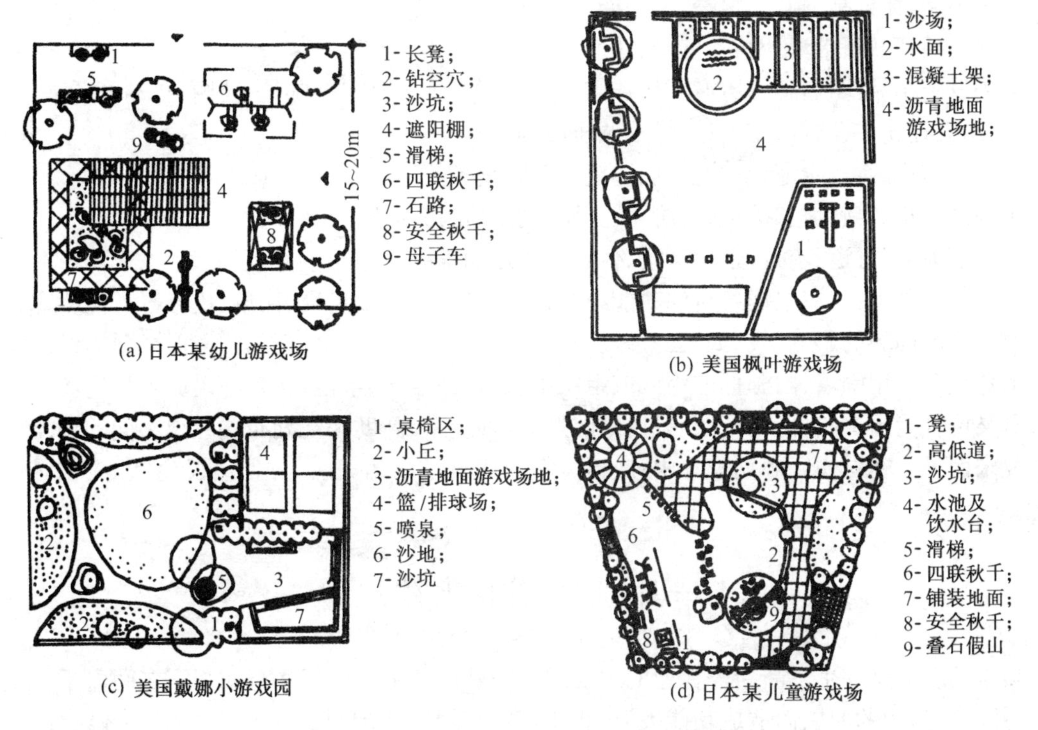

图 16－26 儿童游戏场地布置图实例

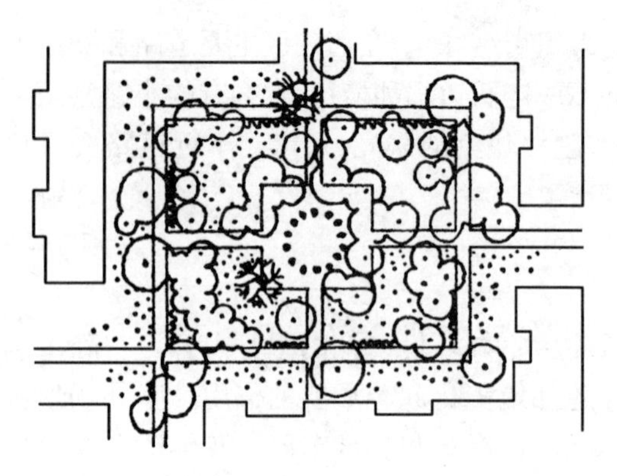

图 16—27　儿童活动场地居中，便于成人照顾

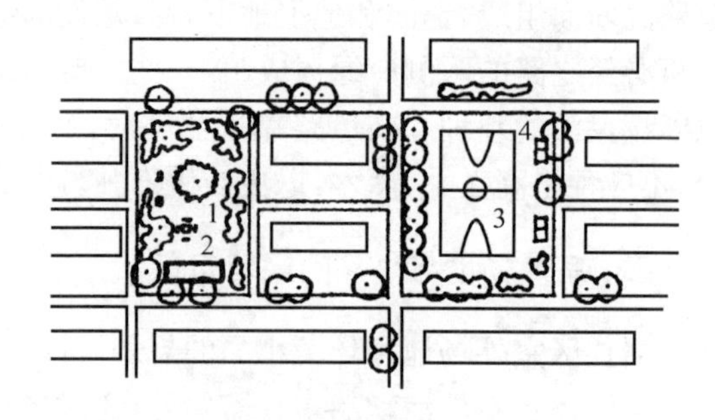

图 16—28　青少年户外活动场地

1—成人休息和儿童活动场地；2—居民活动室；
3—青少年活动场地；4—固定乒乓球桌

成年人和老年人的室外活动主要是打拳、练功、养神、聊天、社交、下棋、打牌、休息等，其活动场地宜布置在环境比较安静的地段，晨练场地不宜靠近住宅，以免对住户形成干扰。一般可结合公共绿地单独设置，也可与幼儿游戏场地结合布置。

2. 居住区环境小品设置

居住区环境小品是居民室外活动必不可少的内容，他们对美化居住区环境和满足居民生活起着重要的作用。居住区环境小品内容丰富，题材广泛且数量众多。一般可分为以下几类：

建筑小品：休息亭、廊、书报亭、陈列橱窗、小桥等。

装饰小品：雕塑、水池、叠石、壁画、花坛等。

公用设施小品：路名牌、废物箱、烟灰筒、路障、标志牌、广告牌、邮筒、公厕、自动电话亭、交通岗亭、消火栓龙头、路灯、变电站、煤气调压站等。

游憩设施小品：戏水池、游戏器械、沙坑、座椅、桌子等。

工程设施小品：斜坡和护坡、台阶、挡土墙、雨水口、窨井盖。

室外铺地：车行道、步行道、停车场、休息广场地面铺装。

居住区室外小品，应根据各自的功能布置在相应位置，并从尺度、比例、色彩等方面考虑各小品对居住区面貌的影响。例如，公共绿地布置休息亭、廊，以及桌、椅、凳等室外家具，供儿童游戏的器械等。用围墙、门洞标志小区或组团出入口，用雕塑、水池、花台等组成入口广场。照明灯具又可分为街道路灯、广场照明灯、庭院灯等，其造型、高度和规划布置应视不同的功能和艺术要求而异。在居住区规划设计中，应通过室外建筑小品的完善，方便居民生活，美化居住环境。

§16—5　旧居住区改建规划

城市的发展是一个不断新陈代谢的运动过程。城市各组成内容本身或相互之间由于历史的、自然的或人为的原因而造成功能失调、恶化，甚至破坏，需要继续不断的调整、维修、改善、更新或改建，使其恢复正常的效能，这个过程一般统称为城市的改造，而城市旧居住区的改造则是旧城改造的重要组成内容。

一般说来，旧居住区随着时间的推移和岁月的流逝，其住宅和设施常常会超过使用年限，变得建筑结构破损、腐朽，设施陈旧、简陋，无法再行使用，而且由于社会历史的诸多原因，还存在人口密度高、市政公用设施落后、道路狭窄和用地混乱等与现代文明和城市生活相悖的严重问题。但作为旧居住区,因历史悠久,又多保留着大量名胜古迹和传统建筑,维持着千丝万缕的社群网络,呈现出复杂的社会结构形态。因此,只有在对旧居住区的结构形态进行科学的分类与评价的基础上,才能对旧居住区的结构系统做出正确评定,进而制定出适宜的更新改造策略。

旧居住区的改建应从物质结构形态和社会结构形态两方面对旧居住区作全面的分析和评价,在此基础上,取消和整治其中不合理的和与现代城市生活不相适应的部分,保留、恢复和完善其良性成分,使得旧居住区在整体上能够适应并支持新的生活需求。

居住区的结构形态包括其物质结构形态和社会结构形态两方面。旧居住区结构形态的差异在于其背景因素的不同和变化,而形成机制则是将结构形态及其背景联系在一起的纽带,根据旧居住区形成机制的不同,可将旧居住区分为有机构成型、自然衍生型和混合生长型。

一、有机构成型旧居住区

这类居住区在一定的型制、礼俗、规范和规划的约束下形成。我国古代的旧居住区建设所依据的城市型制、宅制、法式等,均为官方在礼制、强权的基础上参照一定的营造经验所确定的制度和规定,近现代的居住区更多的加入了科学、理性和强调功能的色彩。

我国传统的居住区首先采用“里坊制”和“坊巷制”,以道路将居住区划分为“里”或“坊”的基本单元,里(坊)每户以院落组织空间,呈现序列性和有机性强的特点。在建筑和设施上,严格遵守等级制度,使居住区形式统一,整体性强,道路系统大多采用方格网形式,并分级设置。居住区内有一定的给排水、防火等基础设施,然而随着社会的发展,原有的设施水平已经不能满足现代生活的需要。

这类旧居住区通常位于城市较为中心的区域,保存较为完好,往往形成城市及区域的特色,成为当地历史、文化、民俗的载体。尤其是那些损害轻微、保存较好的旧居住区,不仅有文化性的观瞻价值,而且有较好的使用价值,经过适当的改造,完全可以与现代城市生活的高品质要求相符,可作为富有特色的城市形态和功能在现代生活中继续发挥作用。因而对于此类旧居住区,应视其必要性和可能性,有选择、有重点的进行保护,对整个区则普遍采取加强维护和进行维修的办法,以阻止早期“枯萎”现象的进一步恶化,而对那些既无文化价值,又无使用价值的危房区,则应彻底清除,推倒重建。

近现代有机构成型居住区主要受国外居住区规划理论的影响,从新中国成立前殖民城市的里弄住宅、花园住宅和试验性的居住小区(如北京复兴门外小区),到新中国成立后大量推广的居住街坊、邻里单位和居住小区(如 50 年代北京百万庄居住小区),更注意居住区的功能组织,居民生活更加便利,基础设施也日趋完善。但随着人们生活变化,对住宅及公共服务设施的要求都有所提高,例如住宅面积的增加,对数字通信设施的需要等,而旧居住区的配套设施则不能满足新的需求。对这类旧居住区进行维护、整建,以便于利用,是十分必要的。

图 16－29 是上海龙山、天钥新村居住区整理规划图和整理前的现状图。该居住区原由两部分组成:一是某厂在 1953 年所建的职工居住区;一是 1960 年由市统建的新村。在两者之间夹杂了一些小块农田、河流和村庄,生活服务设施配套也不全。为了安排附近新建体育馆的拆迁户,同时为了调整生活服务设施,满足居民需要,进行了整理规划。利用两村中原有的空地,征用了部分农田,并拟逐步改造旧村庄,有计划地新建住宅,对原有适于加层的住宅进行加层,

充实生活服务设施，使之配套齐全。使原来的两个新村在建筑群体和公共服务设施等方面形成一个完整的居住区。

二、自然衍生型旧居住区

这类居住区的形成没有明确的规则，而是通过城市机体内蕴藏的自然生长力，在不断的自发协调过程中形成的，具有自然、随机的特点。环境质量差，建筑破损现象十分严重，甚至没有起码的基础设施和公共服务设施，而且用地功能性质混杂也是这类旧居住区的一大问题。

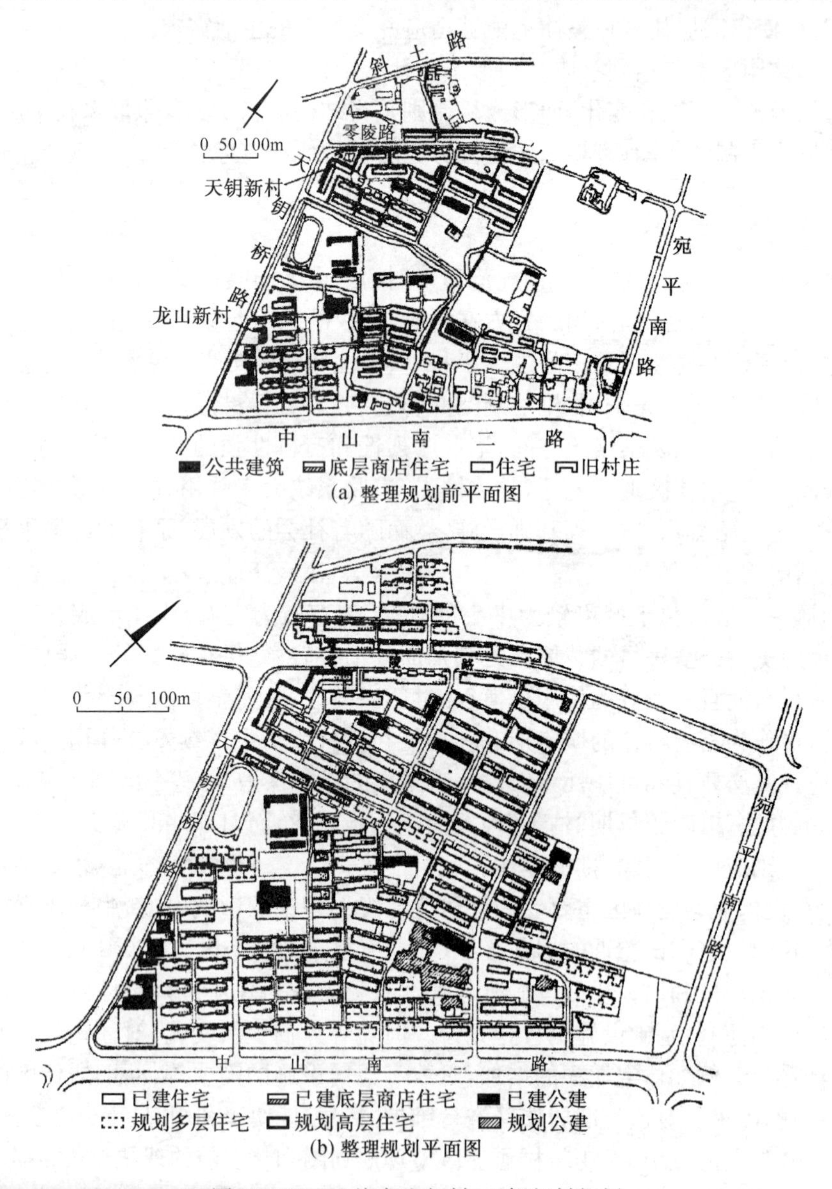

(a) 整理规划前平面图

(b) 整理规划平面图

图10-29 上海龙山新村、天钥新村规划

自然衍生型旧居住区在结构形态上表现出自然、随机的特征，其物质结构形态的总体状况较差，住宅年久失修或原本就是非永久性的棚户，基础设施不全，居住条件较为恶劣，在使用上

远不能适应现代生活的基本需要。进行此类旧居住区的更新改造，对于那些保护区的旧居住区，应将其历史价值、文化价值、建筑美学价值及旅游观赏价值等方面放在评价的首位，在保留恢复的前提下进行全面整治。而对于大部分没有上述价值的旧平房居住区，则应通过重建方式予以改建。

三、混合生长型旧居住区

这是旧居住区中比较复杂的一种类型，它在不同时间或不同范围内分别由一定规定或自发形成，也是我国城市旧居住区中最常见的一种类型，在空间布局上表现出整体上的有序和具体上的无序，或整体无序而局部有序。在设施方面，有的停留在早期水平，容量小、水平低、质量差，或者局部地段经过改造，达到一定水平，但未经改造的部分仍处于非常落后的状态，其用地状况往往是居住、商店、办公、工厂或一些特殊用地混杂，使居住生活受到严重干扰。

针对混合生长型旧居住区的物质环境可采取不同改建方式，如对于基本完好地段，只需加强维护和进行维修，而对于局部建筑质量低劣、结构破损以及设施短缺的地段，则通过填空补缺进行局部整治，使各项设施逐步配套完善，对于大片建筑老化、结构严重破损、设施简陋的地段，则只能通过土地清理，进行大面积的拆除重建。

§16—6　居住区规划技术经济分析

居住区是城市的重要组成部分，在用地上、建设量上都占有很大比重，因此研究居住区规划和建设的经济性对充分发挥投资效果，节约城市用地具有十分重要的意义。对居住区的规划技术经济分析，一般包括用地分析、技术经济指标及造价估算等几个方面。

一、用地平衡表及各项技术经济指标

1. 用地平衡表的内容(表16—3)

表16—3　用地平衡表的内容

用地		面积(hm²)	所占比例(%)	人均面积(m²/人)
一、居住区总用地(R)		▲	100	▲
1	住宅用地(R01)	▲	▲	▲
2	公建用地(R02)	▲	▲	▲
3	道路用地(R03)	▲	▲	▲
4	公共绿地(R04)	▲	▲	▲
二、其他用地(E)		△	—	—
居住区规划总用地		△	—	—

注：▲为参与居住区用地平衡的项目。

2. 各项用地界线的划分

居住区各种用地界限的划分以实际使用效果为依据，如公共绿地，应是实际上起到公共使

用的效果，而区别于宅前宅后和公共建筑的专用绿地，宅前后的绿地，也可组织部分公共活动，但其所留空地更主要的功能是满足住宅所必要的日照和通风间距，因此应计入住宅用地。我国目前用地划分办法如下：

(1) 居住区用地界线

当居住区规划总用地周围为道路或自然分界线时，用地范围划至道路中心线或自然分界线；当规划用地与其他用地相邻时，用地范围划至双方用地的交界处。

(2) 住宅用地

包括住宅基底和住宅前后左右必不可少的用地，如宅间小路和家务院落等。居住用地的划分一般以居住区内部各种道路(宅间小路除外)为界；与绿地相接的，如果没有路或其他明显界线时，住宅前后以日照间距的一半计算，住宅两侧一般可按 1.5 m 计算；与公共建筑相邻的，以公共建筑用地为界。

(3) 公共服务设施用地

有明确界线的公共建筑，如幼托等均按实际使用界线计算。无明显界线的公共建筑，则按实际所占用地计算。当为底层公建住宅或公建综合楼时，按住宅和公建各占该栋建筑的总面积的比例分摊用地，并分别计入住宅用地或公建用地；当底层公建突出于上部住宅或占有专用院落或因公建需要后退红线的用地，均应计入公建用地。

(4) 道路用地

当规划用地外围为城市支路或居住区道路时，道路面积按红线宽度的一半计算，规划用地内的居住区道路按红线宽度计算，小区路、组团路按道路路面实际宽度计算。当小区路设有人行道时，也应计入道路面积，回车场、地面停车场也应包括在道路用地内。宅间小路不计入道路面积。

(5) 公共绿地

包括居住区公园、居住小区公园、林荫道、街心绿地、小块绿地。

(6) 其他用地

居住区范围内，不属于居住区的用地，不参加居住区的用地平衡比例计算。

二、技术经济指标

居住区技术经济指标应包括必要指标和可选指标两类，按照规定，其项目和计量单位应符合我国《城市居住区规划设计规范》。

三、居住区总造价的估算

居住区的造价主要包括居住建筑、公共建筑和室外市政工程设施的造价，此外还包括土地准备费用(如土地征用费、青苗补偿费、围海造田费等)，以及其他费用(如工程建设未能预见到的后备费)。

居住区总造价的综合指标包括居住区总造价、平均每户造价、平均每平方米住宅建筑面积的造价、平均每居民造价、平均每公顷用地造价等。

四、居住区的定额指标

由于居住区建设量大、投资多、占地广，且与居民的生活密切相关，因此为了合理地使用流动资金和城市用地，我国和其他一些国家都对居住区的规划和建设制定了一系列控制性的定额指标。居住区定额指标是城市规划和建设的定额指标的重要组成内容，这些定额指标也是国家的一项重要的技术经济政策。居住区规划的定额指标，一般包括用地、建筑面积、造价等内容。随着住宅商品化的发展，人民生活水平的提高，应根据定额指标，并对市场进行充分的调查，根据居住区的服务对象，确定用地、面积、造价等内容，以免投资的浪费或不足。

复习思考题

16—1 居住区的组成包括那些方面？

16—2 居住区的规划组织结构形式有哪几种？

16—3 居住区规划设计的基本要求有哪些？

16—4 进行居住区住宅及其用地的规划布置包括那些方面的工作？

16—5 如何组织好居住区的内部交通？

第 17 章　城市中心区规划与景观设计

本章提要:本章包括城市中心区规划、城市广场规划与景观设计。

学习目的:掌握城市中心区的基本概念及其发展形态,掌握城市广场的性质、设计原则及其在城市规划建设中的意义。

§17—1　城市中心区规划

一、城市中心区的概念及构成

城市中心区是城市结构的核心地区和城市功能的重要组成部分,是公共建筑和第三产业的集中地,为城市及城市所在区域集中提供经济、政治、文化、社会等活动设施和服务空间,并在空间特征上有别于城市其他地区,集中体现城市的社会经济发展水平和发展形态,承担经济运作和管理功能。

在不同的历史发展时期,城市中心区有着不同的构成和形态。古代城市的中心主要由宫殿和神庙组成;工业社会中,零售业和传统服务业是城市中心区的主要职能;城市中心区发展到现在,地域范围迅速扩大,并出现了专门化的倾向,如中央商务区(CBD,Central Business District)的兴起。但城市中心区本质上仍是一个功能混合的公共地区。不同规模和区域地位的城市中心区的功能构成和形态各有差异。许多小城镇中心功能主要是商业,城市结构比较单一,往往一条街或一个节点就成为城市中心。地区性的中心城市的中心区以商业零售功能为主,常常还包括行政中心,这类城市主要包括像中国的省会城市那样的地区性中心城市。区域或国际间地缘中心城市的中心区除拥有大量的传统服务业和商业零售业外,高级商务办公职能占有相当的比例,城市中心区已经出现新兴的 CBD,如上海、北京。而一些全球性的城市如纽约、伦敦,城市中心区功能十分复杂,但以高级商务职能为主,有发展成熟的 CBD。

城市中心区是城市发展进程中最具活力的地区,可以说,当代城市的大部分高级服务职能设施都相对集中在城市中心区内。城市中心区作为服务于城市和区域的功能聚集区,其功能也必然要适应并受制于城市自身的要求和城市辐射地区的需要。不同功能的分区组合形成城市中心区不同的景观和活力。城市中心区在服务职能上主要包括:商务职能、信息服务职能、生活服务职能、社会服务职能、专业市场、行政管理职能、居住职能。

二、城市中心与中心区的发展形态

1. 城市中心与中心区的用地结构形态

(1) 单核结构形态

集中型的中小城市一般都是单中心模式,城市的主要公共活动都相对集中在城市中心。除中小型城市外,一些综合性大城市的城市中心区也属单核结构形态,在相对完善的城市中心体系中，主中心的首位度很高。例如南京城市中心区自 20 世纪 80 年代以来发展很快，除了商业网零售设施的大规模建设外，最引人注目的变化是大量商务办公空间的出现，城市主中心新街口地区已经成为综合性的商务中心。除新街口主中心外，还有二级中心 9 个，三级中心若干，形成城市中心体系(图 17—1)。

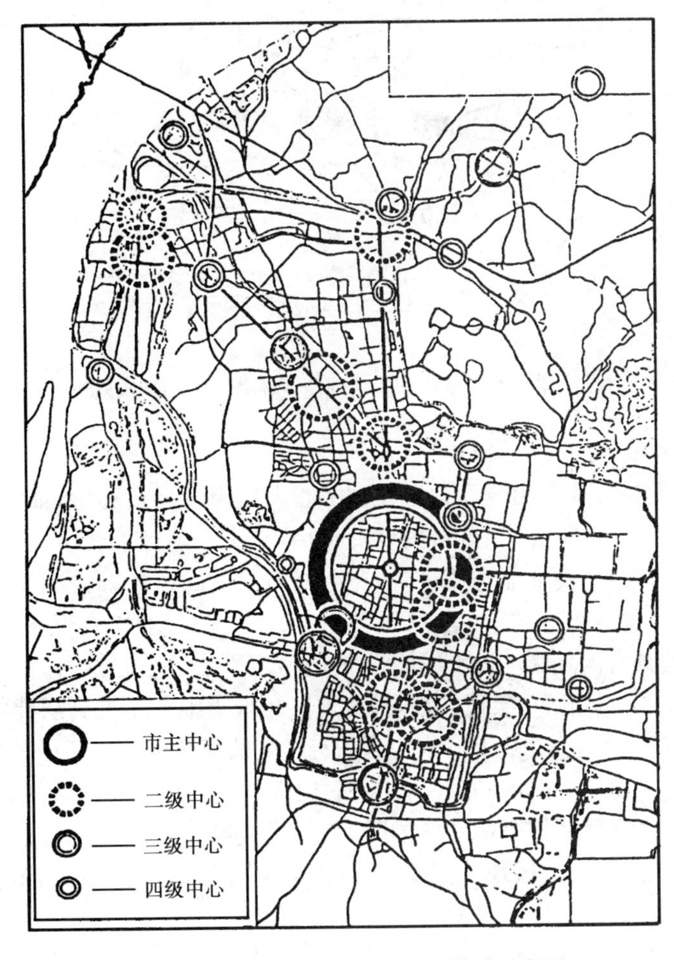

图 17—1　南京市商业中心等级体系示意图

(2) 多核结构形态

城市发展到一定阶段，当原有的城市中心不能容纳快速发展的城市中心职能时，就会在另一个地方发展新的中心，形成另一个核心，这是双核结构或多核结构城市发展的一般过程。这种情况常出现在较大规模的城市或历史性城市中(图 17—2)。

2. 城市中心与中心区的职能发展方式

(1) 以商业中心为主的城市中心区

不同规模城市，其辐射范围大小不同，城市中心的服务对象也有差异。中小城市规模较小，一般是特定行政区域(如市域或县域)的中心城市，其服务范围常常辐射广大农村地区，因此它只是一般的商品集散地，这就决定了这类城市的中心职能比较简单，以商业服务为主。城市中心就是其商业中心，商业中心规模小，主要内容是零售商业和饮食服务业。

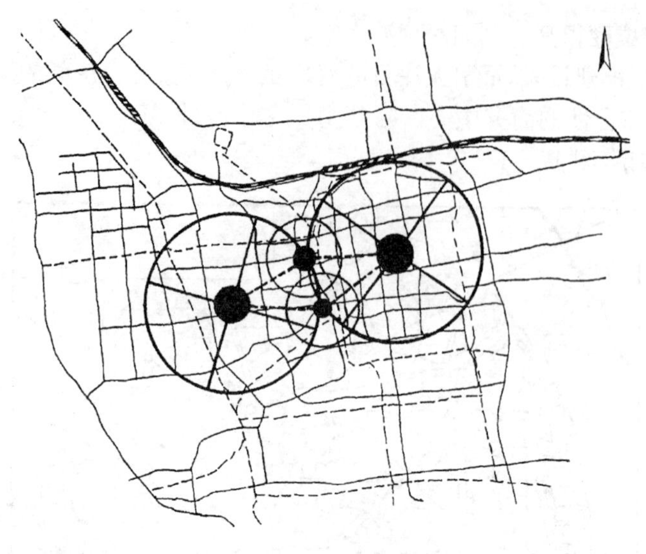

图 17－2　苏州市规划确定的商业体系双核结构模式图

（2）商业与商务结合的城市中心区

这种城市中心发展方式常出现在地区性的中心大城市发展过程中，如省会城市或省际区域城市等。这类城市主要是在一定区域内发挥作用，是一个地区的经济、文化、交通中心。在城市中心区内，除了传统的商业服务职能外，还有相当规模的商务办公职能，具有一定的商务中心的作用。其中一些城市的城市中心区具有向 CBD 发展的潜质，在经济全球化的影响和推动下，将逐渐发展为具有国际影响的 CBD。上海的城市中心区就是这种发展方式的代表。从 19 世纪中叶，特别是 20 世纪 20 年代以来，外滩地区相继集中了一批高层建筑和金融机构，南京东路也发展成为商业繁华之地，上海成为远东有影响的商贸中心。新中国成立后，由于政治和经济体制的原因，上海中心区的商务功能萎缩，但南京路仍是全国闻名的商业街。改革开放以后，上海在加强中心区商业服务职能的同时，特别注重提升中心区的商务职能，浦东陆家嘴商务中心的建设正是这方面的体现。因此，上海作为全国经济中心城市的不断发展，其中心区也将向着具有全球影响的 CBD 的方向迈进。

（3）以 CBD 为主的城市中心区

以这种方式发展城市中心区的城市主要是指具有国际辐射力的综合性特大城市。这种国际性城市的中心区规模很大，其显著特点是中心区功能以商务办公、专业化服务等高级职能为主，一般都有发展成熟的 CBD。CBD 在城市中心区的布局形态有两种主要形式：一种是综合式布局，CBD 是在原有中心区的基础上发展而来，城市中心区是一个包括 CBD 和其他中心职能的综合区域，但以 CBD 职能为主，如纽约的曼哈顿（图 17－3）。另一种是分离式布局，当城市的商务功能发展到一定程度时，城市原有中心的容量达到饱和，限制了中心功能的进一步发展，于是在新的地方另建商务中心，形成新的 CBD。法国巴黎的德方斯新区（图 17－4）就是这样发展起来的。德方斯曾是巴黎西郊的一个默默无闻、人口稀少的小村庄，但从 20 世纪 60 年代至今，规模巨大，30 余幢办公楼组成的综合实体，已奇迹般的发展成为法国面向 21 世纪的、欧洲大陆最大的新兴国际性商务办公区，被誉为巴黎的曼哈顿。

图 17—3 纽约曼哈顿(注:世界贸易中心大楼在 2001 年 9 月 11 日被炸毁,目前正在重建)

图 17—4 巴黎德方斯鸟瞰

三、城市商业中心规划

1. 城市商业中心的位置

在理想状态下,城市商业中心的区位应接近城市的几何重心亦即地理重心,这样,城市内所有点到商业中心的直线距离之和将趋于最小。但由于城市居民的分布不均,商业中心的区位也必须尽量接近城市居民的分布重心。此外,居民分布密度越高、越集中,对商业中心的影响越大,因此商业中心一般在接近居民分布重心的基础上,向居民分布密度高、集中成片的生活区偏离。如南京市居民分布重心在中山路西侧附近,城南为高密度集中成片的生活区,新街口商业中心接近密集成片的城南生活区(图 17—5)。

城市商业中心要使所有的消费者活动便利,就必须具有最佳的交通可达性,所谓可达性,是指人们从住地到达商业中心的方便程度,所有活动者到达中心的时间距离总和应该最小,因而商业中心区位通常也接近居民交通可达性分布重心位置。

某些城市商业中心区位还受到城市性质的影响。如一般地区经济中心中小城市,城乡经济联系频繁,商业中心为地区性消费中心,不仅为城区居民服务,还要为广大的郊区和农村居民服务,后者在数量上往往超过前者,这类城市的商业中心通常需要和对外交通设施有紧密联系。例如绍兴市是浙东地区的经济和贸易中心城市,商业中心不仅要为 20 万城市居民服务,每日还要满足数以万计的进城农民的购物要求,这些农民又是大量农副产品的销售者。农民需要通过城市的主要对外交通设施——火车站、客运码头、长途汽车站等出入城市,而这些对外交通设施都集中在城北,因此商业中心区位偏向城北,北自大江桥,南至清道桥形成繁荣的商业街(图 17—6)。

具有特殊职能的风景旅游城市,当风景区接近城市时,旅游活动将影响商业中心的区位。杭州市西湖风景区与城市毗邻,风景区不仅是游客的游憩场所,也是城市居民日常活动的场所。这种布局形态使城市与西湖毗连的湖滨地区具有潜在的聚集效益,因而在城市的主要生活干道延安路—解放路交会处发展形成“L”形的商业中心,成为游览区的一部分,与居民区成偏心状态(图 17—7)。

2. 商业中心构成

城市商业中心是居民购买力实现的场所,是人们的生活服务中心,这是商业中心的生活服务职能。在现代城市中,不只是消费中心,更重要的是人们邻里交往的扩大和延续,使得商业中心成为居民社会交往的场所之一。城市商业中心的形态、建筑式样、店面装修、经营方式以及人们在商业中心活动的特点,都是城市文化的一个重要方面,也是一种物质体现。

城市商业中心的设施构成与其职能相对应,可用图 17—8 表明。

城市商业中心的用地构成体系如图 17—9 所示。

3. 空间形态

(1)带状中心(图 17—10)

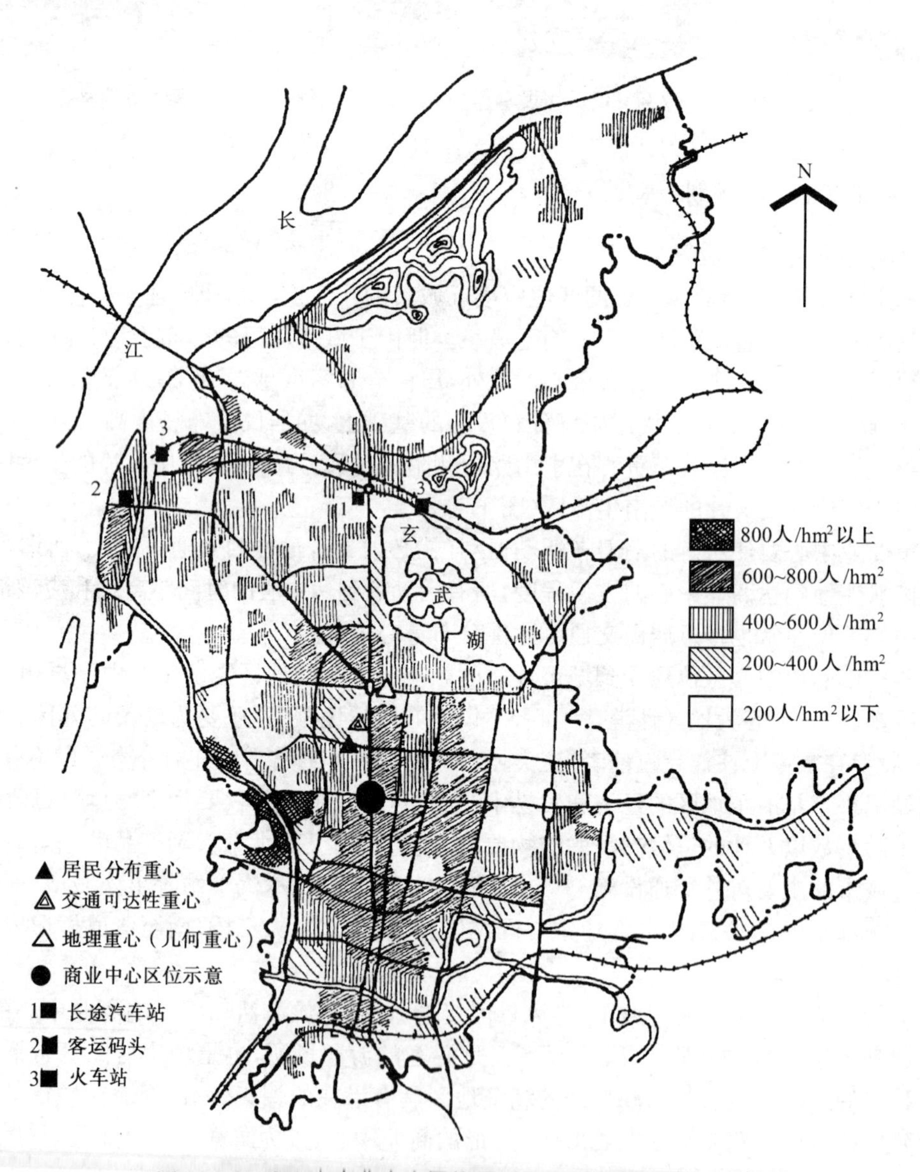

图 17—5 南京市商业中心区位与对外交通设施布局的关系

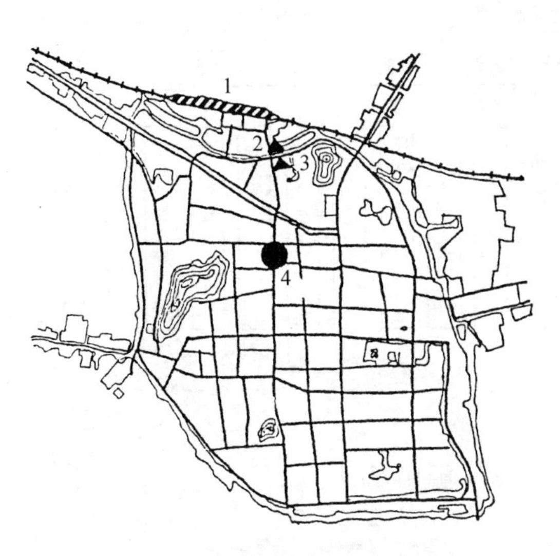

图 17－6　绍兴市商业中心区位与对外交通设施布局的关系

1－火车站；2－客运码头；3－汽车站；4－商业中心位置示意

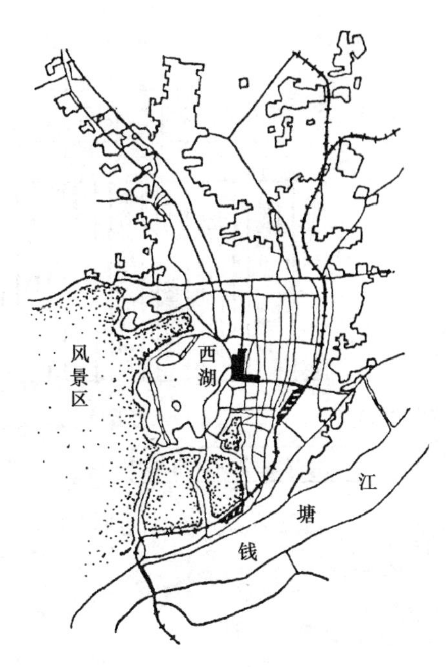

图 17－7　杭州市商业中心区位与风景旅游区的关系

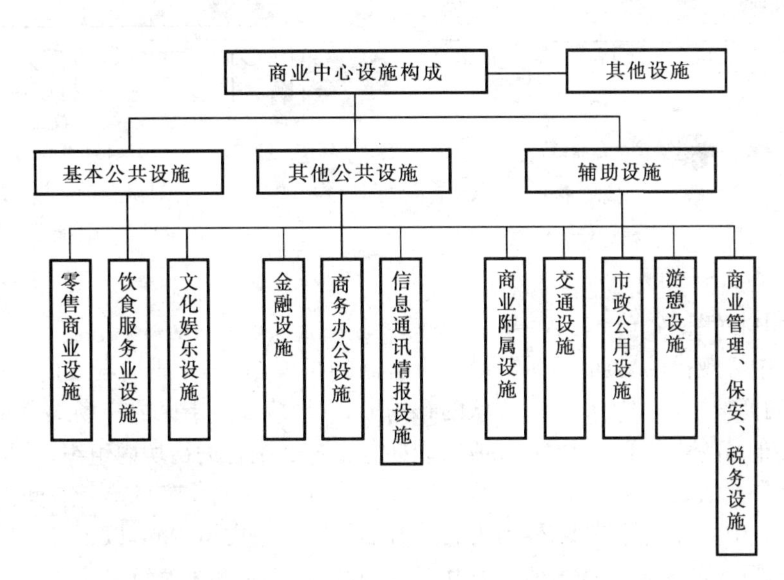

图 17－8　商业中心的设施构成体系

带状中心是指沿街线性展开布置的带状商业街，普遍存在于各大中小城市。商业街是一种历史悠久，且在今天仍被证明是行之有效的商业空间形态。在商业中心的规划建设中，无论是从原有人车混行的商业街改造而来的各种步行商业街，还是新建的步行商业街和购物中心，都会把公共设施沿线展开，与街结合作为最基本的空间布局形式。带状中心其设施沿某一道路布置成为单一线形布局，也可以沿几条道路的方向带状延伸形成 L 形、T 形、十字形等布局形式。带状中心须处理好通过车辆与中心人流的交叉干扰。

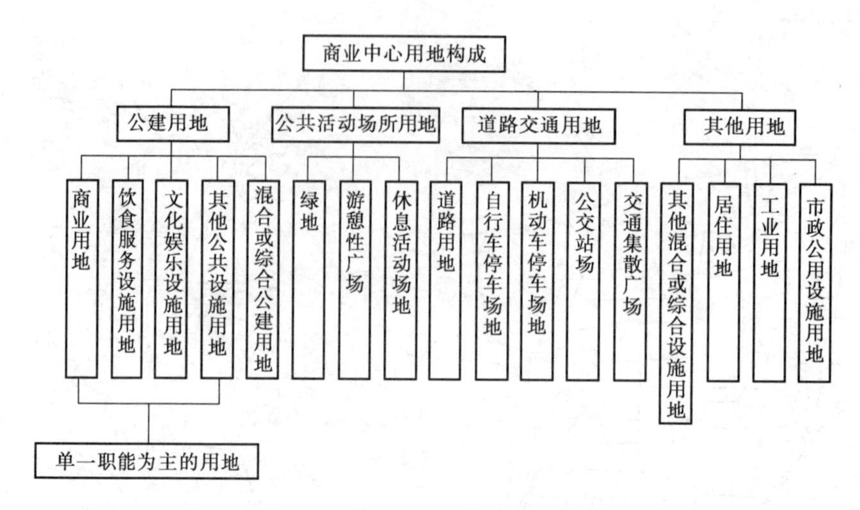

图 17－9　商业中心的用地构成体系

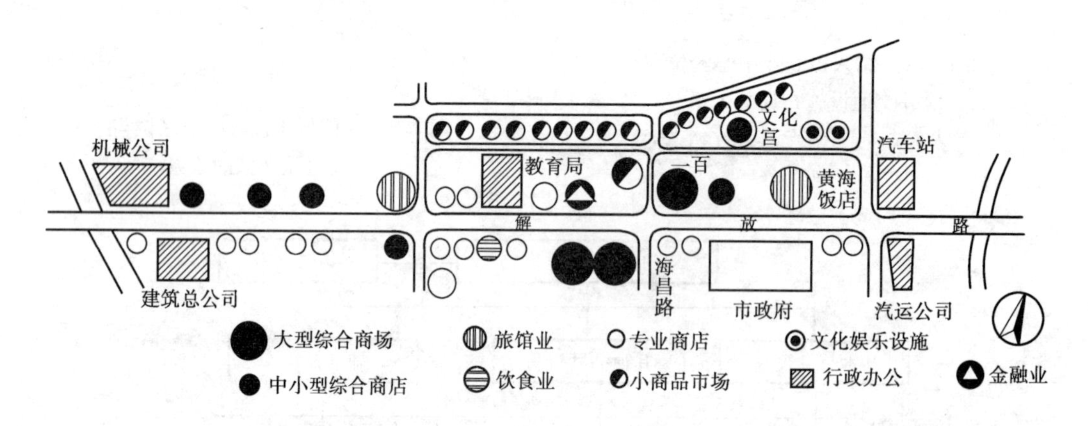

图 17－10　连云港解放路商业中心

(2) 块状中心(图 17－11)

随着商业中心规模的增加，简单的沿城市道路的扩展，人车矛盾加剧或商业中心过长，因此，较大规模的商业中心一般都采用块状的布局形式，形成商业街区或广场式商业中心。商业街区是街坊式布局的块状商业中心，各项功能部分在道路围合的街坊内组织，满足了城市交通与商业文化等公共活动的相对独立，街坊内形成安全舒适、丰富多变的步行空间。

广场式商业中心在国外较多，较为著名的有瑞典法斯塔市市中心，以步行广场为核心空间组织各项设施，巨大的梭形广场由两层公共建筑围合，东西两侧布置了大量的停车场，结构简单，布局紧凑(图 17－12)。

(3) 立体式中心(图 17－13)

随着汽车的增加，城市中心用地日趋紧张，平面土地使用有限，出现了立体式的空间布局形式。通过立体化的交通组织，人流、车流、货流在三度空间上分隔，将商业中心各功能部分按平面与竖向分区相结合，构成多层面立体式商业中心。立体式中心的缺点在于造价昂贵，技术复杂，消防、治安、卫生等都有一定难度，并使城市居民进一步远离自然。

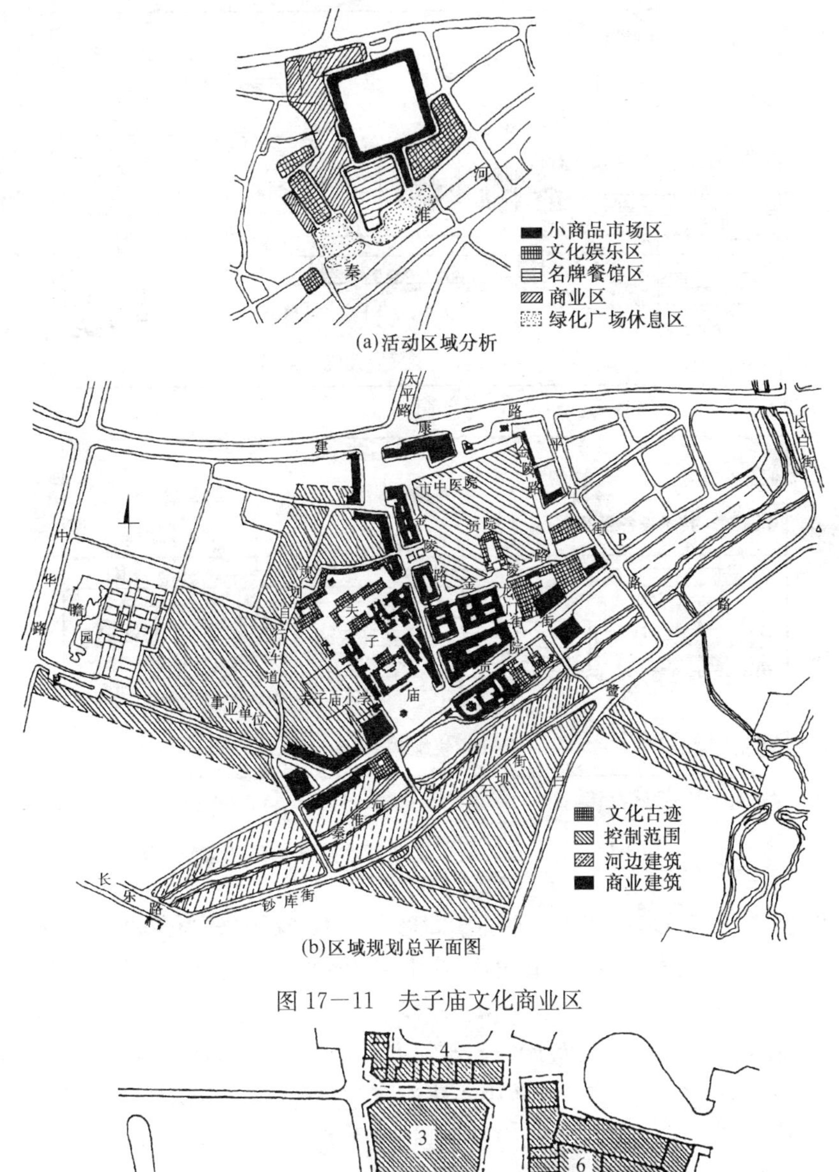

图 17－11　夫子庙文化商业区

图 17－12　瑞典法斯塔市中心平面图

1～5－商店、企业、办公；6－商店、门诊；7－电影院、剧院、集会大厅；8－停车场

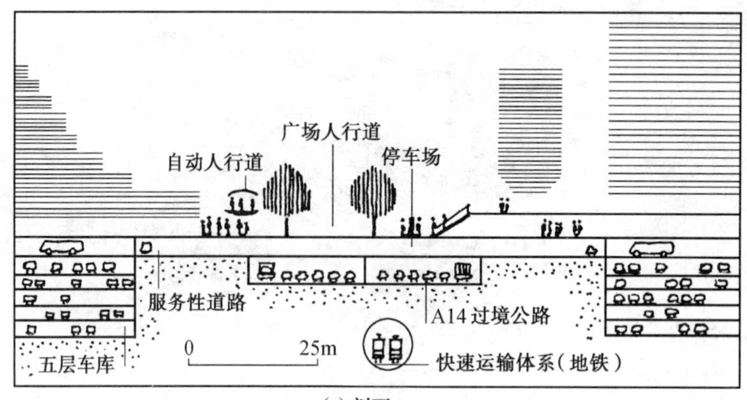

(a) 剖面 I

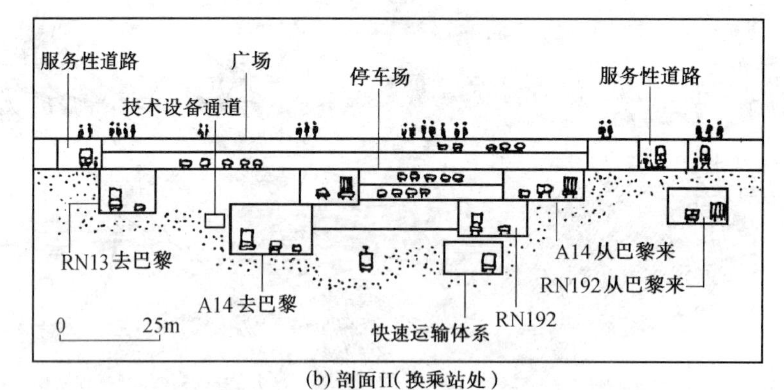

(b) 剖面II(换乘站处)

图 17－13　德方斯大平台和地下交通道布置

在实际生活中,大部分城市商业中心的空间形态都不能截然分为带状、块状或立体式,而呈现多种空间形态混合的状态。在规划建设中,应把握各种形式的优缺点,因地制宜,取长补短。

4. 道路交通组织

从我国目前的情况来看,大多数城市都存在商业中心的交通拥挤、环境质量差等问题,因此,无论是已有中心改造,还是新的商业中心建设,都应充分了解其道路交通现状,并通过交通调查、分析,预测交通量,进行商业中心道路规划设计。

常见的商业中心道路交通组织形式可归纳为人车混合式、平面分离式及立体分离式三种类型(图 17－14),可分别与带状、块状与立体式商业中心相对应。

从城市总体布局到商业中心的规划设计,通常采用以下办法解决商业中心的交通问题:

(1) 调整布局

调整城市商业体系,建设商业副中心,分流以缓解原中心的交通压力(图 17－15),拟通过完整的城市商业体系平衡交通。在商业中心规模加大时,则应调整其内部用地布局形态,如偏重一侧发展,可减少人们横穿道路的需要,或由带状商业中心调整为向块状中心、立体式中心发展,逐步改人车混行的交通系统为人车分行系统

(2) 改善道路系统

预测交通量,根据商业中心的发展模式规划合理的道路交通网络,满足交通需求,对原有商业中心的道路系统的改造,同样可以采用开辟外环路、修建平行道路、增加道路密度、加宽路

幅、增设停车设施的办法。例如苏州市观前街既是城市商业中心，又是一条联系城区东西向交通的主要道路，为此城市开辟了因果巷、干将路，并与现有的人民路、临顿路形成环路，不仅疏散了交通，也为将观前街建设成有特色的步行街奠定了基础(图 17－16)。南京市为解决中山路的交通干扰问题，规划开辟和拓宽了一条南北向的平行干道洪武路，形成双轴线形的城市道路新布局(图 17－17)。

(3) 优化交通组织

合理地组织城市商业中心的交通，也可以达到改善交通的目的。通常采取的措施包括：限制交通，即限制通过的车辆种类、(某些车辆的)通过时间和行车方向；实行交通分流；建立完善的步行交通系统。

5. 形体环境设计

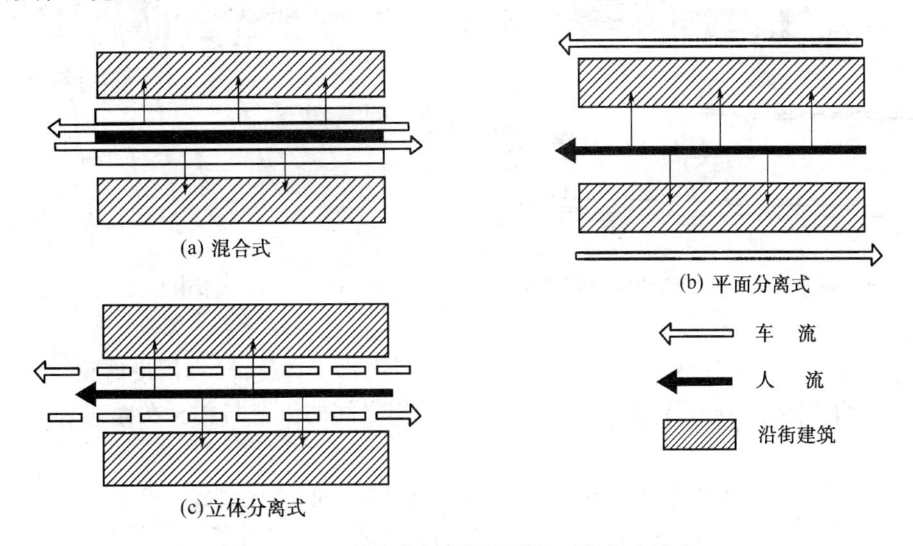

图 17－14　商业中心交通组织的三种基本形式

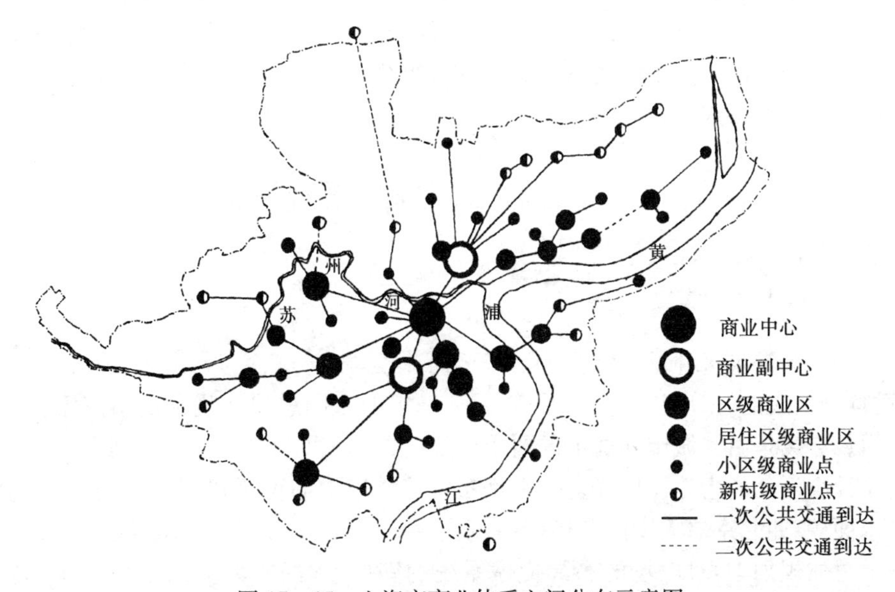

图 17－15　上海市商业体系空间分布示意图

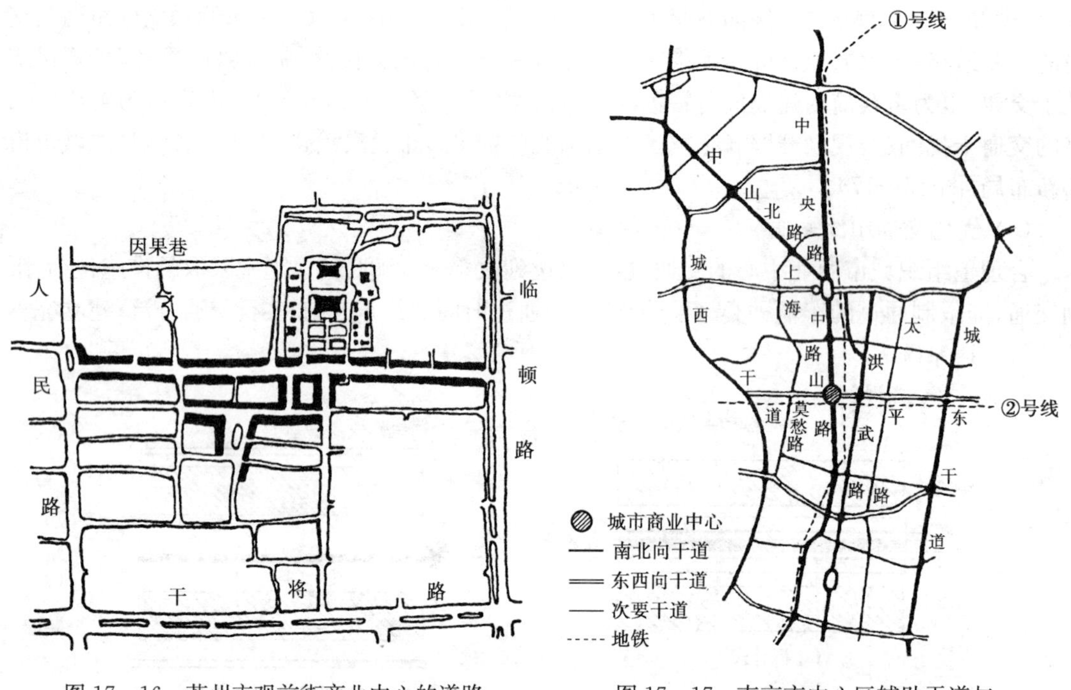

图 17－16　苏州市观前街商业中心的道路

图 17－17　南京市中心区辅助干道与城市道路系统的关系

城市商业中心形体环境的设计内容包括三个方面，即实体设计、场景设计和空间设计。其中"实体"即构成商业中心形体环境的各种要素，他们之间的组合与相互关系表现为"场景"和"空间"。

(1) 实体设计，包括各种公共建筑、附属设施、辅助设施、绿化、水体、造景小品和界面的设计。例如，商业中心的建筑应具有公共性和开放性，并具有一定的商业广告效应。

(2) 商业中心的场景是指商业中心形体环境中各种构成要素的组合形式。场景设计应注意构图的要求，并运用光影和色彩丰富场景。空间是商业中心内人们进行各种活动的"容器"，良好的空间感受一方面取决于空间的现状、尺度、组合等因素，另一方面也与围合空间的实体组合场景的丰富性有很大关系。

§17－2　城市广场与景观设计

一、广场在城市中的意义

城市广场是为满足多种城市社会生活需要而建设，以建筑、道路、山水、地形等围合，由多种软、硬质景观构成的，采用步行交通手段，具有一定的主题思想和规模的节点型城市户外公共活动空间。广场是由于城市功能上的要求而设置的，是供人们活动的空间。城市广场通常是城市居民社会活动的中心。广场上一般都布置着城市中的重要建筑和设施，能集中地表现城市的艺术面貌，如北京的天安门广场，既有政治和历史意义，又有丰富的艺术面貌。

在城市总体规划中，对广场的布局应做系统的安排，广场的数量，面积的大小，分布的位置，取决于城市的性质、规模和广场本身功能的要求。

二、城市广场的性质

城市广场的性质取决于它在城市中的位置与环境，相关主体建筑与主体标志，以及其功能等方面，而现代城市广场愈来愈趋向于综合性的发展。按照性质一般可将城市广场分为以下几类：

1. 市政广场(图 17－18)

图 17－18　沈阳市政广场

市政广场多修建在市政府和城市行政中心所在地，是市政府和市民定期对话和组织集会活动的场所。市政广场的出现是市民参与市政管理的一种象征。广场上的主体建筑物是室内的集会空间，是室外广场空间序列的对景。为了加强稳重庄严的整体效果，建筑群一般呈对称布置，标志性建筑亦位于中心轴线上。

由于市政广场的主要目的是供群体活动，所以应以硬地铺装为主，同时适当的点缀绿化和小品。

2. 纪念广场(图 17－19)

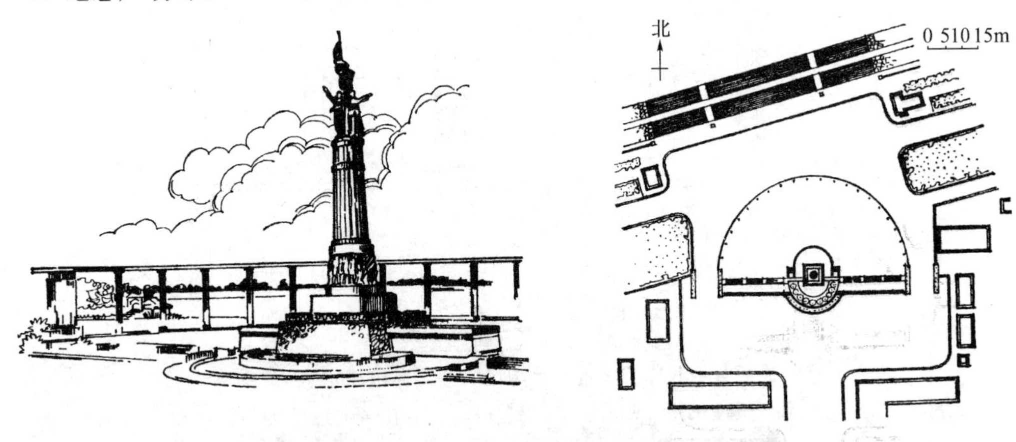

图 17－19　哈尔滨防汛纪念广场及广场景观

为了缅怀历史事件和历史人物，常在城市中修建主要用于纪念某些人物或某一事件的广场。广场中心或侧面以纪念雕塑、纪念碑、纪念物或纪念建筑作为标志物，主体建筑物应位于构图中心。

3. 商业广场(图 17－20)

商业广场是城市广场中最常见的一种。它是城市生活的重要中心之一，用于集市贸易和购物。商业广场中以步行环境为主，内外建筑空间应相互渗透，商业活动区应相对集中。这样既便利顾客购物，又可避免人流与车流的交叉。

图 17－20　美国某旅游商业中心区中的小广场

4. 交通广场

交通广场是城市交通系统的有机组成部分，是交通的连接枢纽，起交通、集散、联系、过渡及停车作用，并有合理的交通组织功能。

交通广场一般有两类，一类是城市多种交通汇合转换处的交通集散广场，如火车站前的广场(图 17－21)，首要功能是合理组织交通，以保证广场上的车辆和行人互不干扰，满足通畅无阻、联系方便的要求。另一类是城市多条干道交汇处形成的交通广场，也就是常说的环岛，一般以圆形为主。由于它位于城市的主要道路的交点上，因此，除了配以适当的绿化外，广场上常设置重要的标志性建筑或大型喷泉，形成道路的对景。

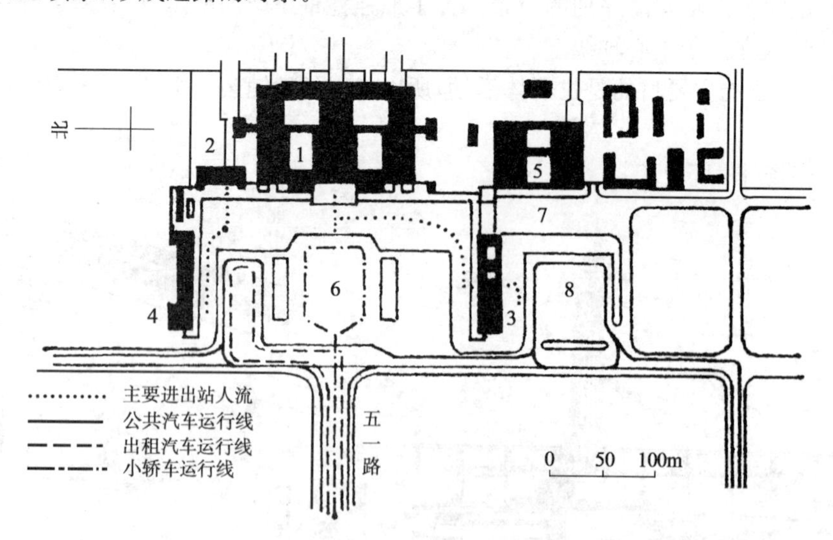

图 17－21　交通集散广场交通线路组织示意

1－站房主楼；2－出站厅；3－售票厅；4－邮电楼；5－行包房；6－站前广场；7－行包广场；8－公共汽车停车场

5. 休息及娱乐广场(图 17－22)

图 17—22 南京鼓楼广场

休息娱乐广场是城市中供人们休憩、游玩、演出及举行各种娱乐活动的重要场所。广场中应布置台阶、座椅等供人们休息，设置花坛、雕塑、喷泉、水池以及其他城市小品供人们观赏。其平面布局形式灵活多样，人在其中可以"随心所欲"。休息及娱乐广场可以是无中心的、片段式的，即每一个小空间围绕一个主题，而整体是"无"的。广场从空间形态到小品、座椅都要符合人的环境行为规律及人体尺度，使人乐于其中。同时，广场的位置选择比较灵活，可以位于城市的中心区，可以位于居住小区内，也可以位于一般的街道旁。

三、城市广场的形状

广场的形成有规划和自发两种模式，受地形、观念、文化等多种因素的影响，其平面组合表现为各种不同的形态，基本可分为单一型和复合型两大类别。

1. 单一形态广场

(1) 规整形广场

形状比较严谨对称，有比较明显的中轴线，广场上的主要建筑物往往布置在主轴线的主要位置上。广场平面为简单的方形、梯形、圆形等。

正方形广场在本身的平面布局上，无明显的方向性，可根据城市道路的走向、主要建筑物的位置和朝向来表现出广场的朝向。如巴黎旺多姆广场(图 17—23)，位于城市道路的两侧，主要的塔形建筑布置在广场正中的纵横轴线的交点上，使塔形建筑物格外地突出，成为各条道路的对景。

长方形广场在平面上，有纵横的方向之别，能强调出广场的主次方向，有利于分别布置主次建筑(图 17—24)。在作为集会、游行广场时，会场的布置及游行队伍的交通组织均较易处理。广场的长宽比，无统一规定，但长宽过于悬殊，则使广场有狭长感，成为广阔的干道，而减少了广场的气氛。过去欧洲历史上以教堂为主要建筑物的广场，因配合教堂高耸的体型，多布置成纵向，现在一般多布置成横向。

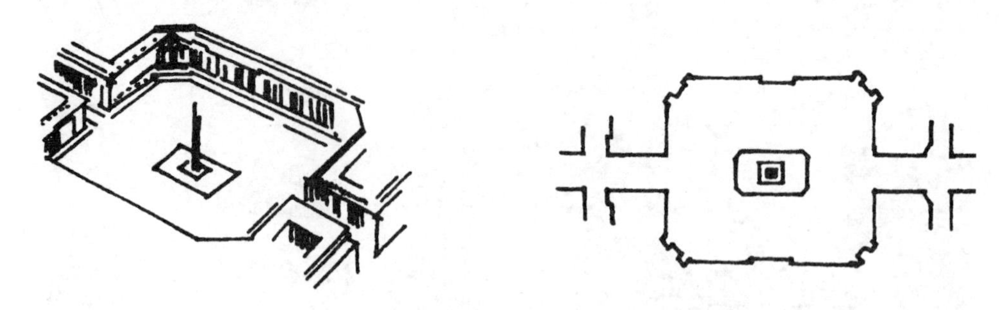

图 17－23　巴黎旺多姆广场

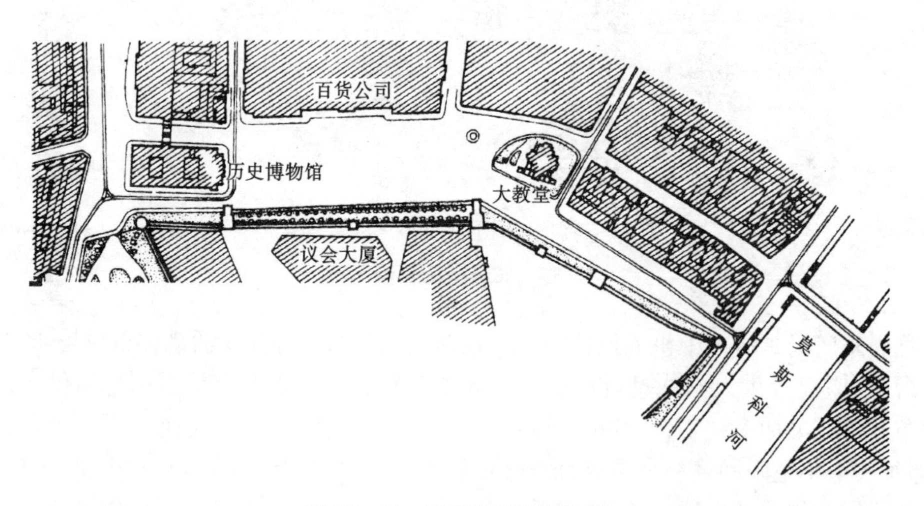

图 17－24　俄罗斯莫斯科红场

梯形广场平面为梯形，有明显的方向，容易突出主题。广场只有一条纵向主轴线，主要建筑布置主轴线上。如布置在短底边上，容易获得主要建筑的宏伟效果；如布置在长底边上，容易获得主要建筑与人较近的效果。还可以利用梯形的透视感使人在视觉上对梯形广场有矩形广场之感(图 17－25)。

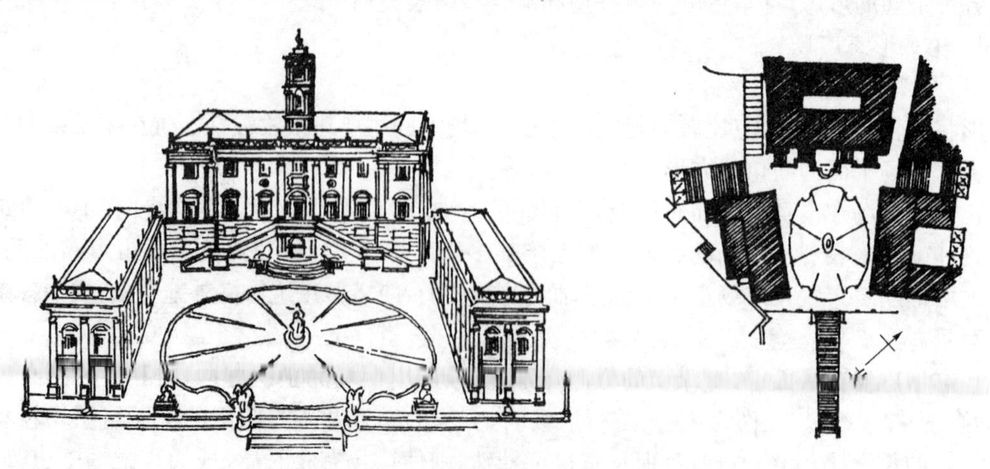

图 17－25　罗马卡比多广场

圆形广场、椭圆形广场基本上和正方形广场、长方形广场有些近似，广场四周的建筑，面向广场的立面往往按圆弧设计，形成圆形或椭圆形的广场空间，这也给建筑的功能要求和施工建造带来一定困难(图 17—26)。

(2) 不规整形广场

由于用地条件、环境条件、历史条件、设计观念和建筑物的体型布置要求，出现了一些平面形式不规整的广场。这类广场大多具有较好的围合特性，周边建筑物的连续性构成了广场的边界，而形状完全自然的按建筑边界确定。这类广场普遍是在高度密集的城市空间中拓展局部空间区域，往往具有适合的规模尺度，良好的视觉比例和浓厚的生活气息，构成城市中如画的景观(图 17—27)。

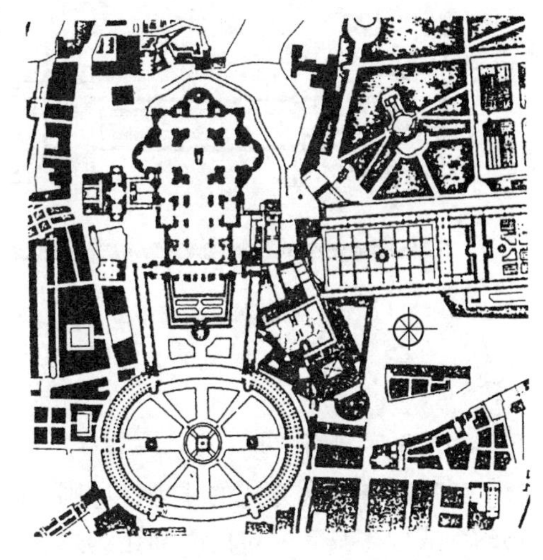

图 17—26　罗马圣彼得大教堂广场平面

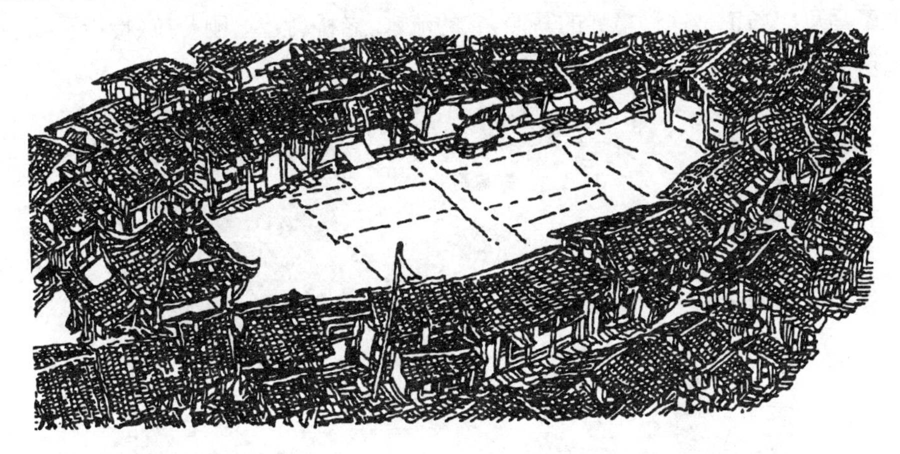

图 17—27　四川罗城广场

2. 复合形态广场

相对于单一形态的广场，此类广场是以数个基本几何图形，以有序(轴线)或无序(自由拼接)的结构组合成广场的整体景观，这种复合形态广场提供了比单一形态广场更多的功能合理性和景观多样性。

(1) 有序复合广场

运用一个或几个母题，按序列(轴线)原则排列，构成了兼具理性和动态两种空间感受的城市景观，并由广场本身实现了对比、韵律、流动等一系列美学法则的体验，同时使广场空间能最大程度上与城市道路体系连成一体，达到城市形态的连续和流动。这类广场往往位于城市中心并具有相当高的重要性，规模、尺度相应较大，连续空间收放自如，形状多样变化，整体统一协调。著名实例有罗马的圣彼得广场和法国南锡广场群(图 17—28)。

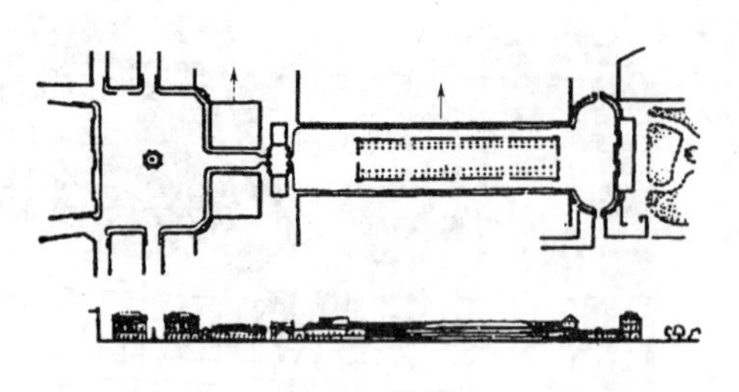

(a) 法国南锡广场群平面

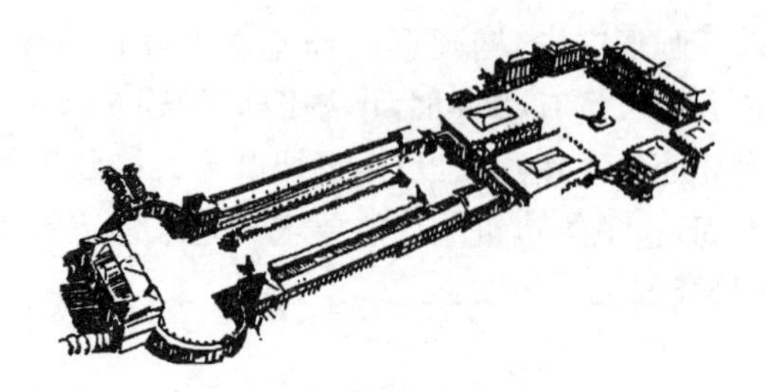

(b) 法国南锡广场群鸟瞰

图 17－28　法国南锡广场群

(2) 无序复合广场

无序仅指组合方式的非理性原则，事实上仍有一定的内在规律性而使整体统一。这类广场的形成大多具有一定的时间延续过程或受自然条件制约，而且一般都明确表现出这种客观条件的变化过程以及最终统一化的过程，形成视觉艺术和整体艺术统一的广场。同时，它也便于形成广场的多主题要求，自然中呈现出不经意的精致，活泼中揭示城市生命的历史。意大利威尼斯的圣马可广场正是这种境界的写照，它的流水、老桥、教堂、刚朵拉(特指平底游船)一起成为威尼斯文化的象征，更是城市生活的绝对中心(图 17－29)。

图 17－29　威尼斯圣马可广场

四、现代城市广场设计的基本原则

1. 贯彻以人为本的原则

分析研究人的行为心理和活动规律，了解人在广场上的心理需求和行为特征，以此为依据，在城市规划中建设广场，或对广场各要素进行精心设计，体现对人的关怀和尊重，使城市广场真正成为为人享受、为人喜欢、为人向往的公共活动空间。

2. 把握城市空间体系分布的系统原则

在城市公共空间体系中，城市广场有功能、性质、规模、区位等区别，正确认识每一个广场的区位和性质，恰当表达和实现其功能，形成城市广场空间的有机整体，对城市广场在城市空间环境体系中的系统分布作全面把握。位于城市核心区的广场突出体现城市整体的风貌，如北京的天安门广场和上海的人民广场。街道序列空间及城市轴线空间的局部放大，使得城市空间有序而富有变化。其他还有为城市对外交通设施设置的广场，是进出城市的门户。在自然体边缘的广场和自然环境密切结合，提供良好的休息场所。居住区内设置可供居民游戏、健身、文娱、休息、散步等活动的广场，满足居民对户外活动的需要。

3. 体现可持续发展的生态原则

现代城市广场设计应从城市生态环境的整体出发，一方面运用园林设计的方法，通过融合、嵌入、缩微、美化和象征等手段，在点、线、面不同层次的空间领域，引入自然、再现自然，并与当地特定的生态条件和景观特点相适应，使人们在有限的空间中，领略和体会无限自然带来的自由、清新和愉悦。另一方面城市广场设计要特别强调其生态小环境的合理性，既要有足够的阳光，又要有足够的绿化，冬暖夏凉、趋利避害，为居民的各种活动创造宜人的空间环境。

4. 突出个性创造的特色原则

个性特色是指广场在布局形态和空间环境方面所具有的与其他广场不同的内在本质和外部特征。一个有个性特色的城市广场，不仅可以是居民感到亲切和愉悦，而且能够唤起他们强烈的自豪感和归属感，从而更加热爱他们的城市和国家。有个性的城市广场，其空间构成依赖于它的整体布局六个要素，即建筑、空间、道路、绿地、地形与小品细部的创造。

五、现代城市广场的空间环境规划

广场的空间环境包括形体环境和社会环境两方面。形体环境有建筑、道路、场地、植物、环境设施等物质要素构成，社会环境由人们的各种社会活动构成，如欣赏、游览、交往、购买、聚会等。

1. 广场的比例、尺度

广场的大小应与其性质功能相适应，并与周围建筑高度相称。广场的大小是依照与建筑物的相关因素决定的。广场过大，与周围建筑不发生关系，就难以形成有形的、可感觉的空间。越大给人的印象越模糊，大而空、散、乱是广场吸引力不足的主要原因，对这种广场应采取一些措施来缩小空间感。如天安门广场，周围建筑高度约在 30～40 m，广场宽度为 500 m，宽高比为 12∶1，以至使人感到空旷，但由于广场中布置了人民英雄纪念碑、纪念堂、旗杆、花坛、林带等分隔了空间，避免了过大的感觉。

2. 广场上建筑物和设施的布置

建筑物往往是组成广场的重要因素。广场上除主要建筑外，还有其他建筑和各种设施。这些建筑和设施应在广场上组成有机整体，主从分明，关系良好，满足各组成部分的功能要求，合理解决交通路线、景观视线和分期分批地建设问题。

在一切重要的建筑物的主要立面前都应有一块场地，通过这块场地可以欣赏建筑物的造型特征，使这块场地具有了广场空间的意义。广场空间是属于这个主要建筑物的，在这个场地周围可能还有其他的建筑物，形成了广场空间的次要的墙，通常主体建筑物占据广场空间的一个边长，这样就可以使相邻的建筑物与之垂直而不是平行，从而减少了产生矛盾的可能，建筑物的主要立面可突出在空间内。

广场上的照明灯柱与扩音设备等的设置，应与建筑、纪念物等密切配合。亭、廊、座椅、宣传栏等小品体量虽小，但与人们活动的尺度较近，有较大的观赏效果，他们的位置应不影响交通和主要的观赏视线。

3. 广场的交通流线组织

广场设计还需考虑城市交通与广场内各组成部分之间的交通组织问题，使车流通畅、行人安全、方便管理。广场对城市交通不应设置过多的出入口，广场内行人的活动区域，要限制车辆通行。

4. 广场的地面铺装与绿化

广场的地面是根据不同的要求而铺装的，如集会广场需要有足够的面积容纳参加集会的人数，游行广场要考虑游行行列的宽度及重型车辆通过的要求，其他广场亦须考虑人行、车行的不同要求。有时因铺装材料、施工技术和艺术处理等的要求，广场地面上须划分网格或各式图案，铺装材料的色彩、图案等与广场上的建筑、树、设施等密切的配合，有助于限定空间、标注空间、增强识别性等。

5. 城市中原有广场的利用和改造

旧城中留存下来的广场，往往是经过不同时期、不同的要求改建扩建而成。新城市中规划的广场，也要有一定的时间方能形成，有时因时间的推移，也会有新的要求，产生改建、扩建的问题。对旧广场的改建、扩建或复原休整，都应充分利用原有基础。对旧广场的利用、改造，要有全局的观点，不仅使过去的设施继续为今天服务，而且用不同的手法，把不同时代的建筑、不同风格的作品统一到今天的规划设计中来。

复习思考题

17—1　城市中心区在城市中的地位如何？现代城市中心区的主要构成包括那些方面？

17—2　如何合理确定城市商业中心在城市中的位置？

17—3　常见的商业中心道路交通组织形式有哪几种？随着城市的发展，如何解决商业中心出现的交通拥挤等问题？

17—4　现代城市广场具有哪些功能？在城市建设中有何意义？

17—5　现代城市广场的设计应遵循哪些基本原则？

民用建筑课程设计任务书

一、目的要求

通过参观和设计实践，培养学生综合运用一般民用建筑设计原理分析问题和解决问题的能力，从中初步掌握建筑设计的方法和步骤，并使绘图能力得到进一步提高。

二、设计内容

（以下三种建筑类型任选一个）

（一）12 班中学学校设计

1. 建设地点：拟在本市新建住宅区内建一所中学，建筑基地情况自定。
2. 建设规模：12 班（每班 50 人）总建筑面积约 2800m²。
3. 结构类型及层数：砖混结构，1～4 层。
4. 各使用房间及面积：

分　项	房间名称及面积	备　注
教学用房	普通教室（12 间）55～56 m² 物理实验室 75～85 m² 生化实验室 75～85 m² 实验准备室（2 间）30～40 m² 电脑房 75～85 m² 科技活动室 30～40 m² 语音室 75～85 m² 语音准备室 30～40 m² 阅览室 75～85 m² 书库 30～40 m² 音乐教室 55～56 m² 多功能教室 100～120 m² 器材室 35～40 m²	与实验室靠近 与语音室靠近 与阅览室靠近 与多功能教室靠近
管理用房	校长办公室 12～16 m² 行政办公室（2 间）12～16 m² 教师办公室（12 间）12～16 m² 大会议室 35～48 m² 医务室 12～16 m² 广播室 12～16 m² 传达室 12～16 m² 体育器材室 12～16 m²	
辅助用房	食堂 80 m² 库房 30 m² 开水房及浴室 30 m² 修理间 30 m² 卫生间	在总平面中布置 在总平面中布置 在总平面中布置 在总平面中布置 按要求在各楼层设置

5. 总平面：

(1) 教学楼及办公楼。

(2) 体育场地：250 m 环形跑道(100 m 直道)运动场一个，篮球、排球场各 2 个。

(3) 其他：动植物园地，花圃及道路等。

(4) 辅助用房等。

(二) 行政办公楼设计

1. 建设地点：拟在某市城区主干道旁建一座办公楼，地形自定。

2. 建设规模：总建筑面积约 2 800 m^2。

3. 结构类型及层数：框架或砖混结构，1～6 层。

4. 各使用房间及面积：

(1) 办公用房：面积 1 500 m^2，其中，单间办公室 70%，两套间办公室 30%(每间 15～18 m^2)。

(2) 中会议室 90～100 m^2一间，小会议室 60 m^2(设置 2～4 间)。

(3) 多功能活动室 180 m^2 左右。

(4) 电控室 40 m^2 左右(与多功能活动室邻近)。

(5) 传达室 20 m^2 左右。

(6) 男女厕所(每层设置)。

5. 总平面：

(1) 办公楼

(2) 其他：停车场、广场、道路及绿化等。

(三) 多层住宅设计

1. 建设地点：拟在某住宅区内，建多层住宅数栋，建筑基地自定。

2. 建筑面积：每户 80～100 m^2。

3. 结构类型及层数：砖混结构，5 层。

4. 各使用房间及面积：

(1) 居室：12～14 m^2。

(2) 起居室：14～18 m^2。

(3) 厨房：4～6 m^2，内设案台、灶台、洗碗池等。

(4) 卫生间：4～6 m^2，内设坐便器、淋浴器(或浴盆)、洗手池、洗衣机等。

(5) 阳台：生活阳台和服务阳台各一个。

(6) 储藏空间：根据具体情况设壁柜和储藏间。

5. 总平面：

(1) 根据基地情况和日照间距布置几栋住宅楼。

(2) 其他：道路、绿化、存车等。

二、设计成果要求

1. 总平面图 1∶500，1∶1 000。

2. 各层平面图 1∶100。

3. 立面图(入口面和侧立面)1∶100。

4. 屋顶平面图1∶200。
5.剖面图(剖到楼梯)1∶100。
6.设计说明:技术经济指标(按建筑类型的技术经济指标编写)。

四、参考资料

1.《中小学建筑设计》,中国建筑工业出版社。
2.《建筑设计资料集》,(第二版)。
3.《中小型民用建筑设计图集》,中国建筑工业出版社。
4.《住宅建筑设计原理》。
5.《优秀住宅设计方案选编》,中国建筑工业出版社。
6.《快速建筑设计图集》(上、中、下),中国建筑工业出版社。
7.《建筑制图》教材施工图部分。
8.各地区民用建筑构配件通用图集。

单层工业厂房课程设计任务书

一、目的要求

1. 了解工业建筑设计的一般工作方法。
2. 初步掌握单层工业厂房建筑统一化基本规则。
3. 初步掌握单层工业厂房平面、立面、剖面设计的建筑处理、结构选型及主要构造方法。

二、设计要求

(一) 设计条件

某厂金工装配车间，用于中小型运输车辆的加工和装配。钢筋混凝土排架结构。规模见平面示意图。

(二) 应完成图纸内容

1. 平面图 1∶200，屋顶平面图 1∶400。
2. 剖面图 1∶200(横剖面一个，纵剖面一个)。
3. 立面图 1∶200(正立面一个，侧立面一个)。
4. 构造详图 1∶10，1∶20 (檐口节点、高低跨节点和纵横跨节点)。

(三) 要求

1. 平面图：轴线编号，三道尺寸，吊车轨道中心线，吊车(注 Q、L、H)，吊车梯，散水(局部表示)，水落管位置，消防梯，通道，工段名称，剖切线。

2. 剖面图：轴线，跨度尺寸，标高(室内外地面、轨道、柱顶)，外墙高度尺寸(墙、窗)，门窗洞口及抗风柱投影线，天窗形式，详图引号。

3. 立面图：砖墙或墙板划分，过梁，雨篷，坡道，门窗开启方式，端部轴线，消防梯，水落管。

4. 构造详图：轴线，各层次做法说明(厚度、材料、比例)，细部尺寸。

三、参考资料

1.《单层工业厂房设计》，中国建筑工业出版社.
2.《建筑设计资料集》，(第二版).

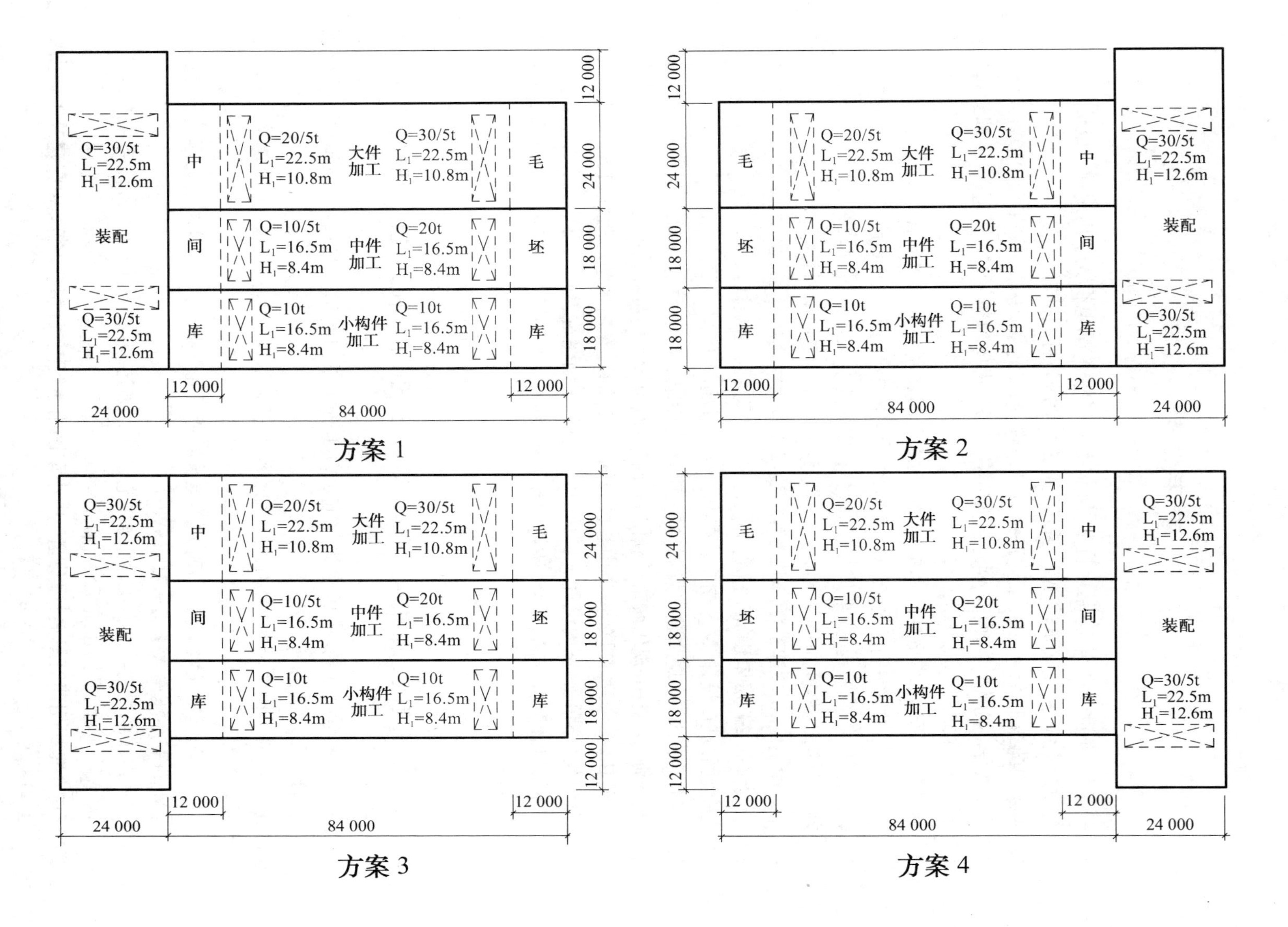

方案 1

方案 2

方案 3

方案 4

参考文献

1 刘建荣,龙世潜主编. 房屋建筑学[M]. 北京:中央广播电视大学出版社,1985.
2 刘建荣主编. 房屋建筑学[M]. 武汉:武汉大学出版社,1991.
3 哈尔滨建筑工程学院编. 工业建筑设计原理[M]. 北京:中国建筑工业出版社,1988.
4 同济大学,东南大学,西安冶金建筑学院,等编. 房屋建筑学[M]. 北京:中国建筑工业出版社,1990.
5 刘建荣,黄冠文. 房屋建筑学辅导[M]. 成都:成都科技大学出版社,1987.
6 彭一刚著. 建筑空间组合论[M]. 2 版. 北京:中国建筑工业出版社,1998.
7 李必瑜主编. 建筑构造(上册)[M]. 北京:中国建筑工业出版社,2000.
8 刘建荣主编. 建筑构造(下册)[M]. 北京:中国建筑工业出版社,2000.
9 李必瑜主编. 房屋建筑学[M]. 武汉:武汉工业大学出版社,2000.
10 王崇杰主编. 房屋建筑学[M]. 北京:中国建筑工业出版社,1997.
11 王建国. 城市设计[M]. 南京: 东南大学出版社,1999.
12 赵和生. 城市规划和城市发展[M]. 南京: 东南大学出版社,1999..
13 阳建强,吴明伟. 现代城市更新[M]. 南京:东南大学出版社,1999.
14 吴明伟,孔令龙,陈联. 城市中心区规划[M]. 南京:东南大学出版社,1999.
15 张绮曼,郑曙旸. 室内设计资料集[M]. 北京:中国建筑工业出版社,1993.
16 《建筑设计资料集》编委会. 建筑设计资料集(2、3、4、5)[M]. 北京:中国建筑工业出版社,1994.
17 何平,卜龙章主编 . 装饰施工[M]. 南京:东南大学出版社,1997.
18 李胜才,吴龙声主编. 装饰构造[M]. 南京:东南大学出版社,1997.
19 李雄飞,巢元凯主编. 快速建筑设计图集(上、中、下)[M]. 北京:中国建筑工业出版社,1992.
20 建设部科学技术司. 中国小康住宅示范工程集萃(1)[M]. 北京:中国建筑工业出版社,1997.
21 建设部科学技术司. 中国小康住宅示范工程集萃(2)[M]. 北京:中国建筑工业出版社,1997.
22 高等学校基本建设学会,东南大学建筑设计研究院编. 高等学校图书馆建筑设计图集[M]. 南京:东南大学出版社,1996.
23 北京市城乡规划委员会编. 优秀住宅设计方案选编:1997 年北京市优秀住宅设计评选[M]. 北京:中国建筑工业出版社,1997.
24 《中小型民用建筑图集》编写组. 中小型民用建筑图集[M]. 北京:中国建筑工业出版社,1980.
25 《单层厂房建筑设计》教材编写组. 单层厂房建筑设计[M]. 北京:中国建筑工业出版社,1980.
26 同济大学主编. 城市规划原理[M]. 北京:中国建筑工业出版社,1991.

27 李志伟主编.城市规划原理[M].北京:中国建筑工业出版社,1997.

28 清华大学建筑与城市研究所编.城市规划理论·方法·实践[M].北京:地震出版社,1992.

29 王珂,夏健,杨新海.城市广场设计[M].南京:东南大学出版社,1999.

30 王炜,徐吉谦,杨涛,等.城市交通规划[M].南京:东南大学出版社,1999.

31 中国公路学会《交通工程手册》编委会.交通工程手册[M].北京:人民交通出版社,1998.

32 王保畬,罗正齐.中国城市化的道路及其发展趋势[M].北京:学苑出版社,1993.

33 包宗华.中国城市化道路与城市建设[M].北京:中国城市出版社,1995.

34 白德懋.居住区规划与环境设计[M].北京:中国建筑工业出版社,1993.

35 《城市园林绿地规划》编写组.城市园林绿地规划[M].北京:中国建筑工业出版社,1982.

36 《住宅设计资料集》编委会.住宅设计资料集.5[M].北京:中国建筑工业出版社,1999.